T0214857

UNITEXT

La Matematica per il 3+2

Volume 138

The **UNITEXT – La Matematica per il 3+2** series is designed for undergraduate and graduate academic courses, and also includes advanced textbooks at a research level.

Originally released in Italian, the series now publishes textbooks in English addressed to students in mathematics worldwide.

Some of the most successful books in the series have evolved through several editions, adapting to the evolution of teaching curricula.

Submissions must include at least 3 sample chapters, a table of contents, and a preface outlining the aims and scope of the book, how the book fits in with the current literature, and which courses the book is suitable for.

For any further information, please contact the Editor at Springer:

francesca.bonadei@springer.com

THE SERIES IS INDEXED IN SCOPUS

***

UNITEXT is glad to announce a new series of **free webinars and interviews** handled by the Board members, who will rotate in order to interview top experts in their field.

In the first session, going live on June 9, Alfio Quarteroni will interview Luigi Ambrosio. The speakers will dive into the subject of Optimal Transport, and will discuss the most challenging open problems and the future developments in the field.

Click here to subscribe to the event!

https://cassyni.com/events/TPQ2UgkCbJvvz5QbkcWXo3

Paolo Biscari · Tommaso Ruggeri ·
Giuseppe Saccomandi · Maurizio Vianello

Meccanica Razionale

4a edizione

 Springer

Paolo Biscari
Dipartimento di Fisica
Politecnico di Milano
Milano, Italy

Giuseppe Saccomandi
Dipartimento di Ingegneria
Università degli Studi di Perugia
Perugia, Italy

Tommaso Ruggeri
Dipartimento di Matematica
Università degli Studi di Bologna
Bologna, Italy

Maurizio Vianello
Dipartimento di Matematica
Politecnico di Milano
Milano, Italy

ISSN 2038-5714
UNITEXT
ISSN 2038-5722
La Matematica per il 3+2
ISBN 978-88-470-4017-5
https://doi.org/10.1007/978-88-470-4018-2

ISSN 2532-3318 (versione elettronica)

ISSN 2038-5757 (versione elettronica)

ISBN 978-88-470-4018-2 (eBook)

Illustrazione di copertina: "Gyroscope Arnaldo Pomodoro" (Courtesy Fondazione Arnaldo Pomodoro)

Questa edizione è pubblicata da Springer-Verlag Italia S.r.l., parte di Springer Nature, con sede legale in Via Decembrio 28, 20137 Milano, Italy.

Introduzione

Questo testo, giunto ora alla sua Quarta Edizione, è stato concepito con l'obiettivo di venire incontro all'evoluzione subita in anni recenti dai corsi di Meccanica Razionale, sia in termini di organizzazione che di contenuti. Il libro è nato non solo pensando alle necessità delle Scuole di Ingegneria, dove la Meccanica Razionale ha il ruolo di introduzione sia alla modellizzazione fisico-matematica rigorosa sia a specifiche applicazioni sviluppate poi in altri insegnamenti, ma anche tenendo presente i Corsi di Laurea in Matematica e in Fisica.

Fin dalla Prima Edizione abbiamo ritenuto essenziale una trattazione che presentasse i concetti fondamentali a partire da esempi e problemi concreti, anche comuni ad altre discipline. Abbiamo cercato di dare al libro una impostazione il più possibile coerente con questa finalità, soprattutto in alcune sezioni tradizionalmente caratterizzate da una trattazione forse più astratta: dai vincoli al Principio dei lavori virtuali al Principio di d'Alembert, fino alla Meccanica Analitica.

Incoraggiati e aiutati dai gentili apprezzamenti e suggerimenti di molti lettori, e alla luce delle esperienze didattiche maturate negli insegnamenti per i quali questo testo è stato adottato, rispetto all'edizione precedente abbiamo ampiamente riscritto e riorganizzato i contenuti di numerosi capitoli, aggiungendo inoltre applicazioni ed esempi, sempre pensati per accompagnare l'allievo nell'apprendimento dei concetti teorici.

Abbiamo comunque mantenuto la tradizionale e, a nostro parere, irrinunciabile struttura ipotetico-deduttiva nello svolgimento delle argomentazioni, che fa ancora della Meccanica Razionale un disciplina formalmente rigorosa. Sono perciò presenti dimostrazioni anche complesse, sia pure sempre motivate alla luce del contesto applicativo nel quale si vanno a collocare.

Le nostre formazioni, così come le realtà didattiche in cui ci muoviamo, sono significativamente diverse. Pur consapevoli che questo fatto avrebbe potuto costituire una difficoltà nella costruzione di una presentazione unitaria, abbiamo pensato che da un confronto fra punti di vista non uniformi sarebbe nata una trattazione forse più stimolante e meno prevedibile, con qualche elemento di originalità. Ci auguriamo che questa nostra aspettativa si sia almeno in parte realizzata.

Vogliamo ringraziare caldamente tutti coloro che ci hanno aiutato con osservazioni e commenti, fra i quali: Alberto Basso, Sandra Forte, Augusto Muracchini, Gaetano Napoli, Riccardo De Pascalis e Raffaele Vitolo, che hanno letto con pazienza e attenzione il nostro testo rilevando errori, sviste e carenze, suggerendo anche modifiche sicuramente utili per migliorarlo.

Una menzione e un ringraziamento speciale, infine, al Maestro Arnaldo Pomodoro che ha personalmente e generosamente concesso l'utilizzo a titolo gratuito dell'immagine di copertina raffigurante il suo "Giroscopio", che vogliamo interpretare come un segno di vicinanza fra Arte e Scienza.

Bologna, Milano, Perugia   Paolo Biscari
maggio 2022   Tommaso Ruggeri
                                                              Giuseppe Saccomandi
                                                               Maurizio Vianello

Indice

Capitolo 1
Cinematica del punto

La descrizione del movimento è subordinata alla scelta di un *osservatore*, il quale dispone di un *asse temporale*, sul quale è stata fissata un'origine, e di un *sistema di riferimento*, costituito da tre versori ortonormali $\{\mathbf{i}, \mathbf{j}, \mathbf{k}\}$ e da un'origine O. Naturalmente sono infinite le terne che possono essere utilizzate da un osservatore, perché altrettante sono le basi ortonormali nello spazio Euclideo tridimensionale.

Il *moto* di un punto P in un intervallo di tempo $[t_1, t_2]$ è assegnato da una funzione che associa a ogni istante $t \in [t_1, t_2]$ una corrispondente posizione $P(t)$ nello spazio. Fissata l'origine O, la posizione di P è individuata dal vettore $\mathbf{r}(t) = OP(t)$, detto *vettore posizione* (vedi Fig. 1.1). Le componenti di OP rispetto alla terna ortonormale $\{\mathbf{i}, \mathbf{j}, \mathbf{k}\}$ sono le *coordinate cartesiane* di P nel sistema di riferimento scelto. Per questo motivo si indicano comunemente le componenti di OP con (x, y, z), anch'esse funzioni del tempo, e si scrive $OP(t) = x(t)\mathbf{i} + y(t)\mathbf{j} + z(t)\mathbf{k}$.

L'insieme dei punti dello spazio occupati da P si dice *traiettoria* o *orbita* del moto. Nell'ipotesi che il moto del punto sia assegnato da una funzione $P(t)$ sufficientemente regolare possiamo ritenere che la traiettoria sia una curva *regolare*, almeno a tratti (vedi Appendice §A.2).

La *velocità* del punto P è definita come derivata del vettore posizione $OP(t)$ e viene indicata brevemente con $\mathbf{v}(t)$ o, più esplicitamente, con $\mathbf{v}_P(t)$. Conveniamo di indicare la derivazione rispetto al *tempo* con un punto sovrapposto, e quindi

$$\mathbf{v}_P(t) = \dot{P}(t) = \frac{dP}{dt} = \dot{x}(t)\mathbf{i} + \dot{y}(t)\mathbf{j} + \dot{z}(t)\mathbf{k}. \tag{1.1}$$

Allo stesso modo, definiamo l'*accelerazione* $\mathbf{a}$ come la derivata seconda di $OP(t)$

$$\mathbf{a}_P(t) = \ddot{P}(t) = \frac{d^2 P}{dt^2} = \ddot{x}(t)\mathbf{i} + \ddot{y}(t)\mathbf{j} + \ddot{z}(t)\mathbf{k}.$$

Il vettore AB che congiunge due punti in movimento ha derivata prima che è pari alla differenza delle loro velocità e derivata seconda che è pari alla differenza delle accelerazioni. Infatti, poiché $OB = OA + AB$, derivazioni successive rispetto

P. Biscari et al., *Meccanica Razionale*, La Matematica per il 3+2 138, https://doi.org/10.1007/978-88-470-4018-2_1

Figura 1.1 Moto e traiettoria

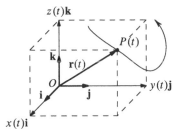

al tempo forniscono

$$AB = OB - OA \quad \Longrightarrow \quad \frac{d(AB)}{dt} = \mathbf{v}_B - \mathbf{v}_A \quad \Longrightarrow \quad \frac{d^2(AB)}{dt^2} = \mathbf{a}_B - \mathbf{a}_A \,.$$
(1.2)

Lo spostamento *infinitesimo* (o *elementare*) del punto P in un intervallo infinitesimo di tempo dt è indicato con dP e corrisponde al differenziale della funzione $P(t)$, e cioè

$$dP = \mathbf{v}dt = \big(\dot{x}(t)\mathbf{i} + \dot{y}(t)\mathbf{j} + \dot{z}(t)\mathbf{k}\big)\,dt \,.$$

Il *modulo* di questo spostamento infinitesimo si identifica (per definizione) con la lunghezza dell'arco infinitesimo percorso dal punto e viene indicato con

$$ds = |dP| = |\mathbf{v}(t)|dt = \sqrt{\dot{x}^2 + \dot{y}^2 + \dot{z}^2}\,dt \,.$$

La quantità ottenuta per integrazione come

$$s(t) = \int_{t_1}^{t} |\mathbf{v}(\tau)|\,d\tau$$
(1.3)

dà luogo alla *legge oraria*, che esprime la lunghezza dell'arco di traiettoria finito percorso fra l'istante t_1 e l'istante generico t. Tale lunghezza s è chiamata *ascissa curvilinea*. Derivando la (1.3) ricaviamo $\dot{s} = |\mathbf{v}(t)| \geq 0$. Ciò implica che, negli intervalli di tempo che comprendano solo zeri isolati della funzione $\dot{s}(t) = |\mathbf{v}(t)|$, la funzione $s(t)$ sarà strettamente monotona, e quindi *invertibile* (vedi Fig. 1.2). Ciò significa che l'istante t è a sua volta univocamente determinato dalla lunghezza d'arco percorso dal punto sulla traiettoria attraverso la funzione $t(s)$.

Possiamo anche esprimere la posizione del punto al variare dell'ascissa curvilinea s, invece che del tempo t: è infatti sufficiente sostituire nell'espressione del moto $P(t)$ la funzione $t(s)$ per ottenere $\hat{P}(s) = P(t(s))$. La funzione $\hat{P}(s)$ esprime la posizione come funzione dell'ascissa curvilinea s calcolata a partire dalla posizione corrispondente all'istante t_1, e fornisce quindi una descrizione della *traiettoria*, senza però alcuna informazione su come essa venga percorsa. Per conoscere il moto non è quindi sufficiente avere assegnata la traiettoria $\hat{P}(s)$, ma è necessaria anche la legge oraria $s(t)$.

Figura 1.2 Ascissa curvilinea, legge oraria e
velocità

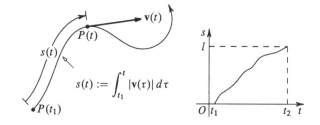

$$s(t) := \int_{t_1}^{t} |\mathbf{v}(\tau)| \, d\tau$$

In definitiva, abbiamo due modi equivalenti di descrivere il moto di un punto: la posizione come funzione del tempo, oppure la coppia $\{\hat{P}(s), s(t)\}$, formata da traiettoria e legge oraria. Come abbiamo visto, dalla conoscenza del moto $P(t)$ è possibile dedurre sia la traiettoria $\hat{P}(s)$ che la legge oraria $s(t)$, e viceversa dalla conoscenza di traiettoria e legge oraria è possibile risalire al moto $P(t)$:

$$\text{moto } P(t) \iff \begin{cases} \hat{P}(s) & \text{traiettoria} \\ s(t) & \text{legge oraria} \end{cases}$$

Osserviamo che la funzione $\hat{P}(s)$ descrive semplicemente una curva dello spazio, la traiettoria del moto, prescindendo completamente da ogni riferimento al tempo. Quindi, l'utilità della descrizione del moto attraverso $\{\hat{P}(s), s(t)\}$ consiste nella possibilità di separare nettamente l'aspetto geometrico, la traiettoria, dalla parte più propriamente cinematica, la legge oraria.

1.1   La terna intrinseca associata alla traiettoria del moto

È utile poter esprimere le componenti dei vettori velocità e accelerazione $\mathbf{v}$ e $\mathbf{a}$ secondo la direzione tangente e normale alla traiettoria. Come vedremo subito, mentre la velocità ha solo componente tangente l'accelerazione possiede sia una componente tangente che una diretta come la normale principale alla traiettoria.

Prima di approfondire queste affermazioni è necessario un breve richiamo ad alcune questioni di geometria delle curve.

La curva che corrisponde alla traiettoria percorsa da un punto è descritta dalla funzione $\hat{P}(s)$. Dalla geometria delle curve sappiamo che la derivata di $\hat{P}(s)$ rispetto a s corrisponde al versore tangente alla curva (vedi (A.16)):

$$\mathbf{t}(s) = \frac{d\hat{P}}{ds} .$$

Inoltre, derivando la relazione $\mathbf{t} \cdot \mathbf{t} = 1$ rispetto a s si deduce immediatamente che

$$\frac{d\mathbf{t}}{ds} \cdot \mathbf{t} = 0$$

e quindi il vettore $d\mathbf{t}/ds$ è sempre perpendicolare alla traiettoria (vedi in Appendice la proprietà (A.20)).

Al *modulo* di $d\mathbf{t}/ds$ è possibile attribuire un preciso significato geometrico, poiché fornisce una indicazione della rapidità con cui cambia la direzione della traiettoria rispetto al variare dell'ascissa curvilinea. Questa osservazione giustifica il nome di *curvatura* che si attribuisce alla quantità

$$c = \left| \frac{d\mathbf{t}}{ds} \right|$$

mentre si definisce *raggio di curvatura* $\rho = 1/c$, nei punti in cui si abbia $c \neq 0$ (nel caso di una traiettoria circolare, ρ è pari al raggio della circonferenza stessa).

Il versore corrispondente al vettore $d\mathbf{t}/ds$, definito quando la curvatura c sia diverso da zero, è chiamata *normale principale* della traiettoria e indicato con $\mathbf{n}$ (l'aggettivo "principale" è dovuto proprio al fatto di essere ottenuto attraverso la derivazione di $\mathbf{t}(s)$, il che lo distingue da tutti gli altri infiniti versori normali a esso). Perciò

$$\frac{d\mathbf{t}}{ds} = c\mathbf{n} \tag{1.4}$$

(si osservi che nei punti della traiettoria nei quali $c = 0$ la normale principale non è definita).

Dopo aver introdotto $\mathbf{t}$ e $\mathbf{n}$, perpendicolari fra loro, è naturale definire un terzo versore, che è chiamato *binormale* e indicato con $\mathbf{b}$, come prodotto vettore dei primi due

$$\mathbf{b} = \mathbf{t} \wedge \mathbf{n}$$

in modo da formare con essi una terna ortonormale destra $(\mathbf{t}, \mathbf{n}, \mathbf{b})$, detta *terna intrinseca*, funzione della posizione del punto sulla traiettoria e quindi funzione della lunghezza d'arco s.

1.2 Componenti intrinseche di velocità e accelerazione

I vettori velocità e accelerazione possono essere scomposti sia secondo la terna di riferimento fissa $\{\mathbf{i}, \mathbf{j}, \mathbf{k}\}$ sia, alla luce dei concetti presentati nel paragrafo precedente, secondo i versori della terna intrinseca $(\mathbf{t}, \mathbf{n}, \mathbf{b})$. Vediamo adesso come si possano esprimere le componenti di $\mathbf{v}$ e $\mathbf{a}$ rispetto a questa terna.

Proposizione 1.1 (Velocità e accelerazione nella terna intrinseca) *Siano $s(t)$ la legge oraria che descrive il moto di un punto, e $\{\mathbf{t}, \mathbf{n}, \mathbf{b}\}$ la terna intrinseca associata alla sua traiettoria. Allora*

$$\mathbf{v} = \dot{s}\mathbf{t} \qquad e \qquad \mathbf{a} = \ddot{s}\mathbf{t} + c\dot{s}^2\mathbf{n}, \tag{1.5}$$

dove $c = 1/\rho$ è la curvatura della traiettoria.

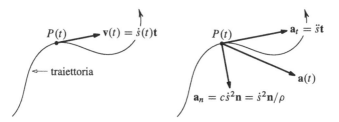

Figura 1.3 Componenti di **v** e **a** secondo la terna intrinseca

Dimostrazione Per dimostrare la prima delle (1.5) utilizziamo il teorema di derivazione della funzione composta, applicato alla funzione $\hat{P}(s(t))$:

$$\mathbf{v} = \frac{dP}{dt} = \frac{d\hat{P}}{ds}\frac{ds}{dt} = \dot{s}\mathbf{t}.$$

La situazione è più complicata per quanto riguarda l'accelerazione, per la quale dimostriamo subito che in generale non esiste solo una componente tangente alla traiettoria ma anche una componente diretta come la normale principale. Deriviamo infatti la velocità espressa dalla (1.5)$_1$ e, ricordando la (1.4) insieme al legame $c = 1/\rho$ fra curvatura e raggio di curvatura, otteniamo

$$\mathbf{a} = \frac{d\mathbf{v}}{dt} = \frac{d(\dot{s}\mathbf{t})}{dt} = \ddot{s}\mathbf{t} + \dot{s}\frac{d\mathbf{t}}{dt} = \ddot{s}\mathbf{t} + \dot{s}\frac{d\mathbf{t}}{ds}\frac{ds}{dt} = \ddot{s}\mathbf{t} + c\dot{s}^2\mathbf{n} = \ddot{s}\,\mathbf{t} + \frac{\dot{s}^2}{\rho}\mathbf{n}. \quad \square$$

Le relazioni (1.5) sono particolarmente significative. La prima esprime il fatto che la velocità è in ogni istante tangente alla traiettoria, e la sua componente secondo **t** è pari a $\dot{s}$. La seconda mostra invece che l'accelerazione non è sempre tangente, in quanto insieme alla componente tangente $\ddot{s}$ possiede una componente lungo la normale principale pari a $c\dot{s}^2$, come illustrato nella Fig. 1.3. Solo nelle posizioni in cui la traiettoria abbia curvatura nulla oppure negli istanti in cui sia $\dot{s} = 0$ l'accelerazione si riduce a essere tangente alla traiettoria.

Osserviamo infine che sia velocità che accelerazione hanno componente nulla secondo il versore binormale **b**.

1.3 Moto piano in coordinate polari

Il moto di un punto si dice *piano* quando l'intera traiettoria è una curva piana. In questo caso possiamo identificarne la posizione non solo per mezzo delle due coordinate cartesiane corrispondenti alle componenti del vettore posizione nel piano assegnato ma anche, e questo risulta molto comodo in alcune applicazioni, tramite le coordinate polari (r, θ).

Fissato un asse polare, che per semplicità prendiamo coincidente con l'asse delle ascisse e diretto come il versore **i**, introduciamo le coordinate r e θ, tali che

Figura 1.4 Coordinate polari
e versori mobili

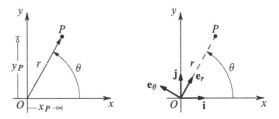

$OP = r \cos\theta\, \mathbf{i} + r \sin\theta\, \mathbf{j}$, con $r = |OP| \geq 0$ e $\tan\theta = y_P/x_P$. Il moto del punto può quindi essere assegnato per mezzo delle funzioni $r(t)$ e $\theta(t)$ (ovviamente vi sono limitazioni di tipo geometrico da tenere presenti perché, per esempio, l'origine rappresenta un punto di singolarità, dal momento che il valore di θ non è ivi definito).

È utile dedurre le espressioni assunte dalla velocità e dall'accelerazione quando si utilizzi questa descrizione, e in particolare calcolare le componenti di questi vettori secondo due direzioni mobili associate al moto. A tal fine introduciamo i versori $\mathbf{e}_r$ e $\mathbf{e}_\theta$, definiti come

$$\mathbf{e}_r = \cos\theta\, \mathbf{i} + \sin\theta\, \mathbf{j} \qquad \mathbf{e}_\theta = -\sin\theta\, \mathbf{i} + \cos\theta\, \mathbf{j}\,. \tag{1.6}$$

Il versore $\mathbf{e}_r$ indica la direzione cosiddetta *radiale*, poiché orientato dall'origine verso la posizione del punto $P(t)$, mentre $\mathbf{e}_\theta$ corrisponde alla direzione *trasversa*, ottenuta dalla precedente per mezzo di una rotazione pari a $\pi/2$ in senso antiorario (vedi Fig. 1.4).

Proposizione 1.2 (Velocità e accelerazione in coordinate polari) *In un moto piano descritto in coordinate polari valgono le seguenti relazioni:*

$$\mathbf{v} = \dot{r}\, \mathbf{e}_r + r\dot{\theta}\, \mathbf{e}_\theta \qquad \mathbf{a} = \left(\ddot{r} - r\dot{\theta}^2\right)\mathbf{e}_r + \left(2\dot{r}\dot{\theta} + r\ddot{\theta}\right)\mathbf{e}_\theta\,. \tag{1.7}$$

Dimostrazione Il vettore posizione del punto P rispetto all'origine O prende la semplice forma $OP = r\, \mathbf{e}_r$ e, per ottenere la velocità $\mathbf{v}$, è sufficiente calcolarne la derivata

$$\mathbf{v} = \frac{d(OP)}{dt} = \dot{r}\, \mathbf{e}_r + r\, \dot{\mathbf{e}}_r\,.$$

Dalla definizione (1.6) si deduce che $\dot{\mathbf{e}}_r = (-\sin\theta\mathbf{i} + \cos\theta\mathbf{j})\dot{\theta} = \dot{\theta}\mathbf{e}_\theta$, e perciò, in definitiva, $\mathbf{v} = \dot{r}\, \mathbf{e}_r + r\dot{\theta}\, \mathbf{e}_\theta$. Concludiamo che la componente della velocità secondo la direzione radiale è data da $\dot{r}$, mentre la componente secondo la direzione trasversa è pari a $r\dot{\theta}$, così come illustrato nella Fig. 1.5.

Per quanto riguarda l'accelerazione non dobbiamo fare altro che derivare rispetto al tempo l'espressione della velocità $(1.7)_1$, ottenendo

$$\mathbf{a} = \ddot{r}\mathbf{e}_r + \dot{r}\dot{\mathbf{e}}_r + \dot{r}\dot{\theta}\mathbf{e}_\theta + r\ddot{\theta}\mathbf{e}_\theta + r\dot{\theta}\dot{\mathbf{e}}_\theta\,. \tag{1.8}$$

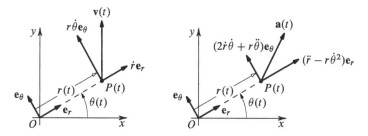

Figura 1.5 Componenti radiale e trasversa di **v** e **a**

Osserviamo ora che, in analogia con quanto visto appena sopra, dalla seconda delle (1.6) si ottiene $\dot{\mathbf{e}}_\theta = -\dot{\theta}\mathbf{e}_r$, e perciò la (1.8) si riduce alla (1.7)$_2$, come descritto nella Fig. 1.5. □

È comodo e naturale indicare le componenti di velocità e accelerazione di un punto in moto piano secondo i versori radiale e trasverso con gli indici r e θ, rispettivamente. Quindi i risultati ottenuti qui sopra possono essere riassunti dalle formule

$$v_r = \dot{r}, \qquad v_\theta = r\dot{\theta}, \qquad a_r = \ddot{r} - r\dot{\theta}^2, \qquad a_\theta = 2\dot{r}\dot{\theta} + r\ddot{\theta}.$$

In vista delle applicazioni è utile anche osservare che le componenti *radiale* e *trasversa* di velocità e accelerazione sono quantità ben distinte dalle componenti degli stessi vettori secondo le direzioni *tangente* e *normale principale*.

Sottolineiamo infine come le componenti radiale e trasversa dell'accelerazione non coincidano con le derivate rispetto al tempo delle relative componenti della velocità. Questa proprietà si ritrova ogni volta che **v** e **a** vengano espresse rispetto a terne mobili (come per esempio la terna intrinseca, vedi (1.5)).

Capitolo 2
Cinematica del corpo rigido

Il moto di un sistema di punti si dice *rigido* se le distanze tra tutte le coppie di punti si mantengono inalterate nel tempo. Analogamente, diciamo che un corpo $\mathcal{B}$ è rigido quando gli unici moti per esso possibili siano rigidi.

È importante introdurre il concetto di *punto solidale*. Ogni corpo rigido $\mathcal{B}$ occupa in ogni istante una regione limitata dello spazio nel quale è immerso. Ciò nonostante, possiamo pensare di estendere il suo moto a punti che non gli appartengono propriamente. Immaginiamo infatti che ogni punto P, anche se esterno al corpo rigido e non fisicamente appartenente a esso, sia, per così dire, "trascinato" dal moto di $\mathcal{B}$, in modo che la distanza di P da ogni punto del corpo si mantenga costante nel tempo. In questo modo possiamo facilmente costruire un intero spazio euclideo formato da punti, tutti solidali al corpo durante il suo moto. Questo *spazio solidale* si muove insieme al corpo rigido e ne condivide completamente le caratteristiche del moto.

Il concetto di spazio solidale può essere più facilmente visualizzato nel caso particolare ma significativo di un corpo rigido costituito da una lamina finita in moto in un piano prefissato. Se immaginiamo infatti di incollare sulla lamina una lastra di vetro idealmente illimitata, che si muova quindi con la lamina, otteniamo una rappresentazione concreta del concetto di punto e di spazio solidale. Riconosciamo quindi che dal punto di vista cinematico il moto di un sistema rigido può essere identificato con quello di un intero spazio euclideo.

Diciamo *solidale* un qualsiasi sistema di riferimento che venga trascinato dal moto dello spazio solidale. Rispetto a un tale sistema, i punti del corpo rigido mantengono invariata la loro posizione, e in particolare le loro coordinate. È evidente che ogni moto rigido ammette infiniti sistemi di riferimento solidali, in quanto infinite sono le scelte sia del punto solidale che usiamo come origine, che della terna di versori solidali che scegliamo come base ortonormale.

Le prime domande che ci porremo nell'analizzare il moto di un corpo rigido saranno le seguenti. Come possiamo individuare la posizione di un corpo rigido? Quanti e quali parametri dobbiamo utilizzare? Visto che certamente *non* è sufficiente conoscere la posizione di un suo punto, bisognerà aggiungere ulteriori informazioni riguardanti l'orientamento del corpo nello spazio intorno al punto

P. Biscari et al., *Meccanica Razionale*, La Matematica per il 3+2 138, https://doi.org/10.1007/978-88-470-4018-2_2

indicato. Dimostreremo in seguito che basta richiedere che le distanze di P da *tre* punti non allineati di $\mathcal{B}$ siano costanti per aver identificato il suo moto.

2.1 Descrizione del moto rigido

Mostriamo come, durante un moto rigido, una terna ortonormale solidale destra (o sinistra) si mantenga ortonormale e con il medesimo orientamento.

Consideriamo tre punti solidali Q, A e B e osserviamo che

$$AB = QB - QA$$

e perciò

$$|AB|^2 = |QB|^2 + |QA|^2 - 2\,QB \cdot QA. \qquad (2.1)$$

Poiché durante un moto rigido la distanza fra coppie di punti solidali rimane inalterata deduciamo dalla (2.1) che il prodotto scalare di due vettori solidali e quindi anche l'angolo fra di essi rimangono invariati.

Da questa osservazione segue che ogni terna ortonormale solidale $\mathbf{e}_i$ ($i = 1, 2, 3$) si mantiene ortonormale durante il moto poiché rimangono invariati gli angoli retti fra i versori e i loro moduli unitari. Perciò, in ogni istante, deve necessariamente essere

$$\mathbf{e}_1(t) \wedge \mathbf{e}_2(t) \cdot \mathbf{e}_3(t) = \pm 1 \qquad (2.2)$$

con il segno $+$ (o il segno $-$) al secondo membro quando la terna sia destrorsa (o rispettivamente sinistrorsa). Poichè consideriamo solo moti regolari, per i quali la dipendenza dal tempo è continua, vediamo che il prodotto misto nella (2.2) dovrà mantenere un valore costante durante il moto, e la terna si manterrà destrorsa o sinistrorsa, come lo era all'istante iniziale.

Analizziamo di seguito i modi in cui risulta possibile fissare senza ambiguità la posizione e quindi il moto di ogni punto P di $\mathcal{B}$.

Proposizione 2.1 *Il moto di un corpo rigido è noto quando si conoscano, in funzione del tempo, la posizione di un punto Q e l'orientamento dei versori di una terna ortonormale solidale $\{\mathbf{e}_1, \mathbf{e}_2, \mathbf{e}_3\}$.*

Dimostrazione Basta osservare che, dette (y_1, y_2, y_3) le componenti di QP rispetto a questa terna, poiché

$$y_k = QP \cdot \mathbf{e}_k$$

e il prodotto scalare fra vettori solidali è costante, queste componenti si manterranno anch'esse costanti nel tempo. Ma

$$QP(t) = y_1\mathbf{e}_1(t) + y_2\mathbf{e}_2(t) + y_3\mathbf{e}_3(t) \qquad (2.3)$$

e da questo deduciamo che la conoscenza di $Q(t)$ e $\mathbf{e}_k(t)$ permette di determinare il moto di un generico punto solidale P del quale si conoscano le coordinate (costanti) rispetto alla terna mobile stessa con origine in Q.   □

Il modo più naturale per assegnare a un dato istante i vettori $\mathbf{e}_k$ consiste semplicemente nello scriverli come combinazioni lineari dei versori fissi $\mathbf{i}_h$, per mezzo delle $3 \times 3 = 9$ componenti cartesiane R_{hk}

$$\mathbf{e}_k(t) = \sum_{h=1}^{3} R_{hk}(t) \, \mathbf{i}_h \qquad (R_{hk} \equiv \mathbf{i}_h \cdot \mathbf{e}_k). \tag{2.4}$$

Ognuno dei coefficienti R_{hk} è uguale al prodotto scalare fra due versori, e quindi coincide con il coseno dell'angolo formato fra essi. Questi numeri sono perciò interpretabili come *coseni direttori* della terna solidale $\mathbf{e}_k$ rispetto alla terna fissa $\mathbf{i}_h$.

Le nove quantità R_{hk} *non* possono però essere assegnate arbitrariamente se vogliamo, come dev'essere, che i versori mobili $\mathbf{e}_k$ formino una sistema ortonormale che abbia anche lo stesso orientamento della terna fissa. Quali sono le condizioni da soddisfare? Esattamente quelle che descrivono l'ortonormalità della terna solidale e garantiscono inoltre la coerenza del suo orientamento con quello della terna fissa:

$$\mathbf{e}_j \cdot \mathbf{e}_k = \delta_{jk} = \begin{cases} 1 & \text{se } j = k \\ 0 & \text{se } j \neq k \end{cases} \qquad \mathbf{e}_1 \wedge \mathbf{e}_2 \cdot \mathbf{e}_3 = \mathbf{i}_1 \wedge \mathbf{i}_2 \cdot \mathbf{i}_3. \tag{2.5}$$

Sostituendo le (2.4) in queste relazioni si ottengono le condizioni

$$\sum_{h=1}^{3} R_{hj} R_{hk} = \delta_{jk} = \begin{cases} 1 & \text{se } j = k \\ 0 & \text{se } j \neq k \end{cases} \qquad \det[R_{hk}] = 1. \tag{2.6}$$

In definitiva, se i coefficienti R_{hk} soddisfano tutte le relazioni scritte possiamo essere certi che i vettori ottenuti dalle (2.4) formano in ogni istante una terna ortonormale (con lo stesso orientamento della terna fissa) la quale, insieme alla funzione $Q(t)$, definisce un moto rigido.

Possiamo leggere le condizioni (2.6) da un altro punto di vista. Definiamo una trasformazione (o operatore) lineare $\mathbf{R}$ la cui matrice delle componenti rispetto alla terna ortonormale $\mathbf{i}_h$ sia

$$\begin{bmatrix} R_{11} & R_{12} & R_{13} \\ R_{21} & R_{22} & R_{23} \\ R_{31} & R_{32} & R_{33} \end{bmatrix}$$

dove, cioè, $R_{hk} = \mathbf{i}_h \cdot \mathbf{R}\mathbf{i}_k$. È facile verificare che le condizioni imposte alle componenti R_{hk} equivalgono ad affermare che $\mathbf{R}$ sia una trasformazione ortogonale, e più precisamente una *rotazione* (vedi §A.3), vale a dire una trasformazione lineare

Figura 2.1 Nel moto rigido
la terna solidale è ottenuta da
quella fissa per mezzo di una
rotazione: $\mathbf{e}_h(t) = \mathbf{R}(t)\mathbf{i}_h$

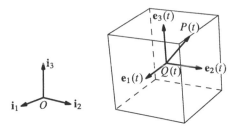

tale che $\mathbf{R}^T\mathbf{R} = \mathbf{R}\mathbf{R}^T = \mathbf{I}$, $\det\mathbf{R} = 1$. Come illustrato in Fig. 2.1, questa rotazione trasforma ogni versore della terna fissa nel corrispondente versore della terna solidale:

$$\mathbf{e}_k = \mathbf{R}\mathbf{i}_k \qquad (\mathbf{i}_h \cdot \mathbf{R}\mathbf{i}_k = \mathbf{i}_h \cdot \mathbf{e}_k = R_{hk}), \tag{2.7}$$

mentre la rotazione inversa, che coincide con la trasposta $\mathbf{R}^T$, trasforma i versori $\mathbf{e}_k$ negli $\mathbf{i}_h$: $\mathbf{i}_h = \mathbf{R}^T\mathbf{e}_h$.

Alla luce della (2.3) e della (2.7) possiamo esprimere il vettore QP attraverso $\mathbf{R}$, che durante il moto sarà funzione del tempo,

$$QP(t) = y_1\mathbf{e}_1 + y_2\mathbf{e}_2 + y_3\mathbf{e}_3 = \mathbf{R}(t)(y_1\mathbf{i}_1 + y_2\mathbf{i}_2 + y_3\mathbf{i}_3) \tag{2.8}$$

e quindi

$$OP(t) = OQ(t) + QP(t) = OQ(t) + \mathbf{R}(t)(y_1\mathbf{i}_1 + y_2\mathbf{i}_2 + y_3\mathbf{i}_3).$$

Indichiamo ora con $x_k(P)$ e con $x_k(Q)$ le coordinate cartesiane di P e Q rispetto alla terna ortonormale fissa $\mathbf{i}_k$ con origine in O (per semplicità di notazione sottintendiamo la dipendenza dal tempo). Ricordando le relazioni (2.7) deduciamo che ciascuna coordinata $x_k(P) = \mathbf{i}_k \cdot OP(t)$ è esprimibile come

$$x_k(P) = \mathbf{i}_k \cdot OQ(t) + \mathbf{i}_k \cdot \mathbf{R}(t)(y_1\mathbf{i}_1 + y_2\mathbf{i}_2 + y_3\mathbf{i}_3)$$
$$= x_k(Q) + R_{k1}y_1 + R_{k2}y_2 + R_{k3}y_3$$

e, in definitiva,

$$x_k(P) = x_k(Q) + \sum_{h=1}^{3} R_{kh}y_h \qquad (k = 1, 2, 3). \tag{2.9}$$

Quest'ultima relazione prende il nome di *equazione cartesiana di un moto rigido* e permette di determinare il moto del generico punto solidale P conosciute le sue coordinate y_h, rispetto alla terna solidale. Questo è possibile per tutti i punti purché si conoscano istante per istante il moto di un punto Q e le componenti R_{kh} della rotazione $\mathbf{R}$.

2.2 Angoli di Eulero

Le condizioni (2.6) esprimono 6 relazioni indipendenti fra le componenti di $\mathbf{R}$ e suggeriscono quindi che i 9 coseni direttori R_{hk} siano esprimibili come funzione di $9 - 6 = 3$ parametri arbitrari. Tenuto conto della (2.9) si conclude che per conoscere il moto di un corpo rigido bisogna assegnare in ogni istante le 3 coordinate di un suo punto Q e 3 parametri indipendenti che forniscono la matrice di rotazione $\mathbf{R}$. Per questo motivo si dice che un corpo rigido libero da vincoli ha 6 *gradi di libertà* (la definizione precisa e discussione sui gradi di libertà sarà data in §4.8).

La scelta e la costruzione di questi ultimi 3 parametri che permettono di determinare la matrice di rotazione è un argomento delicato. Esistono diverse possibilità e qui ci limitiamo a indicare due costruzioni alternative che si basano su di un'idea comune: si introducono due angoli per individuare la posizione nello spazio di uno dei tre assi della terna mobile, e si utilizza un terzo angolo per assegnare la rotazione da compiere intorno a esso per determinare la collocazione degli altri due assi mobili.

Osserviamo fin da ora che qualsiasi costruzione venga scelta per assegnare i coseni direttori in funzione di tre parametri arbitrari presenta degli inconvenienti: più precisamente, è possibile dimostrare che esistono in ogni caso orientamenti della terna mobile per i quali viene meno la corrispondenza localmente biunivoca con la terna di parametri scelti. Questo significa che tutte le parametrizzazioni che si possono costruire sono per loro natura solo "parziali", nel senso che escludono alcuni orientamenti possibili della terna solidale al corpo. Tuttavia questo fatto non è sempre così grave, dal momento che in molte applicazioni esistono motivazioni *a priori* per escludere queste configurazioni "singolari" dall'insieme di quelle possibili per il moto del corpo rigido che vogliamo descrivere.

Un metodo classico per introdurre tre parametri liberi e indipendenti che permettano di individuare la posizione della terna mobile rispetto a quella fissa è data dai cosiddetti *angoli di Eulero*. In tutti quei casi in cui $\mathbf{i}_3 \wedge \mathbf{e}_3 \neq \mathbf{0}$ è possibile definire il versore

$$\mathbf{n} = \text{vers}(\mathbf{i}_3 \wedge \mathbf{e}_3) = \frac{\mathbf{i}_3 \wedge \mathbf{e}_3}{|\mathbf{i}_3 \wedge \mathbf{e}_3|} \tag{2.10}$$

ovvero il versore della linea intersezione dei piani perpendicolari alle direzioni di $\mathbf{e}_3$ e $\mathbf{i}_3$, che viene indicata come *asse dei nodi* (vedi Fig. 2.2). L'asse dei nodi permette di definire i tre angoli seguenti:

- *Angolo di precessione* ψ: angolo di cui bisogna ruotare $\mathbf{i}_1$, nel piano ortogonale a $\mathbf{i}_3$ e in verso antiorario rispetto a quest'ultimo, per ottenere l'asse dei nodi $\mathbf{n}$;
- *Angolo di nutazione* θ: angolo di cui bisogna ruotare $\mathbf{i}_3$, nel piano ortogonale a $\mathbf{n}$, per ottenere $\mathbf{e}_3$;
- *Angolo di rotazione propria* ϕ: angolo di cui bisogna ruotare $\mathbf{n}$, nel piano ortogonale a $\mathbf{e}_3$ e in verso antiorario rispetto a quest'ultimo, per ottenere l'asse dei nodi $\mathbf{e}_1$.

Figura 2.2 Asse dei nodi

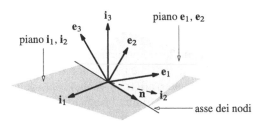

Osserviamo che la (2.10) ha senso solo se $0 < \theta < \pi$. Gli angoli di *precessione* ψ e *rotazione propria* ϕ sono invece da intendersi come angoli di rotazione, e possono assumere qualsiasi valore.

È possibile dimostrare che esiste una corrispondenza localmente biunivoca tra i valori degli angoli di Eulero e gli orientamenti che può assumere un corpo rigido. Infatti, date una terna assoluta $\mathbf{i}_h$ e una terna solidale al corpo rigido $\mathbf{e}_h$, per ogni orientamento del corpo tale che $\mathbf{e}_3$ non sia parallelo a $\mathbf{i}_3$ (quindi $0 < \theta < \pi$) è possibile individuare un unico valore dei tre angoli di Eulero. (Il fatto che $\mathbf{e}_3$ debba essere non parallelo a $\mathbf{i}_3$ mostra che la corrispondenza è solo localmente biunivoca. Quando i due versori sono paralleli l'asse dei nodi non può essere definito, ed è sufficiente un unico parametro per descrivere l'orientamento reciproco delle due terne, come vedremo nel caso particolare ma notevole dei moti piani.)

Mostriamo ora come, dati i valori degli angoli di Eulero, sia possibile trasformare la terna fissa $\mathbf{i}_h$ nella terna solidale $\mathbf{e}_h$ attraverso tre successive rotazioni. In questo modo si riescono anche ad esprimere le componenti dei versori $\mathbf{e}_h$, e cioè le quantità R_{hk}, in funzione degli angoli (ψ, θ, ϕ).

La prima operazione, illustrata nella Fig. 2.3, consiste nel ruotare i versori $\mathbf{i}_h$ di un angolo ψ intorno all'asse $\mathbf{i}_3$, costruendo una terna $\tilde{\mathbf{e}}_h$ tale che

$$\tilde{\mathbf{e}}_1 = \cos\psi\,\mathbf{i}_1 + \sin\psi\,\mathbf{i}_2\,, \qquad \tilde{\mathbf{e}}_2 = -\sin\psi\,\mathbf{i}_1 + \cos\psi\,\mathbf{i}_2\,, \qquad \tilde{\mathbf{e}}_3 = \mathbf{i}_3\,.$$

La seconda rotazione, come si vede nella Fig. 2.4, corrisponde all'angolo θ e avviene intorno al versore $\tilde{\mathbf{e}}_1 = \mathbf{n}$, trasformando la terna $\tilde{\mathbf{e}}_h$ in $\hat{\mathbf{e}}_h$, i cui versori sono definiti come

$$\hat{\mathbf{e}}_1 = \tilde{\mathbf{e}}_1\,, \qquad \hat{\mathbf{e}}_2 = \cos\theta\,\tilde{\mathbf{e}}_2 + \sin\theta\,\tilde{\mathbf{e}}_3\,, \qquad \hat{\mathbf{e}}_3 = -\sin\theta\,\tilde{\mathbf{e}}_2 + \cos\theta\,\tilde{\mathbf{e}}_3\,.$$

Completiamo infine la trasformazione effettuando una rotazione di un angolo ϕ intorno al versore $\hat{\mathbf{e}}_3$ che ci permette di ottenere la terna solidale $\mathbf{e}_h$ a partire da $\hat{\mathbf{e}}_h$, come si vede nella Fig. 2.5. Si ha

$$\mathbf{e}_1 = \cos\phi\,\hat{\mathbf{e}}_1 + \sin\phi\,\hat{\mathbf{e}}_2\,, \qquad \mathbf{e}_2 = -\sin\phi\,\hat{\mathbf{e}}_1 + \cos\phi\,\hat{\mathbf{e}}_2\,, \qquad \mathbf{e}_3 = \hat{\mathbf{e}}_3\,.$$

Figura 2.3 Angoli di Eulero:
prima rotazione (precessione)

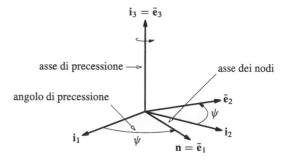

Figura 2.4 Angoli di Eulero:
seconda rotazione (nutazione)

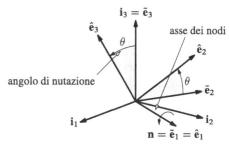

Figura 2.5 Angoli di Eulero:
terza rotazione (rotazione
propria)

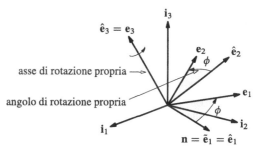

Eseguendo infine alcune sostituzioni, concettualmente semplici ma relativamente laboriose, possiamo dedurre le espressioni

$$\mathbf{e}_1 = (\cos\psi\cos\phi - \sin\psi\cos\theta\sin\phi)\mathbf{i}_1 + (\sin\psi\cos\phi + \cos\psi\cos\theta\sin\phi)\mathbf{i}_2$$
$$+ \sin\theta\sin\phi\,\mathbf{i}_3$$

$$\mathbf{e}_2 = (-\sin\phi\cos\psi - \cos\phi\sin\psi\cos\theta)\mathbf{i}_1 - (\sin\phi\sin\psi - \cos\phi\cos\psi\cos\theta)\mathbf{i}_2$$
$$+ \cos\phi\sin\theta\,\mathbf{i}_3$$

$$\mathbf{e}_3 = \sin\theta\sin\psi\,\mathbf{i}_1 - \sin\theta\cos\psi\,\mathbf{i}_2 + \cos\theta\,\mathbf{i}_3 \qquad (2.11)$$

le quali, alla luce delle (2.4), permettono di scrivere ciascuna componente R_{hk} della matrice di rotazione $\mathbf{R}$ in funzione degli angoli (ψ, θ, ϕ).

Per mezzo della rotazione inversa, coincidente con la trasposta $\mathbf{R}^T$, possiamo anche scrivere le relazioni che esprimono i versori dalla terna fissa rispetto alla terna solidale:

$$\mathbf{i}_1 = (\cos\psi\cos\phi - \sin\psi\cos\theta\sin\phi)\mathbf{e}_1 - (\sin\phi\cos\psi + \cos\phi\sin\psi\cos\theta)\mathbf{e}_2$$
$$+ \sin\theta\sin\psi\,\mathbf{e}_3$$

$$\mathbf{i}_2 = (\sin\psi\cos\phi + \cos\psi\cos\theta\sin\phi)\mathbf{e}_1 - (\sin\phi\sin\psi - \cos\phi\cos\psi\cos\theta)\mathbf{e}_2$$
$$- \sin\theta\cos\psi\,\mathbf{e}_3$$

$$\mathbf{i}_3 = \sin\theta\sin\phi\,\mathbf{e}_1 + \cos\phi\sin\theta\,\mathbf{e}_2 + \cos\theta\,\mathbf{e}_3 \tag{2.12}$$

Si noti in particolare che il versore dell'asse dei nodi può essere scritto come

$$\mathbf{n} = \tilde{\mathbf{e}}_1 = \hat{\mathbf{e}}_1 = \cos\psi\,\mathbf{i}_1 + \sin\psi\,\mathbf{i}_2 = \cos\phi\,\mathbf{e}_1 - \sin\phi\,\mathbf{e}_2\,.$$

Possiamo quindi concludere che, almeno in un intervallo di tempo in cui sia $\mathbf{i}_3 \wedge \mathbf{e}_3 \neq \mathbf{0}$, il moto può essere assegnato per mezzo delle quantità $\{x_Q(t), y_Q(t), z_Q(t);\ \psi(t), \theta(t), \phi(t)\}$, sei parametri indipendenti necessari per conoscere la posizione di un corpo rigido nello spazio.

2.2.1 Angoli di Cardano

Una descrizione alternativa agli angoli di Eulero si ottiene attraverso i cosiddetti *angoli di Cardano*, che in contesto ingegneristico sono spesso utilizzati per identificare l'imbardata, il beccheggio e il rollio di un aereo o di una nave rispetto a un osservatore fisso.

Dopo aver introdotto una terna ortonormale $\mathbf{e}_i$ solidale al moto, fissiamo l'attenzione sul versore $\mathbf{e}_1$ e osserviamo che sono necessari *due* angoli per descrivere la sua posizione rispetto alla terna fissa: l'angolo β che esso forma con il piano determinato da $\mathbf{i}_1$ e $\mathbf{i}_2$, e l'angolo α che la sua proiezione su questo stesso piano forma con $\mathbf{i}_1$ (si tratta in sostanza della "latitudine" e "longitudine" della "punta" del versore $\mathbf{e}_1$ su di una sfera unitaria). Resta poi da assegnare la rotazione da effettuare intorno a $\mathbf{e}_1$ per posizionare gli altri due versori, $\mathbf{e}_2$ e $\mathbf{e}_3$. Questo può essere fatto attraverso un terzo angolo γ. In definitiva, la conoscenza di $\{\alpha, \beta, \gamma\}$ permette di ricostruire la posizione della terna mobile, così come si vede in Fig. 2.6.

Per meglio visualizzare questi angoli possiamo immaginare che l'asse $\mathbf{e}_1$ punti nella direzione di marcia (parallelo all'asse del velivolo), e che l'asse $\mathbf{i}_3$ (fisso) sia verticale. In questo caso l'angolo di beccheggio β fornisce il sollevamento dell'aereo rispetto al piano orizzontale, l'angolo di imbardata α caratterizza la direzione

Figura 2.6 Angoli di Cardano

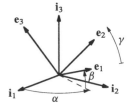

(nord/sud/ovest/est) di marcia, mentre l'angolo di rollio γ controlla le rotazioni del velivolo attorno al proprio asse.

In modo perfettamente analogo a quello che abbiamo visto per gli angoli di Eulero è possibile esprimere i nove coefficienti R_{hk} in funzione dei tre angoli di Cardano. Le funzioni $R_{hk}(\alpha, \beta, \gamma)$ così ottenute (che non riportiamo) sono tali da soddisfare le sei condizioni di ortonormalità (2.6) per *ogni* valore degli angoli, che assumono quindi il ruolo di parametri *essenziali* e *indipendenti*. Ciò significa che soddisfano a un duplice requisito: (1) non possiamo in generale ridurre il loro numero; (2) per ogni coppia di valori assegnati a due fra di essi, esistono infiniti valori ammissibili per il terzo.

Osserviamo che le configurazioni $\beta = \pm\pi/2$ sono singolari, nel senso che in corrispondenza di esse gli altri due angoli di rotazione non risultano definiti (un problema ineludibile, qualunque sia il tipo di angoli scelti). Non esiste infatti nessuna terna di angoli in grado di fornire una corrispondenza regolare e biunivoca con le terne solidali. In termini più precisi, non è possibile costruire una parametrizzazione regolare di tutto l'insieme (varietà) delle rotazioni.

Concludiamo osservando che la differenza fra gli angoli di Eulero e gli angoli di Cardano scompare qualora si decida di rinominare i versori mobili rappresentati in Fig. 2.6 da $\mathbf{e}_1, \mathbf{e}_2, \mathbf{e}_3$ in (nell'ordine) $\mathbf{e}_3, \mathbf{e}_1, \mathbf{e}_2$. In questo modo, confrontando con le figure che descrivono gli angoli di Eulero, avremmo $\alpha = \pi + \psi$, $\beta = \pi/2 - \theta$, $\gamma = \phi$. Si osservi però che, mantenendo invece la denominazione dei versori mobili come in Fig. 2.6, il legame fra angoli Eulero e di Cardano è molto più complesso. In altre parole: questi sistemi di angoli di rotazione differiscono quando i singoli versori delle terne siano precisamente identificati.

2.2.2 *Rotazioni intorno a un asse prefissato*

La definizione (2.10) dell'asse dei nodi richiede che sia verificata la condizione $\mathbf{e}_3 \wedge \mathbf{i}_3 \neq \mathbf{0}$. Nel caso, però, in cui la rotazione avvenga intorno a un asse prefissato di versore $\mathbf{k}$ è spesso conveniente utilizzare proprio quest'ultimo come versore comune alla terna fissa e alla terna ruotata, ponendo $\mathbf{e}_3 = \mathbf{i}_3 = \mathbf{k}$.

Sotto queste ipotesi, e nonostante la (2.10) perda significato, le relazioni (2.11) si semplificano, poiché in esse possiamo porre $\theta = 0$. Otteniamo così, con l'uso di qualche identità trigonometrica,

$$\begin{cases} \mathbf{e}_1 = \cos(\psi + \phi)\mathbf{i}_1 + \sin(\psi + \phi)\mathbf{i}_2 \\ \mathbf{e}_2 = -\sin(\psi + \phi)\mathbf{i}_1 + \cos(\psi + \phi)\mathbf{i}_2 \\ \mathbf{e}_3 = \mathbf{i}_3 \end{cases} \qquad (2.13)$$

È evidente che in questo caso il solo angolo $\psi + \phi$ è sufficiente a descrivere la configurazione della terna solidale rispetto alla terna fissa ma, non essendo definito l'asse dei nodi, non abbiamo modo di distinguere ψ da ϕ. La scelta più semplice consiste nell'identificare l'angolo complessivo con ψ e chiamare quest'ultimo semplicemente *angolo di rotazione*. La situazione può essere facilmente visualiz-zata con la Fig. 2.3, dove naturalmente la terna $\tilde{\mathbf{e}}_k$ coincide subito con la terna solidale $\mathbf{e}_k$.

2.3 Velocità angolare

Durante un moto rigido ogni punto del sistema possiede una propria velocità e una propria accelerazione, che sono in generale diverse da punto a punto e variabili da istante a istante. Tuttavia, come possiamo facilmente intuire, queste quantità non sono distribuite in modo arbitrario fra i punti stessi. Per rendercene conto pensiamo ai due estremi di un'asta rigida e osserviamo che, per esempio, non possono mai avere velocità dirette come la loro congiungente e di verso *opposto*: una tale si-tuazione corrisponderebbe all'allontanamento (o all'avvicinamento) di un estremo dall'altro, e ciò è impossibile a causa della rigidità dell'asta. Vogliamo ora capire, al di là di questo semplice esempio, quali siano le proprietà che caratterizzano le distribuzioni delle velocità e delle accelerazioni nei moti (o corpi) rigidi.

Iniziamo la nostra analisi introducendo la nozione di velocità angolare, una quan-tità vettoriale di fondamentale importanza per questo argomento.

2.3.1 *Formule di Poisson*

Derivando rispetto al tempo le condizioni di ortonormalità (2.5) per una terna $\mathbf{e}_h(t)$ in moto otteniamo le relazioni

$$\dot{\mathbf{e}}_j \cdot \mathbf{e}_k + \mathbf{e}_j \cdot \dot{\mathbf{e}}_k = 0 \quad \Longrightarrow \quad \dot{\mathbf{e}}_j \cdot \mathbf{e}_k = -\mathbf{e}_j \cdot \dot{\mathbf{e}}_k \qquad j, k = 1, 2, 3. \qquad (2.14)$$

In particolare, scegliendo $j = k$, le (2.14) implicano che sia $\dot{\mathbf{e}}_k \cdot \mathbf{e}_k = 0$ per ogni $k = 1, 2, 3$.

Teorema 2.2 (Poisson) *Sia $\mathcal{B}$ un sistema in moto rigido e siano $\mathbf{e}_1, \mathbf{e}_2, \mathbf{e}_3$ i versori di una terna ortonormale solidale. Esiste un* unico *vettore $\boldsymbol{\omega}$ tale che*

$$\dot{\mathbf{e}}_1 = \boldsymbol{\omega} \wedge \mathbf{e}_1, \qquad \dot{\mathbf{e}}_2 = \boldsymbol{\omega} \wedge \mathbf{e}_2, \qquad \dot{\mathbf{e}}_3 = \boldsymbol{\omega} \wedge \mathbf{e}_3. \qquad (2.15)$$

Questo vettore non dipende dalla terna solidale scelta ed è chiamato velocità ango-lare di $\mathcal{B}$. Le relazioni (2.15) si dicono formule di Poisson.

Il vettore velocità angolare si può esprimere come

$$\boldsymbol{\omega} = (\dot{\mathbf{e}}_2 \cdot \mathbf{e}_3)\mathbf{e}_1 + (\dot{\mathbf{e}}_3 \cdot \mathbf{e}_1)\mathbf{e}_2 + (\dot{\mathbf{e}}_1 \cdot \mathbf{e}_2)\mathbf{e}_3 = \frac{1}{2} \sum_{h=1}^{3} \mathbf{e}_h \wedge \dot{\mathbf{e}}_h. \qquad (2.16)$$

Infine, dato un qualunque vettore $\mathbf{w}$ solidale al corpo rigido vale

$$\dot{\mathbf{w}} = \boldsymbol{\omega} \wedge \mathbf{w}. \qquad (2.17)$$

Dimostrazione   La dimostrazione si articola in due fasi, riguardanti le proprietà del vettore $\boldsymbol{\omega}$: (1) esistenza e unicità; (2) indipendenza dalla terna solidale scelta. Senza perdita di generalità supporremo che la terna scelta sia *destra*; in caso contrario è sufficiente modificare alcuni dettagli per adattare la dimostrazione.

Moltiplichiamo scalarmente la prima delle formule di Poisson (2.15) per $\mathbf{e}_2$, la seconda per $\mathbf{e}_3$ e la terza per $\mathbf{e}_1$:

$$\dot{\mathbf{e}}_1 \cdot \mathbf{e}_2 = \boldsymbol{\omega} \wedge \mathbf{e}_1 \cdot \mathbf{e}_2\,, \qquad \dot{\mathbf{e}}_2 \cdot \mathbf{e}_3 = \boldsymbol{\omega} \wedge \mathbf{e}_2 \cdot \mathbf{e}_3\,, \qquad \dot{\mathbf{e}}_3 \cdot \mathbf{e}_1 = \boldsymbol{\omega} \wedge \mathbf{e}_3 \cdot \mathbf{e}_1\,.$$

Ricordiamo ora che in un prodotto misto è possibile scambiare fra loro il prodotto scalare e il prodotto vettoriale, e perciò

$$\dot{\mathbf{e}}_1 \cdot \mathbf{e}_2 = \boldsymbol{\omega} \cdot \mathbf{e}_1 \wedge \mathbf{e}_2\,, \qquad \dot{\mathbf{e}}_2 \cdot \mathbf{e}_3 = \boldsymbol{\omega} \cdot \mathbf{e}_2 \wedge \mathbf{e}_3\,, \qquad \dot{\mathbf{e}}_3 \cdot \mathbf{e}_1 = \boldsymbol{\omega} \cdot \mathbf{e}_3 \wedge \mathbf{e}_1\,. \quad (2.18)$$

Ma poiché in una terna destrorsa valgono le relazioni

$$\mathbf{e}_1 \wedge \mathbf{e}_2 = \mathbf{e}_3\,, \qquad \mathbf{e}_2 \wedge \mathbf{e}_3 = \mathbf{e}_1\,, \qquad \mathbf{e}_3 \wedge \mathbf{e}_1 = \mathbf{e}_2\,,$$

allora le (2.18) si trasformano in

$$\dot{\mathbf{e}}_1 \cdot \mathbf{e}_2 = \boldsymbol{\omega} \cdot \mathbf{e}_3 = \omega_3\,, \qquad \dot{\mathbf{e}}_2 \cdot \mathbf{e}_3 = \boldsymbol{\omega} \cdot \mathbf{e}_1 = \omega_1\,, \qquad \dot{\mathbf{e}}_3 \cdot \mathbf{e}_1 = \boldsymbol{\omega} \cdot \mathbf{e}_2 = \omega_2\,,$$

e quindi, necessariamente, deve essere

$$\boldsymbol{\omega} = (\dot{\mathbf{e}}_2 \cdot \mathbf{e}_3)\mathbf{e}_1 + (\dot{\mathbf{e}}_3 \cdot \mathbf{e}_1)\mathbf{e}_2 + (\dot{\mathbf{e}}_1 \cdot \mathbf{e}_2)\mathbf{e}_3\,. \qquad (2.19)$$

In questo modo abbiamo dedotto che, per la terna solidale scelta, $\boldsymbol{\omega}$ è unico e deve avere l'espressione (2.19). Dobbiamo però ancora controllare che questo vettore soddisfi veramente le (2.15). Eseguiamo la verifica esplicita nel caso $h = 1$. Moltiplichiamo vettorialmente sulla destra l'espressione (2.19) per $\mathbf{e}_1$

$$\boldsymbol{\omega} \wedge \mathbf{e}_1 = (\dot{\mathbf{e}}_2 \cdot \mathbf{e}_3)\mathbf{e}_1 \wedge \mathbf{e}_1 + (\dot{\mathbf{e}}_3 \cdot \mathbf{e}_1)\mathbf{e}_2 \wedge \mathbf{e}_1 + (\dot{\mathbf{e}}_1 \cdot \mathbf{e}_2)\mathbf{e}_3 \wedge \mathbf{e}_1\,.$$

Ricordando che $\mathbf{e}_1 \wedge \mathbf{e}_1 = \mathbf{0}$, $\mathbf{e}_2 \wedge \mathbf{e}_1 = -\mathbf{e}_3$, e $\mathbf{e}_3 \wedge \mathbf{e}_1 = \mathbf{e}_2$, deduciamo

$$\boldsymbol{\omega} \wedge \mathbf{e}_1 = -(\dot{\mathbf{e}}_3 \cdot \mathbf{e}_1)\mathbf{e}_3 + (\dot{\mathbf{e}}_1 \cdot \mathbf{e}_2)\mathbf{e}_2\,.$$

Utilizzando le (2.14) abbiamo

$$\boldsymbol{\omega} \wedge \mathbf{e}_1 = (\dot{\mathbf{e}}_1 \cdot \mathbf{e}_1)\mathbf{e}_1 + (\dot{\mathbf{e}}_1 \cdot \mathbf{e}_2)\mathbf{e}_2 + (\dot{\mathbf{e}}_1 \cdot \mathbf{e}_3)\mathbf{e}_3 \qquad (2.20)$$

(dove al secondo membro abbiamo aggiunto il primo termine, che è comunque nullo). Alla luce dell'identità

$$\dot{\mathbf{e}}_1 = (\dot{\mathbf{e}}_1 \cdot \mathbf{e}_1)\mathbf{e}_1 + (\dot{\mathbf{e}}_1 \cdot \mathbf{e}_2)\mathbf{e}_2 + (\dot{\mathbf{e}}_1 \cdot \mathbf{e}_3)\mathbf{e}_3\,,$$

(vera poiché $(\dot{\mathbf{e}}_1 \cdot \mathbf{e}_j)$ coincide con la j-esima componente di $\dot{\mathbf{e}}_1$) il membro destro della (2.20) è proprio $\dot{\mathbf{e}}_1$, il che completa la verifica della validità della formula di Poisson (2.15) nel caso $h = 1$. La dimostrazione che $\boldsymbol{\omega}$ soddisfa anche le due rimanenti è del tutto analoga.

Resta infine da dimostrare l'*indipendenza* di $\boldsymbol{\omega}$ dalla terna scelta. Abbiamo fin qui visto che a ogni terna solidale corrisponde un unico vettore che soddisfa le formule di Poisson per quella terna, ma non sappiamo ancora se questo stesso vettore "funzioni" per *tutte* le terne. Dobbiamo quindi mostrare che il *medesimo* $\boldsymbol{\omega}$ definito dalla prima uguaglianza nella (2.16) soddisfa anche le formule di Poisson per una seconda terna ortonormale solidale $\{\mathbf{e}'_1, \mathbf{e}'_2, \mathbf{e}'_3\}$. A tal fine consideriamo un qualsiasi vettore $\mathbf{w}$ anch'esso solidale al sistema rigido in moto e indichiamo con (w_1, w_2, w_3) le sue componenti rispetto alla terna $\{\mathbf{e}_1, \mathbf{e}_2, \mathbf{e}_3\}$, in modo che sia $\mathbf{w} = w_1\mathbf{e}_1 + w_2\mathbf{e}_2 + w_3\mathbf{e}_3$. Osserviamo che, essendo il vettore $\mathbf{w}$ solidale al sistema in moto, le componenti w_h ($h = 1, 2, 3$) sono *costanti* nel tempo, per cui

$$\frac{d\mathbf{w}}{dt} = w_1\dot{\mathbf{e}}_1 + w_2\dot{\mathbf{e}}_2 + w_3\dot{\mathbf{e}}_3 . \tag{2.21}$$

Utilizzando le formule di Poisson abbiamo che

$$w_1\dot{\mathbf{e}}_1 + w_2\dot{\mathbf{e}}_2 + w_3\dot{\mathbf{e}}_3 = \boldsymbol{\omega} \wedge (w_1\mathbf{e}_1 + w_2\mathbf{e}_2 + w_3\mathbf{e}_3) = \boldsymbol{\omega} \wedge \mathbf{w}$$

da cui, confrontando con la (2.21), deduciamo l'importante relazione (2.17), che deve essere soddisfatta da *ogni* vettore solidale al corpo rigido. Scegliendo in particolare $\mathbf{w}$ di volta in volta uguale a $\mathbf{e}'_1$, $\mathbf{e}'_2$ o $\mathbf{e}'_3$ (i versori della seconda terna) avremo

$$\frac{d\mathbf{e}'_h}{dt} = \boldsymbol{\omega} \wedge \mathbf{e}'_h \qquad h = 1, 2, 3.$$

Abbiamo così dimostrato che lo stesso vettore $\boldsymbol{\omega}$ soddisfa le formule di Poisson non solo per la terna solidale $\{\mathbf{e}_h\}$ ma anche per $\{\mathbf{e}'_h\}$. Deduciamo quindi l'indipendenza di $\boldsymbol{\omega}$ dalla terna scelta per definirlo.

Dimostriamo infine la validità della seconda espressione presente nella (2.16) per il vettore velocità angolare. Le formule di Poisson implicano $\sum_h \mathbf{e}_h \wedge \dot{\mathbf{e}}_h = \sum_h \mathbf{e}_h \wedge (\boldsymbol{\omega} \wedge \mathbf{e}_h)$. Da questa, in vista dell'identità associata al doppio prodotto vettore (vedi (A.8))

$$\mathbf{e}_h \wedge (\boldsymbol{\omega} \wedge \mathbf{e}_h) = (\mathbf{e}_h \cdot \mathbf{e}_h)\boldsymbol{\omega} - (\boldsymbol{\omega} \cdot \mathbf{e}_h)\mathbf{e}_h = \boldsymbol{\omega} - \omega_h\mathbf{e}_h ,$$

si deduce che $\sum_h \mathbf{e}_h \wedge \dot{\mathbf{e}}_h = \sum_h [\boldsymbol{\omega} - \omega_h\mathbf{e}_h] = 3\boldsymbol{\omega} - \boldsymbol{\omega} = 2\boldsymbol{\omega}$, e perciò

$$\boldsymbol{\omega} = \frac{1}{2}\sum_{h=1}^{3} \mathbf{e}_h \wedge \dot{\mathbf{e}}_h . \qquad \qquad \square$$

2.4   Caratterizzazione dei moti rigidi

La relazione (2.17), dedotta nella sezione precedente, permette di caratterizzare precisamente le distribuzioni di velocità che possono presentarsi durante un moto rigido.

Teorema 2.3 (Legge di distribuzione delle velocità) *Condizione necessaria e sufficiente affinché il moto di un sistema sia rigido è che la distribuzione delle velocità soddisfi in ogni istante*

$$\mathbf{v}_P(t) = \mathbf{v}_Q(t) + \boldsymbol{\omega}(t) \wedge QP \qquad per\,ogni \quad P, Q. \qquad (2.22)$$

La (2.22) è detta *legge di distribuzione delle velocità* e in essa il vettore QP congiunge le posizioni nello spazio dei punti materiali Q e P all'istante considerato. Questa relazione esprime un legame fra le loro velocità e, come mostreremo di seguito, caratterizza completamente ogni moto rigido: per ogni coppia di punti solidali P e Q possiamo calcolare la velocità di uno (P, per esempio) a partire dalla conoscenza della velocità dell'altro (Q, per esempio) e della velocità angolare $\boldsymbol{\omega}$.

Dimostrazione   Per dimostrare la necessità della (2.22) basta utilizzare la (2.17) ponendo $\mathbf{w} = QP$, dove Q e P sono punti solidali al sistema in moto, così come il vettore $\mathbf{w}$ che li congiunge. In questo modo si ha, usando la (1.2),

$$\underbrace{\frac{d(QP)}{dt}}_{\mathbf{v}_P - \mathbf{v}_Q} = \boldsymbol{\omega} \wedge QP \,, \qquad (2.23)$$

che fornisce la (2.22).

Al fine di dimostrare la sufficienza resta da verificare che questa relazione, soddisfatta in ogni istante, garantisce la rigidità del moto. Siano P e Q due punti di un sistema materiale in moto, per il quale supponiamo valga la (2.22) in *ogni* istante. Calcoliamo la derivata del quadrato del vettore QP:

$$\frac{d(QP)^2}{dt} = 2\frac{d(QP)}{dt} \cdot QP = 2(\mathbf{v}_P - \mathbf{v}_Q) \cdot QP = 2(\boldsymbol{\omega} \wedge QP) \cdot QP = 0$$

dove, nell'ultimo passaggio, abbiamo sfruttato una delle proprietà del prodotto misto, per la quale questo si annulla ogni volta che due fattori sono coincidenti o paralleli. Si vede quindi che le distanze fra i punti si mantengono costanti, e perciò il moto corrispondente è rigido.   □

Derivando rispetto al tempo la legge di distribuzione delle velocità è possibile mostrare che anche le possibili accelerazioni dei punti di un corpo rigido debbono obbedire a delle precise richieste.

Proposizione 2.4 (Legge di distribuzione delle accelerazioni) *Le accelerazioni in un moto rigido soddisfano la relazione*

$$\mathbf{a}_P(t) = \mathbf{a}_Q(t) + \dot{\boldsymbol{\omega}} \wedge QP + \boldsymbol{\omega} \wedge (\boldsymbol{\omega} \wedge QP) \qquad per\,ogni \quad P, Q. \qquad (2.24)$$

La (2.24) *prende il nome di* legge di distribuzione delle accelerazioni.

Dimostrazione Per ricavare la (2.24) dobbiamo derivare rispetto al tempo la (2.22). Alla luce della (2.23) si ottiene

$$\mathbf{a}_P = \mathbf{a}_Q + \dot{\boldsymbol{\omega}} \wedge QP + \boldsymbol{\omega} \wedge (\mathbf{v}_P - \mathbf{v}_Q) = \mathbf{a}_Q + \dot{\boldsymbol{\omega}} \wedge QP + \boldsymbol{\omega} \wedge (\boldsymbol{\omega} \wedge QP),$$

equivalente alla (2.24). □

Assegnate quindi l'accelerazione di un qualsiasi punto solidale Q, la velocità angolare $\boldsymbol{\omega}$ e la sua derivata $\dot{\boldsymbol{\omega}}$, possiamo conoscere l'accelerazione di *ogni* altro punto P del sistema.

Osservazione 2.5 (Spostamento rigido elementare) Lo spostamento elementare di un punto in moto è dato da $dP = \mathbf{v}_P \, dt$, che può essere intesa come parte principale dello spostamento finito ΔP, al tendere di Δt a zero. Alla luce della (2.22) lo spostamento $dP = \mathbf{v}_P \, dt$ risulta essere legato allo spostamento $dQ = \mathbf{v}_Q \, dt$ attraverso la relazione

$$dP = dQ + \boldsymbol{\omega} \, dt \wedge QP. \qquad (2.25)$$

La quantità $\boldsymbol{\omega} \, dt$ ha una certa importanza, e viene spesso denominata *vettore di rotazione infinitesima*, relativo all'istante e al moto rigido al quale si riferisce $\boldsymbol{\omega}(t)$, e indicata con $\boldsymbol{\varepsilon}$. Con questa notazione, quindi, lo spostamento rigido elementare (2.25) diventa

$$dP = dQ + \boldsymbol{\varepsilon} \wedge QP \qquad (\boldsymbol{\varepsilon} = \boldsymbol{\omega} \, dt), \qquad (2.26)$$

un'espressione che utilizzeremo nuovamente più avanti. □

2.5 Moti rigidi

Sotto certe condizioni un corpo rigido può compiere dei moti speciali in tutto un intervallo temporale $t \in [t_1, t_2]$. In questa sezione analizziamo alcuni di questi casi particolari. Prima di passare alla loro descrizione, possiamo senza alcuna perdita di generalità richiedere che i sistemi di riferimento fisso e solidale coincidano al tempo $t = 0$, vale a dire

$$Q(0) = O, \qquad \mathbf{e}_k(0) = \mathbf{i}_k \quad \forall k = 1, 2, 3.$$

2.5.1   *Moto traslatorio*

Definizione 2.6   *Un moto rigido si dice traslatorio se* ogni *retta solidale mantiene orientamento invariabile rispetto all'osservatore fisso.*

Proposizione 2.7   *Un moto rigido è traslatorio se e solo se* $\boldsymbol{\omega}(t) \equiv \mathbf{0}$ *per ogni* t.

Dimostrazione   Per definizione, in un moto traslatorio ogni retta solidale mantiene orientamento costante. In particolare, la terna solidale avrà versori costanti, da cui ricaviamo $\dot{\mathbf{e}}_k = \mathbf{0}$, $\forall k = 1, 2, 3$ e, in base alla (2.16), $\boldsymbol{\omega} = \mathbf{0}$.

Viceversa, se $\boldsymbol{\omega} = \mathbf{0}$ la (2.17) implica che ogni versore solidale rimane costante, e quindi il moto è traslatorio.   ☐

La scelta degli assi fatta in precedenza per $t = 0$ implica che in un moto traslatorio $\mathbf{e}_k = \mathbf{i}_k$ per ogni t (vedi Fig. 2.7). La matrice di rotazione che trasforma la terna fissa in quella solidale vale quindi $\mathbf{R} = \mathbf{I}$ e quindi l'equazione cartesiana del moto rigido (2.9) diviene in questo caso:

$$x_k(P) = x_k(Q) + y_k, \qquad k = 1, 2, 3.$$

Durante un moto traslatorio la posizione di un qualunque punto P è nota non appena si conosca il moto di uno dei punti Q del corpo rigido, in quanto il versore solidale QP rimane costante a tutti i tempi. Ciò implica che bastano solo *tre* parametri (le coordinate variabili di Q) per fissare la posizione di tutti i punti del sistema. I gradi di libertà sono in questo caso 3. Infine, le (2.22), (2.24), (2.26) forniscono

$$\mathbf{v}_P = \mathbf{v}_Q, \qquad \mathbf{a}_P = \mathbf{a}_Q, \qquad dP = dQ \qquad \forall P, Q.$$

In un moto traslatorio in ogni istante $t \in [t_1, t_2]$ tutti i punti hanno la stessa velocità, la stessa accelerazione e gli stessi spostamenti elementari. Per questo motivo durante un moto traslatorio si può parlare di velocità del corpo, senza distinguere tra un punto e l'altro.

Figura 2.7   Moto traslatorio

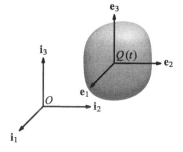

Nel caso particolare in cui la velocità mantenga anche *direzione* costante il moto traslatorio si dice *rettilineo*, poiché le traiettorie dei singoli punti sono appunto rettilinee, e *rettilineo uniforme* se la velocità è anche costante nel tempo.

2.5.2 Moto rototraslatorio

Definizione 2.8 *Un moto rigido si dice rototraslatorio se esiste un orientamento solidale al corpo (o direzione privilegiata) che si mantiene costante rispetto all'osservatore fisso.*

Proposizione 2.9 *Un moto rigido è rototraslatorio se e solo se la direzione di $\boldsymbol{\omega}$ è costante, e in tal caso tale direzione è quella che mantiene invariato il suo orientamento.*

Dimostrazione Supponiamo che esista una direzione costante, e scegliamo $\mathbf{e}_3 = \mathbf{i}_3$, parallelo a tale direzione. Dalla formula di Poisson (2.15) si ha $\dot{\mathbf{e}}_3 = \boldsymbol{\omega} \wedge \mathbf{e}_3 \equiv \mathbf{0}$, e questo implica che $\boldsymbol{\omega}$ sia parallelo al versore $\mathbf{e}_3$.

Viceversa, la stessa formula di Poisson appena utilizzata mostra che se $\boldsymbol{\omega}$ è sempre parallelo al versore $\mathbf{e}_3$, quest'ultimo è costante e il moto è rototraslatorio. $\square$

Chiaramente, i moti rototraslatori includono quelli traslatori. Questi ultimi infatti si ottengono nel caso particolare in cui la velocità angolare è nulla, e non solo uno, ma tutti i versori solidali si mantengono costanti.

Nel caso di un moto rototraslatorio si realizza una situazione analoga a quella già analizzata nel §2.2.2. Facendo riferimento alla Fig. 2.8a, sia θ l'angolo che il versore $\mathbf{e}_1$ forma con $\mathbf{i}_1$. Le (2.13) implicano

$$\mathbf{e}_1 = \cos\theta\,\mathbf{i}_1 + \sin\theta\,\mathbf{i}_2\,, \qquad \mathbf{e}_2 = -\sin\theta\,\mathbf{i}_1 + \cos\theta\,\mathbf{i}_2\,, \qquad \mathbf{e}_3 = \mathbf{i}_3\,, \qquad (2.27)$$

e la matrice di rotazione è fornita da

$$\mathbf{R} \equiv \begin{bmatrix} \cos\theta & -\sin\theta & 0 \\ \sin\theta & \cos\theta & 0 \\ 0 & 0 & 1 \end{bmatrix}. \qquad (2.28)$$

L'equazione cartesiana del moto (2.9) con $\mathbf{R}$ data da (2.28) mostra che in un moto rototraslatorio sono in generale necessari *quattro* parametri per identificare la posizione di ogni punto del sistema. Note infatti le tre coordinate di un punto Q e l'angolo θ che identifica i versori solidali, possiamo ricostruire la posizione di un qualunque altro punto P. Derivando inoltre le (2.27) rispetto al tempo troviamo

$$\dot{\mathbf{e}}_1 = \dot{\theta}\mathbf{e}_2\,, \qquad \dot{\mathbf{e}}_2 = -\dot{\theta}\mathbf{e}_1\,, \qquad \dot{\mathbf{e}}_3 = 0\,,$$

che alla luce della (2.16) implica

$$\boldsymbol{\omega} = \dot{\theta}\mathbf{i}_3\,. \qquad (2.29)$$

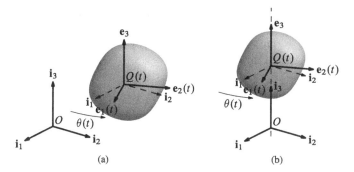

Figura 2.8 Moto rototraslatorio e elicoidale

Osservazione 2.10 È importante sottolineare che l'angolo utilizzato per descrivere la rotazione della terna mobile rispetto a quella fissa potrebbe essere diverso da quello indicato in Fig. 2.8a, e scelte diverse dell'angolo di rotazione porterebbero a piccole modifiche nella (2.29). Per esempio, se si decidesse di usare l'angolo $\psi(t) = \pi/2 - \theta(t)$ che il versore mobile $\mathbf{e}_1(t)$ forma con $\mathbf{i}_2$ (invece che con $\mathbf{i}_1$), allora l'espressione della velocità angolare sarebbe piuttosto $\boldsymbol{\omega} = -\dot{\psi}(t)\mathbf{i}_3$. In modo informale si può dire quindi che per calcolare la velocità angolare in un moto rigido rototraslatorio è sufficiente derivare l'angolo di rotazione, ma bisogna fare attenzione ad alcuni dettagli per così dire "pratici".

- Ha diritto di chiamarsi *angolo di rotazione* solo un angolo fra una direzione *fissa* rispetto all'osservatore e una direzione *solidale* al sistema in moto. Questo significa che la direzione mobile deve poter essere pensata come "disegnata" sul corpo in moto.
- Conviene pensare l'angolo di rotazione come orientato dalla direzione fissa verso la direzione mobile. Una regola pratica è poi quella di controllare se esso risulta in questo modo concorde o discorde (secondo la regola della mano destra) con il versore $\mathbf{i}_3$, per decidere il segno da utilizzare. $\qquad\square$

Dalle (2.22), (2.24), (2.26) ricaviamo il legame tra le velocità, accelerazione e spostamenti elementari dei punti di un corpo rigido in moto rototraslatorio:

$$
\begin{aligned}
\mathbf{v}_P &= \mathbf{v}_Q + \dot{\theta}\,\mathbf{i}_3 \wedge QP\,, \\
dP &= dQ + d\theta\,\mathbf{i}_3 \wedge QP\,, \\
\mathbf{a}_P &= \mathbf{a}_Q + \ddot{\theta}\,\mathbf{i}_3 \wedge QP - \dot{\theta}^2 P^*P\,,
\end{aligned}
\tag{2.30}
$$

dove P^* indica la proiezione di P sulla retta passante per Q e parallela alla velocità angolare. Osserviamo che, scelti P e Q in modo che la loro congiungente PQ sia parallela alla direzione privilegiata (vale a dire quella di $\mathbf{i}_3$ e quindi di $\boldsymbol{\omega}$), le (2.30) implicano

$$
\mathbf{v}_P = \mathbf{v}_Q\,, \qquad \mathbf{a}_P = \mathbf{a}_Q\,, \qquad dP = dQ\,, \qquad \forall P, Q\,:\, PQ \parallel \mathbf{i}_3\,. \tag{2.31}
$$

Le (2.30) si possono meglio interpretare se osserviamo che

$$\mathbf{i}_3 \wedge QP = \mathbf{i}_3 \wedge \left(\underbrace{QP^*}_{\|\mathbf{i}_3} + P^*P \right) = \mathbf{i}_3 \wedge P^*P \,.$$

Risulta quindi che nelle espressioni (2.30) sia i termini proporzionali a $\mathbf{i}_3 \wedge QP$ che quello proporzionale a P^*P sono contenuti nel piano ortogonale a $\mathbf{i}_3$. Le loro direzioni sono rispettivamente tangenziale e radiale, rispetto all'asse parallelo a $\mathbf{i}_3$ e passante per P^*. Infine, le loro intensità sono proporzionali alla distanza $|P^*P|$.

Osservazione 2.11 Una conseguenza dell'espressione (2.29) per la velocità angolare riguarda il vettore di rotazione infinitesima $\boldsymbol{\varepsilon}$, così come introdotto nella (2.26). Infatti

$$\boldsymbol{\varepsilon} = \boldsymbol{\omega}\, dt = \dot{\psi}\, \mathbf{k}\, dt = d\psi\, \mathbf{k} \,, \qquad (2.32)$$

e quindi, in questo particolare caso, possiamo dire che $\boldsymbol{\varepsilon}$ è il differenziale della funzione $\psi(t)\mathbf{k}$. Nei moti rototraslatori il vettore di rotazione infinitesima è quindi il differenziale di una funzione dell'angolo di rotazione del corpo (e questa è in parte la giustificazione per il nome dato a $\boldsymbol{\varepsilon}$ stesso). Tuttavia, come vedremo più comodamente nel paragrafo 3.5 del Cap. 3, questa proprietà non è più valida nel caso di moti rigidi generici. Più precisamente: *non* esiste in generale un vettore $\boldsymbol{\gamma}$ funzione degli angoli di Eulero tale che sia $\boldsymbol{\varepsilon} = d\boldsymbol{\gamma}$.   □

Definizione 2.12 (Moto elicoidale) *Un moto rototraslatorio si dice elicoidale se esiste una retta, parallela alla direzione privilegiata, i cui punti abbiano velocità parallela alla retta stessa.*

Osserviamo che, in base alla (2.31)$_1$, basta che un punto Q del corpo rigido abbia velocità parallela a $\boldsymbol{\omega}$ perché tutti i punti della retta passante per Q e parallela alla velocità angolare godano della stessa proprietà (vedi Fig. 2.8b).

Se la velocità di Q è sempre parallela a $\mathbf{i}_3$, le coordinate x_{Q1} e x_{Q2} saranno costanti, e quindi basteranno i *due* parametri $\{x_{Q3}, \theta\}$ per identificare la configurazione di un corpo rigido durante un moto elicoidale.

Notiamo che qualunque sia $\boldsymbol{\omega} \neq \mathbf{0}$, la retta di punti con velocità parallela a $\mathbf{i}_3$ è unica. Infatti, detto ancora Q un punto di tale retta, la (2.30)$_1$ mostra che la velocità di un qualunque altro punto P ha una componente ortogonale a $\mathbf{i}_3$, a meno che non sia $QP \parallel \mathbf{i}_3$.

Definizione 2.13 (Moto rotatorio) *Un moto rototraslatorio si dice rotatorio se esiste una retta (detta* asse di rotazione*), parallela alla direzione privilegiata, i cui punti abbiano velocità nulla.*

Il moto rotatorio è un particolare moto elicoidale, in cui anche la coordinata x_{Q3} del punto prima identificato risulta costante. Rimane così un solo parametro,

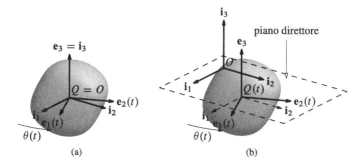

Figura 2.9 Moto rotatorio e piano

rappresentato da $\theta(t)$ (vedi Fig. 2.9). Inoltre, supposto sempre che Q appartenga all'asse di rotazione, le (2.30) assumono la forma semplificata:

$$\mathbf{v}_P = \dot{\theta}\,\mathbf{i}_3 \wedge P^*P\,, \qquad \mathbf{a}_P = \ddot{\theta}\,\mathbf{i}_3 \wedge P^*P - \dot{\theta}^2 P^*P\,, \qquad dP = d\theta\,\mathbf{i}_3 \wedge P^*P\,,$$

dove P^* indica ora la proiezione di P sull'asse di rotazione. Possiamo quindi affermare che velocità, accelerazione e spostamenti elementari sono ortogonali all'asse di rotazione, e le loro intensità sono proporzionali alla distanza da tale asse. Inoltre, mentre velocità e spostamenti elementari hanno solo una componente tangenziale (rispetto alla congiungente all'asse di rotazione), le accelerazioni contengono sia un termine tangenziale che uno radiale (spesso detto accelerazione centripeta).

Definizione 2.14 (Moto piano)   *Un moto rigido si dice piano se esiste un piano π, solidale con il corpo, che si mantiene sempre parallelo e a distanza costante da un piano fisso π^*, detto* piano direttore.

I moti rigidi piani sono rototraslatori, in quanto la condizione $\pi \parallel \pi^*$ è perfettamente equivalente alla condizione $\mathbf{e}_3 \parallel \mathbf{i}_3$, a patto di definire questi due versori rispettivamente ortogonali a π, π^*. Inoltre, la condizione che π si mantenga a distanza fissa da π^* implica che le coordinate di tutti i suoi punti lungo l'asse $\mathbf{i}_3 \perp \pi^*$ rimangono costanti. Il moto piano è quindi identificato dai *tre* parametri $\{x_{Q1}, x_{Q2}, \theta\}$ (vedi Fig. 2.9).

Durante un moto piano, la posizione di un qualunque punto P del corpo rigido è nota non appena si conosca quella della sua proiezione P^* sul piano direttore, in quanto la (2.31) implica che i due punti si muovono sempre con la medesima velocità, e quindi l'evoluzione del punto proiettato segue quella del punto originale. Per questo motivo lo studio o la descrizione di un moto rigido piano si può ridurre a quella di una figura piana, ottenuta proiettando il corpo rigido nel piano direttore. Di conseguenza, e senza perdita di generalità si parla comunemente di *sistemi piani*, considerando solo punti appartenenti al piano direttore.

2.5.3 Moto polare

Definizione 2.15 *Un moto rigido si dice polare se uno dei punti solidali con il corpo rigido rimane fisso.*

In un moto polare le coordinate di un punto Q del corpo rigido sono costanti. Di conseguenza, e in vista delle considerazioni svolte nel §2.2, servono *tre* parametri, ad esempio gli angoli di Eulero $\{\theta, \varphi, \psi\}$ per identificare la configurazione di tutto il corpo rigido (vedi Fig. 2.10a).

Detto Q il punto fisso durante un moto polare, la distribuzione delle velocità riferita ad esso prende la forma $\mathbf{v}_P = \boldsymbol{\omega} \wedge QP$. Da questa relazione segue subito che tutti i punti della retta passante per il punto fisso Q e parallela a $\boldsymbol{\omega}$ hanno velocità nulla. È però importante osservare che questa retta, detta *asse di istantanea rotazione*, ha direzione variabile con $\boldsymbol{\omega}$ nello spazio. In altre parole, il fatto che la direzione di $\boldsymbol{\omega}$ possa variare durante un moto polare implica che quest'ultimo non sia in generale un moto rotatorio, e che l'asse di istantanea rotazione non sia quindi un asse di rotazione.

Definizione 2.16 (Moto precessionale) *Un moto polare si dice di precessione (o precessionale) se esistono due rette passanti per il punto fisso $Q \equiv O$, una solidale al corpo rigido di versore $\mathbf{e}_3$ (asse di rotazione propria, o di figura) e una fissa di versore $\mathbf{i}_3$ (asse di precessione), tale che durante il moto l'angolo θ fra di loro si mantiene costante.*

Proposizione 2.17 *Un moto polare è una precessione se e solo se $\boldsymbol{\omega}$ è in ogni istante complanare a un versore fisso $\mathbf{i}_3$ e a un versore $\mathbf{e}_3$ solidale al moto, e cioè se e solo se*

$$\boldsymbol{\omega} = \lambda \mathbf{e}_3 + \mu \mathbf{i}_3 , \tag{2.33}$$

dove λ e μ sono in generale funzioni del tempo.

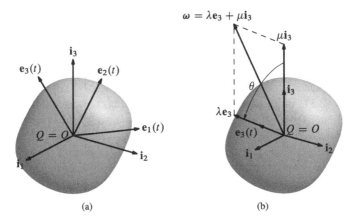

(a)   (b)

Figura 2.10 Moto polare e di precessione

Dimostrazione Supponiamo che un moto polare sia una precessione. Il fatto che l'angolo tra $\mathbf{e}_3$ e $\mathbf{i}_3$ sia costante implica (vedi Fig. 2.10b)

$$\mathbf{e}_3 \cdot \mathbf{i}_3 = \cos\theta = \text{costante}. \tag{2.34}$$

Derivando la (2.34) rispetto al tempo e tenendo conto che per il vettore solidale $\mathbf{e}_3$ vale la formula di Poisson $\dot{\mathbf{e}}_3 = \boldsymbol{\omega} \wedge \mathbf{e}_3$, si ha $\boldsymbol{\omega} \wedge \mathbf{e}_3 \cdot \mathbf{i}_3 = 0$, da cui si evince che $\boldsymbol{\omega}$, $\mathbf{e}_3$ e $\mathbf{i}_3$ appartengono al medesimo piano e quindi esistono λ e μ tali che $\boldsymbol{\omega} = \lambda \mathbf{e}_3 + \mu \mathbf{i}_3$.

Viceversa, se $\boldsymbol{\omega}$ ammette la decomposizione (2.33), l'angolo tra $\mathbf{e}_3$ e $\mathbf{i}_3$ risulta costante, in quanto

$$\frac{d}{dt}(\mathbf{e}_3 \cdot \mathbf{i}_3) = \dot{\mathbf{e}}_3 \cdot \mathbf{i}_3 = (\boldsymbol{\omega} \wedge \mathbf{e}_3) \cdot \mathbf{i}_3 = 0. \qquad \square$$

Le componenti $\lambda(t)$ e $\mu(t)$ che caratterizzano $\boldsymbol{\omega}$ in una precessione si dicono rispettivamente *velocità angolare di rotazione propria* e *velocità angolare di precessione*. Inoltre, una precessione si dice *regolare* quando le due componenti $\lambda(t)$ e $\mu(t)$ sono costanti.

Osservazione 2.18 È importante sottolineare che la classificazione di moti rigidi appena completata non è esaustiva, nel senso che non è assolutamente garantito che un moto rigido qualunque ricada necessariamente in una delle categorie precedenti. Infatti, un moto rigido generico è caratterizzato da un moto arbitrario di un punto $Q(t)$ (e darà luogo a un moto polare nel caso particolare in cui Q sia fermo), unita a un'altrettanto arbitraria velocità angolare $\boldsymbol{\omega}$ (che darà luogo a un moto rototraslatorio solo quando almeno la direzione di $\boldsymbol{\omega}$ sia costante). $\qquad \square$

2.6 Velocità angolare e rotazioni

Mentre per un moto rigido rototraslatorio la velocità angolare è esprimibile attraverso la derivata dell'angolo di rotazione, come abbiamo visto nella (2.29), quando si tratta di un moto rigido generico la situazione è più complessa, poiché la rotazione del corpo è descritta da ben *tre* parametri, per esempio gli angoli di Eulero $\{\psi, \theta, \phi\}$, in funzione dei quali possiamo scrivere le componenti $R_{hk} = \mathbf{i}_h \cdot \mathbf{e}_k$ dei versori $\{\mathbf{e}_k\}$ della terna solidale.

La sostituzione delle espressioni (2.11), che assegnano i versori $\{\mathbf{e}_1, \mathbf{e}_2, \mathbf{e}_3\}$ in funzione degli angoli di Eulero, nella definizione del vettore velocità angolare data dalla (2.16) ci permette di ottenere, dopo aver effettuato le derivate necessarie, le componenti di $\boldsymbol{\omega}$ in funzione di $\{\psi, \theta, \phi\}$ e delle loro derivate temporali $\{\dot{\psi}, \dot{\theta}, \dot{\phi}\}$. Questo calcolo laborioso, che qui ci limitiamo a suggerire senza svolgerlo esplicitamente, può essere portato a compimento fino a ottenere le espressioni cercate.

Esiste però un metodo alternativo più comodo per esprimere la velocità angolare di un moto rigido in funzione degli angoli di rotazione e delle loro derivate, che consiste piuttosto nell'introdurre opportuni osservatori in movimento e nello scomporre il problema spaziale in una "successione" (per così dire) di problemi piani. Questo discorso, qui necessariamente un po' vago, verrà chiarito successivamente, nel Capitolo dedicato alla Cinematica Relativa, al quale rimandiamo.

È importante anticipare fin d'ora che nel caso generale non sarà più possibile esprimere il vettore di rotazione infinitesima ε per mezzo di differenziali degli angoli di Eulero, contrariamente a quello che si era dedotto con la formula (2.32).

2.7 Atto di moto rigido

Descrizione lagrangiana e euleriana del moto

La cinematica dei corpi estesi (non necessariamente rigidi) può essere studiata da due punti di vista diversi.

- Il punto di vista *lagrangiano* o *globale* consiste nel seguire ciascun punto del corpo al variare della sua evoluzione temporale, ed è quello che abbiamo adottato sino a questo momento nell'analizzare alcuni particolari moti rigidi. In questo contesto le notazioni $\mathbf{v}_P(t_1)$, $\mathbf{v}_P(t_2)$ indicano le velocità della medesima particella P negli istanti t_1, t_2.

- Al contrario, il punto di vista *euleriano* o *locale* consiste nel fissare una regione di controllo ed interessarsi del moto del corpo nell'istante nel quale il corpo medesimo attraversa tale regione. Fissiamo così l'attenzione sulla distribuzione delle velocità a un istante generico, e associamo a ogni punto P dello *spazio* il vettore $\mathbf{v}(P)$ corrispondente alla velocità posseduta dal punto del sistema che si trovi in quell'istante a transitare per P, ammesso che ve ne sia uno. Nell'istante prefissato, questo particolare campo vettoriale delle velocità è detto *atto di moto*. È evidente che l'atto di moto può variare da istante a istante, anche semplicemente perché cambiano le particelle che transitano nei punti della regione di controllo.

Sottolineiamo la diversa notazione e il diverso significato dei simboli. Dal punto di vista lagrangiano $\mathbf{v}_P(t)$ è la velocità della particella P in funzione del tempo. Al contrario, dal punto di vista euleriano il tempo è fissato, e la velocità è una funzione del posto. Ciò giustifica la notazione $\mathbf{v}(P)$ oppure $\mathbf{v}(Q)$, dove adesso P e Q non sono le particelle P e Q ma i punti dello spazio di controllo.

Esempio 2.19 Consideriamo due particolari moti: nel primo, non rigido, un insieme di punti si muove di moto rettilineo uniforme, ma con velocità diverse tra i vari punti; nel secondo, rotatorio uniforme, un cilindro rigido ruota con velocità angolare costante attorno al suo asse.

Nel moto rettilineo uniforme, ogni punto mantiene costante la sua velocità, per cui in una descrizione *lagrangiana* si osserverebbe come $\mathbf{v}_P(t)$ (ovvero la velocità del punto materiale P) rimanga costante nel tempo. Al contrario, in una descrizione *euleriana* si potrebbe benissimo avere che $\mathbf{v}(P)$ (ovvero la velocità del punto ma-

teriale *che transita per P*) cambia con il tempo, in quanto in istanti diversi possono
transitare per *P* punti aventi velocità diverse.

L'esempio del moto rotatorio uniforme risulta da questo punto di vista duale rispetto al primo: nella descrizione lagrangiana si osserva ora come le velocità $\mathbf{v}_P(t)$
cambiano al cambiare del tempo, in quanto ogni punto cambia velocità durante il
suo moto rotatorio; al contrario, nella descrizione euleriana le velocità $\mathbf{v}(P)$ sarebbero costanti nel tempo, in quanto ogni punto materiale, al suo transitare per *P*
avrebbe sempre la stessa velocità.   □

Ritornando ai moti rigidi il problema che ci poniamo è però il seguente: come si
caratterizza l'atto di moto rigido, e cioè l'atto di moto possibile per un sistema in
moto rigido?

Prima di rispondere a questo quesito, cosi come abbiamo fatto per i moti, può
essere utile classificare alcuni particolari atti di moto di un corpo. Sarà importante
però tenere presente che, mentre nei moti la classificazione è stata fatta confrontando le configurazioni del corpo in istanti diversi, nel classificare gli atti di moto
dobbiamo considerare che il tempo è fissato. Poiché l'atto di moto consiste nell'osservare la distribuzione delle velocità, appare naturale classificare gli atti di moto
utilizzando le analoghe proprietà delle velocità nei moti rigidi. Indicando con *C* lo
spazio di controllo all'istante *t*, dalle proprietà delle velocità nei moti rigidi (vedi
§2.5) nasce spontaneo fare le seguenti classificazioni.

Definizione 2.20 *Un atto di moto si dice* traslatorio *se tutti i punti hanno la stessa
velocità:* $\mathbf{v}(P) = \mathbf{v}(Q)$ *per ogni* $P, Q \in C$.

Definizione 2.21 *Un atto di moto si dice* rototraslatorio *se è rigido ed esiste una
direzione nello spazio di controllo (direzione privilegiata) tale che ogni retta parallela a tale direzione è luogo di punti di velocità uguale fra essi. Indicato con* $\mathbf{u}$ *il
versore della direzione privilegiata si ha dunque:* $\mathbf{v}(P) = \mathbf{v}(Q)$ *per ogni* $P, Q \in C$
tali che $PQ \parallel \mathbf{u}$.

Definizione 2.22 *Un atto di moto rototraslatorio si dice* elicoidale *se esiste una
retta r parallela alla direzione privilegiata che è luogo di punti di velocità parallela
alla retta stessa:* $\mathbf{v}(P) = \mathbf{v}(Q) = \lambda \mathbf{u}$ *per ogni* $P, Q \in r \cap C$.

Definizione 2.23 *Un atto di moto rototraslatorio si dice* rotatorio *se esiste una
retta r parallela alla direzione privilegiata che è luogo di punti di velocità nulla:*
$\mathbf{v}(P) = \mathbf{v}(Q) = \mathbf{0}$ *per ogni* $P, Q \in r \cap C$.

La legge di distribuzione delle velocità in un moto rigido (2.22) richiede che sia

$$\mathbf{v}(P) = \mathbf{v}(Q) + \boldsymbol{\omega} \wedge QP . \tag{2.35}$$

Più precisamente, ciò significa che esiste un vettore $\boldsymbol{\omega}$ tale per cui la (2.35) è soddisfatta dalle velocità $\mathbf{v}(P)$ e $\mathbf{v}(Q)$ dei punti materiali che occupano le posizioni dello

spazio P e Q, al variare di questi e senza che il vettore $\boldsymbol{\omega}$ dipenda da essi. La (2.35) mostra chiaramente che *il più generale atto di moto rigido è rototraslatorio*, poiché ogni retta parallela a $\boldsymbol{\omega}$ è luogo di punti di uguale velocità, e quindi la direzione privilegiata è proprio quella della velocità angolare.

Le proprietà dei moti rigidi descritte in §2.4, consentono di dedurre facilmente che questi moti sono caratterizzati dall'avere a ogni istante atto di moto rototraslatorio.

Proposizione 2.24 *Il moto di un sistema è rigido se e solo se il suo atto di moto è a ogni istante rototraslatorio, come definito nella (2.35).*

Per questo motivo l'espressione (2.35) è anche chiamata *atto di moto rigido*.

Presentiamo di seguito alcune proprietà dell'atto di moto rototraslatorio che sono di grande importanza per le applicazioni. Indicheremo con $\mathcal{B}$ un sistema che, a un istante fissato, abbia atto di moto rototraslatorio, descritto quindi dalla (2.35). Questa relazione può anche essere letta come una legge che permette di conoscere la velocità di un punto P generico quando si conoscano la velocità di un altro punto Q e la velocità angolare $\boldsymbol{\omega}$. Osserviamo che queste due quantità vettoriali corrispondono a sei quantità scalari, un numero non a caso uguale a quello dei parametri indipendenti che caratterizzano la posizione di un corpo rigido nello spazio.

È anche importante capire che i punti P e Q presenti nella (2.35) non hanno nulla di particolare: si tratta di due *qualsiasi* punti appartenenti alla regione occupata da $\mathcal{B}$ all'istante considerato e quindi il *medesimo* atto di moto rototraslatorio può essere *descritto* in più modi. Per esempio, se H è un altro punto del sistema potremo anche esprimere la velocità di P come

$$\mathbf{v}(P) = \mathbf{v}(H) + \boldsymbol{\omega} \wedge HP \,.$$

In questo caso si usa anche dire che l'atto di moto è *riferito* al punto H (o al punto Q, nel caso della (2.35)). Si noti che, ovviamente, il vettore velocità angolare $\boldsymbol{\omega}$ è ancora il medesimo: esso infatti dipende dall'atto di moto nel suo insieme e non dal punto al quale ci si riferisce per descriverlo.

Un caso particolare si presenta quando si abbia $\boldsymbol{\omega} = \mathbf{0}$; infatti questa condizione impone che sia $\mathbf{v}(P) = \mathbf{v}(Q)$, e ciò significa che tutti i punti hanno uguale velocità e dunque l'atto di moto rigido è *traslatorio*.

Supponiamo ora che $\mathcal{B}$ abbia atto di moto *non* traslatorio (supponiamo cioè che valga la (2.35) con $\boldsymbol{\omega} \neq \mathbf{0}$), e dimostriamo alcune proprietà.

Proposizione 2.25 *La quantità* $I = \mathbf{v}(P) \cdot \boldsymbol{\omega}$ *è indipendente dal punto* P *usato per calcolarla, e viene detta* invariante scalare cinematico.

Dimostrazione Moltiplichiamo scalarmente per $\boldsymbol{\omega}$ la (2.35):

$$\mathbf{v}(P) \cdot \boldsymbol{\omega} = \mathbf{v}(Q) \cdot \boldsymbol{\omega} + \underbrace{\boldsymbol{\omega} \wedge QP \cdot \boldsymbol{\omega}}_{=0} \,.$$

Il prodotto misto contenuto nell'ultimo termine è nullo, poiché due vettori sono coincidenti, e quindi deduciamo che $\mathbf{v}(P) \cdot \boldsymbol{\omega} = \mathbf{v}(Q) \cdot \boldsymbol{\omega}$ e perciò I è un invariante, indipendente dal punto usato per calcolarlo.   □

Questa proprietà dell'invariante cinematico esprime il fatto che, al variare del punto, *la parte della velocità parallela a $\boldsymbol{\omega}$ rimane inalterata mentre cambia solo la parte perpendicolare.*

Proposizione 2.26 *Le componenti delle velocità di due punti secondo la retta che li congiunge sono uguali.*

Dimostrazione Supposto $P \neq Q$, moltiplichiamo scalarmente la (2.35) per QP. Otteniamo $\mathbf{v}(P) \cdot QP = \mathbf{v}(Q) \cdot QP$, dove sono state di nuovo sfruttate le proprietà del prodotto misto. Se introduciamo il versore $\mathbf{e} = QP/|QP|$, parallelo alla congiungente dei due punti, otteniamo quindi $\mathbf{v}(P) \cdot \mathbf{e} = \mathbf{v}(Q) \cdot \mathbf{e}$.   □

Proposizione 2.27 *Punti appartenenti a una retta parallela a $\boldsymbol{\omega}$ hanno pari velocità. Tale componente comune prende il nome di* velocità di scorrimento *di tale retta.*

Dimostrazione Supponiamo che P e Q appartengano a una retta parallela a $\boldsymbol{\omega}$. La (2.35) ci dice allora che $\mathbf{v}(P) = \mathbf{v}(Q)$ poiché, essendo QP parallelo a $\boldsymbol{\omega}$, si ha $\boldsymbol{\omega} \wedge QP = \mathbf{0}$. Di conseguenza $QP \parallel \boldsymbol{\omega}$ implica $\mathbf{v}(P) = \mathbf{v}(Q)$.   □

2.8 Teorema di Mozzi

Consideriamo un generico atto di moto rototraslatorio (2.35) per il quale sia $\boldsymbol{\omega} \neq \mathbf{0}$ (non traslatorio, quindi) e indichiamo con $I = \mathbf{v}(Q) \cdot \boldsymbol{\omega}$ l'invariante scalare cinematico. Dimostriamo che esiste una retta, detta *asse di moto* o anche *asse del Mozzi*, formata da punti P che hanno tutti la stessa velocità, *parallela* a $\boldsymbol{\omega}$.

Teorema 2.28 (Mozzi) *Per un atto di moto rigido con velocità angolare $\boldsymbol{\omega} \neq \mathbf{0}$ esiste una retta, detta* asse di moto, *i cui punti hanno velocità parallela alla velocità angolare e di modulo minimo se confrontato con la velocità di ogni altro punto solidale. La velocità comune a tutti i punti dell'asse di moto è nota come* velocità di traslazione *dell'atto di moto stesso.*

Nel caso particolare in cui sia $I = 0$ questa retta è formata da punti con velocità nulla, ed è detta asse di istantanea rotazione.

L'annullarsi dell'invariante scalare cinematico I è perciò condizione necessaria e sufficiente affinché un atto di moto rigido non traslatorio sia rotatorio.

Dimostrazione La velocità $\mathbf{v}(O)$ in un generico punto O avrà in generale sia una componente parallela a $\boldsymbol{\omega}$ che una perpendicolare.

Figura 2.11 A sinistra sono
rappresentate rette parallele
a ω, lungo le quali la velocità non varia, e a destra è
rappresentato l'asse di moto,
formato da punti con velocità
parallela a ω

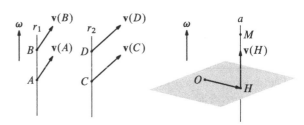

Poiché la velocità resta invariata lungo ogni retta parallela a ω, come evidenziato
sulla sinistra della Fig. 2.11, per individuare l'asse di moto sarà sufficiente determinare il suo punto di intersezione H con il piano perpendicolare a ω e passante
per O, come evidenziato sulla destra della Fig. 2.11. Il vettore OH che cerchiamo
deve quindi individuare un punto H tale che $OH \cdot \omega = 0$ e

$$\mathbf{v}(H) \wedge \boldsymbol{\omega} = \mathbf{0}$$

(condizione di parallelismo fra $\mathbf{v}(H)$ e $\boldsymbol{\omega}$). Dalla formula dell'atto di moto rigido
deduciamo che deve perciò essere

$$(\mathbf{v}(O) + \boldsymbol{\omega} \wedge OH) \wedge \boldsymbol{\omega} = \mathbf{0}$$

e, grazie all'identità vettoriale (A.9), questo equivale a

$$\mathbf{v}(O) \wedge \boldsymbol{\omega} + \omega^2 OH - \underbrace{(OH \cdot \boldsymbol{\omega})}_{=0}\boldsymbol{\omega} = \mathbf{0}$$

dove si è osservato che OH e ω sono perpendicolari. Perciò deve essere

$$OH = \frac{\boldsymbol{\omega} \wedge \mathbf{v}_O}{\omega^2} \, .$$

Il vettore OM congiungente O con un punto M generico della retta passante per
H e parallela a ω (indicata con a nella parte destra della Fig. 2.11) si scompone
in $OM = OH + HM$, dove $HM = \lambda\omega$ per un generico valore del parametro λ.
Perciò

$$OM(\lambda) = \frac{\boldsymbol{\omega} \wedge \mathbf{v}(O)}{\omega^2} + \lambda\boldsymbol{\omega} \, . \tag{2.36}$$

La retta (2.36), detta appunto *asse di moto* o *asse del Mozzi*, è quindi formata dai
punti con velocità *parallela* a ω.

Per ogni altro punto P dello spazio si ha

$$\mathbf{v}(P) = \mathbf{v}(M) + \boldsymbol{\omega} \wedge MP$$

Figura 2.12 Asse di moto: $\mathbf{v}(M) \parallel \boldsymbol{\omega}$, $|\mathbf{v}(P)| > |\mathbf{v}(M)|$

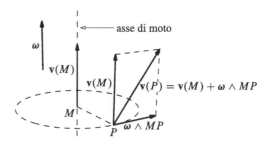

dove, poiché M appartiene all'asse di moto, $\mathbf{v}(M)$ è parallela a $\boldsymbol{\omega}$ mentre il secondo termine è ad esso perpendicolare, come si vede nella Fig. 2.12. Quindi, per il Teorema di Pitagora applicato alla somma di due vettori perpendicolari fra loro,

$$|\mathbf{v}(P)|^2 = |\mathbf{v}(M)|^2 + |\boldsymbol{\omega} \wedge MP|^2 \geq |\mathbf{v}(M)|^2$$

e perciò il modulo di $\mathbf{v}(P)$ è maggiore del modulo di $\mathbf{v}(M)$ (l'uguaglianza si ha solo quando anche P appartiene all'asse di moto).

Osserviamo che l'asse di moto è formato da punti con velocità parallelela all'asse stesso e quindi, in base alla definizione che abbiamo dato nella Proposizione 2.22 di atte di moto elicoidale, concludiamo che *ogni* atto di moto rigido può essere espresso come atto di moto *elicoidale*.

Infine, nel caso particolare in cui sia $I = 0$, l'asse di moto ha una ulteriore particolarità. Infatti, essendo $I = \boldsymbol{\omega} \cdot \mathbf{v}(O)$ indipendente dal punto O, il suo annullarsi implica che la velocità di ogni punto sia *perpendicolare* a $\boldsymbol{\omega}$, ma poiché, d'altra parte, sappiamo che sull'asse di moto (2.36) la velocità è invece *parallela* a $\boldsymbol{\omega}$, siamo obbligati a concludere che, quando sia $I = 0$, l'asse di moto è formato da punti con *velocità nulla*. In questo caso l'atto di moto rigido è rotatorio e la retta (2.36) prende il nome di *asse di istantanea rotazione*. □

Una immediata conseguenza del Teorema di Mozzi è che, nel caso in cui sia $I = 0$ con $\boldsymbol{\omega} \neq \mathbf{0}$, scegliendo nell'espressione (2.35) al posto del generico punto Q un punto C collocato sull'asse di istantanea rotazione, per il quale si ha $\mathbf{v}(C) = \mathbf{0}$, potremo scrivere

$$\mathbf{v}(P) = \boldsymbol{\omega} \wedge CP . \qquad (2.37)$$

In altre parole: un atto di moto rigido si riduce a rotatorio quando esiste almeno un punto (e di conseguenza un'intera retta, l'asse di istantanea rotazione) con velocità nulla.

È facile dedurre che durante un moto rotatorio o polare l'atto di moto del sistema è in ogni istante rotatorio. Si osservi però che mentre nel moto rotatorio l'asse di istantanea rotazione è solidale al sistema e costituito dai punti fissi intorno al quale esso ruota, nel caso di un moto polare l'asse di istantanea rotazione passa per il punto fisso ma, in generale, varia da istante a istante mantenendosi parallelo a $\boldsymbol{\omega}$, senza essere però solidale al sistema in movimento.

A questo proposito è comunque importante ricordare la distinzione tra *moti*, che avvengono in un intervallo di tempo, e *atti di moto*, associati a un istante fissato, per evitare confusioni nella classificazione degli uni e degli altri. Così, per esempio, corpi in moto traslatorio hanno atto di moto traslatorio, mentre corpi in moto polare o rotatorio hanno certamente atto di moto rotatorio. Comunque, dal fatto che l'atto di moto sia a ogni istante rotatorio *non* segue in generale che il moto sia rotatorio o polare.

2.8.1 Centro di istantanea rotazione

Una importante conseguenza della caratterizzazione dei moti rigidi piani è che per ognuno di essi l'invariante scalare cinematico è sempre nullo, essendo I il prodotto scalare fra $\boldsymbol{\omega}$, perpendicolare al piano direttore, e $\mathbf{v}(Q)$ a esso parallela. Questa osservazione ci porta a una conclusione importante.

Proposizione 2.29 (Eulero) *Un sistema in moto rigido piano ha atto di moto traslatorio o rotatorio.*

Così, se $\boldsymbol{\omega} \neq \mathbf{0}$, sappiamo che esiste un asse di istantanea rotazione parallelo alla velocità angolare, e quindi perpendicolare al piano e perciò univocamente individuato dalla sua intersezione con esso. L'intersezione fra il piano direttore del moto e l'asse di istantanea rotazione si chiama *centro di istantanea rotazione*. La determinazione di questo punto è facilitata da una osservazione, che è anche nota come Teorema di Chasles:

Teorema 2.30 (Chasles) *In un moto rigido piano, le normali alle velocità* $\mathbf{v}(A)$ *e* $\mathbf{v}(B)$ *di due suoi punti passano per un unico punto* C *che è il centro di istantanea rotazione quando l'atto di moto è rotatorio e sono invece parallele quanto l'atto di moto è traslatorio.*

Dimostrazione Osserviamo che l'esistenza di un unico punto d'incontro delle perpendicolari a $\mathbf{v}(A)$ e $\mathbf{v}(B)$ implica che le due velocità *non* siano parallele, e quindi che l'atto di moto sia *rotatorio*, come conseguenza della Proposizione 2.29.

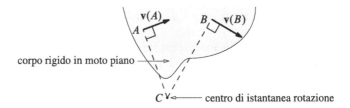

Figura 2.13 Teorema di Chasles

Figura 2.14 La posizione del centro di istantanea rotazione C di un'asta AB che ha gli estremi vincolati a rimanere su due guide fisse perpendicolari

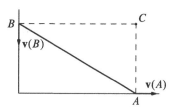

Allora, detto C il centro di istantanea rotazione, alla luce della (2.37) avremo che $\mathbf{v}(A) = \boldsymbol{\omega} \wedge CA$ e $\mathbf{v}(B) = \boldsymbol{\omega} \wedge CB$.

A causa della definizione stessa di prodotto vettore ciò implica che CA e CB siano perpendicolari, rispettivamente, a $\mathbf{v}(A)$ e $\mathbf{v}(B)$. Il punto C si trova quindi sia sulla retta perpendicolare a $\mathbf{v}(A)$ e passante per A, che sulla retta perpendicolare a $\mathbf{v}(B)$ e passante per B (vedi Fig. 2.13) ed è quindi l'intersezione di queste due rette. □

Il Teorema di Chasles, sebbene del tutto intuitivo, è di grande importanza nelle applicazioni e viene usato ripetutamente.

Esempio 2.31 Consideriamo un corpo rigido AB a forma di asta che abbia gli estremi vincolati a rimanere su due guide fisse perpendicolari (stiamo qui anticipando il concetto di "vincolo", che verrà approfondito nel Cap. 4, ma questo non dovrebbe causare difficoltà). Evidentemente le velocità degli estremi avranno necessariamente le direzioni indicate nella Fig. 2.14 e quindi, applicando il Teorema di Chasles 2.30, possiamo dedurre la posizione del centro di istantanea rotazione C dell'asta AB. Ciò significa che il punto C, immaginato solidale con l'asta, possiede velocità nulla nell'istante considerato. □

2.9 Campo spaziale delle accelerazioni

Torniamo ora alla legge di distribuzione delle accelerazioni (2.24) e associamo a ogni punto dello spazio P, che sia occupato in un istante generico da un punto materiale di un sistema in moto, l'accelerazione $\mathbf{a}$ di questo stesso punto, ottenendo quello che si chiama *campo spaziale delle accelerazioni*. Anche in questo caso è facile dedurne la struttura per un sistema in moto rigido.

Proposizione 2.32 *Durante un moto rigido il campo spaziale delle accelerazioni soddisfa la relazione*

$$\mathbf{a}(P) = \mathbf{a}(Q) + \dot{\boldsymbol{\omega}} \wedge QP + \boldsymbol{\omega} \wedge (\boldsymbol{\omega} \wedge QP). \qquad (2.38)$$

Confrontando con la (2.35) osserviamo che, mentre per conoscere l'atto di moto sono necessari *due* vettori, $\mathbf{v}(Q)$ e $\boldsymbol{\omega}$, per quanto riguarda la distribuzione delle accelerazioni ne servono *tre*: $\mathbf{a}(Q)$, $\boldsymbol{\omega}$ e $\dot{\boldsymbol{\omega}}$.

Per un uso successivo è anche utile sviluppare il doppio prodotto vettore che compare al secondo membro come

$$\boldsymbol{\omega} \wedge (\boldsymbol{\omega} \wedge QP) = (\boldsymbol{\omega} \cdot QP)\boldsymbol{\omega} - \omega^2 QP$$

e osservare che, scegliendo il punto Q coincidente con la proiezione ortogonale H di P su una retta parallela a $\boldsymbol{\omega}$ (per esempio, l'asse di istantanea rotazione, o più in generale l'asse di moto) si ha

$$\mathbf{a}(P) = \mathbf{a}(H) + \dot{\boldsymbol{\omega}} \wedge HP - \omega^2 HP$$

dal momento che, ovviamente, $\boldsymbol{\omega} \cdot HP = 0$. Nel caso particolare in cui $\boldsymbol{\omega}$ sia costante e H sia un punto fisso (moto rotatorio uniforme intorno alla retta fissa passante per H e parallela a $\boldsymbol{\omega}$) si può concludere che $\mathbf{a}(P) = -\omega^2 HP$, ovvero che l'accelerazione di P è diretta verso l'asse di istantanea rotazione (accelerazione centripeta) e ha modulo pari al prodotto del quadrato della velocità angolare per la distanza di P da tale asse.

2.10 Velocità angolare e tensore velocità di rotazione

Mostriamo ora, per completezza, come sia possibile dedurre l'espressione che governa la distribuzione delle velocità durante un moto rigido per altra via, a partire dalla formula (2.8), prescindendo dal Teorma di Poisson 2.2.

Si tratta di una dimostrazione alternativa alla strada che abbiamo presa, ma che è interessante perché permette di vedere questo argomento da un punto di vista diverso.

La comprensione di questo paragrafo dipende però in modo essenziale dai concetti presentati in Appendice e in particolare nel paragrafo A.3, riguardanti le proprietà di rotazioni e tensori antisimmetrici.

Seguendo questo approccio, introdurremo un tensore $\mathbf{W}$, costruito a partire dalla rotazione $\mathbf{R}(t)$ e dalla sua derivata $\dot{\mathbf{R}}(t)$, che corrisponde in modo univoco al vettore velocità angolare $\boldsymbol{\omega}$, in un senso che sarà precisato più avanti.

Nella relazione (2.8) poniamo per compattezza di notazione

$$\mathbf{p} = y_1\mathbf{i}_1 + y_2\mathbf{i}_2 +_3 \mathbf{i}_3$$

in modo che possa essere riscritta nella forma

$$QP(t) = \mathbf{R}(t)\mathbf{p} \tag{2.39}$$

dove, come sappiamo, $\mathbf{R}(t)$ è la rotazione di una terna solidale al corpo rispetto alla terna fissa, funzione del tempo. Deriviamo questa relazione in un generico istante t, ottenendo

$$\mathbf{v}_P - \mathbf{v}_Q = \dot{\mathbf{R}}\mathbf{p}, \tag{2.40}$$

poiché, come ricordiamo, $\mathbf{p}$ è un vettore costante. Ricordiamo che le rotazioni sono caratterizzate dalle proprietà $\mathbf{R}^T\mathbf{R} = \mathbf{R}\mathbf{R}^T = \mathbf{I}$ e det $\mathbf{R} = 1$. Perciò, moltiplicando a sinistra la (2.39) per $\mathbf{R}^T$ otteniamo $\mathbf{R}^T QP = \mathbf{R}^T\mathbf{R}\mathbf{p}$, che equivale a $\mathbf{p} = \mathbf{R}^T QP$. Sostituiamo ora questa espressione per $\mathbf{p}$ nella relazione (2.40) ottenendo

$$\mathbf{v}_P - \mathbf{v}_Q = \dot{\mathbf{R}}\mathbf{R}^T QP$$

che, dopo aver definito

$$\mathbf{W} = \dot{\mathbf{R}}\mathbf{R}^T \, , \tag{2.41}$$

può essere riscritta come

$$\mathbf{v}_P = \mathbf{v}_Q + \mathbf{W}QP \, . \tag{2.42}$$

Il tensore $\mathbf{W}$, come vedremo subito, corrisponde in modo univoco al vettore velocità angolare, ed è per questo che può essere chiamato *tensore velocità di rotazione*, o tensore di *spin* o di *vorticità* (quest'ultima denominazione è tipica della meccanica dei continui).

A questo punto è importante osservare che $\mathbf{W} = \dot{\mathbf{R}}\mathbf{R}^T$ è una trasformazione lineare *antisimmetrica*. Infatti, se deriviamo rispetto al tempo l'uguaglianza $\mathbf{R}(t)\mathbf{R}^T(t) = \mathbf{I}$ otteniamo

$$\dot{\mathbf{R}}\mathbf{R}^T + \mathbf{R}\dot{\mathbf{R}}^T = \mathbf{0} \, . \tag{2.43}$$

Poiché $\mathbf{R}\dot{\mathbf{R}}^T = (\dot{\mathbf{R}}\mathbf{R}^T)^T$, la (2.43) può essere riscritta come

$$\dot{\mathbf{R}}\mathbf{R}^T + (\dot{\mathbf{R}}\mathbf{R}^T)^T = \mathbf{0}$$

che, tenendo conto della definizione (2.41) di $\mathbf{W}$, equivale a $\mathbf{W} + \mathbf{W}^T = \mathbf{0}$, e questo ne dimostra la proprietà di antisimmetria, come si vede in (A.25).

Come dimostrato in Appendice (vedi (A.32)), nello spazio tridimensionale a ogni trasformazione antisimmetrica $\mathbf{W}$ corrisponde un unico vettore, che qui indichiamo proprio con $\boldsymbol{\omega}$, detto *vettore assiale o duale* associato a $\mathbf{W}$, tale che $\mathbf{W}\mathbf{a} = \boldsymbol{\omega} \wedge \mathbf{a}$, per ogni altro vettore $\mathbf{a}$ dello spazio Euclideo tridimensionale. Questo identifica quindi la velocità angolare come vettore assiale del tensore velocità di rotazione $\mathbf{W} = \dot{\mathbf{R}}\mathbf{R}^T$.

Per mezzo di questa proprietà la relazione (2.42) può essere riscritta come

$$\mathbf{v}_P = \mathbf{v}_Q + \boldsymbol{\omega} \wedge QP$$

che coincide esattamente con la (2.22), dedotta in precedenza dal Teorema di Poisson. Concludiamo perciò che $\boldsymbol{\omega}$ può anche essere visto come il vettore assiale associato a $\mathbf{W}$, la trasformazione antisimmetrica costruita derivando la rotazione $\mathbf{R}$ rispetto al tempo e componendo il risultato a destra con $\mathbf{R}^T$.

Capitolo 3
Cinematica relativa

Le velocità e le accelerazioni dei punti di un sistema, così come la velocità angolare di un corpo rigido, non sono quantità assolute, ma relative all'*osservatore* che descrive il moto. Scopo di questa capitolo è la deduzione delle leggi che descrivono il cambiamento di queste tre quantità vettoriali al variare dell'osservatore.

Prima di procedere ricordiamo che un osservatore è schematizzato da una terna ortonormale e da un'origine. Si suppone inoltre che la distanza fra due punti dello spazio e l'intervallo di tempo che separa due eventi siano quantità *invarianti*, cioè indipendenti dall'osservatore. Questi due Postulati caratterizzano la Meccanica Classica e la differenziano dalla Meccanica Relativistica, nella quale la distanza tra i punti e gli intervalli temporali non hanno carattere assoluto.

Da un punto di vista cinematico non esistono osservatori privilegiati, al contrario di ciò che avviene in Dinamica (dove, come vedremo, gli osservatori *inerziali* hanno un ruolo speciale). Ognuno di essi ha uguale diritto a ritenersi *fisso* e a ritenere gli altri *mobili* rispetto a sé. Nel dedurre le leggi di trasformazione delle quantità cinematiche sarebbe pertanto opportuno distinguere i due osservatori in gioco utilizzando semplicemente un contrassegno neutro come "uno" e "due". Tuttavia risulta più comodo distinguerli con gli aggettivi di *fisso* e *mobile*, anche se questo è formalmente scorretto. Introduciamo subito la terminologia e la notazione che useremo nel resto di questo capitolo. L'osservatore *fisso* verrà indicato con una terna di versori ortonormali $\{\mathbf{i}_1, \mathbf{i}_2, \mathbf{i}_3\}$, con origine in $\bar{O}$. La terna corrispondente all'osservatore *mobile* ha versori $\{\mathbf{e}_1, \mathbf{e}_2, \mathbf{e}_3\}$ e origine O (vedi Fig. 3.1). Le quantità cinematiche associate all'osservatore fisso verranno contraddistinte con pedice "a" (per assoluta), mentre per quelle associate all'osservatore mobile scriveremo "r" (relativa). Come accennato sopra, non deve trarre in inganno l'utilizzo dell'aggettivo "assoluto", che non vuole assegnare all'osservatore "fisso" alcuna caratteristica speciale se non quella di coincidere con il punto di vista di uno degli osservatori con il quale ci identifichiamo. Infine, è utile sottolineare che le terne ortonormali con le quali schematizziamo gli osservatori sono esse stesse solidali a dei sistemi rigidi, dotati di velocità angolari uno rispetto all'altro. Avrà quindi senso per esempio parlare di velocità angolare dell'osservatore mobile rispetto a quello fisso.

P. Biscari et al., *Meccanica Razionale*, La Matematica per il 3+2 138, https://doi.org/10.1007/978-88-470-4018-2_3

Figura 3.1 Osservatore fisso
e osservatore mobile

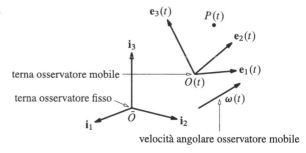

terna osservatore mobile

terna osservatore fisso

velocità angolare osservatore mobile

3.1   Derivata di un vettore rispetto a due osservatori

Un generico vettore $\mathbf{u}(t)$ funzione del tempo ha in generale derivata diversa rispetto
a due diversi osservatori. Si pensi ad esempio ai versori della terna mobile: essi
risultano variabili agli occhi dell'osservatore fisso, ma sono costanti (e quindi hanno
derivata temporale nulla) per l'osservatore mobile. Scopo di questa sezione è di
ottenere una legge generale che mostri come si lega la derivata temporale di $\mathbf{u}(t)$
vista dall'osservatore fisso, che indichiamo con

$$\dot{\mathbf{u}} = \frac{d_a \mathbf{u}}{dt}$$

alla derivata temporale del medesimo vettore $\mathbf{u}(t)$ vista dall'osservatore mobile, in
moto con velocità angolare $\boldsymbol{\omega}$ rispetto a quello fisso, che indichiamo con

$$\mathbf{u}' = \frac{d_r \mathbf{u}}{dt}$$

Teorema 3.1   *La derivata temporale* $\dot{\mathbf{u}}$ *calcolata dall'osservatore fisso è legata
alla derivata temporale* $\mathbf{u}'$ *calcolata dall'osservatore mobile dalla relazione*

$$\dot{\mathbf{u}} = \mathbf{u}' + \boldsymbol{\omega} \wedge \mathbf{u}. \tag{3.1}$$

Dimostrazione   Utilizzando le componenti di $\mathbf{u}$ rispetto alla terna mobile $\{\mathbf{e}_h\}$
scriviamo

$$\mathbf{u} = u_1 \mathbf{e}_1 + u_2 \mathbf{e}_2 + u_3 \mathbf{e}_3$$

dove sia le componenti che i versori sono funzioni del tempo. Derivando rispetto al
tempo (dal punto di vista dell'osservatore fisso) e utilizzando le formule di Poisson
si ottiene

$$\dot{\mathbf{u}} = \dot{u}_1 \mathbf{e}_1 + \dot{u}_2 \mathbf{e}_2 + \dot{u}_3 \mathbf{e}_3 + \boldsymbol{\omega} \wedge u_1 \mathbf{e}_1 + \boldsymbol{\omega} \wedge u_2 \mathbf{e}_2 + \boldsymbol{\omega} \wedge u_3 \mathbf{e}_3. \tag{3.2}$$

Osserviamo ora che la derivata temporale di **u** calcolata dall'osservatore mobile è proprio pari a $\dot{u}_1\mathbf{e}_1 + \dot{u}_2\mathbf{e}_2 + \dot{u}_3\mathbf{e}_3$, poiché per esso i versori della terna $\{\mathbf{e}_h\}$ sono *fissi*. Quindi

$$\mathbf{u}' = \dot{u}_1\mathbf{e}_1 + \dot{u}_2\mathbf{e}_2 + \dot{u}_3\mathbf{e}_3$$

e raccogliendo i prodotti vettori al secondo membro della (3.2) abbiamo infine

$$\dot{\mathbf{u}} = \mathbf{u}' + \boldsymbol{\omega} \wedge \mathbf{u}\,. \qquad\qquad \square$$

Questo teorema ha una semplice ma notevole corollario, la cui dimostrazione è banale: basta osservare che prendendo $\mathbf{u} = \boldsymbol{\omega}$ nella (3.1), si ha $\boldsymbol{\omega} \wedge \boldsymbol{\omega} = \mathbf{0}$.

Corollario 3.2 *La derivata rispetto al tempo della velocità angolare dell'osservatore mobile è la stessa sia rispetto all'osservatore fisso che all'osservatore mobile*

$$\dot{\boldsymbol{\omega}} = \boldsymbol{\omega}' = \dot{\omega}_1\mathbf{e}_1 + \dot{\omega}_2\mathbf{e}_2 + \dot{\omega}_3\mathbf{e}_3\,. \qquad (3.3)$$

3.2 Composizione delle velocità

Consideriamo un punto P durante un moto che viene descritto da due osservatori. La velocità $\mathbf{v}_a$ di P misurata dall'osservatore fisso è naturalmente diversa (in generale) dalla velocità $\mathbf{v}_r$ misurata dall'osservatore mobile. Ci proponiamo di determinare la quantità da aggiungere a quest'ultima per ottenere la prima. La risposta è contenuta in un Teorema che porta il nome di Galileo ed è anche noto come *legge di composizione delle velocità*. In esso $\mathbf{v}_O$ e $\boldsymbol{\omega}$ sono rispettivamente la velocità dell'origine e la velocità angolare dell'osservatore mobile rispetto a quello fisso.

Teorema 3.3 (Galileo) *La velocità assoluta $\mathbf{v}_a$ di un punto P è legata alla velocità relativa $\mathbf{v}_r$ dalla relazione*

$$\mathbf{v}_a = \mathbf{v}_r + \mathbf{v}_\tau \qquad (3.4)$$

dove

$$\mathbf{v}_\tau = \mathbf{v}_O + \boldsymbol{\omega} \wedge OP \qquad (3.5)$$

è detta velocità di trascinamento.

Dimostrazione Il vettore posizione che collega l'origine $\bar{O}$ della terna fissa con P può essere scomposto nella somma $\bar{O}P = \bar{O}O + OP$ e, derivando rispetto al tempo,

$$\underbrace{(\bar{O}P)^{\textbf{.}}}_{v_a} = \underbrace{(\bar{O}O)^{\textbf{.}}}_{v_O} + (OP)^{\textbf{.}}$$

e quindi, utilizzando la relazione (3.1) per il vettore $\mathbf{u} = OP$, si ha

$$\mathbf{v}_a = \mathbf{v}_O + (OP)' + \boldsymbol{\omega} \wedge OP \; .$$

Ma $(OP)'$ è proprio la derivata temporale del vettore posizione di P rispetto alla terna mobile calcolata dallo stesso osservatore, ed è quindi per definizione uguale alla velocità relativa $\mathbf{v}_r$. Perciò l'ultima relazione può essere riscritta come

$$\mathbf{v}_a = \mathbf{v}_r + \mathbf{v}_O + \boldsymbol{\omega} \wedge OP \qquad\qquad (3.6)$$

che coincide con la (3.4), una volta definita la velocità di trascinamento come nella (3.5).   □

È importante chiarire alcune idee presenti in questo Teorema.

- La derivazione rispetto al tempo di cui si parla nella dimostrazione è effettuata dall'osservatore fisso, che vede quindi i versori $\{\mathbf{e}_h\}$ e l'origine O in movimento rispetto a sé.
- Bisogna comprendere il significato fisico della *velocità di trascinamento*. La sua espressione è analoga a quella di un atto di moto rototraslatorio. Se immaginiamo che P sia *solidale* con l'osservatore mobile, e quindi fermo rispetto alla terna che lo rappresenta, vediamo che la sua velocità sarebbe esattamente $\mathbf{v}_O + \boldsymbol{\omega} \wedge OP$. In altre parole: la velocità di trascinamento è la velocità che il punto *avrebbe* se fosse solidale con la terna mobile. Si può anche dire che $\mathbf{v}_\tau$ è la velocità che competerebbe a P se esso fosse semplicemente *trascinato* dal moto dell'osservatore mobile. In questa osservazione risiede evidentemente la giustificazione per la terminologia adottata.
- Nel caso in cui l'osservatore mobile abbia velocità angolare *nulla* e possieda quindi atto di moto *traslatorio* rispetto a quello fisso si deduce subito che $\mathbf{v}_\tau = \mathbf{v}_O$, e cioè che la velocità di trascinamento si riduce alla velocità dell'origine della terna mobile.
- Due osservatori misurano la stessa velocità se e solo se $\mathbf{v}_\tau = \mathbf{0}$. In altre parole, le misure di velocità coincidono anche se le origini e le terne utilizzate sono diverse, purché né l'origine né la terna utilizzate dal secondo osservatore si muovano rispetto al primo.

3.3 Composizione delle accelerazioni

Utilizzando le stesse convenzioni e notazioni introdotte sopra possiamo dedurre il legame fra l'accelerazione assoluta $\mathbf{a}_a$ e quella relativa $\mathbf{a}_r$. Il seguente Teorema, dovuto a Coriolis, enuncia la cosiddetta *legge di composizione delle accelerazioni*. In esso le quantità $\mathbf{a}_O$ e $\boldsymbol{\omega}$ sono naturalmente l'accelerazione dell'origine e la velocità angolare dell'osservatore mobile, mentre $\dot{\boldsymbol{\omega}}$ è la derivata di questa stessa velocità angolare all'istante considerato.

Teorema 3.4 (Coriolis) *L'accelerazione assoluta* $\mathbf{a}_a$ *e l'accelerazione relativa* $\mathbf{a}_r$ *di un punto P sono legate dalla relazione*

$$\mathbf{a}_a = \mathbf{a}_r + \mathbf{a}_\tau + \mathbf{a}_c \tag{3.7}$$

dove $\mathbf{a}_\tau$ *e* $\mathbf{a}_c$ *sono definite come*

$$\mathbf{a}_\tau = \mathbf{a}_O + \dot{\omega} \wedge OP + \omega \wedge (\omega \wedge OP) \qquad \mathbf{a}_c = 2\omega \wedge \mathbf{v}_r \tag{3.8}$$

e sono chiamate rispettivamente accelerazione di trascinamento *e* accelerazione di Coriolis.

Dimostrazione Deriviamo la (3.6) rispetto al tempo, ottenendo

$$\mathbf{a}_a = (\mathbf{v}_r)\dot{} + \mathbf{a}_O + \dot{\omega} \wedge OP + \omega \wedge (OP)\dot{} .$$

Utilizziamo ora la (3.1) ponendo in essa prima $\mathbf{u} = OP$ e poi $\mathbf{u} = \mathbf{v}_r$, sicché

$$\mathbf{a}_a = (\mathbf{v}_r)' + \omega \wedge \mathbf{v}_r + \mathbf{a}_O + \dot{\omega} \wedge OP + \omega \wedge (OP)' + \omega \wedge (\omega \wedge OP) .$$

A questo punto resta solo da osservare che $\mathbf{v}'_r = \mathbf{a}_r$ e $(QP)' = \mathbf{v}_r$ per ottenere

$$\mathbf{a}_a = \mathbf{a}_r + \mathbf{a}_O + \dot{\omega} \wedge OP + \omega \wedge (\omega \wedge OP) + 2\omega \wedge \mathbf{v}_r$$

che, dopo aver definito accelerazione di trascinamento e accelerazione di Coriolis come nella (3.8), coincide con la (3.7). □

Anche per il Teorema di Coriolis sono opportune alcune precisazioni.

- Uno sguardo alla (2.38) chiarisce il motivo della denominazione di accelerazione di *trascinamento* per $\mathbf{a}_\tau$, come definita nella prima delle (3.8). Essa è infatti uguale all'accelerazione che P *avrebbe* se fosse rigidamente collegato alla terna mobile e trascinato dal suo moto rispetto all'osservatore fisso.
- L'accelerazione di Coriolis, che può anche essere chiamata accelerazione *complementare*, rende radicalmente diversa la legge di composizione delle accelerazioni da quella delle velocità. Osserviamo che essa si annulla quando $\omega = \mathbf{0}$, $\mathbf{v}_r = \mathbf{0}$ oppure più in generale quando $\omega \wedge \mathbf{v}_r = \mathbf{0}$.
- Nel caso semplicissimo in cui l'osservatore mobile sia *traslante* e possieda quindi velocità angolare costantemente nulla ($\omega = \dot{\omega} = \mathbf{0}$) si deduce che $\mathbf{a}_a = \mathbf{a}_r + \mathbf{a}_O$: l'accelerazione assoluta si ottiene sommando quella relativa a quella dell'origine dell'osservatore mobile.
- Condizione necessaria e sufficiente affinché due osservatori misurino le stesse accelerazioni è che si annullino $\mathbf{a}_O$, ω e $\dot{\omega}$. Questo significa che due osservatori possono concordare nelle misure delle accelerazioni anche se l'origine usata dal secondo si muove rispetto al primo, purché tale origine esegua un moto rettilineo uniforme. Le relazioni che legano le misure di velocità e accelerazione effettuate da due simili osservatori vengono indicate come *trasformazioni di Galileo*: $\mathbf{v}_a = \mathbf{v}_r + \mathbf{v}_\tau$, $\mathbf{a}_a = \mathbf{a}_r$.

3.4   Composizione delle velocità angolari

La velocità angolare di un corpo rigido dipende anch'essa dall'osservatore che descrive il moto. Deduciamo ora quale sia il legame fra quella misurata dall'osservatore fisso, che indicheremo con $\boldsymbol{\omega}_a$, e quella misurata dall'osservatore mobile, che indicheremo con $\boldsymbol{\omega}_r$. (Continuiamo invece a indicare con $\boldsymbol{\omega}$ la velocità angolare di questo secondo osservatore rispetto al primo).

Teorema 3.5 *La velocità angolare $\boldsymbol{\omega}_a$ di un corpo rigido rispetto all'osservatore fisso è pari alla somma della sua velocità angolare $\boldsymbol{\omega}_r$ rispetto all'osservatore mobile e della velocità angolare $\boldsymbol{\omega}$ di questo stesso osservatore rispetto a quello fisso:*

$$\boldsymbol{\omega}_a = \boldsymbol{\omega}_r + \boldsymbol{\omega} \,. \tag{3.9}$$

(osserviamo che $\boldsymbol{\omega}$, la velocità angolare dell'osservatore mobile, ha qui il ruolo di velocità angolare di trascinamento, poiché è quella che avrebbe il corpo rigido se fosse solidale all'osservatore mobile).

Dimostrazione   Consideriamo un vettore $\mathbf{w}$ che sia solidale con il corpo rigido in moto (vedi Fig. 3.2). Alla luce della relazione (2.17) la derivata temporale di $\mathbf{w}$ calcolata dall'osservatore fisso è data da

$$\dot{\mathbf{w}} = \boldsymbol{\omega}_a \wedge \mathbf{w} \tag{3.10}$$

dove $\boldsymbol{\omega}_a$ è la velocità angolare del corpo vista da questo osservatore, mentre la derivata di $\mathbf{w}$ calcolata dall'osservatore mobile è data da

$$\mathbf{w}' = \boldsymbol{\omega}_r \wedge \mathbf{w} \tag{3.11}$$

dove, invece, $\boldsymbol{\omega}_r$ è la velocità angolare del corpo vista dall'osservatore mobile. La relazione (3.1) applicata al vettore $\mathbf{w}$ implica che

$$\dot{\mathbf{w}} = \mathbf{w}' + \boldsymbol{\omega} \wedge \mathbf{w}$$

Figura 3.2 Un corpo rigido
in moto e un vettore $\mathbf{w}$ ad
esso solidale

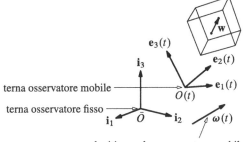

terna osservatore mobile

terna osservatore fisso

velocità angolare osservatore mobile

dove ω è la velocità angolare dell'osservatore mobile rispetto a quello fisso. Sostituendo in quest'ultima relazione la (3.10) e la (3.11) otteniamo

$$\omega_a \wedge \mathbf{w} = \omega_r \wedge \mathbf{w} + \omega \wedge \mathbf{w}$$

che può essere riscritta come

$$[\omega_a - \omega_r - \omega] \wedge \mathbf{w} = \mathbf{0}\,.$$

L'arbitrarietà del vettore $\mathbf{w}$ ci permette di concludere che $\omega_a = \omega_r + \omega$. . $\square$

La legge di composizione delle velocità angolare (3.9) può essere convenientemente applicata quando si debba calcolare la velocità angolare di un corpo rigido in moto nello spazio. In questi casi è spesso utile introdurre uno o più osservatori mobili, ognuno dei quali si muova di moto piano rispetto al precedente, in modo da poterne esprimere con facilità la velocità angolare (relativa), attraverso la derivata dell'angolo di rotazione. Sommando poi le quantità ottenute si ottiene la velocità angolare assoluta cercata.

Esempio 3.6 Si consideri il sistema indicato in Fig. 3.3, formato da un'asta incernierata con un estremo a un punto *fisso* O e da un disco fissato solidalmente e perpendicolarmente a essa con il centro B coincidente con l'estremo libero. Per descrivere la configurazione del sistema sono sufficienti i tre angoli indicati in figura: α, β e γ. Si noti che l'angolo γ è formato da una direzione BH (tratteggiata), che giace nel piano verticale contenente l'asta e il versore fisso $\mathbf{i}_3$, con una seconda direzione solidale con il disco (un suo raggio). (Non è difficile riconoscere in questo esempio l'utilizzo degli angoli di Cardano, introdotti nel §2.2.1.)

Vogliamo esprimere le componenti della velocità angolare ω *del corpo* rispetto alla terna fissa $\{\mathbf{i}_1, \mathbf{i}_2, \mathbf{i}_3\}$, in funzione degli angoli indicati e delle loro derivate.

Il metodo più semplice consiste nell'introdurre un primo osservatore mobile, ruotante intorno al versore $\mathbf{i}_3$ insieme al piano verticale che contiene l'asta, con angolo di rotazione pari a α. Esso ha quindi velocità angolare $\omega_1 = \dot{\alpha}\mathbf{i}_3$ rispetto all'osservatore fisso. Consideriamo ora un versore $\mathbf{q}$ che sia perpendicolare al piano appena definito e orientato in modo concorde all'angolo β. Un secondo osservatore può essere ora scelto in modo da avere velocità angolare ω_2, relativa al precedente, pari a $\dot{\beta}\mathbf{q}$: si tratta semplicemente dell'osservatore caratterizzato da una terna che ha due versori paralleli rispettivamente a $\mathbf{q}$ e all'asta stessa e il terzo perpendicolare. Egli vede quindi la direzione OB dell'asta *ferma* rispetto a sé, e il moto del sistema,

Figura 3.3 Calcolo di ω

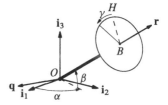

dal suo punto di vista, è piano, poiché si riduce a essere rotatorio intorno all'asse *OB* stesso. Si noti che per esso anche la direzione *BH* prima definita (e indicata nella Fig. 3.3) è *fissa*. La velocità angolare $\boldsymbol{\omega}_3$ del sistema relativa a quest'ultimo osservatore è quindi pari a $\dot{\gamma}\mathbf{r}$, dove $\mathbf{r}$ è un versore parallelo all'asta. Usando la legge di composizione per le tre velocità angolari relative concludiamo che

$$\boldsymbol{\omega} = \boldsymbol{\omega}_1 + \boldsymbol{\omega}_2 + \boldsymbol{\omega}_3 = \dot{\alpha}\,\mathbf{i}_3 + \dot{\beta}\,\mathbf{q} + \dot{\gamma}\,\mathbf{r}\,. \tag{3.12}$$

Elementari considerazioni di trigonometria mostrano che

$$\mathbf{q} = \sin\alpha\,\mathbf{i}_1 - \cos\alpha\,\mathbf{i}_2 \quad \mathbf{r} = \cos\beta\cos\alpha\,\mathbf{i}_1 + \cos\beta\sin\alpha\,\mathbf{i}_2 + \sin\beta\,\mathbf{i}_3$$

e quindi, per sostituzione nella (3.12) si ha

$$\boldsymbol{\omega} = (\dot{\beta}\sin\alpha + \dot{\gamma}\cos\beta\cos\alpha)\mathbf{i}_1 + (\dot{\gamma}\cos\beta\sin\alpha - \dot{\beta}\cos\alpha)\mathbf{i}_2 + (\dot{\alpha} + \dot{\gamma}\sin\beta)\mathbf{i}_3$$

che è la formula cercata.   □

Questa discussione fornisce, in un caso particolare, la risposta al problema che ci eravamo posti nel §2.6: esprimere le componenti del vettore velocità angolare in funzione della terna di angoli di rotazione scelti e delle loro derivate.

3.5   Velocità angolare e angoli di Eulero

È possibile e importante anche dedurre l'espressione della velocità angolare per mezzo degli angoli di Eulero e delle loro derivate prime. Per questi calcoli ci rifacciamo alla notazione e alla terminologia utilizzate nel §2.2, dove questi angoli sono stati presentati.

Introduciamo quindi tre osservatori mobili: il primo, la cui posizione è descritta dalla terna $\{\tilde{\mathbf{e}}_i\}$, in moto rotatorio rispetto all'osservatore fisso, con asse di rotazione orientato come il versore $\mathbf{i}_3 = \tilde{\mathbf{e}}_3$ e angolo di rotazione pari a ψ; un secondo osservatore, indicato per mezzo della terna $\{\hat{\mathbf{e}}_i\}$, che rispetto al primo ruoti intorno al versore $\hat{\mathbf{e}}_1 = \tilde{\mathbf{e}}_1$ con angolo di rotazione pari a θ; infine un terzo osservatore, solidale al corpo rigido e alla terna $\{\mathbf{e}_i\}$, che rispetto al secondo ruota invece intorno al versore $\hat{\mathbf{e}}_3 = \mathbf{e}_3$ con un angolo dato da ϕ.

In base a questa costruzione possiamo subito dedurre che le velocità angolari relative di ciascun osservatore rispetto al precedente sono date, rispettivamente da: $\dot{\psi}\,\mathbf{i}_3,\ \dot{\theta}\,\tilde{\mathbf{e}}_1,\ \dot{\phi}\,\hat{\mathbf{e}}_3$. Applicando la legge di composizione delle velocità angolari otteniamo una prima espressione per $\boldsymbol{\omega}$, la velocità angolare del corpo rigido rispetto alla terna fissa:

$$\boldsymbol{\omega} = \dot{\psi}\,\mathbf{i}_3 + \dot{\theta}\,\tilde{\mathbf{e}}_1 + \dot{\phi}\,\hat{\mathbf{e}}_3\,.$$

Utilizzando le espressioni che permettono di assegnare le componenti di ciascuna terna di versori rispetto alla precedente possiamo scrivere

$$\boldsymbol{\omega} = \dot{\psi}\,\mathbf{i}_3 + \dot{\theta}(\cos\psi\,\mathbf{i}_1 + \sin\psi\,\mathbf{i}_2) + \dot{\phi}(-\sin\theta\,\tilde{\mathbf{e}}_2 + \cos\theta\,\tilde{\mathbf{e}}_3)$$

e di conseguenza, tenendo conto del fatto che

$$\tilde{\mathbf{e}}_2 = -\sin\psi\,\mathbf{i}_1 + \cos\psi\,\mathbf{i}_2 \qquad \tilde{\mathbf{e}}_3 = \mathbf{i}_3$$

otteniamo infine

$$\boldsymbol{\omega} = \dot{\psi}\,\mathbf{i}_3 + \dot{\theta}(\cos\psi\,\mathbf{i}_1 + \sin\psi\,\mathbf{i}_2) + \dot{\phi}\big(-\sin\theta(-\sin\psi\,\mathbf{i}_1 + \cos\psi\,\mathbf{i}_2) + \cos\theta\,\mathbf{i}_3\big)$$

che si semplifica in

$$\boldsymbol{\omega} = (\dot{\theta}\cos\psi + \dot{\phi}\sin\theta\sin\psi)\mathbf{i}_1 + (\dot{\theta}\sin\psi - \dot{\phi}\sin\theta\cos\psi)\mathbf{i}_2 + (\dot{\psi} + \dot{\phi}\cos\theta)\mathbf{i}_3\,. \tag{3.13}$$

Questa relazione esprime quindi le componenti della velocità angolare rispetto alla terna fissa in funzione degli angoli di Eulero e delle loro derivate prime.

Utilizzando le formule (2.12) è anche possibile, sia pure con calcoli relativamente laboriosi, esprimere le componenti della velocità angolare rispetto alla stessa terna solidale $\{\mathbf{e}_i\}$. Si ottiene

$$\boldsymbol{\omega} = \big(\dot{\theta}\cos\phi + \dot{\psi}\sin\theta\sin\phi\big)\mathbf{e}_1 + \big(\dot{\psi}\sin\theta\cos\phi - \dot{\theta}\sin\phi\big)\mathbf{e}_2 + \big(\dot{\psi}\cos\theta + \dot{\phi}\big)\mathbf{e}_3\,, \tag{3.14}$$

un risultato del quale avremo bisogno più avanti.

Esempio 3.7 (Moti di precessione) Nella Definizione 2.16 abbiamo introdotto i moti di precessione, particolari moti polari per i quali un asse fisso p forma un angolo costante con un asse r solidale, e abbiamo dimostrato che sono caratterizzati dall'avere la velocità angolare complanare con p e r, e quindi scomponibile nella somma

$$\boldsymbol{\omega} = \boldsymbol{\omega}_{\text{pre}} + \boldsymbol{\omega}_{\text{rot}} \qquad (\boldsymbol{\omega}_{\text{pre}} \parallel p,\ \boldsymbol{\omega}_{\text{rot}} \parallel r) \tag{3.15}$$

dove $\boldsymbol{\omega}_{\text{pre}}$, parallela all'asse fisso p, è detta velocità angolare di precessione, mentre $\boldsymbol{\omega}_{\text{rot}}$, parallela all'asse mobile e solidale r, è detta velocità angolare di rotazione propria. Possiamo ritrovare questo risultato introducendo un osservatore ruotante intorno all'asse fisso p solidalmente con r, il quale vedrà quindi un sistema dotato di un semplice moto rotatorio con una velocità angolare parallela a r, che indichiamo con $\boldsymbol{\omega}_{\text{rot}}$. Inoltre, poiché questo osservatore mobile ruota intorno all'asse fisso p con una propria velocità angolare, indicata con $\boldsymbol{\omega}_{\text{pre}}$, ecco che dalla legge di composizione delle velocità angolari (3.9) deduciamo la validità della scomposizione (3.15).

Le caratteristiche di un moto di precessione del sistema di Fig. 3.3, già utilizzato come esempio per il calcolo della velocità angolare, possono essere dedotte supponendo che l'angolo β si mantenga costante, così come il suo complementare θ

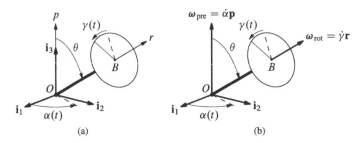

Figura 3.4 Velocità angolare nel moto di precessione: $\boldsymbol{\omega} = \boldsymbol{\omega}_{\mathrm{pre}} + \boldsymbol{\omega}_{\mathrm{rot}}$. (a) moto di precessione ($\theta = $ cost.); (b) Velocità angolare: $\boldsymbol{\omega} = \dot{\alpha}\mathbf{p} + \dot{\gamma}\mathbf{r}$

(si veda la Fig. 3.4a). In questo modo l'asse diretto come $\mathbf{i}_3$ avrà il ruolo di asse di precessione, mentre l'asse parallelo all'asta e al versore mobile $\mathbf{r}$ sarà l'asse di rotazione propria o asse di figura. La velocità angolare di precessione è perciò pari a $\boldsymbol{\omega}_{\mathrm{pre}} = \dot{\alpha}\,\mathbf{p}$, dove $\mathbf{p} = \mathbf{i}_3$, e la velocità di rotazione propria non è altro che $\boldsymbol{\omega}_{\mathrm{rot}} = \dot{\gamma}\,\mathbf{r}$. La velocità angolare complessiva è perciò la somma di queste due ed è complanare agli assi p e r (si veda la Fig. 3.4b).

Ricordiamo che un moto di precessione si definisce regolare quando le componenti $\dot{\alpha}$, $\dot{\gamma}$ sono costanti.   □

Osservazione 3.8 Contrariamente a quello che avevamo fatto in modo quasi banale nel caso dei moti piani, con la relazione (2.32) del Cap. 2, non possiamo in generale scrivere il vettore di rotazione infinitesima $\boldsymbol{\varepsilon}$ come differenziale di una funzione degli angoli di Eulero o, in altre parole, non esiste alcun vettore $\boldsymbol{\gamma}(\psi, \theta, \phi)$ tale che sia $\boldsymbol{\omega} = \dot{\boldsymbol{\gamma}}$. Infatti dalla (3.13) deduciamo che

$$\boldsymbol{\varepsilon} = \boldsymbol{\omega}\,dt = (\cos\psi\,d\theta + \sin\theta\sin\psi\,d\phi)\mathbf{i}_1 + (\sin\psi\,d\theta - \sin\theta\cos\psi\,d\phi)\mathbf{i}_2$$
$$+ (d\psi + \cos\theta\,d\phi)\mathbf{i}_3 \tag{3.16}$$

ma, come si può dimostrare, l'espressione sulla destra non è il differenziale di nessuna funzione degli angoli di Eulero o, in altre parole, è una *forma differenziale* ma *non* un differenziale esatto. Infatti, se esistesse un vettore $\boldsymbol{\gamma}(\psi, \theta, \phi)$ tale che $\boldsymbol{\varepsilon} = d\boldsymbol{\gamma}$ allora le componenti $(\varepsilon_1, \varepsilon_2, \varepsilon_3)$ espresse nella (3.16) attraverso i differenziali degli angoli di Eulero dovrebbero soddisfare le relazioni

$$\cos\psi\,d\theta + \sin\theta\sin\psi\,d\phi = \frac{\partial\gamma_1}{\partial\psi}d\psi + \frac{\partial\gamma_1}{\partial\theta}d\theta + \frac{\partial\gamma_1}{\partial\phi}d\phi$$

$$\sin\psi\,d\theta - \sin\theta\cos\psi\,d\phi = \frac{\partial\gamma_2}{\partial\psi}d\psi + \frac{\partial\gamma_2}{\partial\theta}d\theta + \frac{\partial\gamma_2}{\partial\phi}d\phi$$

$$d\psi + \cos\theta\,d\phi = \frac{\partial\gamma_3}{\partial\psi}d\psi + \frac{\partial\gamma_3}{\partial\theta}d\theta + \frac{\partial\gamma_3}{\partial\phi}d\phi$$

Ma, come si deduce dalla prima relazione, dovrebbe per esempio essere

$$\frac{\partial \gamma_1}{\partial \psi} = 0 \qquad \frac{\partial \gamma_1}{\partial \theta} = \cos \psi \qquad \frac{\partial \gamma_1}{\partial \phi} = \sin \theta \sin \psi$$

da cui, per esempio, seguirebbero per derivazione le relazioni incompatibili

$$\frac{\partial^2 \gamma_1}{\partial \theta \, \partial \psi} = 0 \qquad \frac{\partial^2 \gamma_1}{\partial \psi \, \partial \theta} = - \sin \psi \,. \qquad \qquad \square$$

Capitolo 4
Sistemi vincolati

I sistemi che vogliamo descrivere sono costituiti da punti materiali e corpi rigidi non completamente liberi di muoversi ma soggetti a *vincoli*, e cioè a restrizioni *a priori* sulle possibilità di moto. I vincoli sono in generale realizzati attraverso cerniere e altri meccanismi simili, anche se sarà bene precisare che noi non siamo principalmente interessati al modo in cui essi possano essere realizzati fisicamente, ma solo alla loro modellizzazione matematica e soprattutto alle conseguenze che provengono dalla loro introduzione per la cinematica del sistema.

È bene tenere presente che è da considerare un vincolo anche (per esempio) l'imposizione che due superfici rotolino senza strisciare una sull'altra o che, più in generale, si mantengano a contatto, anche se, come vedremo meglio, si tratta in genere di restrizioni di natura diversa da quelle che limitano semplicemente le posizioni dei punti.

Questo capitolo è strutturato in modo da presentare i concetti principali attraverso una successione di esempi significativi. La sintesi di quanto verrà presentato è rimandato a un quadro finale, nella § 4.11, dove le definizioni formali troveranno una più facile comprensione.

4.1 Esempi di sistemi vincolati

Per ognuno degli esempi di sistemi meccanici vincolati procederemo come se dovessimo "estrarre" da una scatola i pezzi che lo compongono (aste, punti, ecc.), ancora liberi nel piano o nello spazio, costruendo il sistema con l'introduzione successiva dei vincoli, di cui daremo una descrizione matematica. Si tenga presente che questi esempi hanno solo lo scopo di introdurre gradualmente e in modo concreto idee e concetti più generali, in modo che le appropriate definizioni appaiano in seguito sufficientemente motivate.

P. Biscari et al., *Meccanica Razionale*, La Matematica per il 3+2 138,
https://doi.org/10.1007/978-88-470-4018-2_4

4.1.1 Punto su una guida circolare fissa

Si consideri un punto P vincolato a muoversi su una circonferenza di raggio R e centro O. Per descrivere questa e altre analoghe condizioni si parla usualmente di un "anellino infilato su una guida" (fissa o mobile), un'immagine che suggerisce bene la realtà fisica che si vuole modellare, così come illustrato nella Fig. 4.1. L'anellino naturalmente deve essere pensato come puntiforme, mentre la guida è descritta da una curva regolare.

Scelto un opportuno sistema di coordinate, la restrizione che il vincolo impone al vettore posizione $OP = x\mathbf{i} + y\mathbf{j} + z\mathbf{k}$ è descritta dalle relazioni

$$z = 0 \qquad x^2 + y^2 = R^2 \,.$$

In questo caso è conveniente utilizzare le coordinate polari, e servirsi dell'angolo al centro della circonferenza θ per esprimere in funzione di esso il vettore posizione OP:

$$OP(\theta) = R\cos\theta\mathbf{i} + R\sin\theta\mathbf{j} \,. \tag{4.1}$$

Mentre in assenza del vincolo per descrivere le posizioni possibili del punto P nello spazio sono necessari tre parametri, e cioè le sue tre coordinate cartesiane, con la sua introduzione questo numero si è ridotto a uno: l'angolo al centro della circonferenza, o una quantità ad esso equivalente. Osserviamo inoltre che la conoscenza della funzione $\theta(t)$ e delle sue derivate ci permette di esprimere in ogni istante la velocità

$$\mathbf{v}_P(t) = \frac{\partial P}{\partial \theta}\dot{\theta} = -R\dot{\theta}\sin\theta\mathbf{i} + R\dot{\theta}\cos\theta\mathbf{j} \tag{4.2}$$

e anche l'accelerazione dell'anellino vincolato

$$\mathbf{a}_P(t) = (-R\ddot{\theta}\sin\theta - R\dot{\theta}^2\cos\theta)\mathbf{i} + (R\ddot{\theta}\cos\theta - R\dot{\theta}^2\sin\theta)\mathbf{j} \,. \tag{4.3}$$

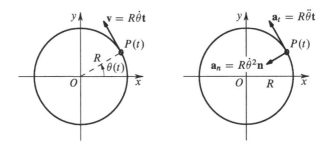

Figura 4.1 Punto vincolato su guida circolare fissa

Indicando con $\mathbf{t} = -\sin\theta\mathbf{i} + \cos\theta\mathbf{j}$ e con $\mathbf{n} = -\cos\theta\mathbf{i} - \sin\theta\mathbf{j}$ il versore tangente e la normale principale della circonferenza dalle formule (4.2) e (4.3) si ottiene

$$\mathbf{v} = R\dot{\theta}\mathbf{t} \qquad \mathbf{a} = R\ddot{\theta}\mathbf{t} + R\dot{\theta}^2\mathbf{n}.$$

Osserviamo che possiamo esprimere la posizione del punto sulla circonferenza per mezzo del parametro θ, che consideriamo *libero*, poiché può essere variato ad arbitrio ottenendo comunque configurazioni del sistema che rispettano i vincoli. Inoltre, la velocità è assegnata come funzione di θ e $\dot{\theta}$.

L'angolo θ ha quindi il ruolo di un parametro attraverso il quale è possibile descrivere il moto dei punti del sistema, qui ovviamente uno solo, e, per derivazione, anche la velocità e l'accelerazione.

Anticipiamo il fatto che i parametri (uno o più) che hanno questo ruolo vengono generalmente chiamati *coordinate libere* e indicati con la lettera q (in particolare qui avremo $q = \theta$), con l'eventuale presenza di un indice quando ve ne siano più di una. In questo esempio una sola coordinata libera era necessaria e sufficiente per conoscere la posizione e il moto del punto P, e perciò le scritture

$$P(q) \qquad \mathbf{v}_P = \frac{\partial P}{\partial q}\dot{q}$$

sono le naturali generalizzazioni della (4.1) e della (4.2) a un generico sistema dotato di una unica coordinata libera q.

4.1.2 Due aste vincolate in un sistema biella-manovella

Le *cerniere* sono fra i vincoli più comuni per i sistemi piani e sono di solito utilizzate quando si voglia impedire a un punto di muoversi oppure lo si voglia far coincidere con un altro, lasciando però la possibilità al corpo di ruotare intorno ad esso. Nel primo caso si parla di cerniere *fisse*, la cui rappresentazione grafica è di solito simile a quella che si vede nella parte sinistra della Fig. 4.2. Come si comprende subito, la presenza di un tale vincolo nel piano diminuisce di 2 il numero dei parametri necessari a descrivere la configurazione del sistema, poiché in questa situazione le coordinate del punto coincidente con la cerniera sono a priori assegnate.

Un corpo rigido così vincolato ha necessariamente atto di moto rotatorio intorno alla cerniera fissa, che funge da centro di istantanea rotazione. Le velocità sono perciò in ogni punto perpendicolari alla congiungente con la cerniera stessa e proporzionali alla distanza (come descritto nella Fig. 4.2).

Naturalmente possiamo anche introdurre cerniere mobili fra due parti del sistema, che in questo caso hanno il ruolo di vincoli interni. Con questi tipo di vincoli e con un carrello costruiamo ora un semplice ma interessante sistema meccanico, che viene indicato con il termine di biella-manovella, e che ha il ruolo di trasformare un movimento rotatorio in un moto rettilineo, e viceversa.

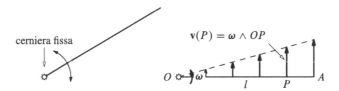

Figura 4.2 Un'asta vincolata a una cerniera fissa e un atto di moto compatibile

Supponiamo quindi di avere a disposizione due aste rigide HK e AB di lunghezza, rispettivamente, $2l$ e l, a priori ristrette a muoversi di moto piano, in modo che le loro configurazioni siano determinate dalla posizione degli estremi H e A e dagli angoli di rotazione θ e ϕ, come possiamo vedere dalla Fig. 4.3a. I parametri così introdotti sono 6, per ora liberi e indipendenti:

$$x_H, \quad y_H, \quad x_A, \quad y_A, \quad \theta, \quad \phi. \tag{4.4}$$

Il primo passo per costruire il sistema descritto nella Fig. 4.3b consiste nel vincolare con una cerniera *fissa* l'estremo H della prima asta a coincidere con un punto del piano, che prendiamo come origine O di un sistema di coordinate cartesiane, con asse x diretto come il versore **i** parallelo alla guida su cui dovrà poi scorrere l'estremo B della seconda asta.

Agganciamo ora fra di loro per mezzo di una seconda cerniera gli estremi K e A e imponiamo infine che B si muova sull'asse fisso. Ognuno di questi vincoli può essere descritto da una relazione matematica: nell'ordine abbiamo

$$H = O, \quad K = A, \quad y_B = 0. \tag{4.5}$$

Osserviamo che possiamo classificare il primo e l'ultimo dei vincoli imposti come *esterni*, poiché legano punti del sistema a punti esterni a esso, mentre la cerniera che impone $K = A$ deve essere considerato un vincolo *interno*, poiché impone una restrizione a due punti entrambi appartenenti al sistema.

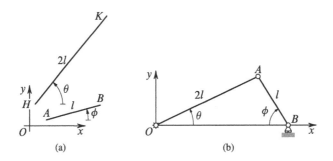

Figura 4.3 Un sistema biella-manovella. (a) Aste libere nel piano; (b) Aste vincolate

I legami (4.5) possono essere riscritti come

$$x_H = y_H = 0, \quad x_K = x_A, \quad y_K = y_A, \quad y_B = 0.$$

Ci domandiamo: quali restrizioni impongono queste cinque relazioni ai parametri
(4.4), scelti per descrivere il sistema? È evidente che x_H e y_H risultano ora fissati e
uguali a zero, e i vincoli imposti si traducono nelle 5 condizioni

$$x_H = 0, \quad y_H = 0, \quad x_A - 2l \cos \theta = 0, \quad y_A - 2l \sin \theta = 0, \quad y_A - l \sin \phi = 0,$$
(4.6)

(si osservi che per comodità si è usato l'angolo ϕ orientato come nella Fig. 4.3b e
che l'ultima condizione impone che sia $y_B = 0$, come richiesto dalla presenza del
carrello).

Le relazioni (4.6) devono essere lette come un sistema di cinque equazioni nella
lista dei sei parametri (4.4), che possiamo riassumere con la scrittura

$$\lambda_i(x_H, y_H, x_A, y_A, \theta, \phi) = 0, \quad i = 1, \dots, 5.$$

L'esistenza di cinque legami, in generale non lineari, fra i sei parametri suggerisce
la possibilità di esprimere 5 di essi come funzione regolare del rimanente, oppure anche di tutti in funzione di un sesto, ancora da introdurre. Dal punto di vista
matematico si tratta di una applicazione della teoria delle funzioni implicite e in
particolare del Teorema del Dini. In questo contesto ci sembra tuttavia istruttivo
un approccio più direttamente meccanico, che sacrifica la massima generalità a una
visione più diretta delle problematiche coinvolte.

Uno sguardo al sistema di Fig. 4.3b porta subito a pensare, correttamente, che
un unico parametro (e in particolare θ o ϕ) sia necessario e sufficiente per costruire
un sistema di coordinate libere per il sistema. A prima vista questa affermazione si
presta però a due obiezioni, alle quali è importante dare risposta.

Supponiamo di aver fissato nella Fig. 4.3b l'angolo θ e osserviamo subito che
questo valore non determina una *unica* configurazione compatibile con esso. Infatti,
nella Fig. 4.4 vediamo una diversa configurazione del sistema compatibile con il
medesimo valore di θ della Fig. 4.3b. Ci si potrebbe domandare quindi se sia corretto
affermare che θ da sola costituisca un sistema di coordinate libere (e cioè un insieme
di parametri essenziali e indipendenti) per il sistema, visto che non ne determina la
configurazione in modo univoco.

La risposta è comunque affermativa, nonostante l'ambiguità appena evidenziata.
Infatti, per quanto la conoscenza di θ non determini *univocamente* il valore di ϕ lo

Figura 4.4 Le aste delle Fig. 4.3b in una diversa
configurazione nella qua-
le il valore di θ è però il
medesimo

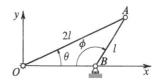

Figura 4.5 Le astel-
le Fig. 4.3b in una diversa
configurazione nella qua-
le il valore di ϕ è però il
medesimo

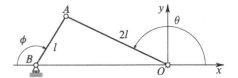

restringe comunque a un insieme *discreto* di due valori, evidenziati nelle figure, e
questo è sufficiente per riconoscere nell'insieme $\{\theta\}$ un sistema di coordinate libere.
Se invece la conoscenza di θ avesse permesso a ϕ di prendere valori in un *intervallo*
allora la sola θ non avrebbe costituito un sistema di coordinate libere per il sistema.

In altre parole, è necessario che fissate le coordinate libere di un sistema ne sia
impedito il moto, ma non è necessario che la configurazione compatibile sia unica.

Ragioniamo ora intorno all'angolo ϕ e osserviamo che, per esempio, il valore
che si vede nella Fig. 4.3b è compatibile anche con la configurazione nella Fig. 4.5.
In questo caso però dobbiamo aggiungere che quest'ultima configurazione non può
essere raggiunta a partire dalla prima in alcun modo (in altre parole, usando un
concetto più tipicamente matematico, l'insieme delle configurazioni del sistema è
sempre supposto essere connesso). Ciò che si vede nella Fig. 4.5 è di fatto un *diverso
sistema meccanico*, sia pure costruito con gli stessi elementi. Possiamo quindi dire
che la coordinata ϕ determina *univocamente* la configurazione del sistema.

Approfondiamo qui di seguito in modo più dettagliato la discussione di questo
semplice ma istruttivo sistema.

È molto semplice esprimere le coordinate di A e di B per mezzo dei due angoli
θ e ϕ

$$A = (2l \cos\theta, 2l \sin\theta) \qquad B = (2l \cos\theta + l \cos\phi, 2l \sin\theta - l \sin\phi)$$

ma la restrizione imposta dalla presenza del carrello in B impone che sia $y_B = 0$ e
cioè che sia soddisfatta la condizione

$$f(\theta,\phi) = 2 \sin\theta - \sin\phi = 0\,. \tag{4.7}$$

È proprio questa relazione che mostra il legame esistente fra θ e ϕ e permette di
ricavare $\phi = \tilde{\phi}(\theta)$ oppure $\theta = \tilde{\theta}(\phi)$, se avremo scelto θ oppure ϕ come coordinata
libera.

Ci domandiamo: esistono differenze concettuali, oltre che pratiche o di pura convenienza di calcolo, fra le coordinate θ e ϕ? La relazione (4.7) può essere risolta
rispetto a uno o all'altro di questi due angoli ma si evidenziano subito alcune ri-
levanti particolarità che possiamo dedurre sia per via puramente analitica che più
direttamente da un esame immediato dalla geometria del sistema: mentre ϕ può assumere un qualsiasi valore (modulo 2π), l'angolo θ è obbligato a mantenersi fra
$\theta_{\min} = -\pi/6$ e $\theta_{\max} = \pi/6$ (la situazione corrispondente a $\theta_{\max}$ è illustrata nella
Fig. 4.10a). Inoltre, per ogni valore di θ interno all'intervallo $-\pi/6 \leq \theta \leq \pi/6$

esistono *due* configurazioni possibili, corrispondenti a $\phi = \arcsin(2\sin\theta)$, $\phi = \pi - \arcsin(2\sin\theta)$ (questo è molto evidente da un'analisi diretta del sistema, ma può anche essere dedotto per via matematica).

Da queste osservazioni segue subito che l'angolo θ può essere utilizzato per descrivere separatamente l'insieme di configurazioni per le quali B si mantiene a destra di A $(-\pi/2 < \phi < \pi/2)$, oppure quello per il quale B si mantiene a sinistra di A $(\pi/2 < \phi < 3\pi/2)$, mentre invece ϕ può parametrizzare *globalmente* l'insieme delle configurazioni possibili. Dobbiamo dire che non è però quest'ultima la situazione generale: per sistemi meccanici complessi non esistono coordinate libere che "funzionino" in senso globale, ma piuttosto ci si deve accontentare di parametrizzazioni locali, per specifici sottoinsiemi di configurazioni possibili. Tutto ciò ha una interpretazione matematica: si tratta in ultima analisi di descrivere una (iper)superficie (l'insieme delle configurazioni possibili per il sistema meccanico) con diversi sistemi di coordinate e questo problema può essere discusso e ben compreso con gli strumenti della Geometria Differenziale.

Resta da discutere e chiarire la situazione corrispondente ai valori estremi $\theta_{\max}$ e $\theta_{\min}$. In ciascuno di questi casi la posizione del sistema è *univocamente determinata* dal valore di θ, e quindi si potrebbe pensare che quest'angolo possa essere considerato una coordinata libera anche per configurazioni così particolari. Tuttavia, ricavando $\phi = \tilde{\phi}(\theta)$ dalla (4.7) abbiamo

$$\tilde{\phi}(\theta) = \arcsin(2\sin\theta)$$

che *non* è differenziabile per $\sin\theta = 1/2$ ($\theta_{\max} = \pi/6$). (Se anche non avessimo potuto esplicitare la funzione $\tilde{\phi}(\theta)$ dalla (4.7) per il fatto che $f_\phi = -\cos\phi$ si annulla per $\phi = \pi/2$, corrispondente al valore $\theta = \pi/6$, avremmo potuto comunque raggiungere la stessa conclusione ricorrendo ai teoremi di analisi sulle funzioni implicite). Questa mancanza di differenziabilità in $\pi/6$ impedisce all'angolo θ di poter essere utilizzato come coordinata libera per la configurazione corrispondente: non saremmo infatti in grado esprimere le *velocità* dei punti per i moti che transitano da questa configurazione.

La conclusione è che i vincoli introdotti per definire e costruire il sistema biella-manovella di Fig. 4.3b riducono il numero dei parametri necessari per determinare la configurazione del sistema da sei a uno: è infatti sufficiente assegnare ϕ per conoscere il valore di tutti gli altri. In questo modo, un generico moto si ottiene da una arbitraria funzione $\phi(t)$: le posizioni di *tutti* i punti sono deducibili dal valore di ϕ, che può variare liberamente. Si dice perciò che l'angolo ϕ ha il ruolo di *coordinata libera*: a ogni suo valore, liberamente assegnato, corrisponde una precisa configurazione del sistema.

L'angolo θ, variabile fra $-\pi/6$ e $\pi/6$, può invece essere utilizzato come coordinata libera solo per due sottoinsiemi disgiunti di configurazioni, con l'esclusioni dei valori estremi. È quindi evidente, in questo caso, la maggiore convenienza della scelta di ϕ rispetto a θ.

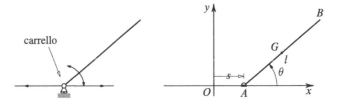

Figura 4.6 Un'asta con estremo vincolato da un carrello e le coordinate libere (s, θ)

4.1.3 Asta con estremo vincolato su guida fissa

Una restrizione cinematica particolarmente utile viene indicata con il termine di *carrello*. La rappresentazione grafica può prendere forme diverse ma in ogni caso è concepita per comunicare l'idea che mentre un punto di un corpo rigido è vincolato a muoversi lungo una guida assegnata, il corpo stesso resta libero di ruotare intorno ad esso, nel piano direttore del moto.

Osservando la parte sinistra della Fig. 4.6, dove sono suggeriti con apposite frecce gli spostamenti possibili, si vede che, in sostanza, questo vincolo restringe l'insieme dei moti del sistema riducendo di uno il numero dei parametri necessari per descriverne il movimento.

Consideriamo ora un'asta AB di lunghezza l e vincoliamo l'estremo A a scorrere lungo una guida fissa, come illustrato nella parte destra della Fig. 4.6 (si osservi che il carrello è qui rappresentato graficamente in modo diverso da come appare nella parte sinistra della figura). In assenza del carrello le configurazioni del sistema sarebbero individuate da *tre* parametri indipendenti, in quanto tanti sono in generale quelli necessari per individuare la posizione di un corpo rigido nel piano (vedi la Definizione 2.14). La presenza del vincolo riduce invece questo numero a *due*. È evidente infatti che l'ascissa s di A rispetto a un punto fisso O e l'angolo θ che AB forma con la guida determinano univocamente la posizione, alla luce del fatto che la condizione $y_A = 0$ descrive la restrizione imposta dalla presenza del carrello.

Mostriamo ora più concretamente come si possa esprimere la posizione di un qualunque punto P dell'asta in funzione dei parametri s e θ. Per esempio, per A e per il punto medio G, avremo

$$OA(s, \theta) = s\,\mathbf{i}, \qquad OG(s, \theta) = \left(s + \frac{l}{2}\cos\theta\right)\mathbf{i} + \frac{l}{2}\sin\theta\,\mathbf{j}.$$

Usando fin d'ora un linguaggio il cui significato preciseremo meglio più avanti, diciamo che s e θ sono *coordinate libere* per il sistema. Osserviamo che si tratta di due parametri *essenziali*, poiché non è possibile prescindere da nessuno dei due, e *indipendenti*, poiché fissato uno di essi possiamo comunque variare l'altro ottenendo infinite possibili configurazioni del sistema.

A questo possiamo introdurre una definizione più generale e formale:

- *Coordinate libere*: un insieme di $N-1$ parametri q_k *essenziali* e *indipendenti* per mezzo dei quali si descrivono le configurazioni del sistema.

Le velocità possono a loro volte essere ottenute derivando le relazioni precedenti, e calcolate quando siano note le funzioni $s(t)$ e $\theta(t)$ che determinano il moto. Si ha infatti

$$\mathbf{v}_A = \frac{dA}{dt} = \frac{\partial A}{\partial s}\dot{s} + \frac{\partial A}{\partial \theta}\dot{\theta} = \dot{s}\mathbf{i}$$

$$\mathbf{v}_G = \frac{dG}{dt} = \frac{\partial G}{\partial s}\dot{s} + \frac{\partial G}{\partial \theta}\dot{\theta} = \left(\dot{s} - \frac{l}{2}\sin\theta\dot{\theta}\right)\mathbf{i} + \frac{l}{2}\cos\theta\dot{\theta}\mathbf{j}$$

Naturalmente le medesime considerazioni possono essere svolte per un punto P generico, la cui posizione sia espressa da una funzione $P(s,\theta)$. La velocità si ottiene derivando rispetto al tempo la funzione composta $P(t) = P\big(s(t),\theta(t)\big)$:

$$\mathbf{v}_P = \frac{dP}{dt} = \frac{\partial P}{\partial s}\dot{s} + \frac{\partial P}{\partial \theta}\dot{\theta}\,.$$

Indicando con $q_1 = s$ e $q_2 = \theta$ i parametri scelti, questa relazione si può scrivere in forma più compatta come

$$\mathbf{v}_P = \frac{\partial P}{\partial q_1}\dot{q}_1 + \frac{\partial P}{\partial q_2}\dot{q}_2 = \sum_{k=1}^{2}\frac{\partial P}{\partial q_k}\dot{q}_k\,. \tag{4.8}$$

Lo *spostamento elementare* subito dal punto nell'intervallo infinitesimo di tempo in cui le coordinate libere hanno subito una variazione dq_k è naturalmente dato da

$$dP = \frac{\partial P}{\partial q_1}dq_1 + \frac{\partial P}{\partial q_2}dq_2 = \sum_{k=1}^{2}\frac{\partial P}{\partial q_k}dq_k\,. \tag{4.9}$$

Immaginiamo ora il sistema in una posizione *assegnata*, compatibile con il vincolo a un istante di tempo *fissato*. Parlando in modo un po' informale possiamo proprio dire che stiamo guardando una "istantanea" del sistema stesso, prescindendo però dalla "storia" del suo moto negli istanti precedenti e successivi a quello considerato. Pensiamo ora a un atto di moto che sia compatibile con i vincoli nell'istante e nella posizione considerati. Chiameremo *virtuale* un atto di moto di questo tipo. Le *velocità virtuali* dei singoli punti non sono pertanto ottenute inserendo nella formula (4.8) le $\dot{q}_k$ relative a un moto effettivo $q_k(t)$, ma sostituendo alle $\dot{q}_k$ dei coefficienti suggestivamente indicati con $\delta q_k/\delta t$, che *non sono* derivate rispetto al tempo, ma solo parametri con le dimensioni fisiche opportune, e cioè quelle medesime delle $\dot{q}_k$. Per tradizione si conviene di indicare le velocità virtuali con un apice, per distinguerle concettualmente e in modo evidente da quelle effettive. Seguendo questa convenzione avremo

$$\mathbf{v}'_P = \frac{\partial P}{\partial q_1} \frac{\delta q_1}{\delta t} + \frac{\partial P}{\partial q_2} \frac{\delta q_2}{\delta t} = \sum_{k=1}^{2} \frac{\partial P}{\partial q_k} \frac{\delta q_k}{\delta t} \, . \qquad (4.10)$$

Per brevità di notazione e per evidenziare la natura delle $\delta q_k / \delta t$ di *parametri* e *non* di derivate si usa anche porre $v_k = \delta q_k / \delta t$ riscrivendo così la (4.10) nella forma

$$\mathbf{v}'_P = \frac{\partial P}{\partial q_1} v_1 + \frac{\partial P}{\partial q_2} v_2 = \sum_{k=1}^{2} \frac{\partial P}{\partial q_k} v_k \, . \qquad (4.11)$$

È importante notare la sottile differenza concettuale che esiste fra la scrittura (4.8) della velocità effettiva e la (4.10) delle velocità virtuale. Nel primo caso si pensa di aver scelto un moto del sistema descritto dalle funzioni $q_k(t)$ e di aver espresso la velocità di P ad esso associata. Nel secondo caso, invece, la scrittura vuole esprimere l'insieme (e cioè la totalità) delle velocità di P che siano compatibili con i vincoli all'istante considerato. È certamente ben vero che sostituendo nella (4.10) al posto delle quantità arbitrarie $\delta q_k / \delta t$ le $\dot{q}_k$ che provengono da un moto assegnato si ottiene la corrispondente velocità effettiva del punto, e questo fatto può essere riassunto dicendo che, in *questo esempio*, fra le velocità virtuali si trova quella effettiva ma, come vedremo più avanti, questa affermazione *non* è vera in generale, anche se qui appare quasi ovvia.

È anche possibile definire i corrispondenti *spostamenti virtuali*, sostituendo in (4.9) le variazioni infinitesime effettive dq_k, subordinate a un moto $q_k(t)$, con le variazioni virtuali δq_k, che non necessariamente corrisponderanno agli spostamenti infinitesimi subiti dalle coordinate libere durante il moto. In questo modo naturalmente si ottiene una quantità con le dimensioni di uno spostamento, e cioè

$$\delta P = \frac{\partial P}{\partial q_1} \delta q_1 + \frac{\partial P}{\partial q_2} \delta q_2 = \sum_{k=1}^{2} \frac{\partial P}{\partial q_k} \delta q_k \, . \qquad (4.12)$$

Possiamo concludere che uno spostamento virtuale è quindi un qualsiasi spostamento infinitesimo che rispetti i vincoli, nella posizione e nell'istante fissati. Si noti ancora l'uso del simbolo δP per distinguerlo dallo spostamento infinitesimo effettivo dP, che avviene invece in corrispondenza a un moto assegnato.

Anche qui si faccia attenzione alla differenza concettuale fra la (4.9), che descrive lo spostamento infinitesimo effettivo subordinato a un moto del sistema e la (4.12), che vuole invece esprimere la totalità degli spostamenti infinitesimi possibili compatibili con i vincoli.

È evidente che la distinzione tra velocità e spostamenti virtuali è più formale che sostanziale: si tratta qualitativamente degli stessi vettori, pensati come velocità o come spostamenti infinitesimi a seconda dei casi. È tradizione usare il concetto di spostamento virtuale nel discutere questioni di statica, dove esso appare più "naturale", e invece riservare le velocità virtuali alla dinamica.

Evidenziamo infine come il confronto fra la (4.10) o la equivalente (4.11) e la (4.12) ci porti a poter dire, in modo suggestivamente informale, che una velocità virtuale si ottiene "dividendo" lo spostamento virtuale per un tempo infinitesimo.

Concludiamo questo esempio con la definizione formale di spostamento e atto di moto virtuale:

- Velocità virtuale: velocità compatibile con i vincoli, immaginati *fissati* all'istante considerato.
- Spostamento virtuale: spostamento infinitesimo compatibile con i vincoli, immaginati *fissati* all'istante considerato.

Nell'esempio appena discusso la precisazione sui vincoli che devono essere immaginati fissati appare del tutto superflua, poiché essi sono fissi di per sé. Vedremo subito nell'esempio successivo che questa precisazione è invece significativa, poiché avremo a che fare con semplice sistema soggetto a vincoli *mobili*.

4.1.4 Esempio di vincolo mobile: un punto su guida ruotante

L'esempio che vogliamo studiare è qui costituito da un'asta rigida incernierata nell'estremo O a un punto fisso sulla quale è infilato un anellino P che schematizza un punto materiale vincolato a rimanervi a contatto e libero di muoversi lungo di essa. Supponiamo inoltre che l'asta sia in moto rotatorio uniforme assegnato con velocità angolare costante ω intorno a O e costituisca quindi per l'anellino un vincolo mobile che ne restringe l'insieme dei moti possibili. In casi del genere, quando un'asta o comunque un corpo monodimensionale ha solo ruolo di vincolo per il sistema di nostro interesse (l'anellino, appunto) è più propriamente indicata con il termine di *guida*, e noi ci atterremo a questa terminologia.

La posizione di P sulla guida ruotante risulta individuata dalla *coordinata libera s*, ascissa di P rispetto a O (Fig. 4.7). Il vincolo impone che le coordinate x e y di P rispetto ad assi centrati in O non siano arbitrarie, come per un punto libero nel piano, ma soddisfino la relazione

$$y \cos(\omega t) - x \sin(\omega t) = 0, \tag{4.13}$$

ottenuta nell'ipotesi che la guida sia parallela all'asse x al tempo zero. Questa è la rappresentazione del vincolo $OP \wedge \mathbf{u}(t) = \mathbf{0}$, dove $\mathbf{u}(t) = (\cos \omega t, \sin \omega t)$ è il versore, dipendente dal tempo, che indica la direzione della guida stessa.

Figura 4.7 Vincolo mobile: un anellino infilato su una guida uniformemente ruotante

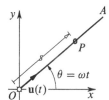

Il vincolo introdotto è interessante poiché in esso compare *esplicitamente* il tempo *t*. Diremo *mobili* o *reonomi* tutti i vincoli con questa caratteristica. Enunciamo formalmente la distinzione fra vincoli fissi e mobili:

- Vincolo *fisso* o *scleronomo*: restrizione a priori sulle configurazioni o sui moti possibili per un sistema, la cui espressione analitica *non dipende esplicitamente* dal tempo.
- Vincolo *mobile* o *reonomo*: restrizione a priori sulle configurazioni o sui moti possibili per un sistema, la cui espressione analitica *dipende esplicitamente* dal tempo.

(il fatto che il vincolo in discussione sia mobile è perciò provato dalla sua espressione analitica (4.13) dove si vede comparire esplicitamente il tempo).

Osserviamo che la posizione di *P* dipende dalla coordinata libera *s* e anche, esplicitamente, da *t*. Infatti vediamo che *non* è sufficiente conoscere *s* per determinare la posizione di *P*, se non abbiamo prima stabilito la posizione della guida, la quale a sua volta dipende dall'istante considerato.

Possiamo perciò scrivere $OP(s,t)$ come

$$OP(s,t) = s\mathbf{u}(t) = s\cos(\omega t)\mathbf{i} + s\sin(\omega t)\mathbf{j} \qquad (4.14)$$

da cui segue

$$
\begin{aligned}
\mathbf{v}_P &= \frac{dP}{dt} = \frac{\partial P}{\partial s}\dot{s} + \frac{\partial P}{\partial t} \\
&= \big(\dot{s}\cos(\omega t) - s\omega\sin(\omega t)\big)\mathbf{i} + \big(\dot{s}\sin(\omega t) + s\omega\cos(\omega t)\big)\mathbf{j} \\
&= \dot{s}\mathbf{u} + s\omega\big(-\sin(\omega t)\mathbf{i} + \cos(\omega t)\mathbf{j}\big) \\
&= \dot{s}\mathbf{u} + \frac{\partial P}{\partial t}
\end{aligned}
\qquad (4.15)
$$

dove

$$\frac{\partial P}{\partial t} = s\omega\big(-\sin(\omega t)\mathbf{i} + \cos(\omega t)\mathbf{j}\big)$$

è un vettore diretto *perpendicolarmente* alla guida.

Cosa possiamo dire di velocità e spostamenti *virtuali*? Ricordiamo le definizioni:

- Velocità virtuale: velocità compatibile con i vincoli, immaginati *fissati* all'istante considerato.
- Spostamento virtuale: spostamento infinitesimo compatibile con i vincoli, immaginati *fissati* all'istante considerato.

Immaginiamo allora il sistema in una posizione e in un istante *fissati*, e consideriamo tutti gli atti di moto compatibili con la situazione assegnata. In questo caso, trattandosi di un punto, questi atti di moto si riducono alla sola velocità di *P* stesso. Bisogna però fare attenzione al fatto che il tempo deve essere pensato come

Figura 4.8 Velocità virtuale $\mathbf{v}'_P$ e velocità effettiva $\mathbf{v}_P$. Ogni velocità virtuale è tangente alla guida ruotante, mentre la velocità effettiva ha necessariamente una parte perpendicolare ad essa

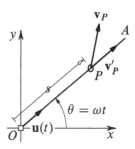

fissato e quindi il vincolo risulta "congelato", come si usa dire con una colorita ma significativa espressione.

Come si vede nella Fig. 4.8, le velocità *virtuali* $\mathbf{v}'_P$ dell'anellino sono quindi tutte *tangenti* alla guida, nella posizione in cui essa si trova all'istante considerato, mentre la velocità *effettiva* $\mathbf{v}_P$, anch'essa indicata nella medesima figura, ha necessariamente anche una componente perpendicolare, pari proprio alla velocità di trascinamento associata a un osservatore che ruoti insieme alla guida stessa.

Risulta ora ben evidente la sottile ma importante distinzione tra le velocità che competono ai punti in conseguenza di moti *effettivi* e velocità *virtuali*, assegnate con posizione e vincoli fissati. Si vede subito infatti che, nel caso in discussione, tra le infinite velocità virtuali *non* può trovarsi quella effettiva, la quale necessariamente possiede una componente secondo la direzione perpendicolare alla guida, dovuta alla sua rotazione.

Vediamo come queste considerazioni possano essere meglio comprese scrivendo l'espressione esplicita della velocità virtuale. Poiché il tempo t è da considerarsi fissato, derivando la relazione (4.14) solo rispetto a s otteniamo

$$\mathbf{v}'_P = \frac{\partial P}{\partial s}\frac{\delta s}{\delta t} = (\cos(\omega t)\mathbf{i} + \sin(\omega t)\mathbf{j})\frac{\delta s}{\delta t} = \mathbf{u}(t)v_s \qquad (4.16)$$

dove $\mathbf{u}(t)$ è il versore diretto come le guida ruotante e $v_s = \delta s/\delta t$ *non* rappresenta una derivata ma una quantità arbitraria. Perciò i vettori $\mathbf{v}'_P$ così ottenuti sono *tutti e soli* quelli tangenti alla guida (multipli di $\mathbf{u}$), coerentemente con la definizione di velocità virtuale come *velocità compatibile con i vincoli immaginati fissati all'istante considerato*.

Osserviamo infine che il termine $\partial P/\partial t$ nel membro destro della (4.15) è proprio quello che fornisce la parte di velocità complessiva ed effettiva di P dovuta al moto del vincolo (guida), e infatti *non* compare nell'espressione (4.16).

Gli spostamenti virtuali al tempo t sono di conseguenza espressi da

$$\delta P = \frac{\partial P}{\partial s}\delta s = \mathbf{u}(t)\delta s$$

e anch'essi sono diretti tangenzialmente (anche qui δs indica una variazione infinitesima arbitraria della coordinata s).

Un'ultima importante conseguenza si deduce dal confronto fra le espressioni
(4.15) e (4.16) della velocità effettiva e, rispettivamente, virtuale del punto P. Si
osservi infatti che è *impossibile* ottenere la velocità effettiva dalla (4.16), anche sostituendo in essa al posto di $\delta s/\delta t$ la quantità $\dot{s}$ corrispondente a un asseganto moto
$s(t)$. Infatti, nella (4.15) compare il termine aggiuntivo $\partial P/\partial t$ che è conseguenza
del moto del vincolo.

Questa considerazione ha carattere generale e può essere formalizzata così:

- Nei sistemi soggetti a vincoli *mobili* fra le velocità virtuali *non* compare quella
  effettiva.

Questo esempio deve quindi essere visto sotto una duplice luce: (1) introduzione
del concetto di vincolo mobile; (2) chiarimento della differenza tra *velocità effettive*, relative a moti possibili, e *velocità virtuali*, compatibili con i vincoli *fissati* o
congelati all'istante considerato.

Si confronti questa osservazione con la discussione dell'esempio descritto per
mezzo della Fig. 4.6, dove la precisazione sul congelamento dei vincoli sarebbe
stata irrilevante, dato che questi erano già *fissi* e cioè indipendenti dal tempo.

4.1.5 Vincoli unilateri e bilateri

Esaminiamo ora un sistema soggetto a un vincolo *unilatero*. Consideriamo di nuovo
l'asta dell'esempio trattato nel §4.1.3, descritto nella Fig. 4.6. Supponiamo di voler
imporre che l'estremo B si mantenga al di *sopra* della guida orizzontale, a causa
di qualche ostacolo che gli impedisca di superarla. Questa condizione può essere
espressa dalla relazione $AB \cdot \mathbf{j} \geq 0$, la quale, una volta introdotte le coordinate libere
s e θ, implica che sia $\sin \theta \geq 0$ e cioè $0 \leq \theta \leq \pi$. Come si vede l'introduzione di
questo ulteriore vincolo ha un effetto solo sulle configurazioni corrispondenti a $\theta =
0$ e $\theta = \pi$, che vengono dette *di confine* o *di frontiera*. Per quanto riguarda invece
i moti per i quali $\sin \theta$ si mantenga strettamente positivo il sistema è inalterato.
È importante osservare che in queste configurazioni ogni atto di moto virtuale è
reversibile, nel senso che l'atto di moto opposto è anch'esso virtuale (Fig. 4.9a).

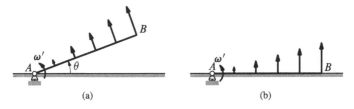

(a)   (b)

Figura 4.9 Esempio di sistema soggetto a un vincolo unilatero. (a) Un atto di moto virtuale
reversibile ($0 < \theta < \pi$); (b) Un atto di moto virtuale irreversibile ($\theta = 0$, posizione di confine)

Consideriamo invece la configurazione che si ottiene per $\theta = 0$. È quasi ovvio osservare che le velocità virtuali dei punti devono essere necessariamente orientate verso l'alto, come si vede nella Fig. 4.9b, perché così impone il vincolo. Ci troviamo quindi di fronte a un caratteristica peculiare di questo sistema: in talune configurazioni, dette di frontiera, esistono velocità virtuali il cui opposto *non* è virtuale.

Introduciamo ora alcune utili definizioni:

- Una velocità (o uno spostamento) virtuale è *reversibile* se anche il suo *opposto* è virtuale.
- Un sistema per il quale esistono configurazioni che ammettono velocità (o spostamenti) virtuali *non* reversibili si dice soggetto a vincoli *unilateri*. Le configurazioni per cui questo avviene si dicono *di confine* o *di frontiera*. Se invece in tutte le configurazioni *ogni* velocità (o spostamento) virtuale è reversibile si dice che i vincoli sono *bilateri*.

Alla luce di queste definizioni possiamo concludere che il vincolo introdotto in questo esempio è *unilatero*. Osserviamo infine che, anche nelle configurazioni di confine, ogni spostamento virtuale può essere espresso nella forma

$$\delta P = \frac{\partial P}{\partial s}\delta s + \frac{\partial P}{\partial \theta}\delta \theta \,,$$

con $\theta = 0, \pi, \delta s$ arbitrario e $\delta\theta$ anch'esso arbitrario purché non negativo (per $\theta = 0$) o non positivo (per $\theta = \pi$), affinché il vincolo unilatero sia rispettato. Osserviamo che le dipendenze delle posizioni dei punti del sistema e delle loro velocità da s, θ, $\dot{s}$ e $\dot{\theta}$ sono comunque *regolari* anche nelle configurazioni di frontiera, ragione per cui s e θ mantengono il loro ruolo di coordinate libere anche in queste situazioni.

Osserviamo che la definizione di vincolo bilatero o unilatero deve necessariamente basarsi sulla reversibilità o meno degli atti di moto *virtuali*, e non effettivi. Per motivare questo criterio è sufficiente uno sguardo alla Fig. 4.8: vediamo che le velocità virtuali, tangenti alla guida ruotante, sono reversibili (e il vincolo è perciò classificato bilatero, come ci dovremmo aspettare), mentre la velocità effettiva ha una componente perpendicolare, con orientamento forzatamente concorde con la sua rotazione, e quindi non può mai essere invertita.

Si osservi infine che il concetto di vincolo unilatero non è automaticamente da associare alla presenza di coordinate libere che possano variare solo all'interno di intervalli limitati, come forse potrebbe sembrare da quest'esempio.

Riprendiamo in esame il sistema biella-manovella di Fig. 4.3 per il quale, come abbiamo visto, per le configurazioni nelle quali B si trovi per esempio a destra di A potremmo utilizzare come coordinata libera l'angolo θ. Ora, è ben evidente che il valore $\theta_{\max} = \pi/6$ costituisce un valore massimo per θ e quindi a partire dalla configurazione rappresentata nella Fig. 4.10a quest'angolo può solo *diminuire*. Ciò però *non* significa che il sistema sia soggetto a un vincolo unilatero. Consideriamo infatti un generico atto di moto virtuale relativo a questa configurazione: con l'aiuto del Teorema di Chasles e alcune facili considerazioni geometriche deduciamo subito che ogni tale atto di moto virtuale è necessariamente *nullo* per l'asta OA, mentre

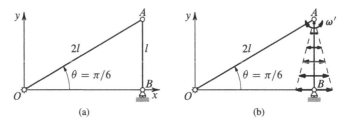

Figura 4.10 Il sistema nella configurazione $\theta_{\max} = \pi/6$. (a) configurazione per $\theta = \pi/6$; (b) atto di moto virtuale: rotatorio per AB, nullo per OA

Figura 4.11 Un esempio di sistema labile. (a) nessun moto, nessuna coordinata libera; (b) un atto di moto virtuale

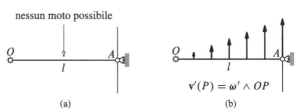

è *rotatorio* intorno ad A per l'asta AB, così come rappresentato nella Fig. 4.10b. Si vede subito, quindi, che in queste condizioni ogni atto di moto virtuale è *reversibile* e perciò il sistema è in effetti soggetto a vincoli *bilateri*, come ci dovevamo aspettare.

4.2 Atti di moto e spostamenti rigidi virtuali

L'atto di moto di un sistema *rigido* ha la forma

$$\mathbf{v}(P) = \mathbf{v}(Q) + \boldsymbol{\omega} \wedge QP \,,$$

dove Q e P sono punti arbitrari appartenenti al sistema o a esso solidali, mentre $\boldsymbol{\omega}$ è il vettore velocità angolare. Per esprimere l'insieme delle velocità *virtuali*, compatibili con il vincolo di rigidità del sistema, possiamo usare questa medesima formula, dove introdurremo però un *apice*, proprio per ricordare che si tratta di velocità virtuali, semplicemente *compatibili* con i vincoli, e non subordinate a un qualche moto effettivo. Scriveremo dunque

$$\mathbf{v}'(P) = \mathbf{v}'(Q) + \boldsymbol{\omega}' \wedge QP \,, \tag{4.17}$$

dove, in assenza di altri vincoli, $\mathbf{v}'(Q)$ e $\boldsymbol{\omega}'$ sono da considerarsi vettori arbitrari. In presenza di vincoli *aggiuntivi* dobbiamo invece esprimere l'atto di moto virtuale scegliendo $\mathbf{v}'(Q)$ e $\boldsymbol{\omega}'$ in modo che tutte le velocità dedotte dalla (4.17) siano effettivamente *compatibili*.

Bisogna tener presente che, in generale, $\mathbf{v}'(Q)$ e $\boldsymbol{\omega}'$ potrebbero non aver nulla a che fare con velocità e velocità angolari effettive, come si vede chiaramente nel sistema di Fig. 4.11a: un'asta OA di lunghezza l incernierata a un punto fisso O e vincolata in A con un carrello che scorre lungo una guida fissa posta a distanza l da O e *perpendicolare* ad OA. A causa dei vincoli, l'asta *non può muoversi* in alcun modo e tuttavia essa ammette *infiniti* atti di moto virtuali rotatori intorno all'asse perpendicolare al piano e passante per O. Ognuno di essi, come si vede nella Fig. 4.11b, è infatti compatibile con i vincoli poiché la distribuzione di velocità descritta dalla relazione

$$\mathbf{v}'(P) = \boldsymbol{\omega}' \wedge OP \quad \boldsymbol{\omega}' = \omega'\mathbf{k}$$

(dove ω' è una quantità scalare arbitraria e $\mathbf{k}$ è il versore perpendicolare al piano) rispetta la rigidità dell'asta, la presenza di una cerniera fissa in O, e anche la presenza del carrello che impone all'estremo A di muoversi lungo la guida e di avere quindi velocità a essa *parallela*. Si osservi che, sebbene questo sia un caso particolare, esso è comunque molto significativo: il sistema *possiede* atti di moto *virtuali*, ma certamente *non possiede* alcun atto di moto *effettivo*, poiché ammette *una sola* configurazione possibile. I sistemi che rientrano in questa tipologia sono detti *labili*, come vedremo meglio nel §4.4.

È importante notare che se la guida fosse inclinata obliquamente, come nella Fig. 4.12, non esisterebbe alcun atto di moto virtuale, poiché la velocità assegnata ad A da un qualsiasi atto di moto rotatorio intorno a O sarebbe non più tangente alla guida stessa e perciò incompatibile con la presenza del carrello. I sistemi che hanno una sola configurazione, non sono soggetti a vincoli superflui e non ammettono alcun atto di moto virtuale sono classificati come *isostatici* (vedi §4.4).

Le considerazioni appena svolte, in definitiva, dovrebbero essere sufficienti a illustrare il motivo per cui è necessario indicare formalmente con simboli diversi le velocità e le velocità angolari che compaiono negli atti di moto *effettivi* e negli atti di moto *virtuali*, trattandosi di concetti ben *distinti*.

Come abbiamo visto in §2.4, lo spostamento elementare dei punti di un sistema durante un moto rigido assegnato è esprimibile per mezzo della relazione (2.26)

$$dP = dQ + \boldsymbol{\varepsilon} \wedge QP \,, \tag{4.18}$$

dove $\boldsymbol{\varepsilon} = \boldsymbol{\omega}\, dt$ è il cosiddetto vettore di rotazione infinitesima corrispondente all'atto di moto nell'istante assegnato. È quindi naturale scrivere l'espressione per lo *spostamento virtuale* dei punti di un *sistema rigido* nella forma

$$\delta P = \delta Q + \boldsymbol{\varepsilon}' \wedge QP \,, \tag{4.19}$$

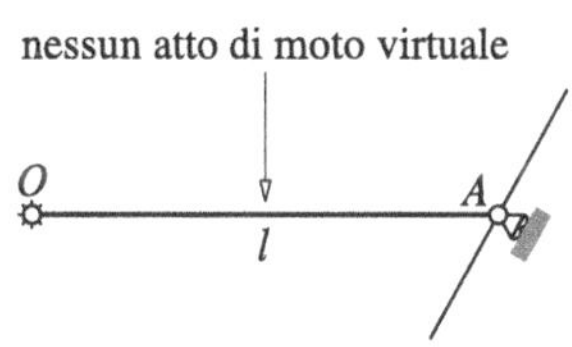

Figura 4.12 Un sistema isostatico

in perfetta analogia con quanto abbiamo fatto per l'atto di moto virtuale (4.17). È
però importante comprendere il motivo dell'uso di δP al posto di dP e anche di $\boldsymbol{\varepsilon}'$ al
posto di $\boldsymbol{\varepsilon}$ che si può notare confrontando la (4.18) con la (4.19). Si usano la lettera
δ e l'apice $(')$ per indicare appunto che si tratta di quantità *virtuali*, e cioè arbitrarie
purché compatibili con i vincoli (immaginati fissati all'istante considerato) e *non*
di quantità infinitesime associate a un qualche spostamento effettivo del corpo o
del sistema. Si converrà quindi (come già anticipato) che, per un generico punto
P, la quantità δP indichi uno spostamento *virtuale*, e che inoltre $\boldsymbol{\varepsilon}'$ sia il vettore di
rotazione infinitesima *virtuale* di un corpo rigido.

4.3 Coordinate libere

Presentiamo infine una procedura per la definizione di un sistema di *coordinate
libere* per sistemi generici. L'idea fondamentale è che esse servano a *parametrizzare* l'insieme delle configurazioni in modo sufficientemente regolare: le coordinate
libere sono dunque parametri essenziali e indipendenti che, al loro variare in una
regione, descrivono in modo regolare le configurazioni del sistema, o almeno un
sottoinsieme di esse.

Un *sistema di coordinate libere* per un insieme di configurazioni C è quindi
una corrispondenza che, in ogni istante t di un intervallo di tempo, associa a ogni
N-pla di numeri reali $\mathsf{q} = (q_1, q_2, \ldots, q_N)$ appartenenti a un insieme $\mathcal{U}$ di $\mathbb{R}^N$
una configurazione del sistema in C. Si richiede che $\mathcal{U}$ sia un aperto connesso con
l'eventuale aggiunta di una parte della sua frontiera e che, per ogni punto P, la
funzione

$$P(q_1, q_2, \ldots, q_N; t) \tag{4.20}$$

che assegna la *posizione* del punto al variare dei parametri $(q_1, q_2, \ldots, q_N)$ e del
tempo t sia *regolare* (almeno due volte differenziabile con continuità). Si suppone
che le coordinate $(q_1, q_2, \ldots, q_N)$ siano, come detto, *essenziali* e *indipendenti*. Ciò
significa che: (1) nessuna può essere eliminata senza pregiudicare la possibilità di
individuare univocamente la posizione del sistema; (2) non vi è alcun legame finito
fra di esse.

Ogni moto che transita per una configurazione appartenente all'insieme C è quindi descrivibile, almeno per un limitato intervallo di tempo, attraverso una N-pla di
funzioni $q_k(t)$. Il corrispondente moto di un generico punto P è dato da

$$P(t) = P(q_1(t), q_2(t), \ldots, q_N(t), t) = P(\mathsf{q}(t), t).$$

Queste ipotesi hanno lo scopo di garantire che le coordinate libere godano di tutte
le proprietà ragionevolmente necessarie, che non cerchiamo però qui di giustificare
formalmente. Si osservi inoltre che:

- In generale possono essere necessari più sistemi di coordinate libere, poiché ognuno di essi può essere utilizzato solo per un sottoinsieme *proprio* delle configurazioni del sistema. È bene però avvertire che nei casi più semplici esistono sistemi di coordinate libere che coprono la totalità delle configurazioni possibili, e quindi questo problema spesso non si pone.

- Anche per un medesimo insieme C di configurazioni, sono possibili diversi sistemi di coordinate libere, concettualmente tra loro equivalenti, ma talvolta ben diversi dal punto di vista della convenienza pratica.

- La dipendenza *esplicita* della funzione (4.20) dal tempo corrisponde alla presenza di vincoli *mobili*. Nel caso essi siano *fissi* questa dipendenza viene meno.

Nei casi più comuni la costruzione di un sistema di coordinate libere può essere effettuata basandosi su considerazioni del tutto intuitive, e non richiede alcuna sofisticazione matematica. È solo per la necessità di introdurre una definizione generale che abbiamo affrontato la questione in modo più astratto. Osserviamo infine che la presentazione data di questo concetto *non* è di natura costruttiva, non dice cioè *come* un sistema di coordinate libere possa essere concretamente costruito, ma ne elenca semplicemente le caratteristiche essenziali.

Una volta assegnato un moto del sistema attraverso una N-pla $q_k(t)$ è facile esprimere la velocità di un generico punto P derivando la (4.20). Ricordando la regola di derivazione delle funzioni composte otteniamo

$$\mathbf{v}_P = \frac{dP}{dt} = \sum_{k=1}^{N} \frac{\partial P}{\partial q_k} \dot{q}_k + \frac{\partial P}{\partial t} \,, \tag{4.21}$$

che implica

$$dP = \mathbf{v}_P dt = \sum_{k=1}^{N} \frac{\partial P}{\partial q_k} dq_k + \frac{\partial P}{\partial t} dt \,. \tag{4.22}$$

È importante sottolineare che spostamenti elementari e velocità effettive sono quantità subordinate e riferite alla scelta di un moto $q_k(t)$, e ottenute da esso per mezzo di un processo di derivazione o differenziazione rispetto al tempo, come si vede nelle (4.21) e (4.22).

Le espressioni di velocità e spostamenti virtuali per sistemi con N coordinate libere $(q_1, q_2, \ldots, q_N)$ sono invece:

$$\begin{aligned} \mathbf{v}'(P) &= \sum_{k=1}^{N} \frac{\partial P}{\partial q_k} \frac{\delta q_k}{\delta t} \\ \delta P &= \sum_{k=1}^{N} \frac{\partial P}{\partial q_k} \delta q_k \end{aligned} \tag{4.23}$$

(dove le quantità δq_k e $\delta q_k / \delta t$ sono da pensarsi come coefficienti arbitrari).

Un confronto fra le espressioni (4.21) e (4.22) con la (4.23) permette di dare conferma all'osservazione già espressa nella §4.1.4:

• Per sistemi soggetti a vincoli mobili gli spostamenti elementari dP e le velocità effettive $\mathbf{v}_P$ dei punti *non* rientrano fra gli spostamenti e le velocità virtuali δP e $\mathbf{v}'_P$.

Osserviamo però che nel caso i cui i vincoli siano *fissi*, e perciò l'espressione (4.20) non contiene esplicitamente il tempo t, allora (4.21) e (4.22) si riducono alle

$$\mathbf{v}_P = \frac{dP}{dt} = \sum_{k=1}^{N} \frac{\partial P}{\partial q_k} \dot{q}_k \qquad dP = \mathbf{v}_P dt = \sum_{k=1}^{N} \frac{\partial P}{\partial q_k} dq_k$$

che si ottengono dalle espressioni (4.23) sostituendo in queste ultime le $\dot{q}_k$ e le dq_k provenienti da un moto effettivo $q_k(t)$ al posto, rispettivamente, delle $\delta q_k/\delta t$ e δq_k.
Questa osservazione si sintetizza con:

• Nei sistemi soggetti a vincoli fissi gli spostaneti elementari dP e le velocità $\mathbf{v}_P$ effettive rientrano come caso particolare fra gli spostamenti δP e le velocità virtuali $\mathbf{v}'_P$ del sistema.

4.4 Sistemi labili, iperstatici e isostatici

Consideriamo il sistema già discusso nel §4.2 e rappresentato in Fig. 4.11: è evidente che possiede una sola configurazione possibile, quella indicata in figura, e quindi non ammette alcun sistema di coordinate libere. È anche però vero che qualunque atto di moto rotatorio intorno a O è *compatibile* con i vincoli. Infatti ogni atto di moto di questo tipo soddisfa la condizione che la velocità di A sia tangente alla guida, ma certamente non è deducibile in alcun modo attraverso una variazione virtuale delle coordinate libere (che qui non esistono). Possiamo quindi dire che il sistema ammette (almeno) un atto di moto virtuale il quale non può essere in nessun modo scritto nella forma (4.23). La presenza di velocità (o spostamenti) virtuali non esprimibili formalmente attraverso variazioni delle coordinate libere è ciò che caratterizza i cosiddetti *sistemi labili*. Il numero degli spostamenti (o atti di moto) virtuali indipendenti risulta quindi *superiore* al numero delle coordinate libere.

I sistemi labili potrebbero anche essere chiamati *singolari*, poiché da un punto di vista matematico essi sono caratterizzati dall'annullarsi di uno Jacobiano dedotto dalle relazioni che traducono in vincoli. Senza addentrarci in questi dettagli ci limitiamo ad anticipare che la presenza di labilità porta in generale a paradossi e casi di irresolubilità nelle equazioni di equilibrio. È quindi importante saper riconoscere la labilità di un sistema meccanico, cosa peraltro non sempre facile.

Un problema analogo si presenta quando i vincoli sono superiori al necessario. Come esempio semplicissimo possiamo considerare un'asta incernierata a *due* punti fissi, come si vede nella Fig. 4.13a.

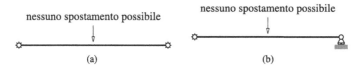

Figura 4.13 Un sistema iperstatico (a) trasformato in isostatico (b) con la riduzione di un vincolo

È evidente che questo sistema non ammette alcuna possibilità di movimento, ma ciò sarebbe ancora vero se una cerniera fosse sostituita da un carrello, come in Fig. 4.13b. Siamo quindi in presenza di un sistema *ipervincolato*, nel quale l'insieme dei moti possibili (in questo caso banalmente coincidente con l'insieme vuoto) rimane inalterato anche eliminando o riducendo alcuni dei vincoli presenti, come si vede nella Fig. 4.13. I sistemi con questa proprietà sono detti generalmente *iperstatici* e sono appunto contraddistinti dall'avere vincoli superflui, inutili ai fini delle restrizioni sull'insieme dei moti.

Come si vedrà meglio più avanti, quando saremo in grado di scrivere le equazioni della Statica, essi sono tipicamente caratterizzati dall'avere "troppe" incognite rispetto al numero delle equazioni disponibili. Per una loro trattazione è talvolta necessario uscire dallo schema di corpo rigido e adottare una modellizzazione più sofisticata, come quella di corpo elastico (vedi §9.6).

I sistemi iperstatici non sono comunque irrilevanti, dal punto di vista applicativo. Le due cerniere fisse della Fig. 4.13a sono infatti certamente eccessive se si pensa di voler impedire i movimenti di un'asta rigida, ma diventano più comprensibili se si ritiene, come avviene nella realtà, che anche corpi in apparenza rigidi possano essere soggetti a piccole deformazioni. In questo caso è evidente che l'asta della Fig. 4.13a è decisamente meglio vincolata dell'asta di Fig. 4.13b.

Ricordiamo infine che i sistemi privi di possibilità di movimento (con una sola configurazione ammissibile) i quali non siano né labili né iperstatici si dicono *isostatici*, come le aste che si possono osservare nelle Figg. 4.12 e 4.13b, che non possono muoversi, non ammettono atti di moto virtuali e per le quali non è possibile l'eliminazione o la riduzione di alcun vincolo senza che si alteri l'insieme dei moti possibili. In altre parole: i vincoli presenti in un sistema isostatico sono esattamente solo quelli strettamente necessari per impedire spostamenti *finiti* e *infinitesimi*.

4.5 Vincoli bilaterali olonomi

Osserviamo che ognuno dei vincoli bilaterali esaminati è in definitiva tradotto da un legame finito fra i parametri $(q_1, q_2, \ldots, q_N)$ che individuano la posizione del sistema. In altre parole, la restrizione alle possibilità di moto prodotta dal vincolo è equivalente alla richiesta che i parametri q_k non siano liberi di assumere qualsiasi valore in una data regione di $\mathbb{R}^N$, ma debbano piuttosto soddisfare una (o più) relazioni del tipo

$$f(q_1, q_2, \ldots, q_N; t) = 0. \tag{4.24}$$

Ogni vincolo bilatero che sia matematicamente traducibile in questa forma è detto *olonomo* (mobile o fisso, in relazione alla presenza o assenza del tempo *t* nella sua espressione analitica). Ogni equazione del tipo (4.24) riduce in generale di uno il numero delle coordinate libere necessarie per descrivere le configurazioni del sistema.

I vincoli bilateri che abbiamo finora discusso sono tutti quindi di tipo olonomo. Esistono però situazioni che devono essere modellate con vincoli cosiddetti *di mobilità*, vale a dire con restrizioni a priori sugli *atti di moto* del sistema, piuttosto che sulle posizioni. Questi vincoli *non* sono in generale esprimibili sotto forma olonoma.

4.6   Vincolo di puro rotolamento e vincolo di contatto

Un vincolo di grande importanza teorica e applicativa è costituito dal *puro rotolamento* (o *rotolamento senza strisciamento*) fra due corpi del quale qui discutiamo la formulazione matematica e le conseguenze. Le superfici dei due corpi che rotolano senza strisciare uno sull'altro hanno il punto di contatto *P* in comune, come indicato nella Fig. 4.14. Si osservi che esso corrisponde in ogni istante a *due* punti materiali P_1 e P_2 *fisicamente distinti* anche se *geometricamente coincidenti*, appartenenti ai corpi in moto. (questi punti rappresentano particelle materiali diverse in ogni istante).

Qual è la restrizione sull'atto di moto dei due corpi causata da questo vincolo? Per definizione, in accordo con l'intuizione fisica, essa impone che, in ogni istante, le velocità dei punti a contatto siano coincidenti: $\mathbf{v}_1 = \mathbf{v}_2$. Infatti, se le componenti normali al piano tangente comune alle superfici di contatto fossero diverse avremmo il *distacco* (o addirittura la penetrazione di un corpo nell'altro), mentre se fossero diverse le componenti secondo le direzioni tangenti avremmo lo *strisciamento*. In questo caso, la differenza tra le componenti tangenti delle velocità dei punti a contatto viene chiamata *velocità di strisciamento*.

Se in particolare il punto P_2 appartiene a una superficie fissa il vincolo di rotolamento senza strisciamento si semplifica in $\mathbf{v}_1 = \mathbf{0}$. In altre parole, il punto del corpo che è in movimento deve avere velocità nulla.

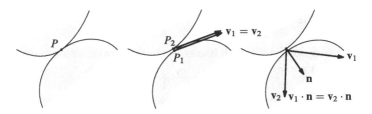

Figura 4.14 Vincolo di rotolamento senza strisciamento e vincolo di contatto bilatero: nel primo caso si impone l'uguaglianza delle velocità dei punti materiali a contatto, mentre nel secondo si impone l'uguaglianza delle componenti delle loro velocità secondo la direzione normale

Se ci limitiamo invece a richiedere che le due superfici si mantengano a *contatto*, permettendo che si possa verificare anche lo strisciamento di una sull'altra, dobbiamo solamente imporre che le velocità dei punti P_1 e P_2 abbiano *uguale componente* nella direzione normale alle superfici stesse. Più precisamente, riferendoci alla Fig. 4.14, dovrà essere

$$\mathbf{v}_1 \cdot \mathbf{n} = \mathbf{v}_2 \cdot \mathbf{n}. \tag{4.25}$$

È questo l'espressione matematica del cosiddetto *vincolo di contatto bilatero* con strisciamento, anch'esso di frequente utilizzo.

Esiste una versione più debole (unilatera) del vincolo di contatto, che rende impossibile la compenetrazione dei corpi ma *non* il loro *distacco*. In questo caso, e con riferimento alla Fig. 4.14, la componente delle velocità di P_2 secondo la normale orientata verso P_1 non deve superare quella di P_1 stesso:

$$\mathbf{v}_2 \cdot \mathbf{n} < \mathbf{v}_1 \cdot \mathbf{n}. \tag{4.26}$$

Un caso particolarmente semplice di vincolo di contatto bilatero è quello di un punto che deve rimanere su di una superficie fissa o mobile, mentre il caso unilatero si ha quando si impone che il punto possa distaccarsi ma solo muovendosi verso una delle due regioni di spazio separate dalla superficie stessa.

Se una delle superfici è fissa (per esempio quella alla quale appartiene il punto P_2) allora le condizioni (4.25) e (4.26) si traducono rispettivamente nelle

$$\mathbf{v}_1 \cdot \mathbf{n} = 0, \qquad \mathbf{v}_1 \cdot \mathbf{n} > 0.$$

La componente della velocità del punto del corpo in movimento secondo la direzione normale deve essere nulla (caso di vincolo bilatero) o positiva (caso di vincolo unilatero, secondo le convenzioni indicate).

4.6.1 Disco che rotola senza strisciare

Approfondiamo ora la nostra conoscenza del vincolo di rotolamento senza strisciamento applicandolo al caso più semplice: il movimento di un disco su di una guida rettilinea fissa.

La posizione di un disco nel piano è assegnata dalle coordinate x e y del centro G e da un angolo di rotazione θ, come indicato in Fig. 4.15. Naturalmente, se vogliamo imporre che il disco sia a contatto con l'asse delle ascisse, che prendiamo coincidente con la guida fissa, dovremo supporre $y = R$, il che costituisce un semplice vincolo *olonomo*, del tipo (4.24). Con queste sola limitazione, però, il disco potrebbe ancora *rotolare e strisciare* e per descriverne il moto sarebbero perciò necessarie due coordinate libere: x e θ. Per garantire il soddisfacimento del vincolo di rotolamento senza strisciamento imponiamo che la velocità del punto C di contatto

Figura 4.15 Disco che
rotola

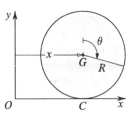

con la guida sia proprio pari a quella stessa della guida, e cioè nulla. (Si osservi che
questo equivale a richiedere che l'atto di moto del disco sia *rotatorio* intorno a C,
che assume il ruolo di centro di istantanea rotazione.) Dopo aver introdotto i versori
$\mathbf{i}$ e $\mathbf{j}$ paralleli agli assi coordinati e $\mathbf{k} = \mathbf{i} \wedge \mathbf{j}$ scriviamo $\mathbf{v}(G) = \dot{x}\mathbf{i}$, $\boldsymbol{\omega} = -\dot{\theta}\mathbf{k}$ (in
quanto l'angolo θ indicato in Fig. 4.15 ha verso orario) e $GC = -R\mathbf{j}$. Usando la
formula dell'atto di moto rototraslatorio, deduciamo

$$\mathbf{v}(C) = \mathbf{v}(G) + \boldsymbol{\omega} \wedge (GC) = \dot{x}\mathbf{i} + (-\dot{\theta}\mathbf{k}) \wedge (-R\mathbf{j}) = (\dot{x} - R\dot{\theta})\mathbf{i}.$$

La condizione $\mathbf{v}_C = \mathbf{0}$ equivale quindi a

$$\dot{x} = R\dot{\theta}. \tag{4.27}$$

Questa relazione possiede una interpretazione abbastanza intuitiva: esprime la proporzionalità tra la velocità di avanzamento del centro G e la velocità di rotazione
del disco. A prima vista abbiamo ottenuto un vincolo di tipo diverso da (4.24), poiché qui si tratta di un legame fra le *derivate* delle coordinate libere e non fra le
coordinate stesse. Tuttavia è banale osservare che la relazione (4.27) è equivalente
a

$$x = R\theta + \text{costante} \tag{4.28}$$

dove la costante arbitraria è determinata dalla scelta del valore di x quando θ è
nullo. Evidentemente, quindi, il rotolamento senza strisciamento in *questo caso* si è
rivelato essere equivalente a un vincolo olonomo. Abbiamo quindi la possibilità di
ridurre le coordinate libere da due a una, utilizzando il legame (4.28) per esprimerne
una, per esempio x, in funzione dell'altra, θ.

Per la grande importanza che ha questo sistema nelle applicazioni è opportuno
discuterne la cinematica in maggiore dettaglio. Osserviamo perciò che la formula
dell'atto di moto rotatorio assegna a ogni punto P del disco una velocità $\mathbf{v}(P)$ di
intensità proporzionale alla distanza dal centro di istantanea rotazione C, e cioè
dal punto di contatto con la guida fissa, secondo la relazione $\mathbf{v}(P) = \boldsymbol{\omega} \wedge CP$.
La velocità è quindi *perpendicolare* al vettore CP, di orientamento coerentemente
deducibile da quello di $\boldsymbol{\omega}$ e di intensità proporzionale alla distanza da C. L'atto di
moto di un disco che rotola senza strisciare su di una guida fissa è descritto nella
prima parte della Fig. 4.16.

In vista di molte applicazioni, è anche importante aver ben presente quali siano le
velocità che competono al centro G del disco e al punto H diametralmente opposto
a C. Posto il raggio del disco uguale a R la situazione che si ottiene è descritta nella

Figura 4.16 L'atto di moto di un disco che rotola senza strisciare su di una guida fissa

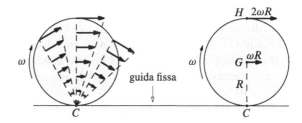

parte destra della Fig 4.16: la velocità del centro è parallela alla guida fissa e di componente pari a ωR, mentre il punto che si trova in H possiede velocità *doppia*.

Come abbiamo visto la condizione di puro rotolamento si traduce in un vincolo sull'atto di moto del sistema, piuttosto che sulla sua posizione. Nel caso particolare appena discusso, moto piano di un disco su di una guida, abbiamo potuto verificare come questa condizione equivalga a un legame finito fra la rotazione del disco e l'ascissa del suo centro. Ciò permette di concludere che, in questa situazione, il rotolamento senza strisciamento equivale a un vincolo di posizione, poiché riduce il numero dei parametri necessari per descrivere i moti del sistema e restringe l'insieme delle configurazioni possibili.

È però importante osservare che questa conclusione *non* è affatto vera in generale: per esempio, studiando il rotolamento senza strisciamento di una sfera su di un piano fisso ci si accorge che in quel caso il vincolo non equivale a una o più relazioni finite fra le coordinate del sistema, e perciò non è più classificabile nella medesima categoria dei vincoli di posizione.

Rimandiamo a un paragrafo successivo la discussione di questa tipologia di vincoli e presentiamo qui sotto un esempio di sistema nel quale è presente un vincolo di contatto.

Esempio 4.1 Nella parte di sinistra della Fig. 4.17 vediamo un disco di raggio r e centro G che è vincolato a rotolare senza strisciare su una guida orizzontale fissa, identificata con l'asse x, e si mantiene a contatto con l'ipotenusa di una lamina a forma di triangolo rettangolo, che è a sua volta vincolata a muoversi verticalmente con un cateto aderente all'asse y. Ci domandiamo quale sia il legame fra la velocità angolare ω del disco e la velocità verticale $\dot{y}$ della lamina.

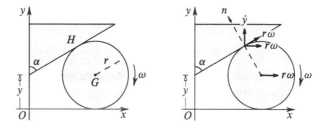

Figura 4.17 Un disco che rotola e si mantiene a contatto con una lamina

Osserviamo che l'atto di moto del disco ha come centro di istantanea rotazione il punto di contatto con l'asse x e, come abbiamo già visto, in questo caso la velocità del centro G è pari a $r\omega$, come raffigurato nel disegno sulla destra.

Il contatto fra circonferenza del disco e ipotenusa della lamina avviene in H, dove, concettualmente, in ogni istante coincidono due punti materiali, uno del disco e uno della lamina, che *non* hanno la medesima velocità ma hanno però uguale componenti delle loro velocità secondo la direzione n normale alla superficie di contatto.

Pensiamo dapprima al punto in H che appartiene al disco e valutiamo la sua velocità con la relazione $\mathbf{v}(H) = \mathbf{v}(G) + \boldsymbol{\omega} \wedge GH$. Già conosciamo $\mathbf{v}(G)$, che trasportiamo in H, e a questa sommiamo $\boldsymbol{\omega} \wedge GH$, che ha intensità $r\omega$ ed è diretta in direzione tangente alla circonferenza e quindi parallela all'ipotenusa, come si vede sulla destra della Fig. 4.17.

Il punto in H che appartiene alla lamina ha invece, come del resto tutti gli altri punti di questa, velocità verticale di componente $\dot{y}$, poiché la lamina ha atto di moto traslatorio per effetto del vincolo al quale è soggetta.

Imponiamo ora che le componenti secondo la direzione n delle velocità di H come punto della lamina e come punto del disco siano uguali (si veda la parte destra della Fig. 4.17). Per evidenti considerazioni trigonometriche la componente in questa direzione della velocità di H come punto della lamina è $\dot{y} \sin\alpha$, dove α è l'angolo formato fra il cateto verticale e l'ipotenusa del triangolo. Pensando invece ad H come punto del disco vediamo che una delle due parti della velocità ha proiezione nulla su n, poiché è parallela all'ipotensua del triangolo, mentre l'altra, orizzontale, ha proiezione su n pari a $-r\omega\cos\alpha$ (il segno meno è dovuto al fatto che la proiezione ha verso opposto a quello dell'asse stesso). Perciò, uguagliando le componenti secondo n delle velocità di H come punto della lamina e come punto del disco si ottiene

$$\dot{y} \sin\alpha = -r\omega\cos\alpha \,.$$

È utile fare un controllo intuitivo sulla correttezza del segno ottenuto: è infatti evidente che a una velocità angolare ω positiva corrisponde un disco che rotola verso destra e una y che diminuisce, perciò con $\dot{y} < 0$, e viceversa a $\omega < 0$ corrisponde $\dot{y} > 0$. $\square$

4.7 Vincoli di mobilità e vincoli anolonomi

Esistono restrizioni al moto dei sistemi che devono essere modellate come vincoli sulle velocità, piuttosto che sulle posizioni: il rotolamento senza strisciamento e il contatto fra due corpi, introdotti precedentemente, ne sono esempi significativi e importanti. Si parla in questo caso di vincoli di *mobilità*, piuttosto che di vincoli *olonomi* o di *posizione*. Osserviamo subito che, in modo banale, da ogni vincolo di posizione possiamo dedurre un equivalente vincolo di mobilità, attraverso una

derivazione rispetto al tempo. Per esempio, l'aver imposto nel sistema illustrato
in Fig. 4.3 che il punto H coincida in ogni istante con O (vincolo di posizione)
ha come ovvia conseguenza il fatto che la velocità di H sia in ogni istante nulla
(vincolo di mobilità). Può anche succedere che da uno o più vincoli di mobilità
si possa risalire a un pari numero di vincoli di posizione a essi *equivalenti*. Ciò
significa che le restrizioni imposte ai moti possibili del sistema sono esattamente
le stesse, come succede nell'esempio appena richiamato: imporre che la velocità di
H sia in ogni istante nulla (vincolo di mobilità) equivale a imporre che esso sia
incernierato a un punto fisso (vincolo di posizione).

Abbiamo anche visto nel §4.6.1 come il vincolo di mobilità corrispondente al
rotolamento senza strisciamento di un disco su di una guida fissa possa essere ri-
condotto a un legame finito fra x e θ, parametri che ne individuano la posizione
quando si ammetta lo strisciamento. Possiamo quindi concludere che il vincolo di
mobilità introdotto è in questo caso *olonomo*. Questo non è però il caso più generale,
come vedremo più avanti. Diciamo subito che i vincoli di mobilità *non* equivalenti
a vincoli olonomi si dicono *anolonomi*, o anche di *pura* mobilità.

Consideriamo un sistema soggetto a vincoli olonomi, dotato di un insieme di N
coordinate libere $(q_1, \ldots, q_N)$, e supponiamo di assoggettarlo a un *addizionale* vincolo di mobilità. Poiché, attraverso la (4.21), possiamo esprimere la velocità di un
generico punto in funzione di q_k, $\dot{q}_k$ e t, siamo certi di poter tradurre il nuovo vincolo in un legame più o meno complesso fra queste stesse quantità. Questa legame
deve essere interpretato come una restrizione imposta alle $\dot{q}_k$ in una posizione e un
istante generici. Abbiamo ora due possibilità: la restrizione ottenuta è equivalente a
quella che si avrebbe derivando rispetto al tempo un opportuno insieme di vincoli
olonomi, oppure ciò non si verifica. Nel primo caso, se lo riteniamo conveniente,
possiamo semplicemente sostituire il vincolo introdotto con vincoli olonomi a esso
equivalenti, diminuendo quindi il numero delle coordinate libere. Nel secondo caso diciamo invece *anolonomo* il vincolo in questione (insieme al sistema meccanico
nel quale esso compare), che siamo obbligati a mantenere nella sua forma originaria
quale restrizione sugli atti di moto possibili. Non si verifica quindi alcuna diminu-
zione del numero delle coordinate libere, ma piuttosto una riduzione del numero
delle $\dot{q}_k$ indipendenti, che risultano ora legate dal vincolo anolonomo stesso.

In certi casi particolarmente semplici si può giustificare a livello intuitivo l'a-
nolonomia di un vincolo deducendo da considerazioni fisiche che esso *non* limita
l'insieme delle configurazioni possibili per il sistema, come farebbe invece un vincolo olonomo, ma restringe solamente il modo in cui il sistema può muoversi da
una configurazione all'altra. Non è difficile utilizzare questa osservazione per comprendere l'anolonomia di una sfera che rotoli senza strisciare su di un piano fisso.
È abbastanza intuibile infatti che essa può raggiungere, con opportune manovre,
una qualunque configurazione: può cioè andare a posizionarsi in un qualunque punto del piano, con un arbitrario orientamento della terna solidale che, insieme alla
posizione del centro, ne definisce la configurazione. Vogliamo però ora dimostrare rigorosamente l'anolonomia di un vincolo assegnato. Invece di discutere però il
rotolamento senza strisciamento nello spazio ci limitiamo per ora a un esempio più
semplice.

Figura 4.18 Vincolo anolonomo: asta con velocità di G
parallela ad AB

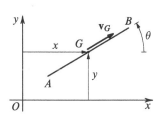

Esempio 4.2 (Vincolo anolonomo) Un'asta AB di lunghezza l sia libera di muoversi nel piano, soggetta al solo vincolo che il punto medio G abbia velocità in
ogni istante *parallela* all'asta stessa (si immagina che questo schematizzi il vincolo
a cui è sottoposto il pattino di una slitta sul ghiaccio). Dimostriamo che si tratta
effettivamente di un caso di *anolonomia*.

La posizione del sistema è individuata da tre coordinate libere: x e y, ascissa e
ordinata di G, e l'angolo di rotazione θ che l'asta forma con l'asse x, come indicato
in Fig. 4.18. Sfruttando le proprietà del prodotto vettoriale, la condizione che la
velocità di G sia parallela a AB può essere scritta come $\mathbf{v}(G) \wedge (AB) = \mathbf{0}$ dove
$\mathbf{v}(G) = \dot{x}\mathbf{i} + \dot{y}\mathbf{j}$ e $AB = l\cos\theta\mathbf{i} + l\sin\theta\mathbf{j}$. Svolgendo i calcoli si ottiene

$$\dot{x}\sin\theta - \dot{y}\cos\theta = 0 \, . \tag{4.29}$$

Poiché questa relazione esprime un legame fra le coordinate libere (x, y, θ) e le
loro derivate $(\dot{x}, \dot{y}, \dot{\theta})$ sospettiamo che il vincolo introdotto *possa* essere anolonomo, ma per esserne certi dobbiamo dimostrare che *non* è equivalente alla derivata
di un legame fra le coordinate stesse. In altre parole, dobbiamo dimostrare che
non esiste alcuna funzione $f(x, y, \theta)$ tale che le terne $(\dot{x}, \dot{y}, \dot{\theta})$ soddisfacenti la
relazione

$$\frac{\partial f}{\partial x}\dot{x} + \frac{\partial f}{\partial y}\dot{y} + \frac{\partial f}{\partial \theta}\dot{\theta} = 0 \tag{4.30}$$

siano *tutte e sole* le terne soddisfacenti il vincolo (4.29). Se una tale funzione f esistesse ne dedurremmo infatti che il vincolo imposto dalla (4.29) sarebbe olonomo,
poiché equivalente a $f(x, y, \theta) =$ costante.

Osserviamo che il vincolo (4.29) non pone alcuna restrizione al valore di $\dot{\theta}$,
che in ogni configurazione può quindi prendere un valore arbitrario, mentre lega le
quantità $\dot{x}$ e $\dot{y}$, che lo soddisfano se e solo se sono assegnate dalla relazioni

$$\dot{x} = \lambda\cos\theta \, , \qquad \dot{y} = \lambda\sin\theta \, ,$$

con λ una quantità arbitraria.

In definitiva, possiamo dire che l'insieme delle terne $(\dot{x}, \dot{y}, \dot{\theta})$ ammissibili per il
vincolo anolonomo (4.29) può essere descritto per mezzo di due parametri *arbitrari*
λ e μ, che sono chiamati *caratteristiche cinetiche*, nella forma

$$\dot{x} = \lambda\cos\theta \, , \quad \dot{y} = \lambda\sin\theta \, , \quad \dot{\theta} = \mu \, . \tag{4.31}$$

Scegliendo in particolare $\lambda = 0$ otteniamo $\dot{x} = \dot{y} = 0$ e lasciando a $\dot{\theta}$ un valore arbitrario dalla (4.30) deduciamo che, in una generica configurazione, deve essere $\partial f / \partial \theta = 0$. Ciò significa che la funzione f non può dipendere da θ ma solo da x e y.

Inserendo ora nella (4.30) le espressioni generiche per $\dot{x}$ e $\dot{y}$ che si trovano nella (4.31) e tenendo conto della arbitrarietà di λ si ottiene

$$\frac{\partial f(x, y)}{\partial x} \cos \theta + \frac{\partial f(x, y)}{\partial y} \sin \theta = 0$$

dove si è messa in evidenza la possibile dipendenza di f solo da x e y. Richiedendo che questa uguaglianza sia verificata per $\theta = 0$ e per $\theta = \pi/2$ ricaviamo le condizioni

$$\frac{\partial f}{\partial x} = \frac{\partial f}{\partial y} = 0 \,,$$

il che però implica che f sia in realtà una costante, e ciò rende impossibile l'equivalenza fra i vincoli (4.30) e (4.29). Siamo così giunti a un assurdo e abbiamo completato la dimostrazione dell'anolonomia del vincolo (4.29).

Si osservi che le coordinate libere di questo sistema restano tre (x, y, θ) anche dopo che sia stato imposto il vincolo anolonomo (4.29). Per questo motivo l'insieme delle configurazioni possibili non viene ridotto dalla presenza di questo vincolo e, in definitiva, l'asta della Fig. 4.18 può comunque collocarsi in qualsiasi posizione del piano direttore. Ciò che viene ristretto è invece l'insieme degli atti di moto e degli spostamenti virtuali che, in assenza del vincolo, sono un'infinità dipendente da tre parametri indipendenti $(\delta x, \delta y, \delta \theta)$, mentre per effetto del vincolo anolonomo si riducono a una doppia infinità dipendente dalle due caratteristiche cinetiche λ e μ, introdotte nella (4.31). I vincoli anolonomi, quindi, non riducono il numero delle coordinate libere, come invece fanno i vincoli di posizione, ma influenzano invece le modalità con le quali il sistema può muoversi da una configurazione all'altra. $\square$

Esempio 4.3 (Vincolo anolonomo) Consideriamo un disco di raggio R, assimilabile idealmente alla ruota di un'automobile, che sia vincolato a rotolare senza strisciare su di un piano orizzontale, mantenendosi in posizione verticale rispetto ad esso. Osservando la Fig. 4.19 vediamo che i parametri a priori necessari per esprimere la posizione del disco sono: (1) le coordinate x e y del centro G; (2) l'angolo θ che il piano del disco forma con l'asse delle x; (3) l'angolo ϕ che un raggio solidale al disco forma con la direzione verticale.

Come è evidenziato nella parte destra della medesima Fig. 4.19 la velocità angolare ω del disco è la somma di una parte verticale, pari a $\dot{\theta}\mathbf{k}$, e una parte orizzontale di componente $\dot{\phi}$ secondo la direzione perpendicolare al disco stesso. Quindi,

$$\omega = \dot{\phi} \sin \theta \mathbf{i} - \dot{\phi} \cos \theta \mathbf{j} + \dot{\theta} \mathbf{k} \,.$$

Il vincolo di rotolamento senza strisciamento impone che la velocità del punto C di contatto con il piano sia nulla, ad ogni istante. Dalla formula dell'atto di moto

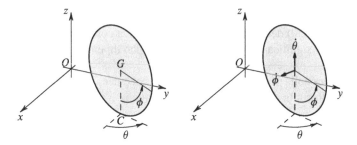

Figura 4.19 Disco che rotola senza strisciare su di un piano mantenendosi perpendicolare ad esso

rototraslatorio eseguendo il prodotto vettoriale fra $\boldsymbol{\omega}$ e $GC = -R\mathbf{k}$ deduciamo che

$$\mathbf{v}(C) = \mathbf{v}(G) + \boldsymbol{\omega} \wedge GC$$
$$\mathbf{v}(C) = \dot{x}\mathbf{i} + \dot{y}\mathbf{j} + (\dot{\phi}\sin\theta\mathbf{i} - \dot{\phi}\cos\theta\mathbf{j} + \dot{\theta}\mathbf{k}) \wedge (-R\mathbf{k})$$
$$= (\dot{x} + R\dot{\phi}\cos\theta)\mathbf{i} + (\dot{y} + R\dot{\phi}\sin\theta)\mathbf{j}$$

L'annullarsi di $\mathbf{v}(C)$ è quindi garantita dalle condizioni

$$\dot{x} + R\dot{\phi}\cos\theta = 0, \qquad \dot{y} + R\dot{\phi}\sin\theta = 0. \tag{4.32}$$

In modo analogo all'esempio precedente l'insieme delle quaterne $(\dot{x}, \dot{y}, \dot{\theta}, \dot{\phi})$ che soddisfano le restrizioni lineari (4.32) può essere espresso per mezzo di due parametri *arbitrari* (detti caratteristiche cinetiche) λ e μ come

$$\dot{x} = -R\lambda\cos\theta, \qquad \dot{y} = -R\lambda\sin\theta, \qquad \dot{\phi} = \lambda \qquad \dot{\theta} = \mu. \tag{4.33}$$

Supponiamo ora, per assurdo, che le condizioni (4.32) siano equivalenti a quelle che si ottengono da due funzioni f e g delle coordinate (x, y, ϕ, θ) ponendo

$$\frac{\partial f}{\partial x}\dot{x} + \frac{\partial f}{\partial y}\dot{y} + \frac{\partial f}{\partial \phi}\dot{\phi} + \frac{\partial f}{\partial \theta}\dot{\theta} = 0, \qquad \frac{\partial g}{\partial x}\dot{x} + \frac{\partial g}{\partial y}\dot{y} + \frac{\partial g}{\partial \phi}\dot{\phi} + \frac{\partial g}{\partial \theta}\dot{\theta} = 0. \tag{4.34}$$

Dalle (4.32) e (4.33) segue che, in una configurazione generica, i valori di $\dot{\theta}$ e $\dot{\phi}$ possono essere assegnati liberamente, coincidendo quest'ultimi con le caratteristiche cinetiche λ e μ, mentre $\dot{x}$ e $\dot{y}$ sono dati da

$$\dot{x} = -R\dot{\phi}\cos\theta, \qquad \dot{y} = -R\dot{\phi}\sin\theta.$$

Consideriamo ora la prima delle (4.34), relativa ad f, e inseriamo in essa $\dot{\phi} = 0$ e anche, in vista delle (4.32), $\dot{x} = 0$, $\dot{y} = 0$. Si ottiene la condizione

$$\frac{\partial f}{\partial \theta}\dot{\theta} = 0,$$

che, a causa dell'arbitrarietà di $\dot{\theta}$, mostra che f *non* può dipendere da θ. In questo modo, alla luce delle (4.32), la prima delle (4.34) si riscrive come

$$\frac{\partial f}{\partial x}(-R\dot{\phi}\cos\theta) + \frac{\partial f}{\partial y}(-R\dot{\phi}\sin\theta) + \frac{\partial f}{\partial\phi}\dot{\phi} = 0\,.$$

Semplificando $\dot{\phi}$ si ottiene

$$-R\frac{\partial f}{\partial x}\cos\theta - R\frac{\partial f}{\partial y}\sin\theta + \frac{\partial f}{\partial\phi} = 0\,.$$

Sapendo però che le tre derivate parziali non dipendono da θ questa restrizione può essere soddisfatta per *ogni* θ solo ponendo

$$\frac{\partial f}{\partial x} = \frac{\partial f}{\partial y} = \frac{\partial f}{\partial\phi} = 0\,.$$

Questo mostra che la funzione f è in realtà una costante e quindi non può esprimere un vincolo del sistema, e un ragionamento analogo può essere svolto per la funzione g. Possiamo quindi concludere che le condizioni (4.32) esprimono un vincolo anolonomo, o di pura mobilità.

Per questo motivo un'automobile, pur vincolata nel suo atto di moto dalle restrizioni di rotolamento senza strisciamento valide per ciascuna della quattro ruote, può posizionarsi in un parcheggio in qualunque posizione, purché effettui opportune manovre. Infatti il vincolo in questo caso non si traduce in un legame finito fra le coordinate libere, ma mantiene il carattere di legame lineare fra le loro derivate prime.

Anche qui vediamo che le restrizioni (4.32), mentre *non* creano alcun legame fra le coordinate libere (x, y, θ, ϕ), impongono un legame fra le $\dot{q}_k$ e in particolare fanno in modo che le variazioni virtuali delle q_k non possano più essere indipendenti ma tali che

$$\delta x + R\delta\phi\cos\theta = 0, \qquad \delta y + R\delta\phi\sin\theta = 0\,. \tag{4.35}$$

Le (4.33) permettono di esprimere le variazioni $\delta\mathsf{q} = (\delta x, \delta y, \delta\theta, \delta\phi)$ attraverso due parametri arbitrari, che avevamo chiamato λ e μ:

$$\delta x = -R\lambda\cos\theta \qquad \delta y = -R\lambda\sin\theta \qquad \delta\phi = \lambda \qquad \delta\theta = \mu\,. \tag{4.36}$$

In vista di ulteriori considerazioni e come osservazioni finale vediamo che, in questo caso, nelle espressioni degli spostamenti e delle velocità virtuali (4.23) non potremo pensare alle δq_k o $v_k = \delta q_k/\delta t$ come parametri arbitrari e indipendenti, ma invece legati dalle (4.35) o piuttosto espressi in funzione di due quantità arbitrarie per mezzo delle (4.36).   □

Figura 4.20 Una sfera che
rotola senza strisciare su
di un piano è soggetta a un
vincolo anolonomo

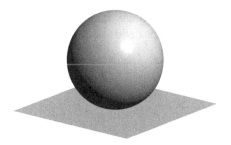

Esempio 4.4 (Vincolo anolonomo) Una sfera che rotola senza strisciare su di
un piano fisso costituisce un esempio di sistema soggetto a vincolo anolonomo
(Fig. 4.20).

Sia $\mathbf{i}_h$ una terna di riferimento destrorsa fissa, rispetto alla quale il centro G
della sfera abbia coordinate cartesiane (x, y, R), dove R ne è il raggio. Utilizzando
l'espressione (3.13) della velocità angolare della sfera e detto C il suo punto di
contatto con il piano, la condizione di rotolamento senza strisciamento $\mathbf{v}_C = \mathbf{0}$ si
scrive

$$\mathbf{v}_G + \boldsymbol{\omega} \wedge GC = \mathbf{0}$$

e cioè, a conti fatti e in componenti cartesiane,

$$\begin{cases} \dot{x} - R(\dot{\psi} \sin\theta \cos\phi - \dot{\theta} \sin\phi) = 0 \\ \dot{y} + R(\dot{\theta} \cos\psi + \dot{\psi} \sin\theta \sin\phi) = 0 \end{cases} \tag{4.37}$$

Con una discussione perfettamente analoga a quanto visto negli esempi precedenti è
possibile mostrare che queste due relazioni costituiscono un sistema non integrabile,
e cioè non equivalente a legami finiti fra le 5 coordinate libere $(x, y, \theta, \phi, \psi)$. □

Osservazione 4.5 L'anolonomia del vincolo di rotolamento senza strisciamento
appena discusso nell'Esempio 4.4 può anche essere dimostrata, meno formalmente,
osservando che la sfera può essere portata in una qualsiasi configurazione corrispondente ad arbitrari valori delle coordinate libere $(x, y, \theta, \phi, \psi)$, senza restrizioni,
purché si eseguano le opportune manovre, come può essere verificato sperimentalmente. Questo significa che il vincolo *non equivale* ad alcun legame finito fra le
coordinate libere.   □

4.7.1 Vincoli anolonomi lineari

La teoria dei vincoli anolonomi è abbastanza complessa, e qui ci limiteremo al caso
dei vincoli *lineari*, che sono i più importanti, in vista delle applicazioni. Per un
sistema con n coordinate libere $\mathsf{q} = (q_1, q_2, \dots, q_N)$ un insieme di $m(< n)$ vincoli

anolonomi lineari nelle $\dot{q}$ è espresso dalle relazioni

$$\sum_{k=1}^{N} b_{jk}(\mathsf{q}, t)\dot{q}_k = b_j(\mathsf{q}, t) \quad j = 1, \ldots, m \tag{4.38}$$

Per dare compattezza a questa scrittura è conveniente definire una matrice B di ordine $m \times N$ dove collocare gli elementi $b_{jk}(\mathsf{q}, t)$ e un vettore colonna b con m elementi, in modo che l'inseme dei vincoli (4.38) prenda la forma equivalente

$$\begin{bmatrix} b_{11} & b_{12} & \cdots & \cdots & b_{1N} \\ b_{21} & b_{22} & \cdots & \cdots & b_{2N} \\ \vdots & \vdots & \vdots & \vdots & \vdots \\ b_{m1} & b_{m2} & \cdots & \cdots & b_{mN} \end{bmatrix} \begin{bmatrix} \dot{q}_1 \\ \dot{q}_2 \\ \vdots \\ \vdots \\ \dot{q}_N \end{bmatrix} = \begin{bmatrix} b_1 \\ b_2 \\ \vdots \\ b_m \end{bmatrix} \tag{4.39}$$

e cioè

$$\mathsf{B}\dot{\mathsf{q}} = \mathsf{b}. \tag{4.40}$$

Si vede facilmente che il vincolo (4.29) può essere riscritto in questa forma. Ponendo $\mathsf{q} = (x, y, \theta)$ con $m = 1$ si ha

$$\mathsf{B} = [\sin\theta, -\cos\theta, 0] \qquad \mathsf{b} = [0].$$

In modo analogo l'insieme delle (4.32) può essere ottenuto dalla (4.39) ponendo $\mathsf{q} = (x, y, \phi, \theta)$ e $m = 2$:

$$\mathsf{B} = \begin{bmatrix} 1 & 0 & (R\cos\theta) & 0 \\ 0 & 1 & (R\sin\theta) & 0 \end{bmatrix} \qquad \mathsf{b} = \begin{bmatrix} 0 \\ 0 \end{bmatrix}$$

Infine, anche il vincolo (4.37) di rotolamento senza strisciamento della sfera sul piano può essere scritto nella forma (4.39) ponendo

$$\mathsf{B} = \begin{bmatrix} 1 & 0 & (R\sin\phi) & 0 & (-R\sin\theta\cos\phi) \\ 0 & 1 & (R\cos\psi) & 0 & (R\sin\theta\sin\phi) \end{bmatrix} \qquad \mathsf{b} = \begin{bmatrix} 0 \\ 0 \end{bmatrix}$$

con $\mathsf{q} = (x, y, \theta, \phi, \psi)$.

Ricordiamo che il sistema di vincoli (4.38) è *anolonomo* quando *non esistono* m funzioni $f_j(q_1, q_2, \ldots, q_n, t)$ tali che il sistema di restrizioni lineari sulle $\dot{q}_k$ ottenute da queste per derivazione rispetto al tempo, e cioè

$$\sum_k \frac{\partial f_j}{\partial q_k}\dot{q}_k + \frac{\partial f}{\partial t} = 0 \qquad j = 1, \ldots, m \tag{4.41}$$

sia *equivalente* alle (4.38), nel senso che per ogni configurazione q i valori delle $\dot{q}_k$ che soddisfano le (4.38) siano *tutti e soli* quelli che soddisfano le (4.41).

Si osservi che questa condizione si riferisce alla totalità delle restrizioni (4.38), e non a ognuna di esse considerata separatamente. In altre parole, un insieme di vincoli anolonomi singolarmente presi può dare luogo a un vincolo olonomo quando si consideri il sistema formato da essi. Come esempio, si affianchi al vincolo (4.29) (velocità del punto medio *parallelo* all'asta) l'analogo vincolo anolonomo che si ottiene imponendo che la velocità del punto medio sia invece *perpendicolare* all'asta. Il vincolo complessivo che si ottiene equivarrebbe a imporre che il punto medio abbia sempre velocità nulla, e cioè il ben noto vincolo olonomo costruito per mezzo di una cerniera.

In generale si suppone che la matrice B che compare nella (4.39) abbia in ogni configurazione q rango *massimo*, pari a m. Sotto questa ipotesi, alla luce della teoria dei sistemi di equazioni lineari, siamo certi di poter esprimere le $\dot{q}_k$ in funzione di $s = N - m$ parametri liberi, detti *caratteristiche cinetiche* e tradizionalmente indicati genericamente con e_i, come

$$\dot{q}_k = \sum_{i=1}^{s} g_{ki} e_i + g_k \qquad k = 1, \ldots, N \qquad (4.42)$$

dove ciascuna quantità g_{ki}, insieme a ogni g_k, è una funzione di (q, t).

Come abbiamo visto negli Esempi 4.2 e 4.1.2 per i casi più semplici le caratteristiche cinetiche possono coincidere con alcune delle stesse $\dot{q}_k$.

Osserviamo infine che nel caso di vincoli *fissi*, e cioè indipendenti dal tempo, si ammette sempre che lo stato di quiete $\dot{q} = 0$ sia ammissibile, e perciò il sistema (4.39) prende la forma omogenea semplificata

$$B \dot{q} = 0$$

con le componenti di B che dipendono al più dalle q_k. Così le espressioni (4.42) delle $\dot{q}_k$ in funzione delle caratteristiche cinetiche e_i si semplificano anch'esse in

$$\dot{q}_k = \sum_{i=1}^{s} g_{ki} e_i \qquad k = 1, \ldots, N \qquad (4.43)$$

con le quantità g_{ki} non dipendenti esplicitamente dal tempo ma solo dalle q_k.

È questo ovviamente il caso dei due esempi che abbiamo considerato prima, mentre per ottenere un vincolo mobile non omogeneo sarebbe sufficiente considerare il moto di un disco che rotola senza strisciare su di un piano che abbia moto assegnato.

4.7.2 Spostamenti e atti di moto virtuali con vincoli anolonomi

Abbiamo visto che nei casi di sistemi dotati di N coordinate libere q_k lo spostamento δP e la velocità virtuale $\mathbf{v}'_P$ di un generico punto del sistema sono espressi dalle (4.23) dove le quantità δq_k e $\delta q_k / \delta t$ sono da considerarsi *arbitrarie*. Questo però è certamente corretto solo quando non siano presenti vincoli anolonomi, del tipo visto negli Esempi 4.2 e (4.3), o più in generale espressi dalla (4.38) o nella forma matriciale (4.40).

Riscriviamo le (4.38) banalmente come

$$\sum_{k=1}^{N} b_{jk}(\mathsf{q},t)\frac{dq_k}{dt} = b_j(\mathsf{q},t) \quad j = 1,\ldots,m$$

e poi nella equivalente forma differenziale

$$\sum_{k=1}^{N} b_{jk}(\mathsf{q},t)dq_k = b_j(\mathsf{q},t)dt \quad j = 1,\ldots,m \tag{4.44}$$

Poiché sia spostamenti che velocità virtuali devono comunque soddisfare i vincoli e le relazioni finite e differenziali che li descrivono con il tempo immaginato *fissato* dalla (4.44) si deduce che deve essere

$$\sum_{k=1}^{N} b_{jk}(\mathsf{q},t)\delta q_k = 0 \quad j = 1,\ldots,m$$

Quindi, sarà necessario che le quantità $v_k = \delta q_k$ soddisfino le

$$\sum_{k=1}^{N} b_{jk}(\mathsf{q},t)v_k = 0 \tag{4.45}$$

o, in notazione matriciale, che

$$\mathsf{B}\boldsymbol{v} = \boldsymbol{0} \tag{4.46}$$

dove $\boldsymbol{v} = (v_1,\ldots,v_N)$.

Quindi, nel caso di un sistema in cui siano presenti vincoli *anolonomi*, le quantità δq_k o $v_k = \delta q_k/\delta t$ *non* sono da ritenersi indipendenti ma legate dalle relazioni (4.45) o (4.46). Per questo motivo per ottenere le espressioni di spostamenti e velocità virtuali in funzione di parametri arbitrari e indipendenti sarà necessario utilizzare la (4.43) che si trasforma in

$$v_k = \sum_{i=1}^{s} g_{ki}e_i \quad k = 1,\ldots,N$$

e scrivere

$$\mathbf{v}_P = \sum_{k=1}^{N} \frac{\partial P}{\partial q_k} \sum_{i=1}^{s} g_{ki}e_i = \sum_{k=1}^{N}\sum_{i=1}^{s} \frac{\partial P}{\partial q_k} g_{ki}e_i$$

o un'analoga espressione per gli spostamenti virtuali δP. Qui le caratteristiche cinetiche e_i sono proprio i parametri *arbitrari* e *indipendenti* che forniscono al loro variare la totalità delle velocità virtuali.

Si osservi che i vincoli anolonomi *non* legano le coordinate libere, che restano indipendenti fra loro, ma piuttosto le loro *variazioni* infinitesime a tempo fissato δq_k.

4.8 Gradi di libertà

Il numero delle coordinate libere corrisponde, come abbiamo visto nel §4.3, alla quantità di parametri indipendenti che sono necessari per descrivere la posizione del sistema.

Quando non siano presenti vincoli labili o anolonomi indichiamo con il termine di *gradi di libertà* il numero delle coordinate libere stesse. Così, in queste ipotesi, diremo che un sistema con N coordinate libere possiede N gradi di libertà poiché ammette ∞^N configurazioni possibili e ∞^N spostamenti virtuali.

Più in generale, con il termine "gradi di libertà" si indica invece il numero dei *parametri indipendenti* che caratterizzano l'insieme degli *spostamenti virtuali*, e questo può essere *diverso* dal numero delle coordinate libere, come vedremo negli esempi successivi.

In definitiva, un sistema possiede N coordinate libere e G gradi di libertà se ammette ∞^N configurazioni possibili e ∞^G spostamenti virtuali.

- Il sistema di Fig. 4.6 possiede due coordinate libere (s, θ) e quindi possiede ∞^2 configurazioni possibili. Analogamente, due sono le quantità indipendenti $(\delta s, \delta \theta)$ che permettono di assegnare uno spostamento virtuale. Il sistema ammette quindi ∞^2 spostamenti virtuali e perciò diciamo che due sono le coordinate libere e due sono i gradi di libertà. Questa situazione di coincidenza fra il numero delle coordinate libere e quello dei gradi di libertà è la più comune e, come abbiamo già detto, riguarda tutti i casi di sistemi soggetti a soli vincoli olonomi e privi di labilità.
- Il sistema discusso nell'Esempio 4.2, illustrato nella Fig. 4.18, possiede tre coordinate libere (x, y, θ) ma, come segue dalla relazione (4.29), le loro variazioni virtuali sono ristrette dalla condizione

$$\delta x \sin \theta - \delta y \cos \theta = 0 \,.$$

Per questo motivo l'insieme degli spostamenti virtuali non è descritto da tre variazioni $(\delta x, \delta y, \delta \theta)$ indipendenti ma da soli due parametri arbitrari. Concludiamo affermando che questo sistema possiede *tre* coordinate libere, e quindi ∞^3 configurazioni possibili, ma *due* gradi di libertà, poiché ammette ∞^2 spostamenti virtuali.
- Nell'Esempio 4.3, illustrato nella Fig. 4.19, il sistema possiede invece quattro coordinate libere (x, y, θ, ϕ) ma le loro variazioni virtuali sono legate dalle restrizioni

$$\delta x + R \delta \phi \cos \theta = 0 \,, \qquad \delta y + R \delta \phi \sin \theta = 0$$

e perciò l'insieme degli spostamenti virtuali è descrivibile per mezzo di soli due parametri indipendenti.

Il sistema possiede *quattro* coordinate libere, con ∞^4 configurazioni possibili, ma *due* soli gradi di libertà, poiché ammette ∞^2 spostamenti virtuali.

- In Fig. 4.11 è rappresentato un sistema con labilità il quale *non* possiede coordinate libere che possano variare in un intervallo (esiste una sola configurazione possibile) ma ammette un'infinità di spostamenti virtuali dipendenti da *un* parametro arbitrario. Gli ∞^1 spostamenti virtuali del sistema sono infatti tutti e soli gli spostamenti infinitesimi rotatori piani intorno a O. Diciamo che questo sistema ha perciò *un* grado di libertà.

- Si confronti il caso discusso al punto precedente con il sistema descritto nella Fig. 4.12 dove esiste analogamente una sola configurazione possibile. In questo caso, tuttavia, non è ammesso alcuno spostamento virtuale e perciò il sistema *non* ha gradi di libertà.

Osservazione 4.6 La discussione del concetto di gradi di libertà presentata qui sopra è basata sugli spostamenti virtuali ma, come si può facilmente comprendere, potrebbe essere ripetuta utilizzando invece gli atti di moto virtuali, senza alcuna differenza sostanziale. □

4.9 Spazio delle configurazioni

Consideriamo un sistema olonomo con vincoli indipendenti dal tempo per cui la configurazione del sistema meccanico è determinata dalla conoscenza delle coordinate libere $(q_1, \ldots, q_N)$. Per tali sistemi meccanici è molto conveniente utilizzare il cosiddetto *spazio delle configurazioni*, spazio a N dimensioni in cui il punto generico ha coordinate $\mathsf{q} = (q_1, \ldots, q_N)$. Questo spazio si rileva particolarmente espressivo soprattutto nei problemi di statica.

In particolare, questo spazio risulta utile per riconoscere la presenza o meno di ulteriori vincoli unilateri. Infatti se il sistema ha soli vincoli bilateri allora tutto lo spazio delle configurazioni è ammissibile, invece nel caso di vincoli unilateri le configurazioni ammissibili costituiscono dei sottoinsiemi dello spazio delle configurazioni, sottoinsiemi che possono essere regioni limitate oppure non limitate, come vedremo negli esempi seguenti.

Nel sistema meccanico descritto nella Fig. 4.6 che abbiamo discusso nel Paragrafo §4.1.3, lo spazio delle configurazioni ha dimensioni 2 ($q_1 = s, q_2 = \theta$). Se aggiungiamo due pareti che costringono il sistema nel primo quadrante (vedi la parte sinistra della Fig. 4.21) allora è facile osservare che lo spazio delle configurazioni ammissibili sarà quello per cui (si veda la parte destra della medesima Fig. 4.21):

$$0 \le q_1 \le l \quad 0 \le q_2 \le \pi/2 + \arcsin(q_1/l)$$
$$q_1 > l \quad 0 \le q_2 \le \pi. \tag{4.47}$$

dove l è la lunghezza dell'asta.

Le posizioni ordinarie sono quelle per cui le disuguaglianze nella (4.47) sono soddisfatte in senso stretto, mentre quelle di confine saranno quelle per cui almeno una delle (4.47) è soddisfatta come uguaglianza e corrispondono ai punti dei bordi della regione grigia disegnata nella parte destra della Fig. 4.21.

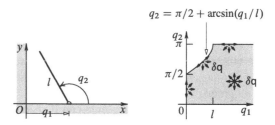

Figura 4.21 Spazio fisico e spazio delle configurazioni per un'asta soggetta a vincoli unilaterali. Sono anche rappresentate le variazioni virtuali delle coordinate libere: con linea continua quelle relative agli spostamenti virtuali reversibili e tratteggiata per gli spostamenti virtuali irreversibili

Un altro esempio interessante di spazio delle configurazioni è quello rappresentato nella Fig. 4.22, dove due punti materiali collegati da un filo inestensibile di lunghezza l sono vincolati a stare su una retta coincidente con l'asse delle ascisse.

In questo caso vi sono due vincoli unilaterali: uno che costringe i due punti ad avere una distanza non superiore a quella del filo e l'altro vincolo è rappresentato dalla incompenetrabilità dei due punti che costringe il punto Q a stare sempre a destra del punto P. Lo spazio delle configurazioni ha dimensione 2 ed i vincoli unilaterali si traducono in:

$$q_1 < q_2 \le q_1 + l$$

e in questo caso le posizioni di confine sono solo quelle appartenenti alla retta $q_2 = q_1 + l$ (vedi Fig. 4.22).

Lo spazio delle configurazioni è anche molto utile per rappresentare gli spostamenti virtuali in maniera semplice e riconoscere facilmente quali sono quelli reversibili da quelli irreversibili. Infatti pensando ai due esempi delle Fig. 4.21 e 4.22 se facciamo compiere uno spostamento virtuale al sistema fisico variando le coordinate libere da q_1 a $q_1 + \delta q_1$ e da q_2 a $q_2 + \delta q_2$ si ha nello spazio delle configurazioni che il punto subisce un vettore spostamento $\delta \mathsf{q} \equiv (\delta q_1, \delta q_2)$ come nella parte destra della Fig. 4.22. Nella figura sono indicati gli spostamenti virtuali reversibili con tratto continuo e quelli irreversibili tratteggiati. In accordo con quanto detto in

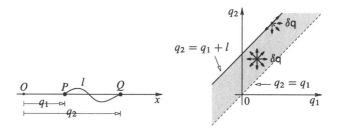

Figura 4.22 Un esempio di spazio fisico e spazio delle configurazioni in presenza di vincoli unilaterali: due punti materiali vincolati a muoversi sull'asse x e collegati da un filo inestensibile

precedenza gli spostamenti virtuali nelle posizioni ordinarie sono tutti reversibili
mentre nelle pozioni di confine vi sono (in generale) sia spostamenti reversibili che
irreversibili.

4.10   Base e rulletta

In ogni moto *piano* di un corpo rigido è possibile determinare due curve, una *fissa* e
una *solidale* al corpo, tali che durante il moto la seconda, detta *rulletta*, rotoli senza
strisciare sulla prima, detta *base* del moto.

Base e rulletta sono definite come le curve tracciate dalla posizione del centro
di istantanea rotazione, rispettivamente, nel piano solidale all'osservatore fisso e
nel piano solidale all'osservatore mobile. La deduzione dell'espressione analitica
di base e rulletta del moto piano di un corpo rigido ha interesse nel caso in cui il
suo angolo di rotazione θ possa essere utilizzato come unica coordinata libera del
sistema (che supponiamo anche essere soggetto a vincoli *fissi*), così che la posizione
di un punto A solidale al corpo in moto sia esprimibile come funzione di θ stesso:
$A(\theta)$.

La velocità di A, calcolata utilizzando la formula dell'atto di moto rototraslatorio
riferito al centro di istantanea rotazione C, è data da $\mathbf{v}(A) = \boldsymbol{\omega} \wedge CA$ e quindi,
essendo il moto piano, $\mathbf{v}(A) = \dot{\theta}\mathbf{k} \wedge CA$.

Introducendo le coordinate di A e C rispetto alla terna fissa individuata dai
versori $\{\mathbf{i}, \mathbf{j}, \mathbf{k}\}$, che si suppone qui *destrorsa*, questa equazione si riscrive come

$$
\begin{aligned}
\dot{x}_A\mathbf{i} + \dot{y}_A\mathbf{j} &= \dot{\theta}\mathbf{k} \wedge [(x_A - x_C)\mathbf{i} + (y_A - y_C)\mathbf{j}] \\
&= \dot{\theta}[(x_A - x_C)\mathbf{k} \wedge \mathbf{i} + (y_A - y_C)\mathbf{k} \wedge \mathbf{j}] \\
&= \dot{\theta}[(x_A - x_C)\mathbf{j} - (y_A - y_C)\mathbf{i}]
\end{aligned}
$$

e si trasforma perciò in

$$
\dot{x}_A = \dot{\theta}(y_C - y_A), \quad \dot{y}_A = \dot{\theta}(x_A - x_C). \tag{4.48}
$$

Poiché

$$
\dot{x}_A = \frac{dx_A}{d\theta}\dot{\theta}, \quad \dot{y}_A = \frac{dy_A}{d\theta}\dot{\theta}, \tag{4.49}
$$

possiamo uguagliare la (4.48) con la (4.49) e semplificare $\dot{\theta}$, ottenendo

$$
\frac{dx_A}{d\theta} = y_C - y_A, \quad \frac{dy_A}{d\theta} = x_A - x_C,
$$

e quindi

$$
x_C = x_A - \frac{dy_A}{d\theta}, \quad y_C = y_A + \frac{dx_A}{d\theta}. \tag{4.50}
$$

Figura 4.23 Determinazione
analitica di base e rulletta

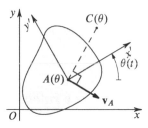

Poiché $OC = x_C\mathbf{i} + y_C\mathbf{j}$, possiamo dare forma vettoriale a quest'ultima espressione
scrivendo

$$
\begin{aligned}
OC(\theta) &= \left(x_A(\theta) - \frac{dy_A}{d\theta} \right)\mathbf{i} + \left(y_A(\theta) + \frac{dx_A}{d\theta} \right)\mathbf{j} \\
&= x_A\mathbf{i} + y_A\mathbf{j} - \frac{dy_A}{d\theta}\mathbf{i} + \frac{dx_A}{d\theta}\mathbf{j} \\
&= OA(\theta) - \frac{dy_A}{d\theta}\mathbf{i} + \frac{dx_A}{d\theta}\mathbf{j}.
\end{aligned}
\tag{4.51}
$$

La (4.51) ci permette di determinare, a partire dalla conoscenza di $A(\theta)$, la posizione di C per ogni valore della coordinata libera. La (4.50), insieme alla sua forma
vettoriale (4.51), deve perciò essere interpretata come l'equazione parametrica di
una curva piana, luogo dei centri di istantanea rotazione C visti dall'osservatore
fisso, nota appunto come *base del moto*.

Facendo riferimento alla Fig. 4.23, dove gli assi x' e y' sono paralleli ai versori
$\mathbf{i}'$ e $\mathbf{j}'$ solidali al corpo in moto, si ha

$$
\mathbf{i} = \cos\theta\mathbf{i}' - \sin\theta\mathbf{j}', \qquad \mathbf{j} = \sin\theta\mathbf{i}' + \cos\theta\mathbf{j}'.
$$

Sostituendo queste ultime relazioni nell'espressione (4.51) troviamo, dopo qualche
passaggio,

$$
OC(\theta) = OA(\theta) + \left(\frac{dx_A}{d\theta}\sin\theta - \frac{dy_A}{d\theta}\cos\theta \right)\mathbf{i}' + \left(\frac{dx_A}{d\theta}\cos\theta + \frac{dy_A}{d\theta}\sin\theta \right)\mathbf{j}'
$$

e quindi, poiché $OC = OA + AC$,

$$
AC(\theta) = \left(\frac{dx_A}{d\theta}\sin\theta - \frac{dy_A}{d\theta}\cos\theta \right)\mathbf{i}' + \left(\frac{dx_A}{d\theta}\cos\theta + \frac{dy_A}{d\theta}\sin\theta \right)\mathbf{j}'
\tag{4.52}
$$

che corrisponde all'equazione della *rulletta*, poiché descrive in funzione della coordinata libera θ il luogo dei centri di istantanea rotazione, dal punto di vista però
dell'osservatore solidale al corpo, con origine in A e versori solidali $\{\mathbf{i}', \mathbf{j}'\}$. La
(4.52) deve perciò essere interpretata come la forma parametrica di una curva piana,
nota appunto come rulletta, solidale al corpo in moto. Introducendo le coordinate

(x'_C, y'_C) di C rispetto agli assi mobili x', y' con origine in A la (4.52) può essere riscritta come

$$x'_C = \frac{dx_A}{d\theta} \sin\theta - \frac{dy_A}{d\theta} \cos\theta, \quad y'_C = \frac{dx_A}{d\theta} \cos\theta + \frac{dy_A}{d\theta} \sin\theta.$$

Esempio 4.7 Un classico caso di calcolo di base e rulletta, nel quale non è nemmeno necessario utilizzare le equazioni appena ottenute, è quello relativo a un'asta AB di lunghezza l che abbia i due estremi vincolati a rimanere sugli assi x e y, come si vede nella Fig. 4.24. Utilizzando il Teorema di Chasles possiamo individuare subito la posizione del centro di istantanea rotazione C, collocato, come si vede, nell'intersezione fra le due rette perpendicolari alle velocità degli estremi A e B. Durante il moto l'asta cambia la propria posizione e, di conseguenza, anche C si sposta, come si vede nella parte destra della figura, dove si è lasciata traccia della posizione precedente.

La Fig. 4.25 mostra invece che il segmento OC, essendo la diagonale del rettangolo di vertici $OACB$, ha sempre lunghezza pari a l. Da qui deduciamo che il punto C si mantiene a distanza costante dall'origine O, e quindi l'osservatore fisso, solidale con questi assi, vedrà come curva percorsa da C la circonferenza centrata in O e di raggio l, della quale si è tracciata solo una parte. È questa la *base* del moto dell'asta AB.

Per quel che riguarda la rulletta, è sufficiente osservare che, come si vede sulla destra della Fig. 4.25, C si mantiene anche a distanza costante $l/2$ dal punto medio dell'asta, ovviamente fisso rispetto all'osservatore solidale all'asta stessa. Si conclude perciò che la *rulletta* del moto è la circonferenza di raggio $l/2$ centrata nel punto medio dell'asta. Si osservi che la rulletta rotola senza strisciare sulla base, e che la ricostruzione delle traiettorie dei punti del corpo è possibile a partire dalla sola conoscenza di base e rulletta. Infatti, imponendo all'asta di muoversi solidalmente alla rulletta mentre questa rotola sulla base, gli estremi A e B si mantengono automaticamente sugli assi x e y, a prescindere dai vincoli introdotti. □

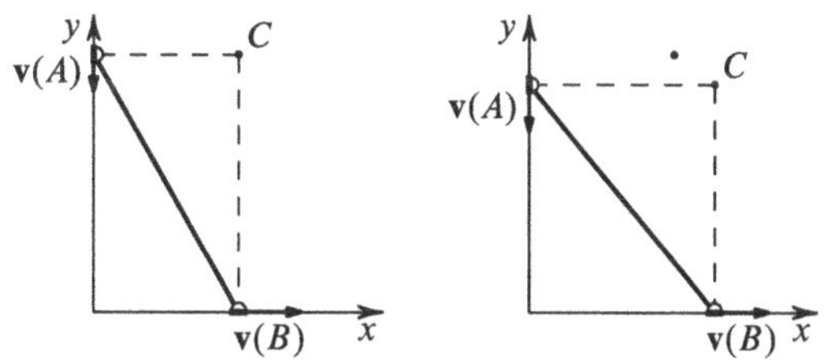

Figura 4.24 Un'asta vincolata con gli estremi sugli assi x e y

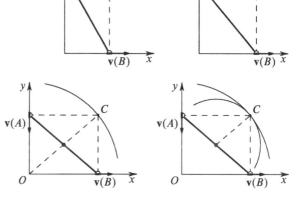

Figura 4.25 Base e rulletta di un'asta vincolata con gli estremi sugli assi x e y

4.11   Un quadro generale riassuntivo

Al termine delle considerazioni che abbiamo svolto sui sistemi vincolati, sulla loro classificazione e sui complessi concetti ad essi associati, proponiamo un quadro sintetico che può essere utile per il lettore. Ogni definizione è stato introdotta, discussa e illustrata attraverso esempi contenuti nei paragrafi precedenti, all'interno di questo capitolo, dai quali non si può prescindere e ai quali si dovrà tornare per una maggiore comprensione.

- **Vincolo**: una restrizione *a priori* sulle configurazioni o sugli atti di moti possibili per un sistema.
- **Coordinate libere**: un insieme di N parametri q_k (variabili in una regione di $\mathbb{R}^N$), *essenziali* e *indipendenti*, per mezzo dei quali si descrivono le configurazioni del sistema. Fissato il valore di ognuna delle coordinate libere il sistema deve risultare bloccato, impossibilitato a muoversi. *Essenziali* significa che nessuna di esse può essere eliminata: se assegnassimo il valore di solo $N - 1$ coordinate libere il sistema avrebbe la possibilità di muoversi; *Indipendenti* significa che la conoscenza del valore di $N - 1$ di esse lascia libero il valore della rimanente, che non può in alcun modo essere calcolato a partire dalle precedenti.
- **Spazio delle configurazioni**: la regione nella quale possono variare i valori delle coordinate libere.
- **Vincolo fisso o scleronomo**: un vincolo la cui espressione analitica *non dipende* esplicitamente dal tempo. L'insieme delle configurazioni o degli atti di moto ammissibili *non* dipende perciò dall'istante di tempo.
- **Vincolo mobile o reonomo**: un vincolo la cui espressione analitica *dipende* esplicitamente dal tempo. L'insieme delle configurazioni o degli atti di moto ammissibili dipende dall'istante di tempo.
- **Vincolo di posizione**: una restrizione *a priori* per l'insieme delle configurazioni possibili per un sistema e quindi anche per i suoi spostamenti.
- **Vincolo di mobilità**: restringe l'insieme degli atti di moto possibili per il sistema. Può essere ottenuto come conseguenza di un vincolo di posizione ma, in caso contrario, è detto di *pura mobilità* o *anolonomo*.
- **Vincolo di pura mobilità o anolonomo**: una restrizione sugli atti di moto ammissibili per un sistema che non sia equivalente a un insieme di vincoli di posizione. I vincoli anolonomi che consideriamo sono solo quelli che si traducono in relazioni *lineari* fra la $\dot{q}_k$.
- **Spostamento virtuale**: spostamento infinitesimo compatibile con i vincoli, immaginati fissati all'istante considerato. Nel caso di vincoli *fissi* fra gli spostamenti virtuali è presente lo spostamento elementare effettivo, ma questo *non* è più vero quando il sistema sia soggetto a vincoli *mobili*.
- **Atto di moto e velocità virtuale**: atto di moto e velocità compatibile con i vincoli immaginati fissati all'istante considerato. Nel caso di un sistema soggetto a vincoli *fissi* fra le velocità virtuali è presente la velocità effettiva, ma questo *non* è più vero quando il sistema sia soggetto a vincoli *mobili*.

- **Caratteristiche cinetiche**: quantità indipendenti per mezzo delle quali è possibile esprimere le $\dot{q}_k$ quando siano legate da uno o più vincoli anolonomi.
- **Spostamento o atto di moto virtuale reversibile e irreversibile**: uno spostamento o atto di moto virtuale è reversibile se il suo opposto è ancora virtuale. In caso contrario si dice irreversibile.
- **Vincoli bilateri e unilateri**: un sistema è soggetto a vincoli bilateri se *ogni* spostamento virtuale è *reversibile*, a partire da ogni possibile configurazione. Se esistono configurazioni che ammettono anche spostamenti virtuali *irreversibili* queste si dicono *configurazioni di frontiera* e i vincoli sono detti *unilateri*.
- **Gradi di libertà**: i gradi di libertà di un sistema soggetto a soli vincoli di posizione e privi di labilità sono uguali al numero delle coordinate libere, e cioè al numero dei parametri essenziali e indipendenti che descrivono le configurazioni del sistema. Più in generale, i gradi di libertà corrispondono al numero dei parametri indipendenti che permettono di descrivere l'insieme degli spostamenti (o atti di moto) virtuali. Un sistema con N coordinate libere e G gradi di libertà ammette quindi ∞^N configurazioni possibili e ∞^G spostamenti virtuali.
- **Sistema sovravincolato**: soggetto a vincoli ridondanti, tali che eliminandone uno o più non cambia l'insieme delle configurazioni o degli atti di moto possibili.
- **Sistema isostatico**: non ammette moti possibili e nemmeno spostamenti o atti di moto virtuali. Inoltre nessun vincolo può essere eliminato o indebolito senza modificare l'insieme delle configurazioni o degli atti di moto possibili.
- **Sistema iperstatico**: non può muoversi ed è inoltre sovravincolato.
- **Sistema labile**: il numero dei gradi di libertà è *maggiore* del numero delle coordinate libere. Esistono spostamenti o velocità virtuali che non si ottengono per mezzo di variazioni virtuali delle coordinate libere.

4.12 Esempi di problemi cinematici

Esempio 4.8 Nel primo disegno della Fig. 4.26 è rappresentato un disco di raggio $2r$ e centro G che nel punto di contatto H rotola senza strisciare su di un'asta vincolata a scorrere orizzontalmente lungo l'asse delle ascisse per mezzo di due carrelli. Su di un profilo di raggio r, concentrico e solidale al disco, è avvolto un filo inestensibile che dopo un tratto orizzontale passa su di un piolo fisso puntiforme e scende verticalmente terminando nel punto P. Un altro filo è avvolto sulla circonferenza del disco e lo collega, dopo un tratto orizzontale AB, al bordo di un secondo disco di raggio r e centro *fisso* Q, sul quale si avvolge per poi proseguire orizzontalmente e ricollegarsi al centro G del primo disco. Si suppone che fra i dischi e i fili avvolti su di essi vi sia perfetta aderenza e che durante il moto i fili stessi si mantengano tesi.

Indichiamo con ϕ e θ gli angoli di rotazione dei due dischi, secondo l'orientamento indicato in figura, e con s l'ascissa di un estremo dell'asta.

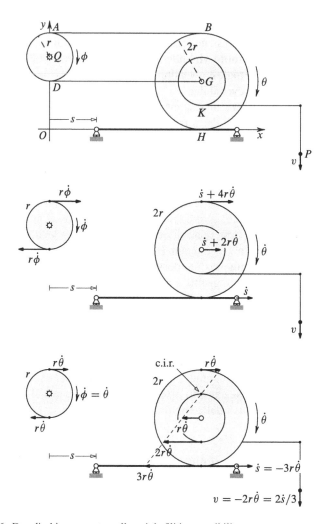

Figura 4.26 Due dischi e un punto collegati da fili inestensibili

Come vedremo dopo, questo sistema ha un solo grado di libertà (anche se questo non è forse subito evidente) ed è perciò possibile esprimere tutte le velocità di interesse per mezzo di una fra le coordinate ϕ, θ, s. Ci proponiamo di analizzarne la cinematica e, in particolare, di determinare i legami che sussistono fra le derivate temporali $\dot{s}$, $\dot{\phi}$ e $\dot{\theta}$. Vogliamo anche esprimere in funzione di $\dot{s}$ la *componente* v della velocità di P secondo il verso discendente.

La prima cosa da osservare è che l'asta ha certamente atto di moto traslatorio, e perciò tutti i suoi punti, e fra questi quello di contatto con il disco, hanno velocità di componente $\dot{s}$ secondo l'asse delle ascisse, come si vede nel secondo disegno della Fig. 4.26.

Le velocità dei punti G e B del disco possono essere espresse mediante la formula che caratterizza l'atto di moto rototraslatorio, e cioè

$$\mathbf{v}(B) = \mathbf{v}(H) + \boldsymbol{\omega} \wedge HB, \qquad \mathbf{v}(G) = \mathbf{v}(H) + \boldsymbol{\omega} \wedge HG. \qquad (4.53)$$

A causa del vincolo di rotolamento senza strisciamento la velocità in H è la medesima sia come punto dell'asta che come punto del bordo del disco. È necessario inoltre tener presente che, con la scelta di θ indicata in figura, la velocità angolare del disco è pari a $\boldsymbol{\omega} = -\dot{\theta}\mathbf{k}$, se si utilizza un versore $\mathbf{k}$ uscente dal piano (formante perciò una terna destra con $\mathbf{i}$ e $\mathbf{j}$), e invece a $\boldsymbol{\omega} = \dot{\theta}\mathbf{k}$ se $\mathbf{k}$ è entrante nel piano (e formante perciò una terna sinistra con $\mathbf{i}$ e $\mathbf{j}$). Questa osservazione è importante se si calcola il prodotto vettoriale nelle (4.53) ricorrendo alla ben note formule dell'algebra vettoriale. In questo caso è tuttavia molto più semplice pensare alla velocità di G come somma della velocità di H ($\dot{s}$ verso destra) con la velocita che G avrebbe se H *fosse* il centro di rotazione del disco. Quest'ultima parte della velocità ha componente orizzontale pari a $\dot{\theta}$ moltiplicato per la distanza di G da H, e cioè $2r$, ed è orientata concordemente al verso scelto per θ e $\dot{\theta}$, e cioè verso destra. Perciò la componente di $\mathbf{v}(G)$ nel senso delle ascisse crescenti è $\dot{s} + 2r\dot{\theta}$. Con un ragionamento analogo si deduce che la velocità di B nel medesimo verso è pari a $\dot{s} + 4r\dot{\theta}$. Queste velocità sono rappresentate nel secondo disegno dall'alto della Fig. 4.26, dove per semplicità si sono omessi gli assi coordinati, due tratti orizzontali di filo e le lettere che indicano i diversi punti.

I punti A e D, dove il filo si stacca dal bordo del disco di raggio r e centro fisso Q, hanno velocità orizzontale che può essere espressa attraverso la derivata dell'angolo di rotazione ϕ, a priori indipendente da θ. Qui è ovvio che l'atto di moto del disco è rotatorio intorno a Q e perciò le velocità sono orizzontali e hanno componente pari a $r\dot{\phi}$, verso *destra* nel caso di A e verso *sinistra* nel caso di D.

Si è detto che i fili si avvolgono sui dischi con perfetta aderenza. Ciò significa che i punti dei fili e dei dischi che sono a contatto fra loro (geometricamente coincidenti) hanno la medesima velocità (come succede nel caso di rotolamento senza strisciamento). Possiamo perciò dedurre che i punti collocati agli estremi del tratto di filo teso AB hanno le medesime velocità dei punti A e B sui bordi dei dischi, e analogamente per D e G.

In un tratto di filo teso le distanze fra due punti si mantengono inalterate e per questo motivo l'atto di moto di una tale porzione di filo è rototraslatorio, cioè rigido. Nel caso del tratto AB, che ha ovviamente atto di moto traslatorio, questa condizione impone che sia $\mathbf{v}(A) = \mathbf{v}(B)$, e per il tratto DG che sia $\mathbf{v}(D) = \mathbf{v}(G)$. Con riferimento al secondo disegno della Fig. 4.26, dalla prima condizione deduciamo subito che

$$r\dot{\phi} = \dot{s} + 4r\dot{\theta}. \qquad (4.54)$$

Per quanto riguarda la relazione $\mathbf{v}(D) = \mathbf{v}(G)$ è invece necessario osservare che le componenti delle due velocità sono state espresse rispetto a versi opposti: sinistra per $\mathbf{v}(D)$ e destra per $\mathbf{v}(G)$. L'uguaglianza deve tener conto di questo fatto per mezzo di un segno meno, e quindi

$$-r\dot{\phi} = \dot{s} + 2r\dot{\theta}. \tag{4.55}$$

Il sistema lineare formato dalle relazioni (4.54) e (4.55) esprime i legami che si sono creati fra le derivate prime delle coordinate s, ϕ e θ, a causa dei vincoli introdotti. Lo risolviamo esprimendo $\dot{s}$ e $\dot{\phi}$ in funzione di $\dot{\theta}$ e otteniamo

$$\dot{\phi} = \dot{\theta}, \qquad \dot{s} = -3r\dot{\theta}. \tag{4.56}$$

Si tratta di due legami integrabili, equivalenti a

$$\phi = \theta + \text{cost.} \qquad s = -3r\theta + \text{cost.}$$

dove le costanti saranno determinate dalla scelta dei valori delle coordinate in una assegnata configurazione (che non abbiamo qui specificato).

Le velocità angolari dei dischi sono perciò uguali fra loro, mentre la velocità di traslazione dell'asta è legata alla velocità angolare del disco che rotola su di essa dalla relazione $\dot{s} = -3r\dot{\theta}$.

È istruttivo ora osservare che, alla luce di quanto dedotto attraverso le (4.56), le velocità dei punti B e G del disco più grande possono essere espresse come $r\dot{\theta}$ verso destra per B, e $r\dot{\theta}$ verso sinistra per G. Poiché un atto di moto rigido piano che non sia traslatorio è certamente rotatorio intorno a un *centro di istantanea rotazione* (abbreviato con c.i.r. nella figura), dall'osservazione precedente possiamo dedurre che questo è collocato a metà fra B e G, a distanza r da entrambi. Nel terzo disegno della Fig. 4.26 si vede l'espressione delle velocità dei punti B, G, K, H, dedotte guardando all'atto di moto del disco come rotatorio intorno al suo centro di istantanea rotazione (c.i.r.). Ogni velocità è perpendicolare alla congiungente con questo punto ed è proporzionale alla distanza da esso. Osservando quello che succede nel punto di contatto H abbiamo coerente conferma del fatto che sia $\dot{s} = -3r\dot{\theta}$.

Interessa però ora la velocità del disco in K, che è pari a $2r\dot{\theta}$ verso sinistra. Questa velocità è identica a quella del punto P, se non per il cambiamento di direzione imposto dal punto fisso sul quale transita il filo prima di iniziare la sua parte verticale (anche qui si suppone che il filo si mantenga teso durante il moto). Tenendo conto del diverso orientamento delle velocità e alla luce delle relazioni (4.56) si deduce che

$$v = -2r\dot{\theta} \quad \Rightarrow \quad v = 2\dot{s}/3$$

La velocità con la quale il punto P *scende* è perciò uguale a due terzi della velocità con la quale l'asta trasla verso destra. □

Esempio 4.9 Il sistema rappresentato nella Fig. 4.27 è costituito da un'asta incernierata al punto fisso O sulla quale rotola senza strisciare un disco di raggio r. Ci proponiamo di esprimere per mezzo delle coordinate libere θ e s e le loro derivate

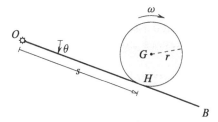

Figura 4.27 Disco che rotola senza strisciare su un'asta

la velocità del centro G del disco e la componente ω della sua velocità angolare secondo il verso indicato.

Per prima cosa utilizziamo il teorema di composizione delle velocità angolari e scomponiamo ω, velocità angolare assoluta del disco, come somma di due contributi: il primo è dato dalla velocità angolare dell'osservatore ruotante con l'asta, ed è pari a $\dot\theta$ in senso orario, mentre il secondo coincide con ω_{rel}, velocità angolare *relativa* ad esso. D'altra parte, dal punto di vista di questo osservatore, l'asta è fissa e il centro del disco si muove con velocità $\dot s$ parallela all'asta stessa. Quindi, la velocità angolare relativa ω_{rel} è pari a $\dot s / r$, in senso orario. Perciò

$$\omega = \dot\theta + \frac{\dot s}{r}.$$

Possiamo esprimere la velocità di G utilizzando la formula dell'atto di moto rototraslatorio del disco, riferita al punto H: $\mathbf{v}(G) = \mathbf{v}(H) + \boldsymbol{\omega} \wedge HG$. La velocità del punto della periferia del disco che si trova in H coincide però con la velocità del punto dell'asta che si trova nella medesima posizione, a causa del vincolo di puro rotolamento che impone l'uguaglianza dei punti a contatto. Però, poiché evidentemente l'asta ruota intorno ad O con velocità angolare $\dot\theta$, possiamo dedurre che la velocità di H è perpendicolare all'asta stessa e ha componente $s\dot\theta$ secondo il verso indicato nella Fig. 4.28. Per ottenere $\mathbf{v}(G)$ dobbiamo quindi sommare a $\mathbf{v}(H)$, appena trovata, il vettore $\boldsymbol{\omega} \wedge HG$ (possiamo interpretare questo termine coma le velocità che G avrebbe se l'atto di moto del disco fosse puramente rotatorio intorno ad H). Poiché $HG = r\mathbf{u}$ e $\boldsymbol{\omega} = \omega\mathbf{k} = (\dot\theta + \dot s/r)\mathbf{k}$, dove $\mathbf{u}$ è il versore che va da H verso G e $\mathbf{k}$ è il versore perpendicolare al piano e in esso entrante, il prodotto vettoriale $\boldsymbol{\omega} \wedge HG$ ci dà, come si vede nella Fig. 4.28, un vettore di componente $\dot s + r\dot\theta$

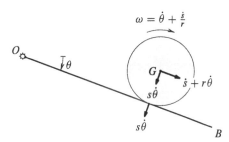

Figura 4.28 La velocità del centro G

parallelamente all'asta stessa. Naturalmente, se servisse, possiamo facilmente pro-iettare sugli assi fissi x e y questi due componenti di $\mathbf{v}(G)$. Scegliendo x orientato verso destra e y discendente, si ottiene

$$\dot{x}_G = -s\dot{\theta}\sin\theta + (\dot{s} + r\dot{\theta})\cos\theta\,, \quad \dot{y}_G = s\dot{\theta}\cos\theta + (\dot{s} + r\dot{\theta})\sin\theta\,.$$

Si osservi che a questo risultato si poteva pervenire direttamente anche derivando le coordinate cartesiane di G

$$x_G = s\cos\theta + r\sin\theta\,, \quad y_G = s\sin\theta - r\cos\theta\,,$$

ottenute con semplici considerazioni trigonometriche. Il metodo che abbiamo uti-lizzato sopra è comunque istruttivo per prendere familiarità con l'uso della formula dell'atto di moto rototraslatorio. $\qquad\qquad\square$

Capitolo 5
Geometria delle masse

I capitoli precedenti sono stati dedicati alla cinematica, che analizza e descrive i moti dei sistemi sia liberi che vincolati, senza porsi il problema di studiare come essi possano essere effettivamente indotti e, a maggior ragione, senza cercare di identificare quale moto sarà realizzato quando un sistema viene sottoposto a una certa sollecitazione.

L'esperienza ci insegna che per determinare la risposta dinamica di un sistema non basta conoscere le sue caratteristiche cinematiche (vale a dire i vincoli e i moti che essi consentono) e la sollecitazione applicata. È infatti evidente che se applichiamo lo stesso sistema di forze a due sistemi pur geometricamente e cinematicamente identici il moto prodotto può anche essere estremamente diverso. Le caratteristiche ulteriori che distinguono il comportamento di un sistema (libero o vincolato) da un altro si riducono alla massa e alla sua distribuzione, e questo motiva il titolo stesso di questo capitolo.

Le idee che verranno sviluppate sono tutte associate alle masse, sia concetrate che distribuite con regolarità in regioni di spazio, e si possono suddividere in due tipologie di argomenti: *centri di massa* e *momenti d'inerzia*, insieme alle loro principali proprietà.

Ogni punto materiale è caratterizzato da una quantità positiva, detta *massa*, che determina la sua risposta dinamica alle sollecitazioni che su di esso vengono applicate, come vedremo nel Capitolo 8. Nel caso dei sistemi estesi, la massa si distribuisce lungo tutta la regione occupata dal corpo. Al fine di associare una massa a ogni porzione finita e misurabile del sistema introduciamo il concetto di *densità di massa*. Per densità ρ intenderemo una funzione sufficientemente regolare, che in generale dipenderà dalla posizione. Attraverso tale funzione supporremo possibile esprimere la massa di una qualunque parte $\mathcal{B}$ del sistema come

$$m(\mathcal{B}) = \int_{\mathcal{B}} \rho(P)\, d\tau \,. \tag{5.1}$$

Con la quantità $d\tau$ si intende: un elemento infinitesimo di *volume* per corpi tridimensionali, di *superficie* per quelli bidimensionali, di *linea* per quelli lineari. Nella

P. Biscari et al., *Meccanica Razionale*, La Matematica per il 3+2 138, https://doi.org/10.1007/978-88-470-4018-2_5

formula (5.1) la funzione $\rho(P)$ è di conseguenza la densità di volume, superficie o linea che caratterizza la distribuzione di massa nello schema di corpo continuo. Queste funzioni densità hanno rispettivamente le dimensioni fisiche $[ML^{-3}]$, $[ML^{-2}]$ e $[ML^{-1}]$. Se la densità di un corpo è costante il corpo si definisce *omogeneo*. In questi casi il valore uniforme di ρ coincide con il rapporto tra la massa di una qualunque regione del corpo e il corrispondente volume (o superficie o lunghezza, nel caso di corpi piani o lineari).

5.1 Centro di massa

Il *centro di massa* G di un sistema discreto S, costituito da n punti materiali di massa m_i collocati nei punti P_i, è definito dalla relazione

$$OG = \frac{\sum_{i=1}^{n} m_i\, OP_i}{\sum_{i=1}^{n} m_i} = \frac{1}{m} \sum_{i=1}^{n} m_i\, OP_i\,, \tag{5.2}$$

(dove con $m = \sum_i m_i$ si indica la massa totale e O è un'origine scelta ad arbitrio). Questa relazione può anche essere utilmente riscritta nella forma

$$m\, OG = \sum_{i=1}^{n} m_i\, OP_i\,. \tag{5.3}$$

Le coordinate di G rispetto a un sistema cartesiano con origine in O sono date da

$$x_G = \frac{1}{m} \sum_{i=1}^{n} m_i x_i\,, \qquad y_G = \frac{1}{m} \sum_{i=1}^{n} m_i y_i\,, \qquad z_G = \frac{1}{m} \sum_{i=1}^{n} m_i z_i\,.$$

Per un corpo continuo $\mathcal{B}$, di densità ρ, il centro di massa viene definito come

$$OG = \frac{\int_{\mathcal{B}} \rho\, OP d\tau}{\int_{\mathcal{B}} \rho d\tau} = \frac{1}{m} \int_{\mathcal{B}} \rho\, OP d\tau\,, \tag{5.4}$$

o, equivalentemente, come

$$mOG = \int_{\mathcal{B}} \rho\, OP d\tau \tag{5.5}$$

e le sue coordinate cartesiane sono date da

$$x_G = \frac{1}{m} \int_{\mathcal{B}} \rho x d\tau\,, \qquad y_G = \frac{1}{m} \int_{\mathcal{B}} \rho y d\tau\,, \qquad z_G = \frac{1}{m} \int_{\mathcal{B}} \rho z d\tau\,. \tag{5.6}$$

Per motivi che vedremo più avanti, e precisamente nel Cap. 7 dedicato al concetto di forza, per indicare il centro di massa viene anche usato il termine *baricentro*, e a questa terminologia ci atterremo da qui in avanti.

Nel caso di sistemi *omogenei* si parla di *baricentro geometrico*, in quanto la posizione di G è indipendente dal valore costante della densità, che può essere portata fuori dai segni di sommatoria o di integrale.

Nel prossimo capitolo (vedi §7.6), mostreremo che il baricentro coincide con il centro di un particolare sistema di forze parallele che rappresenta le forze peso $\{(P_i, m_i\mathbf{g}), i = 1, \ldots, n\}$, dove $\mathbf{g}$ è l'accelerazione di gravità (vedi (7.27)), nell'ipotesi che questa sia indipendente dal punto.

Osserviamo che, nonostante sia utile riferire la posizione del baricentro a un'origine O nelle definizioni (5.2) e (5.4), la posizione di G dipende esclusivamente dalle posizioni e dalle masse dei punti del sistema, e non dalla scelta dell'origine.

Supponiamo infatti per assurdo che utilizzando una diversa origine O' si determini un diverso baricentro G'. Limitandosi al discreto (il caso continuo è del tutto analogo), dalla (5.3) si ottiene infatti

$$
mO'G' = \sum_{i=1}^{n} m_i\, O'P_i = \sum_{i=1}^{n} m_i(O'O + OP_i)
$$

$$
= mO'O + \sum_{i=1}^{n} m_i\, OP_i = m(O'O + OG) = mO'G\,,
$$

da cui segue che $G \equiv G'$. Se in particolare scegliamo $O \equiv G$ otteniamo l'utile relazione

$$
\sum_{i=1}^{n} m_i\, GP_i = m\, GG = \mathbf{0}\,. \tag{5.7}
$$

Simmetrie materiali

Le simmetrie materiali rappresentano un'estensione ai sistemi dotati di massa delle definizioni classiche riguardanti il concetto di simmetria geometrica.

Un piano π si dice *diametrale*, coniugato alla direzione individuata dal versore $\mathbf{u}$, per un sistema S se per ogni punto $P \in S$ non appartenente a π, è possibile determinare un altro punto $\hat{P} \in S$ che soddisfi le seguenti condizioni (vedi Fig. 5.1):

(i) P e $\hat{P}$ hanno pari massa (pari densità, se S è continuo).
(ii) $P\hat{P} \parallel \mathbf{u}$.
(iii) Il punto medio tra P e $\hat{P}$ appartiene a π.

Un piano π si dice di *simmetria materiale* se è diametrale, coniugato a $\mathbf{u}$, e inoltre $\mathbf{u}$ risulta ortogonale a π.

Figura 5.1 Piano diametrale coniugato a $\mathbf{u}$: nei punti P e $\hat{P}$ le densità (o le masse) sono uguali e il punto medio del segmento $P\hat{P}$ appartiene a π

piano diametrale π

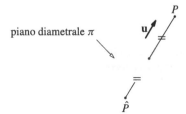

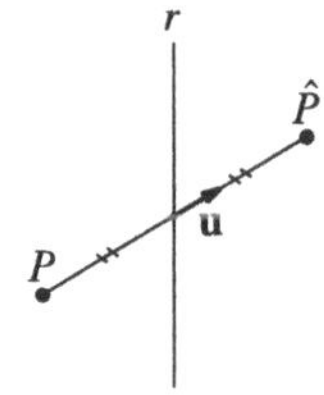

Figura 5.2 Asse diametrale
r coniugato a **u**: nei punti P
e $\hat{P}$ le densità (o le masse)
sono uguali e il punto medio
del segmento $P\,\hat{P}$ appartiene
a r

Nel caso di un sistema S contenuto in un piano Π si osserva subito che il piano stesso è, banalmente, di simmetria materiale per il sistema. Inoltre, in questo caso, come illustrato nella Fig. 5.2, una retta $r \subset \Pi$ si dice *diametrale*, coniugata alla direzione individuata dal versore $\mathbf{u} \in \Pi$, se

(i) P e $\hat{P}$ hanno pari massa (pari densità, se S è continuo).
(ii) $P\hat{P} \parallel \mathbf{u}$.
(iii) Il punto medio tra P e $\hat{P}$ appartiene a r.

Si dice inoltre che la retta $r \subset \Pi$ è di *simmetria materiale* per il sistema piano S se $\mathbf{u}$ è ortogonale ad r.

Esempio 5.1 (Simmetrie materiali in un rettangolo) Consideriamo un rettangolo omogeneo di lati a e b. Le rette r, s parallele ai lati del rettangolo e passanti per i loro punti medi sono rette di simmetria materiale. Inoltre, ciascuna diagonale risulta essere una retta diametrale, coniugata alla direzione parallela all'altra diagonale. Pertanto, le diagonali sono rette di simmetria materiale se e solo se $a = b$. $\qquad\square$

Prorpietà distributiva dei baricentri
Consideriamo un sistema materiale S di baricentro G e massa totale m, composto da k sottosistemi $\{S_i\,,\ i = 1, \ldots, k\}$, ciascuno dei quali possieda baricentro G_i e massa m_i (chiaramente, $m_1 + \cdots + m_k = m$). Il baricentro di S coincide con il baricentro di un sistema di k punti materiali, di masse $(m_1, \ldots, m_k)$, posti rispettivamente in $(G_1, \ldots, G_k)$.

Questa proprietà è un'ovvia conseguenza della proprietà distributiva dell'addizione, oppure dell'operatore integrale nel caso S sia continuo. Infatti, è possibile scrivere

$$m\,OG = \int_S \rho\,OP\,d\tau = \sum_{i=1}^{k} \int_{S_i} \rho\,OP\,d\tau = \sum_{i=1}^{k} \left(\int_{S_i} \rho\,d\tau \right) OG_i = \sum_{i=1}^{k} m_i\,OG_i\,.$$

Baricentri e simmetrie
(i)   Il baricentro G di due punti materiali si trova sul segmento che li congiunge. In particolare, tale segmento è diviso da G in parti inversamente proporzionali alle masse collocate in ciascun estremo, come si riconosce introducendo un sistema di riferimento con origine $O \equiv G$ e usando la (5.7).
(ii) Il baricentro di un sistema piano è contenuto nel piano del sistema. Per verificarlo, introduciamo un'asse z ortogonale al piano del sistema. Siccome le

coordinate z_i di tutti i punti risultano nulle, tale sarà anche la coordinata z_G del baricentro.

(iii) Ogni piano (o retta) diametrale contiene il baricentro. Infatti, per la definizione di piano diametrale e la proprietà di composizione sopra dimostrata, il baricentro del sistema può essere calcolato considerando i baricentri delle coppie $\{P, \hat{P}\}$, simmetriche rispetto al piano diametrale. Per la proprietà (i) scritta sopra, queste coppie hanno baricentro sul piano diametrale e quindi anche il baricentro del sistema, per la proprietà (ii), deve appartenere al piano diametrale.

(iv) Se un sistema materiale è contenuto in una porzione di piano delimitata da una curva chiusa e convessa il baricentro G deve appartenere alla regione delimitata dalla curva in questione. Analogamente, se il sistema materiale è interno alla regione delimitata da una superficie chiusa e convessa anche il baricentro G è interno a questa regione.

Per dimostrare questa proprietà possiamo considerare un punto P_0 della curva chiusa e convessa (o della superficie chiusa e convessa) e la retta (piano) tangente in questo punto alla curva (superficie). A questo punto fissiamo un sistema di riferimento opportuno, con origine P_0, piano della figura coincidente con il piano xy, retta tangente coincidente con l'asse y, asse delle x orientato verso il semipiano che contiene il sistema. In tal modo si deduce immediatamente che avendo tutti i punti del sistema ascissa $x_i > 0$, deve essere anche $x_G > 0$. (Rispettivamente è sufficiente considerare il sistema di riferimento tale che xy sia il piano tangente e l'asse delle z sia orientato verso il sistema materiale.)

Esempio 5.2 (Baricentro di una corona circolare) Determiniamo il baricentro di un settore di corona circolare omogenea di massa m, con apertura angolare 2α e compresa tra i raggi r_1, r_2. Consideriamo un sistema di riferimento con origine nel centro della corona e tale che il sistema sia contenuto nel piano (x, y), con asse x coincidente con la bisettrice del settore (vedi Fig. 5.3). L'asse x è di simmetria materiale per il settore, per cui possiamo affermare che il baricentro appartiene alla bisettrice stessa: $y_G = z_G = 0$. Resta da determinare x_G, vale a dire la distanza del baricentro dal centro del settore. Utilizzando coordinate polari nella $(5.6)_1$ si ha

$$x_G = |OG| = \frac{1}{m} \int_{r_1}^{r_2} \int_{-\alpha}^{\alpha} \rho\, r \cos\theta\, r d\theta\, dr = \frac{2}{3} \frac{\sin\alpha}{\alpha} \frac{r_2^2 + r_2 r_1 + r_1^2}{r_2 + r_1}. \qquad (5.8)$$

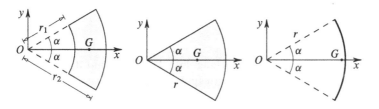

Figura 5.3 Baricentri di settori circolari e di un arco

La formula (5.8) ammette diversi casi particolari interessanti.

- Nel caso si ponga $2\alpha = 2\pi$ la (5.8) dimostra che il baricentro di una corona circolare è posto nel centro della corona, come si potrebbe dimostrare osservando che in questo caso anche l'asse y è di simmetria materiale.
- Ponendo $r_1 = 0$ e $r_2 = r$ si ottiene l'espressione della posizione del baricentro di un settore di cerchio di ampiezza 2α e raggio r:

$$x_G = |OG| = \frac{2}{3}\frac{\sin\alpha}{\alpha}r.$$

Osserviamo in particolare come nel limite $\alpha \to 0$ il baricentro del settore si collochi a distanza $2r/3$ dall'origine, e non a distanza $r/2$ come ci si potrebbe (erroneamente) aspettare osservando che in tale limite il settore tende a diventare un'asta di lunghezza r. Infatti, se è vero che in tale limite il settore tende a un'asta, tale asta risulta però essere non omogenea. Si potrebbe infatti dimostrare che il baricentro del settore nel limite $\alpha \to 0$ coincide con il baricentro di un'asta non omogenea, la cui densità cresca a partire dal valore nullo e linearmente con la distanza dal suo estremo coincidente con il centro del settore.

Sono inoltre particolarmente utili le espressioni con $\alpha = \pi/4$ e $\alpha = \pi/2$, che rappresentano rispettivamente le posizioni del baricentro di un quarto di cerchio e di un semicerchio:

$$\alpha = \frac{\pi}{4} \Rightarrow x_G = \frac{4\sqrt{2}}{3\pi}r\,, \qquad \alpha = \frac{\pi}{2} \Rightarrow x_G = \frac{4r}{3\pi}.$$

- Ponendo $r_1 = r_2 = r$ si ottiene l'espressione della posizione del baricentro di un arco di circonferenza di ampiezza 2α e raggio r:

$$x_G = |OG| = \frac{\sin\alpha}{\alpha}r.$$

Anche qui sono particolarmente utili le espressioni con $\alpha = \pi/4$ e $\alpha = \pi/2$, che rappresentano rispettivamente le posizioni del baricentro di un quarto di circonferenza e di una semicirconferenza:

$$\alpha = \frac{\pi}{4} \Rightarrow x_G = \frac{2\sqrt{2}}{\pi}r\,, \qquad \alpha = \frac{\pi}{2} \Rightarrow x_G = \frac{2r}{\pi}.$$

Osserviamo come, a parità di angolo di apertura, il baricentro dell'arco di circonferenza si trovi ovviamente più lontano dall'origine rispetto al baricentro del settore di cerchio.   □

Esempio 5.3 (Baricentro di un triangolo) Determiniamo il baricentro di una lamina piana omogenea a forma di triangolo rettangolo di vertici AOB e di cateti di lunghezza a e b. Si consideri un sistema di riferimento con origine nel vertice O, asse delle ascisse coincidente con il cateto OA (lunghezza a), e asse delle ordinate

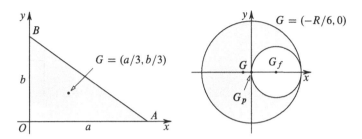

Figura 5.4 Baricentro di un triangolo e di un disco forato

lungo il cateto OB (lunghezza b), come si vede nella Fig. 5.4. In questo sistema di riferimento l'ipotenusa è individuata dalla retta di equazione $y = b(1 - x/a)$. Inoltre essendo la lamina omogenea, $m = \rho ab/2$, dove ρ è la densità superficiale. Applicando la definizione si ottiene dunque

$$x_G = \frac{1}{m} \int_0^a \int_0^{b(1-x/a)} \rho x \, dy \, dx = \frac{a}{3}$$

e analogamente si dimostra $y_G = b/3$. Questo risultato è valido anche più in generale. È infatti possibile dimostrare che le coordinate del baricentro di un qualunque triangolo omogeneo (rettangolo o meno) si ottengono semplicemente facendo la media aritmetica delle coordinate dei vertici. □

Osservazione 5.4 Se ruotiamo il triangolo di Fig. 5.4 attorno all'asse y otteniamo un cono circolare con raggio di base a e altezza b. Per evidenti ragioni di simmetria materiale, il baricentro di questo cono si trova sull'asse y. È altrettanto chiaro che i baricentri di tutti i triangoli che compongono il cono hanno ordinata del baricentro pari a $b/3$. Ciò nonostante, contrariamente a quanto ci si potrebbe aspettare e come il lettore può provare a dimostrare attraverso il calcolo esplicito, l'ordinata del baricentro del cono si trova a quota $y_G^{(cono)} = b/4$. □

Esempio 5.5 (Proprietà di sottrazione) Determiniamo la posizione del baricentro di una lamina piana omogenea circolare di raggio R nella quale sia stato praticato un foro, anch'esso circolare, di raggio $R/2$ (vedi Fig. 5.4). Tale baricentro si troverà sull'asse x che collega i due centri poiché tale asse è di simmetria materiale. Siano (G_p, m_p), (G_f, m_f) rispettivamente il baricentro e la massa della lamina piena e del foro in essa praticato. Per determinare la posizione del baricentro possiamo utilizzare la proprietà di composizione, considerando il foro come una lamina di densità *negativa*, ottenendo

$$x_G = \frac{m_p x_{G_p} - m_f x_{G_f}}{m_p - m_f} = -\frac{R}{6} \, .$$

□

Figura 5.5 Momento di
inerzia di un punto di massa
m rispetto a un asse a

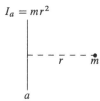
$$I_a = mr^2$$

5.2 Momenti di inerzia

Si definisce *momento di inerzia* di un punto materiale di massa m, rispetto a un asse a, lo scalare $I_a = mr^2$, dove r è la distanza del punto dall'asse, come illustrato nella Fig. 5.5. Le dimensioni fisiche del momento di inerzia sono $[ML^2]$.

Nel caso di un sistema discreto, formato da n punti P_i di massa m_i, il momento di inerzia rispetto a un asse a è dato da

$$I_a = \sum_{i=1}^{n} m_i r_i^2 \,,$$

dove r_i è la distanza del punto P_i dall'asse.

Per un sistema materiale continuo $\mathcal{B}$ definiamo invece

$$I_a = \int_{\mathcal{B}} \rho r^2 d\tau \tag{5.9}$$

con le avvertenze, già riportate nel caso del baricentro, relative all'interpretazione della densità ρ e del simbolo $d\tau$.

Per quanto riguarda i momenti di inerzia, tuttavia, presenteremo le definizioni e le principali proprietà solo nel caso dei corpi continui, poiché è a questi che si applicano più comunemente. Osserviamo però che questi concetti mantengono la loro validità anche per i corpi discreti, con la sola accortezza di sostituire i prodotti $\rho d\tau$ con le masse dei singoli punti e gli integrali con le sommatorie estese a tutti i punti del sistema discreto.

Due semplici ma importanti proprietà del momento di inerzia si deducono in modo immediato dalla sua stessa definizione:

* Il momento di inerzia non è mai negativo;
* Il momento di inerzia si annulla se e solo se tutti i punti del corpo appartengono all'asse stesso, come si vede nella Fig. 5.6.

a  $I_a = 0$

Figura 5.6 Momento di inerzia nullo: tutti i punti del sistema appartengono all'asse

Esempio 5.6 Calcoliamo il momento di inerzia di un sistema rispetto agli assi coordinati. Posto, per ogni punto del sistema, $OP = x\mathbf{i} + y\mathbf{j} + z\mathbf{k}$, è semplice mostrare che, per esempio, la distanza di P dall'asse x vale $r^2 = y^2 + z^2$ (vedi relazione (A.5) in Appendice). Calcolando analogamente le distanze dagli altri assi si dimostra

$$I_x = \int_{\mathcal{B}} \rho\big(y^2 + z^2\big)d\tau\,, \quad I_y = \int_{\mathcal{B}} \rho\big(x^2 + z^2\big)d\tau\,, \quad I_z = \int_{\mathcal{B}} \rho\big(x^2 + y^2\big)d\tau\,. \quad \square$$

La grandezza positiva

$$\delta_a = \sqrt{\frac{I_a}{m}} \tag{5.10}$$

è indicata con il nome di *raggio di girazione*. Le sue dimensioni fisiche sono quelle di una lunghezza e, ovviamente, risulta $I_a = m\delta_a^2$. Il raggio di girazione rappresenta la distanza dall'asse a cui si deve piazzare un punto di massa m, pari alla massa totale del sistema, per ottenere il medesimo momento di inerzia del sistema stesso. Se un sistema materiale è omogeneo, risulta utile definire il *momento di inerzia geometrico*

$$i_a = \frac{I_a}{m} = \frac{1}{V} \int_{\mathcal{B}} r^2 d\tau\,,$$

dove V è il volume del corpo.

L'introduzione dei momenti di inerzia geometrici, che hanno dimensione $\big[L^2\big]$, permette di unificare il calcolo dei momenti di inerzia di tutti corpi omogenei che hanno la stessa forma.

5.3 Momenti di inerzia rispetto ad assi paralleli

Per facilitare il calcolo dei momenti di inerzia risulta conveniente individuare come varia il momento di inerzia quando l'asse viene trasportato parallelamente a se stesso.

Teorema 5.7 (Huygens-Steiner) *Il momento di inerzia di un corpo rispetto a un asse arbitrario a è pari alla somma*

$$I_a = I_{a_G} + md^2$$

dove I_{a_G} è il momento di inerzia del corpo rispetto all'asse a_G parallelo ad a e passante per il baricentro G del corpo stesso, m è la massa totale del corpo e d è la distanza tra i due assi.

Dimostrazione Introduciamo un sistema di riferimento con origine nel baricentro del corpo ($x_G = y_G = z_G = 0$) e con asse z parallelo all'asse a. Dette (x_a, y_a)

Figura 5.7 Momenti
di inerzia rispetto ad assi
paralleli

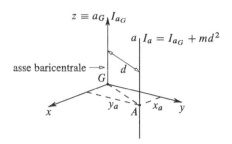

le coordinate del punto in cui l'asse a interseca il piano xy, dalla definizione di momento di inerzia si ottiene (vedi Fig. 5.7)

$$
\begin{aligned}
I_a &= \int_{\mathcal{B}} \rho\big((x - x_a)^2 + (y - y_a)^2\big) d\tau \\
&= \int_{\mathcal{B}} \rho(x^2 + y^2) d\tau - 2x_a \int_{\mathcal{B}} \rho x\, d\tau - 2y_a \int_{\mathcal{B}} \rho y\, d\tau + \big(x_a^2 + y_a^2\big) \int_{\mathcal{B}} \rho\, d\tau \\
&= I_{aG} - 2m(x_a x_G + y_a y_G) + m\big(x_a^2 + y_a^2\big) = I_{aG} + md^2
\end{aligned}
$$

dove abbiamo applicato le definizioni di momento di inerzia (5.9) e di baricentro (5.4), e abbiamo tenuto conto del fatto che il baricentro coincide con l'origine del sistema di riferimento. □

Come conseguenza di questo teorema si riconosce che tra tutti gli assi aventi stessa direzione quello che passa per il baricentro è l'asse rispetto al quale il corpo ha momento di inerzia *minimo*. Inoltre sempre usando il Teorema di Huygens-Steiner si riconosce che se a_1 e a_2 sono due assi paralleli distanti rispettivamente d_1 e d_2 dal baricentro del corpo deve essere

$$
I_{a_2} = I_{a_1} + m\big(d_2^2 - d_1^2\big).
$$

Esempio 5.8 (Rettangolo) Determiniamo il momento di inerzia di un rettangolo omogeneo di lati a, b e massa m rispetto a: (1) uno dei suoi lati; (2) un asse parallelo ai lati e passante per il baricentro. Sia $\rho = m/(ab)$ la densità di massa per unità di area. Si consideri un sistema di riferimento con origine in un vertice del rettangolo e assi (x, y) rispettivamente paralleli ai lati di lunghezza a, b (vedi Fig. 5.8). In questo caso

$$
I_x = \rho \int_0^b \int_0^a y^2 dx\, dy = \rho \frac{ab^3}{3} = \frac{mb^2}{3}. \tag{5.11}
$$

Analogamente si dimostra $I_y = ma^2/3$. Applicando poi il teorema di Huygens-Steiner otteniamo

$$
I_{x_G} = I_x - m\left(\frac{b}{2}\right)^2 = \frac{mb^2}{12} \tag{5.12}
$$

Figura 5.8 Momenti
d'inerzia per un rettangolo
omogeneo

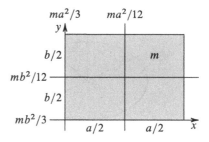

nonché $I_{y_G} = ma^2/12$. Calcoli analoghi consentono di dimostrare che, detti z, z_G due assi rispettivamente ortogonali a (x, y) e (x_G, y_G) si ottiene

$$I_z = \frac{m}{3}(a^2 + b^2), \qquad I_{z_G} = \frac{m}{12}(a^2 + b^2).$$

Il fatto che i momenti di inerzia rispetto agli assi ortogonali al piano del rettangolo siano pari alla somma dei momenti di inerzia rispetto ai due assi del piano è in realtà una proprietà soddisfatta da tutti i sistemi piani, come dimostreremo più avanti (vedi (5.36)).

Sottolineiamo infine che, considerato un rettangolo in cui $a = 0$, le (5.11) e (5.12), forniscono i momenti di inerzia di un'asta omogenea, rispetto a due assi ortogonali all'asta e passanti rispettivamente per un estremo e per il baricentro. Indicando con l la lunghezza dell'asta si ha, rispettivamente,

$$I = \frac{ml^2}{3}, \qquad I = \frac{ml^2}{12},$$

come illustrato nella Fig. 5.9.
□

Esempio 5.9 (Settore di corona circolare) Calcoliamo il momento di inerzia di un settore di corona circolare omogenea di massa m con apertura angolare 2α e compresa tra i raggi r_1, r_2 (vedi Fig. 5.3), rispetto a un asse passante per il suo centro ed ortogonale al piano del settore. Per effettuare il calcolo conviene utilizzare le coordinate polari:

$$I_a = \rho \int_{-\alpha}^{\alpha} \int_{r_1}^{r_2} r^2(r\,dr\,d\theta) = \frac{1}{2}m(r_2^2 + r_1^2), \tag{5.13}$$

essendo in questo caso ρ la densità superficiale della corona.

Figura 5.9 Due momenti di
inerzia per un'asta omogenea
di lunghezza l e massa m

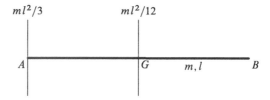

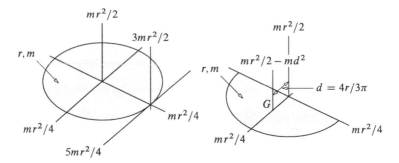

Figura 5.10 Momenti di inerzia di un disco e un semidisco omogenei

Osserviamo che il risultato risulta essere indipendente dall'apertura angolare α. Due casi particolarmente utili dell'espressione (5.13) forniscono i momenti di inerzia rispetto all'asse passante per il centro di un disco ($r_1 = 0, r_2 = r$) e di una circonferenza ($r_1 = r_2 = r$). Si ottiene, rispettivamente,

$$I = \frac{mr^2}{2}, \qquad I = mr^2.$$

La Fig. 5.10 illustra alcuni momenti di inerzia di un disco e un semidisco, entrambi omogenei, rispetto a diversi assi. Tali momenti di inerzia seguono da calcoli simili a (5.13), uniti all'uso del Teorema di Huygens-Steiner. □

Esempio 5.10 (Cilindro omogeneo) Determiniamo il momento di inerzia di un cilindro omogeneo di altezza h e raggio R rispetto al suo asse di simmetria. Usando coordinate cilindriche e indicando con ρ la densità si ottiene

$$I_a = \rho \int_0^h \int_0^{2\pi} \int_0^R r^2 (r\,dr\,d\theta\,dz) = 2\pi h\rho \int_0^R r^3\,dr = \frac{\pi h\rho}{2}R^4 = \frac{mR^2}{2}. \qquad □$$

5.4 Momenti di inerzia rispetto ad assi concorrenti

Per comprendere come varia il momento di inerzia di un corpo al variare della direzione dell'asse a ricordiamo che a ogni retta passante per O corrisponde un versore $\mathbf{u}$ (o il suo opposto) e viceversa. Per questo motivo indicheremo con I_u il momento di inerzia di un corpo relativo alla retta passante per O e parallela a $\mathbf{u}$. La distanza r del generico elemento del corpo dall'asse individuato dal versore $\mathbf{u}$ è esprimibile come (vedi (A.7) e Fig. 5.11)

$$r = |OP| \sin\theta = |OP \wedge \mathbf{u}|, \tag{5.14}$$

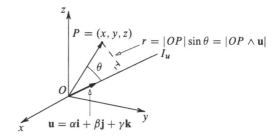

Figura 5.11 Momenti
di inerzia rispetto ad assi
concorrenti

dove θ è l'angolo tra il raggio vettore OP e il versore **u**. Per calcolare esplicitamente
il prodotto vettoriale in (5.14), introduciamo un sistema di riferimento tale che

$$OP = x\mathbf{i} + y\mathbf{j} + z\mathbf{k}, \qquad \mathbf{u} = \alpha\mathbf{i} + \beta\mathbf{j} + \gamma\mathbf{k}, \tag{5.15}$$

dove ricordiamo che (α, β, γ) sono i coseni direttori di **u**, e soddisfano $\alpha^2 + \beta^2 + \gamma^2 = 1$. Risulta quindi

$$OP \wedge \mathbf{u} = (y\gamma - z\beta)\mathbf{i} - (x\gamma - z\alpha)\mathbf{j} + (x\beta - y\alpha)\mathbf{k}$$

e perciò

$$I_u = \int_{\mathcal{B}} \rho\Big[(y\gamma - z\beta)^2 + (x\gamma - z\alpha)^2 + (x\beta - y\alpha)^2\Big]d\tau . \tag{5.16}$$

Svolgendo i quadrati in (5.16) e ordinando rispetto ai coseni direttori del versore **u**
si ottiene

$$I_u = \alpha^2 \int_{\mathcal{B}} \rho(y^2 + z^2)d\tau + \beta^2 \int_{\mathcal{B}} \rho(x^2 + z^2)d\tau + \gamma^2 \int_{\mathcal{B}} \rho(x^2 + y^2)d\tau$$
$$- 2\beta\gamma \int_{\mathcal{B}} \rho yz d\tau - 2\alpha\gamma \int_{\mathcal{B}} \rho xz d\tau - 2\alpha\beta \int_{\mathcal{B}} \rho xy d\tau . \tag{5.17}$$

Indichamo con I_x, I_y e I_z i primi tre dei sei integrali che compaiono in questa
formula:

$$I_x = \int_{\mathcal{B}} \rho(y^2 + z^2)d\tau \quad I_y = \int_{\mathcal{B}} \rho(x^2 + z^2)d\tau \quad I_z = \int_{\mathcal{B}} \rho(x^2 + y^2)d\tau \tag{5.18}$$

Poiché le quantità $y^2 + z^2$, $x^2 + z^2$, $x^2 + y^2$ sono rispettivamente i quadrati delle
distanze di un generico punto $P = (x, y, z)$ dagli assi x, y e z i tre integrali (5.18)
non sono nient'altro che i momenti di inerzia rispetto agli assi coordinati (vedi
Esempio 5.6).

I rimanenti tre integrali che compaiono nella (5.17) sono invece quantità che hanno certamente le dimensioni fisiche di momenti di inerzia (ovvero $[ML^2]$) ma per i quali non esiste alcun asse rispetto al quale essi siano momenti d'inerzia. Vengono chiamati *prodotti di inerzia* e indicati con

$$I_{xy} = -\int_{\mathcal{B}} \rho xy \, d\tau, \qquad I_{xz} = -\int_{\mathcal{B}} \rho xz \, d\tau, \qquad I_{yz} = -\int_{\mathcal{B}} \rho yz \, d\tau, \quad (5.19)$$

mentre i loro opposti $-I_{xy}, -I_{xz}, -I_{yz}$ sono anche noti come *momenti centrifughi*.
Queste definizioni permettono di scrivere la (5.17) come

$$I_u = I_x \alpha^2 + I_y \beta^2 + I_z \gamma^2 + 2I_{xy}\alpha\beta + 2I_{xz}\alpha\gamma + 2I_{yz}\beta\gamma. \quad (5.20)$$

Introduciamo adesso una matrice simmetrica, detta *matrice di inerzia*, sulla cui diagonale principale sono collocati i momenti di inerzia mentre fuori da essa sono collocati i prodotti di inerzia, tutti calcolati rispetto agli assi coordinati assegnati passanti per O:

$$\mathbf{I}_O = \begin{bmatrix} I_x & I_{xy} & I_{xz} \\ I_{xy} & I_y & I_{yz} \\ I_{xz} & I_{yz} & I_z \end{bmatrix}. \quad (5.21)$$

Alla luce di questa definizione è possibile riscrivere la (5.20) nella forma

$$I_u = \begin{bmatrix} \alpha \\ \beta \\ \gamma \end{bmatrix} \cdot \begin{bmatrix} I_x & I_{xy} & I_{xz} \\ I_{xy} & I_y & I_{yz} \\ I_{xz} & I_{yz} & I_z \end{bmatrix} \begin{bmatrix} \alpha \\ \beta \\ \gamma \end{bmatrix} \quad (5.22)$$

che, più compattamente, equivale a

$$I_u = \mathbf{u} \cdot \mathbf{I}_O \mathbf{u}. \quad (5.23)$$

L'importanza di questo risultato risiede nel fatto che, una volta calcolata la matrice di inerzia per mezzo dei sei integrali (5.18) e (5.19), le relazioni (5.22) e (5.23) permettono di conoscere attraverso operazioni puramente algebriche il momento di inerzia del corpo rispetto a un *qualsiasi asse* passante per O.

Si osservi che, poiché il momento di inerzia I_u è sempre positivo (tranne nel caso particolare in cui il corpo non sia mondimensionale e appartenente tutto all'asse di versore **u**), dalla (5.23) possiamo dedurre che la matrice di inerzia è non solo simmetrica ma anche *definita positiva* (con l'eccezione alla quale abbiamo accennato).

In molti libri di Meccanica Razionale o in testi di esercizi è tradizione indicare i momenti di inerzia rispetto agli assi I_x, I_y, I_z rispettivamente con A, B, C, e con A',

B', C' rispettivamente i momenti centrifughi $-I_{yz}, -I_{xz}, -I_{xy}$. Con questa diversa notazione la matrice di inerzia (5.21) viene scritta come:

$$\mathbf{I}_O \equiv \begin{bmatrix} A & -C' & -B' \\ -C' & B & -A' \\ -B' & -A' & C \end{bmatrix}.$$

Sulla falsariga della dimostrazione precedente, si può dedurre che il prodotto di inerzia I_{uv} relativo a una qualunque coppia di assi *ortogonali* diretti come i versori **u** e **v** è dato da:

$$I_{uv} = \mathbf{u} \cdot \mathbf{I}_O \mathbf{v}. \tag{5.24}$$

5.4.1 Tensore di inerzia

Mostriamo ora come la *matrice* di inerzia (5.21) sia la matrice delle componenti, nel sistema di assi coodinati scelti, di una trasformazione lineare, chiamata *tensore di inerzia*. Se infatti si *definisce* la trasformazione lineare (o tensore) $\mathbf{I}_O$ attraverso la relazione

$$\mathbf{I}_O \mathbf{v} = \int_{\mathcal{B}} \rho \left[(OP)^2 \mathbf{v} - (OP \cdot \mathbf{v}) \, OP \right] d\tau \tag{5.25}$$

e si applica la (A.23), si vede facilmente che la matrice delle componenti del tensore di inerzia $\mathbf{I}_O$ è precisamente la (5.21). (Qui per economia di notazione stiamo indicando con il medesimo carattere $\mathbf{I}_O$ sia il tensore di inerzia, appena definito, che la sua matrice delle componenti (5.21), sperando che questo non causi equivoci).

Ricordando che $(OP)^2 = x^2 + y^2 + z^2$ e che $OP \cdot \mathbf{i} = x$, $OP \cdot \mathbf{j} = y$, $OP \cdot \mathbf{k} = z$, dopo alcuni semplici passaggi otteniamo

$$\mathbf{i} \cdot \mathbf{I}_O \mathbf{i} = \int_{\mathcal{B}} \rho \left[(OP)^2 - (OP \cdot \mathbf{i})^2 \right] d\tau$$

$$= \int_{\mathcal{B}} \rho \left[(x^2 + y^2 + z^2) - x^2 \right] d\tau$$

$$= \int_{\mathcal{B}} \rho \left[y^2 + z^2 \right] d\tau$$

$$= I_x$$

e analogamente $\mathbf{j} \cdot \mathbf{I}_O \mathbf{j} = I_y$ e $\mathbf{k} \cdot \mathbf{I}_O \mathbf{k} = I_z$.

Inoltre,

$$\mathbf{i} \cdot \mathbf{I}_O \mathbf{j} = \mathbf{j} \cdot \mathbf{I}_O \mathbf{i} = - \int_{\mathcal{B}} \rho x y \, d\tau = I_{xy} = I_{yx}$$

e analogamente

$$\mathbf{j} \cdot \mathbf{I}_O \mathbf{k} = \mathbf{k} \cdot \mathbf{I}_O \mathbf{j} = - \int_{\mathcal{B}} \rho y z \, d\tau = I_{yz} = I_{zy}$$

$$\mathbf{i} \cdot \mathbf{I}_O \mathbf{k} = \mathbf{k} \cdot \mathbf{I}_O \mathbf{i} = - \int_{\mathcal{B}} \rho x z \, d\tau = I_{xz} = I_{zx}$$

Indicando per compattezza di notazione i versori degli assi con $(\mathbf{e}_1, \mathbf{e}_2, \mathbf{e}_3) = (\mathbf{i}, \mathbf{j}, \mathbf{k})$ si possono riscrivere i risultati appena ottenuti nella forma

$$I_{ik} = I_{ki} = \mathbf{e}_i \cdot \mathbf{I}_O \mathbf{e}_k$$

dove I_{ik} è la matrice delle componenti del tensore di inerzia $\mathbf{I}_O$ riferita al sistema di assi con versori $\mathbf{e}_i$ e origine in O.

Aggiungiamo per completezza che, usando il concetto di prodotto tensoriale $\mathbf{a} \otimes \mathbf{b}$ fra coppie di vettori $\mathbf{a}$ e $\mathbf{b}$, è anche possibile definire il tensore di inerzia relativo a un punto O dello spazio come

$$\mathbf{I}_O = \int_{\mathcal{B}} \rho \big[(OP)^2 \mathbf{I} - (OP \otimes OP) \big] \, d\tau$$

dove il simbolo $\mathbf{I}$ contenuto nell'integrale indica il *tensore identità* (e non il tensore di inerzia stesso). Questa definizione è ovviamente equivalente alla (5.25)

In conclusione, per ogni corpo $\mathcal{B}$ collocato in una data posizione e per ogni punto dello spazio O esiste un *tensore di inerzia* $\mathbf{I}_O$, *simmetrico e definito positivo*, tale che $\mathbf{u} \cdot \mathbf{I}_O \mathbf{u}$ è il momento di inerzia del corpo rispetto all'asse di versore $\mathbf{u}$ passante per O mentre $\mathbf{u} \cdot \mathbf{I}_O \mathbf{v}$ è invece il prodotto di inerzia rispetto a due assi ortogonali di versori $\mathbf{u}$ e $\mathbf{v}$.

5.4.2 Sistemi discreti di punti materiali

È utile richiamare la forma presa dalle quantità introdotte nei precedenti paragrafi, riguardanti i momenti e i prodotti d'inerzia, quando si debbano considerare distribuzioni discrete di punti materiali. Si tratta semplicemente di sostituire gli integrali che compaiono nelle diverse quantità con sommatorie. Per completezza scriviamo le espressioni delle componenti del tensore d'inerzia, dedotte dalle (5.18) e (5.19), nel caso di un insieme di masse m_i $(i = 1, \ldots, n)$ collocate nei punti $P_i = (x_i, y_i, z_i)$ dello spazio:

$$I_x = \sum_{i=1}^{n} m_i(y_i^2 + z_i^2) \quad I_y = \sum_{i=1}^{n} m_i(x_i^2 + z_i^2) \quad I_z = \sum_{i=1}^{n} m_i(x_i^2 + y_i^2)$$

$$I_{xy} = -\sum_{i=1}^{n} m_i x_i y_i \quad I_{xz} = -\sum_{i=1}^{n} m_i x_i z_i \quad I_{yz} = -\sum_{i=1}^{n} m_i y_i z_i \quad (5.26)$$

Osservazione 5.11   Ogni definizione, proprietà o dimostrazione che coinvolga i momenti o prodotti d'inerzia può essere formulata indifferentemente per una distribuzione di massa discreta o continua, senza sostanziali differenze concettuali. La scelta che faremo nel seguito di uno o l'altro approccio dipenderà dal contesto, al fine di una maggiore coerenza e chiarezza espositiva.   □

5.4.3   Assi e momenti principali di inerzia

La matrice delle componenti del tensore di inerzia $\mathbf{I}_O$ è simmetrica e di conseguenza (vedi §A.3) diagonalizzabile. Ciò significa che esiste una terna ortonormale, detta *terna principale di inerzia*, rispetto alla quale la matrice prende forma diagonale. Come dimostrato in (A.31), gli elementi che si collocheranno sulla diagonale principale non saranno altro che gli autovalori del tensore mentre i tre *assi principali di inerzia* saranno formati dai corrispondenti autovettori.

Se indichiamo con $\hat{\mathbf{i}}, \hat{\mathbf{j}}, \hat{\mathbf{k}}$ i versori degli assi principali d'inerzia uscenti da O e con analoga notazione i momenti e prodotti d'inerzia relativi ad essi la matrice di inerzia riferita a questa terna prende la forma

$$\mathbf{I}_O = \begin{bmatrix} \hat{I}_x & 0 & 0 \\ 0 & \hat{I}_y & 0 \\ 0 & 0 & \hat{I}_z \end{bmatrix} \quad (5.27)$$

dove i prodotti di inerzia si annullano, mentre le quantità $\hat{I}_x$, $\hat{I}_y$, $\hat{I}_z$ sono proprio i momenti di inerzia rispetto agli assi principali, e cioè i *momenti principali di inerzia*. È importante osservare che questi momenti sono ovviamente diversi da quelli che compaiono sulla diagonale della matrice (5.21), poiché questi ultimi si riferiscono agli assi di una terna *generica*.

Un'importante semplificazione si ottiene nella (5.20) quando la si riferisce alla terna principale di inerzia, e cioè quando sia le componenti di $\mathbf{u}$ che le componenti della matrice di inerzia siano riferite a questa terna. Si ottiene infatti la più semplice espressione

$$\mathbf{I}_u = \alpha^2 \hat{I}_x + \beta^2 \hat{I}_y + \gamma^2 \hat{I}_z .$$

Concludiamo precisando che, nel caso in cui i momenti e gli assi principali si riferiscano ad assi uscenti dal *baricentro*, si parla di assi e momenti *centrali*.

Osservazione 5.12 Nel seguito, quando non vi sia rischio di confusione, non useremo sempre una specifica notazione per gli assi e i momenti principali d'inerzia, diversamente da come abbiamo fatto qui sopra, lasciando alle spiegazioni di contesto il chiarimento di quale sia la terna utilizzata.   □

5.4.4 Prodotti di inerzia rispetto ad assi paralleli

È utile dedurre un insieme di relazioni che possono essere considerate come le corrispondenti del teorema di Huygens-Steiner per i prodotti di inerzia. Consideriamo una terna di assi baricentrali (x, y, z) (passanti quindi per il baricentro G), e una seconda terna di assi (x', y', z') paralleli ai primi e passanti per un generico punto Q. Posto $GQ = \Delta x \mathbf{i} + \Delta y \mathbf{j} + \Delta z \mathbf{k}$, e considerando che G è sia l'origine che il baricentro, calcoliamo quanto valgono i prodotti di inerzia relativi ai nuovi assi x', y', z'. Iniziando con $I_{x'y'}$ abbiamo

$$I_{x'y'} = -\int_{\mathcal{B}} \rho x' y' d\tau = -\int_{\mathcal{B}} \rho(x - \Delta x)(y - \Delta y) d\tau$$

$$= -\int_{\mathcal{B}} \rho x y d\tau - \int_{\mathcal{B}} \rho \Delta x \Delta y d\tau + \int_{\mathcal{B}} \rho x \Delta y d\tau + \int_{\mathcal{B}} \rho y \Delta x d\tau$$

$$= I_{xy} - m \Delta x \Delta y$$

dove si è tenuto conto del fatto che, essendo la terna (x, y, z) baricentrale,

$$\int_{\mathcal{B}} \rho x d\tau = \int_{\mathcal{B}} \rho y d\tau = 0.$$

In definitiva, ripetendo simili calcoli anche per gli altri prodotti di inerzia si ottiene l'insieme di relazioni

$$\begin{aligned}
I_{xy} &= I_{x'y'} + m\Delta x \Delta y \\
I_{xz} &= I_{x'z'} + m\Delta x \Delta z \\
I_{yz} &= I_{y'z'} + m\Delta y \Delta z
\end{aligned}$$
(5.28)

(ricordiamo che qui i termini I_{xy}, I_{xz}, I_{yz} indicano i prodotti di inerzia rispetto a una terna di assi *baricentrale*, e non una terna generica).

5.5   Ellissoide di inerzia

La formula (5.23) può essere interpretata in maniera particolarmente suggestiva definendo nello spazio, al variare della direzione individuata dal versore **u**, il luogo dei punti P che soddisfano la relazione

$$OP = \frac{\mathbf{u}}{\sqrt{I_u}} . \tag{5.29}$$

(Nelle formule che seguono si deve ricordare che per ragioni dimensionali deve essere $OP = k\mathbf{u}/\sqrt{I_u}$ dove k è una costante tale che $[k] = L^2 M^{1/2}$ e che in seguito verrà posta uguale a 1 per semplificare la trattazione.)

Osserviamo che poiché avremo $I_u > 0$ per ogni **u** (tranne nel caso eccezionale di un corpo tutto appartenente a un asse passante per O) la relazione (5.29) è non solo ben definita ma descrive inoltre un insieme di punti P tutti posti a distanza finita da O, qualunque sia il versore **u**.

In sostanza l'insieme (5.29) è costruito prendendo sulla semiretta passante per O che corrisponde a un generico versore **u** il punto che ha una distanza da O pari a $1/\sqrt{I_u}$ (in questo modo si ottiene ovviamente il punto simmetrico al primo quando si considera poi il versore $-\mathbf{u}$). L'insieme dei punti così costruito descrive in forma geometrica e in un certo senso "visiva" il variare del momento di inerzia del corpo al variare dell'asse passante per il punto O.

Per ottenere l'equazione cartesiana di questo luogo di punti è sufficiente osservare che da (5.15) e (5.29) si deduce

$$x = \frac{\alpha}{\sqrt{I_u}} , \qquad y = \frac{\beta}{\sqrt{I_u}} , \qquad z = \frac{\gamma}{\sqrt{I_u}} ,$$

e quindi, sostituendo $\alpha = x\sqrt{I_u}$, $\beta = y\sqrt{I_u}$, $\gamma = z\sqrt{I_u}$ nella (5.20), si ottiene l'equazione che ha forma quadratica

$$I_x x^2 + I_y y^2 + I_z z^2 + 2I_{xy} xy + 2I_{xz} xz + 2I_{yz} yz = 1 . \tag{5.30}$$

La (5.30) è l'equazione di una quadrica centrata in O. Escludendo ancora i casi in cui il corpo sia contenuto in una linea passante per O, dalla (5.29) si deduce che questa quadrica ha tutti i punti collocati a distanza finita dall'origine, senza punti impropri reali. Poiché dalla Geometria sappiamo che l'unica quadrica che gode di questa proprietà è l'ellissoide, la (5.30) è certamente l'equazione di un ellissoide di centro O che prende naturalmente il nome di *ellissoide di inerzia* del corpo rispetto a O.

Nella Fig. 5.12 si vede l'ellissoide d'inerzia di un corpo relativo a un generico punto O dello spazio. Un asse a interseca la superficie dell'ellissoide in due punti P' e P'' situati alla medesima distanza d da O: $d = |OP'| = |OP''|$. Il momento d'inerzia I_a del corpo è dato da $1/d^2$ (una volta scelte le unità di misura). Si vede che variando l'asse a il momento d'inerzia I_a diventa maggiore nelle direzioni in

Figura 5.12 L'ellissoide d'i-
nerzia di un corpo relativo al
punto O e un asse a passante
per O

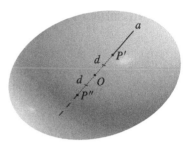

cui l'ellissoide è più schiacciato e diventa minore nelle direzioni in cui l'ellissoide
è più allungato.

Osserviamo che, per un corpo generico, in ogni punto dello spazio esiste quindi
un ellissoide d'inerzia centrato in esso, come illustrato nella Fig. 5.13.

Se il centro dell'ellissoide corrisponde con il baricentro si parla di *ellissoide
centrale di inerzia*. Si osservi che l'equazione dell'ellissoide (5.30) può scriversi in
maniera compatta inserendo in (5.23) l'espressione di **u** dato dalla (5.29) ottenendo:

$$OP \cdot \mathbf{I}_O \, OP = 1 \, .$$

Individuare l'ellissoide centrale di inerzia di un dato corpo consente di calcolare
facilmente il momento di inerzia rispetto a qualunque asse dello spazio. Sia dato
infatti l'ellissoide di inerzia di centro O e si voglia calcolare il momento di inerzia
rispetto ad una retta a_2 non passante per O come in Fig. 5.14.

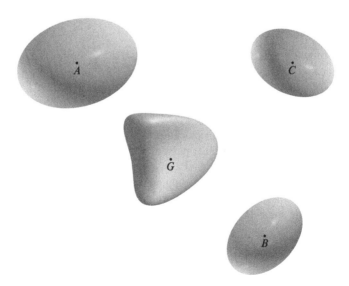

Figura 5.13 Un corpo con baricentro G e i suoi tre ellissoidi d'inerzia centrati nei punti A, B, C
dello spazio

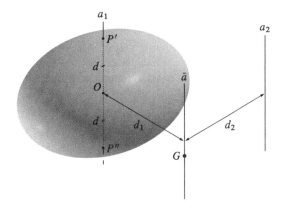

Figura 5.14 Utilizzo dell'ellissoide di inerzia nel calcolo del momento di inerzia rispetto ad una qualsiasi retta

Allora basterà conoscere solo la posizione del baricentro G, la massa del corpo m e tre distanze d, d_1, d_2 come da figura per conoscere immediatamente il momento di inerzia che vale

$$I_{a_2} = I_{a_1} + m(d_2^2 - d_1^2) = \frac{1}{d^2} + m(d_2^2 - d_1^2). \tag{5.31}$$

Mediante la misurazione della distanza d si conosce il momento di inerzia rispetto ad a_1 (parallela ad a_2 passante per O) che per definizione di Ellissoide di inerzia vale $I_{a_1} = 1/d^2$ e poi applicando due volte il teorema di Huygens-Steiner si ottiene subito la formula (5.31).

L'equazione (5.30) può essere semplificata se si riconduce alla sua forma canonica. La teoria delle quadriche ci assicura l'esistenza di una terna di assi rispetto ai quali l'equazione dell'ellissoide si scrive nella forma canonica

$$I_x x^2 + I_y y^2 + I_z z^2 = 1.$$

Questa terna è ovviamente la medesima che diagonalizza la matrice di inerzia $\mathbf{I}_O$, i suoi assi sono proprio gli assi principali di inerzia e i rispettivi momenti sono i momenti principali di inerzia rispetto a O.

Osservazione 5.13 L'ellissoide di inerzia consente di ottenere un'idea qualitativa della forma del corpo cui si riferisce. Se infatti questo è allungato nella direzione dell'asse principale x, il momento di inerzia rispetto a tale asse sarà minore degli altri due (essendo minori le distanze da esso). Di conseguenza, il corrispondente semiasse dell'ellissoide di inerzia sarà maggiore degli altri, rispettando la forma del corpo. Analogamente, se il corpo è schiacciato nel piano ortogonale a z, il momento I_z sarà maggiore, e il corrispondente semiasse sarà di conseguenza minore degli altri due.

Sottolineiamo inoltre che non tutti gli ellissoidi possono rappresentare un ellissoide di inerzia.

Si scelga infatti un generico ellissoide scritto nella forma canonica

$$I_x x^2 + I_y y^2 + I_z z^2 = 1$$

per il quale I_x, I_y, I_z siano i momenti principali di inerzia di un corpo

$$I_x = \int_{\mathcal{B}} \rho(y^2 + z^2)\,d\tau\,, \quad I_y = \int_{\mathcal{B}} \rho(x^2 + z^2)\,d\tau\,, \quad I_z = \int_{\mathcal{B}} \rho(x^2 + y^2)\,d\tau\,.$$

Si nota immediatamente che, per esempio,

$$I_y + I_z = \int_{\mathcal{B}} \rho(2x^2 + y^2 + z^2)\,d\tau \ge I_x$$

e quindi i valori di I_x, I_y e I_z non possono essere assegnati ad arbitrio.   □

Definizione 5.14 (Giroscopio) *Un corpo rigido si dice* giroscopio *quando due dei momenti principali centrali di inerzia coincidono, come per esempio*

$$I_x = I_y\,. \tag{5.32}$$

In questo caso l'ellissoide centrale di inerzia è di rotazione o, più brevemente, rotondo. L'asse di simmetria dell'ellissoide centrale di inerzia di un giroscopio, ovvero l'asse **k** *se vale la (5.32), si indica con il nome di* asse giroscopico.

5.6 Ricerca degli assi principali

Gli assi principali di inerzia possono essere determinati analiticamente attraverso l'usuale procedura di diagonalizzazione di una matrice reale simmetrica. Ciò nonostante, come nel caso dei baricentri, in molti casi considerazioni di simmetria permettono di semplificare la loro ricerca.

(i)   Ogni sistema possiede almeno una terna ortogonale di assi principali rispetto a qualunque punto O e uscenti da esso. Si presentano tre casi: (1) se i momenti principali di inerzia sono tutti diversi fra loro, tale terna è unica; (2) se due momenti principali di inerzia coincidono ma sono diversi dal terzo, tutti gli assi del piano contenente quei due assi principali sono a loro volta principali; (3) se infine i tre momenti principali di inerzia coincidono fra loro, tutti gli assi sono principali.

Queste proprietà seguono dall'analisi della molteplicità degli autovettori della matrice di inerzia $\mathbf{I}_O$. Notiamo in particolare che ogniqualvolta si determinano due assi principali non mutuamente ortogonali, possiamo affermare che i rispettivi momenti principali coincidono, e che tutti gli assi del piano che li contiene sono anch'essi principali.

(ii) Dall'analisi delle (5.24) e (5.27) seguono le seguenti proprietà. Se un asse a è principale, ogni suo prodotto di inerzia è nullo, vale a dire è nullo ogni prodotto di inerzia costruito con l'asse a e un qualunque altro asse ortogonale ad a. Inoltre, per dimostrare che un dato asse a è principale basta scegliere una qualunque terna ortogonale che comprenda a e verificare che i prodotti di inerzia relativi ad a e agli altri due assi sono nulli.

(iii) Se il sistema ammette un piano di simmetria materiale π, l'asse ortogonale a π è principale di inerzia rispetto a ogni punto $O \in \pi$.

Per verificare questa proprietà, fissiamo $O \in \pi$ e scegliamo un sistema di riferimento (x, y, z) con i primi due assi nel piano di simmetria, e asse z ortogonale a π. I punti che non appartengono al piano $z = 0$ sono raggruppabili in coppie di pari massa, medesime coordinate x e y, e coordinate z opposte. Di conseguenza, i prodotti di inerzia I_{xz}, I_{yz} si annullano. Sottolineiamo che al fine di garantire che l'asse z sia principale è necessario ipotizzare che il piano π sia di simmetria materiale: non basta supporre che sia un piano diametrale.

(iv) Supponiamo che il sistema possieda due piani di simmetria materiale π_1, π_2, e che questi si intersechino nell'asse a. Scelto un qualunque punto $O \in a$, e indicati con a_1, a_2 gli assi rispettivamente ortogonali a π_1, π_2 in O, esistono due possibilità. Se π_1 e π_2 sono mutuamente ortogonali, la terna $\{a_1, a_2, a\}$ è principale di inerzia in O. Se invece π_1 e π_2 non sono mutuamente ortogonali, la loro intersezione a risulta essere un asse giroscopico per il corpo.

Infatti gli assi a_1, a_2 sono principali grazie alla Proprietà (iii). Se essi risultano ortogonali formano la terna principale di inerzia insieme all'asse a, che è ortogonale ad entrambi. Se invece non sono ortogonali, il piano che determinano contiene infiniti assi principali per la Proprietà (i) sopra. In quest'ultimo caso, e tenendo anche conto che l'asse a è baricentrale per le proprietà di simmetria del baricentro (Proprietà (iii) nella §5.1), esso risulta essere un asse giroscopico.

(v) Sia a un asse *principale centrale* di inerzia. Allora a è un asse principale di inerzia rispetto a ogni suo altro punto. Inoltre, ogni asse $a' \parallel a$ è principale rispetto a uno e uno solo dei suoi punti: quello più vicino al baricentro.

Per dimostrare queste proprietà consideriamo una terna principale centrale di inerzia (x, y, z), per la quale a coincida con l'asse x, e una seconda terna (x', y', z') ad essa *parallela*, per la quale a' coincida con l'asse x', e uscente da un punto Q, con $GQ = \Delta x \mathbf{i} + \Delta y \mathbf{j} + \Delta z \mathbf{k}$.

Poiché la prima terna è *principale e centrale* possiamo utilizzare le prime due relazioni fra le (5.28), nelle quali poniamo $I_{xy} = I_{xz} = 0$. Si ottiene quindi

$$I_{x'y'} = -m\Delta x \Delta y \qquad I_{x'z'} = -m\Delta x \Delta z$$

Questo mostra che esistono due sole possibilità affinché x' sia principale. La prima possibilità e che sia $\Delta y = \Delta z = 0$, e in questo caso l'asse x' coincide con l'asse x, Q appartiene anch'esso al medesimo asse x e abbiamo dimostrato che x è principale rispetto a ogni suo altro punto. L'altra possibilità è che valga $\Delta x = 0$, il che equivale a richiedere che Q sia il punto di x' più vicino a G.

(vi) Tra tutti gli assi appartenenti alla stella di rette passante per un dato punto, quelli che possiedono il momento di inerzia rispettivamente *massimo* e *minimo* sono due degli assi principali.

Infatti, la formula (5.20) riferita alla terna principale può essere riscritta come

$$I_u = I_x \, \alpha^2 + I_y \, \beta^2 + I_z \, \gamma^2 \qquad (5.33)$$

con $\mathbf{u} = \alpha \mathbf{i} + \beta \mathbf{j} + \gamma \mathbf{k}$. Analizziamo come varia la quantità (5.33) al variare di $\mathbf{u}$, vale a dire al variare dei coefficienti (α, β, γ) tali che $\alpha^2 + \beta^2 + \gamma^2 = 1$. Supponendo, senza perdita di generalità, che sia $I_x \le I_y \le I_z$ si riconosce immediatamente che I_u è una funzione continua e limitata, definita in un dominio compatto. Essa di conseguenza assume tutti valori compresi tra il suo valore minimo I_x e il suo valore massimo I_z (raggiunti rispettivamente per $\alpha = \pm 1, \beta = \gamma = 0$ e $\alpha = \beta = 0, \gamma = \pm 1$).

Esempio 5.15 (Cono a base circolare) Calcoliamo i momenti principali centrali di inerzia di un cono circolare retto omogeneo di massa m, raggio di base R, e altezza h.

Si consideri una terna di riferimento che abbia asse z sovrapposto all'asse del cono. Ovviamente siamo nel caso della Proprietà (iv) appena enunciata. Infatti, l'asse z è evidentemente intersezione di due piani di simmetria π_1 e π_2 (anche non mutuamente ortogonali tra loro). Quindi per completare una terna principale centrale di inerzia è sufficiente scegliere come assi x e y due rette ortogonali tra loro, perpendicolari all'asse del cono per il suo baricentro G. D'altro canto, la terna principale di inerzia relativa a G', proiezione di G sul piano che contiene la base del cono, è costituita dalle proiezioni x' e y' degli assi x e y sul medesimo piano e dall'asse z. Usando coordinate cilindriche per il calcolo del momento di inerzia rispetto all'asse z si ottiene

$$I_z = \rho \int_0^{2\pi} d\theta \int_0^h dz \int_0^{\frac{R}{h}(h-z)} r^3 dr = \frac{\rho \pi R^4 h}{10} = \frac{3}{10} m R^2 \, ,$$

essendo la massa totale del cono pari a $m = \rho \pi R^2 h / 3$. D'altro canto si ha che

$$I_{x'} = \rho \int_0^{2\pi} d\theta \int_0^h dz \int_0^{\frac{R}{h}(h-z)} (r^2 \sin^2 \theta + z^2) r \, dr = \frac{m}{10} \left(\frac{3R^2}{2} + h^2 \right).$$

Infine, utilizzando il Teorema di Huygens-Steiner, e considerando che $|GG'| = h/4$, si ottiene

$$I_x = I_{x'} - \frac{mh^2}{16} = \frac{3m}{80} \left(4R^2 + h^2 \right),$$

mentre ovviamente si ha $I_y = I_x$ (vedi Fig. 5.15). Si osservi che per $h = 2R$ sarà $I_x = I_y = I_z$. $\qquad \square$

Figura 5.15 Cono
omogeneo a base circolare

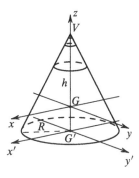

5.7 Sistemi piani

Nel caso di corpi piani è conveniente scegliere il piano della figura come piano
coordinato, nel quale collocare per esempio gli assi x, y, come faremo qui. Dato
che $z = 0$ per tutti i punti, si ha che

$$I_{xz} = I_{yz} = 0 \qquad (5.34)$$

e inoltre

$$I_x = \int_{\mathcal{B}} \rho y^2 d\tau, \qquad I_y = \int_{\mathcal{B}} \rho x^2 d\tau. \qquad (5.35)$$

Poiché $I_z = \int_{\mathcal{B}} \rho(x^2 + y^2)d\tau$, si ricava l'importante proprietà, valida per tutti i
corpi piani,

$$I_z = I_x + I_y. \qquad (5.36)$$

L'asse z è certamente principale d'inerzia e anche la determinazione dei rimanenti due assi principali, che si trovano certamente nel piano del corpo, è in questo
caso facilitata.

Consideriamo infatti nel piano del sistema $z = 0$ una coppia di assi ortogo-
nali (x, y) e una seconda coppia di assi $(\tilde{x}, \tilde{y})$ ruotati di un angolo θ rispetto ai
precedenti e con la medesima origine O, come in Fig. 5.16.

Figura 5.16 Rotazione di un
angolo θ degli assi (x, y)

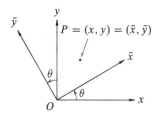

Le coordinate di un generico punto P del piano rispetto alle due coppie di assi sono legate dalle relazioni (una l'inversa dell'altra)

$$\begin{cases} \tilde{x} = x\cos\theta + y\sin\theta \\ \tilde{y} = -x\sin\theta + y\cos\theta \end{cases} \qquad \begin{cases} x = \tilde{x}\cos\theta - \tilde{y}\sin\theta \\ y = \tilde{x}\sin\theta + \tilde{y}\cos\theta \end{cases} \qquad (5.37)$$

(mentre ovviamente $z = \tilde{z}$).

Per determinare il valore dell'angolo θ che corrisponde alla coppia di assi principali di inerzia dobbiamo esprimere il prodotto di inerzia $I_{\tilde{x}\tilde{y}}$ in funzione dell'angolo θ, e porlo poi uguale a zero. Utilizzando le (5.37) alla luce delle (5.35) si ottiene

$$\begin{aligned} I_{\tilde{x}\tilde{y}}(\theta) = -\int_{\mathcal{B}} \rho\tilde{x}\tilde{y}d\tau &= -\int_{\mathcal{B}} \rho(x\cos\theta + y\sin\theta)(-x\sin\theta + y\cos\theta)d\tau \\ &= (I_y - I_x)\sin\theta\cos\theta + I_{xy}(\cos^2\theta - \sin^2\theta) \\ &= \frac{1}{2}(I_y - I_x)\sin 2\theta + I_{xy}\cos 2\theta \end{aligned} \qquad (5.38)$$

Consideriamo inizialmente il caso particolare in cui sia $I_x = I_y$. Se anche $I_{xy} = 0$ significa che il prodotto di inerzia (5.38) si annulla per qualunque valore di θ, il che implica che qualunque coppia di assi ortogonali nel piano del sistema è principale. Se invece si ha $I_{xy} \neq 0$, la coppia di assi $(\tilde{x}, \tilde{y})$ per essere principale deve soddisfare la condizione $\cos 2\theta = 0$: in questo caso gli assi formano un angolo di $\pi/4$ con gli assi originali (x, y) (vale a dire, sono le loro bisettrici). Infine, nel caso generico in cui sia $I_x \neq I_y$ il prodotto di inerzia (5.38) si annulla quando

$$\tan 2\theta = \frac{2I_{xy}}{I_x - I_y}. \qquad (5.39)$$

Osserviamo che l'equazione (5.39) fornisce per l'angolo 2θ due soluzioni che differiscono di π, e quindi due soluzioni mutuamente ortogonali per l'angolo θ, che individuano le direzioni degli assi principali di inerzia.

È istruttivo dedurre anche i momenti di inerzia rispetto agli assi ruotati $(\tilde{x}, \tilde{y})$. Ancora per sostituzione dalle (5.37) si ottiene

$$I_{\tilde{x}}(\theta) = \int_{\mathcal{B}} \rho\tilde{y}^2 d\tau = I_x\cos^2\theta + I_y\sin^2\theta + 2I_{xy}\sin\theta\cos\theta$$

$$I_{\tilde{y}}(\theta) = \int_{\mathcal{B}} \rho\tilde{x}^2 d\tau = I_x\sin^2\theta + I_y\cos^2\theta - 2I_{xy}\sin\theta\cos\theta \qquad (5.40)$$

È facile verificare che si giungerebbe ai medesimi risultati utilizzando la (5.20). Infatti, dopo aver osservato che i coseni α, β e γ degli angoli formati da quest'asse con x, y, z sono rispettivamente

$$\alpha = \cos\theta, \quad \beta = \sin\theta, \quad \gamma = 0$$

per sostituzione nella (5.20) e tenendo conto della (5.34) si ottiene proprio la prima delle (5.40), mentre con un ragionamento del tutto analogo si ottiene la seconda.

Osserviamo che dalle (5.40) e (5.38) si deduce che la derivata rispetto a θ di $I_{\tilde{x}}$ vale $I'_{\tilde{x}}(\theta) = 2I_{\tilde{x}\tilde{y}}(\theta)$, e, analogamente, $I'_{\tilde{y}}(\theta) = -2I_{\tilde{x}\tilde{y}}(\theta)$. Ciò implica che gli assi principali, che annullano il prodotto di inerzia, forniscono al tempo stesso valori stazionari per il momento di inerzia, il che conferma la Proprietà (vi) (nella §5.6), la quale afferma che gli assi principali massimizzano e minimizzano il momento di inerzia.

È possibile e istruttivo procedere anche secondo una strada diversa. Scriviamo l'equazione dell'ellissoide di inerzia riferito agli assi (x, y):

$$I_x x^2 + I_y y^2 + I_z z^2 + 2I_{xy} xy = 1 \tag{5.41}$$

(si tratta dell'espressione (5.30) semplificata per il caso piano, dove alcuni termini sono naturalmente nulli). Sostituiamo nella (5.41) la seconda coppia di relazioni presenti nella (5.37) e otteniamo

$$\begin{aligned}
&\left(I_x \cos^2\theta + I_y \sin^2\theta + 2I_{xy}\sin\theta\cos\theta\right)\tilde{x}^2 \\
&+ \left(I_x \sin^2\theta + I_y \cos^2\theta - 2I_{xy}\sin\theta\cos\theta\right)\tilde{y}^2 + I_z\tilde{z}^2 \\
&+ 2\left(I_{xy}\cos 2\theta + \tfrac{1}{2}(I_y - I_x)\sin 2\theta\right)\tilde{x}\tilde{y} = 1
\end{aligned} \tag{5.42}$$

Confrontando la (5.42) con l'equazione dell'ellissoide di inerzia scritto per gli assi ruotati $(\tilde{x}, \tilde{y})$, che prende la forma

$$I_{\tilde{x}}\tilde{x}^2 + I_{\tilde{y}}\tilde{y}^2 + I_{\tilde{z}}\tilde{z}^2 + 2I_{\tilde{x}\tilde{y}}\tilde{x}\tilde{y} = 1 \,,$$

si deduce che i coefficienti di $\tilde{x}^2$, $\tilde{y}^2$, $\tilde{z}^2$ nella (5.42) forniscono i momenti di inerzia relativi ai rispettivi assi, mentre il coefficiente del doppio prodotto $2\tilde{x}\tilde{y}$ in (5.42) è invece pari al prodotto di inerzia relativo agli assi ruotati, e infine $I_z = I_{\tilde{z}}$. I risultati trovati con questa procedura naturalmente confermano quanto ottenuto in precedenza.

Sottolineiamo anche che la (5.38) può essere utilizzata per ricavare l'espressione del prodotto di inerzia rispetto a una coppia di assi che determinino un angolo θ con gli assi principali. Infatti, se supponiamo che gli assi (x, y) siano principali avremo $I_{xy} = 0$ e quindi

$$I_{\tilde{x}\tilde{y}}(\theta) = (I_y - I_x)\sin\theta\cos\theta \,. \tag{5.43}$$

che ci permette di calcolare facilmente il prodotto di inerzia riferito a una generica terna $(\tilde{x}, \tilde{y})$ ruotata di un angolo θ rispetto a una terna principale.

Il calcolo dei momenti principali una volta nota la matrice di inerzia rispetto a un sistema di assi (x, y) nel caso piano è molto semplificato. Infatti la matrice di inerzia prende la forma

$$\mathbf{I}_O = \begin{bmatrix} I_x & I_{xy} & 0 \\ I_{xy} & I_y & 0 \\ 0 & 0 & I_z \end{bmatrix}$$

e per calcolarne gli autovalori, che corrispondono ai momenti principali di inerzia, sarà sufficiente annullare l'equazione caratteristica che, come si vede facilmente, si può scrivere come

$$(\lambda - I_z)\left(\lambda^2 - \lambda(I_x + I_y) + (I_x I_y - I_{xy}^2)\right) = 0$$

e ha fra le radici l'autovalore $\lambda = I_z$, confermando che I_z è un momento principale, e inoltre i rimanenti

$$I_{\tilde{x}} = \frac{1}{2}\left(I_x + I_y - \sqrt{\left(I_x - I_y\right)^2 + 4I_{xy}^2}\right)$$

$$I_{\tilde{y}} = \frac{1}{2}\left(I_x + I_y + \sqrt{\left(I_x - I_y\right)^2 + 4I_{xy}^2}\right) \tag{5.44}$$

che ci danno gli altri due momenti principali di inerzia.

Esempio 5.16 Determiniamo il momento di inerzia di un rettangolo omogeneo (di lati a, b e massa m), rispetto a un asse contenuto nel piano del rettangolo, passante per il suo baricentro e che determini un angolo θ con il lato di lunghezza a (si veda la Fig. 5.17).

In base alle considerazioni fatte nell'Esempio 5.1 gli assi principali nel baricentro sono gli assi (x_G, y_G), rispettivamente paralleli ai lati di lunghezza a, b. Noti i momenti di inerzia I_{x_G}, I_{y_G} (vedi Esempio 5.8), dalle (5.40) si ottiene il risultato

$$I_{G,\theta}^{(\text{rett})} = \frac{1}{12}m\left(a^2 \sin^2 \theta + b^2 \cos^2 \theta\right). \tag{5.45}$$

Sottolineiamo come tale momento di inerzia non dipenda da θ nel caso particolare che la lamina sia quadrata ($a = b$). Se, infine, poniamo $a = l, b = 0$ nella (5.45), otteniamo il momento di inerzia di un'asta omogenea (di lunghezza l e massa m), rispetto a un asse baricentrale che forma un angolo θ con l'asta stessa:

$$I_{G,\theta}^{(\text{asta})} = \frac{1}{12}ml^2 \sin^2 \theta,$$

come è illustrato nella Fig. 5.18, dove si vede anche un asse parallelo al precedente che passa però per un estremo e il corrispondente momento di inerzia, che si ottiene applicando il Teorema di Huygens-Steiner ai due assi distanti $l/2 \sin \theta$ fra loro. □

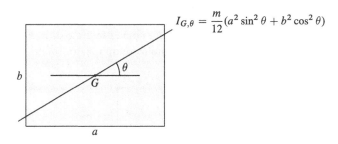

Figura 5.17 Momento d'inerzia di una lamina rettangolare rispetto a un asse obliquo passante per il baricentro

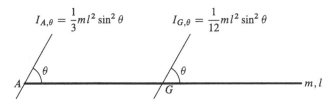

Figura 5.18 Momento d'inerzia di un'asta rispetto a un asse obliquo passante per il baricentro e a uno passante per un estremo

Esempio 5.17 (Lamina triangolare) Determiniamo la terna principale di inerzia e i relativi momenti principali rispetto all'origine O della lamina a forma di triangolo rettangolo di Fig. 5.19.

Per integrazione è possibile ottenere i momenti e prodotti di inerzia rispetto agli assi x e y uscenti da O e diretti come i cateti:

$$I_x = \frac{1}{6}mb^2, \qquad I_y = \frac{1}{6}ma^2, \qquad I_{xy} = -\frac{1}{12}mab.$$

Poiché la lamina è un sistema piano si deve avere

$$I_z = \frac{1}{6}m(a^2 + b^2), \quad I_{xz} = I_{yz} = 0.$$

Applicando le formule (5.44) si ottengono i valori dei momenti principali d'inerzia

$$I_{\tilde{x}} = \frac{m}{12}\left\{a^2 + b^2 - \sqrt{b^4 - a^2b^2 + a^4}\right\}$$

$$I_{\tilde{y}} = \frac{m}{12}\left\{a^2 + b^2 + \sqrt{b^4 - a^2b^2 + a^4}\right\}$$

mentre, ovviamente, $I_{\tilde{z}} = I_z$. Inoltre, alla luce della (5.39), da

$$2\theta = \arctan\left(\frac{ab}{a^2 - b^2}\right) \tag{5.46}$$

si ottiene la direzione degli assi principali $(\tilde{x}, \tilde{y})$, rappresentati nella Fig. 5.19. □

Figura 5.19 Momenti d'inerzia rispetto ai cateti di una lamina omogenea a forma di triangolo rettangolo e rappresentazione dei suoi assi principali d'inerzia uscenti da O, la cui direzione è stata calcolata con la relazione (5.46)

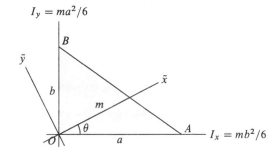

Figura 5.20 Lamina
quadrata con pezzo mancante

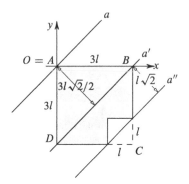

Esempio 5.18 (Proprietà di sottrazione) Calcoliamo il momento di inerzia rispetto all'asse a della lamina di Fig. 5.20, ottenuta da un quadrato omogeneo di lato $3l$ e densità superficiale $\rho = m/l^2$ per mezzo di un taglio quadrato di lato l.

Sappiamo che il momento di inerzia di una lamina quadrata di massa M e lato L rispetto a un qualsiasi asse che passi per il baricentro e giacente nello stesso piano è $I_{a_G} = ML^2/12$. Possiamo usare questa espressione per calcolare il momento di inerzia rispetto all'asse a' della lamina integra, che avrebbe massa $\rho(3l)^2 = (m/l^2)9l^2 = 9m$. Si ottiene

$$I_{a'}^{\text{piena}} = \frac{1}{12}\, 9m\,(3l)^2 = \frac{27}{4}ml^2$$

e, applicando il Teorema di Huygens-Steiner,

$$I_{a}^{\text{piena}} = \frac{27}{4}ml^2 + 9m\left(\frac{3\sqrt{2}}{2}l\right)^2 = \frac{189}{4}ml^2\,.$$

Calcoliamo poi il momento di inerzia della lacuna rispetto alla sua diagonale a'', come se fosse riempito della stessa materia della lamina, e quindi con massa $\rho l^2 = m$. Quindi $I_{a''}^{\text{lacuna}} = ml^2/12$, da cui applicando il Teorema di Huygens-Steiner e tenendo conto del fatto che la distanza fra gli assi a e a'' è pari a $5l\sqrt{2}/2$,

$$I_{a}^{\text{lacuna}} = \frac{1}{12}ml^2 + m\left(\frac{5}{2}\sqrt{2}l\right)^2 = \frac{151}{12}ml^2\,.$$

Sottraendo infine dal momento d'inerzia della lamina piena quello della lacuna si ottiene

$$I_a = I_a^{\text{piena}} - I_a^{\text{lacuna}} = \frac{189}{4}ml^2 - \frac{151}{12}ml^2 = \frac{104}{3}ml^2\,. \qquad \square$$

Capitolo 6
Cinematica delle masse

A un sistema di masse in movimento si associano quantità scalari e vettoriali che vengono utilizzate per formulare le equazioni di moto a partire dai principi fondamentali della Meccanica. L'argomento presentato in questo capitolo è anche conosciuto come *cinematica delle masse* proprio perché confluiscono qui sia le idee fondamentali della cinematica, e in particolare della cinematica del corpo rigido, sia quelle legate a masse, baricentri e momenti d'inerzia.

Il capitolo è diviso in sostanza in tre parti, corrispondenti nell'ordine a:

- Quantità di moto;
- Momento delle quantità di moto;
- Energia cinetica.

L'importanza di queste tre quantità meccaniche apparirà però solo più avanti, quando verranno utilizzate per formulare le leggi di moto dei punti e dei sistemi.

6.1 Quantità di moto

Definizione 6.1 *Si indica con il termine di* quantità di moto *di un sistema il vettore*

$$\mathbf{Q} = \sum_{i=1}^{n} m_i \mathbf{v}_i \qquad ovvero \qquad \mathbf{Q} = \int_{\mathcal{B}} \varrho \mathbf{v} d\tau \,,$$

nel caso, rispettivamente, di un sistema discreto o di un corpo continuo.

La seguente identità collega la quantità di moto di un sistema al moto del suo baricentro.

Proposizione 6.2 (Teorema della quantità di moto) *La quantità di moto di un qualunque sistema soddisfa la condizione*

$$\mathbf{Q} = m\mathbf{v}_G \,, \tag{6.1}$$

dove m è la massa del sistema e G il suo baricentro.

© The Author(s), under exclusive license to Springer-Verlag Italia S.r.l., part of Springer Nature 2022
P. Biscari et al., *Meccanica Razionale*, La Matematica per il 3+2 138,
https://doi.org/10.1007/978-88-470-4018-2_6

Dimostrazione   La (6.1) segue dalla definizione stessa di baricentro. Infatti, essendo (vedi (5.2))

$$m\, OG = \sum_{i=1}^{n} m_i\, OP_i\, ,$$

per derivazione rispetto al tempo si ottiene

$$m\mathbf{v}_G = \sum_{i=1}^{n} m_i \mathbf{v}_i = \mathbf{Q}\, . \qquad \square$$

La quantità di moto di un sistema coincide quindi con la quantità di moto del suo baricentro, pensato come un punto materiale dotato della massa dell'intero sistema.

6.2   Momento delle quantità di moto

Definizione 6.3   *Chiamiamo* momento delle quantità di moto *di un sistema rispetto al polo A il vettore*

$$\mathbf{K}_A = \sum_{i=1}^{n} AP_i \wedge m_i \mathbf{v}_i \qquad ovvero \qquad \mathbf{K}_A = \int_{\mathcal{B}} AP \wedge \varrho \mathbf{v} d\tau, \qquad (6.2)$$

nel caso, rispettivamente, di un sistema discreto o di un corpo continuo.

Questa quantità dipende in modo evidente dal polo A rispetto alla quale viene calcolata. Poiché, come vedremo più avanti, il calcolo di $\mathbf{K}_A$ può essere semplificato dalla scelta di un polo opportuno, conviene avere presente la relazione che sussiste fra i momenti delle quantità di moto calcolati rispetto a due diversi poli A e B:

$$\mathbf{K}_B = \mathbf{K}_A + BA \wedge \mathbf{Q}\, . \qquad (6.3)$$

La dimostrazione di questa uguaglianza, detta *legge del cambiamento di polo*, segue dalla definizione e dalla scomposizione $BP_i = BA + AP_i$. Infatti

$$\mathbf{K}_B = \sum_{i=1}^{n} BP_i \wedge m_i \mathbf{v}_i = \sum_{i=1}^{n} BA \wedge m_i \mathbf{v}_i + \sum_{i=1}^{n} AP_i \wedge m_i \mathbf{v}_i = BA \wedge \mathbf{Q} + \mathbf{K}_A$$

(la deduzione è analoga nel caso di una distribuzione continua di massa). Una immediata conseguenza della (6.3) risiede nel fatto che quando $\mathbf{Q} = \mathbf{0}$ il momento delle quantità di moto di un sistema è indipendente dal polo: $\mathbf{K}_A = \mathbf{K}_B$.

Il calcolo del momento delle quantità di moto può essere semplificato utilizzando il concetto di *moto relativo al baricentro*, con il quale si intende il moto dei punti del

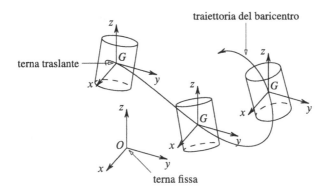

Figura 6.1 Terna fissa e terna traslante con il baricentro

sistema rispetto a un osservatore traslante con il baricentro, e cioè un osservatore descritto da un sistema di riferimento avente origine in G e assi che mantengono costante la loro direzione. In particolare, è conveniente pensare a una terna mobile che mantiene sempre assi paralleli agli assi fissi, come si vede nella Fig. 6.1.

Indicheremo qui con la lettera "r" o con la scritta "rel" ad apice o pedice le quantità meccaniche misurate da questo osservatore traslante con G.

Per il Teorema di Galileo (vedi Sez. 3.2) la velocità $\mathbf{v}$ di un punto rispetto all'osservatore fisso è uguale alla somma di $\mathbf{v}_r$, velocità relativa all'osservatore traslante con G, più quella di trascinamento. In questo caso, però, la velocità angolare della terna mobile è nulla, e quindi la velocità di trascinamento coincide semplicemente con la velocità di G stesso. Quindi, per il punto i-esimo del sistema,

$$\mathbf{v}_i = \mathbf{v}_{i,\mathrm{r}} + \mathbf{v}_G \,. \tag{6.4}$$

Come prima osservazione deduciamo che dal punto di vista dell'osservatore traslante con G la quantità di moto del sistema è sempre nulla. Infatti, per la (6.1) applicata dall'osservatore traslante,

$$\mathbf{Q}^{\mathrm{rel}} = m\mathbf{v}_G^{\mathrm{rel}} = \mathbf{0} \,, \tag{6.5}$$

poiché evidentemente la velocità di G relativa alla terna traslante con G stesso è nulla.

La (6.3), scritta dall'osservatore traslante, alla luce della (6.5) diventa

$$\mathbf{K}_B^{\mathrm{rel}} = BA \wedge \underbrace{\mathbf{Q}^{\mathrm{rel}}}_{\mathbf{0}} + \mathbf{K}_A^{\mathrm{rel}} = \mathbf{K}_A^{\mathrm{rel}}$$

e permette di concludere che il momento delle quantità di moto calcolato dall'osservatore traslante con G *non* dipende dal polo, e per questo motivo può essere indicato semplicemente con $\mathbf{K}^{\mathrm{rel}}$.

Teorema 6.4 (Decomposizione del momento delle quantità di moto) *Il momento delle quantità di moto di un sistema può essere espresso come*

$$\mathbf{K}_A = AG \wedge \mathbf{Q} + \mathbf{K}^{\text{rel}}. \tag{6.6}$$

Vale in particolare l'uguaglianza $\mathbf{K}_G = \mathbf{K}^{\text{rel}}$, *e cioè: il momento delle quantità di moto rispetto a G calcolato dall'osservatore fisso coincide con il momento delle quantità di moto rispetto a un qualsiasi polo calcolato dall'osservatore* traslante con il baricentro.

Dimostrazione   La (6.4) e la relazione $\sum m_i\, AP_i = m\, AG$ permettono di dedurre che

$$\mathbf{K}_A = \sum_{i=1}^{n} AP_i \wedge m_i \mathbf{v}_i = \sum_{i=1}^{n} AP_i \wedge m_i (\mathbf{v}_G + \mathbf{v}_{i,\text{r}})$$

$$= AG \wedge m\mathbf{v}_G + \sum_{i=1}^{n} AP_i \wedge m_i \mathbf{v}_{i,\text{r}}$$

$$= AG \wedge \mathbf{Q} + \mathbf{K}^{\text{rel}}$$

che coincide con la (6.6). Ponendo in questa relazione G al posto del polo generico A si deduce subito che

$$\mathbf{K}_G = \mathbf{K}^{\text{rel}}.$$

Osserviamo che i vettori $\mathbf{K}_A$ e $\mathbf{K}^{\text{rel}}$ coincidono se e solo se $AG \wedge \mathbf{Q} = \mathbf{0}$, e cioè se e solo se $A \equiv G$ oppure AG è parallelo a $\mathbf{v}_G$. $\square$

È importante comprendere il motivo per il quale la relazione (6.6) è spesso utile per calcolare il momento delle quantità di moto. La si può rileggere dicendo che per ottenere $\mathbf{K}_A$ si può sommare al momento della quantità di moto del baricentro, dove immaginiamo concentrata la massa totale del sistema, il momento delle quantità di moto rispetto al polo G, *calcolato da un osservatore traslante con esso*.

È facile intuire, e lo si vedrà negli esempi, che questo osservatore *traslante* con G vede un moto del sistema in generale più semplice di quello visto dall'osservatore fisso.

Osservazione 6.5   Nel caso particolare ma importante di un corpo rigido, anche con riferimento alla Fig. 6.1, vediamo che, rispetto all'osservatore traslante con il baricentro, il moto del corpo è sempre di tipo polare intorno a G stesso, che da questo osservatore viene visto come un punto *fisso*. $\square$

6.2.1 Momento delle quantità di moto per un atto di moto rotatorio

Il calcolo del momento delle quantità di moto di un sistema soggetto a un atto di moto rotatorio è di grande importanza per la frequenza con la quale si incontra questa situazione nelle applicazioni e, inoltre perché, alla luce della precedente Osservazione 6.5, questo può essere utile anche in contesti più generali.

Come vedremo, si perviene infine a una relazione che chiarisce quale sia il ruolo del tensore e della matrice d'inerzia.

Consideriamo un corpo (che, senza perdere in generalità sostanziale, possiamo considerare continuo) il quale possieda un *atto di moto rotatorio* con velocità angolare ω intorno a un *asse di istantanea rotazione* sul quale sia collocato il polo H.

Proposizione 6.6 *Il momento delle quantità di moto rispetto a un polo C che appartiene all'asse di istantanea rotazione di un corpo con atto di moto rotatorio è dato da*

$$\mathbf{K}_C = \mathbf{I}_C \boldsymbol{\omega} \tag{6.7}$$

dove $\mathbf{I}_C$ indica il tensore d'inerzia relativo ad C.

Dimostrazione La velocità di un punto generico P è esprimibile come

$$\mathbf{v}_P = \boldsymbol{\omega} \wedge CP$$

e deve essere sostituita nella

$$\mathbf{K}_C = \int_{\mathcal{B}} CP \wedge \rho \mathbf{v} d\tau .$$

Si ottiene

$$\mathbf{K}_C = \int_{\mathcal{B}} CP \wedge \rho(\boldsymbol{\omega} \wedge CP) d\tau = \int_{\mathcal{B}} \rho[(CP)^2 \boldsymbol{\omega} - (CP \cdot \boldsymbol{\omega})CP] d\tau$$

dove è stata usata la (A.8) per sviluppare il doppio prodotto vettoriale. Da un confronto di quest'ultima espressione con la definizione di tensore d'inerzia espressa nella (5.25) (ponendo C al posto di O) si vede che

$$\mathbf{K}_C = \int_{\mathcal{B}} \rho[(CP)^2 \boldsymbol{\omega} - (CP \cdot \boldsymbol{\omega})CP] d\tau = \mathbf{I}_C \boldsymbol{\omega}$$

dove $\mathbf{I}_C$ è il tensore d'inerzia relativo al punto C. $\square$

La (6.7) racchiude uno degli aspetti essenziali del calcolo del momento delle quantità di moto di un corpo rigido: il legame lineare fra $\boldsymbol{\omega}$ e $\mathbf{K}$, realizzato per mezzo del tensore d'inerzia, quando l'atto di moto sia rotatorio. Si può addirittura dire che qui il tensore d'inerzia trovi la sua più importante motivazione e applicazione.

Questa uguaglianza si può esprimere con maggiore immediatezza utilizzando il linguaggio matriciale e il prodotto righe per colonne:

$$
\begin{bmatrix} K_1 \\ K_2 \\ K_3 \end{bmatrix} = \begin{bmatrix} I_1 & I_{12} & I_{13} \\ I_{12} & I_2 & I_{23} \\ I_{13} & I_{23} & I_3 \end{bmatrix} \begin{bmatrix} \omega_1 \\ \omega_2 \\ \omega_3 \end{bmatrix}
\tag{6.8}
$$

(dove si è omessa per semplicità di notazione l'indicazione del polo rispetto al quale si calcola il momento delle quantità di moto). Quindi, utilizzando una terna $\mathbf{e}_i$ generica,

$$
\begin{aligned}
\mathbf{K}_H = {} & (I_1\omega_1 + I_{12}\omega_2 + I_{13}\omega_3)\mathbf{e}_1 \\
& + (I_{12}\omega_1 + I_2\omega_2 + I_{23}\omega_3)\mathbf{e}_2 \\
& + (I_{13}\omega_1 + I_{23}\omega_2 + I_3\omega_3)\mathbf{e}_3
\end{aligned}
\tag{6.9}
$$

Scegliendo invece una *terna principale d'inerzia* $\hat{\mathbf{e}}_i$ uscente da C la (6.8) si semplifica in

$$
\begin{bmatrix} \hat{K}_1 \\ \hat{K}_2 \\ \hat{K}_3 \end{bmatrix} = \begin{bmatrix} \hat{I}_1 & 0 & 0 \\ 0 & \hat{I}_2 & 0 \\ 0 & 0 & \hat{I}_3 \end{bmatrix} \begin{bmatrix} \hat{\omega}_1 \\ \hat{\omega}_2 \\ \hat{\omega}_3 \end{bmatrix}
$$

che naturalmente equivale a

$$
\hat{K}_1 = \hat{I}_1\hat{\omega}_1, \qquad \hat{K}_2 = \hat{I}_2\hat{\omega}_2, \qquad \hat{K}_3 = \hat{I}_3\hat{\omega}_3,
$$

o meglio a

$$
\mathbf{K}_H = \hat{I}_1\hat{\omega}_1\hat{\mathbf{e}}_1 + \hat{I}_2\hat{\omega}_2\hat{\mathbf{e}}_2 + \hat{I}_3\hat{\omega}_3\hat{\mathbf{e}}_3,
\tag{6.10}
$$

dove i momenti $\hat{I}_i$ e tutte le componenti sono riferite agli assi principali d'inerzia (ovviamente non è necessario indicare queste quantità con il simbolo di "cappuccio" quando sia chiaro dal contesto quale sia la terna utilizzata).

L'Osservazione 6.5 permette di dedurre una importante conseguenza: quando si voglia calcolare il momento delle quantità di moto di un corpo rigido rispetto al suo baricentro è possibile utilizzare la relazione (6.7), ponendo in essa G al posto di C. Questo fatto è di grande utilità e merita di essere messo in evidenza.

Proposizione 6.7 *Il momento delle quantità di moto di un corpo rigido rispetto al suo baricentro G è esprimibile come*

$$
\mathbf{K}_G = \mathbf{I}_G \boldsymbol{\omega}.
\tag{6.11}
$$

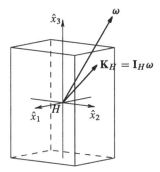

Figura 6.2 Il momento delle quantità di moto di un corpo rigido rispetto a un polo H che sia il baricentro G oppure, nel caso l'atto di moto sia rotatorio, un punto C sull'asse di istantanea rotazione si ottiene applicando il tensore d'inerzia $\mathbf{I}_H$ al vettore velocità angolare. I vettori $\mathbf{K}_H$ e $\boldsymbol{\omega}$ *non* sono in generale paralleli, a meno che $\boldsymbol{\omega}$ non sia diretto come un asse principale d'inerzia, e cioè sia un autovettore di $\mathbf{I}_H$

Nelle considerazioni che seguono indicheremo perciò con H un polo che sia, *indifferentemente*,

- un punto dell'asse di istantanea rotazione di un corpo con atto di moto rotatorio;
- il baricentro di un corpo rigido.

In entrambi questi casi vale la relazione

$$\mathbf{K}_H = \mathbf{I}_H \boldsymbol{\omega}$$

e nella Fig. 6.2 è illustrato e commentato il legame fra $\boldsymbol{\omega}$ e $\mathbf{K}_H$.

Una considerazione da tenere presente è quella che riguarda il parallelismo fra i vettori $\mathbf{K}_H$ e $\boldsymbol{\omega}$. Dalla teoria delle trasformazioni lineari e in particolare dai concetti di autovalori, autovettori e autospazi, oppure più direttamente da un'analisi della (6.10) si deduce che $\boldsymbol{\omega}$ e $\mathbf{K}_H$ *sono paralleli se e solo se* $\boldsymbol{\omega}$ *(e quindi anche* $\mathbf{K}_H$*) è diretto come un asse principale d'inerzia*.

Scegliendo il versore $\mathbf{e}_1$ (principale o meno che sia) parallelo alla velocità angolare $\boldsymbol{\omega}$ abbiamo $\boldsymbol{\omega} = \omega_1 \mathbf{e}_1$ e quindi usando la (6.9) si dimostra che

$$\mathbf{K}_H \cdot \mathbf{e}_1 = \mathbf{I}_H \boldsymbol{\omega} \cdot \mathbf{e}_1 = I_1 \omega_1. \qquad (6.12)$$

In altre parole, la componente parallela a $\boldsymbol{\omega}$ del momento delle quantità di moto $\mathbf{K}_H = \mathbf{I}_H \boldsymbol{\omega}$ coincide con $I_1 \omega_1$, vale a dire è pari al prodotto del momento d'inerzia rispetto all'asse parallelo a $\boldsymbol{\omega}$, moltiplicato per la velocità angolare stessa. (Questo ovviamente non implica che sia $\mathbf{I}_H \boldsymbol{\omega} = I_1 \boldsymbol{\omega}$, relazione vera se e solo se $\boldsymbol{\omega}$ è parallelo a un asse principale, come abbiamo visto prima.)

È interessante mettere in evidenza il ruolo dell'ellissoide d'inerzia rispetto al polo H, che permette graficamente di individuare la direzione di $\mathbf{K}_H$ a partire dalla conoscenza della direzione di $\boldsymbol{\omega}$. Consideriamo l'ellissoide d'inerzia, riferito agli assi principali. Il vettore normale a tale superficie, definito dall'equazione

$$f(x_1, x_2, x_3) = \hat{I}_1 x_1^2 + \hat{I}_2 x_2^2 + \hat{I}_3 x_3^2 - 1 = 0, \qquad (6.13)$$

risulta parallelo al gradiente di f

$$\nabla f = 2\hat{I}_1 x_1 \, \hat{\mathbf{e}}_1 + 2\hat{I}_2 x_2 \, \hat{\mathbf{e}}_2 + 2\hat{I}_3 x_3 \, \hat{\mathbf{e}}_3 . \qquad (6.14)$$

Indicando con P_ω il punto in cui la semiretta uscente da H e concorde con $\boldsymbol{\omega}$ interseca l'ellissoide (6.13), si riconosce immediatamente che $HP_\omega = \lambda\boldsymbol{\omega}$. Utilizzando la (6.10) e la (6.14), troviamo così che la *normale all'ellissoide* in P_ω è *parallela* al momento delle quantità $\mathbf{K}_H$.

Il parallelismo fra i vettori $\boldsymbol{\omega}$ e $\mathbf{K}_H$ non è una condizione in generale soddisfatta nello spazio, ma lo è invece sempre quando si tratto di un corpo rigido piano. Sappiamo infatti che in questo caso la velocità angolare $\boldsymbol{\omega}$ è perpendicolare al piano e quindi parallela all'asse principale d'inerzia passante per H.

Questa proprietà semplifica ancora di più l'espressione (6.7). Indicando semplicemente con K_H e con ω le *componenti* di $\mathbf{K}_H$ e di $\boldsymbol{\omega}$ secondo un comune versore perpenedicolare al piano in cui si volge il moto e dove si trova il corpo rigido si ottiene

$$K_H = I_H \omega$$

dove con I_H si indica il momento (principale) d'inerzia rispetto all'asse passante per H e *perpendicolare* al piano del moto.

Possiamo anticipare il fatto che il parallelismo fra $\mathbf{K}_H$ e $\boldsymbol{\omega}$, sempre sussitente nel caso piano, è uno dei motivi che rendono lo studio della dinamica dei sistemi piani sostanzialmente più semplice di quella nello spazio.

6.2.2 Momento delle quantità di moto in un atto di moto rigido

In quest'ultimo paragrafo deduciamo più in generale le relazioni che permettono di esprimere il momento delle quantità di moto rispetto a un generico polo A per un corpo soggetto a un atto di moto rigido, e quindi per ogni corpo rigido.

Alla luce di quanto abbiamo visto nel Teorema 6.4 e tenendo conto del fatto che rispetto all'osservatore traslante con il baricentro l'atto di moto del corpo è certamente rotatorio, con asse di istantanea rotazione passante per G, possiamo subito dedurre che

$$\mathbf{K}_A = AG \wedge \mathbf{Q} + \mathbf{I}_G \boldsymbol{\omega} . \qquad (6.15)$$

In altre parole, alla quantità $\mathbf{K}_G = \mathbf{I}_G \boldsymbol{\omega}$ si deve aggiungere il momento del vettore $\mathbf{Q} = m\mathbf{v}(G)$, pensato applicato in G, rispetto al polo A.

Il momento *delle* quantità di moto coincide perciò con il momento *della* quantità di moto (applicata nel baricentro) solo se l'atto di moto è traslatorio, come si vede dalla (6.15):

$$\mathbf{K}_A = AG \wedge \mathbf{Q} \quad \Longleftrightarrow \quad \boldsymbol{\omega} = \mathbf{0}.$$

A questa relazione affianchiamo un secondo utile risultato.

Proposizione 6.8 *Il momento delle quantità di moto di un corpo rigido rispetto a un polo A può esprimersi come*

$$\mathbf{K}_A = m\, AG \wedge \mathbf{v}_A + \mathbf{I}_A \boldsymbol{\omega}\,, \tag{6.16}$$

dove $\mathbf{v}_A$ indica la velocità del punto che transita per il polo A, $\boldsymbol{\omega}$ è la velocità angolare del corpo rigido, e $\mathbf{I}_A$ indica il tensore d'inerzia rispetto a A (vedi (5.21)).

Dimostrazione La legge di distribuzione delle velocità in un atto di moto rigido (2.22) implica $\mathbf{v}_P = \mathbf{v}_A + \boldsymbol{\omega} \wedge AP$ per ogni P. Sostituendo nella definizione $(6.2)_2$ abbiamo

$$\begin{aligned}
\mathbf{K}_A &= \int_{\mathcal{B}} AP \wedge \rho[\mathbf{v}_A + \boldsymbol{\omega} \wedge AP]d\tau \\
&= \int_{\mathcal{B}} \rho AP \wedge \mathbf{v}_A d\tau + \int_{\mathcal{B}} \rho AP \wedge (\boldsymbol{\omega} \wedge AP)d\tau
\end{aligned} \tag{6.17}$$

Il primo integrale nel termine a destra della (6.17) può essere riscritta facilmente portando fuori $\mathbf{v}_A$ e utilizzando la definizione (5.4) di baricentro e in particolare la (5.5) (quando si ponga in essa A al posto di O) come

$$\int_{\mathcal{B}} \rho AP \wedge \mathbf{v}_A d\tau = \left(\int_{\mathcal{B}} \rho AP d\tau\right) \wedge \mathbf{v}_A = m AG \wedge \mathbf{v}_A\,. \tag{6.18}$$

Analogamente a quanto fatto nella dimostrazione della Proposizione 6.6 usiamo la (A.8) per sviluppare il doppio prodotto vettoriale nel secondo integrale della (6.17), che riscriviamo come

$$\int_{\mathcal{B}} \rho AP \wedge (\boldsymbol{\omega} \wedge AP)d\tau = \int_{\mathcal{B}} \rho[(AP)^2 \boldsymbol{\omega} - (AP \cdot \boldsymbol{\omega})AP]d\tau\,.$$

Da un confronto di quest'ultima quantità con la definizione di tensore d'inerzia espressa nella (5.25) (anche qui ponendo A al posto di O) si vede che

$$\int_{\mathcal{B}} \rho[(AP)^2 \boldsymbol{\omega} - (AP \cdot \boldsymbol{\omega})AP]d\tau = \mathbf{I}_A \boldsymbol{\omega}$$

dove $\mathbf{I}_A$ è il tensore d'inerzia relativo al punto A. Sommando quest'ultimo al termine (6.18) si conclude che

$$\mathbf{K}_A = m\, AG \wedge \mathbf{v}_A + \mathbf{I}_A \boldsymbol{\omega}\,. \qquad \square$$

Osserviamo che ponendo $A = G$ in (6.16) si ottiene la proprietà (6.11), già vista in precedenza. Scegliendo invece un polo A che appartenga all'asse di istantanea rotazione (se l'atto di moto è rotatorio) si avrà $\mathbf{v}(A) = \mathbf{0}$ e perciò nuovamente la (6.7).

6.2.3 Derivata temporale del momento delle quantità di moto

Qualora si voglia ricavare il tasso di variazione temporale del momento delle quantità di moto bisogna fare attenzione, poiché dobbiamo tenere conto non solo del movimento dei punti che formano il sistema, ma anche dell'eventuale moto del polo Q rispetto al quale si vogliono calcolare i momenti. Infatti, in molte situazioni e per diversi motivi può essere conveniente scegliere un polo Q *non fisso*, e nemmeno che si muova seguendo il moto di uno dei punti materiali del sistema.

Consideriamo l'esempio di un disco che rotola senza strisciare su una guida rettilinea. Detto C il punto di contatto tra disco e guida, può risultare utile calcolare il momento delle quantità di moto rispetto a questo punto, $\mathbf{K}_C$. In questo caso, è evidente che il polo non è fisso, ma è altrettanto vero che non segue il moto di nessun elemento materiale, in quanto il punto che via via *transita* da C cambia da istante a istante. Notiamo tra l'altro che il vincolo di puro rotolamento impone $\mathbf{v}_C = \mathbf{0}$. Tale richiesta non implica che il punto *geometrico* C sia fisso, ma traduce semplicemente il fatto che il punto *materiale* che transita per C è istantaneamente in quiete (mentre era in moto prima di arrivare a toccare la guida e tornerà a muoversi non appena si separerà dalla guida).

Alla luce del precedente esempio si impone la necessità di introdurre una doppia notazione, che permetta di distinguere la velocità di un punto geometrico A (come sarà il polo usato per calcolare i momenti) dalla velocità del punto materiale che in quell'istante transita dal punto geometrico. La notazione che adotteremo sarà la seguente:

$$\dot{A}: \quad \text{velocità del punto geometrico } A$$
$$\mathbf{v}_A: \quad \text{velocità del punto materiale che transita per } A.$$

Le due quantità appena definite coincideranno certamente ogni volta che si avveri che il punto materiale che occupa la posizione A è sempre lo stesso, come nella definizione di velocità (1.1). Questo avviene, per esempio, quando si usa una lettera per definire un estremo di un'asta, il centro di un disco o il vertice di un quadrato. Al contrario $\dot{A}$ potrà essere diverso da $\mathbf{v}_A$ qualora il punto materiale che occupa la posizione A cambi con il tempo.

Esempio 6.9 Nel caso del vincolo di puro rotolamento (si veda il §4.6.1, e in particolare la Fig. 4.16) la velocità del punto materiale che transita sulla guida è nulla: $\mathbf{v}_C = \mathbf{0}$. Ciò nonostante, il punto di contatto cambierà la sua posizione geometrica: $\dot{C} \neq \mathbf{0}$. È anzi semplice convincersi che, essendo C la proiezione del centro G del disco sulla guida, la sua velocità coincide con quella del centro del disco: $\dot{C} = \mathbf{v}_G$.

$\square$

Proposizione 6.10 *La derivata temporale del momento delle quantità di moto vale (nel caso di sistemi discreti)*

$$\dot{\mathbf{K}}_A = -\dot{A} \wedge m\mathbf{v}_G + \sum_{i=1}^{n} AP_i \wedge m_i \mathbf{a}_i \, . \tag{6.19}$$

Dimostrazione La (6.19) si ricava banalmente una volta che si osservi che

$$\frac{d\,AP_i}{dt} = \mathbf{v}_i - \dot{A} \, ,$$

in quanto A segue il moto del polo geometrico. A questo punto abbiamo

$$\dot{\mathbf{K}}_A = \frac{d}{dt} \sum_{i=1}^{n} AP_i \wedge m_i \mathbf{v}_i = \sum_{i=1}^{n} (\mathbf{v}_i - \dot{A}) \wedge m_i \mathbf{v}_i + \sum_{i=1}^{n} AP_i \wedge m_i \mathbf{a}_i \, .$$

Essendo inoltre $\mathbf{v}_i \wedge m_i \mathbf{v}_i = 0$, si ottiene la (6.19). $\square$

Ricaviamo ora un'espressione alternativa alla (6.19), che risulterà utile nello studio della dinamica dei sistemi rigidi.

Proposizione 6.11 *La derivata temporale del momento* baricentrale *delle quantità di moto* $\mathbf{K}_G$ *in un corpo rigido vale*

$$\begin{aligned} \dot{\mathbf{K}}_G = \mathbf{I}_G \dot{\boldsymbol{\omega}} + \boldsymbol{\omega} \wedge \mathbf{I}_G \boldsymbol{\omega} = & \left(\bar{I}_1 \dot{\omega}_1 - (\bar{I}_2 - \bar{I}_3)\omega_2\omega_3 \right) \bar{\mathbf{e}}_1 \\ & + \left(\bar{I}_2 \dot{\omega}_2 - (\bar{I}_3 - \bar{I}_1)\omega_1\omega_3 \right) \bar{\mathbf{e}}_2 \\ & + \left(\bar{I}_3 \dot{\omega}_3 - (\bar{I}_1 - \bar{I}_2)\omega_1\omega_2 \right) \bar{\mathbf{e}}_3 \end{aligned} \tag{6.20}$$

dove $\{\bar{\mathbf{e}}_1, \bar{\mathbf{e}}_2, \bar{\mathbf{e}}_3\}$ *indica una base di assi principali centrali d'inerzia (cioè assi principali uscenti dal baricentro), mentre* $\{\bar{I}_1, \bar{I}_2, \bar{I}_3\}$ *sono i corrispondenti momenti principali centrali d'inerzia, e* $\boldsymbol{\omega} = \omega_1\bar{\mathbf{e}}_1 + \omega_2\bar{\mathbf{e}}_2 + \omega_3\bar{\mathbf{e}}_3$.

Dimostrazione Nel caso di un corpo rigido, scelto come polo il baricentro, si ha $\mathbf{K}_G = \mathbf{I}_G \boldsymbol{\omega}$. Nell'effettuare la derivata temporale risulta conveniente riferirci alla terna solidale, poiché l'osservatore solidale vedrà il corpo in quiete, e quindi in tale sistema di riferimento risulterà nulla la derivata temporale del tensore d'inerzia. Usando la (3.1) per collegare la derivata temporale assoluta e quella riferita all'osservatore solidale, si ottiene

$$\dot{\mathbf{K}}_G = (\mathbf{K}_G)' + \boldsymbol{\omega} \wedge \mathbf{K}_G \, , \tag{6.21}$$

dove l'apice indica la derivata temporale riferita all'osservatore solidale.

Nella (6.21) si ha che $(\mathbf{K}_G)' = (\mathbf{I}_G \boldsymbol{\omega})' = \mathbf{I}_G \boldsymbol{\omega}'$. Essendo poi $\boldsymbol{\omega}' = \dot{\boldsymbol{\omega}}$ (vedi (3.3)), si ottiene $\dot{\mathbf{K}}_G = \mathbf{I}_G \dot{\boldsymbol{\omega}} + \boldsymbol{\omega} \wedge \mathbf{I}_G \boldsymbol{\omega}$, ovvero la (6.20). Per completare la dimostrazione basta poi proiettare la relazione appena ottenuta in una terna di assi principali centrali.   □

Osservazione 6.12 Una espressione perfettamente analoga alla (6.20) vale anche se tutte le quantità in essa contenute e qui riferite al baricentro G vengono sostituite con i loro corrispettivi relativi a un qualunque punto A, purché tale punto sia *fisso* (e quindi, in particolare, appartenga in ogni istante all'asse di istantanea rotazione del corpo rigido). Ciò è dovuto al fatto che, in base alla (6.16), il momento delle quantità di moto rispetto a un tale punto ammette un'espressione analoga a quella baricentrale: $\mathbf{K}_A = \mathbf{I}_A \boldsymbol{\omega}$.   □

6.3 Energia cinetica

Abbiamo già definito (vedi (10.5)) l'energia cinetica di un punto materiale. Generalizziamo ora la definizione a un qualunque sistema, e ricaviamo diverse espressioni utili per il suo calcolo.

Definizione 6.13 *Chiamiamo* energia cinetica *di un sistema lo scalare*

$$T = \frac{1}{2} \sum_{i=1}^{n} m_i v_i^2 \qquad \text{ovvero} \qquad T = \frac{1}{2} \int_{\mathcal{B}} \varrho v^2 d\tau \,, \qquad (6.22)$$

nel caso, rispettivamente, di un sistema discreto o di un corpo continuo.

Teorema 6.14 (König: Decomposizione dell'energia cinetica) *L'energia cinetica di un sistema materiale qualunque può essere espressa come*

$$T = \frac{1}{2} m v_G^2 + T_{\text{rel}}^{(G)} \,, \qquad (6.23)$$

ovvero come la somma dell'energia cinetica che competerebbe al baricentro se in esso fosse concentrata tutta la massa del sistema più l'energia cinetica del sistema materiale nel moto relativo al baricentro.

Dimostrazione Scegliamo per brevità di considerare solo il caso di un sistema discreto, anche se la dimostrazione può essere banalmente ripetuta nel caso di corpi estesi. Abbiamo già visto in (6.4) che il Teorema di Galileo implica

$$\mathbf{v}_{i,\text{a}} = \mathbf{v}_{i,\tau} + \mathbf{v}_{i,\text{r}} = \mathbf{v}_G + \mathbf{v}_{i,\text{r}} \,, \qquad (6.24)$$

poiché l'atto di moto di trascinamento in un terna baricentrica risulta traslatorio e in particolare la velocità di trascinamento è pari alla velocità del baricentro. Sostituendo (6.24) in (6.22), ed usando la proprietà (6.5) si ottiene

$$
\begin{aligned}
T &= \frac{1}{2} \sum_{i=1}^{n} m_i \left(\mathbf{v}_G + \mathbf{v}_{i,r} \right) \cdot \left(\mathbf{v}_G + \mathbf{v}_{i,r} \right) \\
&= \frac{1}{2} \sum_{i=1}^{n} m_i (\mathbf{v}_G \cdot \mathbf{v}_G) + \sum_{i=1}^{n} m_i (\mathbf{v}_G \cdot \mathbf{v}_{i,r}) + \frac{1}{2} \sum_{i=1}^{n} m_i (\mathbf{v}_{i,r} \cdot \mathbf{v}_{i,r}) \\
&= \frac{1}{2} \Big(\sum_{i=1}^{n} m_i \Big) v_G^2 + \mathbf{v}_G \cdot \underbrace{\sum_{i=1}^{n} m_i \mathbf{v}_{i,r}}_{\mathbf{Q}^{(G)}=0} + \frac{1}{2} \sum_{i=1}^{n} m_i v_{i,r}^2 \\
&= \frac{1}{2} m v_G^2 + T_{\mathrm{rel}}^{(G)}. \qquad\qquad\qquad\qquad\qquad \Box
\end{aligned}
$$

6.3.1 Energia cinetica in un atto di moto rigido

Analizziamo nuovamente in dettaglio come il calcolo dell'energia cinetica si semplifichi nel caso di un sistema rigido.

Proposizione 6.15 *L'energia cinetica di un corpo rigido può esprimersi come*

$$
T = \frac{1}{2} m v_A^2 + m \mathbf{v}_A \cdot \boldsymbol{\omega} \wedge AG + \frac{1}{2} \mathbf{I}_A \boldsymbol{\omega} \cdot \boldsymbol{\omega} , \tag{6.25}
$$

dove A è un qualunque punto solidale al sistema rigido, $\boldsymbol{\omega}$ e G sono rispettivamente la velocità angolare e il baricentro di quest'ultimo, e $\mathbf{I}_A$ indica la matrice di inerzia del sistema rispetto a A (vedi (5.21)).

Dimostrazione Per calcolare l'energia cinetica di un sistema rigido dobbiamo inserire nella definizione (6.22) la legge di distribuzione delle velocità (2.22), la quale stabilisce che $\mathbf{v}_P = \mathbf{v}_A + \boldsymbol{\omega} \wedge AP$ per ogni punto P solidale al sistema. Abbiamo

$$
\begin{aligned}
T &= \frac{1}{2} \int_{\mathcal{B}} (\mathbf{v}_A + \boldsymbol{\omega} \wedge AP)^2 \rho \, d\tau \\
&= \frac{1}{2} \int_{\mathcal{B}} v_A^2 \rho \, d\tau + \int_{\mathcal{B}} \mathbf{v}_A \cdot \boldsymbol{\omega} \wedge AP \rho \, d\tau + \frac{1}{2} \int_{\mathcal{B}} (\boldsymbol{\omega} \wedge AP)^2 \rho \, d\tau \\
&= \frac{1}{2} m v_A^2 + \mathbf{v}_A \cdot \boldsymbol{\omega} \wedge \int_{\mathcal{B}} AP \rho \, d\tau + \frac{1}{2} \int_{\mathcal{B}} (\boldsymbol{\omega} \wedge AP) \cdot (\boldsymbol{\omega} \wedge AP) \rho \, d\tau \\
&= \frac{1}{2} m v_A^2 + \mathbf{v}_A \cdot \boldsymbol{\omega} \wedge mAG + \frac{1}{2} \int_{\mathcal{B}} \underbrace{\boldsymbol{\omega}}_{\mathbf{a}} \wedge \underbrace{AP}_{\mathbf{b}} \cdot \underbrace{(\boldsymbol{\omega} \wedge AP)}_{\mathbf{c}} \rho \, d\tau
\end{aligned}
$$

Utilizzando nell'ultimo termine la proprietà ciclica del prodotto misto $\mathbf{a} \wedge \mathbf{b} \cdot \mathbf{c} = \mathbf{b} \wedge \mathbf{c} \cdot \mathbf{a}$ (vedi (A.10)) si ottiene infine

$$T = \frac{1}{2}mv_A^2 + \mathbf{v}_A \cdot \boldsymbol{\omega} \wedge mAG + \frac{1}{2}\left[\int_{\mathcal{B}} AP \wedge (\boldsymbol{\omega} \wedge AP)\rho\,d\tau\right] \cdot \boldsymbol{\omega}$$

$$= \frac{1}{2}mv_A^2 + m\mathbf{v}_A \cdot \boldsymbol{\omega} \wedge AG + \frac{1}{2}\mathbf{I}_A\boldsymbol{\omega} \cdot \boldsymbol{\omega}$$

dove nell'ultimo passaggio abbiamo riconosciuto che il termine dentro parentesi quadre coincide con il secondo termine nella (6.17), e quindi vale $\mathbf{I}_A\boldsymbol{\omega}$. □

Osservazioni

- La (6.25) si semplifica se si sceglie il punto A in modo che si annulli il secondo addendo in essa contenuto. In particolare, posto $A \equiv G$ si ottiene $AG = \mathbf{0}$ e quindi

$$T = \frac{1}{2}mv_G^2 + \frac{1}{2}\mathbf{I}_G\boldsymbol{\omega} \cdot \boldsymbol{\omega}. \tag{6.26}$$

Se ci troviamo nelle condizioni per le quali esiste ed è inoltre possibile individuare un punto C appartenente all'asse di istantanea rotazione del corpo (quindi, tale che $\mathbf{v}_C = \mathbf{0}$, vedi §2.8) la (6.25) si semplifica ulteriormente:

$$T = \frac{1}{2}\mathbf{I}_C\boldsymbol{\omega} \cdot \boldsymbol{\omega} = \frac{1}{2}\mathbf{K}_C \cdot \boldsymbol{\omega} \qquad \left(\mathbf{v}_C = \mathbf{0}\right). \tag{6.27}$$

- Paragonando la (6.26) con il Teorema di König (6.23) ricaviamo che, nel caso del corpo rigido,

$$T_{\text{rel}}^{(G)} = \frac{1}{2}\mathbf{I}_G\boldsymbol{\omega} \cdot \boldsymbol{\omega} = \frac{1}{2}\mathbf{K}_G \cdot \boldsymbol{\omega}. \tag{6.28}$$

Ciò non deve sorprendere, in quanto il moto del corpo rigido relativo al suo baricentro è polare (vedi §2.5.3), essendo G fisso per costruzione nel sistema relativo. In particolare, G appartiene sempre all'asse di rotazione del corpo in questo sistema relativo, e quindi la (6.28) non è altro che un caso particolare della (6.27).

- L'espressione (5.23), ottenuta nello studio dei momenti di inerzia rispetto ad assi concorrenti (vedi §5.4), consente di semplificare le espressioni dei termini quadratici in $\boldsymbol{\omega}$ contenuti nell'energia cinetica. Se infatti definiamo un versore $\mathbf{u}$ tale che $\boldsymbol{\omega} = \omega\mathbf{u}$, la (5.23) implica che possiamo scrivere

$$\frac{1}{2}\mathbf{I}_A\boldsymbol{\omega} \cdot \boldsymbol{\omega} = \frac{1}{2}\left(\mathbf{I}_A\mathbf{u} \cdot \mathbf{u}\right)\omega^2 = \frac{1}{2}I_{A\omega}\omega^2, \tag{6.29}$$

dove $I_{A\omega}$ indica il momento di inerzia rispetto all'asse *parallelo a $\boldsymbol{\omega}$ e passante per A*. Se, per esempio, introduciamo nuovamente gli assi *principali baricentrali*

$\{\bar{\mathbf{e}}_1, \bar{\mathbf{e}}_2, \bar{\mathbf{e}}_3\}$ e i corrispondenti *momenti principali centrali d'inerzia* $\{\bar{I}_1, \bar{I}_2, \bar{I}_3\}$, e posto $\boldsymbol{\omega} = \omega_1\bar{\mathbf{e}}_1 + \omega_2\bar{\mathbf{e}}_2 + \omega_3\bar{\mathbf{e}}_3$, le (6.26) e (6.29) implicano

$$T = \frac{1}{2}mv_G^2 + \frac{1}{2}I_{G\omega}\omega^2 = \frac{1}{2}mv_G^2 + \frac{1}{2}(\bar{I}_1\omega_1^2 + \bar{I}_2\omega_2^2 + \bar{I}_3\omega_3^2).$$

- Osserviamo infine che, poiché l'energia cinetica è sempre positiva (e si annulla solo quando tutti i punti materiali sono in quiete), dalla (6.27) si deduce che in un atto di moto rotatorio l'angolo fra i vettori $\mathbf{K}_C$ e $\boldsymbol{\omega}$ è sempre minore di $\pi/2$, per le ben note proprietà del prodotto scalare.

6.3.2 Energia cinetica di un sistema olonomo

Abbiamo dimostrato come in un sistema olonomo risulti possibile esprimere la posizione P_i di un qualunque punto in funzione di un adeguato numero di coordinate libere ed eventualmente del tempo, come $P_i = P_i(\mathsf{q};t)$, dove $\mathsf{q} = \{q_1,\dots,q_N\}$ indica l'insieme delle coordinate lagrangiane. Come abbiamo già dedotto (vedi (4.21))

$$\mathbf{v}_i = \sum_{k=1}^{N} \frac{\partial P_i}{\partial q_k}\dot{q}_k + \frac{\partial P}{\partial t}$$

e l'energia cinetica può essere espressa come

$$T = \frac{1}{2}\sum_{h,k=1}^{N} a_{hk}\dot{q}_k\dot{q}_h + \sum_{k=1}^{N} b_k\dot{q}_k + c, \qquad (6.30)$$

dove si sono introdotti

$$a_{kh}(\mathsf{q};t) = \sum_{i=1}^{n} m_i \frac{\partial P_i}{\partial q_k} \cdot \frac{\partial P_i}{\partial q_h},$$

$$b_k(\mathsf{q};t) = \sum_{i=1}^{n} m_i \frac{\partial P_i}{\partial q_k} \cdot \frac{\partial P_i}{\partial t}, \qquad (6.31)$$

$$c(\mathsf{q};t) = \frac{1}{2}\sum_{i=1}^{n} m_i \frac{\partial P_i}{\partial t} \cdot \frac{\partial P_i}{\partial t}.$$

La matrice quadrata simmetrica $N \times N$

$$\mathsf{A} = [a_{kh}] \quad (k,h = 1,\dots,N)$$

formata dai coefficienti che compaiono nella (6.31)$_1$ è detta *matrice di massa*.

A fianco dei vettori $q = \{q_1, \ldots, q_N\}$ e $\dot{q} = \{\dot{q}_1, \ldots, \dot{q}_N\}$ introduciamo anche $b = \{b_1, \ldots, b_N\}$ e lo scalare c definiti nelle $(6.31)_{2,3}$.

In questo modo si può più sinteticamente riscrivere l'espressione dell'energia cinetica (6.30) come

$$T(q, \dot{q}, t) = \frac{1}{2} A(q, t)\dot{q} \cdot \dot{q} + b(q, t) \cdot \dot{q} + c(q, t). \qquad (6.32)$$

I coefficienti b_k e lo scalare c dipendono dalle derivate parziali della posizione rispetto al tempo, come si vede nella (6.31). In presenza di soli vincoli *fissi* queste derivate si annullano, e perciò in tal caso l'energia cinetica diventa una funzione *quadratica* delle derivate delle coordinate lagrangiane

$$T(q, \dot{q}, t) = \frac{1}{2} A(q, t)\dot{q} \cdot \dot{q} \qquad \text{(vincoli fissi)}.$$

La matrice di massa e le sue proprietà

La *matrice di massa* è simmetrica e definita positiva e, inoltre, è diagonalizzabile e invertibile.

- La simmetria della matrice di massa, che implica la sua diagonalizzabilità, segue banalmente da quella del prodotto scalare.
- L'invertibilità di A, che giocherà un ruolo fondamentale nel determinismo lagrangiano (vedi §14.3.1), deriva invece dalla positività dell'energia cinetica. Per sua definizione, infatti, l'energia cinetica di un sistema non può mai essere negativa, ed è nulla se e solo se le velocità di tutti i punti sono nulle.

  Se la matrice A avesse un autovalore negativo, basterebbe scegliere il vettore di velocità lagrangiane $\dot{q}$ parallelo al corrispondente autovettore e si otterrebbe un'energia cinetica negativa (il segno dell'energia cinetica è determinato dal termine quadratico quando le velocità sono sufficientemente grandi).

  Analogamente, se la matrice A avesse un autovalore nullo si potrebbe costruire un atto di moto in corrispondenza del quale il termine quadratico di T sarebbe nullo. In tal caso, il segno di T sarebbe determinato dal termine lineare in $\dot{q}$, e quindi cambierebbe quando le velocità si invertono.

  La matrice di massa deve quindi avere tutti gli autovalori strettamente positivi, e quindi essere invertibile e definita positiva.

6.4 Un esempio di calcolo di quantità meccaniche

Esempio 6.16 Ci proponiamo di calcolare la quantità di moto, il momento della quantità di moto e infine l'energia cinetica dell'asta AB della Fig. 6.3, che è omogenea con lunghezza l e massa m e vincolata a muoversi in un piano con l'estremo A scorrevole lungo una guida orizzontale fissa. Indichiamo con s l'ascissa di A rispetto a un'origine O e con θ l'angolo di rotazione dell'asta, misurato a partire dalla direzione della guida stessa, in senso orario. Le quantità (s, θ) costituiscono

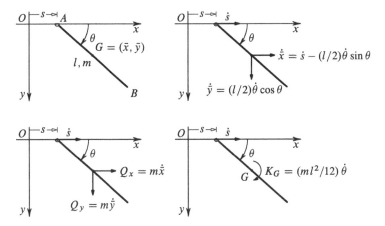

Figura 6.3 Asta con estremo scorrevole lungo una guida orizzontale

un sistema di coordinate libere, poiché sono indipendenti ed è possibile individuare a partire da esse ogni configurazione del sistema.

Conveniamo di utilizzare gli assi x e y indicati in figura e un asse z entrante nel piano, di modo che la velocità angolare dell'asta sia $\omega = \dot{\theta}\mathbf{k}$.

Per calcolare la quantità di moto utilizziamo la relazione $\mathbf{Q} = m\mathbf{v}_G$, e cioè il *teorema della quantità di moto*. Moltiplichiamo per m, massa del sistema, le componenti della velocità del baricentro e scriviamo

$$Q_x = m\dot{\bar{x}}, \quad Q_y = m\dot{\bar{y}}$$

dove $(\bar{x}, \bar{y})$ sono le coordinate del baricentro G, collocato nel punto medio dell'asta. Quindi

$$\bar{x} = s + (l/2)\cos\theta, \quad \bar{y} = (l/2)\sin\theta,$$

e perciò, derivando rispetto al tempo e tenendo conto del fatto che s e θ sono funzioni del tempo,

$$Q_x = m[\dot{s} - (l/2)\dot{\theta}\sin\theta], \quad Q_y = m[(l/2)\dot{\theta}\cos\theta].$$

Più delicato (e istruttivo) è invece il calcolo del momento delle quantità di moto, che, a titolo di esercizio, ci proponiamo di riferire ai poli G, A, O.

Il Teorema 6.4 ci permette di identificare $\mathbf{K}_G$ con il momento delle quantità di moto misurato nel moto relativo al baricentro stesso. In altre parole, quando si vuole calcolare $\mathbf{K}_G$ è possibile e conveniente riferirsi all'atto di moto relativo all'*osservatore traslante* con il baricentro che, in questo caso, vede l'asta ruotare intorno a G, che gli appare come un punto fisso. È perciò possibile utilizzare la relazione $\mathbf{K}_G = \mathbf{I}_G\omega$ che esprime il momento delle quantità di moto di un sistema per un atto di moto rotatorio intorno a G. La velocità angolare dell'asta ha componente oraria pari a $\dot{\theta}$ e il momento d'inerzia I_G rispetto all'asse di rotazione (che qui è asse principale d'inerzia) è $ml^2/12$. Quindi

$$K_G = I_G\dot{\theta} = (ml^2/12)\dot{\theta}$$

dove con K_G indichiamo la componente perpendicolare al piano (l'unica non nulla).

Proviamo ora a calcolare il momento delle quantità di moto rispetto al polo A, estremo dell'asta. Una facile tentazione è quella di utilizzare la relazione $K_A = I_A\dot{\theta} = (ml^2/3)\dot{\theta}$, ma questo sarebbe *errato*, poiché A *non* è il baricentro e *non* è nemmeno il centro di istantanea rotazione dell'asta. Se vogliamo calcolare $\mathbf{K}_A$ dobbiamo piuttosto utilizzare la relazione (6.6) che qui si traduce nella regola: sommare a $\mathbf{K}_G$ il momento rispetto ad A del vettore $\mathbf{Q}$, applicato in G.

Per calcolare $AG \wedge \mathbf{Q}$ è utile pensare separatamente alle componenti $m\dot{x}$ e $m\dot{y}$. Il momento della parte orizzontale, orientato nel senso orario e perpendicolare al piano, è pari a $-(l/2)(\sin\theta)m\dot{x}$, mentre per la parte verticale si ha $(l/2)(\cos\theta)m\dot{y}$. Perciò, in definitiva

$$
\begin{aligned}
[AG \wedge \mathbf{Q}]_z &= -(l/2)(\sin\theta)m\dot{x} + (l/2)(\cos\theta)m\dot{y} \\
&= -(l/2)(\sin\theta)m[\dot{s} - (l/2)\dot{\theta}\sin\theta] + (l/2)(\cos\theta)m[(l/2)\dot{\theta}\cos\theta] \\
&= -m(l/2)\dot{s}\sin\theta + m(l^2/4)\dot{\theta}
\end{aligned}
$$

In definitiva, sommando $AG \wedge \mathbf{Q}$ con $\mathbf{K}_G$, si ottiene che il momento delle quantità di moto rispetto al polo A ha componente pari a

$$K_A = -m(l/2)\dot{s}\sin\theta + m(l^2/3)\dot{\theta}\,.$$

Se volessimo ora calcolare $\mathbf{K}_O$, potremmo seguire due vie: utilizzare la legge del cambiamento di polo (6.3) a partire dal baricentro, e cioè $\mathbf{K}_O = OG \wedge \mathbf{Q} + \mathbf{K}_G$, oppure a partire da A: $\mathbf{K}_O = OA \wedge \mathbf{Q} + \mathbf{K}_A$. Seguendo quest'ultima strada servirà prima dedurre che

$$[OA \wedge \mathbf{Q}]_z = ms\dot{y} = ms(l/2)\dot{\theta}\cos\theta$$

per ottenere infine

$$K_O = -m(l/2)\dot{s}\sin\theta + m(l^2/3)\dot{\theta} + ms(l/2)\dot{\theta}\cos\theta\,.$$

Per il calcolo dell'energia cinetica è utile il Teorema di König (6.23):

$$T = \frac{1}{2}mv_G^2 + T_{\text{rel}}^{(G)}\,,$$

dove $T_{\text{rel}}^{(G)}$ è l'energia cinetica rispetto all'osservatore con l'origine nel baricentro e traslante con esso. Qui si ha

$$
\begin{aligned}
\frac{1}{2}mv_G^2 &= \frac{1}{2}m[(\dot{x})^2 + (\dot{y})^2] = \frac{1}{2}m[(\dot{s} - (l/2)\dot{\theta}\sin\theta)^2 + ((l/2)\dot{\theta}\cos\theta)^2] \\
&= \frac{1}{2}m[\dot{s}^2 - l\dot{s}\dot{\theta}\sin\theta + l^2\dot{\theta}^2/4]
\end{aligned}
$$

e inoltre

$$T_{\text{rel}}^{(G)} = \frac{1}{2}(ml^2/12)\dot{\theta}^2 \, ,$$

dove si è potuta utilizzare la relazione $T_{\text{rel}}^{(G)} = \frac{1}{2}I_G\dot{\theta}^2$, con I_G momento d'inerzia rispetto all'asse z passante per G (asse di istantanea rotazione dell'asta dal punto di vista dell'osservatore traslante con il baricentro). Si osservi che sarebbe *sbagliato* scrivere $T = \frac{1}{2}mv_A^2 + \frac{1}{2}I_A\dot{\theta}^2$, poiché A *non* è il baricentro e quindi dovremmo piuttosto usare la relazione (6.25).

Approfittiamo ancora di questo esempio per dare più concretezza alle espressioni (6.30) e (6.32), che riassumono la forma generale dell'energia cinetica per un sistema olonomo. Scriviamo l'energia cinetica complessiva ottenuta per mezzo del Teorema di König raccogliendo la frazione $1/2$ e le potenze di $\dot{s}$ e $\dot{\theta}$, e cioè

$$T = \frac{1}{2}[m\dot{s}^2 + \frac{ml^2}{3}\dot{\theta}^2 - ml\sin\theta\,\dot{s}\dot{\theta}] \, , \tag{6.33}$$

e osserviamo che questa espressione può essere riscritta nella forma

$$T = \frac{1}{2}\begin{bmatrix} m & -ml/2\sin\theta \\ -ml/2\sin\theta & ml^2/3 \end{bmatrix}\begin{bmatrix} \dot{s} \\ \dot{\theta} \end{bmatrix} \cdot \begin{bmatrix} \dot{s} \\ \dot{\theta} \end{bmatrix} \tag{6.34}$$

La matrice di massa A che compare nella (6.32) è quindi qui definita da

$$\mathsf{A} = \begin{bmatrix} m & -ml/2\sin\theta \\ -ml/2\sin\theta & ml^2/3 \end{bmatrix}$$

e gli elementi a_{ik} che compaiono nella prima sommatoria della (6.30) sono rispettivamente

$$a_{11} = m \, , \qquad a_{12} = a_{21} = -m(l/2)\sin\theta \, , \qquad a_{22} = ml^2/3 \, .$$

Vediamo quindi che la (6.33) e la (6.34) costituiscono rispettivamente casi concreti e particolari della (6.30) e della (6.32), dove ora $(q_1, q_2) = (s, \theta)$. Osserviamo che, essendo i vincoli fissi, i termini $\mathsf{b}(\mathsf{q}, t)$ e $c(\mathsf{q}, t)$ sono nulli e, per lo stesso motivo, la matrice A in questo caso *non* dipende esplicitamente dal tempo.   □

Capitolo 7
Forze, lavoro, potenza

In questo capitolo accettiamo il concetto di forza in maniera intuitiva, intendendo per forza **F**, agente sul punto P, il vettore che caratterizza l'interazione di altri corpi con P e sottintendendo pertanto per la forza un carattere assoluto, ovvero indipendente dall'osservatore.

Ritorneremo su questo concetto nel Capitolo 8, quando discuteremo il concetto di forza a partire dai Principi della Meccanica. Per il momento ci limitiamo a presentare i vari tipi di funzioni vettoriali che possono rappresentare delle forze, portando esempi pratici presi dalla Fisica elementare.

Forze costanti
Esistono forze che sono rappresentabili attraverso un vettore $\mathbf{F}_0$ costante, cioè indipendente non solo dalla posizione e dalla velocità del punto su cui agisce, ma anche dall'istante considerato. Un esempio classico di tale tipo di forza è fornito dalla forza peso, che è una forza costante, per lo meno nell'ambito di un'opportuna approssimazione che preciseremo meglio nel Capitolo 9.

Forze posizionali
Sono tali le forze che dipendono solo dalla posizione del punto su cui agiscono: $\mathbf{F} = \mathbf{F}(P)$. A questa categoria appartengono le forze elastiche, la forza gravitazionale e la forza di Coulomb.

Forze dipendenti dalla velocità
In questo caso **F** dipende dall'atto di moto del punto di applicazione: $\mathbf{F} = \mathbf{F}(\mathbf{v})$. A questa categoria appartengono le forze di resistenza. Pensiamo a cosa succede se mettiamo una mano fuori dal finestrino di un'auto in corsa: la pressione (modulo della forza per unità di superficie) che esercita l'aria è tanto maggiore quanto maggiore è la velocità dell'auto, la direzione della forza è quella della velocità e il verso è opposto. Avendo chiesto alle forze il carattere assoluto può sembrare strano che esistano forze che dipendono dalla velocità (la quale, come descritto nel Cap. 3, ha carattere relativo). In realtà qui si intende per **v** la differenza tra la velocità del punto e quella del mezzo resistente. La differenza tra le velocità di due punti che occupa-

P. Biscari et al., *Meccanica Razionale*, La Matematica per il 3+2 138,
https://doi.org/10.1007/978-88-470-4018-2_7

no la stessa posizione ha carattere assoluto per il Teorema di Galileo (vedi §3.2).
Nell'esempio precedente **v** va quindi intesa come velocità della macchina rispetto
all'osservatore solidale con l'aria, sempre ammesso che esista un osservatore che
rilevi una velocità media nulla per l'aria.

Forze dipendenti dal tempo
Sono forze il cui valore varia col tempo, pur a parità di atto di moto del punto
considerato: $\mathbf{F} = \mathbf{F}(t)$. Un semplice esempio è fornito dalla pressione dell'acqua
che agisce su un punto P posto sul fondo di una vasca da bagno piena d'acqua. Se
immaginiamo di aprire il tappo della vasca, la pressione diminuisce al crescere del
tempo in quanto in questo arco di tempo l'acqua defluisce.

Forze attive
Gli esempi precedentemente illustrati sono chiaramente solo dei casi particolari. In
generale, esistono forze che presentano contemporaneamente dipendenze funzionali da tutte le variabili su indicate. Chiameremo *forze attive* quelle forze di cui
sia nota la loro dipendenza dall'atto di moto (posizione e velocità) del punto di
applicazione, nonché la loro dipendenza esplicita dal tempo:

$$\mathbf{F} = \mathbf{F}(P, \mathbf{v}, t).$$

Caratteristica fondamentale di ogni forza attiva è quella che la sua dipendenza da
atto di moto e tempo è nota *a priori*, prima ancora cioè di conoscere quali eventuali
altre forze agiscano sullo stesso punto, e ovviamente anche prima di individuare il
moto che ne risulterà da esse.

Chiariremo nel Capitolo 8 la scelta di considerare forze attive che dipendano dal
moto del punto di applicazione attraverso, al più, posizione e velocità attuali, e non
da derivate temporali di ordine superiore al primo.

7.1 Lavoro elementare

Si consideri un punto P mobile sottoposto all'azione di una forza **F** nell'intervallo
di tempo $[t, t + dt]$ e sia dP il corrispondente spostamento elementare. Si definisce
lavoro elementare lo scalare

$$dL = \mathbf{F} \cdot dP. \tag{7.1}$$

Si osservi che il lavoro elementare (7.1) è certamente nullo quando forza e spostamento sono ortogonali, mentre è positivo (o negativo) quando l'angolo fra forza e
spostamento è minore (o maggiore) di $\pi/2$.

Scritta in componenti, la (7.1) diventa

$$dL = F_x dx + F_y dy + F_z dz, \tag{7.2}$$

il che significa che il lavoro è una particolare *forma differenziale*, un argomento
intorno al quale abbiamo introdotto un breve richiamo nell'Appendice (si veda A.6).

Teorema 7.1 *Condizione necessaria affinché il lavoro elementare compiuto da una forza sia una forma differenziale esatta, è che la forza sia posizionale.*

Dimostrazione La dimostrazione è immediata tenuto conto che la (7.2) rientra in (A.44) con le seguenti identificazioni:

$$x_1 = x, \quad x_2 = y, \quad x_3 = z; \quad x_4 = \dot{x}, \quad x_5 = \dot{y}, \quad x_6 = \dot{z}, \quad x_7 = t;$$
$$\Psi_1 = F_x, \quad \Psi_2 = F_y, \quad \Psi_3 = F_z; \quad \Psi_4 = \Psi_5 = \Psi_6 = \Psi_7 = 0. \tag{7.3}$$

Prendendo $i = 1$ e $j = 4, 5, 6, 7$ si ha subito da (A.46) che

$$\frac{\partial F_x}{\partial \dot{x}} = \frac{\partial F_x}{\partial \dot{y}} = \frac{\partial F_x}{\partial \dot{z}} = \frac{\partial F_x}{\partial t} = 0$$

ovvero F_x non può dipendere né dalla velocità né dal tempo. Analogamente, scegliendo $i = 2$ o $i = 3$, e $j = 4, 5, 6, 7$, si ricava che affinché sia soddisfatta la condizione di compatibilità è necessario che anche le altre componenti della forza **F** siano posizionali. Non appena la forza **F** dipende dalla velocità o dal tempo, il lavoro elementare non può quindi essere un differenziale esatto.   □

7.2 Lavoro lungo un cammino finito

Analizziamo ora il lavoro che compie una forza in un intervallo temporale finito $[t_1, t_2]$ (lavoro lungo un cammino finito), vale a dire l'integrale del lavoro elementare lungo la particolare curva descritta dall'orbita del punto.

Nei casi in cui il lavoro elementare risulti essere un differenziale esatto, la proprietà (A.47) garantirà che il lavoro finito dipenderà esclusivamente dai punti iniziale e finale della traiettoria. Al contrario, se il lavoro elementare non è un differenziale esatto, la sola conoscenza della forza e dei punti iniziale e finale non sarà più sufficiente per poter determinare il lavoro finito compiuto nell'intervallo temporale $[t_1, t_2]$. Più precisamente, dimostreremo ora che, nel caso di forze posizionali, il lavoro dipenderà anche dalla particolare traiettoria $P \equiv P(s)$ che congiunge i punti iniziale e finale. Infine, nel caso generale di una forza $\mathbf{F}(P, \mathbf{v}, t)$ il lavoro dipenderà anche dalla legge oraria $s \equiv s(t)$, oltreché dalla traiettoria $P \equiv P(s)$ e quindi dall'intero moto $P(t)$ (traiettoria e legge oraria).

7.2.1 Lavoro e potenza

Supponiamo che siano noti sia la forza attiva $\mathbf{F}(P, \mathbf{v}, t)$ che il corrispondente moto $P \equiv P(t)$. La conoscenza della legge del moto consente di ricondurre la forma differenziale del lavoro elementare, che coinvolge sette variabili indipendenti, a una forma differenziale in una sola variabile. Dalla (7.1) si ha infatti

$$dL = \mathbf{F}\big(P(t), \dot{P}(t), t\big) \cdot \dot{P}(t)\, dt = \Pi(t)dt \tag{7.4}$$

dove

$$\Pi = \mathbf{F} \cdot \mathbf{v} \tag{7.5}$$

è detta *potenza*. Integrando la (7.4) si ottiene il lavoro lungo il cammino finito

$$L = \int_{t_1}^{t_2} \Pi(t)dt \, . \tag{7.6}$$

Pertanto, se a parità di estremi $P_1 = P(t_1)$ e $P_2 = P(t_2)$ cambia il moto (cambiando la traiettoria oppure la legge oraria), allora cambia la funzione composta $\Pi(t)$ e, di conseguenza, il lavoro sarà in generale diverso.

È rilevante osservare che per un cammino chiuso (cioè per il quale $P_1 \equiv P_2$) il lavoro, in generale, non è nullo. In particolare, per una forza di tipo resistente $\mathbf{F} = -\Psi(P, v)\mathbf{v}$, con $\Psi(P, v) > 0$, si ha $\Pi(t) = -\Psi v^2 \leq 0$. Il corrispondente lavoro risulta quindi strettamente negativo lungo ogni cammino chiuso non banale (vale a dire lungo qualunque cammino chiuso diverso dal cammino costante $P(t) \equiv P_1$).

7.2.2 Forze posizionali

Consideriamo adesso il caso di una forza posizionale $\mathbf{F} = \mathbf{F}(P)$. Affinché il lavoro elementare sia un differenziale esatto, è necessario che le condizioni di compatibilità (A.46) siano soddisfatte, ovvero prendendo $h, k = 1, 2, 3$ e tenendo conto di (7.3) devono essere identicamente verificate le seguenti relazioni

$$\frac{\partial F_x}{\partial y} = \frac{\partial F_y}{\partial x}, \qquad \frac{\partial F_x}{\partial z} = \frac{\partial F_z}{\partial x}, \qquad \frac{\partial F_y}{\partial z} = \frac{\partial F_z}{\partial y}, \tag{7.7}$$

equivalenti alla richiesta rot $\mathbf{F} = \mathbf{0}$. Nel caso che anche una sola delle (7.7) sia falsa, la forza, pur posizionale, fornisce un lavoro elementare che non è un differenziale esatto. È però possibile mostrare che al fine del calcolo del lavoro di una forza posizionale, è sufficiente fornire la sola equazione della traiettoria, e non occorre conoscere la legge oraria. Infatti, supposta assegnata la traiettoria $P = P(s)$, parametrizzata in termini dell'ascissa curvilinea s, si ha

$$dL = \mathbf{F}(P(s)) \cdot \frac{dP(s)}{ds}ds = \mathbf{F}(P(s)) \cdot \mathbf{t}(s)ds = F_t(s)ds \, , \tag{7.8}$$

dove si è tenuto conto che dP/ds è il versore $\mathbf{t}(s)$ tangente alla traiettoria (vedi §A.2) e si è indicata con $F_t = \mathbf{F} \cdot \mathbf{t}$ la componente tangenziale della forza. Da (7.8) si ha subito

$$L = \int\limits_{s_1}^{s_2} F_t(s)ds \, , \tag{7.9}$$

essendo s_1 e s_2, rispettivamente, le ascisse dei punti P_1 e P_2, cioè $P_1 = P(s_1)$ e $P_2 = P(s_2)$. Da (7.9) si evince che il lavoro lungo un cammino finito dipende dalla traiettoria percorsa tra i punti P_1 e P_2, cioè cambiando la traiettoria il lavoro, in generale, cambia. Invece il lavoro non cambia al variare della legge oraria $s = s(t)$ con la quale viene percorsa una determinata traiettoria. Anche in questo caso il lavoro lungo un cammino chiuso è, in generale, diverso da zero.

7.3 Forze conservative

Supponiamo ora che il lavoro elementare di una forza posizionale sia il differenziale di una funzione $U(P)$, detta *potenziale*: $dL = dU$, con

$$F_x = \frac{\partial U}{\partial x}, \qquad F_y = \frac{\partial U}{\partial y}, \qquad F_z = \frac{\partial U}{\partial z} \, ,$$

il che equivale ad affermare che il campo di forza $\mathbf{F}$ è il gradiente del potenziale U:

$$\mathbf{F} = \operatorname{grad} U \, . \tag{7.10}$$

In questa circostanza si ha

$$L = \int\limits_{U_1}^{U_2} dU = U_2 - U_1 \, , \tag{7.11}$$

dove $U_1 = U(P_1)$ e $U_2 = U(P_2)$. In tal caso la forza è detta *conservativa*, e il lavoro elementare è perciò il differenziale del potenziale $U(P)$.

Questo è l'unico caso in cui il lavoro non dipende da alcun elemento del moto ma solo dalle posizioni iniziale e finale. In particolare, dalla (7.11) emerge immediatamente che il lavoro di una forza conservativa lungo un cammino chiuso è nullo. È anche facile dedurre che vale il viceversa: se il lavoro di una forza posizionale è nullo per ogni cammino chiuso allora la forza è conservativa.

Una condizione sufficiente, ma non necessaria, affinché una forza posizionale sia conservativa è che il dominio sia semplicemente connesso, e che le (7.7) siano identicamente soddisfatte.

Figura 7.1 Derivata
direzionale del potenziale

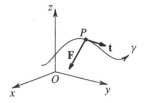

Derivata direzionale del potenziale

Sia $\mathbf{F}(P)$ una forza posizionale conservativa di potenziale $U(P)$ e proponiamoci di
valutare la derivata direzionale di U lungo una curva γ, parametrizzata attraverso la
sua ascissa curvilinea: $P = P(s)$ (vedi Fig. 7.1). Si ha:

$$
\begin{aligned}
\frac{dU}{ds} &= \frac{\partial U}{\partial x}\frac{dx}{ds} + \frac{\partial U}{\partial y}\frac{dy}{ds} + \frac{\partial U}{\partial z}\frac{dz}{ds} \\
&= F_x\frac{dx}{ds} + F_y\frac{dy}{ds} + F_z\frac{dz}{ds} = \mathbf{F}\cdot\mathbf{t} = F_t(P(s))
\end{aligned}
$$

Pertanto la derivata direzionale del potenziale coincide con la componente tangenziale nella forza:

$$
\frac{dU}{ds} = F_t \, . \tag{7.12}
$$

7.3.1   Potenziali di forze conservative

Molte delle forze predette dai modelli della meccanica sono conservative. In questi
casi è importante calcolarne la funzione potenziale.

Forze costanti

Se $\mathbf{F} \equiv \mathbf{F}_0$ si ha subito $dL = \mathbf{F}_0 \cdot dP = d(\mathbf{F}_0 \cdot OP) = dU$, purché si introduca il
potenziale

$$
U(P) = \mathbf{F}_0 \cdot OP + \text{cost.}
$$

Un esempio di forza in buona approssimazione costante è rappresentato dalla forza
peso. Scegliendo l'asse y rivolto verso il basso (cioè di verso concorde con il verso
del vettore forza peso) si ha

$$
U(y) = mgy + \text{cost.}
$$

Osserviamo che se scegliessimo l'asse y orientato in direzione contraria, cioè verso
l'alto, si avrebbe $U(y) = -mgy + \text{cost.}$ Le superfici equipotenziali ($U = \text{cost.}$) sono
in ogni caso dei piani orizzontali.

Figura 7.2 Forza centrale

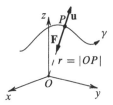

Forze centrali il cui modulo dipende dalla distanza

Si consideri una forza centrale, ovvero una forza diretta sempre lungo la congiungente P con un punto fisso O chiamato *centro* (vedi Fig. 7.2), il cui modulo sia una funzione solo di $r = |OP|$, ovvero

$$\mathbf{F} = \Psi(r)\mathbf{u}, \qquad \text{con} \quad \mathbf{u} = \frac{OP}{r} \quad \text{e} \quad r = |OP|. \qquad (7.13)$$

Le forze centrali sono conservative, come si dimostra costruendo esplicitamente il loro potenziale. Supponiamo infatti che $\mathbf{F}$ sia conservativa, e indichiamo con U il suo potenziale. Consideriamo inoltre una curva particolare, vale a dire una retta passante sia per O che per P (orientata come $\mathbf{u}$). Tenuto conto che lungo tale curva $s = r$ e $\mathbf{t} = \mathbf{u}$, dalla (7.12) segue

$$\frac{dU}{dr} = (\Psi(r)\mathbf{u}) \cdot \mathbf{u} = \Psi(r),$$

da cui segue che il potenziale $U(r)$ (ammesso che esista) deve essere una primitiva della funzione Ψ:

$$U(r) = \int^r \Psi(\rho)d\rho + \text{costante}. \qquad (7.14)$$

Una derivazione esplicita conferma che vale la relazione (7.10) e cioé che il gradiente del potenziale appena determinato coincide esattamente con la forza (7.13).

Un esempio importante di forza centrale è rappresentato dalle *molle*, particolari forze attive che forniscono forze elastiche lineari.

$$\mathbf{F} = -k\,OP, \qquad (7.15)$$

dove k è una costante di proporzionalità positiva (*costante elastica*). In tal caso deduciamo che $\Psi(r) = -kr$ e quindi un potenziale è fornito da

$$U(r) = -\frac{1}{2}kr^2.$$

Un secondo importante esempio di forza centrale è costituito dalla *forza gravitazionale*, esprimibile come segue:

$$\mathbf{F} = -\frac{hmM}{r^2}\mathbf{u}. \qquad (7.16)$$

In questo caso $\Psi(r) = -\dfrac{hmM}{r^2}$ e pertanto potremo scegliere

$$U(r) = \frac{hmM}{r} \,.$$

Anche la forza coulombiana, esprimibile in forma simile alla (7.16), è una forza centrale. In questi casi, le superfici equipotenziali sono sfere concentriche di centro O.

7.3.2 Energia potenziale

Il potenziale cambiato di segno ha significato fisico di energia e prende il nome di *energia potenziale*, V:

$$V = -U \,.$$

7.4 Sistemi di forze

Sappiamo che una forza è descritta per mezzo di un *vettore applicato*, vale a dire una coppia di elementi $(P, \mathbf{f})$, formata dal punto di applicazione P e dal vettore $\mathbf{f}$, che descrive la forza assegnandone direzione, intensità e verso. Non è però sempre necessario essere così formali, e in generale è più comodo semplicemente parlare di "una forza $\mathbf{f}$ applicata nel punto P".

Definizione 7.2 (Retta di applicazione) *Data una forza $\mathbf{f}$ applicata in P, definiamo la sua* retta di applicazione *come la retta passante per P e parallela a $\mathbf{f}$.*

Definizione 7.3 (Momento) *Definiamo momento di una forza $\mathbf{f}$ rispetto al polo O il vettore*

$$\mathbf{M}_O = OP \wedge \mathbf{f}\,.$$

Il momento di una forza *dipende* dal polo rispetto al quale lo si calcola. Infatti, se passiamo dal polo O a Q il momento cambia secondo la regola

$$\mathbf{M}_Q = QP \wedge \mathbf{f} = (QO + OP) \wedge \mathbf{f} = QO \wedge \mathbf{f} + OP \wedge \mathbf{f} = QO \wedge \mathbf{f} + \mathbf{M}_O\,.$$

Osserviamo però che il momento *non* cambia se ci limitiamo a traslare la forza lungo la sua retta di applicazione, poiché $\mathbf{M}_Q = \mathbf{M}_O$ se QO è parallelo a $\mathbf{f}$. In particolare, il momento di una forza è nullo rispetto al punto di applicazione, ma anche rispetto a qualunque polo appartenente alla retta di applicazione.

Figura 7.3 Il momento di una forza: $\mathbf{M}_O = OP \wedge \mathbf{f} = \pm bf\mathbf{k}$, dove si indica con $\mathbf{k}$ un versore perpendicolare al piano che contiene il polo O e la forza $\mathbf{f}$

Indichiamo con H il piede della perpendicolare calata da O sulla retta di applicazione della forza e scomponiamo il vettore OP nella somma $OH + HP$. Quindi HP è parallelo a $\mathbf{f}$ mentre OH è la componente di OP perpendicolare alla forza. In questo modo avremo

$$\mathbf{M}_O = OP \wedge \mathbf{f} = (OH + HP) \wedge \mathbf{f} = OH \wedge \mathbf{f} + \underbrace{HP \wedge \mathbf{f}}_{0} = OH \wedge \mathbf{f}$$

e quindi deduciamo che, solo al fine di calcolarne il momento, possiamo pensare che la forza sia applicata nel punto H, piede della perpendicolare calata da O sulla retta di applicazione.

È conveniente chiamare *braccio* di una forza rispetto a un polo O la distanza b di O dalla *retta* di applicazione. Introducendo il versore $\mathbf{u}$ di OH, possiamo perciò scrivere $OH = b\mathbf{u}$. Scegliamo ora un versore $\mathbf{k}$ perpendicolare al piano che contiene $\mathbf{f}$ e O e indichiamo con f il modulo della forza e con $\mathbf{d}$ il suo versore. Quindi

$$\mathbf{M}_O = OH \wedge \mathbf{f} = b\mathbf{u} \wedge f\mathbf{d} = bf \underbrace{\mathbf{u} \wedge \mathbf{d}}_{\pm \mathbf{k}} = \pm bf\mathbf{k}.$$

In altre parole, il momento $\mathbf{M}_O$ di una forza $\mathbf{f}$ è perpendicolare al piano che contiene $\mathbf{f}$ e O e ha come componente secondo $\mathbf{k}$ il prodotto del braccio b per il modulo f, al quale deve essere anteposto un segno determinato dal fatto che il prodotto vettore $\mathbf{u} \wedge \mathbf{d}$ sia concorde o discorde con il verso di $\mathbf{k}$. Questa costruzione è illustrata nella Fig. 7.3.

Definizione 7.4 (Momento assiale) *Definiamo* momento assiale *di una forza* $\mathbf{f}$ rispetto a un asse a, *individuato da un versore* $\mathbf{u}$, *la quantità*

$$M_a = \mathbf{M}_O \cdot \mathbf{u} = OP \wedge \mathbf{f} \cdot \mathbf{u}$$

dove O *è un* qualsiasi *punto appartenente all'asse.*

Si vede subito che questa definizione è ben posta poiché il momento assiale M_a non dipende dal polo O scelto sull'asse. Infatti se Q è un altro punto di questo asse avremo

$$\mathbf{M}_Q \cdot \mathbf{u} = QP \wedge \mathbf{f} \cdot \mathbf{u} = (QO + OP) \wedge \mathbf{f} \cdot \mathbf{u} = OP \wedge \mathbf{f} \cdot \mathbf{u} = M_a$$

alla luce delle proprietà del prodotto misto e del parallelismo fra QO e $\mathbf{u}$.

Figura 7.4 Il momento assiale: $M_a = \mathbf{M}_O \cdot \mathbf{u} = \mathbf{M}_Q \cdot \mathbf{u}$. Sulla destra vediamo che solo la parte di forza perpendicolare all'asse contribuisce al calcolo di M_a

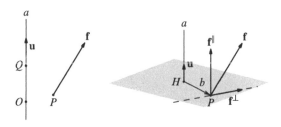

Scomponiamo la forza $\mathbf{f}$ nella somma di una parte $\mathbf{f}^{\|}$, parallela all'asse stesso, e una perpendicolare $\mathbf{f}^{\perp}$, come sulla destra della Fig. 7.4. Vediamo subito che solo la parte della forza perpendicolare all'asse è coinvolta nel calcolo del momento assiale. Infatti, scegliendo per comodità come polo il punto H dell'asse che coincide con la proiezione ortogonale su di esso del punto di applicazione della forza,

$$M_a = HP \wedge \mathbf{f} \cdot \mathbf{u} = HP \wedge (\mathbf{f}^{\|} + \mathbf{f}^{\perp}) \cdot \mathbf{u} = HP \wedge \mathbf{f}^{\perp} \cdot \mathbf{u}$$

poiché $HP \wedge \mathbf{f}^{\|} \cdot \mathbf{u} = 0$, a causa del parallelismo fra $\mathbf{f}^{\|}$ e $\mathbf{u}$, versore dell'asse a.

Il momento assiale equivale in sostanza alla componente secondo $\mathbf{u}$ del momento rispetto ad H della sola parte $\mathbf{f}^{\perp}$ che si trova nel piano passante per H e perpendicolare a $\mathbf{u}$.

Più in generale osserviamo che il calcolo del vettore $\mathbf{M}_O$ equivale ovviamente al calcolo delle sue tre componenti rispetto ad assi x, y e z passanti per O. Poiché, per la definizione di componente,

$$M_x = \mathbf{M}_O \cdot \mathbf{i}, \qquad M_y = \mathbf{M}_O \cdot \mathbf{j}, \qquad M_z = \mathbf{M}_O \cdot \mathbf{k},$$

vediamo che in sostanza il calcolo di $\mathbf{M}_O$ equivale al calcolo di tre momenti assiali.

7.4.1 Risultante e momento risultante

Indichiamo adesso con S un generico sistema di forze $\mathbf{f}_i$ $(i = 1, \ldots, n)$ applicate nei punti P_i, del quale definiamo *risultante* e *momento risultante*.

Definizione 7.5 (Risultante, momento risultante) *Dato un sistema di forze S definiamo il* risultante $\mathbf{R}$ *e il* momento risultante $\mathbf{M}_O$ *rispetto al polo O come:*

$$\mathbf{R} = \sum_{i=1}^{n} \mathbf{f}_i \qquad e \qquad \mathbf{M}_O = \sum_{i=1}^{n} OP_i \wedge \mathbf{f}_i . \tag{7.17}$$

($\mathbf{R}$ e $\mathbf{M}_O$ sono detti anche vettori caratteristici *del sistema di forze.)*

Per brevità si parla spesso semplicemente di "momento" del sistema di forze. Il momento dipende dal polo rispetto al quale lo si calcola e la differenza tra i momenti calcolati rispetto a poli diversi dipende solo dal risultante.

Proposizione 7.6 (Legge del cambiamento di polo) *Se* $\mathbf{M}_O$ *e* $\mathbf{M}_Q$ *sono i momenti di un sistema S di forze calcolati rispetto ai poli O e Q allora vale la relazione*

$$\mathbf{M}_Q = \mathbf{M}_O + QO \wedge \mathbf{R}. \tag{7.18}$$

Infatti:

$$\begin{aligned} \mathbf{M}_Q &= \sum_{i=1}^{n} QP_i \wedge \mathbf{f}_i = \sum_{i=1}^{n} \left(QO + OP_i \right) \wedge \mathbf{f}_i \\ &= \sum_{i=1}^{n} QO \wedge \mathbf{f}_i + \mathbf{M}_O = QO \wedge \mathbf{R} + \mathbf{M}_O \end{aligned} \tag{7.19}$$

Una immediata conseguenza di questa proprietà è che per un sistema di forze a risultante nullo il momento non dipende dal polo:

$$\mathbf{R} = 0 \quad \Rightarrow \quad \mathbf{M}_Q = \mathbf{M}_O \tag{7.20}$$

per ogni scelta dei punti O e Q. Naturalmente vale anche il viceversa: se $\mathbf{M}_O = \mathbf{M}_Q$ allora dalla (7.18) segue che $QO \wedge \mathbf{R} = \mathbf{0}$ e, affinché questa relazione sia soddisfatta per ogni scelta di O e Q, deve necessariamente essere $\mathbf{R} = \mathbf{0}$.

Dalla legge del cambiamento di polo (7.18) segue inoltre che il momento è costante su ogni retta parallela a $\mathbf{R}$, poiché per ogni coppia di punti A e B tali che $AB \parallel \mathbf{R}$ deduciamo che $\mathbf{M}_A = \mathbf{M}_B$. Questa proprietà è evidenziata nella parte sinistra della Fig. 7.5, dove si vedono due rette r_1 e r_2 parallele a $\mathbf{R}$ e i momenti calcolati rispetto a due poli A e B che appartengono alla retta r_1 e due poli C e D che appartengono alla retta r_2. Il momento varia da una retta all'altra ma resta invariato lungo ognuna delle rette.

7.4.2 *Invariante scalare, asse centrale e retta di applicazione del risultante*

Definizione 7.7 (Invariante scalare) *L*'invariante scalare *di un sistema di forze è il prodotto scalare fra il risultante e il momento:*

$$I = \mathbf{R} \cdot \mathbf{M}_O. \tag{7.21}$$

L'invariante scalare *non* dipende dal polo rispetto al quale si calcola il momento. Infatti, ricordando la legge del cambiamento di polo (7.18),

$$\mathbf{R} \cdot \mathbf{M}_Q = \mathbf{R} \cdot (\mathbf{M}_O + QO \wedge \mathbf{R}) = \mathbf{R} \cdot \mathbf{M}_O + \underbrace{\mathbf{R} \cdot QO \wedge \mathbf{R}}_{=0} = \mathbf{R} \cdot \mathbf{M}_O.$$

Figura 7.5 A sinistra rette parallele a **R**, ognuna formata da punti rispetto ai quali il momento è costante, e a destra l'asse centrale, dove il momento è parallelo al risultante

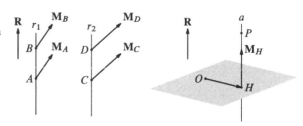

Questa proprietà dell'invariante scalare esprime il fatto che, al variare del polo, *la parte del momento parallela al risultante rimane inalterata mentre cambia solo la parte perpendicolare.*

Quando il risultante del sistema di forze è nullo, come già sappiamo, il momento è indipendente dal polo. Invece, nel caso in cui sia **R** $\neq$ **0**, e $\mathbf{M}_O$ dipenda perciò da O, possiamo dimostrare che esiste una retta, detta *asse centrale* del sistema di forze, formata da punti P rispetto ai quali il momento è *parallelo* a **R**.

Proposizione 7.8 (Asse centrale) *Per un sistema di forze a risultante* **R** *non nullo esiste una retta, detta* asse centrale, *rispetto ai cui punti il momento del sistema è parallelo al risultante stesso ed ha modulo minimo se confrontato con il momento calcolato rispetto a ogni altro punto dello spazio. Nel caso particolare in cui sia I* = 0 *questa retta è formata da poli rispetto ai quali il momento è* nullo, *ed è detta* retta di applicazione del risultante.

Dimostrazione   Il momento $\mathbf{M}_O$ calcolato rispetto a un punto O dello spazio arbitrariamente scelto avrà in generale sia una componente parallela a **R** che una ad esso perpendicolare.

Poiché il momento rimane costante su ogni retta parallela a **R**, come evidenziato sulla sinistra della Fig. 7.5, per individuare l'asse centrale sarà sufficiente determinare il suo punto di intersezione H con un piano perpendicolare a **R** e passante per O. Il vettore OH che cerchiamo deve quindi individuare un punto H tale che $OH \cdot \mathbf{R} = 0$ e

$$\mathbf{M}_H \wedge \mathbf{R} = \mathbf{0}$$

(condizione di parallelismo fra $\mathbf{M}_H$ e **R**). Dalla legge del cambiamento di polo (7.18) deduciamo che deve perciò essere

$$(\mathbf{M}_O + \mathbf{R} \wedge OH) \wedge \mathbf{R} = \mathbf{0}$$

e, grazie all'identità vettoriale (A.9), questo equivale a

$$\mathbf{M}_O \wedge \mathbf{R} + R^2 OH - \underbrace{(OH \cdot \mathbf{R})}_{=0}\mathbf{R} = \mathbf{0}$$

dove si è osservato che OH e $\mathbf{R}$ sono perpendicolari. Perciò deve essere

$$OH = \frac{\mathbf{R} \wedge \mathbf{M}_O}{R^2}.$$

Il vettore OP congiungente O con un punto P generico della retta passante per H e parallela a $\mathbf{R}$ (indicata con a nella parte destra della Fig. 7.5) si scompone in $OP = OH + HP$, dove $HP = \lambda \mathbf{R}$ per un generico valore del parametro λ. Perciò

$$OP(\lambda) = \frac{\mathbf{R} \wedge \mathbf{M}_O}{R^2} + \lambda \mathbf{R}. \tag{7.22}$$

La retta (7.22), detta appunto *asse centrale* del sistema di forze, è quindi formata dai poli rispetto ai quali il momento è costante e *parallelo* al risultante.

Per ogni altro punto Q dello spazio si ha

$$\mathbf{M}_Q = \mathbf{M}_P + QP \wedge \mathbf{R}$$

dove, poiché P appartiene all'asse centrale, $\mathbf{M}_P$ è parallelo a $\mathbf{R}$ mentre il secondo termine è ad esso perpendicolare (per la definizione di prodotto vettore). Quindi, per il Teorema di Pitagora applicato alla somma di due vettori perpendicolari fra loro,

$$|\mathbf{M}_Q|^2 = |\mathbf{M}_P|^2 + |QP \wedge \mathbf{R}|^2 \geq |\mathbf{M}_P|^2$$

e perciò il modulo di $\mathbf{M}_Q$ è maggiore del modulo di $\mathbf{M}_P$ (l'uguaglianza si ha solo quando anche Q appartiene all'asse centrale).

Infine, nel caso particolare in cui sia $I = 0$, l'asse centrale ha una ulteriore particolarità. Infatti, essendo $I = \mathbf{R} \cdot \mathbf{M}_O$ indipendente dal polo O, il suo annullarsi implica che il momento sia in ogni punto *perpendicolare* a $\mathbf{R}$, ma poiché, d'altra parte, sappiamo che sull'asse centrale (7.22) il momento è invece *parallelo* a $\mathbf{R}$, siamo obbligati a concludere che, quando sia $I = 0$, l'asse centrale è formato da punti rispetto ai quali *il momento del sistema è nullo*. In questo caso la retta (7.22) prende il nome di *retta di applicazione del risultante*. □

7.5 Sistemi particolari di forze

Definizione 7.9 (Sistema equilibrato) *Un sistema di forze si dice* equilibrato *se ha risultante e momento nullo:* $\mathbf{R} = \mathbf{0}$, $\mathbf{M}_O = \mathbf{0}$.

Il più semplice sistema equilibrato è ovviamente il *sistema nullo*, formato da 0 vettori. Inoltre, l'equazione (7.19) dimostra che se un sistema è equilibrato quando si calcola il momento rispetto a un polo O, esso rimane equilibrato anche se il momento si calcola rispetto a un qualunque punto Q.

Fra i sistemi di forze, quelli formati da due forze uguali e opposte costituiscono il più semplice caso per il quale si ha risultante nullo ($\mathbf{R} = \mathbf{0}$) ma, in generale, momento diverso da zero ($\mathbf{M} \neq \mathbf{0}$).

Figura 7.6 Due coppie di braccio b formate da forze uguali e opposte di intensità f. Il momento è perpendicolare al piano della coppia e ha componente $M = bf$ secondo un verso determinato dall'orientamento delle forze

Definizione 7.10 (Coppia) *Una coppia è un sistema di* due *forze uguali e opposte, e perciò parallele, che non hanno però in generale la medesima retta di applicazione.*

Alla luce della (7.20) il momento di una coppia non dipende dal polo rispetto al quale è calcolato. Per questo motivo si parla semplicemente di "momento della coppia", senza specificare o indicare il polo.

Le due forze che compongono una coppia, se non allineate, giacciono in un piano, che è detto *piano della coppia*. Come si verifica facilmente il momento **M** è perpendicolare a questo piano e ha modulo pari al prodotto dell'intensità f di una delle forze per la distanza b fra le due rette di applicazione, che è detto *braccio della coppia* (Fig. 7.6).

È importante osservare che, per ogni valore assegnato **M** del momento, è sempre possibile costruire infinite coppie $(P_1, \mathbf{f})$ e $(P_2, -\mathbf{f})$ che abbiano come momento proprio **M**. Indichiamo con **k** e con M il versore e l'intensità di **M**, in modo che sia $\mathbf{M} = M\mathbf{k}$, è scegliamo, in un qualsiasi piano perpendicolare a **k**, un punto P_1 e due versori **i** e **j**, ortogonali fra loro e tali che sia $\mathbf{k} = \mathbf{i} \wedge \mathbf{j}$ (questo è possibile in infiniti modi). Applichiamo ora una forza $\mathbf{f} = -f\mathbf{j}$ in P_1 e una forza parallela e opposta $\mathbf{f} = f\mathbf{j}$ nel punto P_2, tale che $P_1 P_2 = b\mathbf{i}$. Il momento di questa coppia, calcolato rispetto al polo P_1, è pari a $P_1 P_2 \wedge (\mathbf{f}) = b\mathbf{i} \wedge (f\mathbf{j}) = bf\mathbf{i} \wedge \mathbf{j} = bf\mathbf{k}$ e sarà perciò uguale a **M** se avremo scelto b e f in modo che sia $bf = M$ (e anche questo è possibile in infiniti modi).

Definizione 7.11 (Sistema piano) *Un sistema di forze si dice* piano *quando sia le forze che i loro punti di applicazione appartengono a un medesimo piano.*

È evidente che anche il risultante **R** delle forze giace nel piano comune, che indichiamo ora con π. Si osserva poi che il momento di *ogni* forza rispetto a un polo O appartenente a π è perpendicolare al piano stesso:

$$(OP_i \wedge \mathbf{f}_i) \perp \pi$$

(il prodotto vettore è perpendicolare ad entrambi i fattori), così come è quindi perpendicolare a π anche il momento complessivo $\mathbf{M}_O$. Per questo motivo, in de-

Figura 7.7 Un sistema
di forze parallele e il loro
risultante, dove $R = \sum_i f_i$

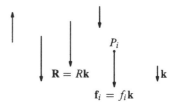

finitiva, *l'invariante scalare* $I = \mathbf{R} \cdot \mathbf{M}_O$ *di un sistema piano di forze è sempre nullo.*

Definizione 7.12 (Sistema di forze concorrenti) *Le forze di un sistema sono* concorrenti *in un punto Q se le loro rette di applicazione si intersecano tutte in Q.*

Se tutte le forze concorrono in un dato punto Q, ogni singolo vettore $\mathbf{f}_i$ avrà momento nullo rispetto a Q, e quindi nullo sarà il momento risultante rispetto a tale punto. Si avrà quindi, utilizzando tale punto per il calcolo dell'invariante scalare,

$$I = \mathbf{R} \cdot \mathbf{M}_Q = 0\,.$$

Definizione 7.13 (Sistema di forze parallele) *Le forze di un sistema si dicono* parallele *quando i vettori* $\mathbf{f}_i$ *sono paralleli a un comune versore* $\mathbf{k}$, *e tutti i vettori* $\mathbf{f}_i$ *possono perciò essere scritti come* $\mathbf{f}_i = f_i\mathbf{k}$, *dove* f_i *è la componente di ciascuna forza nella direzione del versore* $\mathbf{k}$ *(non è necessario che le forze siano equiverse, come si vede nella Fig. 7.7).*

Mostriamo che, anche in questo caso, l'invariante scalare del sistema è nullo. Il risultante è evidentemente parallelo a $\mathbf{k}$

$$\mathbf{R} = \sum_{i=1}^{n} \mathbf{f}_i = \left(\sum_{i=1}^{n} f_i\right)\mathbf{k} = R\mathbf{k} \qquad \left(R = \sum_{i=1}^{n} f_i\right),$$

mentre per il momento risultante avremo

$$\mathbf{M}_O = \sum_{i=1}^{n} OP_i \wedge \mathbf{f}_i = \sum_{i=1}^{n} OP_i \wedge f_i\mathbf{k} = \left(\sum_{i=1}^{n} f_i\, OP_i\right) \wedge \mathbf{k}\,. \qquad (7.23)$$

Anche in questo caso, perciò, l'invariante scalare è nullo

$$I = \mathbf{R} \cdot \mathbf{M}_O = R\mathbf{k} \cdot \left(\sum_{i=1}^{n} f_i\, OP_i\right) \wedge \mathbf{k} = 0\,.$$

7.6   Sistemi equivalenti e riduzione di un sistema di forze

Introduciamo adesso una relazione di equivalenza fra sistemi di forze. Consideriamo perciò due sistemi S e S' descritti da

$$S = \{P_i, \mathbf{f}_i\} \quad (i = 1, \ldots, n), \qquad S' = \{P'_j, \mathbf{f}'_j\} \quad (j = 1, \ldots, m).$$

Osserviamo che, in generale, S e S' sono formati da un diverso numero di forze (n e m, rispettivamente) $\mathbf{f}_i$ e $\mathbf{f}'_j$ applicate in differenti punti dello spazio (P_i e P'_j, rispettivamente).

Definizione 7.14 (Sistemi equivalenti)   *Due sistemi di forze S e S' si dicono* equivalenti *se hanno gli stessi vettori caratteristici:*

$$\mathbf{R} = \mathbf{R}' \quad e \quad \mathbf{M}_O = \mathbf{M}'_O. \tag{7.24}$$

Due sistemi equivalenti rispetto a un polo O lo sono anche rispetto ad un qualunque altro polo Q. Supponiamo infatti che valgano le (7.24). Allora:

$$\mathbf{M}_Q = +\mathbf{M}_O + QO \wedge \mathbf{R} = \mathbf{M}'_O + QO \wedge \mathbf{R}' = \mathbf{M}'_Q.$$

Dato un sistema S le seguenti *operazioni elementari* forniscono sempre un sistema equivalente.

- Traslazione di una forza lungo la sua retta di applicazione. La sostituzione di una forza $\mathbf{f}$ applicata in P con la medesima forza applicata in $P + \lambda\mathbf{f}$ ovviamente non modifica il risultante del sistema, ma non cambia neanche il momento risultante, in quanto la forza rimpiazzata e la sua sostituta hanno lo stesso momento rispetto a qualunque polo:

$$OP \wedge \mathbf{f} = (OP + \lambda\mathbf{f}) \wedge \mathbf{f}.$$

- Sostituzione di forze applicate in un medesimo punto P con il loro risultante, applicato nel comune punto di applicazione. Questa operazione lascia invariata la somma delle forze, ma anche il loro momento risultante. Infatti, siano $\mathbf{f}_i$ le forze applicate in P da sostituire con $\sum_i \mathbf{f}_i$. Si ha:

$$\sum_{i=1}^{m} OP \wedge \mathbf{f}_i = OP \wedge \left(\sum_{i=1}^{m} \mathbf{f}_i \right).$$

Combinando le precedenti due operazioni elementari si può dimostrare che non alterano risultante e momento di un sistema di forze neanche le seguenti operazioni.

- Aggiunta o sottrazione di una coppia di momento nullo (due forze uguali ed opposte aventi la medesima retta di applicazione).
- Sostituzione di forze concorrenti con il loro risultante, applicato nel punto P di intersezione delle rette di applicazione.

Ci occuperemo ora di determinare, per ogni sistema di forze S, quale sia il più semplice sistema S' equivalente a S. Supponiamo quindi di avere assegnato un sistema di forze e di voler costruire un diverso sistema S' equivalente ad esso, vale a dire che abbia il medesimo risultante e momento, e che però sia formato dal minimo numero di forze.

Teorema 7.15 *Siano* $\mathbf{R}$ *e* $\mathbf{M}_O$ *risultante e momento del sistema* S, *e sia* $I = \mathbf{R} \cdot \mathbf{M}_O$ *il suo invariante scalare. Allora:*

(i) $\mathbf{R} = \mathbf{0}$, $\mathbf{M}_O = \mathbf{0}$ *(sistema equilibrato)* $\Longrightarrow$ *S equivalente al sistema nullo.*

(ii) $\mathbf{R} = \mathbf{0}$, $\mathbf{M}_O \neq \mathbf{0} \Longrightarrow$ *S equivalente a una coppia.*

(iii) $\mathbf{R} \neq \mathbf{0}$, $I = 0 \Longrightarrow$ *S equivalente a un sistema* S' *composto da una sola forza, pari a* $\mathbf{R}$, *applicata in un punto della* retta di applicazione del risultante, *già descritta nella* (7.22), *con equazione*

$$OP(\lambda) = \frac{\mathbf{R} \wedge \mathbf{M}_O}{R^2} + \lambda\, \mathbf{R}. \qquad (7.25)$$

(iv) $\mathbf{R} \neq \mathbf{0}$, $I \neq 0 \Longrightarrow$ *S equivalente a un sistema* S' *composto da una forza, pari a* $\mathbf{R}$, *applicata in un punto a scelta, più una coppia opportuna. Inoltre, se si sceglie di applicare* $\mathbf{R}$ *in un punto della retta* (7.25), *in questo caso detta* asse centrale, *la coppia necessaria per l'equivalenza avrà momento parallelo a* $\mathbf{R}$ *e modulo minimo.*

Dimostrazione

- La proprietà *(i)* è evidente.
- Al fine di dimostrare la proprietà *(ii)* si deve determinare una coppia avente momento assegnato $\mathbf{M}_O$. In realtà esistono infinite coppie che soddisfano questa richiesta, come abbiamo già visto quando abbiamo introdotto il concetto di coppia.
- La proprietà *(iii)* caratterizza i sistemi di forze equivalenti a un sistema formato da una sola forza. Ricordiamo che, nel caso in cui sia $\mathbf{R} \neq \mathbf{0}$ e $I = 0$ esiste una retta di punti, detta retta di applicazione del risultante, tale che rispetto ai poli collocati su di essa il momento complessivo del sistema S è nullo. Consideriamo perciò un sistema $S' = \{P, \mathbf{R}\}$ costituito dalla *sola* forza $\mathbf{R}$, pari al risultante di S, applicato in un punto P di questa retta di applicazione del risultante.
  L'equivalenza fra S e il sistema S' così costruito è subito dimostrata. Infatti l'uguaglianza fra i risultanti di S e S' è immediatamente soddisfatta, poiché il sistema S' è proprio formato dall'unica forza $\mathbf{R}$. Inoltre, il momento del sistema S è nullo quando calcolato rispetto a un polo della retta di applicazione del risultante e lo è anche quello del sistema S', formato dal solo vettore $\mathbf{R}$ anch'esso applicato sulla medesima retta. È perciò verificata anche la condizione di uguaglianza dei momenti.
- Nel caso più generale ($\mathbf{R} \neq \mathbf{0}$, $I \neq 0$) poiché l'invariante è diverso da zero *non* esiste alcun polo rispetto al quale il momento delle forze si annulli, e il sistema

di forze S è equivalente a un sistema S' costituito dal solo risultante $\mathbf{R}$ applicato in un qualunque punto Q, con l'aggiunta di una coppia $(P_1, \mathbf{f})$, $(P_2, -\mathbf{f})$ di momento pari a $\mathbf{M}_Q$. Infatti, il sistema S' così costruito ha risultante pari a $\mathbf{R}$ (la coppia non contribuisce al calcolo del risultante) e momento calcolato rispetto a Q pari a $\mathbf{M}_Q$ (il risultante applicato proprio in Q non contribuisce al calcolo del momento complessivo, che si riduce a quello della coppia).

Osserviamo che, poiché possiamo scegliere come punto di applicazione di uno dei vettori della coppia proprio Q stesso, il sistema S' può essere ridotto in effetti a due sole forze: la somma di $\mathbf{R}$ con $\mathbf{f}$ in Q e la seconda forza $-\mathbf{f}$, applicata in un altro punto opportuno, scelto in modo che il momento della coppia sia uguale a $\mathbf{M}_Q$.

Infine, se il sistema equivalente S' è costruito applicando il risultante in un punto P dell'asse centrale (7.22), piuttosto che in un punto Q generico, allora il momento $\mathbf{M}_Q$ della coppia da aggiungere sarà parallelo a $\mathbf{R}$ e di modulo minimo. Questa proprietà è una naturale conseguenza di quanto visto nella Sez. 7.4.2. □

Osservazione 7.16 Nel Paragrafo 2.1 abbiamo dimostrato che hanno sempre *invariante scalare nullo*:

• i sistemi piani;
• i sistemi di forze concorrenti;
• i sistemi di forze parallele.

Tutti questi sistemi di forze, se hanno risultante non nullo, ammettono quindi retta di applicazione del risultante e rientrano nel caso *(iii)* del Teorema 7.15 (e mai nel caso *(iv)*).

In particolare, quando le forze sono *concorrenti*, è semplice mostrare che la retta di applicazione del risultante passa dal punto di concorrenza comune.

Più in generale, si può infine osservare che ogni sistema a invariante scalare nullo può essere sempe ridotto a una forza (quando sia $\mathbf{R} \neq 0$) o a una coppia (quando sia $\mathbf{R} = 0$). □

7.6.1 Momento di trasporto

È utile in molte situazioni poter trasportare una forza in un diverso punto di applicazione, mantenendola parallela a se stessa, e senza modificare risultante e momento complessivi del sistema al quale la forza appartiene. Se indichiamo con A il punto dove la forza $\mathbf{f}$ è originariamente applicata e con B il punto dove vogliamo trasportarla sarà sufficiente aggiungere al nuovo sistema una coppia che genera un momento pari a $-AB \wedge \mathbf{f}$. In questo modo il risultante non cambia (una coppia ha risultante nullo) e il momento complessio generato da $\mathbf{f}$ e dalla coppia aggiunta è nullo rispetto al polo A, come si vede nella Fig. 7.8. Il momento della coppia che si introduce è noto per ovvi motivi come *momento di trasporto*.

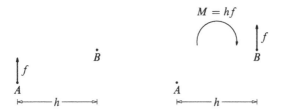

Figura 7.8 Introducendo una coppia che generi un opportuno *momento* è possibile trasportare in B la forza applicata in A. Si osservi che i sistemi rappresentati sulla sinistra e sulla destra hanno il medesimo risultante e il medesimo momento, e sono quindi equivalenti. In questa figura il momento M della coppia è perpendicolare al piano del disegno e ha verso e intensità indicate

7.6.2   *Centro di forze parallele*

Analizziamo ora più in dettaglio il caso di un sistema di forze parallele, per le quali supponiamo ora che sia $\mathbf{R} \neq 0$. Ricollegandoci alla discussione che segue la Definizione 7.13 ricordiamo che in questo caso $I = 0$ e che quindi, come evidenziato nell'Osservazione 7.16, questo sistema di forze ammette retta di applicazione del risultante, della quale vogliamo trovare ora l'equazione.

Invece di specializzare la relazione (7.25) a questo particolare caso è più conveniente osservare che la retta cercata è formata da tutti e soli i punti P tali che il momento rispetto a un polo O del risultante $\mathbf{R} = R\,\mathbf{k}$ pensato applicato in P è uguale al momento complessivo $\mathbf{M}_O$ delle forze, che in questo contesto è dato dalla (7.23). Perciò

$$OP \wedge R\,\mathbf{k} = \sum_{i=1}^{n} f_i\, OP_i \wedge \mathbf{k}$$

e quindi

$$\left(R\,(OP) - \sum_{i=1}^{n} f_i\, OP_i \right) \wedge \mathbf{k} = \mathbf{0}.$$

I due fattori di questo prodotto vettoriale sono perciò paralleli e

$$R\,(OP) = \sum_{i=1}^{n} f_i\, OP_i + \lambda \mathbf{k}$$

con λ uno scalare arbitrario. Conviene dividere ambo i membri per R e, sfruttando l'arbitrarietà di λ, scrivere

$$OP(\lambda) = \frac{1}{R} \sum_{i=1}^{n} f_i\, OP_i + \lambda \mathbf{k} \qquad (7.26)$$

dove si è messa in evidenza la dipendenza di P da λ.

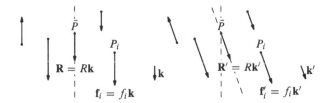

Figura 7.9 A sinistra un sistema di forze parallele e la sua retta di applicazione del risultante. A destra un sistema ottenuto dal precedente variando solo il versore comune delle forze, con la nuova retta di applicazione del risultante. Il punto $\bar{P}$, detto *centro di forze parallele*, non dipende dal versore

È questa l'equazione (in forma vettoriale) delle retta di applicazione del risultante del sistema di forze parallele, e cioè del luogo dei punti $P(\lambda)$ dove si può applicare il risultante **R** ottenendo un sistema equipollente a quello assegnato.

Osserviamo però che fra tutti i punti di questa retta ne esiste uno solo che gode di una particolare e importante proprietà, ed è perciò detto *centro di forze parallele*. Indichiamo con $\bar{P}$ il punto della (7.26) che si ottiene ponendo $\lambda = 0$:

$$O\bar{P} = \frac{1}{R} \left(\sum_{i=1}^{n} f_i \, OP_i \right) \tag{7.27}$$

e osserviamo che questo è l'unico punto della retta che *non* dipende dalla direzione **k** delle forze.

Sulla sinistra della Fig. 7.9 è rappresentato un sistema di forze parallele al versore **k** e applicate nei punti P_i. Si vede tratteggiata la retta di applicazione del risultante **R** e il centro di forze parallele $\bar{P}$. Sulla destra della medesima figura si vede invece il sistema costituito dalle medesime forze, applicate negli stessi punti P_i, ma ruotate nello spazio in modo da essere ora parallele a un diverso versore **k′**. La retta di applicazione del risultante di questo secondo sistema è tratteggiata e parallela ora a **k′**. Il centro di forze parallele $\bar{P}$ appartiene anche a questa seconda retta, poiché è indipendente dalla scelta del versore comune.

Baricentro

I pesi di un insieme di punti materiali sono vettori "ragionevolmente paralleli" solo quando ci si trovi in una regione ristretta di spazio poiché, per esempio, punti molto lontani fra loro, anche situati in prossimità della superficie terrestre, sono soggetti a forze peso non parallele.

Supponiamo ora di essere in un contesto in cui i pesi $\mathbf{p}_i$ dei punti P_i possono essere ritenuti *parelleli*, con $\mathbf{p}_i = p_i \mathbf{k}$ ($p_i > 0$ e **k** verticale discendente). Nell'ipotesi aggiuntiva che l'accelerazione di gravità g sia uniforme avremo inoltre che $p_i = m_i g$.

Il centro di forze parallele $\bar{P}$ di questo sistema prende ora il nome di *baricentro* (centro delle forze peso).

Indicando con p e m il peso e la massa totale dei punti materiali, la (7.27) si riscrive come:

$$O\bar{P} = \frac{1}{p}\left(\sum_{i=1}^{n} p_i\, OP_i\right) = \frac{1}{mg}\left(\sum_{i=1}^{n} m_i g\, OP_i\right) = \frac{1}{m}\left(\sum_{i=1}^{n} m_i\, OP_i\right). \quad (7.28)$$

Si vede che la relazione (7.28) ricalca esattamente la definizione di centro di massa precedentemente fornita nella (5.2), e questo è il motivo per il quale i termini di baricentro e centro di massa vengono utilizzati come sinonimi.

Per una questione di chiarezza concettuale è però meglio precisare che:

- La relazione (5.2), insieme alla sua estensione (5.4) al caso continuo, definisce il *centro di massa* G di un sistema materiale.
- Nel caso di un sistema, discreto o continuo, che occupa una regione ristretta di spazio dove è sottoposto a un'azione gravitazionale uniforme l'insieme delle forze peso è parallelo e il suo baricentro $\bar{P}$ coincide con il centro di massa G.
- Per questo motivo si è soliti utilizzare i termini *baricentro* e *centro di massa* come se fossero sinonimi, anche se si tratta di enti concettualmente distinti.

Da queste osservazioni segue che il baricentro (nel senso di "centro delle forze peso") gode di tutte le proprietà già dimostrate nella prima parte del Cap. 5 per il centro di massa.

7.7 Lavoro elementare e potenza di un sistema di forze

Il *lavoro elementare* compiuto da una forza $\mathbf{F}$ in corrispondenza a uno spostamento infinitesimo dP del suo punto di applicazione è dato da $dL = \mathbf{F} \cdot dP$, mentre la *potenza* della medesima forza $\mathbf{F}$ è definita come $\Pi = \mathbf{F} \cdot \mathbf{v}$, dove $\mathbf{v}$ è la velocità del punto P di applicazione, come abbiamo già visto in precedenza.

Il lavoro elementare e la potenza complessivi di un sistema di forze $\mathbf{F}_i$ ($i = 1, \ldots, n$) agenti sui punti P_i sono invece definiti come somma delle potenze e dei lavori delle singole forze:

$$dL = \sum_{i=1}^{n} \mathbf{F}_i \cdot dP_i \qquad \Pi = \sum_{i=1}^{n} \mathbf{F}_i \cdot \mathbf{v}_i. \quad (7.29)$$

È importante dedurre l'espressione del lavoro elementare e della potenza quando le forze sono applicate ai punti di:

- un sistema rigido;
- un sistema con N coordinate libere $\mathsf{q} = (q_1, q_2, \ldots, q_N)$.

7.7.1 Forze agenti su un corpo rigido

La relazione (2.26) esprime lo spostamento infinitesimo dei punti di un corpo rigido come

$$dP_i = dQ + \boldsymbol{\varepsilon} \wedge QP_i \qquad (\boldsymbol{\varepsilon} = \boldsymbol{\omega}\, dt)$$

dove $\boldsymbol{\varepsilon}$ è il vettore che descrive la rotazione infinitesima del corpo che all'istante considerato ha velocità angolare $\boldsymbol{\omega}$.

Il lavoro elementare si ottiene per sostituzione a partire dalla sua definizione (7.29):

$$
\begin{aligned}
dL &= \left(\sum_{i=1}^{n} \mathbf{F}_i \right) \cdot dQ + \sum_{i=1}^{n} \mathbf{F}_i \cdot \boldsymbol{\varepsilon} \wedge QP_i \\
&= \left(\sum_{i=1}^{n} \mathbf{F}_i \right) \cdot dQ + \left(\sum_{i=1}^{n} QP_i \wedge \mathbf{F}_i \right) \cdot \boldsymbol{\varepsilon} ,
\end{aligned}
\tag{7.30}
$$

dove a secondo membro abbiamo effettuato una permutazione ciclica dei fattori del prodotto misto. Introducendo il vettore risultante $\mathbf{R}$ e il vettore momento risultante $\mathbf{M}_Q$ del sistema di forze applicate $(P_i, \mathbf{F}_i)$ (vedi (7.17)) si ottiene l'espressione

$$dL = \mathbf{R} \cdot dQ + \mathbf{M}_Q \cdot \boldsymbol{\varepsilon} . \tag{7.31}$$

In modo del tutto analogo a quanto appena visto, per sostituzione nella $(7.29)_2$ dell'espressione della velocità di un generico punto P_i di un sistema rigido data da $\mathbf{v}_i = \mathbf{v}_Q + \boldsymbol{\omega} \wedge QP_i$, otteniamo

$$
\begin{aligned}
\Pi &= \sum_{i=1}^{n} \mathbf{F}_i \cdot \mathbf{v}_i = \sum_{i=1}^{n} \mathbf{F}_i \cdot (\mathbf{v}_Q + \boldsymbol{\omega} \wedge QP_i) \\
&= \sum_{i=1}^{n} \mathbf{F}_i \cdot \mathbf{v}_Q + \sum_{i=1}^{n} \mathbf{F}_i \cdot \boldsymbol{\omega} \wedge QP_i = \mathbf{R} \cdot \mathbf{v}_Q + \sum_{i=1}^{n} \boldsymbol{\omega} \cdot QP_i \wedge \mathbf{F}_i \\
&= \mathbf{R} \cdot \mathbf{v}_Q + \boldsymbol{\omega} \cdot \mathbf{M}_Q
\end{aligned}
$$

che sintetizziamo con

$$\Pi = \mathbf{R} \cdot \mathbf{v}_Q + \mathbf{M}_Q \cdot \boldsymbol{\omega} . \tag{7.32}$$

Da (7.31) e (7.32) si evince che al fine di misurare il lavoro elementare o la potenza delle forze agenti su un sistema rigido nulla cambia se si sostituisce il sistema di forze $\{(P_i, \mathbf{F}_i)\}$ con un altro equivalente nel senso della definizione (7.24). Infatti, in base alla (7.31) e alla (7.32) sia il lavoro elementare che la potenza di un sistema di forze agenti su un corpo rigido dipendono solo dai vettori caratteristici del sistema stesso. Pertanto, ai fini del calcolo del lavoro o della potenza di un sistema di forze agenti su un corpo rigido, si può sostituire il sistema stesso con uno più semplice, ovviamente purché ad esso equivalente. Sottolineiamo che il punto Q può essere scelto ad arbitrio; è però fondamentale che il punto di cui si considera lo spostamento infinitesimo nella (7.31) (o la velocità nella (7.32)) coincida con il punto rispetto al quale si calcola il momento $\mathbf{M}_Q$.

Due utili e semplici conseguenze delle relazioni (7.31) e (7.32) sono le espressioni del lavoro elementare e della potenza di una coppia, o di un sistema ad essa equipollente, per la quale si ha $\mathbf{R} = \mathbf{0}$ e quindi il momento $\mathbf{M}$ *indipendente* dal polo:

$$dL = \mathbf{M} \cdot \boldsymbol{\varepsilon} \qquad \Pi = \mathbf{M} \cdot \boldsymbol{\omega} \,.$$

Esempio 7.17 (Coppie agenti su corpi rigidi piani) Consideriamo un corpo rigido in moto piano, o più in generale vincolato in modo che gli siano consentiti solo moti rototraslatori con asse di rotazione parallelo a $\mathbf{u}$ (vedi §2.5.2). Definito l'angolo di rotazione θ, le rotazioni infinitesime del corpo rigido verificheranno $\boldsymbol{\varepsilon} = \boldsymbol{\omega}\,dt = d\theta\,\mathbf{u}$ (vedi (2.29)). Consideriamo ora una coppia di momento $\mathbf{M}$, agente sul corpo rigido. La (7.31) mostra che il lavoro infinitesimo da essa compiuto vale $dL = \mathbf{M} \cdot \boldsymbol{\varepsilon} = (\mathbf{M} \cdot \mathbf{u})d\theta$. Detta $M_u = \mathbf{M} \cdot \mathbf{u}$ la componente di $\mathbf{M}$ parallela all'asse di rotazione, supponiamo che M_u dipenda solo dall'angolo di rotazione θ, dimodoché

$$dL = M_u(\theta)\,d\theta\,. \tag{7.33}$$

La (7.33) mostra che il lavoro della coppia considerata è un differenziale esatto. È infatti possibile determinare un potenziale U, che coinciderà con una qualunque primitiva di $M_u(\theta)$. Infatti,

$$M_u(\theta) = U'(\theta) \quad \Longrightarrow \quad dL = dU = U'(\theta)\,d\theta\,.$$

Nel caso particolare che la coppia sia costante ($\mathbf{M}_0 = M_0\mathbf{u}$) il potenziale sarà $U_0 = M_0\theta + \text{costante}$. Un altro esempio interessante è fornito dalla *molla torsionale*, l'equivalente rotazionale della forza elastica (7.15). Una molla torsionale fornisce una coppia di momento proporzionale all'angolo θ di rotazione rispetto alla sua configurazione di riposo: $\mathbf{M}_k = M_k(\theta)\mathbf{u}$, con $M_k(\theta) = -k\theta$ e $k > 0$. Il potenziale di una molla torsionale è fornito da

$$U_k(\theta) = -\frac{1}{2}k\theta^2\,, \tag{7.34}$$

in analogia sostanziale con quello di una molla lineare. $\square$

7.7.2 Forze agenti su un sistema olonomo

Consideriamo un sistema olonomo le cui configurazioni sono descritte dalle N coordinate libere $\mathbf{q} = (q_1, \ldots, q_N)$:

$$P_i = P_i(q_1, \ldots, q_N; t) \tag{7.35}$$

(la dipendenza esplicita dal tempo delle funzioni che assegnano le posizioni dei punti P_i è presente quando si abbia a che fare con vincoli mobili).

Calcoliamo il lavoro elementare di un sistema di forze applicate ai punti P_i, deducendo dalla (7.35) l'espressione (4.22) per gli spostamenti elementari:

$$dP_i = \sum_{k=1}^{N} \frac{\partial P_i}{\partial q_h} dq_h + \frac{\partial P_i}{\partial t} dt \,. \tag{7.36}$$

Per sostituzione della (7.36) nella prima delle (7.29) il lavoro elementare prende la forma

$$
\begin{aligned}
dL &= \sum_{i=1}^{n} \mathbf{F}_i \cdot dP_i = \sum_{i=1}^{n} \mathbf{F}_i \cdot \left(\sum_{h=1}^{N} \frac{\partial P_i}{\partial q_h} dq_h + \frac{\partial P_i}{\partial t} dt \right) \\
&= \sum_{i=1}^{n} \mathbf{F}_i \cdot \left(\sum_{h=1}^{N} \frac{\partial P_i}{\partial q_h} dq_h \right) + \sum_{i=1}^{n} \mathbf{F}_i \cdot \frac{\partial P_i}{\partial t} dt \\
&= \sum_{h=1}^{N} \left(\sum_{i=1}^{n} \mathbf{F}_i \cdot \frac{\partial P_i}{\partial q_h} \right) dq_h + \sum_{i=1}^{n} \mathbf{F}_i \cdot \frac{\partial P_i}{\partial t} dt \\
&= \sum_{h=1}^{N} Q_h \, dq_h + Q_t \, dt
\end{aligned}
\tag{7.37}
$$

dove Q_h e Q_t sono stati definiti come

$$Q_h = \sum_{i=1}^{n} \mathbf{F}_i \cdot \frac{\partial P_i}{\partial q_h} \,, \qquad Q_t = \sum_{i=1}^{n} \mathbf{F}_i \cdot \frac{\partial P_i}{\partial t} \,. \tag{7.38}$$

Si osservi che dL ha la struttura di una forma differenziale nelle $N+1$ variabili $(q_1, \ldots, q_N; t)$ e che questa forma differenziale in generale non è esatta, vale a dire che non è detto che esista una funzione della quale essa sia il differenziale.

Per quanto riguarda la potenza Π delle medesime forze si può facilmente dedurre dalla espressione della velocità dei punti $P_i(q_1, \ldots, q_N; t)$, espresse da

$$\mathbf{v}_i = \frac{dP_i}{dt} = \sum_{h=1}^{N} \frac{\partial P_i}{\partial q_h} \dot{q}_h + \frac{\partial P_i}{\partial t} \,,$$

che

$$\Pi = \sum_{i=1}^{n} \mathbf{F}_i \cdot \mathbf{v}_i = \sum_{i=1}^{n} \mathbf{F}_i \cdot \left(\sum_{h=1}^{N} \frac{\partial P_i}{\partial q_h} \dot{q}_h + \frac{\partial P_i}{\partial t} \right) = \sum_{h=1}^{N} Q_h \dot{q}_h + Q_t$$

dove i passaggi svolti (che qui abbiamo omesso) sono del tutto analoghi a quelli presenti nella (7.37).

7.8 Lavoro e potenza virtuale

Ricordiamo che uno spostamento virtuale δP è uno spostamento infinitesimo compatibile con i vincoli, immaginati fissati all'istante considerato (precisazione essenziale nel caso siano presenti vincoli mobili), e una velocità virtuale $\mathbf{v}'$ è analogamente una velocità compatibile con i vincoli, sempre fissati all'istante considerato.

Il *lavoro virtuale* di una forza è definito come il prodotto scalare fra la forza stessa e uno spostamento *virtuale* del suo punto di applicazione:

$$\delta L = \mathbf{F} \cdot \delta P$$

dove si osservi l'uso della lettera "δ" (al posto della "d") per distinguere il lavoro virtuale dal lavoro elementare, che si compie invece in corrispondenza a uno spostamento elementare effettivo.

In completa analogia definiamo la *potenza virtuale* di una forza come

$$\Pi' = \mathbf{F} \cdot \mathbf{v}'$$

dove l'apice sulla lettera Π serve a distinguere la potenza virtuale da quella effettiva, che si calcola in corrispondenza alla velocità effettiva $\mathbf{v}$ invece che virtuale $\mathbf{v}'$.

Ovviamente, il lavoro e la potenza virtuale di un insieme di forze $\mathbf{F}_i$ applicate ai punti P_i di un sistema sono date da

$$\delta L = \sum_{i=1}^{n} \mathbf{F}_i \cdot \delta P_i \qquad \Pi' = \sum_{i=1}^{n} \mathbf{F}_i \cdot \mathbf{v}_i' \tag{7.39}$$

Come abbiamo visto nel Paragrafo 4.1.4 *nel caso di vincoli mobili* la velocità effettiva non rientra in generale fra le velocità virtuali e quindi anche il lavoro elementare e la potenza effettiva non sono casi particolari del lavoro e della potenza virtuale.

Vediamo ora come si possano esprimere sia il lavoro e che la potenza virtuale di forze agenti su un corpo rigido e su un sistema con N coordinate libere.

7.8.1 Forze agenti su un corpo rigido

A partire dalla (4.19), che esprime lo spostamento virtuale dei punti di un corpo rigido come

$$\delta P_i = \delta Q + \boldsymbol{\varepsilon}' \wedge Q P_i \,,$$

per sostituzione nella prima delle (7.39) e con una deduzione del tutto analoga a quella illustrata nella (7.30) si giunge alla seguente espressione

$$\delta L = \mathbf{R} \cdot \delta Q + \mathbf{M}_Q \cdot \boldsymbol{\varepsilon}' \,. \tag{7.40}$$

Similmente, per quanto riguarda la potenza virtuale, per sostituzione di

$$\mathbf{v}'_i = \mathbf{v}'_Q + \boldsymbol{\omega}' \wedge QP_i$$

nella seconda delle (7.39) avremo invece

$$\Pi' = \mathbf{R} \cdot \mathbf{v}'_Q + \mathbf{M}_Q \cdot \boldsymbol{\omega}'. \tag{7.41}$$

Anche qui val la pena ricordare, per la loro utilità nelle applicazioni, le espressioni di lavoro e potenza virtuale di una coppia, o di un sistema ad essa equipollente:

$$\delta L = \mathbf{M} \cdot \boldsymbol{\varepsilon}' \qquad \Pi' = \mathbf{M} \cdot \boldsymbol{\omega}' \tag{7.42}$$

dove $\boldsymbol{\varepsilon}'$ e $\boldsymbol{\omega}'$ sono, rispettivamente, il vettore di rotazione infinitesima e la velocità angolare, entrambi virtuali, del corpo rigido sul quale agisce la coppia.

Pertanto, in analogia con quanto abbiamo già osservato al termine del §7.7.1, ai fini del calcolo del lavoro o della potenza virtuale di un sistema di forze agenti su un corpo rigido, si può sostituire il sistema stesso con uno più semplice, ovviamente purché ad esso equivalente.

7.8.2 *Lavoro virtuale di forze agenti su un sistema olonomo*

La (4.23) permette di esprimere lo spostamento virtuale dei punti di un sistema con N coordinate libere come

$$\delta P_i = \sum_{h=1}^{N} \frac{\partial P_i}{\partial q_h} \delta q_h \,,$$

dove si deve osservare che, diversamente dallo spostamento effettivo (7.36), qui non compare il termine finale con la derivata rispetto al tempo e la variazione infinitesima dt, poiché i vincoli e il tempo sono immaginati fissati. Quindi, il lavoro virtuale è dato da

$$\delta L = \sum_{i=1}^{n} \mathbf{F}_i \cdot \Big(\sum_{h=1}^{N} \frac{\partial P_i}{\partial q_h} \delta q_h \Big) = \sum_{h=1}^{N} \Big(\sum_{i=1}^{n} \mathbf{F}_i \cdot \frac{\partial P_i}{\partial q_h} \Big) \delta q_h = \sum_{h=1}^{N} Q_h \delta q_h \,, \tag{7.43}$$

dove, come nella prima delle (7.38), si è posto

$$Q_h = \sum_{i=1}^{n} \mathbf{F}_i \cdot \frac{\partial P_i}{\partial q_h} \,. \tag{7.44}$$

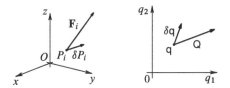

Figura 7.10 Il lavoro virtuale totale delle forze applicate ai punti P_i del sistema è pari al prodotto scalare $Q \cdot \delta q$ (nella figura è rappresentato il caso di un sistema con due coordinate libere: $q = (q_1, q_2)$)

A questo punto, come già fatto nel Paragrafo 4.3, è utile introdurre a fianco di $q = (q_1, q_2, \ldots, q_n)$ i vettori di $\mathbb{R}^N$

$$\delta q = (\delta q_1, \delta q_2, \ldots, \delta q_N)$$
$$Q = (Q_1, Q_2, \ldots, Q_N)$$

$$(7.45)$$

in modo tale da poter riscrivere l'espressione (7.43) del lavoro virtuale come

$$\delta L = Q_1 \delta q_1 + \ldots Q_N \delta q_N = Q \cdot \delta q, \qquad (7.46)$$

dove il prodotto scalare finale deve essere pensato nello spazio delle configurazioni, che ha dimensione pari al numero delle coordinate libere del sistema.

La (7.46), che come vedremo ha grande importanza, è una espressione del tutto simile alla (7.1), che descrive il lavoro elementare di una forza **F** applicata a un punto P: al posto di **F** e dP vi sono in (7.46) Q e δq rispettivamente. Per tale motivo il vettore Q prende il nome di *forza generalizzata* e le sue componenti $Q_h (h = 1, 2, \ldots, N)$ prendono il nome di *componenti lagrangiane (o generalizzate) delle forze.*

Il lavoro virtuale complessivo delle forze F_i, alla luce della (7.43) e della (7.46), è dato perciò dal prodotto scalare fra il vettore delle componenti generalizzate Q_h e il vettore delle δq_h, variazioni virtuali delle coordinate libere.

Questa analogia fra punto e sistemi olonomi si rivelerà estremamente importante sia in statica che in dinamica. In particolare, le componenti lagrangiane delle forze attive giocheranno un ruolo fondamentale sia nell'identificare le configurazioni di equilibrio che nel guidare il moto di sistemi olonomi.

Una presentazione visiva di questi concetti è suggerita nella Fig. 7.10 dove sulla sinistra si vede, nello spazio fisico tridimensionale, la forza F_i applicata al generico punto P_i di un sistema che qui si immagina avere due gradi di libertà.

7.9 Sistemi di forze conservative

Consideriamo un sistema di forze F_i, applicate ai punti P_i di un sistema con N coordinate libere, e supponiamo che ognuna di esse sia conservativa, provenendo da un potenziale $U_i(P)$ (che può anche essere il medesimo per alcune o tutte le forze), e perciò tali che $F_i = \operatorname{grad} U_i$.

In queste ipotesi l'espressione per il calcolo delle Q_h ci darà

$$Q_h = \sum_{i=1}^{n} \mathbf{F}_i \cdot \frac{\partial P_i}{\partial q_h} = \sum_{i=1}^{n} \operatorname{grad} U_i \cdot \frac{\partial P_i}{\partial q_h} = \frac{\partial \tilde{U}}{\partial q_h} \qquad (7.47)$$

dove è stata usata la regola di derivazione delle funzioni composte per $\tilde{U}$, il potenziale complessivo del sistema di forze espresso però come funzione delle cordinate libere

$$\tilde{U}(q_1, \ldots, q_N, t) = \sum_{i=1}^{n} U_i \left(P_i(q_1, \ldots, q_N, t) \right) . \qquad (7.48)$$

È importante perciò osservare che, mentre il potenziale U_i di ciascuna forza conservativa non dipende dal tempo, può tuttavia verificarsi (sostanzialmente per l'eventuale presenza di vincoli mobili) che si crei una dipendenza esplicita dal tempo per il potenziale $\tilde{U}$, che genera per derivazione rispetto alle q_h le componenti lagrangiane Q_h della sollecitazione.

Analogamente,

$$Q_t = \sum_{i=1}^{n} \mathbf{F}_i \cdot \frac{\partial P_i}{\partial t} = \sum_{i=1}^{n} \operatorname{grad} U_i \cdot \frac{\partial P_i}{\partial t} = \frac{\partial \tilde{U}}{\partial t} .$$

Quest'ultima relazione conferma che poiché nel caso di vincoli fissi si ha $Q_t = 0$ allora, coerentemente, $\tilde{U}$ non possiede una dipendenza esplicita dal tempo.

Esempio 7.18 Per meglio comprendere questi dettagli facciamo l'esempio di un punto di massa m in un piano verticale soggetto a un forza elastica, prodotta da una molla ideale di costante k che lo collega all'origine. Con riferimento alla Fig. 7.11, sappiamo che il potenziale $U(P)$ complessivo della forza elastica e del peso è dato da $U(x, y) = -k(x^2 + y^2)/2 - mgy$. Se però il punto è vincolato a muoversi su una guida uniformemente ruotante, come si vede sulla destra della medesima figura, allora esiste una sola coordinata libera, che scegliamo con s, la distanza del punto dall'origine. Quindi, il potenziale si esprime ora come

$$\tilde{U}(s, t) = -ks^2/2 - mgs \sin(\omega t)$$

Figura 7.11 Forza elastica agente su un punto pesante libero e uno vincolato a una guida ruotante

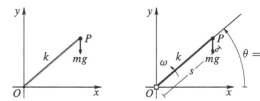

con una dipendenza esplicita dal tempo, pur essendo sia la forza della molla che il peso di tipo conservativo. Si osservi che in presenza della *sola* forza della molla non ci sarebbe dipendenza di $\tilde{U}$ da t, e perciò la mobilità dei vincoli è condizione necessaria ma non sufficiente perché si crei una dipendenza esplicita del potenziale $\tilde{U}$ dal tempo. □

Diciamo ora che, per semplicità, da qui in avanti scriveremo U sia per indicare il potenziale inteso come funzione delle posizioni dei punti, sia per indicare il potenziale inteso come funzione delle coordinate libere ed eventualmente del tempo. In altre parole, non faremo una distinzione formale fra le funzioni U e $\tilde{U}$ che abbiamo introdotto qui sopra, legate dalla (7.48).

Con questa convenzione riassumiamo quanto dedotto dicendo che per un sistema di forze conservative esiste una funzione $U(q_1, \ldots, q_N, t)$ tale che

$$Q_h = \frac{\partial U}{\partial q_h} \qquad Q_t = \frac{\partial U}{\partial t}. \tag{7.49}$$

Il lavoro elementare effettivo prende ora la forma

$$dL = \sum_{h=1}^{N} Q_h dq_h + Q_t dt = \sum_{h=1}^{N} \frac{\partial U}{\partial q_h} dq_h + \frac{\partial U}{\partial t} dt = dU,$$

mentre la potenza effettiva del sistema di forze è data da

$$\Pi = \sum_{h=1}^{N} Q_h \dot{q}_h + Q_t = \sum_{h=1}^{N} \frac{\partial U}{\partial q_h} \dot{q}_h + \frac{\partial U}{\partial t} = \frac{dU}{dt}. \tag{7.50}$$

Si osservi infine che per il lavoro virtuale abbiamo invece

$$\delta L = \sum_{h=1}^{N} Q_h \delta q_h = \sum_{h=1}^{N} \frac{\partial U}{\partial q_h} \delta q_h = \delta U.$$

Perciò, se un sistema di forze conservative viene applicato a un sistema olonomo (a vincoli fissi o mobili che siano) il lavoro elementare e il lavoro virtuale diventano differenziali esatti del potenziale complessivo $U(q_1, q_2, \ldots, q_N; t)$ espresso come funzione delle coordinate libere e del tempo (come abbiamo già osservato quest'ultima dipendenza interviene in presenza di vincoli mobili).

Quel che vale la pena sottolineare è che la presenza di vincoli può far diventare esatto anche il lavoro elementare di sistemi di forze che non sarebbero altrimenti conservative.

Esempio 7.19 Consideriamo un campo di forze piane definite da

$$\mathbf{F}(x, y) = k[-xy\mathbf{i} + y\mathbf{j}],$$

dove k è una costante. Poiché

$$\frac{\partial F_x}{\partial y} \neq \frac{\partial F_y}{\partial x}$$

sappiamo che questo campo non è conservativo e quindi *non* esiste alcuna funzione $U(x, y)$ tale che

$$\delta U = k[-xy\,\delta x + y\,\delta y] = \mathbf{F} \cdot \delta P = \delta L \,.$$

Supponiamo però che la forza di questo campo sia applicata a un punto P *vincolato* alla retta $y = 1$, per cui gli spostamenti possibili siano solo quelli per i quali $\delta P = (\delta x, 0)$. In questo caso

$$\delta L = -kx\,\delta x = \delta(-k\,x^2/2)$$

e quindi mentre il punto libero di muoversi nel piano non è soggetto a una sollecitazione conservativa lo è invece il punto vincolato.   □

La condizione $\delta L = \delta U$ richiede infatti che esista una funzione U tale che il lavoro virtuale (7.46) coincida con la sua variazione virtuale *per ogni insieme di spostamenti virtuali consentiti dai vincoli*. È evidente che tanti meno sono gli spostamenti virtuali consentiti (ovvero tanti più sono i vincoli) e tanto più facile sarà trovare un simile potenziale.

Un altro esempio di quanto appena illustrato lo abbiamo incontrato nel calcolo del potenziale di una coppia agente su un corpo rigido vincolato ad effettuare moti piani (o comunque rototraslatori). In tal caso abbiamo visto che il vincolo di direzione posto sulla velocità angolare implica che sia sufficiente che una delle componenti della coppia sia posizionale per garantire che il lavoro elementare sia esatto. Addirittura nessuna condizione viene posta sulle altre due componenti della coppia. Altri esempi simili li incontreremo più avanti nel testo (vedi §10.1, §10.3 e §12.5).

Esempio 7.20 (Calcolo delle componenti lagrangiane)   Consideriamo un'asta AB di lunghezza ℓ, vincolata come descritto nel §4.1.3. Supponiamo quindi che un carrello vincoli l'estremo A a scorrere su un asse x, e che quindi il sistema possieda due gradi di libertà. Scegliamo come coordinate libere l'ascissa s di A e l'angolo di rotazione θ (vedi Fig. 4.6).

- Calcoliamo le componenti lagrangiane di una forza $\mathbf{F}_B = F_{Bx}\mathbf{i} + F_{By}\mathbf{j}$, applicata nell'estremo B. Al fine di usare la definizione (7.44) dobbiamo esprimere la posizione del punto di applicazione B in funzione delle coordinate libere: $OB = (s + l\cos\theta)\mathbf{i} + l\sin\theta\,\mathbf{j}$. A questo punto avremo

$$Q_{Bs} = \mathbf{F} \cdot \frac{\partial B}{\partial s} = \mathbf{F} \cdot \mathbf{i} = F_{Bx}$$

$$Q_{B\theta} = \mathbf{F} \cdot \frac{\partial B}{\partial \theta} = \mathbf{F} \cdot \left(-l\sin\theta\,\mathbf{i} + l\cos\theta\,\mathbf{j}\right) = (-F_{Bx}\sin\theta + F_{By}\cos\theta)l$$

Il fatto che s sia un'ascissa implica che la componente lagrangiana Q_s coincida semplicemente con la componente x della forza. Sottolineiamo comunque che anche la componente Q_θ risulta diversa da zero.

- Consideriamo invece una coppia di momento $\mathbf{M} = M_z\mathbf{k}$. In base alla (7.40), il lavoro virtuale da essa compiuto sarà

$$\delta L = \mathbf{M} \cdot \boldsymbol{\varepsilon}' = M_z\mathbf{k} \cdot \delta\theta\mathbf{k} = M_z\delta\theta \,.$$

In vista della (7.43), possiamo ora riconoscere le componenti lagrangiane come i coefficienti dell'espressione del lavoro virtuale in funzione degli spostamenti virtuali. Risulta quindi $Q_s = 0$ e $Q_\theta = M_z$. La componente lagrangiana relativa all'angolo θ coincide con la componente del momento secondo l'asse rispetto al quale è definito l'angolo. $\square$

Capitolo 8
Leggi della Meccanica

Scopo della Meccanica è quello di collegare il movimento dei corpi con le forze che su questi possono agire. A tal fine è necessario introdurre principi generali che hanno il compito di spiegare le relazioni fra forze e moti. Questi principi sono Leggi della Meccanica: un insieme di postulati, assunti i quali secondo il procedimento ipotetico-deduttivo delle scienze matematiche, si ottengono le relazioni *causa-effetto* cercate.

Le Leggi delle Meccanica sono il prodotto di una lunga e delicata attività di astrazione da osservazioni sperimentali che storicamente sono state principalmente di natura astronomica. Per riuscire a postulare da osservazioni sperimentali delle leggi assolute è necessario effettuare un *processo di idealizzazione*. Questo significa che risulta necessario assumere come verificate in modo assoluto e rigoroso alcune proprietà che si indicano come *speciali* e che sono desunte dall'esperienza. Risulta ovvio che nella realtà queste proprietà speciali, che si postulano come assolute, sono verificate solo in modo approssimato. Nonostante questo, rispetto a tutte le altre proprietà osservate nell'esperienza, quelle che si denotano come speciali lo sono con una approssimazione tanto maggiore quanto più vengono eliminate delle circostanze accidentali che sono da intendersi come perturbatrici.

Solitamente, nei trattati elementari, si è soliti presentare le leggi della Meccanica in una prospettiva che è dovuta principalmente a Galileo Galilei (Pisa 1564–Firenze 1642), Sir Isaac Newton (Woolsthorpe, Lincolnshire 1643–Londra 1727) e Leonhard Euler (Basilea 1707–San Pietroburgo 1783), il cui cognome è solitamente latinizzato in Eulero. Tale prospettiva presenta il suo cardine in tre leggi: il principio di inerzia, il principio di proporzionalità tra forza e accelerazione, e il principio di azione e reazione.

Infatti, mentre il movimento ha carattere relativo, lo stesso non si può dire per le forze a cui si deve attribuire un carattere che non dipende dal sistema di riferimento (come è semplice convincersi pensando agli esempi più comuni e quotidiani). Ne segue che ogni tentativo di mettere in relazione il moto dei corpi alle forze che su questi possono agire, comporta delle leggi che se sono valide rispetto a un dato sistema di riferimento risultano generalmente false in un sistema in moto rispetto al primo. Pertanto il primo problema da risolvere è quello della scelta del sistema di riferimento.

P. Biscari et al., *Meccanica Razionale*, La Matematica per il 3+2 138, https://doi.org/10.1007/978-88-470-4018-2_8

8.1 Principi della Meccanica

8.1.1 Riferimenti inerziali

Postulato (Primo Principio della Meccanica) *Esistono sistemi di riferimento rispetto i quali un punto isolato rimane in quiete oppure si muove con accelerazione nulla. Gli osservatori descritti da questi sistemi di riferimento sono denominati inerziali.*

La necessità di far riferimento a una specifica classe di sistemi di riferimento (quelli inerziali) si capisce osservando che i Principi della Meccanica mirano a mettere in relazione le forze, cause del movimento, con il moto da esse generato. Questo obiettivo si scontra contro l'osservazione che le forze hanno carattere assoluto (tutti gli osservatori misurano le stesse forze) mentre il movimento, specificato da velocità e accelerazione, ha carattere relativo, come abbiamo avuto modo di studiare nel Capitolo 3. Le leggi di moto che postuleremo di seguito non potranno quindi essere valide in tutti i sistemi di riferimento, ma saranno valide per gli osservatori inerziali appena caratterizzati. In sistemi di riferimento non inerziali sarà quindi possibile osservare fenomeni solo apparentemente in contraddizione con i Postulati qui introdotti, in quanto vedremo nel Capitolo 13 che risulta possibile studiare il moto di un corpo in un sistema di riferimento qualunque, a patto di introdurre delle forze aggiuntive, dette *forze apparenti*.

Esistono infiniti osservatori inerziali. Dal Teorema di Coriolis (vedi §3.3) è infatti possibile riconoscere che gli osservatori inerziali costituiscono una classe di ∞^6 riferimenti che differiscono per una trasformazione galileiana ($\mathbf{a}_Q = \mathbf{0}$, $\boldsymbol{\omega} = \mathbf{0}$), dove $\mathbf{a}_Q$ è l'accelerazione dell'origine e $\boldsymbol{\omega}$ è la velocità angolare della terna che descrive un osservatore rispetto all'altro. In altre parole: determinato un sistema inerziale sono inerziali tutti quelli che si muovono di moto traslatorio uniforme rispetto ad esso.

8.1.2 Equazione fondamentale della dinamica

Osservando il moto dei gravi, Galileo stabilì la legge della caduta libera. Questa legge determina che per un grave, in un dato intervallo di tempo Δt, risulta costante la variazione di velocità lungo la verticale. In questo modo Galileo riuscì a dedurre che a determinare una variazione di velocità in un corpo (e quindi a provocare una accelerazione) è l'azione del peso, e che questa variazione è indipendente dalla velocità stessa del corpo.

Newton rese definitivamente esplicita questa fondamentale osservazione sperimentale.

Postulato (Secondo Principio della Meccanica) *In un sistema di riferimento inerziale, un corpo soggetto a una forza* **F** *acquista un'accelerazione parallela e concorde alla forza, di intensità proporzionale a quella della stessa forza.*

In formule il secondo Principio fornisce la ben nota equazione fondamentale della dinamica (o equazione di Newton):

$$\mathbf{F} = m\mathbf{a}\,, \tag{8.1}$$

dove con m si indica la suddetta costante positiva di proporzionalità, detta *massa* (anche se più precisamente dovremmo parlare di massa *inerziale*). La massa può essere intesa come una misura della tendenza di un punto a perdurare nel suo stato di quiete o di moto rettilineo e uniforme. Infatti, dalla (8.1) si ottiene che $\mathbf{a} = \mathbf{F}/m$ ovvero tanto è più grande m tanto più piccola risulta l'intensità dell'accelerazione. Questo fatto è una (imprecisa ma suggestiva) misura del fatto che tanto è maggiore la massa di un punto tanto più difficilmente il suo moto si allontanerà da quello per inerzia.

8.1.3 Principio di azione e reazione

Postulato (Terzo Principio della Meccanica) *Per ogni coppia di punti materiali P_1 e P_2 la forza* $\mathbf{F}_{12}$ *che P_2 esercita su P_1 è uguale e opposta alla forza* $\mathbf{F}_{21}$ *che P_1 esercita su P_2 e ha la medesima retta di applicazione. In altre parole, le interazioni tra due punti materiali sono rappresentabili attraverso due forze che formano una coppia di braccio nullo:*

$$\mathbf{F}_{12} + \mathbf{F}_{21} = \mathbf{0}\,, \qquad OP_1 \wedge \mathbf{F}_{12} + OP_2 \wedge \mathbf{F}_{21} = \mathbf{0}\,.$$

Questo Postulato, noto anche come *Principio di azione e reazione*, viene spesso enunciato affermando *che a ogni azione corrisponde una reazione uguale e contraria.*

Nell'ipotesi che due punti P_1, P_2, rispettivamente di masse m_1, m_2, siano isolati, essendo

$$\mathbf{F}_{12} = m_1\mathbf{a}_1, \qquad \mathbf{F}_{21} = m_2\mathbf{a}_2,$$

deve essere

$$m_1\mathbf{a}_1 + m_2\mathbf{a}_2 = \mathbf{0}$$

e quindi *le accelerazioni di due punti materiali isolati sono parallele alla retta che li congiunge, discordi come verso e il rapporto delle loro grandezze è una costante pari all'inverso del rapporto delle masse dei punti stessi.*

8.1.4 Principio di sovrapposizione delle forze

Sempre Galileo, osservando il moto non verticale dei gravi, riuscì a intuire che le circostanze che determinano il movimento dei gravi agiscono senza influenzarsi reciprocamente, ma ancora una volta fu Newton a generalizzare e dare uno status di principio a questa intuizione.

Postulato *Sia* F_1 *la forza che su un dato punto materiale produrrebbe (se applicata da sola) l'accelerazione* a_1*, e* F_2 *la forza che sullo stesso punto produrrebbe l'accelerazione* a_2*. Allora l'accelerazione prodotta dalla contemporanea applicazione delle due forze è data da* $a_1 + a_2$*, e quindi vale*

$$m(a_1 + a_2) = F_1 + F_2 \,.$$

Naturalmente questo principio si generalizza a un numero qualunque di forze agenti sullo stesso punto materiale, che possono sempre essere sostituite con il loro risultante.

8.2 Determinismo meccanico

La Meccanica Classica è una teoria matematica che si occupa del moto dei corpi macroscopici, con notevole successo e con un campo di applicazione molto vasto che copre, tra l'altro, la meccanica molecolare, il moto dei corpi celesti e la dinamica dei veicoli terrestri e spaziali. Nonostante questo è necessario ricordare che la Meccanica Classica non è atta a rappresentare il moto di particelle sub-atomiche e che la sua applicabilità risulta questionabile anche nel caso in cui i corpi macroscopici si muovono con velocità straordinariamente elevate, prossime in intensità a quelle della luce.

Se quindi si considerano osservazioni sperimentali che riguardano i corpi reali nell'ambito del campo proprio di applicazione della Meccanica Classica è possibile rilevare che il moto dei sistemi materiali è determinato dalle condizioni iniziali (ovvero dalla configurazione e dall'atto di moto del sistema all'istante iniziale t_0 in cui inizia l'osservazione del moto). In termini analitici questa osservazione, nel caso di un punto materiale, si traduce nella richiesta che nell'equazione fondamentale (8.1) le forze possano dipendere esclusivamente da posizione, velocità e tempo:

$$F = F(P, v, t) \tag{8.2}$$

Infatti, se la funzione in (8.2) è esplicitamente nota e si intende incognito il moto del punto materiale, allora l'equazione fondamentale (8.1) proiettata sugli assi di una terna di riferimento permette di ottenere tre equazioni differenziali scalari del secondo ordine nelle tre incognite $\{x(t), y(t), z(t)\}$. Inoltre, la (8.2) garantisce che tale sistema sia già scritto in *forma normale*, vale a dire risolto rispetto alle derivate di ordine superiore, che grazie alla (8.2) compaiono solo nell'accelerazione.

Dobbiamo però sottolineare che l'ipotesi (8.2) non è comunque sufficiente per stabilire che, fissate le condizioni iniziali

$$x(t_0) = x_0, \quad y(t_0) = y_0, \quad z(t_0) = z_0,$$
$$\dot{x}(t_0) = \dot{x}_0, \quad \dot{y}(t_0) = \dot{y}_0, \quad \dot{z}(t_0) = \dot{z}_0. \tag{8.3}$$

e nota la funzione $\mathbf{F}(P, \mathbf{v}, t)$, l'equazione (8.1) ammetta una e una sola soluzione, in modo da garantire il determinismo del moto, almeno in un qualche intervallo $[t_0, t_1]$. Ricordiamo infatti che per assicurare l'esistenza di una e una sola soluzione al problema di Cauchy (8.1)-(8.3) è necessario che la legge delle forze (8.2) sia compatibile con le ipotesi del Teorema di Cauchy, di cui riportiamo l'enunciato senza dimostrazione nel caso generale di n equazioni differenziali ordinarie in n incognite.

Teorema 8.1 (Cauchy)   *Il problema differenziale*

$$\ddot{x}_i = \varphi_i(x_1, \ldots, x_n; \dot{x}_1, \ldots, \dot{x}_n; t), \qquad x_i(t_0) = x_{i0},$$
$$\dot{x}_i(t_0) = \dot{x}_{i0}, \quad i = 1, \ldots, n \tag{8.4}$$

ammette almeno una soluzione in un intervallo temporale $t_0 \leq t < t_1$ se le funzioni φ_i a secondo membro di (8.4) sono continue. *Tale soluzione è unica se le φ_i sono* lipschitziane *in un insieme di valori $(x_i, \dot{x}_i, t)$ che comprenda il dato iniziale.*

Ricordiamo a questo proposito la definizione di funzione lipschitziana.

Definizione 8.2   *Una funzione di più variabili $f : D \subset \mathbb{R}^n \to \mathbb{R}$ si dice lipschitziana in una delle sue variabili (per esempio, $x_1 \in [a, b]$) se esiste una costante K tale che*

$$\left| f(x_1'', x_2, \ldots, x_n) - f(x_1', x_2, \ldots, x_n) \right| \leq K \left| x_1'' - x_1' \right| \qquad \begin{array}{l} \forall \, x_1', x_1'' \in [a, b] \\ \forall \, x_2, \ldots, x_n. \end{array}$$

Al fine di garantire che f sia lipschitziana quando una sua variabile assume valori in un intervallo chiuso, basta che esista e sia continua la derivata parziale di f rispetto a quella variabile in quell'intervallo.

Osserviamo che il Teorema di Cauchy non garantisce (ma ovviamente neanche esclude) che la soluzione di un problema di Cauchy sia definita su un intervallo illimitato ($t_1 = +\infty$).

Osservazione 8.3   Un semplice esempio che non soddisfa ai criteri previsti dal Teorema di Cauchy, è fornito dalla forza unidimensionale $F(x) = a\sqrt[3]{x}$, con $a > 0$. Se infatti studiamo il problema differenziale

$$m\ddot{x} = a\sqrt[3]{x}; \qquad x(0) = 0, \quad \dot{x}(0) = 0, \tag{8.5}$$

è banale verificare che esso ammette la soluzione di quiete $x(t) \equiv 0$. Tale soluzione
non è però unica, in quanto anche la soluzione

$$x(t) = \left(\frac{a}{6m}\right)^{3/2} t^3$$

soddisfa (8.5).

Questa Osservazione mostra come la richiesta di determinismo meccanico renda
non fisiche alcune specifiche leggi costitutive che definirebbero forze in contrasto
con le ipotesi del Teorema di Cauchy.   □

Osservazione 8.4   La seconda legge della dinamica ammette una duplice interpretazione. Nei problemi in cui la forza totale è un dato del problema, essa è un'equazione differenziale vettoriale del secondo ordine rispetto alla funzione incognita
$OP(t)$. Questo problema dinamico, che simbolicamente potrebbe rappresentarsi
come $m\mathbf{a} = \mathbf{F}(OP, \mathbf{v}, t)$, riceve il nome di problema *diretto*. Qualora invece sia
il moto ad essere noto, e si voglia individuare la forza o le forze che consentono
di raggiungere l'obbiettivo desiderato, si parla di problema dinamico *inverso*, che
simbolicamente potrebbe esprimersi come $\mathbf{F} = m\mathbf{a}$. Questi problemi non sono equazioni differenziali del secondo ordine, in quanto il moto (e quindi l'accelerazione)
risultano ora noti.

Classico esempio di problema inverso è il Problema di Keplero (vedi §10.5) nel
quale da osservazioni riguardanti le orbite dei pianeti si riesce a risalire alla legge
della forza di gravitazione che genera quelle orbite.   □

8.3   Forze interne e esterne

Nella divisione ideale di un sistema materiale isolato S in sottosistemi è spesso utile
determinare una suddivisione dettata dalla proprietà che, nonostante sussista il principio di azione e reazione, certi punti materiali possono influenzare il moto di altri
punti, i quali invece a loro volta hanno un effetto trascurabile sui primi. Si pensi, per
esempio, all'effetto della Terra su una mela in caduta libera e al molto più trascurabile effetto della mela sulla Terra stessa. Più in generale, possiamo immaginare
situazioni in cui si possa dividere $S = S_1 \cup S_2$, dimodoché la massa di ciascun punto
di S_1 sia estremamente inferiore alla massa di ciascun punto di S_2.

In questa situazione, in prima approssimazione, il moto dei punti materiali di S_2
non sarà influenzato da quello dei punti materiali di S_1, e può quindi succedere che,
nonostante tutti i punti interagiscano tra di loro, il moto dei punti di S_2 possa essere
ritenuto noto anche quando quello dei punti di S_1 sia ancora incognito. Nello studio
della dinamica dei punti di S_1 è possibile allora introdurre la seguente approssimazione. Si consideri la legge che definisce la forza di interazione tra un punto di S_1
e uno di S_2. Tale forza dipenderà in generale da posizione e velocità di ciascuno
dei due punti. Possiamo però sostituire le quantità relative al punto di S_2 con quelle
ottenute trascurando nel suo moto l'effetto della forza stessa.

Nel caso, per esempio, in cui il sistema isolato sia costituito esclusivamente da due punti materiali P, Q, di masse estremamente diverse $m_P \ll m_Q$, una simile divisione permette di assumere, in prima approssimazione, che il moto di Q sia la quiete o un moto rettilineo uniforme.

Con questa approssimazione risulta che per qualunque $P_i \in S_1$ è possibile scrivere

$$m_i \mathbf{a}_i = \sum_{j \neq i \in S_1} \mathbf{F}_{ij}^{(i)} \left(P_i, P_j, \mathbf{v}_i, \mathbf{v}_j \right) + \sum_{h \in S_2} \mathbf{F}_{ih}^{(e)} (P_i, \mathbf{v}_i, t), \qquad (8.6)$$

dove il primo addendo a secondo membro fornisce il risultante delle *forze interne*, mentre il secondo addendo è il risultante delle *forze esterne* agenti sul punto P_i. In quest'ultimo la dipendenza di $\mathbf{F}_{ih}^{(e)}$ da posizione e velocità di punti $Q_h \in S_2$ è stata sostituita dalla loro legge del moto, il che dà luogo alla dipendenza esplicita dal tempo di tali forze. Il sistema di equazioni (8.6) viene indicato con il nome di *sistema fondamentale della dinamica*, e può essere riscritto in forma più compatta come

$$m_i \mathbf{a}_i = \mathbf{F}_i^{(i)} + \mathbf{F}_i^{(e)} \qquad (8.7)$$

dove $\mathbf{F}_i^{(i)}$ e $\mathbf{F}_i^{(e)}$ sono rispettivamente i risultanti delle forze *interne* e *esterne* al sistema agenti sul punto P_i.

Nel caso in cui il sistema S_1 risulti costituito da un unico punto materiale, e quindi non ci possano essere forze interne, la (8.6) si riduce all'unica equazione vettoriale

$$m\mathbf{a} = \mathbf{F}(P, \mathbf{v}, t),$$

ovvero si ritrova l'*equazione fondamentale della dinamica del punto materiale* (o equazione di Newton).

8.4 Proprietà delle forze interne

Il Principio di Azione e Reazione, così come formulato in § 8.1.3, permette di dedurre in modo immediato alcune semplici ma notevolissime conseguenze:

- Il risultante e il momento delle forze interne sono sempre nulli;
- Il lavoro e la potenza delle forze interne sono nulli in ogni sistema *rigido*.

8.4.1 Risultante e momento delle forze interne

Le forze interne sono a due a due uguali e opposte, con la medesima retta di applicazione, e quindi ci aspettiamo che la loro somma e la somma dei loro momenti sia nulla. La dimostrazione formale rende rigorosa questa idea.

Teorema 8.5 *Il risultante e il momento delle forze interne sono sempre nulli:*

$$\mathbf{R}^{\text{int}} = \mathbf{0}\,, \qquad \mathbf{M}_O^{\text{int}} = \mathbf{0}\,. \tag{8.8}$$

Dimostrazione Indichiamo con $\mathbf{f}_{ij}$ $(i \neq j)$ la forza che il punto P_j esercita sul punto P_i di un sistema $\{P_h\}$ $(h = 1, \ldots, N)$. Dal principio di azione e reazione sappiamo che

$$\mathbf{f}_{ij} + \mathbf{f}_{ji} = \mathbf{0}\,, \qquad OP_i \wedge \mathbf{f}_{ij} + OP_j \wedge \mathbf{f}_{ji} = \mathbf{0}\,.$$

Per il risultante delle forze interne

$$\mathbf{R}^{\text{int}} = \sum_{\substack{i,j=1 \\ (i \neq j)}}^{N} \mathbf{f}_{ij} = \sum_{\substack{i,j=1 \\ (i \neq j)}}^{N} \mathbf{f}_{ji} = - \sum_{\substack{i,j=1 \\ (i \neq j)}}^{N} \mathbf{f}_{ij} = -\mathbf{R}^{\text{int}}$$

e quindi necessariamente $\mathbf{R}^{\text{int}} = \mathbf{0}$.

Per il momento complessivo delle forze interne deduciamo analogamente che:

$$\mathbf{M}_O^{\text{int}} = \sum_{\substack{i,j=1 \\ (i \neq j)}}^{N} OP_i \wedge \mathbf{f}_{ij} = \sum_{\substack{i,j=1 \\ (i \neq j)}}^{N} OP_j \wedge \mathbf{f}_{ji} = - \sum_{\substack{i,j=1 \\ (i \neq j)}}^{N} OP_i \wedge \mathbf{f}_{ij} = -\mathbf{M}_O^{\text{int}}$$

e quindi, come prima, deve essere $\mathbf{M}_O^{\text{int}} = \mathbf{0}$. □

Osservazione 8.6 Ricordando la Definizione 7.9 diciamo che il sistema delle forze interne è sempre *equilibrato*. □

8.4.2 Lavoro e potenza delle forze interne in un corpo rigido

Una ulteriore importante conseguenza delle (8.8) riguarda l'annullarsi del lavoro infintesimo e della potenza delle forze interne a un corpo rigido, o più in generale a un sistema in moto rigido.

Teorema 8.7 *Il lavoro infinitesimo e la potenza delle forze interne a un corpo rigido sono sempre nulli:*

$$dL^{\text{int}} = 0\,, \qquad \Pi^{\text{int}} = 0\,. \tag{8.9}$$

Dimostrazione Ricordando la (7.31), possiamo esprimere il lavoro infintesimo di un generico sistema di forze applicate a un corpo rigido come

$$dL = \mathbf{R} \cdot dO + \mathbf{M}_O \cdot \boldsymbol{\varepsilon}\,.$$

Nel caso si tratti delle forze interne, in vista delle (8.8) avremo perciò

$$dL^{int} = \mathbf{R}^{int} \cdot dO + \mathbf{M}_O^{int} \cdot \boldsymbol{\varepsilon} = 0 \,.$$

La (7.32) ci permette inoltre di scrivere la potenza delle forze applicate a un sistema rigido come

$$\Pi = \mathbf{R} \cdot \mathbf{v}_O + \mathbf{M}_O \cdot \boldsymbol{\omega}$$

e perciò nel caso si tratti delle forze interne ancora in vista delle (8.8)

$$\Pi^{int} = \mathbf{R}^{int} \cdot \mathbf{v}_O + \mathbf{M}_O^{int} \cdot \boldsymbol{\omega} = 0$$

e questo completa la dimostrazione. $\square$

Osservazione 8.8 È importante ricordare che, mentre risultante e momento delle forze interne si annullano per *ogni* sistema, il lavoro e la potenza delle forze interne sono in generale nulli *solo* nel caso di un *sistema rigido*. Infatti la dimostrazione si basa sulla (7.31) e la (7.32), che possono essere dedotte utilizzando la cinematica dei moti rigidi.

Per un semplice controesempio si pensi a un sistema di due punti collegati da una molla, che si vengono incontro. Le potenze delle forze (interne) che la molla esercita sui due punti sono entrambe positive e quindi la potenza totale non è nulla.

$\square$

Osservazione 8.9 Quanto affermato nel Teorema 8.7 rimane valido anche se ci si riferisce al *lavoro virtuale* e alla *potenza virtuale* delle *forze interne* a un corpo rigido. $\square$

Si può dimostrare che in corpo rigido $\Pi^{int} = 0$ con un approccio diverso da quello utilizzato nel Teorema 8.7, dimostrando che la potenza delle forze interne è essenzialmente legata alla velocità di variazione delle distanze fra i punti del sistema. Poiché in un corpo rigido tali distanze sono costanti nel tempo, si ottiene come immediato corollario che in un corpo rigido $\Pi^{int} = 0$.

Proposizione 8.10 (Potenza delle forze interne) *Sia* $\mathbf{f}_{ij}^{(i)} = \varphi_{ij}^{(i)} \mathbf{e}_{ji} \left(= -\mathbf{f}_{ji}^{(i)} \right)$ *la forza interna che il punto* P_j *esercita su* P_i, *dove* $\mathbf{e}_{ji}$ *indica il versore di* $P_j P_i$. *La potenza del sistema di forze interne si può esprimere come*

$$\Pi^{int} = \sum_{i<j} \varphi_{ij}^{(i)} \frac{d|P_j P_i|}{dt}$$

In particolare, la potenza delle forze interne è nulla in ogni atto di moto rigido.

Dimostrazione Suddividiamo inizialmente la potenza esplicata da tutte le forze interne raggruppando le coppie di punti interagenti

$$\Pi^{\text{int}} = \sum_{i<j} \left(\mathbf{f}_{ij}^{(i)} \cdot \mathbf{v}_i + \mathbf{f}_{ji}^{(i)} \cdot \mathbf{v}_j \right) = \sum_{i<j} \varphi_{ij}^{(i)} \mathbf{e}_{ji} \cdot \left(\mathbf{v}_i - \mathbf{v}_j \right)$$

$$= \sum_{i<j} \varphi_{ij}^{(i)} \frac{P_j P_i}{|P_j P_i|} \cdot \left(\mathbf{v}_i - \mathbf{v}_j \right) = \sum_{i<j} \frac{\varphi_{ij}^{(i)}}{|P_j P_i|} P_j P_i \cdot \frac{dP_j P_i}{dt}$$

$$= \frac{1}{2} \sum_{i<j} \frac{\varphi_{ij}^{(i)}}{|P_j P_i|} \frac{d}{dt} \left(P_j P_i \cdot P_j P_i \right) = \frac{1}{2} \sum_{i<j} \frac{\varphi_{ij}^{(i)}}{|P_j P_i|} \frac{d(P_j P_i)^2}{dt}$$

$$= \sum_{i<j} \varphi_{ij}^{(i)} \frac{d|P_j P_i|}{dt}$$

In particolare, se le distanze tra i punti sono costanti (come avviene in un atto di moto rigido) la derivate delle distanze $|P_j P_i|$ si annullano, e con esse la potenza delle forze interne.   □

8.5 Sistemi di riferimento non inerziali

Qualora le leggi della dinamica non vengano formulate e utilizzate in un sistema inerziale, la (8.1) deve essere adattata sulla base dei teoremi sui moti relativi, ricavate nel Capitolo 3.

L'equazione fondamentale della dinamica (8.1) contiene al secondo membro l'accelerazione **a** del punto rispetto a un riferimento inerziale. Introducendo un secondo riferimento in moto arbitario rispetto al precedente (e quindi in generale non più inerziale) sappiamo che vale la relazione

$$\mathbf{a} = \mathbf{a}_r + \mathbf{a}_\tau + \mathbf{a}_c \tag{8.10}$$

dove $\mathbf{a}_r$ è l'accelerazione del punto *relativa* a questo nuovo sistema di riferimento, $\mathbf{a}_\tau$ è l'accelerazione di trascinamento e $\mathbf{a}_c$ è l'accelerazione complementare, come si è dimostrato nel Teorema di Coriolis 3.4 del Paragrafo 3.3.

Con una sostituzione della (8.10) nella (8.1) si ottiene

$$\mathbf{F} = m(\mathbf{a}_r + \mathbf{a}_\tau + \mathbf{a}_c)$$

e, portando al primo membro due termini sulla destra (che hanno dimensioni di forze),

$$\mathbf{F} - m\mathbf{a}_\tau - m\mathbf{a}_c = m\mathbf{a}_r. \tag{8.11}$$

Definiamo ora la *forza di trascinamento* e la *forza di Coriolis*

$$\begin{cases} \mathbf{F}_\tau = -m\mathbf{a}_\tau & \textit{(forza di trascinamento)} \\ \mathbf{F}_c = -m\mathbf{a}_c & \textit{(forza di Coriolis)} \end{cases} \qquad (8.12)$$

In questo modo la (8.11) si trasforma in

$$\mathbf{F} + \mathbf{F}_\tau + \mathbf{F}_c = m\mathbf{a}_r \, .$$

Questa relazione permette di scrivere l'equazione fondamentale della dinamica (8.1) anche in un sistema di riferimento *non* inerziale, purché si aggiunga alla forza *effettiva* $\mathbf{F}$ le due forze $\mathbf{F}_\tau$ e $\mathbf{F}_c$.

Le forze di trascinamento e di Coriolis sono dette *apparenti*, in quanto non provengono da un'interazione fisica (e per questo non soddisfano il principio di azione e reazione) quanto dal tentativo di un osservatore *non inerziale* di associare una forza a ogni tipo di accelerazione misurata.

Le forze apparenti, definite nella (8.12), dipendono da posizione e velocità del punto materiale al quale si riferiscono, ma anche dalle quantità cinematiche che caratterizzano la non inerzialità del sistema di riferimento (accelerazione dell'origine, velocità e accelerazione angolare del sistema di riferimento).

Come vedremo più avanti nel Cap. 13, interamente dedicato a questo argomento, la grande utilità dell'introduzione delle forze apparenti è quello di permettere di affrontare i problemi di Meccanica ponendosi in un sistema di riferimento non inerziale, semplicemente aggiungendo alle forze effettive le forze apparenti che agiscono sui singoli punti del sistema.

8.6 Postulato delle reazioni vincolari

Si consideri un punto materiale vincolato ad appartenere a una superficie. Il moto di questo elemento risulta profondamente modificata dalla presenza del vincolo. Non solo le posizioni ammissibili per il punto non sono più tutti i punti dello spazio Euclideo di riferimento, ma come è stato visto nella cinematica anche i vettori velocità e accelerazione dell'elemento non possono essere del tutto arbitrari. Più precisamente, nell'esempio considerato l'insieme delle configurazioni compatibili con il vincolo in un dato istante risulta essere una superficie regolare $S_t \subset \mathcal{E}^3$. L'insieme delle velocità $\mathcal{V}(P,t)$ possibili in ogni punto $P \in S_t$ è esprimibile come

$$\mathbf{v} = \mathbf{v}_t + \mathbf{v}_n(P,t) \qquad (8.13)$$

in cui $\mathbf{v}_t$ è un vettore arbitrario appartenente al piano tangente a S_t in P (più precisamente, è una qualunque velocità virtuale), mentre $\mathbf{v}_n(P,t)$ appartiene al complemento ortogonale di questo piano tangente e risulta univocamente determinata quando siano assegnati P e t. In particolare quando il vincolo risulta fisso si ha $\mathbf{v}_n(P,t) \equiv \mathbf{0}$.

Analogamente, una volta fissati $P \in S_t$ e $\mathbf{v} \in \mathcal{V}(P, t)$, l'insieme $\mathcal{A}(P, \mathbf{v}, t)$ delle accelerazioni possibili è un insieme di vettori che sono esprimibili nella forma

$$\mathbf{a} = \mathbf{a}_t + \mathbf{a}_n(P, \mathbf{v}, t)$$

in cui $\mathbf{a}_t$ è un vettore arbitrario appartenente al piano tangente a S_t in P, mentre $\mathbf{a}_n(P, \mathbf{v}, t)$ appartiene al complemento ortogonale di questo piano tangente e risulta univocamente determinato quando siano assegnati P, $\mathbf{v}$ e t.

Per meglio illustrare tali considerazioni riprendiamo l'Esempio del §4.1.1. In esso abbiamo studiato un punto vincolato a una circonferenza, centrata nell'origine e contenuta nel piano $z = 0$. Supponiamo ora che il raggio della circonferenza sia variabile nel tempo, con legge assegnata $R = R(t)$. Introduciamo la coordinata libera θ, tale che

$$x(t) = R(t)\cos\theta(t)\,, \qquad y(t) = R(t)\sin\theta(t)\,, \qquad z(t) = 0\,.$$

Derivando rispetto al tempo si ottiene $\dot{x} = \dot{R}\cos\theta - R\dot{\theta}\sin\theta$, $\dot{y} = \dot{R}\sin\theta + R\dot{\theta}\cos\theta$, $\dot{z} = 0$. Se introduciamo i versori radiale $\mathbf{e}_r = (\cos\theta, \sin\theta, 0)$, e tangenziale $\mathbf{e}_\theta = (-\sin\theta, \cos\theta, 0)$, possiamo esprimere la velocità di P come $\mathbf{v} = R\dot{\theta}\,\mathbf{e}_\theta + \dot{R}\,\mathbf{e}_r$. Tale scomposizione coincide esattamente con la (8.13), e infatti

$$\mathbf{v}_t = R\dot{\theta}\,\mathbf{e}_\theta\,, \qquad \mathbf{v}_n = \dot{R}\,\mathbf{e}_r\,.$$

Fissata la legge del vincolo (ovvero la funzione $R = R(t)$) per un dato valore dell'anomalia θ il punto materiale risulta posizionato in un ben preciso punto geometrico dello spazio compatibile con il vincolo. In questo caso il vettore $\mathbf{v}_t$ risulta arbitrario (in quanto è possibile scegliere in modo arbitrario $\dot{\theta}$) mentre il vettore $\mathbf{v}_n$ è completamente determinato. (In particolare $\mathbf{v}_n$ risulta nullo se il raggio R è costante.)

Per quanto riguarda le accelerazioni si ha

$$\mathbf{a}_t = \left(R\ddot{\theta} + 2\dot{R}\dot{\theta}\right)\mathbf{e}_\theta\,, \qquad \mathbf{a}_n = \left(\ddot{R} - R\dot{\theta}^2\right)\mathbf{e}_r\,.$$

In particolare si noti che mentre il vettore $\mathbf{a}_t$ risulta arbitrario (in quanto è possibile fissare a piacere $\ddot{\theta}$), il vettore $\mathbf{a}_n$ è completamente determinato. (Si noti che $\mathbf{a}_n$ è non nullo anche quando il raggio R risulta costante.)

Queste osservazioni chiariscono il problema che si incontra nello scrivere l'equazione fondamentale per la dinamica di un punto che è vincolato. Infatti, la legge (sperimentale) della forza attiva che agisce sull'elemento è a priori completamente arbitraria (a meno dal dover rispettare alcune richieste di regolarità già illustrate), mentre il vettore accelerazione deve soddisfare alle restrizioni introdotte dal vincolo ovvero $\mathbf{a} \in \mathcal{A}(P, \mathbf{v}, t)$.

Poiché in generale $\mathbf{F}(P, \mathbf{v}, t) \notin \mathcal{A}(P, \mathbf{v}, t)$, si è di fronte alla necessità algebrica di modificare l'equazione fondamentale della dinamica e di introdurre un vettore che, qualunque sia la scelta della forza attiva, permetta al vettore accelerazione di soddisfare alle restrizioni imposte dal vincolo, ovvero

$$m\mathbf{a} = \mathbf{F}(P, \mathbf{v}, t) + \boldsymbol{\Phi} .$$ (8.14)

Risulta naturale interpretare dal punto di vista dinamico i vettori $\boldsymbol{\Phi}$ come reazioni vincolari ovvero *postulare* che l'azione che un vincolo esplica su un punto materiale sia rappresentabile con una forza.

Osservazione 8.11   Nella realtà i vincoli vengono realizzati per mezzo di dispositivi meccanici che costringono il punto materiale ad appartenere a una data superficie o curva tramite delle forze di contatto associate alle deformazioni dei dispositivi stessi. La determinazione delle reazioni vincolari è quindi fondamentale perché è sulla base di questa che risulta possibile dimensionare i dispositivi.   □

8.7   Vincoli ideali

La legge delle forze (8.2) deve essere desunta da osservazioni sperimentali del moto dei punti materiali. Queste leggi non hanno quindi validità generale, ma si riferiscono ad una particolare categoria di fenomeni corrispondenti ad un ben determinato stato fisico dei punti del sistema. Infatti non sempre risulta possibile interpretare le mutue azioni tra sistemi materiali di interesse nella Tecnica sulla base di quelle che oggi la Fisica ritiene essere le interazioni fondamentali (forte, elettro-magnetica, debole e gravitazionale), ed è quindi necessario ricorrere a descrizioni fenomenologiche delle sollecitazioni. In particolare, i valori che queste sollecitazioni assumono in corrispondenza a valori nulli dell'atto di moto, possono essere misurati con procedimenti statici. Questi consistono nel considerare dei dispositivi che sono ideati per mantenere il corpo in quiete e misurare l'azione che è necessario esplicare per ottenere questo risultato. Questi procedimenti di misura permettono di collegare il concetto di forza, qui introdotto in modo puramente astratto, alla nozione intuitiva di sforzo muscolare. Un esempio di un tale dispositivo è il dinamometro meccanico. Questo strumento è costituito da una molla in acciaio a spirale fissata superiormente ad un anello. All'estremo inferiore si applica la forza da misurare. Lo strumento porta una graduazione che viene tarata con forze note e che permette di avere una scala di misura per l'intensità della forza.

Il principio del determinismo meccanico non può valere per l'equazione (8.14) la quale evidentemente contiene un numero sovra-determinato di incognite. Per ristabilire il determinismo meccanico anche nel caso di un elemento vincolato è necessario introdurre una caratterizzazione dinamica del vincolo ovvero introdurre una legge fenomenologica che permette di avere a priori informazioni sulla reazione vincolare che viene esplicata dal dispositivo vincolare.

In questo frangente l'assunzione più semplice possibile è l'ipotesi di *vincolo liscio*.

Si consideri un punto P vincolato su una superficie regolare Σ la cui equazione cartesiana implicita è data dall'equazione $f(x, y, z) = 0$. Il dispositivo con cui viene realizzato questo vincolo è liscio se e solo se esso è capace di esplicare una reazione vincolare Φ puramente normale alla superficie.

Questo significa tenendo conto che ∇f è parallela alla normale della superficie Σ che deve essere

$$\Phi = \lambda \nabla f . \tag{8.15}$$

dove λ è un fattore di proporzionalità incognito.

In questo caso la (8.14) si riscrive come

$$m\mathbf{a} = \mathbf{F}(P, \mathbf{v}, t) + \lambda \nabla f . \tag{8.16}$$

Proiettando questa equazione sul piano tangente alla superficie si ottengono due equazioni scalari pure nelle incognite cinematiche che localmente, essendo verificata la $f(x, y, z) = 0$, sono solo due. Con lunghe ma semplici considerazioni di algebra lineare, localmente, queste equazioni possono essere in forma normale rispetto alle derivate di ordine massimo e il principio del determinismo può quindi essere nuovamente assicurato. Una volta determinate le incognite cinematiche per determinare l'incognita dinamica è sufficiente moltiplicare scalarmente l'equazione (8.16) per $\nabla f / |\nabla f|^2$ ottenendo

$$\lambda = (m\mathbf{a} - \mathbf{F}) \cdot \frac{\nabla f}{|\nabla f|^2} .$$

È facile estendere le considerazioni qui riportate al caso di un punto vincolato a stare su una curva piuttosto che su una superficie, ricordando che una curva può pensarsi come l'intersezione di due superfici.

Si evidenzia che sia nel caso di un punto materiale P vincolato ad appartenere alla superficie Σ, oppure a stare nel semispazio Ω^+ delimitato da Σ (vedi Fig. 8.1) la reazione vincolare Φ sarà normale a Σ (vedi (8.15)), e sarà orientata verso Ω^+. Per qualunque spostamento virtuale δP che si può immaginare a partire da P si

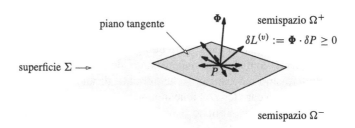

piano tangente

Φ

semispazio Ω^+

$\delta L^{(v)} := \Phi \cdot \delta P \geq 0$

superficie $\Sigma \longrightarrow$

P

semispazio Ω^-

Figura 8.1 Punto vincolato su una superficie senza attrito con vincolo unilatero

avrà quindi

$$\delta L^{(v)} = \boldsymbol{\Phi} \cdot \delta P \geq 0 \qquad \forall \, \delta P \,. \tag{8.17}$$

Infatti tutti gli spostamenti virtuali reversibili appartengono al piano Π tangente a Σ, mentre quelli irreversibili formano un angolo acuto con $\boldsymbol{\Phi}$ (vedi Fig. 8.1).

Questa osservazione permette di caratterizzare dinamicamente una famiglia di vincoli più generali di quelli lisci che vengono identificati come *vincoli ideali* o perfetti

Definizione 8.12 (Vincoli ideali) *I vincoli* ideali *sono per definizione capaci di esercitare* tutti *e* soli *i sistemi di reazioni vincolari con lavoro virtuale o, equivalentemente, potenza virtuale non negativa*

$$\delta L^{(v)} \geq 0, \qquad \Pi^{(v)} \geq 0 \tag{8.18}$$

per ogni spostamento o atto di moto virtuale, a partire da una generica configurazione.

Se i vincoli ideali sono anche bilateri, *per i quali gli opposti di ogni spostamento o velocità virtuale sono anch'essi virtuali, allora le condizioni* (8.18) *diventano*

$$\delta L^{(v)} = 0 \,, \qquad \Pi^{(v)} = 0 \,. \tag{8.19}$$

Quando l'insieme delle forze reattive associate a un vincolo *non* soddisfa la (8.18) diciamo che siamo in presenza di *dissipatività* o di *vincoli dissipativi*. Per questo motivo i vincoli ideali sono anche detti *non dissipativi*.

Osserviamo subito che la caratterizzazione dinamica (8.18) è soddisfatta da tutti i vincoli lisci ma anche, in particolarti casi, da vincoli *non* lisci.

Consideriamo come esempio un disco vincolato a rotolare senza strisciare su una guida fissa rettilinea, e indichiamo con C il punto di contatto tra disco e guida, come in Fig. 8.2. È facilmente intuibile, e in accordo con l'esperienza, che per realizzare il rotolamento senza strisciamento non è sufficiente la presenza di una reazione vincolare perpendicolare alla guida, poiché sarebbe impossibile garantire che C non scivoli su di essa. È pertanto necessaria la presenza di una componente tangente, associabile naturalmente a un attrito (il rotolamento senza strisciamento su di una superficie perfettamente liscia è notoriamente impossibile, come ben si sperimenta guidando un'auto sul ghiaccio).

Osserviamo però che, in queste ipotesi, si ha comunque una reazione vincolare che, pur *non* provenendo da un vincolo liscio, compie un lavoro virtuale *nullo*:

$$\delta L^{(v)} = \boldsymbol{\Phi} \cdot \delta C = 0 \,,$$

in quanto il vincolo di puro rotolamento impone $\delta C = \mathbf{0}$ (vedi Fig. 8.2).

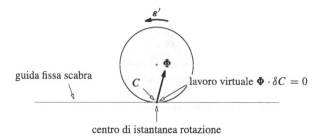

Figura 8.2 Puro rotolamento di un disco su un profilo rettilineo

8.8   Esempi di vincoli ideali

Il panorama dei vincoli è molto ampio e una loro corretta comprensione è fondamentale per tutte le applicazioni della Meccanica.

La Definizione 8.12 rende preciso il concetto di vincolo ideale, che più informalmente può essere pensato come un vincolo che esercita l'insieme di forze strettamente necessario a restringere i moti (o gli atti di moto) possibili per il sistema a quelli imposti dal vincolo stesso, e nulla di più, senza esercitare alcun lavoro o potenza virtuale.

Le condizioni (8.18) e (8.19) pemettono, come vedremo, di dedurre il tipo di reazione vincolare da associare a un generico vincolo, se pensato come idale, a partire dalla restrizione cinematica da esso imposta.

I vincoli dissipativi, invece, esercitano anche una componente aggiuntiva della reazione vincolare che, sebbene non necessaria a realizzare la corrispondente restrizione cinematica, traduce in forma matematica la presenza di una qualche forma di attrito e ne modella l'azione. Le leggi che descrivono i vincoli dissipativi sono quindi dedotte attraverso osservazioni empiriche.

Tratteremo nell'ordine:

- Vincolo di contatto liscio unilatero e bilatero;
- Vincolo di rotolamento senza strisciamento;
- Vincolo di avvitamento;
- Vincoli per sistemi piani: cerniera, carrello, pattino, incastro.

8.8.1   Vincolo di contatto liscio

Il vincolo di contatto bilatero, che è stato presentato e discusso dal solo punto di vista cinematico nel § 4.6 del Cap. 4, impedisce il distaco fra un punto e una superficie, oppure fra due superfici. Questo vincolo si traduce nella restrizione che impone l'uguaglianza delle componenti *normali* delle velocità (o degli spostamenti infinitesimi) dei punti istantanemente a contatto, come illustrato nel § 4.6 e in particolare nella parte destra della Fig. 4.14.

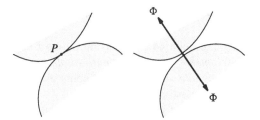

Figura 8.3 La reazione vincolare associata a un vincolo di contatto *liscio* fra due superfici è perpendicolare ad esse. Nel caso di un vincolo *unilatero* la forza reattiva che agisce su ognuna delle superfici deve essere orientatata verso il corpo sulla quale agisce ($\Phi > 0$, con riferimento al disegno sulla destra, dove Φ indica la componente di ciascuna forza nel verso indicato)

L'esempio più semplice, che abbiamo in parte già discusso, è quello di un punto materiale P vincolato a rimanere su di una superficie S. Consideriamo per il momento il vincolo come bilatero, imponendo quindi che il punto non si possa staccare dalla superficie.

È evidente che le velocità o gli spostamenti virtuali ammissibili per il punto generano lo spazio tangente alla superficie, e questo è vero sia nel caso di una superficie fissa che di una superficie mobile, poiché dobbiamo ricordare che per definizione parlando di quantità "virtuali" è necessario immaginare i vincoli fissati o congelati all'istante considerato. Poiché la definizione di vincolo ideale impone che il lavoro o la potenza virtuale della reazione siano sempre nulli si deduce subito che questa reazione Φ deve necessariamente essere perpendicolare alla superficie, senza alcuna restrizione sul suo verso.

Se invece, con riferimento alla Fig. 8.1, supponiamo che il vincolo imponga solo che il punto *non oltrepassi* la superficie, e cioè che il vincolo sia da interpretarsi come unilatero, allora la condizione (8.19) può essere soddisfatta solo da una reazione vincolare perpendicolare alla superficie e orientata verso la porzione di spazio permessa per il moto del punto.

Le considerazioni appena svolte si estendono al caso in cui il punto non sia isolato ma parte di un corpo rigido e descrivono un vincolo di contatto *liscio*, in contapposizione a quel che vedremo nel prossimo paragrafo, quando ammetteremo la presenza di attrito.

In un *contatto liscio*, quindi, la reazione vincolare è costituita da una forza perpendicolare alla superficie sulla quale si muove un punto, o alla superfici tangenti fra loro che delimitano due corpi. Nel caso di un vincolo bilatero non si pongono restrizioni al suo orientamento, mentre nel caso unilatero si richiede che la reazione Φ abbia carattere "repulsivo", come illustrato nella Fig. 8.3.

In ogni caso, alla luce delle (4.25) e (4.26), è possibile mostrare che il sistema di reazioni vincolari appena descritto e associato a un *vincolo di contatto liscio* fisso o mobile, esterno o interno al sistema, soddisfa la disuguaglianza (8.18) o, nel caso di vincolo bilatero, l'uguaglianza (8.19), garantendo perciò che si tratti sempre di un vincolo ideale.

8.8.2 *Vincolo di rotolamento senza strisciamento*

Nel Cap. 4 e in particolare nella §4.6 è stato introdotto l'importante vincolo di *rotolamento senza strisciamento*, detto anche *puro rotolamento*, per il quale i punti a contatto devono avere *uguale* velocità, e che, come abbiamo visto, può essere olonomo o anolonomo, in contesti diversi.

Vediamo quale sia la reazione vincolare che nasce dal trattare questo vincolo come ideale. Per semplicità consideriamo dapprima il caso del rotolamento senza strisciamento di un corpo su su di una superficie fissa e osserviamo che poiché, a causa del vincolo, la velocità virtuale del punto di contatto è nulla ne segue che una qualunque reazione vincolare Φ lì applicata esercita una potenza virtuale nulla (e analogamente un lavoro virtuale nullo), come illustrato nella Fig. 8.4.

La notevole conseguenza è che a questo vincolo si può e si deve associare una reazione vincolare *non tutta perpendicolare* alla superficie di contatto, ma comprendente anche una parte tangente, che dobbiamo interpretare come dovuta alla presenza di un attrito statico. Questo è del tutto comprensibile, poiché anche dal punto di vista fisico è evidente che il rotolamento senza strisciamento fra superfici perfettamente lisce è in generale impossibile.

Il fatto che la legge d'attrito alla quale deve ubbidire la reazione vincolare sia quella dell'attrito *statico* invece che dinamico è dovuta al fatto che le velocità dei punti a contatto sono uguali e quindi questi si trovano in condizioni di quiete istantanea relativa (a proposito si rivedano le considerazioni svolte nei paragrafi precedenti). Si osservi che ciò è vero anche quando si stia applicando il vincolo a un sistema in moto, e non solo in equilibrio.

Per una discussione più completa consideriamo anche il caso di due superfici entrambe in movimento. In questo caso è utile distinguere il caso della rotolamento fra due rigidi che appartengono entrambi al sistema (un vincolo interno, quindi) e il caso del rotolamento di un corpo su una superficie in moto assegnato che non appartiene al sistema (un vincolo esterno).

Nel primo caso si deve osservare che le reazioni vincolari Φ e $-\Phi$ che si scambiano le superfici dei due corpi esercitano singolarmente potenza virtuale diversa da zero ma, poiché le velocità virtuali (ed effettive) dei punti a contatto P_1 e P_2 sui quali queste forze agiscono sono uguali, la loro potenza virtuale *complessiva* è comunque nulla

$$\mathbf{v}_1' = \mathbf{v}_2' \quad \Rightarrow \quad \Pi' = \Phi \cdot \mathbf{v}_1' + (-\Phi) \cdot \mathbf{v}_2' = 0 \,. \tag{8.20}$$

Figura 8.4 La reazione vincolare Φ esercitata nel punto di contatto su di una sfera che rotola senza strisciare

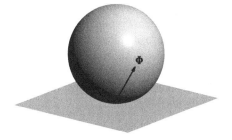

Nel caso del vincolo di puro rotolamento di un corpo del sistema su di una superficie esterna in moto assegnato, che ha perciò ruolo di vincolo mobile, si vede che
la potenza effettiva della reazione vincolare è in generale diversa da zero: $\boldsymbol{\Phi} \cdot \mathbf{v} \neq 0$,
dove $\mathbf{v}$ è la velocità effettiva del punto del corpo a contatto con il vincolo mobile.
Però si deve osservare che la definizione di vincolo ideale è basata sulla richiesta
che la potenza (o il lavoro) *virtuale* della reazione vincolare sia nulla, e questa si
deve calcolare immaginando *fissato* il vincolo, e perciò, per il vincolo di puro rotolamento, imponendo che si annulli la velocità *virtuale* del punto di contatto, al
quale è applicata la reazione vincolare: $\boldsymbol{\Phi} \cdot \mathbf{v}' = 0$.
In definitiva:

• Il puro rotolamento è un vincolo ideale, per il quale la reazione vincolare è
  costituita da un forza di direzione arbitraria applicata nel punto di contatto.

• Questo vincolo ammette e presuppone la presenza di una parte tangente della
  reazione vincolare, dovuta alla presenza di un attrito statico.

• Nel caso del puro rotolamento su di una superficie mobile esterna al sistema
  (vincolo mobile) mentre la potenza effettiva della reazione vincolare è diversa
  da zero, rimane nulla la sua potenza virtuale.

Alcune di queste osservazioni sono evidenziate nella Fig. 8.5. A sinistra il sistema ha due coordinate libere θ e ϕ e la potenza virtuale *complessiva* delle reazioni
dovute al vincolo in P è nulla, come si legge nella (8.20) (P_1 e P_2 sono i punti
fisicamente distinti e geometricamente coincidenti che si trovano in P). A destra
si suppone invece che l'asta si muova di moto assegnato e costituisca quindi un
vincolo mobile per il disco. Il sistema ha una sola coordinata libera ϕ e la potenza
virtuale della reazione vincolare $\boldsymbol{\Phi}$ esercitata dall'asta è uguale a zero, poiché la
velocità virtuale del punto di contatto è in questo caso nulla. Si noti però che la
potenza *effettiva* di questa reazione vincolare non è invece nulla, poiché non lo è la
velocità effettiva di P.

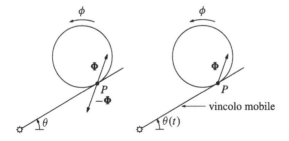

Figura 8.5 Il vincolo di puro rotolamento di un disco su di un'asta e la corrispondente reazione
vincolare. Sulla sinistra un sistema composto da disco e asta, con due coordinate libere, e sulla
destra un sistema formato dal solo disco, con una sola coordinata libera e l'asta che ha qui il ruolo
di vincolo mobile. Sulla sinistra sono indicate le forze che per effetto del vincolo di rotolamento
senza strisciamento le due parti del sistema (disco e asta) si scambiano, mentre sulla destra è
indicata solo la forza che il vincolo (mobile) esercita sul sistema (disco)

8.8.3 Vincolo di avvitamento

Il vincolo di *avvitamento* restringe l'avanzamento infinitesimo δz di un corpo rigido lungo un asse solidale ad essere proporzionale alla variazione infinitesima $\delta\theta$ dell'angolo di rotazione attorno all'asse stesso: $\delta z = h\delta\theta$, dove la costante h ha la dimensione di una lunghezza ed è legata al *passo* $p = 2\pi h$, che corrisponde all'avanzamento del corpo rigido lungo l'asse di rotazione quando esso realizza un giro completo (come illustrato in Fig. 8.6).

Il vincolo deve essere pensato come dovuto a opportune scanalature incise sul corpo o su una sua appendice e all'interno di una cavità fissa L'esempio classico è naturalmente quello di una vite che avanza all'interno di una cavità filettata.

La reazione vincolare corrispondente a questo vincolo è descritta da un insieme di forze distribuite lungo le scanalature delle quali indichiamo con $\boldsymbol{\Phi}^{\mathrm{v}}$ il risultante e con $\mathbf{M}_O^{\mathrm{v}}$ il momento rispetto a un polo appartenente all'asse di avvitamento.

Se vogliamo pensare a questo vincolo come ideale dobbiamo esprimere la richiesta che la sollecitazione vincolare compia lavoro virtuale nullo. Ricordiamo che il lavoro e la potenza virtuale di un sistema di forze applicate a un corpo rigido si esprimono come nelle relazioni (7.40) e (7.41) e indichiamo con $\mathbf{e}$ il versore dell'asse di rotazione e perciò con $\delta O = \delta z\mathbf{e} = h\delta\theta\mathbf{e}$ e inoltre con $\boldsymbol{\varepsilon}' = \delta\theta\mathbf{e}$ rispettivamente l'avanzamento infinitesimo del punto O lungo l'asse e il vettore di rotazione infinitesima del corpo intorno all'asse stesso.

Scriviamo la condizione che impone l'annullarsi del lavoro virtuale delle reazioni vincolari come

$$\begin{aligned}
\delta L^{\mathrm{v}} &= \boldsymbol{\Phi}^{\mathrm{v}} \cdot \delta O + \mathbf{M}_O^{\mathrm{v}} \cdot \boldsymbol{\varepsilon}' = \left(h\boldsymbol{\Phi}^{\mathrm{v}} + \mathbf{M}_O^{\mathrm{v}}\right) \cdot \mathbf{e}\,\delta\theta \\
&= \left(h\Phi_a + M_a\right)\delta\theta = 0 \quad \text{per ogni } \delta\theta
\end{aligned} \tag{8.21}$$

dove $\Phi_a = \boldsymbol{\Phi}^{\mathrm{v}} \cdot \mathbf{e}$ e $M_a = \mathbf{M}_O^{\mathrm{v}} \cdot \mathbf{e}$ sono le componenti assiali del risultante delle reazioni vincolari e del loro momento.

Deduciamo dalla (8.21) che per una vita ideale (potremmo dire una vita "perfettamente lubrificata") le componenti Φ_a ed M_a devono soddisfare la condizione

$$M_a = -h\Phi_a \tag{8.22}$$

poiché questa relazione è necessaria e sufficiente per l'annullarsi del lavoro (e della potenza) virtuale delle reazioni vincolari, come indicato nella parte destra della Fig. 8.6.

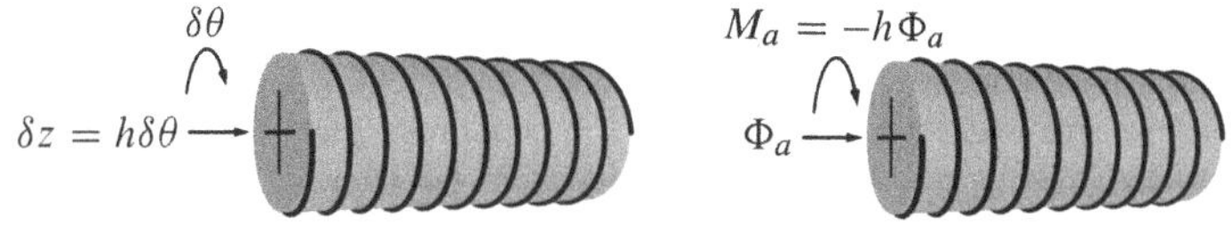

Figura 8.6 Il vincolo di avvitamento: la costante h è legata al passo $p = 2h\pi$ che corrisponde all'avanzamento lungo l'asse solidale quando il corpo compie una rotazione completa

Figura 8.7 Vista laterale di
una vite a sezione circolare
con filettatura di passo p
inclinata di un angolo α

Il legame (8.22) fra Φ_a e M_a può anche essere dedotto direttamente, con l'aiuto della Fig. 8.7, nel caso di una vite a sezione circolare di raggio R della quale si immagini la filettatura perfettamente liscia. La reazione vincolare Φ è in ogni punto ortogonale, come si vede nella parte destra della figura, e perciò la sua componente nella direzione dell'asse è data da $-\Phi \cos \alpha$, mentre il momento assiale è pari a $R\Phi \sin \alpha$. La componente Φ_a del risultante nella direzione dell'asse di rotazione è quindi legata al momento assiale M_a dalla relazione $M_a = -R \tan \alpha \Phi_a$, che coincide con la (8.22), quando si ponga $h = R \tan \alpha$.

8.8.4   Vincoli per sistemi piani

Dedichiamo una specifica sezione ad alcuni vincoli ideali per sistemi piani, i più comuni in molti contesti applicativi e con una particolare rilevanza dal punto di vista didattico. Ci riferiamo ora alla Fig. 8.8, dove, dall'alto al basso, compaiono esempi di vincoli applicati a un corpo rigido che *a priori* può muoversi nel piano. Nella figura il corpo rigido è rappresentato da un'asta, ma naturalmente si deve pensare a una situazione più generale, nella quale questa è sostituita da un qualsiasi altro elemento.

Si osservi che quando si parla di sistema piano si intende che le forze applicate, attive e reattive, appartengono tutte al piano che contiene il sistema stesso, mentre i loro momenti e le eventuali altre coppie applicate, sia attive che reattive, sono ad esso perpendicolari. Non si tratta quindi di una semplice proprietà geometrica del sistema (e cioè di essere formato da punti che appartengono a priori a un piano) ma anche di una proprietà meccanica, perché coinvolge tutte le forze applicate, esterne e interne, attive e reattive.

Questo breve elenco ha anche lo scopo di verificare ulteriormente, per mezzo di significativi e utili esempi, come per ogni vincolo *ideale* la reazione vincolare sia espressa da un sistema di forze soggetto alla restrizione che il loro *lavoro virtuale complessivo* sia *nullo* per ogni spostamento virtuale permesso dal vincolo.

Cerniera
Una cerniera piana, rappresentata sulla sinistra nel primo disegno della Fig. 8.8, vincola un punto del corpo rigido a un punto del piano che sia fisso (*cerniera fissa*), oppure a un punto solidale a un secondo corpo rigido che possa a sua volta muoversi (*cerniera mobile*). In ogni caso una cerniera permette al corpo vincolato di ruotare liberamente, come indicato nel disegno.

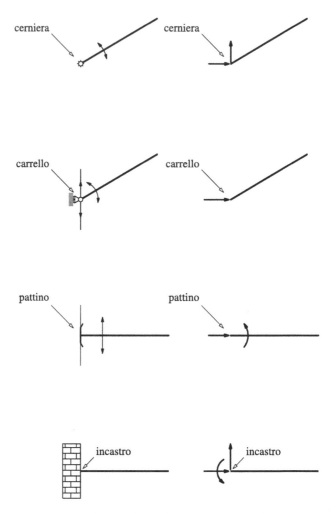

Figura 8.8 Una raccolta dei più comuni vincoli piani ideali. Sulla sinistra sono evidenziati gli spostamenti elementari possibili, mentre sulla destra si vedono le reazioni vincolari prodotte (forze o momenti), che compiono sempre un lavoro virtuale nullo. Il vincolo di incastro rende completamente solidali fra loro due corpi rigidi e trasmette una reazione che si compone di una forza e di un momento, detto "momento d'incastro".

La reazione vincolare che corrisponde a una tale cerniera equivale semplicemente a una forza nel piano stesso della quale, nella destra del disegno, sono indicate le componenti orizzontale e verticale. Si osservi che il lavoro virtuale della reazione vincolare è ovviamente nullo nel caso di una cerniera fissa, poiché in questo caso il punto vincolato non può spostarsi, ma è anche complessivamente nullo nel caso di una cerniera mobile, poiché sarà necessario sommare i lavori delle due reazioni vincolari esercitate sui corpi mutuamente vincolati.

Figura 8.9 Due corpi collegati da una cerniera e le forze
che si scambiano: $\Phi_1 = -\Phi_2$

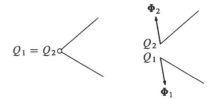

$$Q_1 = Q_2$$

Osservazione 8.13   Nella Fig. 8.9 si vedono due corpi incernierati fra loro e le
reazioni vincolari Φ_1, Φ_2 che i corpi si scambiano a causa della cerniera, rispettivamente applicate nei punti Q_1, Q_2 (geometricamente coincidenti ma fisicamente
distinti), per i quali il vincolo impone ovviamente l'ugugaglianza delle velocità e
degli spostamenti virtuali: $\delta Q_1 = \delta Q_2$.

Il Principio di azione e reazione (si veda §8.1.3) implica che sia $\Phi_1 + \Phi_2 = 0$ e
perciò il lavoro virtuale complessivo di queste forze è nullo

$$\delta L^{(v)} = \Phi_1 \cdot \delta Q_1 + \Phi_2 \cdot \delta Q_2 = \delta Q_1 \cdot (\Phi_1 + \Phi_2) = 0 \,.$$

Si osservi che è il lavoro virtuale *complessivo* ad essere nullo, mentre è in questo
caso diverso da zero quello esercitato da ogni singola reazione.   □

Carrello

Un vincolo già incontrato in precedenza (vedi §4.1.3) è rappresentato dal *carrello*, illustrato nel secondo disegno della Fig. 8.8 (per la sua rappresentazione visiva
esistono diverse convenzioni grafiche).

Il carrello piano vincola un punto del sistema a una guida, fissa o mobile, oppure
a un profilo solidale a un secondo corpo rigido, senza limitare però la sua possibilità di ruotare, come suggerito nella figura. La reazione vincolare associata alla
presenza di un carrello è costituita semplicemente da una forza perpendicolare in
ogni punto alla guida sulla quale il carrello è vincolato a muoversi, come rappresentato sulla destra nella medesima Fig. 8.8. Anche qui vediamo che il lavoro virtuale
della reazione vincolare è sempre nullo, poiché perpendicolare a ogni spostamento
virtuale del punto vincolato.

Osserviamo che il carrello è per definizione un vincolo bilatero, distinto quindi
dal cosiddetto *appoggio liscio*, per il quale il corpo può a priori anche staccarsi dalla
guida e la corrispondente reazione vincolare ha di conseguenza un verso obbligato
ed è necessariamente orientata a trattenere il punto del corpo sulla guida.

Pattino

Il *pattino*, come si vede nel terzo disegno della Fig. 8.8, vincola un punto del corpo
rigido a scorrere su una guida, come già farebbe un carrello, e inoltre *non* consente
alcuna rotazione relativa (la rappresentazione della figura ha solo valore suggesti-
vo di una possibile realizzazione concreta del vincolo, e può essere sostituita da

altre convenzioni). Anche questo vincolo è per definizione *bilatero* e la reazione vincolare corrispondente è costituita da due elementi, che riassumono risultante e momento di un sistema di forze distribuite. Abbiamo infatti una componente lungo la direzione perpendicolare alla guida stessa, e inoltre un momento perpendicolare al piano. Quest'ultima quantità può essere interpretata come il momento, rispetto al punto nel quale è collocato il pattino, del sistema piano delle reazioni vincolari. Anche qui, il lavoro virtuale delle reazioni vincolari è sempre nullo.

Incastro
Nell'ultimo disegno della Fig. 8.8 si vede una rappresentazione del vincolo piano di incastro che, in sostanza, rende solidale un corpo con un altro, impedendo del tutto i moti relativi. Nella figura è suggerito il caso, molto comune, nel quale l'incastro è utilizzato per rendere un elemento rigido del sistema solidale con una parete esterna.

La reazione vincolare associata a un incastro si traduce in una forza, che giace nel piano del sistema, e un momento perpendicolare ad esso. Riferendoci per concretezza a quanto si vede nella Fig. 8.8 possiamo pensare alla reazione vincolare come dovuta alle azioni esercitate dalla parete sulla porzione invisibile dell'asta inserita in essa, azioni che formano un sistema equipollente a una forza e a una coppia di momento opportuno. La forza, della quale sulla destra sono rappresentate le componenti orizzontale e verticale, deve perciò essere pensata come il risultante di queste azioni, mentre il momento, perpendicolare al piano, corrisponde al momento risultante di queste medesime forze distribuite.

È interessante osservare che il vincolo d'incastro può essere utilizzato per descrivere la "saldatura" fra due corpi rigidi (si veda la Fig. 8.10 per il caso di un'asta a T).

In modo ancora più significativo è possibile pensare a un'asta rigida come alla unione con incastro una all'altra di due parti di essa. In questo caso, pensando separatamente ai due tratti possiamo evidenziare le reazioni d'incastro che una parte esercita sull'altra, uguali e opposte, come illustrato nella Fig. 8.11.

Queste considerazioni portano a discutere del concetto di "sforzo interno", che verrà affontato a fondo più avanti, nel Cap. 15.

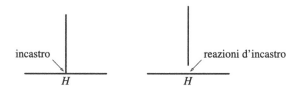

Figura 8.10 Un'asta a T costituisce un unico corpo rigido che può essere pensato come un insieme di due aste "saldate" in H. Questa saldatura è descritta in modo naturale dal vincolo d'incastro. Possiamo quindi separare le aste in H introducendo la reazione vincolare interna corrispondente a questo vincolo (la reazione interna non è rappresentata nel disegno sulla destra, ma per questo si si veda la Fig. 8.11)

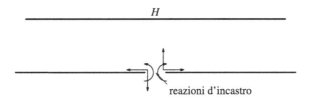

Figura 8.11 Un'asta costitutita da due tronconi uniti uno all'altro con un incastro nel punto H. Possiamo quindi pensare che in H sia presente un sistema di reazioni vincolari interne, costituite da una forza e da una coppia, rappresentati nel disegno

8.9 Vincoli dissipativi

I vincoli reali non si limitano a esplicare le componenti richieste dalle limitazioni al moto dei punti su cui agiscono. Essi presentano quindi anche delle componenti che influenzano, e tipicamente ostacolano, il moto che sarebbe altrimenti consentito dal vincolo. In questo paragrafo analizzeremo i tre modelli più frequentemente utilizzati per descrivere i vincoli dissipativi. Questi comprendono

- Vincolo di contatto scabro statico;
- Vincolo di contatto scabro dinamico;
- Legge dell'attrito volvente.

8.9.1 Vincolo di contatto scabro: legge dell'attrito statico

L'esistenza di un possibile attrito associato a un vincolo di contatto si traduce nella presenza di una componente radente della reazione $\mathbf{\Phi}$, e cioè di una componente che sia tangente alla superficie e che quindi possa (a priori) compiere lavoro virtuale, rendendo il vincolo non più ideale. In questo caso si parla di *vincolo di contatto scabro*.

È importante distinguere il caso in cui i due punti a contatto siano in quiete, o comunque in quiete uno rispetto all'altro, da quello in cui abbiano diversa velocità. Discutiamo qui la prima situazione, che si presenta sempre nei problemi di statica, ma non è necessariamente ristretta a questo contesto, come vedremo più avanti.

Per mezzo di osservazioni empiriche si è giunti a dedurre che, nell'ipotesi in cui la velocità relativa fra i due punti a contatto sia nulla, la parte tangente $\mathbf{\Phi}_t$ e la parte normale $\mathbf{\Phi}_n$ della reazione vincolare $\mathbf{\Phi}$ (visualizzabili nella Fig. 8.12) debbano sempre soddisfare la *disuguaglianza di Coulomb-Morin*

$$|\mathbf{\Phi}_t| \leq \mu_s |\mathbf{\Phi}_n| \tag{8.23}$$

dove μ_s è una quantità adimensionale, detta *coefficiente di attrito statico*, indicata a volte semplicemente con μ o f_s, indifferentemente.

Figura 8.12 Un punto vincolato a una superficie scabra. La reazione vincolare Φ si scompone nella parte normale Φ_n e nella parte tangente Φ_t

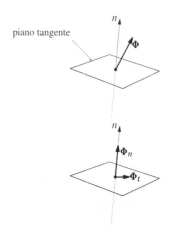

Si noti che la validità della (8.23) è ristretta ai casi in cui i punti a contatto abbiano uguale velocità, e questo non avviene necessariamente solo in condizioni statiche, come vedremo meglio più avanti nel caso del rotolamento senza strisciamento.

Il valore del coefficiente di attrito statico μ_s dipende dalla natura fisica dei punti o delle superfici a contatto, e quindi deve essere dedotto per mezzo di opportuni esperimenti. Osserviamo però che per quanto la disuguaglianza di Coulomb-Morin (8.23) abbia natura empirica è molto ben verificata nelle situazioni più comuni.

Si osservi infine che ponendo $\mu_s = 0$ nella (8.23) si deduce che deve essere $\Phi_t = 0$ e cioè si torna al caso di un contatto liscio. L'annullarsi del coefficiente d'attrito equivale perciò alla riduzione di un vincolo di contatto da scabro a liscio.

Un'utile interpretazione geometrica del ruolo del coefficiente di attrito statico si ottiene grazie all'introduzione del cono di attrito, vale a dire il cono con asse peprendicolare alla supericie e con ampiezza pari all'angolo φ_s tale che $\tan\varphi_s = \mu_s$. Da elementari considerazioni geometriche si vede che per soddisfare la disuguaglianza di Coulomb-Morin (8.23) la reazione vincolare Φ deve rimanere all'interno del cono, perché l'angolo α formato con la normale deve rimanere minore o uguale a φ_s, come si vede nella Fig. 8.13.

Infine, come abbiamo già accennato nella discussione associata alla Fig. 8.2 nella §8.7, e come vedremo meglio più avanti, la presenza di attrito statico di per sè non implica necessariamente che il vincolo sia dissipativo.

Figura 8.13 Il cono d'attrito: $\tan\alpha \le \mu_s = \tan\varphi_s$

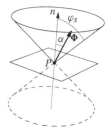

8.9.2   Vincolo di contatto scabro: legge dell'attrito dinamico

Nel caso in cui i punti a contatto non siano in condizioni di quiete relativa, in vista delle considerazioni cinematiche svolte nel §4.6, si parla di vincolo di contatto con *strisciamento*, dove con il termine di *velocità di strisciamento* si intende la differenza delle velocità dei due punti.

Il contatto con strisciamento può presentarsi in diversi contesti:

(i)   punto che striscia su di una superficie, fissa o in moto;
(ii) due superfici a contatto che strisciano una sull'altra;
(iii) punto che si muove strisciando su di una guida fissa o in moto.

Per fissare le idee, nella parte seguente della discussione si pensi al caso (i), tenendo presente che le considerazioni svolte si estendono in modo naturale e senza difficoltà concettuali al successivo (ii). Per la situazione descritta in (iii) sono invece necessarie alcune precisazioni, che svolgeremo in seguito.

Si osservi che le componenti delle velocità o spostamenti elementari secondo la direzione normale alla superficie di contatto devono essere uguali fra loro, per evitare il distacco, come illustrato nella Fig. 4.14 e per questo motivo la velocità di strisciamento è necessariamente tangente.

La presenza di attrito si manifesta attraverso una componente radente Φ_t della reazione vincolare che, in presenza di una velocità di strisciamento non nulla, è legata alla componente normale Φ_n dalla legge dell'*attrito dinamico*, di natura empirica come la (8.23).

Indichiamo quindi con P un punto materiale e con P_δ il punto (geometricamente coincidente con P) della superficie, fissa o mobile dove avviene il contatto con strisciamento.

La legge dell'attrito dinamico stabilisce che il modulo $|\Phi_t|$ della parte tangente della reazione che agisce sul punto P è proporzionale, secondo una certa costante μ_d, al modulo $|\Phi_n|$ della componente normale

$$|\Phi_t| = \mu_d |\Phi_n| . \tag{8.24}$$

Il *coefficiente di attrito dinamico* μ_d è a volte indicato con f_d e dipende dalle proprietà materiali delle superfici o dei punti a contatto, ma non, con buona approssimazione, dalla velocità di strisciamento.

Il coefficiente di attrito dinamico μ_d risulta sperimentalmente essere sempre minore del coefficiente di attrito statico μ_s, dimodoché se una forza riesce a mettere in moto un corpo su una guida scabra, la stessa forza riesce anche a mantenerlo in movimento.

Diversamente dalla Legge di Coulomb-Morin statica (8.23), la relazione costitutiva (8.26) è rappresentata da un'*equazione*, invece che da una disequazione. In altre parole, i moduli delle componenti normali della reazioni vincolari fissano precisamente il modulo dell'attrito, e non più un limite massimo all'attrito come avviene all'equilibrio.

Figura 8.14 La forza di attrito dinamico agente su di punto che ha velocità **v** e striscia su di una superficie mobile scabra che ha velocità $\mathbf{v}_J$ possiede componente tangente *opposta* alla velocità di strisciamento $\mathbf{u}_J = \mathbf{v} - \mathbf{v}_J$ del punto sulla superficie e proporzionale alla parte normale della reazione vincolare. Si osservi che se **v** ha il medesimo verso di $\mathbf{v}_J$ ma intensità *minore* di quest'ultima, come si vede sulla destra, la forza di attrito dinamico risulta concorde con **v** stessa

Il verso della parte tangente $\boldsymbol{\Phi}_t$ è opposto alla velocità relativa del punto P rispetto al punto P_J, e cioè $\mathbf{v} - \mathbf{v}_J$ (si noti, che essendo i punti geometricamente coincidenti, la differenza fra le loro velocità non dipende dall'osservatore). Definiamo più precisamente come *velocità di strisciamento* $\mathbf{u}_J$ del punto sulla superficie la quantità

$$\mathbf{u}_J = \mathbf{v} - \mathbf{v}_J \tag{8.25}$$

e esprimiamo la legge dell'attrito dinamico con

$$\boldsymbol{\Phi}_t = -\mu_d |\boldsymbol{\Phi}_n| \frac{\mathbf{u}_J}{|\mathbf{u}_J|} \tag{8.26}$$

dove con $\boldsymbol{\Phi}_t$ si intende la forza d'attrito esercitata *da* P_J *su* P e il rapporto al secondo membro è il versore corrispondente alla velocità di strisciamento $\mathbf{u}_J = \mathbf{v} - \mathbf{v}_J$ (si veda la Fig. 8.14). La relazione espressa nella (8.26), che è anche come nota come *Legge di Coulomb-Morin dinamica*, perde significato quando i punti ha contatto abbiano uguale velocità e cioè quando la velocità di strisciamento si annulli.

Il segno meno che compare al secondo membro della (8.26) esprime la richiesta secondo la quale l'attrito dinamico si *oppone* sempre alla *velocità relativa* del punto rispetto alla superficie scabra sul quale questo scorre (si veda ancora la Fig. 8.14 e le considerazioni lì sviluppate).

Il significato dell'espressione (8.26) appare più chiaro considerando il caso di un punto P che si muove su di una superficie fissa, e per la quale si ha quindi $\mathbf{v}_J = \mathbf{0}$. In questo caso la (8.26) si riduce a

$$\boldsymbol{\Phi}_t = -\mu_d |\boldsymbol{\Phi}_n| \frac{\mathbf{v}}{|\mathbf{v}|} \tag{8.27}$$

dove **v** è la velocità del punto P alla quale la forza di attrito si oppone, così come illustrato nella Fig. 8.15.

Alla luce delle considerazioni svolte si vede che la forza d'attrito dinamico può esercitare una potenza $\Pi = \boldsymbol{\Phi} \cdot \mathbf{v}$ sia negativa (e questo è sempre vero quando la superficie di scorrimento è fissa) che positiva, e questo può verificarsi quando la superficie di scorrimento è mobile.

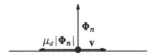

Figura 8.15 La forza di attrito dinamico esercitata da una superficie *fissa* ha componente tangente opposta alla velocità del punto e proporzionale alla parte normale della reazione vincolare

Osservazione 8.14 Il caso (iii), punto che striscia su di una *guida* fissa o mobile, richiede una precisazione: la reazione vincolare $\boldsymbol{\Phi}$ si scompone in una parte *tangente* $\boldsymbol{\Phi}_t$ e in una parte $\boldsymbol{\Phi}_\perp$ che si trova nel piano perpendicolare alla guida. Poiché sappiamo dalla geometria delle curve (si veda § A.2) che il piano perpendicolare a una curva contiene il versore $\mathbf{n}$ della normale principale e il versore $\mathbf{b}$ della binormale (che insieme al versore tangente $\mathbf{t}$ formano la terna intrinseca) possiamo scrivere il modulo di $\boldsymbol{\Phi}_\perp$ come

$$|\boldsymbol{\Phi}_\perp| = \sqrt{\Phi_n^2 + \Phi_b^2}.$$

La (8.24) ora diventa

$$|\boldsymbol{\Phi}_t| = \mu_d |\boldsymbol{\Phi}_\perp|$$

e cioè

$$|\boldsymbol{\Phi}_t| = \mu_d \sqrt{\Phi_n^2 + \Phi_b^2}. \tag{8.28}$$

(si osservi che qui Φ_n ha un significato diverso che in (8.24) o (8.27), dove l'indice n si riferiva alla *normale alla superficie* di contatto, mentre qui indica la *normale principale* alla guida). $\qquad\square$

8.9.3 Legge dell'attrito volvente

Il rotolamento senza strisciamento costituisce quindi un esempio di vincolo ideale, pur presupponendo la presenza di attrito statico. Nella realtà è possibile osservare empiricamente la presenza di una forma addizionale di attrito, detto *volvente*, che descrive in modo più realistico il moto di un corpo (un disco, per esempio) che rotola senza strisciare su di una superficie fissa o mobile.

Questo attrito si traduce in una coppia che genera un momento $\boldsymbol{\Gamma}_v$ proporzionale alla componente normale della reazione vincolare e che si oppone alla velocità angolare del corpo sul quale agisce (o alla velocità angolare relativa al corpo su quale esso rotola, nel caso più generale).

Una motivazione per la presenza dell'attrito volvente è basata sulla concreta possibilità che una delle superfici coinvolte nel rotolamento non sia in realtà perfettamente rigida e si verifichi una sua piccola deformazione, simile a quella che è illustrata nella Fig. 8.16, dove in particolare sulla sinistra si vede quello che potrebbe essere uno pneumatico che non si appoggia al terreno in un punto ma in una intera

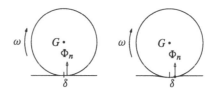

Figura 8.16 Una spiegazione intuitiva dell'attrito volvente. La parte verticale della reazione vincolare è applicata a una distanza δ in avanti rispetto al punto di contatto ideale del disco con la guida orizzontale, a causa dell'infinitesima elasticità del disco o della guida su cui rotola

area che tecnicamente viene denominata *impronta*. Sulla destra della medesima figura è invece illustrato il caso di una guida, sulla quale avviene il rotolamento, che non sia perfettamente rigida con evidenziata una sua piccola deformazione dovuta al carico trasmesso dal disco.

A causa della (infinitesima) elasticità del disco o della guida sulla quale avviene il moto la parte normale della reazione vincolare è comunque applicata a una piccola distanza δ in *avanti* rispetto al punto di contatto ideale. Questo è dovuto alla resistenza alla deformazione della parte del disco o della guida che viene compressa, che *non* è bilanciata dalla forza che il disco riceve dal tratto di guida che lo segue. La distanza δ costituisce quindi un braccio diverso da zero per Φ_n rispetto al punto di contatto ideale, collocato sotto il centro G, e proprio questo produce un momento volvente $\boldsymbol{\Gamma}_v$ del quale si deve tenere conto.

In definitiva, si può descrivere la reazione vincolare come applicata nel punto di contatto ideale (si veda la Fig. 8.17) purché si aggiunga un momento $\boldsymbol{\Gamma}_v$ che corrisponde allo coppia generata dallo scostamento effettivo della retta di applicazione di Φ_n (si tratta in sostanza di introdurre un *momento di trasporto*, come illustrato in dettaglio nel § 7.6.1 del Cap. 7).

Le leggi che descrivono l'attrito volvente sono più precisamente espresse dalle relazioni

$$
\begin{aligned}
\mathbf{u}_s \neq \mathbf{0} &\quad \Rightarrow \quad \boldsymbol{\Gamma}_v = -\delta_d |\Phi_n| \frac{\boldsymbol{\omega}}{|\boldsymbol{\omega}|} \\
\mathbf{u}_s = \mathbf{0} &\quad \Rightarrow \quad |\boldsymbol{\Gamma}_v| \leq \delta_s |\Phi_n|
\end{aligned}
\tag{8.29}
$$

dove $\mathbf{u}_s$ è la velocità di strisciamento, definita dalla (8.25), e $\boldsymbol{\omega}$ è la velocità angolare del corpo sul quale il momento di attrito volvente $\boldsymbol{\Gamma}_v$ agisce (relativamente alla superficie rigida sulla quale esso rotola, se quest'ultima è in moto). Non dovreb-

Figura 8.17 L'aggiunta del momento volvente Γ_v permette di tener conto dello spostamento laterale di Φ_n rispetto al punto di contatto ideale (si confronti con la Fig. 8.16)

be sfuggire l'analogia delle relazioni espresse nella (8.29) con la legge dell'attrito statico e la legge dell'attrito dinamico.

Le quantità δ_s e δ_d, presenti nella (8.29) e note come *coefficienti di attrito volvente*, hanno entrambe le dimensioni di una lunghezza e, nelle situazioni più comuni, possono essere considerate coincidenti e in questo caso sono indicate entrambe con δ. Sappiamo inoltre che sono con buona approssimazione indipendenti dall'intensità di Φ_n. Inoltre, nel caso di una ruota, esistono misure che mostrano come i valori di δ_s e δ_d decrescono con il suo raggio.

Naturalmente, alla luce delle considerazioni appena accennate, una analisi precisa di fenomeno dell'attrito volvente richiede una sua collocazione all'interno della Teoria dell'Elasticità, e ciò è al di fuori degli argomenti previsti in questa trattazione.

Si osservi che la presenza dell'attrito dinamico rende *dissipativo*, e quindi non più ideale, il vincolo di rotolamento senza strisciamento, come si deduce dall'espressione (7.42) del lavoro virtuale di una coppia applicata a un corpo rigido.

8.10 Classificazione delle forze

Le forze applicate a un *sistema* possono essere classificate per mezzo di due suddivisioni indipendenti:

- forze attive e reazioni vincolari;
- forze esterne e forze interne.

(le reazioni vincolari sono anche indicate con il termine equivalente di "forze reattive").

Un altro modo di descrivere questa classificazione è quello di suddividere le forze in quattro categorie mutualmente esclusive:

- forze attive interne;
- forze attive esterne;
- reazioni vincolari interne;
- reazioni vincolari esterne.

Le *forze attive*, come introdotte e discusse nel Cap. 7, sono assegnate in funzione della configurazione e dell'atto di moto del sistema, e eventualmente del tempo.

Le *reazioni vincolari* sono invece *a priori* ignote ma non del tutto arbitrarie poiché, come si visto in precedenza, nel caso di vincoli ideali devono soddisfare opportune condizioni riguardanti il loro lavoro virtuale. Nel caso di vincoli scabri o dissipativi esistono inoltre relazioni aggiuntive, quali la legge dell'attrito statico o dinamico e la legge dell'attrito volvente, che hanno genericamente il ruolo di *equazioni costitutive* caratterizzanti le forze reattive associate a ciascun vincolo.

Le *forze esterne* sono dovute all'azione *su* punti del sistema da parte di corpi o punti materiali ad esso esterni, mentre le *forze interne* sono dovute all'azione di altri punti o corpi anch'essi inclusi nel sistema.

Figura 8.18 Due sistemi
meccanici

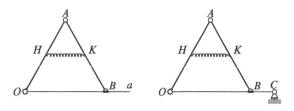

È importante osservare che la distinzione fra forze esterne e interne è subordinata alla scelta del sistema meccanico del quale ci stiamo occupando.

Per distinguere le quantità (risultanti, momenti, lavoro, potenza) che si riferiscono alle diverse categorie di forze useremo lettere o abbreviazioni ad apice, come per esempio: "est", "e", "int", "i", "a", "v", dal significato ovvio.

Ometteremo queste indicazioni esplicite quando sarà chiaro dal contesto a quali forze ci si riferisca, senza pericolo di ambiguità.

Esempio 8.15 Il sistema rappresentato nella parte sinistra della Fig. 8.18 è collocato in un piano verticale e composto da due aste incernierate fra loro in A. L'asta OA è poi incernierata a un punto fisso in O, mentre l'estremo B scorre lungo una guida orizzontale indicata con la lettera a. I punti medi delle aste sono collegati da una molla.

Le forze *esterne attive* agenti sul sistema formato dalle due aste sono i loro pesi, mentre le forze che la molla esercita sui punti H e K sono *attive ma interne* al sistema. Le *reazioni vincolari esterne* agiscono nel punto O e in B. Esiste anche uno scambio di forze di tipo *reattivo interno* al sistema in A.

Osserviamo però che, se ci vogliamo occupare della sola asta OA e restringiamo ad essa sola il "sistema" che stiamo considerando, allora la forza della molla agente in H è esterna, così come la forza che in A questa asta (il sistema, ora) riceve da AB.

Osserviamo adesso l'immagine sulla destra della Fig. 8.18, dove la guida orizzontale è stata rimpiazzata da un'asta OC, che è vincolata in C per mezzo di un carrello.

Se ora per "sistema" intendiamo l'insieme delle tre aste OA, AB, OC, dobbiamo classificare le forze che AB e OC si scambiano in B come reattive interne. D'altra parte, su questo nuovo "sistema" agisce una ulteriore reazione vincolare esterna in C. □

8.11 Il punto di vista di Mach sui fondamenti della Meccanica

Concludiamo questo capitolo tornando a considerazioni che riguardano i fondamenti della meccanica classica, per motivi di completezza culturale.

Un percorso alternativo alla costruzione degli assiomi e delle leggi fondamentali (ma equivalente a quello presentato nei primi paragrafi di questo capitolo) è dovuto essenzialmente a Ernst Mach (Chirlitz-Turas, Moravia 1838–Haar 1916). Questa strada è più soddisfacente, dal punto di vista logico, di quella precedentemente adottata, anche se risulta più complessa e artificiale.

Una volta definiti i sistemi inerziali tramite lo schema seguito in §8.1.1, Mach introduce il seguente Postulato.

Postulato (Postulato di Mach per coppie isolate) *Nel moto di ogni coppia di punti isolati P_1 e P_2 rispetto ad un riferimento inerziale, le accelerazioni dei due punti hanno stessa direzione della congiungente $P_1 P_2$, versi opposti tra loro e intensità in un rapporto costante.*

In esso, il concetto di coppia isolata deriva dall'idealizzazione di un coppia di corpi reali vicini tra loro, ma lontani da qualunque altro corpo. Grazie al secondo principio è possibile associare a ogni coppia di punti un numero reale positivo come rapporto dei moduli delle accelerazioni dei punti stessi, ovvero

$$\frac{a_1}{a_2} = \sigma(P_1, P_2)\,. \tag{8.30}$$

Postuliamo che il rapporto $\sigma(P_1, P_2)$ risulti costante, e cioè indipendente dalla posizione e velocità dei punti, nonché dal tempo. È quindi possibile considerare questo rapporto come l'elemento caratteristico della coppia isolata.

Immaginiamo ora che ogni punto materiale P_i possa formare una coppia isolata di volta in volta con ogni altro punto materiale P_j. Postuliamo inoltre che per qualunque terna di punti materiali $\{P_i, P_j, P_h\}$ debba essere

$$\sigma(P_i, P_j)\sigma(P_j, P_h) = \sigma(P_i, P_h)\,. \tag{8.31}$$

Questo permette di usare il rapporto caratteristico $\sigma(P_i, P_j)$ per definire una classe di equivalenza: i punti materiali P_i e P_j sono equivalenti se e solo se

$$\sigma(P_i, P_j) = 1\,. \tag{8.32}$$

La relazione definita in (8.32) è infatti riflessiva, simmetrica e transitiva, come facilmente è possibile dimostrare usando (8.30) e (8.31).

Indicando con m_i la classe di equivalenza associata al punto materiale P_i è possibile riassumere il secondo principio della meccanica come

$$m_1\mathbf{a}_1 + m_2\mathbf{a}_2 = \mathbf{0}\,,$$
$$OP_1 \wedge m_1\mathbf{a}_1 + OP_2 \wedge m_2\mathbf{a}_2 = \mathbf{0}\,, \tag{8.33}$$

se si pone *per definizione*

$$\frac{m_2}{m_1} = \sigma(P_1, P_2)\,.$$

La quantità m_i si *definisce* come la *massa* del punto materiale P_i.

Ognuno dei punti che compongono una coppia isolata può possedere accelerazione non nulla e risulta quindi naturale considerare le due accelerazioni a_1 e a_2 come dovute alle interazioni che avvengono tra i due punti materiali. Queste interazioni possono anche essere rappresentate dalle grandezze vettoriali

$$\mathbf{F}_1 = m_1 \mathbf{a}_1 , \quad \mathbf{F}_2 = m_2 \mathbf{a}_2 , \tag{8.34}$$

che *per definizione* vengono indicate con il nome di *forza*. In termini delle forze la (8.33) implica

$$\mathbf{F}_1 = \varphi \mathbf{e}_{21} , \quad \mathbf{F}_2 = \varphi \mathbf{e}_{12} , \tag{8.35}$$

con φ grandezza scalare che indica l'intensità delle forze. La (8.35) non è altro che il principio di azione e reazione.

Il prossimo passo è quello di considerare i sistemi di punti materiali.

Postulato (Postulato di Mach per sistemi di punti isolati) *Nel moto di un sistema isolato costituito da un numero arbitrario di punti materiali, le forze $\mathbf{F}_{ij}$ e $\mathbf{F}_{ji}$ che due punti qualsiasi del sistema stesso P_i e P_j esercitano uno sull'altro in un riferimento inerziale, sono indipendenti dalla presenza degli altri punti e sono in accordo con la (8.35):*

$$\mathbf{F}_{ij} = \varphi_{ij} \mathbf{e}_{ji} , \quad \mathbf{F}_{ji} = \varphi_{ij} \mathbf{e}_{ij} .$$

Ovvero per qualunque punto P_i del sistema

$$\sum_{j \neq i} \mathbf{F}_{ij} = m_i \mathbf{a}_i . \tag{8.36}$$

Il concetto di sistema isolato è la naturale generalizzazione della coppia isolata a insiemi di punti materiali con cardinalità arbitraria e le (8.36) sono la generalizzazione delle equazioni (8.34), una generalizzazione che comporta il principio di sovrapposizione delle forze (talvolta indicato con il nome di "legge del parallelogramma delle forze").

Capitolo 9
Statica

Le Leggi della Meccanica consentono di studiare ogni tipo di moto, una volta note le forze e le condizioni iniziali. Esiste, comunque, un caso particolare che vale
la pena trattare per primo, anche in vista delle numerose applicazioni che trova: si
tratta delle soluzioni statiche, o di equilibrio, delle equazioni di moto. Dedicheremo
quindi il presente capitolo allo studio delle condizioni che consentono e garantiscono la quiete di un sistema, per passare poi all'analisi delle equazioni di moto
complete.

Quiete ed equilibrio

Consideriamo un sistema di forze attive indipendenti dal tempo: $\mathbf{F} = \mathbf{F}(P, \mathbf{v})$. Tra
le soluzioni dell'equazione della dinamica

$$m\,\mathbf{a} = \mathbf{F}(P, \mathbf{v}) \tag{9.1}$$

vi può essere la soluzione di quiete, strettamente connessa con il concetto di posizione di equilibrio.

Definizione 9.1 (Quiete) *Una soluzione costante di* (9.1), *$P(t) \equiv P^*$ per ogni
$t \geq t_0$, corrispondente ai dati iniziali $P(t_0) = P^*$, $\mathbf{v}(t_0) = \mathbf{0}$, si dice di quiete.*

Definizione 9.2 (Equilibrio) *Una configurazione P^* si dice di equilibrio se è
soluzione di*

$$\mathbf{F}(P^*, \mathbf{0}) = \mathbf{0}\,,$$

*ovvero se è una posizione in cui si annulla la forza valutata per valori nulli della
velocità.*

È immediato verificare che, se una posizione P^* è di quiete, dovendo la (9.1)
essere verificata, è necessariamente anche di equilibrio. Viceversa, supponiamo di
prendere una posizione iniziale $P(t_0) = P^*$ di equilibrio con $\mathbf{v}(t_0) = \mathbf{0}$: è ovvio

P. Biscari et al., *Meccanica Razionale*, La Matematica per il 3+2 138,
https://doi.org/10.1007/978-88-470-4018-2_9

Figura 9.1 Equilibrio di un
punto su una superficie

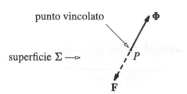

che esiste la soluzione di quiete, ma non è detto che sia l'unica possibile. Più in dettaglio, lo sarà solo se il problema di Cauchy associato a (9.1) ammette un'unica soluzione (per un esempio di forza per la quale questa proprietà non è soddisfatta si veda la (8.5) contenuta nell'Osservazione 8.3).

Bisogna a questo punto ricordare che le espressioni analitiche delle forze provengono da modelli matematici. Pertanto, accettando il principio di causalità (determinismo), supporremo che le forze attive agenti sul sistema soddisfino le ipotesi del Teorema di Cauchy. In questo modo, *quiete* ed *equilibrio* diventano sinonimi, nel senso che ogni soluzione di quiete è di equilibrio e che se si lascia al tempo $t = t_0$ il sistema in una posizione di equilibrio con velocità nulla, si avrà la quiete.

9.1 Equilibrio di un punto materiale

Il problema dell'equilibrio di un punto libero è concettualmente semplice. Si tratta infatti di determinare gli zeri di una funzione vettoriale:

$$\mathbf{F}(P) = \mathbf{0} \quad \Longleftrightarrow \quad \begin{cases} F_x(x, y, z) = 0 \\ F_y(x, y, z) = 0 \\ F_z(x, y, z) = 0 \end{cases}$$

Osserviamo che senza perdita di generalità possiamo limitarci a considerare solo forze posizionali. Infatti, qualora sul sistema agissero forze attive dipendenti dalla velocità, in statica queste ultime devono essere valutate per valori nulli della velocità stessa.

Si consideri adesso il caso di un punto vincolato su una linea o su una superficie, soggetto a una forza attiva **F** (vedi Fig. 9.1). Grazie al Postulato delle reazioni vincolari §8.6 e al Principio di sovrapposizione delle forze §8.1.4, le posizioni di equilibrio saranno quelle per cui la forza totale agente sul punto P sarà nulla:

$$\mathbf{F}(P) + \mathbf{\Phi} = \mathbf{0}. \tag{9.2}$$

Come è lecito aspettarci il problema (9.2) è sottodeterminato, in quanto la reazione vincolare $\mathbf{\Phi}$ è un'incognita del problema. Infatti, sino a questo momento non abbiamo fornito alcuna informazione sulla natura fisica del materiale che costituisce il vincolo.

Come abbiamo visto nella § 8.8 del Cap. 8 e nei paragrafi successivi i vincoli e le reazioni vincolari possono essere distinti in lisci e scabri, con diverse caratterizzazioni delle corrispondenti reazioni vincolari.

Mostriamo ora quali siano le condizioni di equilibrio per un punto soggetto a un risultante delle forze attive $\mathbf{F}$ e vincolato a una superficie, che consideriamo prima liscia e poi scabra.

Nel caso di una superficie liscia, come discusso nella § 8.8.1, sappiamo che la reazione vincolare è perpendicolare alla superficie stessa: $\mathbf{\Phi} = \Phi\mathbf{n}$, dove $\mathbf{n}$ è il versore normale.

L'equazione (9.2) può essere scomposta secondo le direzioni normale e tangente alla superficie

$$\mathbf{F}_t + \mathbf{\Phi}_t = \mathbf{0} \quad \mathbf{F}_n + \mathbf{\Phi}_n = \mathbf{0}\,. \tag{9.3}$$

Poiché nel caso di un vincolo liscio sappiamo che $\mathbf{\Phi}_t = \mathbf{0}$ deduciamo che condizione necessaria e sufficiente affinché un punto P della superficie sia di equilibrio è che sia

$$\mathbf{F}_t = \mathbf{0}\,. \tag{9.4}$$

con la componente normale della reazione vincolare $\mathbf{\Phi}$ data da $\mathbf{\Phi}_n = -\mathbf{F}_n$.

Si dice che la condizione (9.4) è perciò l'*equazione pura di equilibrio* di un punto vincolato a una superficie liscia (le considerazioni appena fatte si estendono facilmente al caso di una guida liscia). L'aggettivo "pura" si riferisce al fatto che questa equazione non coinvolge la reazione vincolare ma impone una restrizione alla sola forza attiva.

Sappiamo però che il vincolo può essere *bilatero* o *unilatero*, come illustrato in § 8.8.1: nel primo caso il vincolo obbliga il punto a rimanere *sulla* superficie, mentre nel secondo caso impedisce al punto di *oltrepassare* la superficie, obbligandolo a rimanere da un lato di essa.

Nel primo caso, vincolo bilatero, la reazione vincolare $\mathbf{\Phi}$ può essere orientata arbitrariamente, purché sia perpendicolare alla superficie. In questo caso non vi è nulla da aggiungere alla equazione (9.4) che garantisce l'equilibrio.

Se invece il vincolo è unilatero, e $\mathbf{n}$ è orientato verso la porzione di spazio nel quale il punto è costretto a rimanere, allora in vista della discussione contenuta in § 8.8.1 avremo che

$$\Phi_n = \mathbf{\Phi} \cdot \mathbf{n} \geq 0\,. \tag{9.5}$$

Perciò la (9.3)$_2$ insieme alla diseguaglianza (9.5) impone che sia

$$F_n = \mathbf{F} \cdot \mathbf{n} \leq 0\,.$$

Quindi, condizione necessaria e sufficiente per l'equilibrio di un punto soggetto a una forza attiva $\mathbf{F}(P)$ e a un vincolo *unilatero* relativo a una superficie, è che nel punto P sia

$$\mathbf{F}_t = \mathbf{0} \quad \mathbf{F} \cdot \mathbf{n} \leq 0$$

(con $\mathbf{n}$ versore normale, secondo la convenzione indicata sopra).

Discutiamo e deduciamo adesso la condizione pura di equilibrio nel caso di un punto vincolato a rimanere su una superficie scabra, con legge di attrito statico come descritta in § 8.9.1.

L'equazione (9.2) proiettata lungo la direzione normale e lungo il piano tangente alla superficie equivale alle (9.3) e, in vista della disugugaglianza di Coulomb-Morin (8.23), questo implica che per garantire l'equilibrio debba essere

$$|\mathbf{F}_t| \leq \mu_s |\mathbf{F}_n| \tag{9.6}$$

poiché solo in questo caso è possibile che le componenti tangente e normale della rezione vincolare $\boldsymbol{\Phi}$ soddisfino la (8.23).

Diciamo quindi che la (9.6) costituisce la *condizione pura di equilibrio* per un punto vincolato a rimanere su di una superficie scabra.

Ovviamente, nel caso di un vincolo unilatero, si dovrà aggiungere alla (9.6) la condizione $F_n \leq 0$ (sempre nell'ipotesi che $\mathbf{n}$ sia il versore normale che punta verso la parte di spazio dove il punto è confinato a rimanere).

In termini più strettamente matematici, supponendo di avere a che fare con una forza attiva $\mathbf{F}$ dipendente dal punto $P(x, y, z)$ e indicando con $f(P) = 0$ l'equazione che descrive in forma implicita la superficie di vincolo si può definire

$$\psi(P) = |\mathbf{F}_t| - \mu_s |\mathbf{F}_n|$$

e scrivere l'insieme delle condizioni di equilibrio per un vincolo bilatero nella forma

$$\mathbf{F}(P) + \boldsymbol{\Phi} = \mathbf{0} \qquad \psi(P) \leq 0 \qquad f(P) = 0.$$

La condizione di equilibrio (9.6) può anche essere interpretata geometricamente per mezzo del *cono di attrito statico*, introdotto in § 8.9.1 (si veda la Fig. 8.13). Quest'ultimo è il cono di origine in P e che, rispetto alla normale, ha semi-apertura di angolo φ_s tale che $\tan \varphi_s = \mu_s$. Poiché, come si deduce dalla (9.2), la forza attiva è uguale e contraria alla reazione vincolare, si conclude che *vi è equilibrio se la forza attiva non è esterna al cono di attrito statico.* (vedi Fig. 9.2). Nel caso di un vincolo scabro *unilatero* la forza $\mathbf{F}$ deve essere inoltre contenuta nella falda del cono che contiene al suo interno il versore opposto a $\mathbf{n}$.

Figura 9.2 Cono di attrito statico

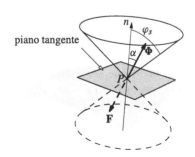

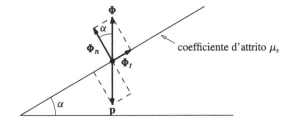

Figura 9.3 Un punto pesante su un piano inclinato scabro. L'equilibrio è possibile solo se $\tan \alpha \leq \mu_s$

coefficiente d'attrito μ_s

Osservazione 9.3 Si noti come l'attrito favorisca l'equilibrio. Infatti, quanto maggiore sia il coefficiente μ_s più facilmente la (9.6) sarà soddisfatta. Possiamo addirittura notare che nel limite in cui $\mu_s \to \infty$ quasi tutte le posizioni (più precisamente, tutte eccetto quelle in cui $F_n = 0$) diventano di equilibrio. Una volta individuate le posizioni di equilibrio possiamo ricavare da (9.3) il valore della corrispondente reazione vincolare $\mathbf{\Phi}$. □

Osservazione 9.4 La condizione di equilibrio (9.6) fornisce un semplice metodo per stimare μ_s, il coefficiente d'attrito statico.

Consideriamo un punto materiale P appoggiato su piano inclinato di angolo di inclinazione variabile α, sottoposto a una sola forza attiva verticale, pari al suo peso (vedi Fig. 9.3). Scomponendo il peso p nella parte tangente $p \sin \alpha$ e nella parte normale $p \cos \alpha$, poiché vi è equilibrio fino a quando la (9.6) è soddisfatta deduciamo che questo è possibile se e solo se

$$|p \sin \alpha| \leq \mu_s |p \cos \alpha|$$

e cioè

$$\tan \alpha \leq \mu_s .$$

Perciò, alla luce della monotonia della funzione tangente, fino a quando α rimane inferiore a un valore critico φ_s (con $0 \leq \varphi_s < \pi/2$), chiamato *angolo di attrito statico* permane soddisfatta la condizione di equilibrio, che viene invece violata quando α lo supera. È perciò possibile dedurre una legge empirica per determinare il valore del coefficiente di attrito statico, ponendo

$$\mu_s = \tan \varphi_s \geq 0 .$$ □

Esempio 9.5 Un punto P di massa m è vincolato a una circonferenza liscia, di raggio R e centro O, che giace in un piano verticale. Sul punto agiscono il peso e una forza elastica $\mathbf{f}_e = -k(CP)$ avente il centro C nel punto più alto della circonferenza, come illustrato nella Fig. 9.4.

In questo caso il criterio di equilibrio dice che

$$\mathbf{\Phi} + m\mathbf{g} - kCP = \mathbf{0} , \tag{9.7}$$

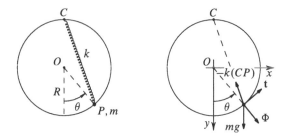

e la caratterizzazione dinamica del vincolo, riferendoci alla Fig. 9.4, si esplica richiedendo che la reazione **Φ** risulti parallela al vettore OP. Se si proietta lungo gli assi cartesiani si ottiene, usando il teorema della corda,

$$\Phi \sin \theta - 2kR \sin \tfrac{\theta}{2} \cos \tfrac{\theta}{2} = 0, \quad \Phi \cos \theta + mg - 2kR \cos^2 \tfrac{\theta}{2} = 0. \qquad (9.8)$$

Moltiplicando la prima delle equazioni in (9.8) per $\cos \theta$ e la seconda per $\sin \theta$ e facendo la differenza di queste due espressioni si ottiene l'equazione pura nell'incognita cinematica

$$(kR - mg) \sin \theta = 0, \qquad (9.9)$$

che può essere soddisfatta per ogni θ se $mg = kR$, oppure solo per $\theta = 0, \pi$. D'altro canto se si moltiplica la prima delle equazioni in (9.8) per $\sin \theta$ e la seconda per $\cos \theta$ sommando si ottiene l'intensità della reazione vincolare (di cui si conosce a priori la direzione) come

$$\Phi = kR + (kR - mg) \cos \theta. \qquad (9.10)$$

Si ottiene così $\Phi = kR$ quando $mg = kR$; $\Phi = 2kR - mg$ quando $\theta = 0$, e infine $\Phi = mg$ quando $\theta = \pi$.

Si osservi che le equazioni (9.9) e (9.10) si potevano ottenere direttamente proiettando la (9.7) lungo le direzioni tangente e normale alla circonferenza. □

Esempio 9.6 Un punto P di massa m è vincolato a una parabola scabra di equazione $2py = x^2$ e coefficiente di attrito statico μ_s, che giace in un piano verticale. Sul punto agiscono il peso e una forza elastica $\mathbf{f}_e = -k(HP)$ avente il centro H nella proiezione del punto sull'asse delle ordinate, come si vede nella Fig. 9.5.

In questo caso il criterio di equilibrio richiede

$$\mathbf{\Phi} + m\mathbf{g} - k\,HP = \mathbf{0}, \qquad (9.11)$$

dove la reazione vincolare è caratterizzata dalla legge di Coulomb-Morin. Indicando con $\mathbf{F} = m\mathbf{g} - k\,HP$, dalla (9.11) si ottiene $\mathbf{\Phi} = -\mathbf{F}$ e quindi la legge di Coulomb-Morin è soddisfatta qualora

$$|F_t| \le \mu_s |F_n|,$$

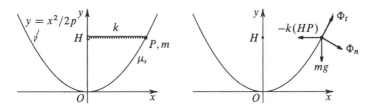

Figura 9.5 Un punto pesante su una parabola scabra e soggetto all'azione di una molla

dove $F_t = \mathbf{F} \cdot \mathbf{t}$, e $F_n = \mathbf{F} \cdot \mathbf{n}$. Calcolando i versori tangente e normale

$$\mathbf{t} = \frac{1}{\sqrt{p^2 + x^2}}(p\,\mathbf{i} + x\,\mathbf{j}), \qquad \mathbf{n} = \frac{1}{\sqrt{p^2 + x^2}}(-x\,\mathbf{i} + p\,\mathbf{j}),$$

si ricava che vi è equilibrio quando è soddisfatta la disuguaglianza

$$(kp + mg)\,|x| \le \mu_s |kx^2 - mgp|. \tag{9.12}$$

Se definiamo la quantità adimensionale $\kappa = kp/(mg)$, la disequazione (9.12) si può esprimere come

$$\mu_s^2 \kappa^2 x^4 - \left(\kappa^2 + 2(1 + \mu_s^2)\kappa + 1\right)p^2 x^2 + \mu_s^2 p^4 \ge 0. \tag{9.13}$$

Nel caso liscio ($\mu_s = 0$) la disequazione (9.13) ammette l'unica soluzione $x = 0$. Per ogni valore positivo di μ_s, invece risulta possibile ricavare le quattro radici reali (due positive e due negative) dell'equazione biquadratica associata alla (9.13). Il corrispondente studio del segno consente di dimostrare che sono di equilibrio tutti i punti tali che

$$\frac{|x|}{p} \le \frac{\sqrt{(1 + \kappa)^2 + 4\mu_s^2 \kappa} - (1 + \kappa)}{2\mu_s \kappa}$$

oppure

$$\frac{|x|}{p} \ge \frac{\sqrt{(1 + \kappa)^2 + 4\mu_s^2 \kappa} + (1 + \kappa)}{2\mu_s \kappa}.$$

Si noti che mentre nel caso di vincolo liscio abbiamo un'unica posizione di equilibrio, nel caso di attrito ne possiamo identificare un'infinità di esse, in quanto determinate da una disuguaglianza. □

9.2 Equilibrio dei sistemi: Equazioni cardinali della statica

Diremo che un sistema di punti materiali $\mathcal{I} = \{P_i, \ i = 1, \ldots, n\}$ è in equilibrio quando lo è ogni suo punto. Pertanto, la forza totale agente su ogni singolo punto dovrà essere nulla.

Nel caso generale sarà possibile dividere $\mathcal{I}$ nell'insieme $\mathcal{I}_0$ di punti liberi, sui quali agiscono solo forze attive, e l'insieme $\mathcal{I}_\varphi$, formato dai punti vincolati. In tal caso, in una configurazione C^* di equilibrio si avrà:

$$\begin{cases} \mathbf{F}_i = \mathbf{0} & \forall\, P_i \in \mathcal{I}_0 \\ \mathbf{F}_i + \mathbf{\Phi}_i = \mathbf{0} & \forall\, P_i \in \mathcal{I}_\varphi \,. \end{cases} \tag{9.14}$$

Proposizione 9.7 (Equazioni cardinali della statica) *Consideriamo un sistema di punti in $\mathcal{I}_0$ e suddividiamo l'insieme delle forze agenti in* forze interne *e* forze esterne *(vedi §8.3). Condizione* necessaria *per l'equilibrio del sistema è che il sistema delle forze esterne sia equilibrato, ovvero abbia risultante nullo, e momento risultante nullo rispetto a un polo generico O*

$$\mathbf{R}^{(e)} = \mathbf{0}, \qquad \mathbf{M}_O^{(e)} = \mathbf{0}. \tag{9.15}$$

Le equazioni (9.15) *vengono rispettivamente chiamate* prima *e* seconda equazione cardinale della statica *(quest'ultima rispetto al polo O)*.

Dimostrazione In condizione di equilibrio il risultante delle forze agenti su ogni punto deve essere nullo. Di conseguenza, condizione necessaria per l'equilibrio è che il sistema completo di forze agenti sul sistema sia equilibrato (ovvero abbia risultante e momento risultante nullo, come da Definizione 7.9). D'altra parte, il sistema delle forze interne è sempre equilibrato in virtù del Principio di azione e reazione, come dimostrato dal Teorema 8.5, per cui, per sottrazione, ricaviamo che condizione necessaria per l'equilibrio di un sistema è che il sistema delle forze esterne sia equilibrato. □

È fondamentale sottolineare che *per un sistema generico le equazioni cardinali della statica non sono in generale sufficienti per l'equilibrio.* A tal fine basta analizzare il controesempio illustrato in Fig. 9.6. Essa mostra due punti isolati P_1, P_2 collegati da una molla. In qualunque configurazione di questo sistema le equazioni cardinali della statica sono soddisfatte, essendo interne le due forze elastiche $\mathbf{F}_{21}, \mathbf{F}_{12}$. Tuttavia, evidentemente il sistema non è in equilibrio in quanto su ciascuno dei punti agisce una forza non nulla. D'altra parte è anche ovvio che, in generale, il fatto che il risultante e il momento risultante siano nulli, come richiesto dalle (9.15), non possa implicare che su *ciascun* punto vi siano forze nulle, come invece è richiesto dalla (9.14).

Questo esempio conferma che un sistema generico di punti è in equilibrio *se e solo se* ogni punto è in equilibrio.

Figura 9.6 Esempio di non sufficienza delle equazioni cardinali della statica

9.3 Principio dei lavori virtuali

Per i sistemi soggetti a vincoli ideali è possibile dimostrare un teorema fondamentale, che prende il nome di *Principio dei lavori virtuali* e permette di caratterizzare le posizioni di equilibrio di un sistema meccanico tramite un principio sintetico a carattere globale. Nel suo enunciato indicheremo per comodità con δP (senza alcun indice) un generico spostamento virtuale dei punti di un sistema, vale a dire uno spsotamento infinitesimo compatibile con i vincoli, che in statica sono a priori supposti fissi.

Teorema 9.8 (Principio dei lavori virtuali) *Condizione necessaria e sufficiente affinché una configurazione C sia di equilibrio per un sistema meccanico a vincoli ideali è che il lavoro delle forze* attive *sia non positivo per ogni spostamento virtuale δP a partire da C:*

$$\delta L^{(a)} \leq 0 \qquad \forall\, \delta P \ da\ C. \tag{9.16}$$

In particolare deve essere

$$\delta L^{(a)} = 0 \qquad \forall\, \delta P \ reversibile\ da\ C.$$

Dimostrazione Per dimostrare la necessità della (9.16) ai fini dell'equilibrio ammettiamo per ipotesi che C sia di equilibrio e che quindi siano verificate le (9.14), dove abbiamo diviso il sistema nell'insieme $\mathcal{I}_0$ di punti liberi, e l'insieme $\mathcal{I}_\varphi$, formato dai punti vincolati. Si ottiene

$$\delta L^{(a)} = \sum_{i=1}^{n} \mathbf{F}_i \cdot \delta P_i = \sum_{P_i \in \mathcal{I}_0} \mathbf{F}_i \cdot \delta P_i + \sum_{P_i \in \mathcal{I}_\varphi} \mathbf{F}_i \cdot \delta P_i = -\sum_{P_i \in \mathcal{I}_\varphi} \boldsymbol{\Phi}_i \cdot \delta P_i = -\delta L^{(v)}$$

e per l'ipotesi di vincolo ideale (8.18) si ha la tesi (9.16).

Per dimostrarne la sufficienza, supponiamo vera per ipotesi la (9.16) per ogni spostamento virtuale. Consideriamo innanzitutto solo spostamenti di punti liberi. Essendo tali spostamenti ovviamente reversibili si dovrà avere

$$\sum_{P_i \in \mathcal{I}_0} \mathbf{F}_i \cdot \delta P_i = 0 \quad \forall\, \delta P_i \ con\ P_i \in \mathcal{I}_0. \tag{9.17}$$

In particolare la (9.17) dovrà essere verificata anche se si sposta un solo punto $P_k \in \mathcal{I}_0$ e quindi

$$\mathbf{F}_k \cdot \delta P_k = 0 \quad \forall\, \delta P_k. \tag{9.18}$$

Visto che il punto P_k è libero, i suoi spostamenti virtuali sono completamente arbitrari, e quindi la (9.18) implica $\mathbf{F}_k = 0$. Ripetendo poi la stessa considerazione per ogni punto $P_i \in \mathcal{I}_0$ si ha che la (9.14)$_1$ risulta verificata:

$$\mathbf{F}_i = 0 \quad \forall\, P_i \in \mathcal{I}_0. \tag{9.19}$$

Rimane ora da dimostrare la $(9.14)_2$. A tal fine si osservi che ormai il lavoro virtuale delle forze attive riguarda solo i punti vincolati, avendo verificato (9.19), e pertanto per ipotesi si ha

$$\delta L^{(a)} = \sum_{P_i \in \mathcal{I}_\varphi} \mathbf{F}_i \cdot \delta P_i \leq 0 \qquad \forall \delta P_i \in \mathcal{I}_\varphi \,. \tag{9.20}$$

Si consideri adesso per ogni punto $P_i \in \mathcal{I}_\varphi$ un'ipotetica reazione vincolare uguale e opposta alla forza attiva:

$$\mathbf{\Phi}_i^* = -\mathbf{F}_i \quad \forall P_i \in \mathcal{I}_\varphi \,. \tag{9.21}$$

Ovviamente affinché la (9.21) sia equivalente alla $(9.14)_2$ occorre provare che $\mathbf{\Phi}_i^*$ può effettivamente essere una reazione vincolare. Questo è di facile verifica, in quanto da (9.21) e (9.20) si ha che le ipotetiche reazioni vincolari compiono un lavoro che non è mai negativo:

$$\delta L^{(*)} = \sum_{P_i \in \mathcal{I}_\varphi} \mathbf{\Phi}_i^* \cdot \delta P_i = -\sum_{P_i \in \mathcal{I}_\varphi} \mathbf{F}_i \cdot \delta P_i \geq 0 \,.$$

Grazie al "tutti e soli" della caratterizzazione dei vincoli ideali (e più precisamente grazie al "tutti") si conclude che le $\mathbf{\Phi}_i^*$, appartenendo alla classe delle possibili reazioni vincolari che i vincoli ideali sono in grado di esplicare, verranno effettivamente esplicate, garantendo l'equilibrio. Pertanto la (9.21) si riduce ad $(9.14)_2$ e il teorema rimane provato. □

Osservazione 9.9 Può sorprendere la scelta di chiamare "Principio" quello che più correttamente potrebbe chiamarsi *Teorema dei lavori virtuali*, visto che ne abbiamo appena fornito la dimostrazione. In realtà, mentre è ovvia la necessità della (9.16) per l'equilibrio di un sistema sottoposto a vincoli ideali, lo stesso non si può dire della sua sufficienza. Se analizziamo accuratamente la dimostrazione fornita, osserviamo che in essa gioca un ruolo fondamentale l'equivalenza tra *equilibrio* e *quiete*, e quindi il Teorema di Cauchy. Nel caso si vogliano prendere in considerazione sistemi di forze che non soddisfino le ipotesi del Teorema di Cauchy, equilibrio e quiete non si equivalgono e il *Teorema dei lavori virtuali* torna ad essere un *Principio*. Per questa ragione abbiamo deciso di conservare il nome storicamente più accreditato. □

Definizione 9.10 *Chiamiamo* relazione pura di equilibrio *ogni condizione (equazione o disequazione) che caratterizzi le configurazioni di equilibrio e che contenga le sole forze attive. Analoga definizione caratterizza le equazioni pure della dinamica.*

È evidente che il *principio dei lavori virtuali* fornisce relazioni pure di equilibrio, e in particolare equazioni pure nel caso di spostamenti reversibili. Questa caratteristica costituisce uno dei maggiori vantaggi nel suo utilizzo che, come vedremo, permette di dedurre e analizzare le condizioni di equilibrio prescindendo dal calcolo e dalla conoscenza delle reazioni vincolari.

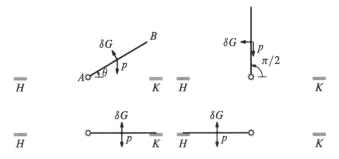

Figura 9.7 Asta incernierata soggetta a vincoli unilateri

Esempio 9.11 Consideriamo un'asta omogenea di peso p che nell'estremo A è incernierata a un punto fisso ed è libera di ruotare intorno ad esso in un piano verticale, come si vede nel primo disegno della Fig. 9.7. Supponiamo inoltre che in H e K si trovino due ostacoli orizzontali che non possono essere superati dall'asta, la quale deve quindi rimanere nel semipiano superiore.

Utilizzando il Principio dei Lavori Virtuali possiamo dedurre quali siano le configurazioni di equilibrio e verificare che sono in accordo con quanto si può dedurre facilmente per via intuitiva.

Osserviamo subito che, a causa del vincolo in A, ogni spostamento virtuale del baricentro G, punto medio dell'asta, è necessariamente perpendicolare all'asta stessa. Esistono inoltre due configurazioni di frontiera, per le quali gli spostamenti virtuali possibili non sono reversibili, in corrispondenza ai valori $\theta = 0$ e $\theta = \pi$, dove θ è l'angolo di rotazione evidenziato nel primo disegno.

Nella configurazione in cui $B = K$, e cioè quando $\theta = 0$, a causa del vincolo unilatero gli unici spostamenti virtuali sono quelli per cui $\delta\theta \geq 0$, mentre per $B = H$, quando $\theta = \pi$, dovrà essere $\delta\theta \leq 0$.

Il lavoro virtuale dell'unica forza attiva agente sul sistema, il peso p, è dato da

$$\delta L = \mathbf{p} \cdot \delta G = -\tfrac{1}{2} p l \cos \theta \, \delta\theta$$

dove l è la lunghezza dell'asta.

Restringiamo per ora la nostra attenzione alle configurazioni per le quali $0 < \theta < \pi$, dove $\delta\theta$ può avere segno arbitrario. Condizione necessaria e sufficiente affinché sia $\delta L = 0$ per ogni spostamento virtuale è allora che sia $\cos\theta = 0$, con l'asta quindi in posizione verticale. In questa configurazione, infatti, il peso è *perpendicolare* a ogni spostamento virtuale δG, come evidenziato nel secondo disegno.

Consideriamo adesso la configurazione di frontiera $\theta = 0$, per la quale $\cos\theta = 1$. Qui avremo

$$\delta L = \mathbf{p} \cdot \delta G = -\tfrac{1}{2} p l \, \delta\theta$$

e, poiché solo variazioni $\delta\theta \geq 0$ sono possibili, vediamo verificata la condizione

$$\delta L^{(a)} \leq 0 \quad \text{per ogni spostamento virtuale} \tag{9.22}$$

ed è quindi garantita la condizione di equilibrio del sistema (evidente da un punto di vista intuitivo).

Nella posizione in cui $\theta = \pi$, e quindi $\cos\theta = -1$, il lavoro virtuale del peso diventa invece

$$\delta L = \mathbf{p} \cdot \delta G = \tfrac{1}{2} pl\, \delta\theta$$

e poiché qui, a causa del vincolo unilatero, sono possibili solo le variazioni $\delta\theta \leq 0$ è ancora soddisfatta la condizione (9.22) e l'equilibrio è garantito. $\square$

9.4   Equilibrio di corpi rigidi

Tramite il principio dei lavori virtuali è possibile dimostrare che le equazioni cardinali della statica, che costituiscono solo una condizione necessaria per i generici sistemi materiali, diventano una condizione anche sufficiente per l'equilibrio di un corpo rigido, sia libero che vincolato.

Teorema 9.12 (Condizione necessaria e sufficiente per l'equilibrio di un corpo rigido) *Un sistema rigido è in equilibrio in una configurazione C se e solo se le equazioni cardinali della statica sono soddisfatte, vale a dire se e solo se l'insieme delle forze esterne è equilibrato.*

Dimostrazione   È evidente che le equazioni cardinali siano necessarie per l'equilibrio di un corpo rigido, come lo sono per qualunque sistema materiale.

Per dimostrarne invece la sufficienza, ci mettiamo per semplicità nel peggior caso possibile (dal punto di vista dell'equilibrio) in cui il corpo rigido sia sottoposto a vincoli ideali, avvertendo il lettore che il teorema vale anche nel caso di vincoli generici. Ciò è in accordo con l'esperienza: se una posizione è di equilibrio nel caso di vincoli ideali, a maggior ragione lo è nel caso di vincoli reali.

Per ipotesi il corpo è rigido, e occupa una configurazione in cui valgono le equazioni cardinali della statica (9.15), che adesso riscriviamo separando le forze attive dalle reazioni vincolari:

$$\mathbf{R}^{(e,a)} + \mathbf{R}^{(e,v)} = \mathbf{0}, \qquad \mathbf{M}_O^{(e,a)} + \mathbf{M}_O^{(e,v)} = \mathbf{0}\,. \tag{9.23}$$

Abbiamo visto in (7.40) che il lavoro virtuale di forze agenti su un corpo rigido ha un'espressione particolare in cui le forze appaiono solo attraverso il risultante e il momento risultante:

$$\delta L = \mathbf{R} \cdot \delta O + \mathbf{M}_O \cdot \boldsymbol{\varepsilon}'\,. \tag{9.24}$$

Pertanto, moltiplichiamo la (9.23)$_1$ per lo spostamento virtuale δO del punto O e la (9.23)$_2$ per $\boldsymbol{\varepsilon}'$, ottenendo per la (9.24):

$$\delta L^{(e,a)} + \delta L^{(e,v)} = 0\,. \tag{9.25}$$

D'altra parte, dalla (9.24) e come abbiamo già dimostrato nel Teorema 8.7, segue anche che il lavoro virtuale delle forze interne $\delta L^{(i)}$ è identicamente nullo per un corpo rigido, essendo nulli sia $\mathbf{R}^{(i)}$ che $\mathbf{M}_O^{(i)}$. Possiamo quindi sommare $\delta L^{(i)}$ al lavoro in (9.25), ottenendo $\delta L^{(e,a)} + \delta L^{(e,v)} + \delta L^{(i)} = 0$, ovvero

$$\delta L^{(e,a)} + \delta L^{(e,v)} + \delta L^{(i,a)} + \delta L^{(i,v)} = 0,$$

che può scriversi in definitiva (raggruppando il primo con il terzo termine ed il secondo con il quarto):

$$\delta L^{(a)} + \delta L^{(v)} = 0. \tag{9.26}$$

Avendo assunto che i vincoli siano ideali si ha che $\delta L^{(v)} \geq 0$ per ogni spostamento virtuale, e quindi da (9.26) segue $\delta L^{(a)} \leq 0$ per ogni spostamento virtuale a partire da C e, per la sufficienza del Principio dei lavori virtuali, C è di equilibrio. $\square$

Riducibilità delle forze nei corpi rigidi

In §7.4 abbiamo definito *equivalenti* due sistemi di forze che abbiano lo stesso risultante e lo stesso momento risultante. Abbiamo inoltre dimostrato (vedi Teorema 7.15) che dato un qualunque sistema di forze è sempre possibile determinare un nuovo sistema, equivalente al primo, composto al più da un vettore e una coppia. Particolarmente semplice è risultato il caso dei sistemi piani, in cui la riduzione permette di determinare un sistema equivalente formato da un solo vettore o da una sola coppia.

Abbiamo inoltre appena dimostrato che condizione necessaria e sufficiente affinché un dato sistema di forze consenta l'equilibrio di un corpo rigido è che esso sia equilibrato. Siccome il fatto che un sistema di forze sia equilibrato o meno dipende esclusivamente dai suoi vettori caratteristici (risultante e momento risultante), ricaviamo la seguente conseguenza.

Proposizione 9.13 *È sempre possibile sostituire un dato sistema di forze agente su un singolo corpo rigido con un sistema equivalente senza modificarne le configurazioni di equilibrio.*

Chiaramente, il fatto che le equazioni cardinali della statica non siano sufficienti per corpi non rigidi fa sì che *non* sia possibile in generale sostituire un dato sistema di forze applicate su un sistema di più corpi rigidi con un sistema equivalente.

Esempio 9.14 Supponiamo di voler equilibrare un corpo rigido pesante (come, per esempio, un quadro). L'analisi della riducibilità dei sistemi di forze parallele (vedi §7.6.2) dimostra che è possibile sostituire il sistema delle infinite forze peso con il loro risultante, applicato nel baricentro. Sarà quindi sufficiente applicare una forza uguale e contraria al peso totale, applicata in un qualunque punto della retta di applicazione del risultante (che coincide con la verticale passante per il baricentro) per equilibrare il sistema. $\square$

Figura 9.8 Asta pesante
soggetta all'azione di due
molle

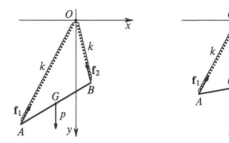

Consideriamo un'asta omogenea di lunghezza l e peso p che, in un piano verticale, ha gli estremi A e B collegati con l'origine O degli assi cartesiani da due molle di uguale costante elastica k, come in Fig. 9.8. Le forze elastiche $\mathbf{f}_1$ e $\mathbf{f}_2$ concorrono nel punto O e quindi, imponendo che sia $\mathbf{M}_O = 0$, si deduce subito che in condizione di equilibrio il baricentro G dell'asta deve trovarsi sull'asse y, come si vede sulla destra della medesima figura.

Poiché per definizione di forza elastica si ha $\mathbf{f}_1 = -k(OA)$, $\mathbf{f}_2 = -k(OB)$, il risultante delle forze agenti sull'asta è dato da

$$\mathbf{R} = -k(OA) - k(OB) + p\mathbf{j},$$

dove $\mathbf{j}$ è il versore dell'asse y discendente (Fig. 9.9). L'annullarsi di questo risultante equivale alla condizione $p\mathbf{j} = k(OA + OB)$ che può essere riscritta come

$$(p/k)\mathbf{j} = OA + OB$$

e da questa relazione si conclude che il vettore $(p/k)\mathbf{j}$ deve essere la diagonale del parallelogramma di lati OA e OB, come si vede sulla destra della Fig. 9.9.

Poiché le diagonali di un parallelogramma si intersecano nel punto medio deduciamo che la y di G deve essere pari alla metà di p/k. Quindi $y_G = p/2k$, mentre l'angolo di rotazione dell'asta è completamente arbitrario. In altre parole, purché sia $G = (0, p/2k)$ l'asta può assumere infinite configurazioni di equilibrio nelle quali A e B si collocano agli estremi di un qualsiasi diametro della circonferenza di raggio $l/2$ e centro G.   □

Figura 9.9 Calcolo
dell'equilibrio

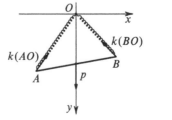 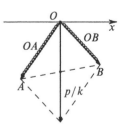

9.5 Equilibrio di corpi rigidi vincolati

Analizzeremo in questo paragrafo casi notevoli di equilibrio di corpi rigidi vincolati con diversi vincoli ideali.

9.5.1 Corpo rigido con punto fisso

Abbiamo già introdotto in §4.1.2 i vincoli rappresentati da un cerniera, fissa o mobile. Nel primo caso si suppone che un punto O di un corpo rigido sia vincolato a una posizione fissa (vedi Fig. 9.10). Nel secondo, si assume che due punti Q_1, Q_2, appartenenti a due corpi rigidi diversi, siano vincolati a occupare la stessa posizione in ogni istante. Analizziamo le reazioni vincolari esplicate da questi vincoli.

La reazione vincolare $\boldsymbol{\Phi}$ applicata in una cerniera fissa O non compie lavoro, essendo per definizione di vincolo $\delta O = \mathbf{0}$, e dunque

$$\delta L^{(v)} = \boldsymbol{\Phi} \cdot \delta O = 0. \tag{9.27}$$

Si osservi che in questo caso gli spostamenti virtuali sono tutti reversibili. Sottolineiamo inoltre che se il vincolo fosse reale e non ideale vi sarebbe una regione nell'intorno di O di punti soggetti a vincoli. In tal caso, indicando con $\mathbf{R}^{(v)}$ e $\mathbf{M}^{(v)}$ rispettivamente il risultante e il momento risultante delle reazioni vincolari, il lavoro virtuale diverrebbe in generale (vedi (7.40))

$$\delta L^{(v)} = \mathbf{R}^{(v)} \cdot \delta O + \mathbf{M}_O^{(v)} \cdot \boldsymbol{\varepsilon}' = \mathbf{M}_O^{(v)} \cdot \boldsymbol{\varepsilon}' \neq 0,$$

e la (9.27) potrebbe essere violata. Se però il raggio dell'intorno tende a zero, anche $\mathbf{M}_O^{(v)}$ si annulla, e si ricade nel caso ideale.

Ricaviamo ora le equazioni pure che caratterizzano l'equilibrio di un corpo rigido vincolato attraverso una cerniera ideale nel punto fisso O. In questo caso vi sarà un'unica reazione vincolare $\boldsymbol{\Phi}$, applicata in O, e le equazioni cardinali (9.23) diventano

$$\mathbf{R}^{(e,a)} + \boldsymbol{\Phi} = \mathbf{0}, \qquad \mathbf{M}_O^{(e,a)} = \mathbf{0}. \tag{9.28}$$

La seconda equazione cardinale $(9.28)_2$ rappresenta tre equazioni pure nelle tre incognite θ, ϕ, ψ (angoli di Eulero), che a loro volta forniscono le posizioni di

Figura 9.10 Corpo rigido con un punto fisso

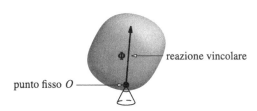

reazione vincolare

punto fisso O

Figura 9.11 Equilibrio di un
corpo rigido con un asse fisso

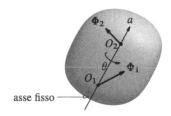

asse fisso ⟶

equilibrio. Nel contempo, la prima equazione cardinale $(9.28)_1$ consente di determinare il valore della reazione vincolare $\boldsymbol{\Phi}$ nelle posizioni di equilibrio. Il problema è dunque staticamente determinato.

Osserviamo che la condizione pura di equilibrio $(9.28)_2$ si poteva anche ricavare utilizzando il Principio dei lavori virtuali. Infatti da (9.24) si ha $\delta L^{(a)} = \delta L^{(e,a)} = \mathbf{M}_O^{(e,a)} \cdot \boldsymbol{\varepsilon}' = 0$ per ogni $\boldsymbol{\varepsilon}'$, da cui segue $\mathbf{M}_O^{(e,a)} = \mathbf{0}$.

9.5.2 Corpo rigido con asse fisso

Consideriamo ora il caso di un corpo rigido con un asse fisso. Questo vincolo può essere realizzato nella pratica in svariati modi, ma usualmente consiste in una *cerniera cilindrica*, vale a dire un'appendice a forma di cilindro circolare, solidale al corpo in questione, che alloggia in una cavità fissa, anch'essa cilindrica ma di diametro appena superiore all'appendice stessa. L'appendice o la cavità sono inoltre dotate di risalti che impediscono alle due superfici cilindriche di scorrere nella direzione del loro asse. Esempi comuni di dispositivi simili si trovano nelle cerniere di porte e finestre, che in realtà solitamente hanno un unico risalto essendo, in questo caso, l'asse dei due cilindri verticale. L'utilità della realizzazione del vincolo con un unico risalto risiede nel fatto che, in questo caso, è possibile sfilare le porte o le finestre dalle cavità (infissi) con maggiore facilità. Si suppone che in questi dispositivi i due cilindri siano, idealmente, coassiali.

Al fine di caratterizzare le reazioni vincolari presenti in una cerniera cilindrica, immaginiamo inizialmente di realizzare il vincolo attraverso due cerniere fisse, poste nei punti O_1 e O_2, come in Fig. 9.11, e poniamo $O_1 O_2 = d\,\mathbf{e}$, dove $\mathbf{e}$ indica un versore parallelo all'asse fisso.

Scegliendo O_1 come polo per i momenti e tenendo conto che $\mathbf{M}_{O_1}^{(e,v)} = O_1 O_2 \wedge \boldsymbol{\Phi}_2$, le equazioni (9.23) diventano

$$\mathbf{R}^{(e,a)} + \boldsymbol{\Phi}_1 + \boldsymbol{\Phi}_2 = \mathbf{0}, \qquad \mathbf{M}_{O_1}^{(e,a)} + d\,\mathbf{e} \wedge \boldsymbol{\Phi}_2 = \mathbf{0}. \qquad (9.29)$$

In particolare, osserviamo che se moltiplichiamo la seconda delle (9.29) scalarmente per il versore $\mathbf{e}$ otteniamo che il momento assiale delle forze esterne attive deve essere nullo:

$$M_a^{(e,a)} = \mathbf{M}_{O_1}^{(e,a)} \cdot \mathbf{e} = 0. \qquad (9.30)$$

Figura 9.12 Sistema
staticamente determinato

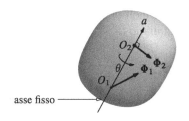

asse fisso ————

Tale equazione scalare, non contenendo le reazioni vincolari, è pura e consente di determinare i valori della coordinata libera θ (angolo di rotazione attorno ad **e**) per cui si ha equilibrio. Le rimanenti cinque equazioni scalari sono a disposizione per il calcolo delle reazioni vincolari, che però hanno sei incognite: le tre componenti di $\mathbf{\Phi}_1$ e le tre componenti di $\mathbf{\Phi}_2$. Pertanto il problema è staticamente indeterminato.

Tale indeterminazione si può ad esempio eliminare immaginando di sostituire la cerniera sferica O_2 con un anellino liscio (ovvero mancante dei risalti che impediscono lo scorrimento lungo l'asse), la cui reazione vincolare sia quindi ortogonale all'asse fisso (vedi Fig. 9.12). In tal caso le equazioni (9.29) sono risolubili, e forniscono

$$\mathbf{\Phi}_1 = -\mathbf{R}^{(e,a)} - \frac{1}{d}\,\mathbf{e} \wedge \mathbf{M}_{O_1}^{(e,a)}\,, \qquad \mathbf{\Phi}_2 = \frac{1}{d}\,\mathbf{e} \wedge \mathbf{M}_{O_1}^{(e,a)}\,. \qquad (9.31)$$

Osserviamo che anche in questo caso è possibile ricavare la condizione pura di equilibrio (9.30) dal Principio dei lavori virtuali. Infatti, il corpo rigido vincolato può solo effettuare spostamenti virtuali rotatori attorno all'asse vincolato (vedi Fig. 9.11) per cui si avrà

$$\delta L^{(a)} = \mathbf{M}_{O_1}^{(e,a)} \cdot \boldsymbol{\varepsilon}'\,, \qquad \text{con} \quad \boldsymbol{\varepsilon}' = \delta\theta\,\mathbf{e}\,.$$

Di conseguenza, $\delta L^{(a)} = (\mathbf{M}_{O_1}^{(e,a)} \cdot \mathbf{e})\,\delta\theta = M_a^{(e,a)}\,\delta\theta = 0$ per ogni $\delta\theta$, da cui segue la (9.30).

9.5.3 Corpo rigido girevole e scorrevole attorno a un asse

Il *collare cilindrico* è una cerniera cilindrica a cui sono stati rimossi i risalti. Esso quindi lascia al corpo due gradi di libertà perché l'asse dell'appendice cilindrica solidale al corpo pur essendo di direzione fissa non è più costituita da elementi fissi. Questo vincolo si realizza attraverso due anellini (posti in punti O_1, O_2 dell'asse vincolato, con $O_1 O_2 = d\,\mathbf{e}$), del tutto simili a quello agente sul punto O_2 nell'esempio precedente del corpo rigido con asse fisso. Scegliendo nuovamente O_1 come polo per i momenti, le equazioni cardinali della statica forniscono

$$\mathbf{R}^{(e,a)} + \mathbf{\Phi}_1 + \mathbf{\Phi}_2 = \mathbf{0}\,, \qquad \mathbf{M}_{O_1}^{(e,a)} + d\,\mathbf{e} \wedge \mathbf{\Phi}_2 = \mathbf{0}\,.$$

Se le moltiplichiamo scalarmente per il versore **e** otteniamo le condizioni pure di equilibrio

$$\mathbf{R}^{(e,a)} \cdot \mathbf{e} = 0, \qquad \mathbf{M}_{O_1}^{(e,a)} \cdot \mathbf{e} = 0, \qquad (9.32)$$

mentre le reazioni vincolari saranno fornite da espressioni formalmente identiche alle (9.31).

Le condizioni pure di equilibrio (9.32) possono essere direttamente ricavate utilizzando il Principio dei lavori virtuali. Il corpo rigido vincolato può infatti ruotare attorno all'asse del collare e traslare lungo lo stesso. Di conseguenza i suoi spostamenti virtuali saranno elicoidali, ovvero si avrà

$$\delta P = \delta O_1 + \boldsymbol{\varepsilon}' \wedge O_1 P, \quad \text{con} \quad \delta O_1 = \delta z\, \mathbf{e} \quad \text{e} \quad \boldsymbol{\varepsilon}' = \delta\theta\, \mathbf{e}.$$

Il Principio dei lavori virtuali fornisce così la condizione di equilibrio

$$\delta L^{(a)} = \mathbf{R}^{(e,a)} \cdot \delta O_1 + \mathbf{M}_{O_1}^{(e,a)} \cdot \boldsymbol{\varepsilon}' = (\mathbf{R}^{(e,a)} \cdot \mathbf{e})\,\delta z + (\mathbf{M}_{O_1}^{(e,a)} \cdot \mathbf{e})\,\delta\theta = 0$$

che, dovendo essere soddisfatta per ogni δz e $\delta\theta$, è equivalente alle (9.32).

Guida cilindrica
Una *guida cilindrica* è un collare cilindrico la cui appendice cilindrica presenta una sezione non-circolare. Questo accorgimento vieta ogni rotazione al corpo rigido vincolato, consentendo esclusivamente moti traslatori, con scorrimenti lungo l'asse vincolato. Detto O uno dei punti vincolati si avrà così $\delta P = \delta O = \delta z\, \mathbf{e}$, per tutti i punti del corpo.

La realizzazione di una guida cilindrica richiede l'applicazione anche di un momento assiale, ovvero di una componente di momento vincolare parallela all'asse vincolato. Ne consegue che non risulta possibile realizzare una guida cilindrica combinando cerniere sferiche poste lungo l'asse vincolato. La condizione pura di equilibrio è la prima delle (9.32), mentre le equazioni cardinali della statica consentono di caratterizzare la sollecitazione vincolare attraverso il loro risultante (ortogonale all'asse della guida) e momento risultante (che avrà direzione generica).

Equilibrio di un corpo rigido soggetto a vincolo di avvitamento
Come abbiamo già visto in § 8.8.3 il vincolo di avvitamento rappresenta un particolare collare cilindrico, in cui però l'avanzamento lungo l'asse è vincolato (attraverso opportune scanalature nell'appendice cilindrica e nella cavità fissa, come illustrato nelle Fig. 8.6 e 8.7) ad essere proporzionale all'angolo di rotazione attorno all'asse stesso: $\delta z = h\delta\theta$. Il vincolo è caratterizzato dal suo *passo p*, che corrisponde all'avanzamento del corpo rigido lungo l'asse di rotazione quando esso realizza un giro completo.

In una vite ideale la richiesta che la sollecitazione vincolare compia lavoro virtuale nullo impone che le componenti assiali Φ_a, M_a di risultante e momento *vincolare* devono soddisfare la condizione (8.22), e cioè $M_a = -h\Phi_a$ (come si vede nella parte destra della Fig. 8.6 e come è stato mostrato nn § 8.8.3).

La ricerca di equazioni pure dell'equilibrio passa necessariamente dal Principio dei lavori virtuali, in quanto il vincolo risulta iù chiaramente caratterizzato non dalle reazioni vincolari che esso esplica bensì dagli spostamenti virtuali che consente. Scelto un punto O appartenente all'asse della vite, e un versore **e** parallelo alla stessa, si avrà (per ogni punto P del corpo rigido avvitato)

$$\delta P = \delta O + \boldsymbol{\varepsilon}' \wedge OP = \delta z \, \mathbf{e} + \delta\theta \mathbf{e} \wedge OP \,,$$

con inoltre $\delta z = h \, \delta\theta$.

In presenza di una vite ideale il Principio dei lavori virtuali consente di caratterizzare le configurazioni di equilibrio del corpo rigido vincolato. Infatti, da

$$\delta L^{(\mathrm{a})} = \mathbf{R}^{(\mathrm{e,a})} \cdot \delta O + \mathbf{M}_O^{(\mathrm{e,a})} \cdot \boldsymbol{\varepsilon}' = \left(h\mathbf{R}^{(\mathrm{e,a})} + \mathbf{M}_O^{(\mathrm{e,a})}\right) \cdot \mathbf{e} \, \delta\theta = 0 \quad \text{per ogni } \delta\theta \,,$$

si ottiene la seguente equazione pura di equilibrio, che coinvolge le componenti assiali sia del risultante che del momento delle forze attive

$$hR_a^{(\mathrm{e,a})} + M_a^{(\mathrm{e,a})} = 0 \,. \tag{9.33}$$

In altre parole: la componenti del risultante delle forze attive e del loro momento secondo il versore **e** devono essere legate dalla relazione (9.33), che costituisce perciò l'equazione pura di equilibrio.

Le equazioni cardinali forniranno infine il risultante e il momento risultante della sollecitazione vincolare. Essa conterrà, in aggiunta alle componenti agenti su un collare cilindrico (ovvero un risultante e un momento risultante, entrambi ortogonali all'asse della vite), una componente assiale sia del risultante che del momento risultante, che devono garantire il mantenimento della corretta proporzione tra avanzamento e rotazione.

Osservazione 9.16 È chiaro che due o più vincoli possono essere applicati anche contemporaneamente allo stesso corpo rigido. Per esempio, abbiamo già sottolineato come una cerniera cilindrica possa essere realizzata attraverso due cerniere sferiche, oppure con un collare cilindrico e una cerniera sferica. In questi casi ricordiamo però che non sempre risulta possibile determinare le reazioni vincolari esplicate da ogni singolo vincolo, ma solo i loro risultanti e momenti complessivi.

□

9.6 Corpo rigido appoggiato su un piano orizzontale liscio

Definizione 9.17 (Poligono di appoggio) *Consideriamo un corpo rigido pesante C, che appoggia su un piano orizzontale liscio π in un numero finito di punti di appoggio $\{P_i, \, i = 1, \ldots, n\}$. Si chiama* poligono di appoggio *il poligono individuato in maniera univoca dalle tre seguenti proprietà.*

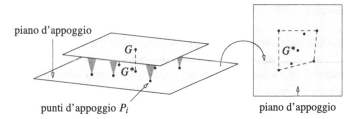

Figura 9.13 Equilibrio di un corpo rigido appoggiato su un piano

1. *I vertici del poligono sono punti di appoggio.*
2. *Il poligono è convesso.*
3. *I punti di appoggio che non sono vertici non sono esterni al poligono.*

La determinazione del poligono di appoggio consente di caratterizzare semplicemente l'equilibrio del corpo rigido appoggiato (vedi Fig. 9.13).

Teorema 9.18 *Consideriamo un corpo rigido C appoggiato su un piano orizzontale* π. *Condizione necessaria e sufficiente affinché C sia in equilibrio è che il centro di pressione sia non esterno al poligono di appoggio, dove per* centro di pressione G^* *si intende la proiezione del baricentro di C sul piano di appoggio* π.

Dimostrazione La dimostrazione è immediata se ricordiamo che nel caso di corpi rigidi valgono i teoremi di riducibilità (§9.4). Infatti, le forze peso saranno riducibili al risultante **R** applicato in G^*, mentre le reazioni vincolari, costituendo anch'esse un sistema di vettori paralleli concordi, saranno riducibili a un risultante applicato nel loro centro $G^{(v)}$ (vedi §7.6.2). La proprietà riguardante il centro di vettori paralleli concordi i cui punti di applicazione sono tutti non esterni a una curva chiusa e convessa implica che $G^{(v)}$ potrà occupare tutte e sole le posizioni non esterne al poligono di appoggio. In particolare, se G^* cadesse fuori dal poligono di appoggio non esisterebbe nessun sistema di reazioni vincolari tale da costituire una coppia di braccio nullo con il peso applicato in G^*. $\square$

Calcolo delle reazioni vincolari
Rimane adesso il problema di valutare i moduli delle reazioni vincolari $\Phi_j = \Phi_j\,\mathbf{k}$, che sappiamo essere verticali per l'ipotesi di vincolo liscio. Scelto un polo O nel piano di appoggio π, scegliamo due direzioni ortogonali $\{\mathbf{i}, \mathbf{j}\}$ in π, dimodoché sia $OP_j = x_j\,\mathbf{i} + y_j\,\mathbf{j}$ il j-esimo punto di appoggio, e $OG^* = x_G\,\mathbf{i} + y_G\,\mathbf{j}$ il centro di pressione. Detto infine p il peso del corpo rigido, le equazioni cardinali della statica (9.15) forniscono

$$\sum_{j=1}^{n} \Phi_j = p\,, \qquad \sum_{j=1}^{n} x_j \Phi_j = x_G\,p\,, \qquad \sum_{j=1}^{n} y_j \Phi_j = y_G\,p\,. \tag{9.34}$$

Figura 9.14 Equilibrio del
treppiede

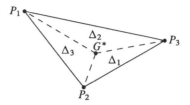

Il sistema (9.34) è un sistema algebrico lineare di tre equazioni nelle n incognite
$\{\Phi_j\}$ e pertanto potrà risultare risolubile in maniera univoca (staticamente determinato) solo se $n \leq 3$. Escludiamo i casi banali e non significativi di $n = 1, 2$ e
consideriamo separatamente i casi $n = 3$ e $n > 3$. Il primo è il caso del "treppiede"
(poiché si parla di un corpo rigido con tre punti di appoggio), mentre il secondo ci
porta a discutere un esempio di sistema sottodeterminato.

Treppiede
Consideriamo tre punti non allineati P_1, P_2, P_3. Indicata con Δ l'area del triangolo
da essi determinato, siano Δ_1 l'area di $G^* P_2 P_3$, Δ_2 quella di $G^* P_1 P_3$, e infine Δ_3
l'area di $G^* P_1 P_2$ (vedi Fig. 9.14). Risolvendo il sistema lineare (9.34) attraverso la
regola di Cramer otteniamo

$$\Phi_j = \frac{\Delta_j}{\Delta}\, p \qquad \text{per} \quad j = 1, 2, 3.$$

In particolare, le tre reazioni coincidono quando G^* occupa il punto di incontro
delle tre mediane.

Cedevolezza del suolo
Ovviamente il caso fisicamente più interessante è quello per cui esistono più di tre
punti di appoggio. In tal caso il problema è staticamente indeterminato e non è possibile dalle sole equazioni cardinali della statica (9.14) determinare tutte le reazioni
vincolari. *Dobbiamo tuttavia ricordare che le mancate risposte dei modelli matematici dipendono spesso dall'aver fatto un modello troppo semplificato rispetto alla
realtà. Sovente basta rendere più fine la modellistica per poter ottenere risposte dal
modello.*
    Questo è proprio il caso in questione. Possiamo infatti verificare che se conside-
riamo invece che un piano rigido un piano elastico, tale da consentire che vi sia un
abbassamento nei punti dove vi sono appoggi, allora potremo determinare le reazioni vincolari per un numero n qualsiasi di appoggi. Indichiamo con z_j la quota di
P_j, negativa se i punti scendono sotto la quota del piano di appoggio π. In caso di
piccole deformazioni possiamo applicare la *legge di Hooke*, secondo la quale sforzo
e deformazione sono fra loro proporzionali. Nel nostro problema, lo sforzo è dato
dalla reazione vincolare incognita Φ_j, e si ha dunque

$$\Phi_j = -k z_j\,, \tag{9.35}$$

dove la costante positiva k rappresenta il coefficiente di elasticità del piano di appoggio. (Osserviamo che il caso rigido precedentemente analizzato, in cui $z_j = 0$, si può ottenere nel presente modello nel limite $k \to \infty$.)

Siccome il corpo C è tuttora supposto rigido, si ha che i punti che appoggiano dopo la deformazione devono ancora appartenere a un piano e dunque

$$z_j = ax_j + by_j + c. \tag{9.36}$$

Mettendo insieme le equazioni (9.35) e (9.36) si ottiene

$$\Phi_j = \lambda x_j + \alpha y_j + \beta \tag{9.37}$$

con $\lambda = -ka$, $\alpha = -kb$, $\beta = -kc$. Da (9.37) si ha quindi che le Φ_j dipendono solo da tre parametri λ, α, β, che diventano le incognite del sistema lineare (9.34). Sostituendo le (9.37) in (9.34) si ottiene infatti il sistema lineare

$$\begin{pmatrix} \sum_{j=1}^{n} x_j & \sum_{j=1}^{n} y_j & n \\ \sum_{j=1}^{n} x_j^2 & \sum_{j=1}^{n} x_j y_j & \sum_{j=1}^{n} x_j \\ \sum_{j=1}^{n} x_j y_j & \sum_{j=1}^{n} y_j^2 & \sum_{j=1}^{n} y_j \end{pmatrix} \begin{pmatrix} \lambda \\ \alpha \\ \beta \end{pmatrix} = p \begin{pmatrix} 1 \\ x_G \\ y_G \end{pmatrix}. \tag{9.38}$$

Da (9.38), note $\{x_j, y_j\}$, x_G, y_G, p si ottengono λ, α, β, e infine da (9.37) si ricavano le Φ_j. Osserviamo che il sistema lineare (9.38) è singolare solo nel caso particolare in cui tutti i punti di appoggio siano allineati. Si ha infatti che il determinante della matrice a sinistra della (9.38) si può esprimere in termini della varianza di ascisse e ordinate, e della relativa covarianza come $\sigma_x^2 \sigma_y^2 - \sigma_{xy}^2 = \sigma_x^2 \sigma_y^2 (1 - \rho_{xy}^2)$, dove ρ_{xy} è il coefficiente di correlazione di Pearson tra l'insieme delle ascisse e quello delle ordinate. Tale coefficiente assume i suoi valori estremi ± 1 quando le relative variabili sono legate da una relazione lineare, ovvero quando i punti sono allineati.

Nei casi in cui il sistema (9.38) non è singolare, può comunque accadere che qualcuna delle Φ_j ottenuta risulti negativa. Dovremo interpretare questa circostanza come distacco del corrispondente punto di appoggio P_j. Infatti se P_j appoggia, necessariamente $\Phi_j \geq 0$ in virtù dell'unilateralità del vincolo. Nel caso che l'appoggio venga a mancare in qualche punto, dobbiamo escludere tale punto (o punti) di distacco, e ricalcolare i nuovi λ, α, β, con le corrispondenti Φ_j. Se la condizione di equilibrio enunciata nel Teorema 9.18 è soddisfatta, vi sarà un passo del procedimento qui indicato a partire dal quale nessun punto si distaccherà, e tutte le Φ_j risulteranno non negative.

Osservazione 9.19   Sottolineiamo che i parametri λ, α, β che risolvono il sistema (9.38) non dipendono dalla costante strutturale k, e lo stesso si può dire, in virtù della (9.37), delle reazioni vincolari di appoggio. È quindi possibile determinare univocamente tali reazioni semplicemente ipotizzando che il suolo non sia perfettamente rigido, ma anche solo minimamente elastico. La conoscenza della costante elastica k risulta invece necessaria se si vuole anche determinare il piano a cui appartengono, dopo la deformazione, i punti di appoggio che non si sono distaccati. $\square$

Il sistema (9.38) può risolversi esplicitamente se si sceglie un opportuno sistema di assi cartesiani. Fissiamo un sistema di assi Oxy con origine nel centro geometrico dei piedini e con le direzioni coincidenti con gli "assi principali di inerzia" del sistema di punti materiali si massa unitaria associato ai punti di appoggio. Rispetto a un tale sistema si avrà:

$$\sum_{j=1}^{n} x_j = 0, \qquad \sum_{j=1}^{n} y_j = 0, \qquad \sum_{j=1}^{n} x_j y_j = 0.$$

Indicati con $I_x = \sum y_j^2$ e $I_y = \sum x_j^2$ i momenti di inerzia di questo ipotetico sistema materiale, la soluzione di (9.38) si può esprimere come

$$\lambda = \frac{p x_G}{I_y}, \qquad \alpha = \frac{p y_G}{I_x}, \qquad \beta = \frac{p}{n}$$

e quindi

$$\Phi_j = p\left(\frac{x_G x_j}{I_y} + \frac{y_G y_j}{I_x} + \frac{1}{n} \right). \tag{9.39}$$

Ad esempio, nel caso di un tavolo rettangolare con quattro appoggi P_1, P_2, P_3, P_4 coincidenti con i propri vertici, il sistema di riferimento ha origine nel centro del rettangolo e assi paralleli ai lati. In questo caso è immediato verificare da (9.39) che se il centro di pressione cade all'interno del rombo $A_1 A_2 A_3 A_4$ di Fig. 9.15, allora $\Phi_j > 0$ per ogni j. Se invece il centro di pressione cade nel triangolo $A_1 P_1 A_2$, allora P_3 si distacca avendosi $\Phi_3 < 0$. Analogamente negli altri triangoli esterni vi sarà il distacco del punto di appoggio opposto al triangolo stesso.

Figura 9.15 Poligono d'appoggio e regioni di distacco di un tavolo rettangolare

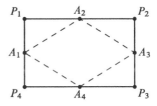

9.7   Corpo rigido soggetto a vincoli scabri

Nel caso di vincoli scabri non è più possibile usare il principio dei lavori virtuali che diventa solo una condizione sufficiente ma non più necessaria per l'equilibrio. In ogni caso le equazioni cardinali della statica rimangono, se accompagnate da un'adeguata caratterizzazione dinamica del vincolo, il criterio di equilibrio a cui è possibile sempre ricorrere per determinare le configurazioni di equilibrio e le corrispondenti reazioni vincolari.

Anche se l'attrito gioca a *favore* dell'equilibrio, e quindi in un'ottica di *sicurezza* idealizzare i vincoli come ideali è vantaggioso, trascurare l'attrito non è sempre possibile come dimostrano i seguenti esempi notevoli.

Equilibrio di una scala
Un esempio importante in cui l'attrito è necessario per l'equilibrio è quello della scala. Se il carico è simmetrico, e sia la parete che il pavimento sono omogenei, grazie ai teoremi di riducibilità, il problema si riduce a quello piano rappresentato graficamente in Fig. 9.16. Disegnando i rispettivi coni di attrito in A e in B si ha subito che le possibili reazioni vincolari saranno riducibili a un unico vettore applicato in un punto non esterno al quadrilatero $LMNP$ e quindi per l'equilibrio sarà necessario che la retta verticale passante per il baricentro (della scala e della persona) contenga punti non esterni al detto quadrilatero. Si noti come è essenziale l'esistenza di attrito del pavimento mentre non è importante quella della parete. Se non ci fosse attrito in A l'unica configurazione di equilibrio della scala sarebbe quella verticale!

Esempio 9.20   Il segmento AB della Fig. 9.17 schematizza una scala appoggiata in A a una parete verticale liscia e in B a un pavimento orizzontale, con coefficiente di attrito statico μ_s. Sulla scala, che immaginiamo di peso trascurabile, è posto un carico p che si trova in G a distanza d da H, che a sua volta dista h da B. Possiamo anche pensare più concretamente che G sia il baricentro di un sistema formato dalla scala AB e da una persona ad essa solidale.

Ci domandiamo quale sia l'intervallo di valori dell'angolo θ, evidenziato nel primo disegno della Fig. 9.17, che garantisce l'equilibrio.

Figura 9.16 Equilibrio di una scala

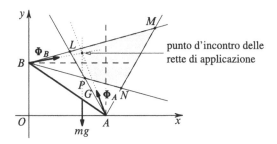

punto d'incontro delle rette di applicazione

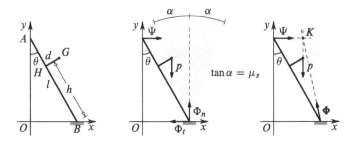

Figura 9.17 Scala con carico su un gradino

Le forze agenti sul sistema sono rappresentate nel secondo disegno della figura: il carico p, la reazione orizzontale della parete in A e le due componenti Φ_t e Φ_n della reazione vincolare Φ in B, che devono soddisfare la disuguaglianza di Coulomb-Morin $|\Phi_t| \leq \mu_s |\Phi_n|$. Perciò il vettore Φ deve cadere all'interno del cono d'attrito, rappresentato in grigio nel disegno (ovviamente in un problema piano il cono d'attrito si riduce a un angolo). Inoltre, la reazione Ψ dovrà essere maggiore o uguale a zero (orientata verso destra), poiché il vincolo in A è unilatero (la scala potrebbe staccarsi dalla parete).

Le forze p e Ψ hanno rette di applicazione che si intersecano in K, come si vede nel terzo disegno. Poiché il momento complessivo rispetto a questo polo deve essere nullo possiamo concludere che Φ è diretta da B verso K, e quindi che, affinché l'equilibrio sia possibile, è necessario che il punto K cada all'interno del cono d'attrito. Inoltre, poiché la prima equazione cardinale lungo la direzione orizzontale ci dice che $\Psi - \Phi_t = 0$ sappiamo che deve essere $\Psi = \Phi_t$ e quindi $\Phi_t \geq 0$ (osserviamo che Φ_t è la componente di Φ secondo il verso indicato dalla freccia, e quindi orientata verso sinistra). Da questa condizione segue che la parte del cono d'attrito all'interno della quale Φ deve rimanere è quella a *sinistra* del suo asse.

In sostanza, l'equilibrio è possibile se e solo se K cade all'interno o sulla frontiera del semicono sinistro rappresentato in grigio nel terzo disegno. Se K supera il margine destro di questo semicono la scala si staccherà dalla parete in A, mentre se K si trova troppo a sinistra non sarà soddisfatta la disuguaglianza di Coulomb-Morin e la scala inizierà a scivolare sul pavimento.

Da questa analisi si vede che la scala caricata in questo modo non deve essere troppo verticale (rischi di caduta per distacco) e nemmeno troppo orizzontale (rischi di caduta per scivolamento).

Per calcolare in modo preciso i valori estremi di θ è sufficiente annullare il momento totale rispetto a B, insieme al risultante verticale e orizzontale. Con l'aiuto della trigonometria si ottiene

$$\Psi = \Phi_t, \quad \Phi_n = p, \quad -\Psi l \cos\theta + p(h\sin\theta - d\cos\theta) = 0$$

e da qui abbiamo

$$\Phi_t = \Psi = \frac{p}{l}(h\tan\theta - d), \quad \Phi_n = p.$$

La condizione $\Psi \geq 0$ e la disuguaglianza di Coulomb-Morin equivalgono in definitiva a

$$\frac{d}{h} \leq \tan \theta \leq \frac{d + \mu_s l}{h} \, ,$$

che fornisce l'intervallo di variabilità per l'angolo θ.   □

9.8   Statica dei sistemi olonomi

Come ricavato in §7.7.2, il lavoro virtuale delle forze attive in un sistema olonomo si può esprimere come

$$\delta L^{(a)} = \sum_{h=1}^{N} Q_h \, \delta q_h \, ,$$

che, ricordando le (7.45) e come si è gia osservato nella (7.46), è possibile riscrivere come prodotto scalare in $\mathbb{R}^N$: $\delta L^{(a)} = Q \cdot \delta q$.

9.8.1   Vincoli bilaterali

Cominciamo con il considerare solo sistemi soggetti a vincoli bilaterali, per i quali *tutti* gli spostamenti sono reversibili. Il principio dei lavori virtuali ci dice che condizione necessaria e sufficiente per l'equilibrio è che sia

$$\delta L^{(a)} = Q \cdot \delta q = 0 \qquad \forall \, \delta q \, .$$

Grazie all'indipendenza delle *variazioni* delle coordinate libere, che è però vera solo in assenza di vincoli anolonomi, è possibile scegliere di volta in volta un $\delta q_h \neq 0$ e tutti gli altri nulli. Così facendo si dimostra che ciascun Q_h deve essere nullo, il che implica che le posizioni di equilibrio siano quelle per cui

$$Q(q) = 0 \, , \tag{9.40}$$

vale a dire quelle per le quali la forza generalizzata Q si annulla.

Si noti la perfetta *dualità* tra la statica dei sistemi olonomi e la statica del punto materiale libero. Nel caso del punto le posizioni di equilibrio sono quelle per cui $F(P) = 0$, mentre nel caso dei sistemi olonomi $Q(q) = 0$. Possiamo immaginare il punto nello spazio N-dimensionale delle configurazioni come un punto reale soggetto alla forza Q (vedi Fig. 9.18). La (9.40) rappresenta pertanto un sistema di N

Figura 9.18 Spazio delle configurazioni e forza generalizzata per $N = 3$

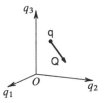

equazioni nelle N incognite $\mathsf{q} = (q_1, q_2, \ldots, q_N)$

$$\begin{cases} Q_1(q_1, q_2, \ldots, q_N) = 0 \\ Q_2(q_1, q_2, \ldots, q_N) = 0 \\ \qquad \vdots \\ Q_N(q_1, q_2, \ldots, q_N) = 0 \end{cases}$$

9.8.2 Vincoli unilateri

In presenza di vincoli unilateri si rende necessario distinguere le *configurazioni ordinarie* dalle *configurazioni di confine*.

Definizione 9.21 (Configurazioni ordinarie) *Si dicono configurazioni ordinarie di un sistema olonomo quelle in cui il sistema è descritto da un punto* q *appartenente alla parte interna dell'insieme Ω di configurazioni consentite.*

Ricordiamo che un punto appartiene alla parte interna di un insieme se esiste almeno un intero intorno del punto totalmente incluso nell'insieme. La parte interna di un insieme Ω viene indicata con $\overset{\circ}{\Omega}$.

Definizione 9.22 (Configurazioni di confine) *Si dicono configurazioni di confine di un sistema olonomo a vincoli unilateri quelle in cui il sistema è descritto da un punto* q *appartenente alla frontiera dell'insieme Ω di configurazioni consentite.*

Ricordiamo che un punto appartiene alla frontiera di un insieme se ogni suo intorno contiene sia punti appartenenti che punti non appartenenti a Ω. La frontiera di un insieme viene indicata con $\partial\Omega$.

Gli spostamenti virtuali a partire da una configurazione ordinaria sono tutti reversibili e quindi per queste configurazioni vale lo stesso risultato che abbiamo ricavato nel caso di soli vincoli bilaterali espresso dalla (9.40). Risulta quindi che le configurazioni di equilibrio ordinarie sono tutte e sole quelle che soddisfano $\mathsf{Q}(\mathsf{q}) = 0$, con $\mathsf{q} \in \overset{\circ}{\Omega}$.

L'equilibrio nelle configurazioni di confine dipende invece dalla geometria del dominio consentito. Consideriamo inizialmente il caso più semplice di un dominio

Figura 9.19 Vincoli unilateri: dominio rettangolare per
$N = 3$

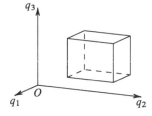

Ω rettangolare (vedi Fig. 9.19), ovvero di un dominio nello spazio delle configurazioni definito da

$$a_h \leq q_h \leq b_h \qquad (h = 1, \ldots, N), \tag{9.41}$$

dove $\{a_h < b_h, h = 1, \ldots, N\}$ sono costanti. (Accettiamo anche che qualche a_h
possa essere uguale a $-\infty$ e qualche b_h a $+\infty$, nel qual caso la corrispondente
disuguaglianza in (9.41) va ovviamente intesa in senso stretto.)

In una posizione di confine almeno una delle disuguaglianze (9.41) sarà verificata come uguaglianza. Ad esempio, consideriamo il caso in cui le prime j
$(1 \leq j < N)$ coordinate libere siano tutte uguali al primo estremo e che le restanti
$N - j$ relazioni delle (9.41) siano verificate come disuguaglianze strette:

$$a_h = q_h < b_h \qquad (h = 1, \ldots, j < N)$$
$$a_k < q_k < b_k \qquad (k = j + 1, \ldots, N) \tag{9.42}$$

A partire da questa configurazione gli spostamenti virtuali ammissibili sono caratterizzati da:

$$\{\delta q_h \geq 0, h = 1, \ldots, j < N\} \qquad e \qquad \{\delta q_k \gtreqless 0, k = j + 1, \ldots, N\}.$$

Il sistema ammette quindi spostamenti virtuali di due tipi reversibili e irreversibili,
che discutiamo nell'ordine.

Spostamenti virtuali reversibili

Gli spostamenti reversibili sono quelli per cui $\delta q_1 = \delta q_2 = \ldots = \delta q_j = 0$. Per questa
classe di spostamenti si dovrà avere:

$$\delta L^{(a)} = \sum_{h=j+1}^{N} Q_h \delta q_h = Q_{j+1}\delta q_{j+1} + \ldots + Q_N \delta q_N = 0$$

ed essendo $\delta q_{j+1}, \ldots, \delta q_N$ arbitrari segue necessariamente che:

$$\begin{cases} Q_{j+1}(a_1, a_2, \ldots, a_j, q_{j+1}, \ldots q_N) = 0 \\ \qquad\qquad\qquad\qquad \vdots \\ Q_N(a_1, a_2, \ldots, a_j, q_{j+1}, \ldots q_N) = 0. \end{cases} \tag{9.43}$$

Questo è un sistema di $N - j$ equazioni nelle $N - j$ incognite $\{q_{j+1}, \ldots, q_N\}$.

Spostamenti virtuali irreversibili

Gli spostamenti irreversibili sono invece caratterizzati dall'avere strettamente positivo almeno uno dei primi j $\{\delta q_h\}$. Se, ad esempio, prendiamo $\delta q_1 > 0$, e $\delta q_h = 0$
per ogni $h > 1$, si dovrà avere

$$\delta L^{(a)} = Q_1 \delta q_1 \leq 0 \qquad \forall \, \delta q_1 > 0,$$

da cui segue $Q_1 \leq 0$. Ripetendo il ragionamento per i primi j spostamenti virtuali
si perviene alla richiesta

$$\begin{cases} Q_1(a_1, a_2, \ldots, a_j, q_{j+1}, \ldots q_N) \leq 0 \\ \qquad\qquad\qquad\vdots \\ Q_j(a_1, a_2, \ldots, a_j, q_{j+1}, \ldots q_N) \leq 0 \end{cases} \qquad (9.44)$$

In altre parole, il sistema formato dalle equazioni (9.43) permette di determinare
i valori delle coordinate "ordinarie" $(q_{j+1}^*, \ldots q_N^*)$. La configurazione individuata
dalla N-pla $(a_1, a_2, \ldots, a_j, q_{j+1}^*, \ldots q_N^*)$ sarà poi di equilibrio se anche le (9.44)
sono soddisfatte in C. Analizzando più generale le (9.42), (9.43) e (9.44), si deduce la seguente proposizione, che consente di caratterizzare le configurazioni di
equilibrio di confine.

Proposizione 9.23   *Le configurazioni di confine sono caratterizzate dalla presenza
di almeno una coordinata libera vincolata a realizzare spostamenti virtuali di segno
determinato dal vincolo. Tali configurazioni sono di equilibrio se le componenti
generalizzate delle forze attive soddisfano alla seguente condizione:*

$$\begin{aligned} Q_h &= 0 \quad se \; \delta q_h \gtrless 0 \quad (reversibile) \\ Q_h &\leq 0 \quad se \; \delta q_h \geq 0 \quad (irreversibile) \\ Q_h &\geq 0 \quad se \; \delta q_h \leq 0 \quad (irreversibile). \end{aligned} \qquad (9.45)$$

Notiamo che se anche una sola delle Q_h risulta diversa da zero, la presenza del
vincolo unilatero è essenziale per l'equilibrio. Infatti, l'equilibrio sussiste in tal caso
proprio grazie alla presenza di una reazione vincolare di segno opposto. Viceversa,
se tutte le Q_h risultano nulle, la posizione di equilibrio di confine esisterebbe anche
se i corrispondenti vincoli unilateri non fossero presenti.

Per meglio comprendere il significato fisico della precedente Proposizione consideriamo un caso particolare di posizione di equilibrio di confine in presenza di
un vincolo rettangolare del tipo (9.41), fissando $N = 3$, e studiando una configurazione di equilibrio (q_1, q_2, q_3) nella quale il sistema occupi la faccia superiore del
rettangolo (vedi Fig. 9.20), con $a_1 < q_1 < b_1$, $a_2 < q_2 < b_2$, mentre $q_3 = b_3$. Le
condizioni di equilibrio (9.45) richiedono

$$Q_1(q_1, q_2, b_3) = 0, \qquad Q_2(q_1, q_2, b_3) = 0, \qquad Q_3(q_1, q_2, b_3) \geq 0.$$

Figura 9.20 Equilibrio in
una posizione di confine

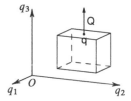

In altre parole, la forza generalizzata Q dovrà essere ortogonale alla faccia $q_3 = b_3$
e orientata verso l'esterno (vedi Fig. 9.20). Anche in questo caso vi è quindi una
perfetta analogia con la statica del punto. Infatti è come se le pareti della scatola
fossero una reale superficie liscia: il punto sarà in equilibrio sulla faccia superiore
se la forza attiva lo spinge verso l'alto (vale a dire, verso l'esterno della regione
consentita).

Il lettore può considerare come esercizio le configurazioni

$$(1) \quad q_1 = a_1 \quad q_2 = b_2 \quad a_3 < q_3 < b_3 \quad \text{(spigolo)}$$
$$(2) \quad q_1 = a_1 \quad q_2 = b_2 \quad q_3 = b_3 \qquad \text{(vertice)}$$

e determinare sotto quali forze generalizzate esse possono realizzare configurazioni
di equilibrio di frontiera.   □

9.8.3 Teorema di stazionarietà del potenziale

Nel caso che le forze attive siano conservative, esiste il potenziale $U = U(\mathsf{q})$, e le
componenti generalizzate possono essere semplicemente collegate ad esso attraverso le (7.47):

$$Q_h(\mathsf{q}) = \frac{\partial U}{\partial q_h}.$$

In questo caso, quindi, la ricerca delle posizioni di equilibrio si può ricondurre allo
studio del potenziale. In particolare, la (9.40) dimostra immediatamente il seguente
Teorema.

Teorema 9.25 (Stazionarietà del potenziale) *Le configurazioni ordinarie di equi-*
librio di un sistema olonomo sono tutte e sole quelle che annullano le derivate del
potenziale rispetto a tutte le coordinate libere. Esse coincidono quindi con i punti
di stazionarietà del potenziale.

Esempio 9.26 Ogni volta che le forze attive siano conservative, la sola conoscenza
del potenziale permette di individuare tutte le posizioni di equilibrio, sia ordinarie
che di confine. Consideriamo, ad esempio, un sistema con un solo grado di libertà,
la cui coordinata libera sia vincolata nell'intervallo $a \le q \le b$. Supponiamo inoltre
che il potenziale $U(q)$ abbia l'andamento rappresentato in Fig. 9.21.

Figura 9.21 Posizioni di equilibrio in un caso conservativo

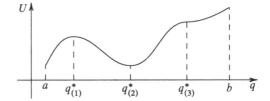

Il Teorema di stazionarietà del potenziale assicura che le configurazioni stazionarie $\{q^*_{(1)}, q^*_{(2)}, q^*_{(3)}\}$ saranno di equilibrio, indipendentemente dal fatto che esse rappresentino massimi, minimi, o flessi a tangente orizzontale del potenziale U.

Analizziamo ora le eventuali configurazioni di equilibrio di confine. Quando $q = a$ (rispettivamente, quando $q = b$) il sistema può realizzare solo spostamenti virtuali di segno positivo (risp. negativo). Di conseguenza, tale posizione è di equilibrio se la componente generalizzata Q (che coincide con la derivata del potenziale) risulta nulla o negativa (risp. positiva). La Fig. 9.21 mostra che la derivata del potenziale è positiva in entrambi gli estremi $q = a$ e $q = b$. Di conseguenza, possiamo affermare che ques'ultima è una posizione di equilibrio di confine, mentre $q = a$ non è di equilibrio. □

9.9 Equilibrio stabile in senso statico

Le Figure 9.22 illustrano chiaramente che la natura delle posizioni di equilibrio è molteplice. In entrambi i casi un punto pesante si appoggia su una curva posta su un piano verticale, ma in Fig. 9.22a il punto può stare all'interno della curva, mentre in Fig. 9.22b deve stare all'esterno.

Se posizioniamo il punto, inizialmente in quiete, in una posizione vicina a quella di equilibrio, è facile convincersi che nel caso (a) il punto rimarrà per tutti i tempi nelle vicinanze di P^*, mentre nel caso (b) il punto tenderà ad allontanarsi da P^*. Nel primo caso si parla di *equilibrio stabile* e nel secondo di *equilibrio instabile*.

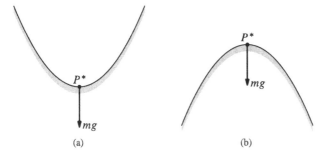

Figura 9.22 Posizione di equilibrio stabile (a) e instabile (b)

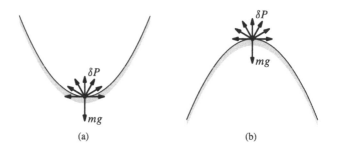

(a)   (b)

Figura 9.23 Lavoro *virtuale* delle forze attive a partire da due posizioni di equilibrio:
(a) $\delta L^{(a)} \leq 0$; (b) $\delta L^{(a)} \leq 0$

L'analisi dettagliata della stabilità dell'equilibrio richiede argomenti tipici della dinamica e sarà discussa in dettaglio in §14.6. In questa sede ci limiteremo a dare una definizione di stabilità, detta *stabilità in senso statico o energetico*, che può essere poggiata su riflessioni sul lavoro, con considerazioni di tipo fisico intuitivo sul fatto che *lavoro positivo è sinonimo di capacità di una forza di far compiere un dato spostamento e lavoro negativo è invece sinonimo di incapacità*.

Per esempio, se sporgiamo un oggetto dalla finestra, la forza peso per farlo cadere compie un lavoro positivo, mentre la forza peso non è capace di farlo levitare, in quanto dovrebbe compiere un lavoro negativo. Pertanto possiamo aspettarci che in una situazione di equilibrio stabile la forza attiva compia un lavoro negativo per poter spostare il corpo da quella posizione.

Ma che tipo di lavoro dovremo considerare? Se usassimo il lavoro virtuale $\delta L^{(a)}$ non potremmo distinguere il caso (a) dal caso (b) in quanto entrambi i casi sono di equilibrio, e per il principio dei lavori virtuali si ha $\delta L^{(a)} \leq 0$ (vedi Fig. 9.23).

Se invece prendiamo in considerazione il lavoro effettivo $\Delta L^{(a)}$, costruito con gli spostamenti effettivi, abbiamo una situazione come quella illustrata in Fig. 9.24. Nel caso (a) l'angolo formato dalla forza peso e dagli spostamenti effettivi è sempre ottuso, mentre in (b) vi sono tutti i possibili angoli (acuti, retti e ottusi). Queste considerazioni suggeriscono la seguente definizione.

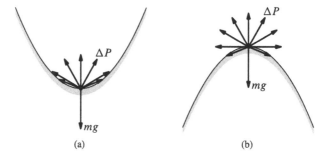

(a)   (b)

Figura 9.24 Lavoro *effettivo* delle forze attive a partire da due posizioni di equilibrio:
(a) $\Delta L^{(a)} < 0$; (b) $\Delta L^{(a)} \gtrless 0$

Definizione 9.27 (Equilibrio stabile in senso statico) *Una configurazione di equilibrio* q* *si dice stabile in senso statico (o energetico) se accade che il lavoro effettivo delle forze attive per portare il sistema da* q* *a* q̃ *è strettamente negativo,*

$$\Delta L^{(a)}_{q^* \to \tilde{q}} < 0, \tag{9.46}$$

per ogni q̃ $\in I(q^*, \varepsilon) \setminus \{q^*\}$, *dove* $I(q^*, \varepsilon)$ *indica un opportuno intorno di* q* *di raggio* ε.

Purtroppo il lavoro effettivo è pur sempre un lavoro lungo un cammino finito e pertanto per la valutazione di (9.46) è necessario conoscere il moto q(t) a partire da q* sino alla posizione di arrivo q̃. L'unico caso in cui la (9.46) è di immediata valutazione è il caso di forze attive conservative (vedi §7.3), poiché in tal caso si ha $\Delta L^{(a)}_{q^* \to \widetilde{q}} = U(\widetilde{q}) - U(q^*)$, e quindi la (9.46) si può riscrivere come

$$U(\widetilde{q}) < U(q^*) \qquad \forall \, \widetilde{q} \in I(q^*, \varepsilon) \quad (\widetilde{q} \neq q^*). \tag{9.47}$$

La (9.47) rappresenta esattamente la richiesta che la posizione di equilibrio coincida con un massimo relativo isolato del potenziale.

Proposizione 9.28 (Stabilità in senso statico di sistemi conservativi) *Una configurazione di equilibrio di un sistema olonomo conservativo è stabile in senso statico se essa corrisponde a un massimo relativo isolato del potenziale.*

Sottolineiamo che la Proposizione appena enunciata è valida per posizioni di equilibrio tanto ordinarie come di confine. Ad esempio, facendo nuovamente riferimento al potenziale descritto in Fig. 9.21, possiamo concludere che esso ammette tre posizioni ordinarie di equilibrio di cui solo una ($q = q^*_{(1)}$) stabile in senso statico. Se inoltre applichiamo la definizione precedente alla posizione di equilibrio di confine $q = b$ scopriamo che anch'essa è stabile in senso statico, in quanto il potenziale ammette un massimo relativo isolato anche in questo punto.

Osservazione 9.29 Se ricordiamo poi che l'energia potenziale V è per definizione il potenziale cambiato di segno $V = -U$, si ha che le posizioni di equilibrio stabile sono tutti e soli i minimi relativi isolati dell'energia potenziale. $\square$

Esempio 9.30 Determiniamo le posizioni di equilibrio ordinarie e di confine del sistema rappresentato in Fig. 9.25, analizzandone la stabilità in senso statico. Un'asta rigida pesante di massa m e lunghezza $2l$ è collocata in un piano verticale. I suoi estremi A, B sono vincolati a rimanere su una coppia di assi (x, y), rispettivamente orizzontale e verticale. Due vincoli unilateri obbligano inoltre i carrelli A e B a mantenersi nella parte positiva dei rispettivi assi, dimodoché l'asta è vincolata a rimanere nel primo quadrante. Una molla di costante elastica k collega infine l'estremo A all'intersezione O degli assi (x, y).

Figura 9.25 Esempio del
Principio dei lavori virtuali

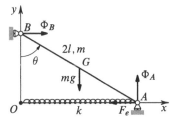

Il sistema ha un grado di libertà. Scelto come coordinata libera l'angolo θ illustrato in Fig. 9.25, ricaviamo che la presenza dei vincoli unilateri implica $0 \le \theta \le \pi/2$. Posto

$$\lambda = \frac{mg}{4kl} > 0,$$

il potenziale delle forze attive vale

$$U(\theta) = -4kl^2\left(\lambda \cos\theta + \frac{1}{2}\sin^2\theta\right)$$

e la corrispondente forza generalizzata è pari a

$$Q_\theta(\theta) = \frac{dU}{d\theta} = 4kl^2 \sin\theta(\lambda - \cos\theta)$$

(per semplicità di notazione, e alla luce del fatto che qui esiste una sola coordinata libera, nel seguito ometteremo di indicare l'indice θ nella componente Q della sollecitazione attiva).

Posizioni di equilibrio ordinarie. Per $0 < \theta < \pi/2$ si deve avere $Q(\theta) = 0$ e quindi esiste, per $\lambda < 1$, la posizione di equilibrio ordinaria $\theta_1^* = \arccos\lambda$. Invece se $\lambda \ge 1$ non vi sono posizioni di equilibrio ordinarie.

Posizioni di equilibrio di confine. Per $\theta_2^* = 0$ si deve avere $Q(0) \le 0$, che risulta verificata in quanto $Q(0) = 0$. Ne segue che $\theta_2^* = 0$ è posizione di equilibrio di confine e, anzi, il vincolo unilatero corrispondente non è essenziale in quanto questa posizione esisterebbe anche se si eliminasse il muro verticale. Per $\theta_3^* = \pi/2$ si deve avere $Q(\pi/2) \ge 0$. Nel nostro caso $Q(\pi/2) = 4kl^2\lambda = mgl > 0$. Dunque, $\theta_3^* = \pi/2$ è una posizione di equilibrio di confine con vincolo unilatero essenziale.

Stabilità in senso statico. La configurazione ordinaria $\theta_1^* = \arccos\lambda$ con $\lambda < 1$ è instabile. Infatti, essa rappresenta un minimo del potenziale in quanto

$$U''(\theta_1^*) = mgl\frac{\sqrt{1-\lambda^2}}{\lambda} > 0.$$

La posizione di equilibrio $\theta_3^* = \pi/2$ è invece certamente stabile in senso statico, in quanto la positività di $Q(\pi/2) = U'(\pi/2)$ garantisce che tale punto è un massimo relativo isolato per il potenziale.

Più delicata è invece l'analisi della stabilità della configurazione di equilibrio $\theta_2^* = 0$. È infatti semplice verificare che $U''(0) = 4kl^2(\lambda - 1)$, da cui risulta che θ_2^* è un massimo relativo isolato (e quindi stabile) del potenziale se $\lambda < 1$, mentre diventa un minimo relativo isolato (instabile) se $\lambda > 1$. Nel caso intermedio $\lambda = 1$ l'analisi delle derivate successive del potenziale consente di dimostrare che θ_2^* è un minimo relativo isolato, e quindi nuovamente instabile. □

9.10 Tecnica dello svincolamento

La tecnica che vogliamo esporre in questa sezione permette di determinare le reazioni vincolari utilizzando il principio dei lavori virtuali e di adoperare opportunamente le equazioni cardinali a sistemi che non sono rigidi ma che sono costituiti da parti rigide. In entrambi i casi si adopera il cosiddetto svincolamento.

9.10.1 *Determinazione delle reazioni vincolari mediante il principio dei lavori virtuali*

Uno degli indubbi vantaggi dell'utilizzo del Principio dei lavori virtuali è quello di operare solo su equazioni pure di equilibrio. Ciò nonostante, la determinazione delle reazioni vincolari è spesso di importanza fondamentale, in quanto i loro valori danno la misura dello *sforzo* che compiono i vincoli per mantenere il corpo in equilibrio. Tuttavia mediante un semplice ragionamento è possibile utilizzare il principio dei lavori virtuali anche per la determinazione delle reazioni vincolari. A tal scopo si consideri ancora l'Esempio 9.30, e si supponga di voler valutare la reazione nel punto A nella posizione di equilibrio ordinaria $\theta = \theta_1^*$. Se immaginiamo di svincolare il punto A il sistema diventa a due gradi di libertà (vedi Fig. 9.26) e poiché il punto A adesso è libero *possiamo pensare la reazione vincolare come quella forza attiva che, applicata in A, sia in grado di mantenere il sistema in equilibrio nella posizione reale già determinata*, rappresentata in Fig. 9.25. In questo modo la reazione vincolare entrerà nell'espressione del lavoro delle forze attive e potrà essere determinata.

Figura 9.26 Svincolamento e calcolo delle reazioni vincolari

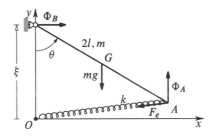

Più precisamente, riferendoci sempre alla Fig. 9.26, indichiamo con ξ l'ordinata dell'estremo B, che dopo lo svincolamento diventa una nuova coordinata libera, indipendente da θ. Avremo dunque

$$\delta L^{(a)} = m\mathbf{g} \cdot \delta G + (kAO + \mathbf{\Phi}_A) \cdot \delta A = Q_\xi \, \delta\xi + Q_\theta \, \delta\theta$$

con

$$\begin{cases} Q_\xi = -mg + \Phi_{Ay} + k(2l\cos\theta - \xi) \\ Q_\theta = -l\left(mg + 2k\xi - 2\Phi_{Ay}\right)\sin\theta. \end{cases} \tag{9.48}$$

Si vuole che il sistema sia in equilibrio quando $\xi = 2l\cos\theta$. Richiedendo pertanto l'annullarsi delle componenti generalizzate delle forze attive (9.48), e ponendo $\xi = 2l\cos\theta$ otteniamo un sistema di due equazioni per le due incognite θ e Φ_{Ay}:

$$\begin{cases} -mg + \Phi_{Ay} = 0 \\ \sin\theta(\lambda - \cos\theta) = 0 \end{cases}$$

da cui possiamo ricavare sia la reazione vincolare che il valore di equilibrio di θ. Ovviamente, quest'ultimo coincide con il risultato già ottenuto in precedenza.

9.10.2   Svincolamento ed equazioni cardinali

Mostreremo ora attraverso un esempio esplicito come, nonostante le equazioni cardinali della statica garantiscano l'equilibrio di un sistema solo qualora quest'ultimo sia rigido, esse possano essere di estrema utilità nell'analisi delle configurazioni di equilibrio anche di sistemi formati da più corpi rigidi.

Consideriamo il sistema descritto in Fig. 9.27. Due aste rigide, collegate con una cerniera mobile nel punto A, si possono muovere nel piano verticale $(O; x, y)$ in modo che O sia un punto fisso per l'asta OA (asta 1), e l'estremo B dell'asta AB (asta 2) appartenga all'asse orizzontale x. Le aste sono entrambe di massa m e lunghezza $2l$ e vi è una forza elastica agente sul punto B di costante elastica k. I vincoli sono supposti ideali e quindi $\mathbf{\Phi}_B = (0, \Phi_{By})$, mentre $\mathbf{\Phi}_O = (\Phi_{Ox}, \Phi_{Oy})$. Indicando con θ l'angolo come in Fig. 9.27 si vogliono determinare le posizioni di equilibrio nell'intervallo $0 < \theta < \pi/2$, e il corrispondente valore delle reazioni vincolari.

Ovviamente il sistema nel suo complesso è non rigido, e quindi le equazioni cardinali sono necessarie ma non sufficienti. Del resto, nel caso di un qualunque sistema piano, le equazioni cardinali proiettate sugli assi cartesiani forniscono tre equazioni scalari non banali:

$$R_x^{(e)} = 0, \qquad R_y^{(e)} = 0, \qquad M_{O,z}^{(e)} = 0.$$

Figura 9.27 Esempio di
equilibrio di un sistema
formato da parti rigide

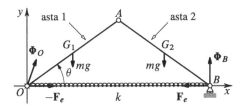

Di contro, esistono quattro incognite nel presente problema: l'angolo θ (coordinata libera), e le componenti $\Phi_{By}, \Phi_{Ox}, \Phi_{Oy}$ delle reazioni vincolari. Inoltre, (vedi anche §4.1.2) in presenza di una cerniera mobile liscia è possibile sostituire il vincolo con due reazioni vincolari Φ_{21}, Φ_{12}, rispettivamente agenti sulle aste 1 e 2 nel loro punto comune A. In virtù del Principio di azione e reazione, tali reazioni devono essere uguali e opposte: $\Phi_{12} + \Phi_{21} = 0$.

Ci possiamo pertanto ricondurre a *due* problemi di statica del corpo rigido, evidenziati in Fig. 9.28, per ciascuno dei quali possiamo fare ricorso alle equazioni cardinali della statica. Si avrà così un sistema di sei equazioni scalari per le sei incognite: $\theta, \Phi_{By}, \Phi_{Ox}, \Phi_{Oy}, \Phi_{21x}, \Phi_{21y}$. Il problema è completamente risolubile. Infatti le equazioni cardinali scritte per le due aste diventano

$$\text{asta 1:} \quad \begin{cases} m\mathbf{g} + kOB + \Phi_O + \Phi_{21} = 0 \\ OG_1 \wedge m\mathbf{g} + OA \wedge \Phi_{21} = 0 \end{cases}$$

$$\text{asta 2:} \quad \begin{cases} m\mathbf{g} + kBO + \Phi_B - \Phi_{21} = 0 \\ BG_2 \wedge m\mathbf{g} - BA \wedge \Phi_{21} = 0. \end{cases} \tag{9.49}$$

Siano G_1, G_2 i rispettivi baricentri delle aste. Tenendo conto del fatto che

$$OA = (2l\cos\theta, 2l\sin\theta), \qquad OG_1 = (l\cos\theta, l\sin\theta),$$
$$OB = (4l\cos\theta, 0), \qquad OG_2 = (3l\cos\theta, l\sin\theta)$$

Figura 9.28 Tecnica dello
svincolamento

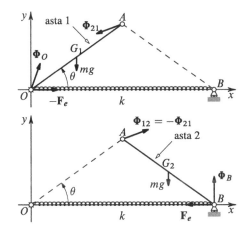

si hanno le seguenti sei equazioni scalari:

$$\begin{cases} 4kl\cos\theta + \Phi_{Ox} + \Phi_{21x} = 0 \\ -mg + \Phi_{Oy} + \Phi_{21y} = 0 \\ -mg\cos\theta + 2(\Phi_{21y}\cos\theta - \Phi_{21x}\sin\theta) = 0 \\ 4kl\cos\theta + \Phi_{21x} = 0 \\ -mg + \Phi_{By} - \Phi_{21y} = 0 \\ mg\cos\theta + 2(\Phi_{21y}\cos\theta + \Phi_{21x}\sin\theta) = 0. \end{cases} \qquad (9.50)$$

Considerando solo l'intervallo significativo $\theta \in (0, \pi/2)$ e supponendo

$$\lambda = \frac{mg}{8kl} < 1,$$

si ha come unica soluzione:

$$\sin\theta^* = \lambda, \qquad \Phi_{21} = \left(-4kl\sqrt{1-\lambda^2}, 0\right),$$
$$\Phi_B = (0, mg), \quad \Phi_O = (0, mg). \qquad (9.51)$$

Sottolineiamo che, visto che i vincoli sono ideali, avremmo potuto utilizzare anche il Principio dei lavori virtuali. In tal caso avremmo subito ricavato l'equazione per l'equilibrio $Q_\theta(\theta) = 0$, usando la quale il sistema (9.50) sarebbe diventato un sistema lineare per le reazioni vincolari (una delle cui equazioni sarebbe stata identicamente soddisfatta). Infatti, tenendo conto che il potenziale delle forze attive vale

$$U = -\frac{k}{2}|OB|^2 - mgy_{G_1} - mgy_{G_2} = -8kl^2\left(\cos^2\theta + 2\lambda\sin\theta\right) \qquad (9.52)$$

si ha

$$Q_\theta(\theta) = -16kl^2\cos\theta(\lambda - \sin\theta),$$

e quindi in $0 < \theta < \pi/2$ l'unica soluzione di $Q_\theta(\theta) = 0$ è $\theta^* = \arcsin\lambda$. Inserendo in (9.50) si ottiene subito la (9.51).

Osservazione 9.31 Da quest'ultimo calcolo si evince che se il sistema è a vincoli ideali conviene determinare dapprima le posizioni di equilibrio utilizzando il Principio dei lavori virtuali e quindi le equazioni cardinali (utilizzando lo svincolamento) si riconducono alla risoluzione di una sistema di equazioni lineari per le reazioni vincolari incognite.   □

Esempio 9.32 (Equilibrio in presenza di vincoli non ideali) Analizziamo nuovamente il sistema descritto in Fig. 9.27, ma supponiamo ora che in B vi sia dell'attrito con coefficiente di attrito statico μ_s. In questo caso il Principio dei lavori virtuali non è applicabile, ma possiamo sempre utilizzare le equazioni cardinali (9.49) per le due aste, inserendo ora in esse anche la componente Φ_{Bx}. Le incognite sono così sette: θ e le sei componenti delle reazioni vincolari $\Phi_O, \Phi_B, \Phi_{21}$. Le equazioni (9.50) si modificano solo per la quarta equazione, che contiene adesso anche il termine Φ_{Bx}, ma in compenso possiamo utilizzare anche la legge di Coulomb-Morin

$$\psi = |\Phi_{Bx}| - \mu_s|\Phi_{By}| \leq 0 \qquad (9.53)$$

Le equazioni cardinali

$$\begin{cases} 4kl\cos\theta + \Phi_{Ox} + \Phi_{21x} = 0 \\ -mg + \Phi_{Oy} + \Phi_{21y} = 0 \\ -mg\cos\theta + 2\big(\Phi_{21y}\cos\theta - \Phi_{21x}\sin\theta\big) = 0 \\ 4kl\cos\theta + \Phi_{21x} + \Phi_{Bx} = 0 \\ -mg + \Phi_{By} - \Phi_{21y} = 0 \\ mg\cos\theta + 2\big(\Phi_{21y}\cos\theta + \Phi_{21x}\sin\theta\big) = 0. \end{cases}$$

si possono risolvere (sistema di Cramer) rispetto alle componenti delle reazioni vincolari, che saranno così funzioni di θ. Semplici calcoli forniscono, nell'intervallo $0 < \theta < \pi/2$:

$$\Phi_O = \left(4kl\,\frac{\cos\theta}{\sin\theta}\,(\lambda - \sin\theta)\,,\ mg \right)$$

$$\Phi_{21} = \left(-\frac{mg}{2}\,\frac{\cos\theta}{\sin\theta}\,,\ 0 \right)$$

$$\Phi_B = \left(-4kl\,\frac{\cos\theta}{\sin\theta}\,(\lambda - \sin\theta)\,,\ mg \right)$$

Inserendo le componenti di Φ_B nell'equazione (9.53), si ha che le configurazioni di equilibrio corrispondono ai valori di $\theta \in (0, \pi/2]$ tali che

$$\psi(\theta) = \frac{\cos\theta}{\sin\theta}\,|\sin\theta - \lambda| - 2\mu_s\lambda \leq 0$$

La Fig. 9.29 mostra che nel caso $\mu_s = 0$ vi è un'unica soluzione $\sin\theta^* = \lambda$, mentre quando $\mu_s \neq 0$ si ottengono intervalli di infinite posizioni di equilibrio. Sottolineiamo che la configurazione di equilibrio determinata nel caso ideale rimane tale anche in presenza di attrito. $\qquad\qquad\square$

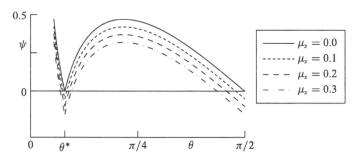

Figura 9.29 Posizioni di equilibrio: valori di θ per cui $\psi(\theta) \leq 0$ $(\lambda = 1/4)$

9.11 Diagrammi di biforcazione

Limitandosi al caso di problemi con un solo grado di libertà si può osservare che spesso il potenziale dipende, oltre che dalla coordinata libera q, da un *parametro strutturale* λ legato a grandezze fisiche caratteristiche del sistema (ad esempio masse, lunghezze, costanti di forze elastiche, ecc...): $U = U(q, \lambda)$. Le configurazioni di equilibrio ordinarie, tali cioè che sia

$$Q(q, \lambda) = \frac{\partial}{\partial q} U(q, \lambda) = 0$$

dipendono anche dal parametro strutturale, nel senso che il sistema ammette configurazioni di equilibrio che possono cambiare, così come la loro stabilità, se si cambia il valore di λ. Analogamente, le eventuali posizioni di confine possono rappresentare o meno configurazioni di equilibrio (stabili o meno), a seconda dei valori del parametro λ.

Definizione 9.33 *Il diagramma di biforcazione si costruisce rappresentando nel piano (λ, q) il luogo C dei punti (λ^*, q^*) tali che λ^* è un valore fisicamente ammissibile per il parametro λ, e q^* rappresenta una configurazione di equilibrio quando $\lambda = \lambda^*$.*

Di conseguenza, e supposto che $a \leq q \leq b$, il diagramma di biforcazione comprenderà tutte le configurazioni ordinarie tali che $Q(q, \lambda) = 0$, unitamente alle configurazioni di frontiera che soddisfino $Q(a, \lambda) \leq 0$ e $Q(b, \lambda) \geq 0$.

La determinazione del diagramma di biforcazione può semplificare l'analisi della stabilità dell'equilibrio. Supponiamo infatti di individuare le regioni del piano (λ, q) in cui $Q(q, \lambda) > 0$ (regioni positive) e $Q(q, \lambda) < 0$ (regioni negative). Si dimostra che sono stabili in senso statico tutte e sole le configurazioni di equilibrio relative a punti di C che lasciano sotto di sé una regione positiva, mentre sopra di esse rimane una regione negativa. Quanto detto vale sia per configurazioni di equilibrio ordinarie che di frontiera, anche se nel caso di queste ultime si deve con-

Figura 9.30 Diagramma di biforcazione

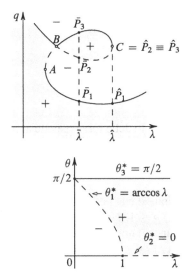

Figura 9.31 Diagramma di biforcazione corrispondente all'Esempio 9.30

trollare solo un segno, quello relativo all'unica regione consentita adiacente alla configurazione di equilibrio.

Per dimostrare questa affermazione bisogna ricordare che solo i massimi relativi isolati del potenziale sono stabili in senso statico. A loro volta, i massimi relativi isolati soddisfano la condizione che $U' = Q(q, \lambda)$ cambia il segno da positivo a negativo, quando q attraversa la configurazione di equilibrio, spostandosi nel verso positivo dell'asse Oq.

Se consideriamo, per esempio, il diagramma di biforcazione rappresentato in Fig. 9.30, i tratti continui di linea corrispondono a configurazioni di equilibrio stabile, mentre quelli tratteggiati forniscono posizioni instabili.

Nei punti A, B, C (*punti di biforcazione*), cioè punti multipli o a tangente verticale) si ha $U''(q) = 0$. La retta $\lambda = \bar{\lambda}$, ad esempio, interseca la curva in tre punti ($\bar{P}_1, \bar{P}_2, \bar{P}_3$) e il sistema ammette quindi, per $\lambda = \bar{\lambda}$, tre posizioni di equilibrio di cui due stabili ($\bar{P}_1, \bar{P}_3$) e una instabile ($\bar{P}_2$). Nel caso $\lambda = \hat{\lambda}$ si hanno due posizioni di equilibrio ($\hat{P}_1$ e $\hat{P}_2 \equiv C$) di cui una stabile ($\hat{P}_1$) e una instabile ($\hat{P}_2$). Al variare di λ, passando attraverso i punti di biforcazione, il numero e/o la natura delle configurazioni cambiano, potendo ridursi a una sola o *biforcarsi* in più di una.

La Fig. 9.31 riporta infine il diagramma di biforcazione corrispondente all'Esempio 9.30.

9.12 Problemi di statica: alcuni esempi

Esempio 9.34 Un'asta omogenea di lunghezza l e peso p è vincolata nell'estremo A a un punto fisso O per mezzo di una cerniera ideale ed è soggetta all'azione di una forza f ad essa perpendicolare, come si vede nella Fig. 9.32. Annullando il

Figura 9.32 Asta incernierata e soggetta a una forza
ortogonale

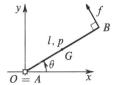

momento delle forze rispetto al polo O, dove è collocata la reazione vincolare della cerniera, si ottiene facilmente l'equazione pura di equilibrio

$$pl/2\cos\theta - lf = 0\,.$$

È importante però osservare che l'equazione può essere risolta rispetto a θ solo se $2f/p \leq 1$. Nel caso in cui questa disuguaglianza non sia soddisfatta (f "troppo grande") non esiste alcuna configurazione di equilibrio. Sarà necessario quindi che sia $2f/p \leq 1$, e cioè $0 \leq f \leq p/2$, altrimenti l'equilibrio non è possibile (limitiamo la nostra discussione agli angoli θ compresi fra 0 e $\pi/2$). Ciò significa che a ogni valore di f che soddisfi questa limitazione corrisponde un angolo θ che permette di annullare il momento delle forze. Si vede che a valori piccoli di f corrisponde un'asta in una posizione "quasi verticale", mentre a valori prossimi a $p/2$ corrisponde un'asta in posizione molto "sdraiata" (il caso estremo $f = p/2$ è quello in cui l'asta è in posizione orizzontale).

Osserviamo che per verificare che le condizioni di equilibrio sono soddisfatte non è indispensabile imporre anche $\mathbf{R} = \mathbf{0}$, poiché la reazione vincolare della cerniera in O garantisce "automaticamente" la forza necessaria affinché il risultante si annulli. Scriveremo quindi questa equazione (corrispondente nel piano a due equazioni scalari) solo se interessati a calcolare le componenti della reazione vincolare.

□

Esempio 9.35 Modifichiamo ora il vincolo al quale è soggetta l'asta dell'esempio precedente, e supponiamo che in A sia appoggiata a una guida scabra, con coefficiente d'attrito statico μ_s (anche qui limitiamo la nostra discussione agli angoli θ compresi fra 0 e $\pi/2$). Studiamo la condizione di equilibrio e vediamo quale sia l'attrito necessario per poter soddisfare la relazione di Coulomb. In particolare vedremo quale sia il minimo valore di μ_s tale da garantire l'equilibrio per ogni valore ammissibile della forza f.

Il momento delle forze, calcolato rispetto al polo O, ci darà l'equazione

$$\mathbf{M}_O = \mathbf{0} \quad \Leftrightarrow \quad fl - pl/2\cos\theta = 0 \quad \Leftrightarrow \quad f = p/2\cos\theta. \tag{9.54}$$

Come già discusso nell'esempio precedente, vediamo che solo i valori di f tali che $0 \leq f \leq p/2$ ci permettono di avere una posizione di equilibrio, determinata dall'angolo θ che soddisfa la (9.54).

In questo problema, però, è anche necessario verificare che il coefficiente d'attrito assegnato sia sufficiente. Infatti l'asta non è più incernierata in O, e potrebbe perciò "scivolare" sulla guida orizzontale.

Figura 9.33 Asta appoggiata su una guida scabra

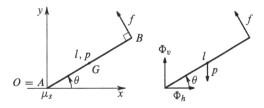

Passiamo ora alla prima equazione cardinale: $\mathbf{R} = \mathbf{0}$. Avendo indicato con Φ_h e Φ_v le componenti orizzontali e verticali della reazione in A, come si vede nella parte destra della Fig. 9.33, l'annullarsi del risultante permette di dedurre che

$$\Phi_h = f \sin \theta, \qquad \Phi_v = p - f \cos \theta.$$

Utilizzando la relazione fra f e θ ottenuta in precedenza possiamo riscrivere queste quantità come

$$\Phi_h = p/2 \cos \theta \sin \theta, \qquad \Phi_v = p - p/2 \cos^2 \theta,$$

e dedurre dalla relazione di Coulomb che l'equilibrio è possibile se

$$|\Phi_h| \leq \mu_s |\Phi_v| \quad \Leftrightarrow \quad |\sin \theta \cos \theta| \leq \mu_s |2 - \cos^2 \theta|. \tag{9.55}$$

Per un assegnato μ_s, perciò, i valori di f che corrispondono ad angoli θ soddisfacenti la disequazione (9.55) sono tutti e soli quelli per i quali è possibile l'equilibrio.

Poiché consideriamo solo i valori di θ nell'intervallo $[0, \pi/2]$ possiamo togliere i moduli e riscrivere la condizione trovata nella forma

$$\frac{\sin \theta \cos \theta}{2 - \cos^2 \theta} \leq \mu_s. \tag{9.56}$$

È interessante dedurre quale sia il minimo valore di μ_s per il quale questa disuguaglianza è sempre soddisfatta. Osserviamo che la funzione sulla sinistra è positiva nell'intervallo $(0, \pi/2)$ e si annulla solo negli estremi. Calcolandone la derivata vediamo che raggiunge un massimo quando $\sin \theta = \sqrt{3}/3$, e perciò $\cos \theta = \sqrt{6}/3$. Il valore della funzione in questo punto di massimo è pari a $\sqrt{2}/4$. Perciò la condizione $\mu_s \geq \sqrt{2}/4$ garantisce che l'equilibrio sia possibile (con l'opportuno angolo di inclinazione θ) per ogni valore ammissibile della forza f. In particolare, il caso in cui sia $f = p\sqrt{6}/6$ corrisponde all'angolo θ per il quale la funzione nella (9.56) raggiunge il suo massimo, ed è quindi questa l'intensità della forza che necessita del massimo attrito per garantire l'equilibrio. □

In un piano verticale i dischi omogenei di ugual raggio r e peso p della Fig. 9.34 sono a contatto liscio fra loro, con i due dischi A e C (dai nomi dei loro centri) appoggiati su una guida orizzontale con coefficiente d'attrito μ_s. Su questi ultimi

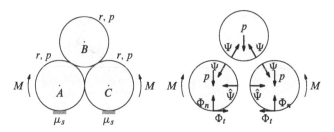

Figura 9.34 Tre dischi appoggiati e in equilibrio

agiscono due coppie di momento M uguale ed opposto. Ci domandiamo quali siano i valori minimo e massimo di M e il minimo di μ_s che garantiscono l'equilibrio.

È comodo sfruttare la simmetria materiale del sistema rispetto alla retta verticale passante per B, ponendo quindi simmetricamente uguali le componenti delle reazioni vincolari che si esercitano nei punti di contatto con la guida, come si vede nella parte destra della figura, e le forze agenti fra i dischi.

Scriviamo la risultante verticale delle forze agenti sul sistema dei tre dischi e otteniamo

$$R_v = 0 \quad \Leftrightarrow \quad 2\Phi_n - 3p = 0 \quad \Leftrightarrow \quad \Phi_n = 3p/2 \,.$$

Inoltre, limitatamente al disco di centro B, per il risultante verticale abbiamo

$$R_v = 0 \quad \Leftrightarrow \quad 2\Psi \cos(\pi/6) = p \quad \Leftrightarrow \quad \Psi = p\sqrt{3}/3$$

e per il disco A

$$R_h = 0 \quad \Leftrightarrow \quad \Phi_t - \hat{\Psi} - \Psi \cos(\pi/3) = 0 \quad \Leftrightarrow \quad \hat{\Psi} = \Phi_t - \Psi/2$$
$$M_A = 0 \quad \Leftrightarrow \quad M = r\Phi_t$$

Quindi, in definitiva, applicando la disuguaglianza di Coulomb-Morin,

$$|\Phi_t| \le \mu_s |\Phi_n| \quad \Leftrightarrow \quad M/r \le \mu_s 3p/2 \quad \Leftrightarrow \quad M \le \mu_s 3pr/2 \,.$$

Dobbiamo però anche osservare che i dischi A e C mantengono il contatto solo se $\hat{\Psi} \ge 0$. Deve perciò essere

$$\hat{\Psi} = \Phi_t - \Psi/2 \ge 0 \quad \Leftrightarrow \quad M/r \ge p\sqrt{3}/6 \quad \Leftrightarrow \quad M \ge pr\sqrt{3}/6$$

e, in definitiva,

$$pr\sqrt{3}/6 \le M \le \mu_s 3rp/2 \,,$$

una disuguaglianza per la quale deve essere $\mu_s \ge \sqrt{3}/9$, e questo corrisponde al minimo valore del coefficiente d'attrito.   □

Figura 9.35 Asta appoggiata
a una semicirconferenza
liscia che scorre su una guida
orizzontale

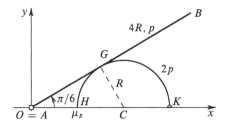

Esempio 9.37 In un piano verticale un'asta omogenea di lunghezza $4R$ e peso p
è incernierata in un estremo A all'origine del sistema di coordinate e si appoggia
senza attrito a una semicirconferenza di raggio R e peso $2p$, che a sua volta scorre
con gli estremi H e K su una guida orizzontale passate per O, come in Fig. 9.35.
Nel punto H vi è attrito statico con coefficiente μ_s mentre nell'estremo K l'appoggio è liscio. Vogliamo determinare il *minimo* valore di μ_s necessario affinché vi sia
equilibrio con l'angolo formato fra l'asta e l'asse x pari a $\pi/6$.

Possiamo separare le due parti del sistema mettendo in evidenza le forze $\boldsymbol{\Phi}$ e
$-\boldsymbol{\Phi}$ che le aste si scambiano nel punto di contatto, come si vede nella Fig. 9.36.
Osserviamo che nel disegno la lettera Φ non è in grassetto e *non* indica pertanto la
forza ma la componente della forza nel senso indicato dal versore a fianco. Per il
principio di azione e reazione le forze che asta e semicirconferenza si scambiano
sono uguali e opposte e quindi le loro componenti secondo versori opposti sono
uguali fra loro e sono proprio queste che indichiamo con Φ.

L'annullarsi del momento delle forze agenti sull'asta rispetto al polo O, dove
agisce la reazione vincolare della cerniera, impone che sia

$$\Phi R\sqrt{3} - pR\sqrt{3} = 0 \quad \Leftrightarrow \quad \Phi = p.$$

Portiamo ora la nostra attenzione sulla semicirconferenza per la quale imponiamo
l'annullarsi del momento rispetto al centro C. Si ottiene semplicemente che deve
essere $\Psi_v = \Upsilon$, dove Ψ_v è la componente verticale della reazione vincolare in H dove, essendoci attrito, avremo anche una componente orizzontale. L'annullarsi delle
componenti orizzontale e verticale del risultante per la semicirconferenza impone

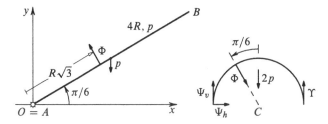

Figura 9.36 Equilibrio di asta e semicirconferenza

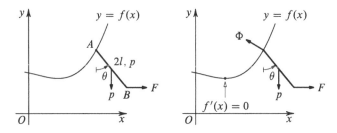

Figura 9.37 Un'asta pesante vincolata al grafico di $y = f(x)$

che

$$\Phi/2 + \Psi_h = 0\,, \qquad \Psi_v + \Upsilon - 2p - \Phi\sqrt{3}/2 = 0\,.$$

Alla luce del valore di Φ già calcolato e dell'uguaglianza $\Psi_v = \Upsilon$ dopo poche sostituzioni si deduce che

$$\Psi_v = p(1 + \sqrt{3}/4)\,, \qquad \Psi_h = -p/2\,.$$

Il segno meno davanti al valore di Ψ_h era prevedibile: la componente deve essere negativa poiché bilancia la spinta orizzontale verso destra dell'azione dell'asta che si appoggia alla semicirconferenza. La relazione di Coulomb si traduce qui in

$$|\Psi_h| \leq \mu_s |\Psi_v| \quad \Leftrightarrow \quad \mu_s \geq \frac{8 - 2\sqrt{3}}{13}$$

e questa disuguaglianza fornisce il minimo valore di μ_s.   □

Esempio 9.38 Come semplice applicazione del Principio dei Lavori Virtuali con-sideriamo un'asta AB, omogenea di lunghezza $2l$ e peso p, vincolata con l'estremo A a scorrere in un piano verticale lungo una guida liscia descritta dal grafico di una funzione regolare $y = f(x)$, come si vede nella Fig. 9.37, e soggetta in B a una forza orizzontale F.

Indichiamo con x l'ascissa del punto A e con θ l'angolo che l'asta forma con la verticale, come in figura. Si tratta di un sistema di coordinate libere che utiliz-ziamo per esprimere il lavoro virtuale delle forze attive. Poiché, indicando con G il baricentro dell'asta,

$$y_G = f(x) - l\cos\theta \quad \Rightarrow \quad \delta y_G = f'(x)\delta x + l\sin\theta\delta\theta$$

e inoltre

$$x_B = x + 2l\sin\theta \quad \Rightarrow \quad \delta x_B = \delta x + 2l\cos\theta\delta\theta\,,$$

il lavoro virtuale delle forze attive prende la forma

$$\delta L = -p\delta y_G + F\delta x_B = [F - pf'(x)]\delta x + [2lF\cos\theta - pl\sin\theta]\delta\theta .$$

Le quantità contenute nelle parentesi quadre corrispondono a Q_x e Q_θ, le componenti della sollecitazione attiva rispetto alle coordinate libere x e θ:

$$Q_x = F - pf'(x), \qquad Q_\theta = 2lF\cos\theta - pl\sin\theta . \qquad (9.57)$$

La condizione di equilibrio è che sia $\delta L = 0$ per ogni spostamento virtuale, e cioè qui per ogni variazione arbitraria δx e $\delta\theta$ delle coordinate libere. Per questo è necessario e sufficiente che siano $Q_x = 0$ e $Q_\theta = 0$, e quindi dalle (9.57) otteniamo

$$f'(x) = F/p , \qquad \tan\theta = 2F/p .$$

Alle medesime conclusioni si può giungere attraverso le equazioni cardinali, annullando il risultante orizzontale e verticale e il momento rispetto al polo A, per esempio (bisogna naturalmente tener conto del fatto che in A esiste una reazione vincolare Φ perpendicolare alla guida). □

Esempio 9.39 I sistemi articolati sono formati da un certo numero di aste incernierate fra loro e variamente vincolate. Costituiscono un classico e a volte non semplice ambito per l'applicazione delle equazioni cardinali. In molte situazioni è necessario spezzare il sistema in modo opportuno, andando poi a imporre le condizioni di equilibrio per le singole parti.

Un esempio è quello che vediamo nella parte sinistra della Fig. 9.38: in un piano verticale si trovano 5 aste omogenee incernierate fra loro e nei punti fissi A e D, mentre la cerniera in E è appoggiata a una parete verticale liscia. Le aste AB e BC hanno lunghezza l, peso p e formano fra loro un angolo retto in B. Le aste CE e ED hanno peso trascurabile mentre l'asta CD ha peso q. I punti A, E, C si trovano sulla medesima verticale, mentre i punti C e D sono alla stessa quota.

Vogliamo calcolare la reazione vincolare Φ dell'appoggio in E. Possiamo procedere separando in C il sistema in due parti: ABC e CDE, mettendo in evidenza le forze Ψ_v, Ψ_h che queste si scambiano attraverso la cerniera C, come si vede sulla destra della Fig. 9.38.

Figura 9.38 Equilibrio di un sistema articolato

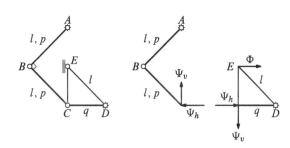

Il momento delle forze rispetto al polo A per la parte ABC messo uguale a zero fornisce l'equazione

$$+p(l/2)\sqrt{2}/2 + p(l/2)\sqrt{2}/2 - \Psi_h l\sqrt{2} = 0 \quad \Rightarrow \quad \Psi_h = p/2\,.$$

Il momento delle forze agenti su BC calcolato rispetto al polo B (dove è applicata una forza, dovuta all'asta AB, che a questo momento però non contribuisce) e messo uguale a zero ci permette di ottenere

$$\Psi_v l\sqrt{2}/2 - p(l/2)\sqrt{2}/2 - \Psi_h l\sqrt{2}/2 = 0 \quad \Rightarrow \quad \Psi_v = p\,.$$

Infine, annullando il momento rispetto al polo D per le forze agenti sulla parte CDE si ha

$$+\Psi_v l\sqrt{2}/2 + q(l/2)\sqrt{2}/2 - \Phi\sqrt{2}/2 = 0 \quad \Rightarrow \quad \Phi = p + q/2\,.$$

Esistono molti altri approcci a questo problema: si potrebbe per esempio spezzare il sistema in tutte le sue componenti, scrivendo le equazioni cardinali per ciascuna di esse. In questo modo si avrebbero però molte equazioni e si troverebbero anche incognite che non sono richieste. È importante in ogni situazione saper vedere la strategia risolutiva più adatta.   □

Capitolo 10
Dinamica del punto materiale

In questo capitolo applicheremo le Leggi della Meccanica enunciate nel Capitolo 8 all'analisi del moto di punti materiali, sia liberi che vincolati, sottoposti a diversi tipi di forze attive.

L'equazione fondamentale della dinamica del punto materiale è un'equazione differenziale del secondo ordine nella variabile temporale. Il principio di determinismo meccanico (vedi §8.2) garantisce che tale equazione differenziale ammette una e una sola soluzione una volta noti i valori iniziali di posizione e velocità. Partendo dalla conoscenza delle forze attive e dei vincoli agenti sul punto materiale, nonché delle condizioni iniziali, nostro obiettivo sarà quello di ricavare il maggior numero di informazioni possibili sui moti conseguenti, facendo anche uso di metodi qualitativi che evitino il ricorso alle soluzioni esplicite delle equazioni di moto, che non sempre è semplice ricavare.

Distingueremo i problemi che affronteremo in *diretti* e *inversi*. Parleremo di un problema diretto quando siano note tutte le forze attive e i vincoli agenti sul sistema, mentre sia incognito il moto. Al contrario, un problema si dice inverso quando è noto a priori il moto che si desidera imprimere al sistema e si vogliono calcolare la o le forze necessarie a ottenerlo. Esistono anche problemi *semi-inversi*, vale a dire problemi in cui una o più forze (da calcolarsi) servono a far sì che uno o più gradi di libertà evolvano in modo predeterminato, mentre ai rimanenti gradi di libertà rimane lo *status* di incognite.

Dinamica del punto libero
L'equazione fondamentale della dinamica postula che il moto di un punto materiale libero sia retto dall'equazione

$$m\,\mathbf{a} = \mathbf{F}(P, \mathbf{v}, t)\,, \tag{10.1}$$

dove m è la massa del punto materiale P, mentre $\mathbf{v}$, $\mathbf{a}$ sono rispettivamente la sua velocità e accelerazione, e $\mathbf{F}$ è il risultante delle forze attive applicate su P. L'equazione differenziale (10.1) va risolta insieme alle condizioni iniziali

$$P(t_0) = P_0\,, \qquad \mathbf{v}(t_0) = \mathbf{v}_0\,. \tag{10.2}$$

© The Author(s), under exclusive license to Springer-Verlag Italia S.r.l., part of Springer Nature 2022
P. Biscari et al., *Meccanica Razionale*, La Matematica per il 3+2 138,
https://doi.org/10.1007/978-88-470-4018-2_10

Integrale dell'energia

Nel caso che le forze attive siano conservative l'equazione (10.1) ammette un integrale primo, vale a dire può essere trasformata in un'equazione differenziale del primo ordine. Al fine di determinare tale integrale, supponiamo che U sia un potenziale delle forze attive ($\mathbf{F} = \nabla U$), scriviamo la (10.1) come $\mathbf{0} = m\mathbf{a} - \mathbf{F}$, e moltiplichiamo scalarmente per la velocità di P:

$$0 = \mathbf{v} \cdot (m\mathbf{a} - \mathbf{F}) = m\frac{d}{dt}\left(\frac{1}{2}\mathbf{v} \cdot \mathbf{v}\right) - \nabla U \cdot \mathbf{v} = \frac{d}{dt}\left(\frac{1}{2}mv^2 - U\right). \qquad (10.3)$$

La (10.3) può essere semplicemente integrata rispetto al tempo e fornisce

$$\frac{1}{2}mv^2 - U \equiv \text{costante} = E \qquad (10.4)$$

La quantità E riceve il nome di *energia meccanica* del punto, mentre il suo primo addendo

$$T = \frac{1}{2}mv^2 \qquad (10.5)$$

fornisce l'*energia cinetica* del punto materiale. L'energia meccanica $E = T - U$ rimane costante durante tutto il moto e il suo valore è quindi determinato dalle condizioni iniziali. Sottolineiamo che, in termini dell'energia potenziale $V = -U$ (vedi §7.3.2) l'energia meccanica è definita come $E = T + V$.

Dinamica del punto vincolato

La presenza di uno o più vincoli restringe l'insieme di posizioni, o più in generale l'insieme degli atti di moto, accessibili al punto materiale. Come già discusso in §8.6, l'azione del vincolo si esplica attraverso una reazione vincolare $\mathbf{\Phi}$, da aggiungere alle eventuali forze attive agenti sul punto materiale. In presenza di vincoli, l'equazione fondamentale della dinamica diventa quindi

$$m\,\mathbf{a} = \mathbf{F} + \mathbf{\Phi}\,. \qquad (10.6)$$

Il problema differenziale associato alla (10.6) ha carattere profondamente diverso da quello che caratterizza la dinamica del punto materiale libero. Infatti, nel nostro studio dovremo tenere conto del fatto che le reazioni vincolari non sono note a priori, ma anche del fatto che non tutte le soluzioni sono ammissibili. Infine, se è vero che le reazioni vincolari non sono completamente note a priori, è anche vero che non sono neanche completamente arbitrarie. Il carattere (liscio o scabro) del meccanismo che realizza il vincolo impone delle restrizioni costitutive sul tipo di reazioni vincolari esplicabili. In altre parole, in presenza di vincoli dobbiamo affrontare il seguente problema.

- All'interno dell'insieme di reazioni vincolari esplicabili dal vincolo, determinare la reazione vincolare $\mathbf{\Phi}$ tale che, se inserita nella (10.6), il moto che consegue alle condizioni iniziali (10.2) soddisfa la restrizione imposta dal vincolo stesso.
- Determinare, nota la reazione vincolare, il moto del punto.

Osserveremo comunque che in numerose situazioni sarà più semplice invertire i punti precedenti. Utilizzando le informazioni costitutive sulla reazione vincolare, sarà infatti spesso possibile proiettare opportunamente la (10.6) al fine di ottenere un'equazione *pura* del moto, vale a dire un'equazione differenziale in cui compaiano solo forze attive. Tale equazione consentirà di determinare il moto del punto, noto il quale le rimanenti componenti della (10.6) forniranno le reazioni vincolari incognite. In presenza di soli vincoli olonomi, la meccanica lagrangiana (vedi Cap. 14) rende sistematica la procedura appena descritta. In ogni caso, osserviamo che determinare il moto e le reazioni vincolari in un sistema vincolato è un problema *semi-inverso*, nella classificazione presentata a inizio capitolo.

10.1   Moto su traiettoria prestabilita

Consideriamo un punto materiale P, vincolato a muoversi lungo una guida fissa, schematizzabile con una curva γ. Tale modello può servire a descrivere, tra gli altri, il moto di un anellino libero di scorrere lungo una guida (vedi Fig. 10.1), oppure quello di una pallina dentro un tubo. Parametrizzando le posizioni lungo γ in termini dell'ascissa curvilinea s (vedi Appendice, §A.2), la curva sarà descritta da una funzione

$$P_\gamma: [0, L] \to \mathcal{E}$$
$$s \mapsto P_\gamma(s).$$

Per identificare la posizione di P a un generico istante t, è sufficiente conoscere il valore dell'ascissa curvilinea $s(t)$, poiché avremo

$$P(t) = P_\gamma\big(s(t)\big). \tag{10.7}$$

Il punto materiale ha quindi un solo grado di libertà. Come abbiamo ricavato in §1.2, se deriviamo la (10.7) rispetto al tempo, e utilizziamo la (A.16), dimostriamo che la velocità di P è parallela al versore tangente lungo γ

$$\mathbf{v} = \frac{dP}{dt} = \frac{dP_\gamma}{ds} \frac{ds}{dt} = \dot{s}\,\mathbf{t}.$$

Derivando una seconda volta, e facendo questa volta uso della (A.19), dimostriamo invece che l'accelerazione di P ha sia una componente tangenziale, che una

Figura 10.1 Moto di un punto su traiettoria prestabilita

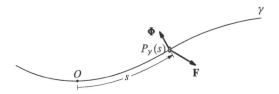

componente diretta secondo la normale principale di γ

$$\mathbf{a} = \frac{d(\dot{s}\mathbf{t})}{dt} = \ddot{s}\,\mathbf{t} + \dot{s}\,\frac{d\mathbf{t}}{ds}\frac{ds}{dt} = \ddot{s}\,\mathbf{t} + \frac{\dot{s}^2}{\rho}\,\mathbf{n}\,,$$

dove ρ è il raggio di curvatura di γ, calcolato nella posizione occupata da P.

Queste osservazioni cinematiche riguardo la direzione e le componenti dell'accelerazione suggeriscono di proiettare l'equazione fondamentale della dinamica (10.6) sulla terna intrinseca alla traiettoria $\{\mathbf{t}, \mathbf{n}, \mathbf{b}\}$. Risulta

$$m\,\ddot{s} = \left(\mathbf{F} + \mathbf{\Phi}\right) \cdot \mathbf{t} = F_t(s, \dot{s}, t) + \Phi_t$$
$$m\,\frac{\dot{s}^2}{\rho} = \left(\mathbf{F} + \mathbf{\Phi}\right) \cdot \mathbf{n} = F_n(s, \dot{s}, t) + \Phi_n$$
$$0 = \left(\mathbf{F} + \mathbf{\Phi}\right) \cdot \mathbf{b} = F_b(s, \dot{s}, t) + \Phi_b\,. \tag{10.8}$$

Il vincolo è olonomo e il sistema possiede un grado di libertà con coordinata libera coincidente con l'ascissa curvilinea s. Possiamo quindi definire la componente generalizzata delle forze attive lungo s (vedi Definizione 7.44)

$$Q_s = \mathbf{F} \cdot \frac{dP}{ds} = \mathbf{F} \cdot \mathbf{t} = F_t\,. \tag{10.9}$$

I risultati ricavati nel precedente capitolo (validi nel caso di vincolo ideale, vedi §9.8) dimostrano quindi il seguente risultato.

Proposizione 10.1 *Le posizioni di equilibrio di un punto vincolato a scorrere su una guida liscia sono tutte e sole le posizioni in cui si annulla la componente tangenziale della forza attiva.*

Al fine di ricavare ulteriori informazioni riguardo il moto, risulta necessario specificare la natura, liscia o scabra, del vincolo.

Guida liscia
In assenza di attriti, la componente tangenziale della reazione vincolare è nulla (vedi (8.23) con $\mu_s = 0$):

$$\mathbf{\Phi} \cdot \mathbf{t} = \Phi_t = 0\,.$$

In tal caso, è evidente che la prima delle (10.8) fornisce l'equazione pura del moto, necessaria e sufficiente a definire il movimento del punto, fissati i dati iniziali. A loro volta, la seconda e la terza delle (10.8) determinano completamente la reazione vincolare $\mathbf{\Phi}$, noto il movimento. Analizziamo più in dettaglio la (10.8)$_1$:

$$m\,\ddot{s} = F_t(s, \dot{s}, t)\,. \tag{10.10}$$

- *Moto per inerzia.* In assenza di forze attive (ma anche se la forza attiva è normale alla guida) il moto è uniforme:

$$F_t = 0 \qquad \Longrightarrow \qquad \dot{s}(t) = \dot{s}(t_0) = \text{costante} \quad \forall\, t \geq t_0 \,.$$

- *Forze posizionali.* Se la componente tangenziale della forza attiva dipende solo dalla posizione di P (e quindi non dalla sua velocità, né esplicitamente dal tempo), l'equazione pura (10.10) ammette un integrale primo, formalmente analogo all'integrale dell'energia (10.4). Per ricavarlo, dobbiamo osservare che la (10.10) può essere esplicitamente integrata se viene moltiplicata per $\dot{s}$. Infatti,

$$\dot{s}\big(m\ddot{s} - F_t(s)\big) = 0 \qquad \Longrightarrow \qquad \frac{d}{dt}\left(\frac{1}{2}\,m\dot{s}^2 - U\right) = 0 \,, \qquad (10.11)$$

purché U sia una qualunque primitiva di F_t,

$$U(s) = \int_{s_0}^{s} F_t(x)\,dx \qquad (s_0 \text{ arbitrario}). \qquad (10.12)$$

Osserviamo che la (10.9) e la (10.12) mostrano che la componente generalizzata della forza attiva coincide con la derivata di U: $Q_s(s) = F_t(s) = U'(s)$. In particolare, le posizioni di equilibrio coincidono quindi con i punti stazionari di U. La (10.11) fornisce immediatamente l'integrale del moto

$$\frac{1}{2}\,m\dot{s}^2 - U(s) = \text{costante} \qquad (10.13)$$

La funzione U assume quindi un ruolo equivalente a quello del potenziale di un campo di forze conservative. I suoi punti stazionari forniscono infatti le posizioni di equilibrio, e inoltre essa consente di ottenere un integrale primo perfettamente analogo a quello dell'energia. Chiaramente, qualora la forza attiva fosse conservativa, U sarebbe precisamente un suo potenziale. Ma qui abbiamo ricavato una proprietà più generale: quando un punto è vincolato a scorrere lungo una guida fissa e liscia, si riesce a determinare un integrale primo analogo a quello dell'energia anche in presenza di campi di forze attive non conservative. L'unica richiesta è che una loro componente (quella tangenziale) sia posizionale.

Guida scabra

L'attrito comporta la presenza di una componente tangenziale nella reazione vincolare, rendendo non pura l'equazione di moto (10.8)$_1$. Utilizzeremo qui il modello di attrito dinamico introdotto in § 8.9.2, e in particolare quanto visto nell'Osservazione 8.14. L'espressione (8.28) fornisce quindi il modulo della parte tangente della reazione vincolare.

La direzione di $\boldsymbol{\Phi}_t$ è sempre opposta a quella della velocità del punto vincolato: $\boldsymbol{\Phi}_t \parallel \mathbf{v}$ e $\boldsymbol{\Phi}_t \cdot \mathbf{v} \leq 0$. Nel caso particolare sotto esame, e supposto $\dot{s} \neq 0$, possiamo quindi riscrivere la (8.27) come

$$\Phi_t = -\mu_d \sqrt{\Phi_n^2 + \Phi_b^2} \, \frac{\dot{s}}{|\dot{s}|} \, \mathbf{t} \, .$$

Al fine di ricavare nuovamente un'equazione pura del moto, utilizziamo le $(10.8)_2$ e $(10.8)_3$ per esprimere le componenti normali della reazione vincolare in funzione della velocità e delle forze attive

$$\Phi_n = m \frac{\dot{s}^2}{\rho} - F_n, \qquad \Phi_b = -F_b \, . \tag{10.14}$$

Sostituendo le (10.14) nella $(10.8)_1$ otteniamo finalmente

$$m \, \ddot{s} = F_t - \mu_d \sqrt{\left(m \frac{\dot{s}^2}{\rho} - F_n \right)^2 + F_b^2} \, \frac{\dot{s}}{|\dot{s}|} \, . \tag{10.15}$$

La (10.15) non è un'equazione semplice da trattare in generale. Osserviamo comunque che essa ammette un integrale primo non troppo dissimile da (10.13) qualora la guida sia rettilinea e le forze attive siano posizionali. Infatti, se la guida è rettilinea, il raggio di curvatura diverge ($\rho = +\infty$) e la $(10.14)_1$ si semplifica in $\Phi_n = -F_n$. Se poi ci restringiamo a un tratto della traiettoria lungo il quale $\dot{s}$ abbia segno costante (per esempio, positivo), e consideriamo solo forze attive posizionali, la (10.15) diventa

$$m \, \ddot{s} = F_t(s) - \mu_d \sqrt{F_n^2(s) + F_b^2(s)} = \phi(s) \, .$$

Ne consegue un integrale primo del tipo (10.13), con un "potenziale" U ottenuto come primitiva di ϕ, invece che della sola F_t. Sottolineiamo comunque che in questo caso il valore assunto da questo integrale primo si mantiene costante solo lungo ogni tratto di traiettoria in cui $\dot{s}$ abbia segno costante. Ogni volta che il punto si arresta ($\dot{s} = 0$) si deve sostituire il modello di attrito dinamico con quello di attrito statico. In particolare, sarà necessario valutare attentamente se il punto sia o meno in grado di riprendere il suo moto dopo essersi arrestato.

10.2 Moto armonico

Nella parte iniziale di questo paragrafo discutiamo un semplice sistema meccanico costituito da un punto vincolato a muoversi su una guida orizzontale rettilinea liscia e soggetto all'azione di una molla.

L'argomento è di importanza ben maggiore di quanto possa apparire a prima vista, poiché il moto che ne segue, che è di tipo oscillatorio e porta il nome di *moto armonico*, si presenta anche per sistemi che sono fisicamente diversi da questo ma

Figura 10.2 Un punto materiale vincolato a una guida liscia e soggetto alla forza di una molla di costante elastica k

che ne condividono in sostanza la forma dell'equazione differenziale di moto. In altre parole, il moto armonico, pur nella sua semplicità, è comune a una gran numero di sistemi meccanici e per questo motivo è importante comprenderne la natura e le caratteristiche.

Sviluppando l'argomento delle *piccole oscillazioni*, presentato più avanti nel §14.7 del Cap. 14, vedremo che, sotto opportune ipotesi, ogni sistema dotato di una sola coordinata libera si muove approssimativamente di moto armonico in prossimità di una generica configurazione di equilibrio stabile. Per questo motivo l'argomento trattato qui di seguito ha un'importanza che trascende ampiamente il semplice contesto nel quale viene inzialmente presentato.

Si consideri dunque l'equazione (10.6) nel caso di un punto materiale di massa m vincolato a muoversi su una guida rettilinea liscia orizzontale e soggetto a una forza elastica, come si vede nella Fig. 10.2.

Si scelga il sistema di riferimento con origine nel centro O della forza elastica $\mathbf{F} = -k \, OP$ e gli assi orientati come la guida e la verticale, rispettivamente. È quindi possibile scrivere la componente lungo l'asse x della (10.6) come

$$m\ddot{x} = -k \, x \qquad (10.16)$$

mentre la componente verticale ci darà $\Phi_y = mg$.

Come è noto (si veda A.5.2 in Appendice) la soluzione generale dell'equazione differenziale (10.16), riscritta nella forma

$$\ddot{x} + \omega^2 x = 0 \quad (\omega^2 = k/m) \, , \qquad (10.17)$$

contiene due costanti arbitrarie A e B ed è data dall'espressione

$$x(t) = A\cos(\omega t) + B\sin(\omega t) \, . \qquad (10.18)$$

Questo moto, che è detto *armonico*, può anche essere descritto nella forma

$$x(t) = r\cos(\omega t + \delta) \, , \qquad (10.19)$$

che equivale alla (10.18) quando si scelga l'*ampiezza* r data da

$$r^2 = A^2 + B^2$$

e la *fase* δ definita da

$$\cos\delta = A/r \qquad \sin\delta = -B/r$$

e quindi

$$\tan \delta = -B/A \, .$$

I valori di A e B nella (10.18) sono individuati per mezzo delle condizioni iniziali, e cioè dei valori x_0 e $\dot{x}_0$ che $x(t)$ e $\dot{x}(t)$ debbono avere a un istante fissato, per esempio $t = 0$. Si ha quindi

$$x_0 = A, \quad \dot{x}_0 = \omega B$$

dalle quali si deducono facilmente anche i valori di r e δ

$$r^2 = x_0^2 + \frac{\dot{x}_0^2}{\omega^2}, \qquad \tan \delta = -\frac{\dot{x}_0}{x_0 \omega} \, .$$

In conclusione, qualunque siano le condizioni iniziali il punto materiale compie oscillazioni *armoniche* di *periodo $T = 2\pi/\omega$*, *ampiezza r* e *fase iniziale δ*. La quantità reciproca del periodo è chiamata *frequenza* della vibrazione.

Osservazione 10.2 Nel caso si scelga di collocare il punto fisso di aggancio della molla in posizione diversa dall'origine l'equazione di moto (10.17) cambia forma in modo inessenziale, con l'aggiunta di un termine costante al secondo membro. È evidente che con un semplice cambiamento della scelta della coordinata libera x si tornerebbe al caso discusso qui. Per questo sia in questo paragrafo che nei seguenti non terremo conto di questa possibile variante.   □

Osservazione 10.3 Esistono innumerevoli sistemi meccanici, ben diversi da quello illustrato nella Fig. 10.2 ma analogamente descritti da un'unica coordinata libera q, per i quali, a conti fatti, l'equazione di moto si riduce a

$$\ddot{q} + \omega^2 q = 0 \, ,$$

dove ω^2 è legato a costanti fisiche del sistema studiato, e il cui moto prende quindi la forma

$$q(t) = A \cos(\omega t) + B \sin(\omega t)$$

oppure un'espressione analoga alla (10.19). In ognuno di questi casi si dice che il sistema si muove di *moto armonico*.   □

10.2.1 *Moto armonico forzato: battimenti e risonanza*

È interessante, in vista di numerose possibili applicazioni, discutere il caso di un punto sul quale agisce, oltre alla molla, una forza di componente orizzontale $F(t)$ che è detta *forzante*, come illustrato nella Fig. 10.3.

Figura 10.3 Un punto materiale vincolato a una guida liscia, soggetto alla forza di una molla di costante elastica k e all'azione di una *forzante* di componente orizzontale $F(t)$

Anche qui dobbiamo dire che la valenza della discussione che segue trascende il contesto meccanico che presentiamo, poiché un moto qualitativamente identico si deduce anche per sistemi di natura diversa da quella di un semplice punto vincolato a una guida.

L'equazione di moto può facilmente essere scritta nella forma

$$\ddot{x} + \omega^2 x = f(t), \tag{10.20}$$

dove $f(t) = F(t)/m$. Mentre nel caso dell'equazione (10.17) si parla di di oscillazioni lineari *libere*, qui si parla naturalmente di oscillazioni lineari *forzate*.

La soluzione generale di questa equazione si scrive nella forma

$$x(t) = A\cos(\omega t) + B\sin(\omega t) + \tilde{x}(t), \tag{10.21}$$

dove $\tilde{x}(t)$ è una soluzione particolare della (10.20). Caso di particolare interesse è dato da una forzante sinusoidale

$$f(t) = \Gamma\cos(\nu t) \qquad (\Gamma > 0).$$

In questo caso, e nell'ipotesi che sia $\nu \neq \omega$, una soluzione particolare della (10.20) è

$$\tilde{x}(t) = \frac{\Gamma}{\omega^2 - \nu^2}\cos(\nu t)$$

e la (10.21) diventa

$$x(t) = A\cos(\omega t) + B\sin(\omega t) + \frac{\Gamma}{\omega^2 - \nu^2}\cos(\nu t). \tag{10.22}$$

Definiamo ora ϵ come la differenza fra ν e ω, ponendo $\nu = \epsilon + \omega$. Poiché

$$\cos(\nu t) = \cos(\epsilon t + \omega t) = \cos(\epsilon t)\cos(\omega t) - \sin(\epsilon t)\sin(\omega t)$$

e

$$\omega^2 - \nu^2 = -(2\omega + \epsilon)\epsilon,$$

la (10.22) può essere riscritta come

$$x(t) = \left[\frac{-\Gamma}{(2\omega + \epsilon)\epsilon}\cos(\epsilon t) + A\right]\cos(\omega t) + \left[\frac{\Gamma}{(2\omega + \epsilon)\epsilon}\sin(\epsilon t) + B\right]\sin(\omega t). \tag{10.23}$$

Quando ϵ è molto piccolo le quantità nelle parantesi quadre variano lentamente nel tempo e quindi la soluzione $x(t)$ appare come un'oscillazione com ampiezza modulata lentamente, nota come *battimento*.

La soluzione per il caso in cui sia $\epsilon = 0$ non può essere ottenuta per passaggio al limite dalla (10.23). Infatti

$$\lim_{\epsilon \to 0}\left(-\frac{\Gamma}{(2\omega + \epsilon)\epsilon}\cos(\epsilon t)\right) = -\infty$$

ma

$$\lim_{\epsilon \to 0}\left(\frac{\Gamma}{(2\omega + \epsilon)\epsilon}\sin(\epsilon t)\right) = \frac{\Gamma t}{2\omega}.$$

In questo caso, e cioè quando sia $\omega^2 = \nu^2$, l'integrale particolare da utilizzare nella (10.21) è invece dato da

$$\tilde{x}(t) = \frac{\Gamma}{2\omega^2}[\omega t\,\sin(\omega t) - \cos(\omega t)].$$

Si noti che $\tilde{x}(0) = 0$ e $\dot{\tilde{x}}(0) = 0$, e quindi se x_0 e $\dot{x}_0$ sono i valori iniziali la soluzione generale dell'equazione (10.20) con forzante sinusoidale $f(t) = \Gamma\cos(\omega t)$ è

$$x(t) = x_0\cos(\omega t) + \frac{\dot{x}_0}{\omega}\sin(\omega t) + \frac{\Gamma}{2\omega^2}\left[\underbrace{\omega t\,\sin(\omega t)} - \cos(\omega t)\right]. \qquad (10.24)$$

Quindi, a causa della presenza del termine evidenziato sulla destra, qualunque siano le condizioni iniziali l'ampiezza delle oscillazioni cresce linearmente con il tempo e si dice che siamo in presenza di un fenomeno di *risonanza*.

10.2.2 Oscillazioni smorzate

È fisicamente e matematicamente interessante anche discutere un sistema nel quale si tenga conto della resistenza del mezzo nel quale avviene il moto del punto. Per questo si suppone usualmente che una forza (di natura viscosa) si opponga al moto con una intensità che è proporzionale alla velocità del punto o al suo quadrato, ma qui ci limiteremo a discutere solo il primo caso.

Si aggiunge quindi alla forza esercitata dalla molla una resistenza viscosa di componente $-h\dot{x}$ e si ottiene l'equazione di moto

$$m\ddot{x} = -h\dot{x} - kx$$

che si trasforma immediatamente in

$$m\ddot{x} + h\dot{x} + kx = 0 \qquad (h > 0, k > 0). \qquad (10.25)$$

Si noti che moltiplicando questa equazione (10.17) per $\dot{x}$, nell'ipotesi che si consideri questa quantità non identicamente nulla, si ottiene, dopo una semplice manipolazione,

$$\frac{d}{dt}\left(\frac{1}{2}m\dot{x}^2 + \frac{1}{2}kx^2\right) = -h\dot{x}^2\,.$$

Nel caso $h = 0$ (che abbiamo discusso nel paragrafo precedente), questa relazione ci dice che la somma dell'energia cinetica e dell'energia potenziale della molla si conserva, e cioè che

$$\frac{1}{2}m\dot{x}^2 + \frac{1}{2}kx^2 = E_0\,,$$

dove E_0 è il valore dell'energia totale del sistema all'istante iniziale. Nel caso in cui sia $h > 0$ questa relazione mostra invece che l'energia meccanica è una funzione monotona decrescente. Durante il moto vi è quindi una dissipazione di energia dovuta alla viscosità, come era da aspettarsi.

Riscriviamo per comodità l'equazione (10.25) nella forma

$$\ddot{x} + 2\gamma\dot{x} + \sigma^2 x = 0\,, \qquad (\gamma = h/2m > 0, \sigma^2 = k/m > 0) \qquad (10.26)$$

(il coefficiente γ è noto come *fattore di smorzamento*, per motivi che appariranno chiari nella discussione seguente). È possibile trovare la soluzione generale dell'equazione differenziale (10.26) utilizzando le tecniche illustrate in §A.5.2 dell'Appendice. L'equazione caratteristica (A.40) prende qui la forma

$$\lambda^2 + 2\gamma\lambda + \sigma^2 = 0\,. \qquad (10.27)$$

Il discriminante è dato da $\gamma^2 - \sigma^2$ e quindi, come si vede con l'aiuto della discussione in §A.5.2, si presentano tre casi, che elenchiamo per valori crescenti della costante elastica k :

(i) $\gamma^2 - \sigma^2 > 0 \Leftrightarrow \gamma > \sigma \Leftrightarrow k < h^2/4m$;
(ii) $\gamma^2 - \sigma^2 = 0 \Leftrightarrow \gamma = \sigma \Leftrightarrow k = h^2/4m$;
(iii) $\gamma^2 - \sigma^2 < 0 \Leftrightarrow \gamma < \sigma \Leftrightarrow k > h^2/4m$;

Discutiamo nell'ordine questi casi:

(i) $\gamma > \sigma$: le radici λ_i della (10.27) sono reali e distinte. Definendo

$$\omega^2 = \gamma^2 - \sigma^2 > 0 \qquad (10.28)$$

abbiamo

$$\lambda_1 = -\gamma - \omega \qquad \lambda_2 = -\gamma + \omega$$

e la soluzione generale dell'equazione (10.26) si scrive come

$$x(t) = \exp(-\gamma t)[c_1 \exp(-\omega t) + c_2 \exp(\omega t)] \qquad (10.29)$$

con c_1 e c_2 che si determinano a partire dalle condizioni iniziali $x_0 = x(0)$, $\dot{x}_0 = \dot{x}(0)$. Si ottiene

$$x_0 = c_1 + c_2 \qquad \dot{x}_0 = -\gamma(c_1 + c_2) + \omega(c_2 - c_1)$$

e perciò

$$c_1 = \frac{x_0}{2} - \frac{\dot{x}_0 + \gamma x_0}{2\omega} \qquad c_2 = \frac{x_0}{2} + \frac{\dot{x}_0 + \gamma x_0}{2\omega}$$

e per sostituzione nella (10.29)

$$x(t) = \exp(-\gamma t)\left[x_0 \cosh(\omega t) + \frac{\dot{x}_0 + \gamma x_0}{\omega} \sinh(\omega t)\right]$$

dove si sono usate le definizioni di coseno e seno iperbolico.

Si osservi che dalla (10.29) si ottiene subito che $\lim_{t \to \infty} x(t) = 0$ (tenendo presente la disuguaglianza $\gamma > \omega$, immediatamente deducibile dalla (10.28)).

(ii) $\gamma = \sigma$: le radici λ_i della (10.27) sono reali e concidenti. La soluzione generale dell'equazione (10.26) è data da

$$x(t) = \exp(-\gamma t)[c_1 + c_2 t].$$

Le condizioni iniziali permettono di determinare le costanti c_1 e c_2, di modo che

$$x(t) = \exp(-\gamma t)[x_0 + (\dot{x}_0 + \gamma x_0)t].$$

Anche qui osserviamo che $\lim_{t \to \infty} x(t) = 0$.

(iii) $\gamma < \sigma$: le radici λ_i della (10.27) sono complesse coniugate. Ponendo $\omega^2 = \sigma^2 - \gamma^2 > 0$ si ottiene

$$\lambda_1 = -\gamma - i\omega \qquad \lambda_2 = -\gamma + i\omega$$

dove naturalmente i indica l'unità immaginaria ($i^2 = -1$). La soluzione generale dell'equazione (10.26) è data da

$$x(t) = \exp(-\gamma t)[c_1 \cos(\omega t) + c_2 \sin(\omega t)] \qquad (10.30)$$

con le costanti c_1 e c_2 determinate dalle condizioni iniziali. Perciò, a conti fatti,

$$x(t) = \exp(-\gamma t)\left[x_0 \cos(\omega t) + \frac{\dot{x}_0 + \gamma x_0}{\omega} \sin(\omega t)\right].$$

Osserviamo nuovamente che $\lim_{t \to \infty} x(t) = 0$.

La derivata della (10.30) è data da

$$\dot{x}(t) = \exp(-\gamma t)[(-\gamma c_1 + \omega c_2)\cos(\omega t) - (\gamma c_2 + \omega c_1)\sin(\omega t)]$$

e, dopo aver posto $T = 2\pi/\omega$, con facili calcoli si mostra che in questo caso

$$x(t + T) = \exp(-\gamma T)x(t), \qquad \dot{x}(t + T) = \exp(-\gamma T)\dot{x}(t).$$

La funzione (10.30) non è perciò periodica ma assume massimi e minimi ad intervalli di tempo uguali a T.
Inoltre

$$\dot{x}(t) = 0 \iff \tan(\omega t) = \frac{\omega c_2 - \gamma c_1}{\gamma c_2 + \omega c_1}$$

e quindi i valori del tempo nei quali la derivata si annulla distano perciò fra loro per $T/2$.
La quantità $\mu = \gamma T/2$ è nota come *decremento logaritmico* poiché se si indica con $x^{(0)}, x^{(1)}, \ldots, x^{(n)}$ la successione dei valori assoluti delle ordinate massime e minime si ha $x^{(n)} = x^{(0)}\exp(-n\mu)$.

Come abbiamo osservato nella precedente discussione, in ogni caso e per ogni valore delle condizioni iniziali si ha uno *smorzamento* del moto, causato in sostanza dalla presenza del termine $\exp(-\gamma t)$ che compare in tutte le soluzioni, e che motiva il nome di *coefficiente di smorzamento* dato alla quantità $\gamma = h/2m$.

10.2.3 Oscillazioni smorzate e forzate

In analogia con quanto fatto in §10.2.1, aggiungiamo l'espressione di una forzante sinusoidale all'equazione (10.26) e otteniamo

$$\ddot{x} + 2\gamma\dot{x} + \sigma^2 x = \Gamma\cos(\nu t). \tag{10.31}$$

Come sappiamo dalla teoria delle equazioni differenziali lineari, dobbiamo aggiungere una soluzione particolare della (10.31) all'integrale generale dell'omogenea associata (10.26), che già abbiamo discusso nei sui diversi casi in §10.2.2.
Un metodo comune per dedurre una soluzione particolare della (10.31) si basa sull'utilizzo dell'analisi complessa. Introduciamo una funzione incognita a valori complessi $\xi(t)$ e riscriviamo la (10.31) nella forma

$$\ddot{\xi} + 2\gamma\dot{\xi} + \sigma^2\xi = \Gamma\exp(i\nu t), \tag{10.32}$$

in modo che la forzante presente nella (10.31) coincida con la parte reale di quella che troviamo al secondo membro della (10.32) (si ricordi l'identità $\exp(i\phi) = \cos\phi + i\sin\phi$).

Consideriamo una possibile soluzione dalla forma

$$\xi(t) = A \exp(i\nu t) \tag{10.33}$$

e calcoliamo

$$\dot{\xi} = Ai\nu \exp(i\nu t) \qquad \ddot{\xi} = -A\nu^2 \exp(i\nu t)$$

di modo che, per sostituzione nella (10.32), si deduce che deve essere

$$A = \frac{\Gamma}{\sigma^2 - \nu^2 + 2i\gamma\nu} . \tag{10.34}$$

Utilizzeremo ora l'uguaglianza (valida per ogni numero complesso $\alpha + i\beta$)

$$\frac{1}{\alpha + i\beta} = \frac{\alpha - i\beta}{\alpha^2 + \beta^2} = \frac{1}{\sqrt{\alpha^2 + \beta^2}} \underbrace{\frac{\alpha - i\beta}{\sqrt{\alpha^2 + \beta^2}}} = \frac{1}{\sqrt{\alpha^2 + \beta^2}} \exp(-i\delta) \tag{10.35}$$

dove si è sfruttato il fatto che il termine evidenziato ha modulo unitario, ed è perciò uguale a $\exp(-i\delta)$, per

$$\cos\delta = \frac{\alpha}{\sqrt{\alpha^2 + \beta^2}} , \qquad \sin\delta = \frac{\beta}{\sqrt{\alpha^2 + \beta^2}} , \qquad \tan\delta = \frac{\beta}{\alpha} . \tag{10.36}$$

Ponendo nella (10.34) $\alpha = \sigma^2 - \nu^2$ e $\beta = 2\gamma\nu$, alla luce della (10.35) e delle (10.36) si deduce per sostituzione che

$$A = \frac{\Gamma}{\sqrt{(\sigma^2 - \nu^2)^2 + 4\gamma^2\nu^2}} \exp(-i\delta) \tag{10.37}$$

con δ definito dalle relazioni

$$\cos\delta = \frac{\sigma^2 - \nu^2}{\sqrt{(\sigma^2 - \nu^2)^2 + 4\gamma^2\nu^2}} , \qquad \sin\delta = \frac{2\gamma\nu}{\sqrt{(\sigma^2 - \nu^2)^2 + 4\gamma^2\nu^2}} ,$$

e quindi

$$\tan\delta = \frac{2\gamma\nu}{\sigma^2 - \nu^2} .$$

In definitiva, in vista della (10.37) la soluzione particolare (10.33) può essere riscritta nella forma

$$\xi(t) = r \exp[i(\nu t - \delta)] \tag{10.38}$$

con

$$r = \frac{\Gamma}{\sqrt{(\sigma^2 - \nu^2)^2 + 4\gamma^2\nu^2}}\,, \qquad \tan\delta = \frac{2\gamma\nu}{\sigma^2 - \nu^2}\,. \qquad (10.39)$$

La parte reale della (10.38) fornisce quindi un integrale particolare reale della (10.31):

$$\tilde{x}(t) = r\cos(\nu t - \delta) \qquad (10.40)$$

con r e δ assegnati per mezzo delle (10.39).

Osservazione 10.4 L'ampiezza dell'oscillazione della soluzione particolare (10.40) è sempre finita, poiché il rapporto che definisce r nella (10.39) ha un denominatore che non si annulla mai, tenuto conto delle restrizioni imposte a priori alle costanti del problema. In questo senso la situazione è significativamente diversa da quella che si è presentata in §10.2.1 e in particolare in coincidenza con la soluzione (10.22), dove si è dovuto supporre $\nu \neq \omega$, rendendo in quel caso necessario utilizzare la soluzione particolare (10.24) che esibisce oscillazioni crescenti nel tempo. È questa una naturale conseguenza dell'introduzione nel modello di una forza di smorzamento viscoso. $\square$

10.3 Studio qualitativo del moto

Svilupperemo in questo paragrafo la *Teoria di Weierstrass*, un'analisi qualitativa che consente di ricavare dall'integrale primo (10.13) numerose informazioni riguardanti il moto del punto materiale. Questa teoria, che applicheremo al caso di punto materiale vincolato a scorrere su una guida, ha comunque validità più generale. Si dimostra infatti che considerazioni del tutto analoghe servono a studiare il moto di qualunque sistema olonomo con un grado di libertà, sottoposto a vincoli bilateri, ideali e fissi, su cui agiscano forze attive posizionali. Infine, nei prossimi paragrafi evidenzieremo come alcune delle conclusioni che seguono si possano applicare anche al moto di punti materiali con due o più gradi di libertà.

Consideriamo quindi il moto di un punto materiale P di massa m, vincolato a muoversi su una guida liscia e fissa, con coordinata libera s, sottoposto a forze attive posizionali che ammettano l'integrale primo (10.13), che riscriviamo

$$T - U = \frac{1}{2}m\dot{s}^2 - U(s) \equiv \text{costante} = E\,, \qquad (10.41)$$

dove T indica l'energia cinetica e U una primitiva della funzione $F_t(s)$. Insistiamo ancora sul fatto che la (10.41) non implica che la forza attiva $\mathbf{F}$ sia conservativa, né che U sia un loro potenziale. Per ricavare l'integrale primo (10.41) è determinante la presenza del vincolo. Questo infatti abbassa a 1 il numero di gradi di libertà, e consente così di applicare la proprietà che afferma che in sistemi mono-dimensionali le forze conservative coincidono con le forze posizionali.

Barriere

Esplicitando la (10.41) in funzione della velocità è semplice ottenere

$$\dot{s}^2 = \frac{2}{m}\big(E + U(s)\big). \tag{10.42}$$

Ricordiamo che E è una costante che può essere calcolata a partire dai dati iniziali:

$$E = \frac{1}{2}m\dot{s}(t_0)^2 - U\big(s(t_0)\big). \tag{10.43}$$

In particolare, la (10.43) mostra che l'energia è sempre almeno pari all'opposto del valore iniziale di U: $E \geq -U\big(s(t_0)\big)$. Tornando alla (10.42), questa dimostra che $\dot{s}$ può annullarsi, e quindi il punto può momentaneamente arrestarsi, solo in corrispondenza di quelle posizioni $\tilde{s}$ che annullino il numeratore a membro destro

$$\dot{s} = 0 \quad \Longleftrightarrow \quad s = \tilde{s}, \quad \text{con} \quad E + U(\tilde{s}) = 0. \tag{10.44}$$

Le posizioni $s = \tilde{s}$ che soddisfano la (10.44) rappresentano delle *barriere* per il movimento di P, che deve (e può) fermarsi solo in esse. Mostreremo inoltre di seguito come sia impossibile in ogni caso per P *attraversare* una barriera.

Moti periodici, limitati e illimitati

Consideriamo un moto limitato da due barriere $\tilde{s}_1 < \tilde{s}_2$, tali che

$$\tilde{s}_1 \leq s(t_0) \leq \tilde{s}_2, \quad \text{con} \quad E + U(\tilde{s}_1) = E + U(\tilde{s}_2) = 0.$$

Posto $\tilde{U} = U(\tilde{s}_1) = U(\tilde{s}_2) = -E$, supponiamo inoltre che

$$U(s) > \tilde{U} \qquad \text{per ogni} \quad \tilde{s}_1 < s < \tilde{s}_2, \tag{10.45}$$

in modo da escludere la presenza di ulteriori barriere intermedie. In tale situazione, ci aspettiamo che il punto proceda *rimbalzando* da una barriera all'altra, dando luogo a un moto periodico. Dimostreremo ora che questo avviene sempre che le barriere non coincidano con punti stazionari del potenziale.

L'equazione (10.42) fornisce il valore della velocità in ogni configurazione s:

$$\dot{s} = \frac{ds}{dt} = \sqrt{\frac{2\big(U(s) - \tilde{U}\big)}{m}}. \tag{10.46}$$

La (10.46) è un'equazione differenziale del prim'ordine a variabili separabili (vedi §A.5.1). Essa può quindi essere integrata per ricavare il tempo t_{12} necessario per andare da una barriera all'altra

$$t_{12} = \sqrt{\frac{m}{2}} \int_{\tilde{s}_1}^{\tilde{s}_2} \frac{ds}{\sqrt{U(s) - \tilde{U}}}. \tag{10.47}$$

L'integrale (10.47) è improprio, visto che l'integrando diverge nei due estremi. Di conseguenza, il tempo necessario per raggiungere una barriera può essere finito o infinito. Analizziamo in dettaglio la convergenza di (10.47) nel primo estremo di integrazione. I risultati così ottenuti saranno poi semplici da generalizzare al secondo estremo. Uno sviluppo di Taylor di U vicino al punto $s = \tilde{s}_1$ fornisce

$$U(s) = \tilde{U} + \frac{1}{n!}\, U^{(n)}(\tilde{s}_1)\,\big(s - \tilde{s}_1\big)^n + o\big((s - \tilde{s}_1)^n\big),$$

dove $n \geq 1$ è l'ordine della prima derivata non nulla U nel punto considerato. Osserviamo che la (10.45) implica $U^{(n)}(\tilde{s}_1) > 0$, al fine di garantire che $U(s) > \tilde{U}$ quando $s > \tilde{s}_1$. In un intorno di $\tilde{s}_1$ vale quindi l'approssimazione

$$\frac{1}{\sqrt{U(s) - \tilde{U}}} = \sqrt{\frac{n!}{U^{(n)}(\tilde{s}_1)}}\, \frac{1}{(s - \tilde{s}_1)^{n/2}}\,\big(1 + O(s - \tilde{s}_1)\big).$$

Di conseguenza, l'integrale t_{12} converge vicino a $\tilde{s}_1$ se $n = 1$, vale a dire se $U'(\tilde{s}_1) \neq 0$. Se invece $\tilde{s}_1$ risulta essere un punto stazionario per U, l'integrale t_{12} diverge qualunque sia il valore di $n \geq 2$.

Quando P si avvicina a una barriera $\tilde{s}$, si possono quindi presentare due casi.

- La barriera $\tilde{s}$ non è un punto stazionario di U: $U'(\tilde{s}) \neq 0$. Il punto P la raggiunge in un tempo finito dopodiché:
  - Non può oltrepassare la barriera. Infatti, essendo $U'(\tilde{s}) \neq 0$, la funzione $U(s) - U(\tilde{s})$ da positiva diventerebbe negativa, e ciò è vietato, per esempio, dalla (10.46).
  - Non può fermarsi nella barriera stessa, in quanto abbiamo già osservato che le soluzioni di equilibrio devono necessariamente coincidere con punti stazionari di U.
  - Non avendo altra alternativa, il punto è obbligato a *rimbalzare* sulla barriera, tornando sui suoi passi. Per questa ragione una barriera che non sia punto stazionario di U viene chiamata *punto di inversione*.

- La barriera $\tilde{s}$ è punto stazionario di U. In questo caso P la raggiunge in un tempo infinito. In pratica esso rimane intrappolato vicino alla barriera, cui tende con velocità decrescente. Per questo motivo, una barriera che sia anche punto stazionario di U viene chiamata *meta asintotica*.

Riassumendo le precedenti informazioni, possiamo infine stabilire le condizioni che determinano se e quando un moto è limitato (periodico o meno) o illimitato.

- Un moto senza barriere sarà sicuramente illimitato.
- Supponiamo che esista una sola barriera $\tilde{s}_1$.
  Se P inizialmente si sta allontanando da essa, il moto sarà certamente illimitato. Se, al contrario, il punto inizialmente è diretto verso la barriera, il moto sarà limitato se $U'(\tilde{s}_1) = 0$ e P rimane intrappolato nella meta asintotica. Altrimenti, se $U'(\tilde{s}_1) \neq 0$, il punto rimbalza nel punto di inversione e si allontana indefinitamente.

Infine, se il punto era inizialmente in quiete in $\tilde{s}_1$ può sia rimanere in equilibrio se $U'(\tilde{s}_1) = 0$, che iniziare un moto illimitato se $U'(\tilde{s}_1) \neq 0$.

- Un moto limitato da due barriere, una a ogni lato della posizione iniziale, sarà sicuramente limitato. Inoltre, se entrambe le barriere risultano essere punti di inversione, il moto è periodico, nel qual caso il periodo coincide con il doppio del tempo t_{12}, calcolato in (10.47).

La Fig. 10.4 mostra diversi moti svolti sotto l'effetto della stessa funzione $U(s)$. I diagrammi di sinistra (a),(c),(e) mostrano come sia possibile determinare le barriere cercando le soluzioni dell'equazione $E + U(s) = 0$, vale a dire intersecando il grafico di $-U(s)$ con rette orizzontali tracciate a quota E. Una volta individuate le barriere, è sufficiente valutare il valore in esse della derivata di U per stabilire il loro carattere di punti di inversione o di mete asintotiche. I grafici di destra illustrano i moti susseguenti. I diversi casi sono ottenuti a parità di posizione iniziale, ma con valori via via crescenti della velocità iniziale.

Nel primo caso (Fig. 10.4a) l'energia non è sufficiente per evitare la presenza di due punti di inversione. Il moto susseguente è periodico, come illustra la Fig. 10.4b. Il secondo moto (illustrato in Fig. 10.4c) si svolge con un'energia maggiore. In

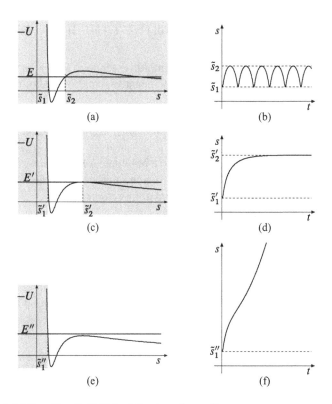

Figura 10.4 Moti svolti sotto l'effetto della stessa forza attiva

questo caso esistono un punto di inversione e una meta asintotica. Il moto non è periodico, ma rimane limitato (vedi Fig. 10.4d). Nell'ultimo caso (Fig. 10.4e), l'energia è tale da escludere la presenza di barriere a destra del dato iniziale. Il moto susseguente (Fig. 10.4f) è illimitato. Ricordiamo che, a parità di posizione iniziale, l'energia aumenta al crescere del modulo della velocità iniziale.

10.4 Moto sotto forze centrali

Abbiamo definito in (7.13) le forze centrali il cui modulo dipende solo dalla distanza. Ricordiamo che una forza posizionale $\mathbf{F}$ si dice *centrale* se esiste un punto fisso O, detto *centro* della forza, tale che

$$OP \wedge \mathbf{F}(P) = \mathbf{0} \qquad \text{per ogni } P. \tag{10.48}$$

Tra le forze centrali sono particolarmente interessanti quelle la cui intensità dipende solo dalla distanza dal centro:

$$\mathbf{F}(P) = \Psi(r)\,\mathbf{u}, \qquad \text{dove} \quad r = |OP| \quad \text{e} \quad \mathbf{u} = \frac{1}{r}\,OP. \tag{10.49}$$

Osserviamo che la funzione scalare $\Psi(r)$ può essere sia positiva che negativa, in quanto la forza centrale può essere rispettivamente repulsiva o attrattiva. Abbiamo anche ricavato in (7.14) che le forze centrali sono conservative, e che una qualunque primitiva di Ψ fornisce un potenziale:

$$U(r) = \int^{r} \Psi(\rho)d\rho + \text{cost} \quad \Longrightarrow \quad \nabla U = \Psi(r)\,\mathbf{u}. \tag{10.50}$$

Sottolineiamo che l'ipotesi che Ψ dipenda solamente da r è fondamentale per ottenere un campo di forze conservativo. Infatti, se consideriamo per esempio una forza centrale piana dipendente anche dall'angolo polare $\mathbf{G}(P) = \Psi(r, \theta)\,\mathbf{u}$, otteniamo

$$\text{rot}\,\mathbf{G} = -\frac{1}{r}\,\frac{\partial \Psi}{\partial \theta}\,\mathbf{k},$$

dove $\mathbf{k}$ è il versore ortogonale al piano della forza. Condizione necessaria affinché un campo di forze ammetta potenziale è che il suo rotore sia nullo. Quindi, un campo di forze centrali la cui intensità dipenda dall'orientazione non è conservativo.

Planarità
Dalla definizione (10.48) di moto centrale segue che il prodotto vettoriale tra OP e $\mathbf{a} = \mathbf{F}/m$ è nullo. Quindi

$$\mathbf{0} = OP \wedge \mathbf{a} = OP \wedge \frac{d\mathbf{v}}{dt} = \frac{d}{dt}(OP \wedge \mathbf{v}) - \mathbf{v} \wedge \mathbf{v} = \frac{d}{dt}(OP \wedge \mathbf{v}).$$

Figura 10.5 Coordinate
polari e area spazzata nel
piano del moto

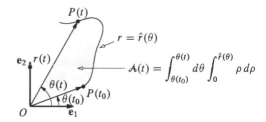

$$A(t) = \int_{\theta(t_0)}^{\theta(t)} d\theta \int_0^{\hat{r}(\theta)} \rho \, d\rho$$

Abbiamo così dimostrato che il vettore

$$\mathbf{c} = OP \wedge \mathbf{v} \tag{10.51}$$

rimane costante nel tempo.

Se tale vettore è nullo, il vettore posizione è sempre parallelo alla velocità, ed il moto si svolge lungo una retta passante per O.

Se invece $\mathbf{c} \neq \mathbf{0}$, il moto è confinato al piano passante per O ed ortogonale a $\mathbf{c}$, poiché tale piano contiene tutti i punti P tali che OP è ortogonale a $\mathbf{c}$, come richiesto dal prodotto vettoriale (10.51).

Costante delle aree

Una volta dimostrato che il moto si svolge in un piano, risulta conveniente riferire il moto alle coordinate polari (r, θ), definite rispetto al centro del moto e illustrate in Fig. 10.5. Introduciamo quindi i versori polari $\mathbf{e}_r, \mathbf{e}_\theta$ definiti in (1.6), e ricordiamo le espressioni di velocità e accelerazione in coordinate polari, equazioni (1.7):

$$\mathbf{v} = \dot{r}\,\mathbf{e}_r + r\dot{\theta}\,\mathbf{e}_\theta, \qquad \mathbf{a} = \left(\ddot{r} - r\dot{\theta}^2\right)\mathbf{e}_r + \left(r\ddot{\theta} + 2\dot{r}\dot{\theta}\right)\mathbf{e}_\theta. \tag{10.52}$$

Dalla $(10.52)_1$ segue $\mathbf{c} = OP \wedge \mathbf{v} = r^2\dot{\theta}\,\mathbf{k}$. La costanza del vettore $\mathbf{c}$ consente quindi di ricavare l'integrale primo

$$c = r^2(t)\,\dot{\theta}(t) = \text{costante}. \tag{10.53}$$

Lo scalare c viene chiamato *costante delle aree*, per un motivo che sarà chiarito successivamente. Un moto centrale si dice *degenere* se $c = 0$, e *non degenere* se $c \neq 0$. Come osservato in precedenza, e come confermato dalla (10.53), le orbite dei moti degeneri sono rettilinee, in quanto lungo esse deve essere $\theta = \text{costante}$. Le orbite dei moti centrali non degeneri, invece, non solo sono piane, ma hanno l'ulteriore proprietà che lungo esse la derivata temporale $\dot{\theta}$ non può cambiare segno. Ciò implica che il verso orario o antiorario della rotazione di un punto attorno al centro del moto non può cambiare durante un moto centrale.

Conservazione della velocità areolare

Consideriamo nel piano del moto la curva descritta dall'orbita del punto, e sia $A(t)$ l'area spazzata dal vettore posizione da un istante iniziale t_0 all'istante t (vedi la

Fig. 10.5). Utilizzando ancora le coordinate polari, possiamo definire la funzione $\hat{r}(\theta)$, che fornisce, per ogni valore di θ, il valore della distanza di P da O.[2] L'area $\mathcal{A}(t)$ si può così esprimere semplicemente in coordinate polari come

$$\mathcal{A}(t) = \int_{\theta(t_0)}^{\theta(t)} d\theta \int_{0}^{\hat{r}(\theta)} \rho \, d\rho = \frac{1}{2} \int_{\theta(t_0)}^{\theta(t)} \hat{r}^2(\theta) \, d\theta,$$

che implica

$$\dot{\mathcal{A}} = \frac{d\mathcal{A}}{dt} = \frac{1}{2} r^2 \dot{\theta} = \frac{c}{2} = \text{costante.} \tag{10.54}$$

La quantità conservata $\dot{\mathcal{A}}$ viene chiamata *velocità areolare*, e la (10.54) giustifica che c riceva il nome di *costante delle aree*.

Formula di Binet

Analizziamo più in dettaglio la $(10.52)_2$. Per definizione, durante un moto centrale l'accelerazione tangenziale deve essere nulla. Infatti,

$$a_\theta = \mathbf{a} \cdot \mathbf{e}_\theta = r\ddot{\theta} + 2\dot{r}\dot{\theta} = \frac{1}{r}\frac{d}{dt}\left(r^2\dot{\theta}\right) = \frac{\dot{c}}{r} = 0. \tag{10.55}$$

La (10.55) dimostra anche che la costanza di c non è solo condizione necessaria, ma è anche sufficiente per garantire che un moto piano sia centrale.

Per quanto riguarda l'accelerazione radiale, considerando la (10.53) abbiamo

$$a_r = \mathbf{a} \cdot \mathbf{e}_r = \ddot{r} - r\dot{\theta}^2 = \frac{d}{dt}\left(\frac{dr}{d\theta}\dot{\theta}\right) - r\dot{\theta}^2 = \frac{d}{d\theta}\left(\frac{dr}{d\theta}\frac{c}{r^2}\right)\dot{\theta} - r\frac{c^2}{r^4}$$

$$= -\frac{c^2}{r^2}\frac{d^2}{d\theta^2}\left(\frac{1}{r}\right) - \frac{c^2}{r^3} = -\frac{c^2}{r^2}\left[\frac{d^2}{d\theta^2}\left(\frac{1}{r}\right) + \frac{1}{r}\right]. \tag{10.56}$$

La (10.56) è nota come *Formula di Binet*. Essa consente di dedurre il valore dell'accelerazione radiale (e, di conseguenza, il valore della componente radiale della forza applicata) una volta nota l'equazione $r = \hat{r}(\theta)$ dell'orbita descritta dal punto in movimento. Per conoscere a_r è sufficiente quindi conoscere i punti attraverso i quali transita P, senza dover necessariamente conoscere *quando* P è transitato da ciascuno di essi.

Potenziale efficace

Consideriamo il moto di un punto materiale P di massa m, sottoposto unicamente a un campo di forze radiali (10.49), di potenziale (10.50). Chiaramente, la legge fondamentale della dinamica del punto materiale implica che il suo moto sarà centrale.

---

[2] Con maggior rigore matematico, dobbiamo prima osservare che la funzione $\theta(t)$ è invertibile in quanto monotona (infatti la sua derivata $\dot{\theta}$ non cambia mai segno). Detta $\hat{t}(\theta)$ la sua funzione inversa, definiamo: $\hat{r}(\theta) = r(\hat{t}(\theta))$.

In particolare, si conservano sia l'energia meccanica che la costante delle aree. In termini delle coordinate polari definite nel piano dell'orbita, tali integrali primi si esprimono come

$$E = \frac{1}{2}mv^2 - U(r) = \frac{1}{2}m(\dot{r}^2 + r^2\dot{\theta}^2) - U(r) = \frac{1}{2}m\dot{r}^2 - U_{\text{eff}}(r)\,, \qquad (10.57)$$

$$c = r^2\dot{\theta}\,, \qquad (10.58)$$

dove è stato introdotto il *potenziale efficace*

$$U_{\text{eff}}(r) = U(r) - \frac{mc^2}{2r^2}\,. \qquad (10.59)$$

Nonostante P sia un punto libero, dotato quindi di tre gradi di libertà, il moto centrale consente di ricavare l'integrale primo (10.57), formalmente identico alla legge di conservazione (10.41) dalla quale scaturisce tutta l'analisi qualitativa dei moti con un grado di libertà. La distanza r gioca in questo caso il ruolo di "unico" grado di libertà, ma nell'interpretazione dei risultati dell'analisi qualitativa dovremo stare attenti a non dimenticare la presenza della coordinata libera θ, la cui evoluzione si può comunque controllare attraverso la (10.58).

Osserviamo che il potenziale efficace (10.59) dipende dalle condizioni iniziali attraverso la costante delle aree c. Di conseguenza, per ottenere informazioni qualitative riguardo un'orbita centrale non basta conoscere i dati iniziali riguardanti la coordinata radiale ($r(t_0)$ e $\dot{r}(t_0)$), ma bisogna conoscere anche la velocità tangenziale, dalla quale si può ricavare il valore di $\dot{\theta}(t_0)$.

Elenchiamo di seguito come i risultati dell'analisi qualitativa sviluppata in §10.3 vadano interpretati nel caso di moto centrale.

- *Cerchi apsidali, cerchi limite.* Scriviamo la (10.57) come

$$\dot{r}^2 = \frac{2}{m}\big(E + U_{\text{eff}}(r)\big).$$

Evidentemente, $\dot{r}$ si annulla a quelle distanze $\tilde{r}$ tali che

$$E + U_{\text{eff}}(\tilde{r}) = 0\,. \qquad (10.60)$$

Fissare il valore della distanza da O non significa però fissare la posizione di P, in quanto esiste tutto un cerchio di posizioni che corrisponde a tale distanza.

L'equivalente dei punti di inversione visti nel §10.3 sono dei cerchi nei quali la velocità radiale si annulla, e il vettore velocità è parallelo a $\mathbf{e}_\theta$. Inoltre, $\dot{r}$ cambia segno quando r passa da $\tilde{r}$. In corrispondenza dei valori della distanza che soddisfano la (10.60), quindi, l'orbita è tangente al cerchio di raggio $\tilde{r}$ ed il punto inverte la sua tendenza di approssimarsi o allontanarsi dal centro di forze. Il cerchio toccato dall'orbita riceve il nome di *cerchio apsidale*, ed il punto di tangenza si chiama *apside* dell'orbita.

Se invece il valore della distanza che soddisfa (10.60) risulta essere anche un punto stazionario di U_{eff}, otteniamo il corrispondente di una meta asintotica. Esso risulta essere un cerchio, detto *cerchio limite*, verso il quale l'orbita tende, senza mai arrivare a incrociarlo.

- *Orbite limitate e illimitate.* Tenuto conto che la coordinata radiale non può mai diventare negativa ($r \geq 0$), l'analisi della limitatezza o meno di un'orbita centrale riguarda fondamentalmente la ricerca della presenza di un cerchio apsidale esterno che racchiuda l'orbita del punto.

- *Orbite periodiche.* Sottolineiamo infine che neanche la presenza di due cerchi apsidali, uno interno e uno esterno, garantisce la periodicità dell'orbita. Infatti, in un moto centrale limitato da due cerchi apsidali, la coordinata radiale oscillerà tra due valori limite. Non è detto però che la coordinata angolare recuperi il suo valore iniziale (modulo rotazioni complete di 2π) quando la coordinata radiale ripassa dal suo valore iniziale.

10.5 Leggi di Keplero. Legge di gravitazione universale

A cavallo dei secoli XVI e XVII, il matematico e astronomo tedesco Johannes Kepler (Weil, Württemberg 1571–Regensburg (Ratisbona) 1630), il cui nome latinizzato è Giovanni Keplero, raccolse una notevole mole di dati astronomici riguardanti le posizioni relative dei pianeti del sistema solare. Trasferitosi a Praga nel 1600, dove diventò astronomo di corte dell'Imperatore Rodolfo II, pubblicò nel 1609 l'importante trattato *Astronomia Nova*, dove enunciò le prime due delle tre Leggi che discuteremo in seguito. Nel 1619 pubblicò l'opera *Harmonices Mundi*, dove presentò la sua terza Legge del moto planetario. In questo paragrafo analizzeremo come da queste leggi, di provenienza puramente cinematica in quanto basate sullo studio della forma delle orbite dei pianeti nel loro moto intorno al Sole, si possa già dedurre l'espressione analitica della Legge di Gravitazione Universale, formalizzata da Newton solo nel 1687. L'analisi e la presentazione dei dati sperimentalmente raccolti, così come la sua capacità di descriverli attraverso tre semplici Leggi fanno di Keplero il fondatore della Meccanica Celeste.

Le ormai ben note Leggi di Keplero sono le seguenti.

(i) *I pianeti si muovono in orbite ellittiche di cui il Sole occupa uno dei due fuochi.*

(ii) *Il raggio vettore che congiunge ogni pianeta al Sole descrive aree uguali in tempi uguali.*

(iii) *Il quadrato del tempo impiegato da ogni pianeta a percorrere la sua orbita (periodo di rivoluzione) è proporzionale al cubo del semiasse maggiore della rispettiva ellisse.*

Le prime due Leggi consentono di dimostrare che il moto dei pianeti attorno al Sole è centrale. Infatti, la prima implica in particolare che il moto è piano, mentre la seconda impone semplicemente la costanza della velocità areolare.

Ritornando alla prima Legge, essa, fornendo esplicitamente la forma dell'orbita dei pianeti, consente in realtà di conoscere l'espressione esatta dell'accelerazione radiale, grazie alla Formula di Binet (10.56). Infatti, è possibile dimostrare ed è noto dalla Geometria che l'espressione in coordinate polari di una ellisse, riferita ad uno dei suoi fuochi e di semiassi $a > b$ è data da

$$\hat{r}(\theta) = \frac{p}{1 + e \cos \theta} , \qquad (10.61)$$

dove

$$p = \frac{b^2}{a} \qquad e \qquad e = \sqrt{1 - \frac{b^2}{a^2}} \qquad (10.62)$$

sono rispettivamente il parametro e l'eccentricità dell'ellisse. Sostituendo la (10.61) nella (10.56) otteniamo

$$a_r = -\frac{c^2}{r^2} \left[\frac{d^2}{d\theta^2} \left(\frac{1}{r} \right) + \frac{1}{r} \right] = -\frac{c^2}{p \, r^2} . \qquad (10.63)$$

Grazie alla conservazione della velocità areolare, la costante delle aree si può esprimere in funzione del periodo e dei semiassi dell'orbita:

$$c = 2\dot{A} = 2 \frac{\mathcal{A}_{\text{TOT}}}{T} = 2 \frac{\pi a b}{T} . \qquad (10.64)$$

Inserendo in (10.63) la (10.64) e la prima delle (10.62), otteniamo

$$a_r = -4\pi^2 \left(\frac{a^3}{T^2} \right) \frac{1}{r^2} .$$

La terza Legge, postulando la proporzionalità tra T^2 e a^3, permette quindi di esprimere l'accelerazione radiale come

$$a_r = -\frac{K}{r^2} , \qquad (10.65)$$

con K indipendente dal singolo pianeta considerato. Indicando con O la posizione del Sole e con P quella di uno qualunque dei suoi pianeti, di massa m, la forza che il Sole esercita sul pianeta è quindi

$$\mathbf{F} = -\frac{K \, m}{r^2} \mathbf{u} , \qquad \text{con} \quad \mathbf{u} = \frac{1}{r} \, OP .$$

Le osservazioni di Keplero si fermano a questo livello. Esse descrivono la forza attrattiva che il Sole esercita su ogni pianeta, ma non cercano di generalizzare l'interazione a ogni coppia di corpi.

Partendo dalle Leggi di Keplero e utilizzando il Principio di azione e reazione §8.1.3, Newton arrivò alla formulazione della Legge di gravitazione universale.

- Ammesso che tutti i pianeti siano attratti dal Sole con intensità $F_{PS} = K\,m/r^2$, dove m è la massa del pianeta e r la sua distanza dal Sole, il primo passo consiste nell'osservare che, a sua volta, ogni singolo pianeta attrarrà tutti i satelliti e corpi che orbitano attorno ad esso con legge

$$F' = \frac{k\,m'}{r'^2}, \qquad (10.66)$$

dove ora m' indica la massa del satellite, r' la sua distanza dal pianeta, e k è una costante che può a priori dipendere dal pianeta scelto.

- La seconda osservazione fondamentale segue dal Principio di Azione e Reazione. Secondo esso, ogni singolo pianeta non si limiterà ad attrarre i satelliti che gli orbitano attorno, ma risponderà all'attrazione del Sole con una forza di pari intensità (e verso opposto). Detta M la massa del Sole, ed indicando nuovamente con r la distanza Sole-pianeta, la (10.66) prevede per tale forza l'espressione

$$F_{SP} = \frac{k\,M}{r^2}.$$

La richiesta $F_{SP} = F_{PS}$ implica quindi $K\,m = k\,M$, che equivale a richiedere

$$\frac{K}{M} = \frac{k}{m} = h.$$

La costante h, a questo punto non dipende né dal corpo attratto né dal corpo attraente. Essa riceve il nome di *Costante di gravitazione universale*, ed il suo valore numerico approssimato è

$$h = 6.672 \times 10^{-11} \mathrm{N\,m^2\,kg^{-2}} = 6.672 \times 10^{-8} \mathrm{cm^3\,g^{-1}\,s^{-2}}.$$

Osserviamo che il valore sperimentale di h è molto piccolo. Per fare un esempio, l'intensità della forza di gravità che si esplica tra due elettroni è di circa 10^{43} volte inferiore all'intensità delle forze elettrostatiche in gioco. Ciò spiega come mai in quasi tutte le applicazioni tecniche si trascuri la forza di gravitazione tra i corpi in moto, ovviamente senza trascurare l'attrazione gravitazionale originata dalla Terra.

- Passaggio finale eseguito da Newton fu quello di capire che non solo pianeti e satelliti, ma che ogni coppia di punti P_1, P_2, di masse m_1, m_2, si attraggono con la stessa Legge di Gravitazione Universale

$$\mathbf{F}_{12} = -\mathbf{F}_{21} = -\frac{h m_1 m_2}{r_{12}^2}\,\frac{P_2 P_1}{r_{12}}, \quad \text{dove } r_{12} = |P_1 P_2|.$$

Capitolo 11
Dinamica dei sistemi

Questo capitolo è dedicato alla deduzione delle equazioni che forniscono informazioni globali sul comportamento dinamico dei sistemi meccanici. A partire dal sistema fondamentale della dinamica dei sistemi materiali (8.7), dedotto nel Cap. 8, ricaveremo sistemi di relazioni che sono necessariamente soddisfatte da *ogni* moto di *qualsiasi sistema materiale*. In particolare, i prossimi paragrafi saranno dedicati alla deduzione di:

- prima e seconda equazione cardinale della dinamica;
- teorema dell'energia cinetica e del lavoro.

Più avanti sarà introdotto l'importante concetto di *integrale del moto* e vedremo sotto quali condizioni sussiste la *conservazione dell'energia meccanica*.

11.1 Equazioni cardinali della dinamica

Abbiamo visto nei paragrafi §9.4–9.5 che le equazioni cardinali della statica sono strumenti utilissimi per studiare l'equilibrio di sistemi di punti materiali e corpi rigidi. Ricordiamo che un insieme di forze agenti su un sistema soddisfa le equazioni cardinali della statica se è equilibrato, vale a dire se i suoi vettori caratteristici (risultante e momento risultante) sono nulli. Inoltre, e dato che le forze interne sono sempre equilibrate, le equazioni cardinali della statica sono soddisfatte se e solo se le forze esterne sono equilibrate. Tali equazioni sono condizioni necessarie e sufficienti per l'equilibrio di un singolo corpo rigido.

Analizzeremo ora quali informazioni si possano ricavare in dinamica da risultante e momento risultante delle forze esterne. Ovviamente in generale tale sistema non sarà equilibrato, e anzi vedremo come i suoi vettori caratteristici forniscano numerose informazioni sul moto del sistema. Anche in dinamica dimostreremo infine che le due equazioni cardinali della dinamica sono un insieme di condizioni necessarie e sufficienti per determinare il moto di un singolo corpo rigido.

Teorema 11.1 (Prima equazione cardinale della dinamica) *Sia* $\mathbf{R}^{(e)}$ *il risultante delle forze esterne, attive e reattive, agenti su un sistema generico, del quale sia* $\mathbf{Q}$ *la quantità di moto. Allora si ha*

$$\mathbf{R}^{(e)} = \dot{\mathbf{Q}}.\tag{11.1}$$

Dimostrazione Consideriamo l'equazione fondamentale della dinamica di ogni punto, separando le forze agenti su di esso in interne ed esterne, come in (8.7):

$$\mathbf{F}_i^{(i)} + \mathbf{F}_i^{(e)} = m_i\mathbf{a}_i.\tag{11.2}$$

La prima equazione cardinale della dinamica si ottiene semplicemente sommando le equazioni del moto di tutti i punti del sistema e tenendo conto del fatto che, come dimostrato nel Teorema 8.5, il risultante delle forze interne è sempre nullo:

$$\overbrace{\sum_{i=1}^n \mathbf{F}_i^{(i)}}^{\mathbf{R}^{(i)}=0} + \overbrace{\sum_{i=1}^n \mathbf{F}_i^{(e)}}^{\mathbf{R}^{(e)}} = \sum_{i=1}^n m_i\mathbf{a}_i,\quad \mathbf{R}^{(e)} = \sum_{i=1}^n m_i\frac{d}{dt}\mathbf{v}_i = \frac{d}{dt}\sum_{i=1}^n m_i\mathbf{v}_i = \dot{\mathbf{Q}}.\ \square$$

Teorema 11.2 (Seconda equazione cardinale della dinamica) *Sia* $\mathbf{M}_A^{(e)}$ *il momento risultante delle forze esterne agenti su un sistema qualunque, rispetto al polo* A. *Sia* $\dot{A}$ *la velocità con cui si sposta il polo (vedi §6.2.3), e sia* $\mathbf{K}_A$ *il momento delle quantità di moto del sistema rispetto a* A. *Allora si ha*

$$\mathbf{M}_A^{(e)} = \dot{\mathbf{K}}_A + \dot{A}\wedge\mathbf{Q}.\tag{11.3}$$

Dimostrazione Partiamo nuovamente dalle equazioni di moto dei singoli punti, scritte come in (11.2). Scelto un polo A (fisso o meno, coincidente o meno con uno dei punti del sistema), calcoliamo i momenti delle forze rispetto a tale polo:

$$AP_i \wedge \left(\mathbf{F}_i^{(i)} + \mathbf{F}_i^{(e)}\right) = AP_i \wedge m_i\mathbf{a}_i.\tag{11.4}$$

Sommiamo ora tutte le (11.4) e, ricordando dal Teorema 8.5 che il momento delle forze interne è sempre nullo, otteniamo

$$\overbrace{\sum_{i=1}^n \mathbf{M}_{Ai}^{(i)}}^{\mathbf{M}_A^{(i)}=0} + \overbrace{\sum_{i=1}^n \mathbf{M}_{Ai}^{(e)}}^{\mathbf{M}_A^{(e)}} = \sum_{i=1}^n AP_i \wedge m_i\mathbf{a}_i$$

$$\mathbf{M}_A^{(e)} = \sum_{i=1}^n AP_i \wedge m_i\frac{d}{dt}\mathbf{v}_i = \sum_{i=1}^n\left[\frac{d}{dt}\left(AP_i \wedge m_i\mathbf{v}_i\right) - \frac{dAP_i}{dt}\wedge m_i\mathbf{v}_i\right]$$

$$= \frac{d}{dt}\sum_{i=1}^n AP_i \wedge m_i\mathbf{v}_i - \sum_{i=1}^n\left(\mathbf{v}_i - \dot{A}\right)\wedge m_i\mathbf{v}_i\quad \left(\mathbf{v}_i \wedge m_i\mathbf{v}_i = 0\right)$$

$$= \dot{\mathbf{K}}_A + \dot{A}\wedge\sum_{i=1}^n m_i\mathbf{v}_i = \dot{\mathbf{K}}_A + \dot{A}\wedge\mathbf{Q}.\ \square$$

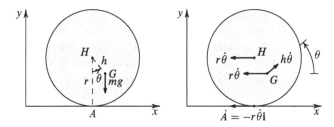

Figura 11.1 Un disco non omogeneo che rotola su di una guida

Il Principio di azione e reazione §8.1.3 postula che l'unica condizione che devono soddisfare le forze interne è quella di formare a due a due coppie di braccio nullo. Di conseguenza, l'unica proprietà che possiamo certamente affermare riguardo tale sistema di forze è che esso è equilibrato. Si riconosce quindi che le equazioni cardinali della dinamica (11.1)–(11.3) sono le uniche conseguenze del sistema fondamentale della dinamica dei punti materiali che sono sempre indipendenti dalle forze interne.

Osservazione 11.3 La seconda equazione cardinale (11.3) risulta semplificata se la scelta del polo A consente di annullare il termine $\dot{A} \wedge \mathbf{Q} = \dot{A} \wedge m\mathbf{v}_G$. Le scelte che soddisfano tale richiesta sono: polo A fisso, oppure polo A coincidente con il baricentro G del sistema, oppure più in generale polo A dotato di velocità parallela a quella del baricentro. In tutti i casi precedenti la (11.3) si scrive $\mathbf{M}_A^{(e)} = \dot{\mathbf{K}}_A$. □

Esempio 11.4 Come si è appena osservato, il termine aggiuntivo $\dot{A} \wedge \mathbf{Q}$ che compare al secondo membro della (11.3) può essere nullo, quando si sceglie un polo fisso oppure un polo che ha velocità parallela a quella del baricentro. È tuttavia utile affrontare un caso in cui questo non succede, sia perché l'esempio ha un suo interesse applicativo, sia perché può servire a evitare errori anche in altre simili situazioni.

Nella parte sinistra della Fig. 11.1 si vede un disco di raggio r e massa m, vincolato in un piano verticale a rotolare senza strisciare su una guida fissa identificata con l'asse x. Il disco non è però omogeneo e ha quindi il baricentro G collocato a una distanza h dal suo centro H. Supponiamo assegnato $\hat{I}$, il momento d'inerzia del disco rispetto all'asse perpendicolare al piano e passante per H. Una conveniente coordinata libera è l'angolo di rotazione θ, formato fra la verticale e il segmento HG.

Vogliamo scrivere la seconda equazione cardinale della dinamica utilizzando come polo il punto di contatto A con l'asse x (questa scelta ha il vantaggio di eliminare la reazione vincolare). Naturalmente questo punto è occupato in ogni istante dal centro di istantanea rotazione dell'atto di moto del disco, ma questo *non* significa che il termine $\dot{A} \wedge \mathbf{Q}$ nella (11.3) sia nullo, poiché qui $\dot{A}$ indica la velocità di cambiamento del polo, che *non* è parallela alla velocità del baricentro.

Dall'atto di moto del disco, che è rotatorio intorno a A, deduciamo subito che la velocità del centro H è orizzontale e ha componente $r\dot\theta$ nel senso opposto a quello dell'asse x, come si vede sulla destra della Fig. 11.1. Per dedurre $\mathbf{v}(G)$ utilizziamo la relazione $\mathbf{v}(G) = \mathbf{v}(H) + \boldsymbol{\omega} \wedge HG$: trasportiamo quindi in G il vettore $\mathbf{v}(H)$ e ad esso aggiungiamo $\boldsymbol{\omega} \wedge HG$, che risulta perpendicolare al segmento HG e di componente $h\dot\theta$, come si vede nella Fig. 11.1. Quindi, proiettando sugli assi, per le due componenti di $\mathbf{v}(G)$ in definitiva si ha

$$v_x(G) = -r\dot\theta + h\dot\theta\cos\theta\,, \qquad v_y(G) = h\dot\theta\sin\theta\,.$$

La velocità di cambiamento del polo A è ovviamente pari a quella del centro H, e cioè

$$\dot A = -r\dot\theta\mathbf{i}\,.$$

Il termine $\dot A \wedge \mathbf{Q} = \dot A \wedge m\mathbf{v}(G)$ perciò vale

$$\dot A \wedge m\mathbf{v}(G) = m(-r\dot\theta\mathbf{i}) \wedge [(-r\dot\theta + h\dot\theta\cos\theta)\mathbf{i} + (h\dot\theta\sin\theta)\mathbf{j}] = -mrh\dot\theta^2\sin\theta\mathbf{k}\,,$$

dove $\mathbf{k}$ è il versore perpendicolare al piano e uscente da esso.

Il momento delle forze $\mathbf{M}_A^{(e)}$ è molto semplice e contiene il solo peso mg, poiché la reazione vincolare è applicata nel medesimo punto A:

$$\mathbf{M}_A^{(e)} = -mgh\sin\theta\mathbf{k}\,.$$

L'espressione del momento della quantità di moto $\mathbf{K}_A$ si riduce a $I_A\dot\theta\mathbf{k}$, poiché l'atto di moto è rotatorio intorno a A stesso. Per dedurre il momento d'inerzia I_A utilizziamo il Teorema di Huygens e ci portiamo prima da H a G sottraendo da $\hat I$ la quantità mh^2, sommando poi a quanto ottenuto $m|AG|^2$. Il Teorema di Carnot applicato al triangolo AHG ci permette di dedurre che $|AG|^2 = r^2 + h^2 - 2rh\cos\theta$ e quindi, in definitiva,

$$I_A = \hat I - mh^2 + m(r^2 + h^2 - 2rh\cos\theta) = \hat I + mr^2 - 2mrh\cos\theta\,.$$

La derivata del momento delle quantità di moto ha quindi come unica componente

$$\begin{aligned}\dot{\mathbf{K}}_A t_z &= \frac{d}{dt}[(\hat I + mr^2 - 2mrh\cos\theta)\dot\theta] \\ &= 2mrh\sin\theta\dot\theta^2 + (\hat I + mr^2 - 2mrh\cos\theta)\ddot\theta\,.\end{aligned}$$

La seconda equazione cardinale fornisce allora l'equazione pura di moto

$$-mgh\sin\theta = 2mrh\dot\theta^2\sin\theta + (\hat I + mr^2 - 2mrh\cos\theta)\ddot\theta - mrh\dot\theta^2\sin\theta$$

che si semplifica nella pur sempre complessa

$$(\hat I + mr^2 - 2mrh\cos\theta)\ddot\theta + mrh\dot\theta^2\sin\theta + mgh\sin\theta = 0\,.$$

È utile osservare che (come ci si aspetta) ponendo $h = 0$ e $\hat I = mr^2/2$, come nel caso di un disco *omogeneo*, si ottiene la banale equazione differenziale $\ddot\theta = 0$, che corrisponde a un moto uniforme, con $\dot\theta$ costante. $\qquad\square$

11.2 Integrali primi del moto

Abbiamo apprezzato nel capitolo precedente come la determinazione di uno o più integrali primi (energia, costante delle aree) consenta di ricavare un numero notevole di informazioni qualitative riguardanti il moto del punto materiale. Riprendiamo ora la definizione di integrale primo, e osserviamo come le equazioni cardinali consentano a volte di determinare nuovi integrali primi.

Definizione 11.5 (Integrale primo) *Consideriamo un sistema generico, a vincoli fissi o mobili, dotato di N coordinate libere $q = (q_1, \ldots, q_N)$. Una funzione $F(q, \dot{q}, t)$ si dice integrale primo del moto se il suo valore si mantiene costante al variare del tempo:*

$$F(q, \dot{q}, t) = cost.$$

o, con scrittura equivalente ma ancora più espicita,

$$F(q, \dot{q}, t) = F(q(t_0), \dot{q}(t_0), t_0).$$

Ciò significa che

$$\sum_{k=1}^{N} \frac{\partial F}{\partial q_k} \dot{q}_k + \sum_{k=1}^{N} \frac{\partial F}{\partial \dot{q}_k} \ddot{q}_k + \frac{\partial F}{\partial t} = 0$$

dove le funzioni $q_k(t)$ devono essere soluzioni delle equazioni di moto.

Sottolineiamo che il valore assunto da un integrale primo dipende dalle condizioni iniziali e cambia con esse. Una volta fissate queste, però, il valore di F rimane costante anche se durante il moto varieranno in generale sia le posizioni dei punti sia le loro velocità, e quindi sia le q_k che le $\dot{q}_k$, oltre che il tempo t stesso. In presenza di un integrale primo F diremo che la quantità F *si conserva*, oppure che essa è una *quantità conservata*.

Non è in generale facile individuare gli eventuali integrali del moto in un sistema meccanico ma, come vediamo adesso, le stesse equazioni cardinali ce ne suggeriscono la presenza in particolari situazioni.

Ricaviamo due tipi di integrali primi riconducibili alle equazioni cardinali della dinamica. Le dimostrazioni delle seguenti Proposizioni sono immediate e seguono da una banale integrazione delle (11.1)–(11.3).

Proposizione 11.6 (Conservazione della quantità di moto) *Se è nulla la componente del risultante delle forze esterne secondo un versore fisso $\mathbf{u}$ allora la corrispondente componente della quantità di moto si conserva:*

$$\mathbf{R}^{(e)} \cdot \mathbf{u} = 0 \implies \mathbf{Q} \cdot \mathbf{u} = m\mathbf{v}_G \cdot \mathbf{u} = mv_{G,u} \equiv costante.$$

Proposizione 11.7 (Conservazione del momento delle quantità di moto) *Se è nulla la componente del momento risultante delle forze esterne secondo un versore fisso* **u**, *calcolata rispetto a un polo A tale che* $\dot{A} \wedge \mathbf{Q} = \mathbf{0}$ *(vedi Osservazione 11.3), allora la corrispondente componente del momento delle quantità di moto rispetto ad A si conserva:*

$$\mathbf{M}_A^{(e)} \cdot \mathbf{u} = 0 \quad \Longrightarrow \quad \mathbf{K}_A \cdot \mathbf{u} = K_{A,u} \equiv costante \quad \left(se \ \dot{A} \wedge \mathbf{Q} = \mathbf{0} \right).$$

(In molte situazioni concrete il versore **u** coincide con uno dei versori della terna cartesiana di riferimento.)

La presenza di questo tipo di integrali del moto è spesso evidente, e si può dedurre con una rapida analisi diretta del sistema di forze esterne agenti sul sistema.

Esempio 11.8 In un piano verticale consideriamo un sistema formato da un qualunque numero di punti e corpi rigidi tra loro interagenti, appoggiato sull'asse orizzontale liscio x, e sottoposto all'unica forza esterna rappresentata dal peso. In presenza del vincolo liscio, anche le reazioni vincolari di appoggio saranno verticali, dimodoché la componente orizzontale del risultante delle forze esterne sarà nulla. Di conseguenza si conserva la componente x della quantità di moto del sistema, ovvero: $v_{Gx} \equiv costante$. □

Esempio 11.9 In un piano orizzontale (x, y) consideriamo un sistema generico, nuovamente formato da uno o più corpi rigidi, eventualmente interagenti (o vincolati) tra loro, ma non soggetti a forze attive esterne. Supponiamo che l'unico vincolo esterno sia una cerniera che vincola un punto di un dato corpo rigido al polo fisso A. In questo caso le forze esterne, rappresentate dalla reazione vincolare in A hanno momento nullo rispetto al polo fisso e quindi $\mathbf{K}_A \equiv costante$. □

Esempio 11.10 Consideriamo un sistema contenuto in un piano verticale, vincolato a ruotare attorno al suo asse verticale y. Supponiamo che il sistema sia sottoposto alle forze peso, e vincolato da un qualunque numero di cerniere o carrelli nel piano di appartenenza. In queste condizioni risulta nulla la componente verticale del momento delle forze esterne rispetto a un qualunque punto A dell'asse verticale (fisso) y, e quindi $K_{Ay} \equiv costante$. □

11.3 Moto del baricentro

La prima equazione cardinale della dinamica permette di conoscere il moto del baricentro del sistema.

Teorema 11.11 (Moto del baricentro) *Il baricentro di un sistema si muove come un punto di massa pari alla massa totale del sistema, su cui si immagini applicato il risultante delle forze esterne al sistema stesso:*

$$m\,\mathbf{a}_G = \mathbf{R}^{(e)}. \tag{11.5}$$

Dimostrazione L'identità (6.1) collega la quantità di moto del sistema alla velocità del baricentro: $\mathbf{Q} = m\,\mathbf{v}_G$. Derivando rispetto al tempo tale relazione si ricava $\dot{\mathbf{Q}} = m\,\mathbf{a}_G$, e quindi la (11.5) in virtù della prima equazione cardinale della dinamica (11.1). □

Il Teorema del moto del baricentro implica quindi che è impossibile influenzare il moto del baricentro senza agire sul risultante delle forze esterne $\mathbf{R}^{(e)}$. Risulta comunque importante riflettere sull'indipendenza esplicita delle equazioni cardinali dalle forze interne. In particolare, bisogna fare attenzione a come si collega la prima equazione cardinale con il moto del baricentro. Per meglio capire questo punto è conveniente procedere con l'esame di un semplice esempio specifico.

Esempio 11.12 Consideriamo due punti materiali P_1, P_2 di massa rispettivamente m_1, m_2, vincolati a scorrere su un asse orizzontale liscio x (vedi Fig. 11.2; si noti che per meglio illustrare l'esempio i punti sono stati rappresentati attraverso blocchi rettangolari). Supponiamo che sui due punti agiscano altrettante forze elastiche *esterne* di costanti k_1, k_2, che colleghino i punti all'origine O. Sul punto P_2 agisce anche una forza esterna orizzontale $\mathbf{F}$. Supponiamo infine che i punti si scambino anche una forza elastica *interna* al sistema, di costante k. Diciamo x_1, x_2 le ascisse dei due punti, $\boldsymbol{\Phi}_1, \boldsymbol{\Phi}_2$ le reazioni vincolari agenti su di essi. Il Teorema di moto del baricentro può subito essere scritto come

$$m\mathbf{a}_G = -k_1\,OP_1 - k_2\,OP_2 - m\mathbf{g} + \mathbf{F} + \boldsymbol{\Phi}_1 + \boldsymbol{\Phi}_2\,, \qquad (11.6)$$

dove $m = m_1 + m_2$. In particolare, la proiezione di (11.6) lungo l'asse delle ascisse fornisce

$$m\ddot{x}_G = -k_1 x_1 - k_2 x_2 + F\,,$$

che, tenendo conto della relazione $m x_G = m_1 x_1 + m_2 x_2$, si riscrive come

$$m\ddot{x}_G = -\frac{mk_1}{m_1} x_G + \frac{m_2 k_1 - m_1 k_2}{m_1}\, x_2 + F\,, \qquad (11.7)$$

Osserviamo che questa è un'equazione differenziale nell'incognita $x_G(t)$ *se e solo se* è soddisfatta una stringente condizione sui parametri che individuano le forze esterne: $k_1 m_2 = k_2 m_1$. Se questa particolare condizione *non* è soddisfatta la (11.7) *non permette* da sola di determinare il moto del baricentro.

Figura 11.2 Rappresentazione schematica del sistema formato da due punti con tre molle

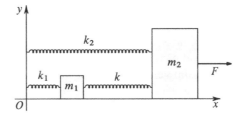

Ovviamente potremo invece determinare il moto del sistema scrivendo le equazioni di moto per i due punti materiali

$$m_1 \mathbf{a}_1 = -k_1 OP_1 - k P_2 P_1 - m_1 \mathbf{g} + \boldsymbol{\Phi}_1 ,$$
$$m_2 \mathbf{a}_2 = -k_2 OP_2 + k P_2 P_1 - m_2 \mathbf{g} + \mathbf{F} + \boldsymbol{\Phi}_2 .$$

che, proiettate lungo gli assi orizzontale e verticale, ci daranno $\boldsymbol{\Phi}_1 = m_1 \mathbf{g}$, $\boldsymbol{\Phi}_2 = m_2 \mathbf{g}$ e il sistema di due equazioni differenziali nelle funzioni incognite $x_1(t)$ $x_2(t)$

$$\begin{aligned} m_1 \ddot{x}_1 &= -k_1 x_1 + k(x_2 - x_1) \\ m_2 \ddot{x}_2 &= -k_2 x_2 - k(x_2 - x_1) + F . \end{aligned} \tag{11.8}$$

Per toccare con mano come la posizione del baricentro dipenda dalla forza elastica interna, si può anche calcolare la configurazione di equilibrio di questo sistema. Nel caso statico le (11.8) si riducono a

$$-k_1 x_1 + k(x_2 - x_1) = 0$$
$$-k_2 x_2 - k(x_2 - x_1) + F = 0$$

Un elementare calcolo diretto permette di ottenere

$$x_1 = F \frac{k}{kk_1 + kk_2 + k_1 k_2}, \quad x_2 = F \frac{k + k_1}{kk_1 + kk_2 + k_1 k_2},$$

da cui

$$x_G = \frac{F}{m} \frac{k(m_1 + m_2) + m_2 k_1}{kk_1 + kk_2 + k_1 k_2} .$$

Si vede chiaramente che la posizione di equilibrio del baricentro dipende dal valore della costante elastica k, ovvero dalla forza elastica interna.

Questo esempio mostra in maniera diretta e semplice che, in generale, la prima equazione cardinale della dinamica *non* permette la determinazione del moto del baricentro, e che quindi il moto del baricentro di un sistema *può dipendere* dalle forze interne, poiché il risultante delle forze esterne può a sua volta dipendere dalle posizioni e velocità dei singoli elementi che sono direttamente influenzati dalle forze interne. □

Esempio 11.13 Consideriamo la caduta di un paracadutista nell'aria. Le forze esterne che guidano il moto del suo baricentro sono il peso e la resistenza dell'aria. Il primo non dipende da alcun dettaglio del sistema, a parte la massa totale. La seconda, invece, dipende dalla forma del sistema. In particolare, la forza resistiva agente sul paracadutista durante la caduta libera è estremamente minore di quella agente sullo stesso sistema quando il paracadute viene aperto. Questo è il motivo per cui il paracadutista, che apre il suo paracadute usando esclusivamente forze interne al sistema, riesce a modificare indirettamente il moto del baricentro. □

Esistono comunque dei casi speciali, come quello fornito dall'Esempio 11.12 nel caso particolare $k_1 m_2 = k_2 m_1$, per cui gli elementi globali della sollecitazione esterna dipendono dalle posizioni dei singoli punti del sistema e dalle loro velocità solo per il tramite della posizione e della velocità del baricentro: $m\mathbf{a}_G = \mathbf{R}^{(e)}(G, \mathbf{v}_G, t)$. In questi casi (e solo in questi) effettivamente la prima equazione cardinale risulta sufficiente per determinare effettivamente il moto del baricentro, in quanto essa diventa del tutto analoga all'equazione di un punto materiale, sul quale agisce una forza attiva che dipende esclusivamente dall'atto di moto del punto stesso. Quando questo avviene, il sistema si dice *G-determinato*, e il moto del baricentro risulta pienamente indipendente dalle forze interne. Ulteriori esempi di sistemi *G*-determinati sono forniti dai *sistemi isolati* (vale a dire sistemi su cui non agisca alcun tipo di forza esterna) e dai sistemi in cui l'unica sollecitazione esterna sia il peso. Sottolineiamo che un sistema che risulti *G*-determinato secondo un osservatore lo sarà anche secondo un qualunque altro osservatore, come si vedrà più avanti quando tratteremo della Meccanica Relativa.

In definitiva è possibile concludere che nonostante le forze interne non compaiano esplicitamente nelle equazioni cardinali, in generale queste risentono implicitamente della loro influenza e solo in casi speciali le equazioni cardinali sono effettivamente indipendenti dalle forze interne.

11.4 Teorema dell'energia cinetica

Le equazioni cardinali della dinamica presentano il vantaggio di collegare il moto del sistema alle sole forze esterne attive e reattive. Esiste però una ulteriore equazione di moto che in molti casi collega il moto alle sole forze attive, eliminando dalla trattazione le reazioni vincolari. Il Teorema dell'energia cinetica, che studieremo in questo paragrafo, riesce in questi casi a fornire direttamente un'equazione *pura* della dinamica, vale a dire un'equazione che collega il moto alle sole forze attive.

Teorema 11.14 (dell'energia cinetica) *Sia T l'energia cinetica di un sistema, e sia Π la potenza esplicata da tutte le forze agenti su di esso. Allora*

$$\frac{dT}{dt} = \Pi \,. \tag{11.9}$$

Dimostrazione Consideriamo, per semplificare l'esposizione e senza ledere la generalità, un sistema discreto di punti materiali. Per ogni suo elemento consideriamo l'equazione fondamentale della dinamica (11.2), che riscriviamo nella forma più compatta

$$m_i \mathbf{a}_i = \mathbf{F}_i$$

dove $\mathbf{F}_i$ rappresenta ora il risultante di *tutte* le forze agenti su P_i, sia *interne* che *esterne* al sistema. Moltiplicando scalarmente ambo i membri di tale equazione per la velocità del corrispondente punto otteniamo

$$m_i \mathbf{a}_i \cdot \mathbf{v}_i = \mathbf{F}_i \cdot \mathbf{v}_i \ .$$

La quantità a membro destro coincide per definizione con la potenza delle forze esplicate su P_i (vedi (7.5)). La quantità a sinistra è pari alla derivata dell'energia cinetica di P_i, in quanto

$$m_i \mathbf{a}_i \cdot \mathbf{v}_i = m_i \frac{d}{dt} \mathbf{v}_i \cdot \mathbf{v}_i = \frac{d}{dt} \left(\frac{1}{2} m_i \mathbf{v}_i \cdot \mathbf{v}_i \right) = \frac{d}{dt} \left(\frac{1}{2} m_i v_i^2 \right).$$

Sommando infine su tutti i punti del sistema si ricava la (11.9).   □

Il Teorema dell'Energia Cinetica 11.9 può essere riformulato in una versione equivalente, che è noto come Teorema del Lavoro, o teorema dell'energia cinetica *in forma integrale*.

Teorema 11.15 (del lavoro) *La variazione subita dall'energia cinetica di un sistema materiale, in un qualsiasi intervallo di tempo e durante un moto assegnato, eguaglia il lavoro compiuto da* tutte *le forze agenti sul sistema stesso:*

$$\Delta T = L \ . \tag{11.10}$$

Dimostrazione Il Teorema del lavoro è una diretta conseguenza del legame tra lavoro e potenza. La (7.6) applicata alla totalità delle forze agenti sul sistema nell'intervallo $[t_1, t_2]$ stabilisce che

$$L = \int_{t_1}^{t_2} \Pi \, dt \ . \tag{11.11}$$

Se ora integriamo rispetto al tempo entrambi i termini della relazione (11.9), otteniamo

$$\int_{t_1}^{t_2} \frac{dT}{dt} \, dt = \int_{t_1}^{t_2} \Pi \, dt$$

che, in vista della relazione (11.11) e per mezzo di una banale integrazione, equivale a

$$T(t_2) - T(t_1) = L \ .$$

Ponendo $\Delta T = T(t_2) - T(t_1)$ per indicare la *variazione di energia cinetica* nell'intervallo $[t_1, t_2]$ si ottiene la (11.10)   □

È importante ricordare che, in generale, nelle relazioni (11.9) e (11.10) relative al Teorema dell'Energia Cinetica e al Teorema del Lavoro devono entrare la potenza e (rispettivamente) il lavoro di tutte le forze: esterne e interne, attive e reattive.

Con riferimento al Teorema dell'Energia Cinetica vediamo ora due importanti situazioni, nelle quali sappiamo *a priori* che la potenza di una parte delle forze agenti sul sistema è nulla. Vedremo subito che:

- Per sistemi soggetti a vincoli *ideali*, *bilateri* e *fissi* la potenza delle reazioni vincolari è nulla.
- Per sistemi *rigidi* la potenza delle forze *interne* è nulla.

Per ognuna di queste proprietà ne esiste evidentemente una equivalente formulata nel contesto del Teorema del Lavoro, che ne consegue in modo immediato, e sostanzialmente senza necessità di una vera e propria autonoma dimostrazione:

- Per sistemi soggetti a vincoli ideali, bilateri e fissi il lavoro compiuto dalle reazioni vincolari è nulla.
- Per sistemi rigidi il lavoro delle forze interne è nullo.

Proposizione 11.16 (Potenza delle reazioni vincolari) *La potenza delle reazioni vincolari agenti su un sistema soggetto a vincoli* ideali, bilateri *e* fissi *è nulla. In questo caso la* (11.9) *si può riscrivere come*

$$\frac{dT}{dt} = \Pi^{\text{att}}$$

Dimostrazione   I vincoli *ideali* sono identificati dal fatto (vedi caratterizzazione in §8.7) che il loro lavoro virtuale (o, rispettivamente, la loro potenza virtuale) è maggiore o uguale a zero in corrispondenza di qualunque spostamento virtuale (risp. di qualunque velocità virtuale). In presenza di vincoli ideali e *bilateri*, tutti gli spostamenti virtuali (e tutte le velocità virtuali) sono reversibili, e di conseguenza la disequazione (8.17) diventa un'equazione, nel senso che la potenza virtuale deve essere nulla per ogni velocità virtuale ammessa del sistema

$$\Pi'_{\text{reatt}} = \sum_{i=1}^{n} \mathbf{\Phi}_i \cdot \mathbf{v}'_i = 0 \,.$$

Quando infine ci restringiamo a vincoli *fissi*, possiamo affermare che tra gli infiniti spostamenti virtuali si potrà trovare quello effettivo, così come tra le infinite velocità virtuali $\mathbf{v}'_i$ ci sarà quella effettiva $\mathbf{v}_i$ (vedi §4.1.4). In questo caso, quindi, tra le infinite potenze virtuali nulle si troverà in particolare la potenza effettiva, e potremo quindi affermare che la potenza delle reazioni vincolari è nulla

$$\Pi_{\text{reatt}} = \sum_{i=1}^{n} \mathbf{\Phi}_i \cdot \mathbf{v}_i = 0 \,. \qquad \qquad \square$$

Figura 11.3 La potenza
virtuale ed effettiva della
reazione vincolare per un
vincolo ideale, bilatero e
mobile: $\Pi' = 0$, $\Pi \neq 0$

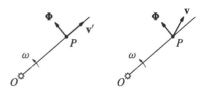

È interessante osservare che, per avere la certezza di una potenza nulla delle forze reattive, è indispensabile richiedere non solo che i vincoli siano ideali e bilateri, ma che essi siano anche *fissi*. Come controesempio è sufficiente considerare un anellino vincolato a muoversi infilato su una guida liscia ruotante con velocità angolare assegnata, come si vede nella Fig. 11.3. Per l'anellino la guida costituisce un vincolo ideale, bilatero e *mobile*, con reazione vincolare **Φ** perpendicolare ad essa. Poiché le velocità virtuali **v′** devono essere compatibili con il vincolo "immaginato fissato", ognuna di esse è parallela alla guida stessa e, di conseguenza, la potenza virtuale Π' sara certamente nulla. D'altra parte, invece, la velocità effettiva **v**, come si vede sulla destra della medesima Fig. 11.3, ha anche una componente perpendicolare all'asta, poiché l'anellino durante il suo moto effettivo deve seguire la guida, e perciò si avrà $\Pi \neq 0$.

La Proposizione precedente è di grande importanza, in quanto permette di affermare che la maggior parte delle reazioni vincolari trattate in questo testo (per esempio appartenenza di un punto a una superficie o linea liscia e fissa, cerniera fissa, cerniera mobile interna, carrello, puro rotolamento) non esplicano alcuna potenza. In presenza, quindi, di tali vincoli il Teorema dell'energia cinetica è un'equazione pura.

Proposizione 11.17 *Nel caso di un corpo rigido l'espressione* (11.9) *del Teorema dell'energia cinetica si può riscrivere come*

$$\frac{dT}{dt} = \Pi^{\mathrm{est}}.$$ (11.12)

Dimostrazione Abbiamo dimostrato nel Teorema 8.7, e ancora nella Proposizione 8.10, che la potenza delle forze interne a un *corpo rigido* è sempre nulla. Quindi la relazione (11.9) in questo caso si riduce alla (11.12). □

Osservazione 11.18 Osserviamo che, come immediata conseguenza del Teorema 8.7 e in particolare della $(8.9)_1$, possiamo dedurre che il Teorema del lavoro, espresso dalla (11.10), nel caso di un *corpo rigido* prende la forma

$$\Delta T = L^{\mathrm{est}}.$$ □

Una ulteriore importante proprietà è che mentre il Teorema dell'Energia Cinetica fornisce in generale una equazione di moto *indipendente* dalle equazioni cardinali, in quanto in essa sola compaiono le forze interne, come vedremo più avanti (nel Cap. 12) nel caso invece di un *corpo rigido* il teorema stesso può dedursi per combinazione lineare della prima equazione cardinale con la seconda.

Proposizione 11.19 (Potenza delle forze attive conservative) *Sia U il potenzia-le di un sistema di forze attive conservative agenti su un qualunque sistema. La potenza di queste forze è data da*

$$\Pi = \frac{dU}{dt}. \tag{11.13}$$

Dimostrazione Questa proprietà è una diretta conseguenza di quanto dedotto nella §7.9 e in particolare coincide con la relazione (7.50), quando applicata alle sole forze attive conservative agenti sul sistema. □

11.5 Conservazione dell'energia meccanica

Il Teorema del lavoro consente di identificare un ulteriore integrale primo del moto, questa volta proveniente dal Teorema dell'energia cinetica. Dimostriamo infatti che, sotto certe condizioni su vincoli e forze, la quantità $E = T - U$, che chiamiamo *energia meccanica*, si mantiene costante durante il moto del sistema.

Proposizione 11.20 (Conservazione dell'energia meccanica) *Consideriamo un sistema sottoposto a vincoli ideali, bilateri e fissi. Supponiamo inoltre che le forze attive siano conservative, e sia U il loro potenziale. In tal caso l'energia meccanica si conserva:*

$$E = T - U \equiv costante. \tag{11.14}$$

Dimostrazione Dalla Proposizione 11.16 deduciamo che, nelle ipotesi fatte sui vincoli,

$$\frac{dT}{dt} = \Pi^{\text{att}}.$$

Dalla Proposizione 11.19 sappiamo inoltre che, per forze *attive conservative*, vale la (11.13)

$$\Pi^{\text{att}} = \frac{dU}{dt}.$$

Dal confronto delle relazioni appena scritte otteniamo facilmente

$$\frac{d}{dt}(T - U) = 0$$

e cioè

$$E = T - U = \text{cost.}$$

che esprime il fatto che la differenza E fra l'energia cinetica T e il potenziale U si mantiene costante durante il moto. □

Ricordiamo che l'energia cinetica è in generale una funzione delle variabili $(q, \dot{q}, t)$ e il potenziale U invece una funzione di (q, t) e per questo motivo l'energia meccanica è esprimibile come $E(q, \dot{q}, t)$. La conservazione dell'energia meccanica è quindi un caso particolare di integrale del moto, così come presentato dalla Definizione 11.5.

È utile osservare che il Teorema 11.20 possiede una espressione forse più "naturale" se utilizziamo l'*energia potenziale* V, definita come l'opposto del potenziale U: $V = -U$. In questo modo la (11.14) si riscrive come

$$E = T + V = \text{cost.}$$

È forse questo il motivo principale per cui in molte trattazioni si privilegia l'*energia potenziale* V rispetto a U, il potenziale delle forze attive conservative. Sembra infatti più naturale affermare che la *somma* di due quantità si conserva: quando diminuisce una aumenta l'altra, e viceversa.

Consultando diversi testi di Meccanica bisogna fare attenzione alla notazione perché non è infrequente che si indichi con V quello che qui si è indicato con U, e viceversa.

Osservazione 11.21 L'energia meccanica può conservarsi anche in presenza di forze attive non conservative, purché queste ultime non esplichino potenza. Un esempio simile lo incontreremo nel Cap. 13 e riguarderà la forza di Coriolis. Altri esempi li abbiamo incontrati nel §10.1, dove abbiamo dimostrato che un integrale del tutto simile a quello dell'energia si ricava nel moto di un punto materiale su una traiettoria prestabilita, a patto che le forze attive siano posizionali.   □

Esempio 11.22 La conservazione di una o più quantità meccaniche, e cioè l'esistenza di "integrali del moto", è una proprietà rilevante, che deve essere prontamente osservata, poiché a volte permette di rispondere a questioni che altrimenti non sapremmo come affrontare.

Per fornire un esempio di questa osservazione consideriamo il sistema, rappresentato nella Fig. 11.4, collocato in un piano verticale, nel quale una lamina omogenea quadrata di lato l e massa m ha i vertici A e B vincolati a muoversi senza attrito su una guida orizzontale, mentre su due lati scorrono con vincolo bilatero gli estremi H e K di un'asta anch'essa omogenea di lunghezza l e massa m. L'estremo H è inoltre collegato per mezzo di un filo di massa trascurabile, che passa su di un piolo liscio fissato nel vertice D della lamina, con un punto P di massa m che scorre senza attrito lungo il lato superiore DC del quadrato (l'uguaglianza fra le masse delle tre parti del sistema è solo dettata da ragioni di praticità per i calcoli che seguono). È conveniente introdurre un sistema di assi coordinati come rappresentato in figura, e ad essi ci riferiremo.

Supponiamo che all'istante iniziale il sistema si trovi in uno stato di quiete e l'angolo θ formato fra la direzione verticale e l'asta sia pari a $\pi/6$. Per effetto del suo peso l'asta inizierà ovviamente a muoversi scendendo e insieme ad essa anche il quadrato si sposterà. Ci domandiamo, per esempio, quale sarà l'atto di

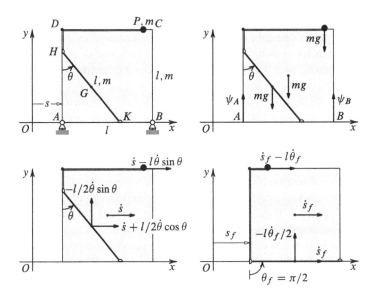

Figura 11.4 Conservazione di energia e componente orizzontale della quantità di moto

moto del sistema quando l'angolo θ prende il valore $\pi/2$, e cioè quando l'asta diventa orizzontale. Questa configurazione è rappresentata nell'ultimo disegno della Fig. 11.4, dove naturalmente si deve pensare a una situazione ideale, per la quale gli estremi H e K dell'asta possono liberamente andare a occupare i vertici del quadrato.

Le forze *esterne* agenti sul sistema sono i tre pesi (della lamina, dell'asta e del punto) e le due reazioni vincolari verticali esercitate dalla guida nei vertici A e B, che sono indicate con ψ_A e ψ_B nel secondo disegno della Fig. 11.4. Esistono naturalmente forze interne (fra l'asta, il punto e la lamina) che però non devono comparire nella prima equazione cardinale, quando la si applichi al sistema nel suo complesso. Perciò $R_x^{\text{est}} = 0$ e da questa osservazione è possibile dedurre che la componente orizzontale della quantità di moto si mantiene costante e invariata dall'*istante iniziale* a quello in cui $\theta = \pi/2$, che chiameremo d'ora in avanti *istante finale*

$$R_x^{\text{est}} = 0 \quad \Rightarrow \quad Q_x = \text{cost.} \quad \Rightarrow \quad Q_x^0 = Q_x^f. \qquad (11.15)$$

Ricordando il Teorema della quantità di moto deduciamo dalla (11.15) che la velocità del centro di massa complessivo del sistema si mantiene nulla e quindi che la sua posizione non cambia dall'istante iniziale a quello finale.

È inoltre vero che i vincoli sono ideali e fissi, e le forze attive conservative (i soli pesi). Perciò l'energia totale del sistema è una seconda quantità meccanica conservata, e quindi

$$T - U = \text{cost.} \quad \Rightarrow \quad T_0 - U_0 = T_f - U_f. \qquad (11.16)$$

Un conveniente sistema di coordinate libere è dato da s e θ, come rappresentate in figura, e, in previsione del calcolo delle quantità meccaniche, è importante saper esprimere le velocità di alcuni importanti punti in funzione di esse. Le coordinate del punto G sono $x_G = s + l/2 \sin\theta$, $y_G = l/2 \cos\theta$ e quindi

$$\dot{x}_G = \dot{s} + (l/2)\dot{\theta}\cos\theta\,, \qquad \dot{y}_G = -(l/2)\dot{\theta}\sin\theta\,.$$

La velocità della lamina traslante è pari a $\dot{s}$, e quindi anche quella del suo baricentro, mentre per il punto P conviene porsi dal punto di vista dell'osservatore solidale e traslante con la lamina stessa. Poiché $y_H = l\cos\theta$ e il filo che collega H con P è inestensibile deduciamo che la velocità di P relativamente alla lamina è pari a $-l\dot{\theta}\sin\theta$, misurata verso destra. A questa dobbiamo però aggiungere la velocità di trascinamento, pari a $\dot{s}$. Il quadro complessivo delle velocità dei punti di interesse è rappresentato nella terza parte della Fig. 11.4.

Utilizzando il Teorema della quantità di moto possiamo esprimere la sua componente orizzontale totale come

$$Q_x = m\dot{s} + m(\dot{s} + (l/2)\dot{\theta}\cos\theta) + m(\dot{s} - l\dot{\theta}\sin\theta)\,,$$
$$= 3m\dot{s} + m(l/2)\dot{\theta}\cos\theta - ml\dot{\theta}\sin\theta\,.$$

Osserviamo subito che la condizione $Q_x = \text{cost.}$ unita al fatto che il sistema è inizialmente in quiete implica che sia in ogni istante $Q_x = 0$, e cioè

$$3\dot{s} - l\dot{\theta}\sin\theta + l/2\dot{\theta}\cos\theta = 0$$

che può essere integrata come

$$3s + l\cos\theta + l/2\sin\theta = \text{cost.}$$

Uguagliando i valori di questa quantità nelle configurazioni per cui $\theta = \pi/6$ e $\theta = \pi/2$ abbiamo

$$3s_0 + l\sqrt{3}/2 + l/4 = 3s_f + l/2$$

e da qui deduciamo che lo spostamento subito dalla lamina quadrata dalla configurazione iniziale a quella finale è pari a

$$\Delta s = s_f - s_0 = l(2\sqrt{3} - 1)/12\,.$$

Le energie cinetiche della lamina e del punto sono date semplicemente da

$$T^{\text{lamina}} = \frac{1}{2}m\dot{s}^2\,, \quad T^{\text{punto}} = \frac{1}{2}m(\dot{s} - l\dot{\theta}\sin\theta)^2\,,$$

mentre per quel che riguarda l'asta HK dobbiamo utilizzare il Teorema di König:

$$
\begin{aligned}
T^{\text{asta}} &= \frac{1}{2}mv_G^2 + \frac{1}{2}I_{z,G}\omega^2 \\
&= \frac{1}{2}m[(\dot{s} + (l/2)\dot{\theta}\cos\theta)^2 + (-(l/2)\dot{\theta}\sin\theta)^2] + \frac{1}{2}(ml^2/12)\dot{\theta}^2 \\
&= \frac{1}{2}m[\dot{s}^2 + l^2\dot{\theta}^2/3 + l\dot{s}\dot{\theta}\cos\theta]
\end{aligned}
$$

concludendo infine che l'energia cinetica totale è

$$
T^{\text{tot}} = \frac{1}{2}m(3\dot{s}^2 + l^2\dot{\theta}^2/3 + l^2\dot{\theta}^2\sin^2\theta - 2l\dot{s}\dot{\theta}\sin\theta + l\dot{s}\dot{\theta}\cos\theta).
$$

Il potenziale delle forze attive è invece

$$
U = -mg\frac{l}{2}\cos\theta + \text{cost.}
$$

Evidenziamo adesso la dipendenza di Q_x, T e U dalle coordinate libere e dalle loro derivate

$$
Q_x(\dot{s},\theta,\dot{\theta}), \quad T(\dot{s},\theta,\dot{\theta}), \quad U(\theta).
$$

Conosciamo il valore di $\dot{s},\theta,\dot{\theta}$ all'istante iniziale, e cioè

$$
\dot{s}_0 = 0, \quad \theta_0 = \pi/6, \quad \dot{\theta}_0 = 0,
$$

e vogliamo determinare l'atto di moto quando $\theta = \pi/2$, per mezzo dei valori di $\dot{s}_f, \dot{\theta}_f$. Le equazioni di conservazione (11.15) e (11.16) possono essere riscritte a formare il sistema

$$
\begin{aligned}
Q_x(\dot{s}_0, \theta_0, \dot{\theta}_0) &= Q_x(\dot{s}_f, \theta_f, \dot{\theta}_f) \\
T(\dot{s}_0, \theta_0, \dot{\theta}_0) - U(\theta_0) &= T(\dot{s}_f, \theta_f, \dot{\theta}_f) - U(\theta_f)
\end{aligned}
\tag{11.17}
$$

dove $\dot{s}_0 = 0$, $\theta_0 = \pi/6$, $\dot{\theta}_0 = 0$, $\theta_f = \pi/2$, mentre $\dot{s}_f, \dot{\theta}_f$ sono le due incognite da determinare.

Fatte le opportune sostituzioni dei valori indicati le equazioni di conservazione (11.17) si traducono in

$$
0 = 3\dot{s}_f - l\dot{\theta}_f, \qquad mgl\frac{\sqrt{3}}{4} = \frac{1}{2}m(3\dot{s}_f^2 + \frac{4}{3}l^2\dot{\theta}_f^2 - 2l\dot{s}_f\dot{\theta}_f).
$$

Dalla prima otteniamo $\dot{s}_f = l\dot{\theta}/3$ e, sostituendo nella seconda, dopo qualche passaggio elementare abbiamo infine

$$
\dot{\theta}_f^2 = \frac{g\sqrt{3}}{2l}.
$$

In questa fase del moto dovremo scegliere il valore positivo di $\dot{\theta}_f$, mentre per il passaggio successivo dalla medesima configurazione si dovrà scegliere il valore negativo.

È molto importante osservare che solo grazie alle due leggi di conservazione abbiamo potuto dedurre l'atto di moto nella configurazione finale, senza dover passare dal calcolo del moto del sistema (cosa che qui sarebbe stato impossibile fare per via elementare ed esatta, a causa della complessità delle equazioni differenziali che lo governano). È questo tipicamente un problema "inizio-fine" dove si devono confrontare due stati del sistema, senza voler determinare cosa succede "in mezzo".

□

Capitolo 12
Dinamica del corpo rigido

Le equazioni cardinali sono necessariamente soddisfatte durante i moti di un qualsiasi sistema materiale, ma nel caso di un corpo rigido libero esse diventano anche sufficienti a determinare il moto causato da un'assegnata sollecitazione esterna. Prima di analizzare particolari problemi collegati alla dinamica di corpi rigidi variamente vincolati, specializziamo le equazioni cardinali della dinamica al caso di un singolo corpo rigido.

Proposizione 12.1 *Sia Q un punto coincidente con il baricentro di un corpo rigido, oppure un punto fisso appartenente in ogni istante all'asse di istantanea rotazione del corpo rigido stesso. In tal caso le equazioni cardinali della dinamica implicano*

$$m\mathbf{a}_G = \mathbf{R}^{(e)} \qquad e \qquad \mathbf{I}_Q\dot{\boldsymbol{\omega}} + \boldsymbol{\omega} \wedge \mathbf{I}_Q\boldsymbol{\omega} = \mathbf{M}_Q^{(e)}. \qquad (12.1)$$

Se inoltre proiettiamo la $(12.1)_2$ *sulla terna* $\{\mathbf{e}_1, \mathbf{e}_2, \mathbf{e}_3\}$*, formata da assi principali in Q, otteniamo*

$$\begin{cases} I_1\dot{\omega}_1 - (I_2 - I_3)\omega_2\omega_3 = M_1^{(e)} \\ I_2\dot{\omega}_2 - (I_3 - I_1)\omega_3\omega_1 = M_2^{(e)} \\ I_3\dot{\omega}_3 - (I_1 - I_2)\omega_1\omega_2 = M_3^{(e)} \end{cases} \qquad (12.2)$$

dove I_1, I_2, I_3 indicano i momenti principali d'inerzia in Q, e $\{\omega_1, \omega_2, \omega_3\}$ sono le componenti della velocità angolare $\boldsymbol{\omega}$ nella base di assi principali. Le (12.2) sono dette equazioni di Eulero.

Dimostrazione L'equazione $(12.1)_1$ coincide con il Teorema di moto del baricentro (11.5). Inoltre, la scelta del polo consente di scrivere la seconda equazione cardinale (11.3) come $\dot{\mathbf{K}}_Q = \mathbf{M}_Q^{(e)}$. Considerando infine che il sistema considerato è un singolo corpo rigido la (6.20) della Proposizione (6.11), insieme all'Osservazione 6.12, fornisce le due espressioni di $\dot{\mathbf{K}}_Q$ che portano alle $(12.1)_2$–(12.2). $\qquad\qquad\square$

P. Biscari et al., *Meccanica Razionale*, La Matematica per il 3+2 138, https://doi.org/10.1007/978-88-470-4018-2_12

Osservazione 12.2 La seconda equazione cardinale della dinamica di un corpo rigido si riduce alle equazioni di Eulero anche nel caso essa sia riferita a un polo Q, sempre appartenente all'asse istantaneo di rotazione del corpo, ma in moto con $\dot{Q} \parallel \mathbf{v}_G$ (affinché $\dot{\mathbf{K}}_Q = \mathbf{M}_Q^{(e)}$). □

Sottolineiamo che non è sempre possibile separare il problema (12.1) in due equazioni indipendenti, una dedicata allo studio del moto del baricentro e l'altra atta a studiare il comportamento degli angoli di Eulero. Infatti, il risultante delle forze esterne può dipendere dall'orientazione del corpo rigido, così come il loro momento risultante può dipendere dall'atto di moto del baricentro. Nei prossimi due paragrafi incontreremo alcuni casi particolarmente significativi (corpo rigido libero, corpo rigido con punto fisso, e corpo rigido con asse fisso), nei quali le equazioni di Eulero si separano effettivamente dalla prima equazione cardinale e consentono da sole di determinare l'evoluzione degli angoli di Eulero.

12.1 Corpo rigido libero

Abbiamo già osservato che in generale le equazioni cardinali non consentono di completare lo studio della dinamica di un sistema materiale arbitrario. Infatti, già in statica abbiamo visto (vedi l'esempio di cui alla Fig. 9.6) che esse sono condizioni necessarie, ma in generale non sufficienti, per studiare l'equilibrio di un sistema non rigido. La situazione è completamente differente nel caso di un singolo corpo rigido. Così come in statica (vedi Teorema 9.12), dimostreremo ora che anche in dinamica le equazioni cardinali forniscono condizioni anche sufficienti per la determinazione della dinamica del corpo rigido.

Osserviamo che nel caso di un corpo rigido libero nello spazio i gradi di libertà (qualunque sia il numero di punti che costituisce il corpo) sono sei. Solitamente è suggerito scegliere come parametri liberi le coordinate del baricentro (x_G, y_G, z_G) rispetto a un opportuno osservatore fisso e, localmente, i tre angoli di Eulero, $\Theta = \{\theta, \phi, \psi\}$, che permettono di individuare l'orientamento, rispetto alla terna fissa, di una terna mobile, a disposizione di un osservatore solidale al corpo (vedi §2.2).

Teorema 12.3 (Condizione necessaria e sufficiente per la dinamica di un corpo rigido libero) *Le equazioni cardinali della dinamica forniscono due equazioni vettoriali, oppure sei equazioni scalari, necessarie e sufficienti per determinare la dinamica di un singolo corpo rigido libero.*

Dimostrazione In assenza di reazioni vincolari e prendendo come polo dei momenti il baricentro G, le (12.1) e (12.2) forniscono il sistema

$$\begin{cases} m\ddot{x}_G = R_x^{(e)}(G, \mathbf{v}_G, \Theta, \dot{\Theta}, t) \\ m\ddot{y}_G = R_y^{(e)}(G, \mathbf{v}_G, \Theta, \dot{\Theta}, t) \\ m\ddot{z}_G = R_z^{(e)}(G, \mathbf{v}_G, \Theta, \dot{\Theta}, t) \\ I_1\dot{\omega}_1 - (I_2 - I_3)\omega_2\omega_3 = M_1^{(e)}(G, \mathbf{v}_G, \Theta, \dot{\Theta}, t) \\ I_2\dot{\omega}_2 - (I_3 - I_1)\omega_3\omega_1 = M_2^{(e)}(G, \mathbf{v}_G, \Theta, \dot{\Theta}, t) \\ I_3\dot{\omega}_3 - (I_1 - I_2)\omega_1\omega_2 = M_3^{(e)}(G, \mathbf{v}_G, \Theta, \dot{\Theta}, t), \end{cases} \qquad (12.3)$$

dove abbiamo sottolineato che le forze esterne sono ora attive. Le tre componenti $(\omega_1, \omega_2, \omega_3)$ della velocità angolare si possono esprimere in funzione degli angoli di Eulero e delle loro derivate prime (vedi §3.5). In particolare, la (3.14) dimostra che la relazione che lega le componenti di $\boldsymbol{\omega}$ alle derivate $\dot{\Theta}$ è lineare, con coefficienti che dipendono dagli angoli Θ. Un'ulteriore derivata permette di mostrare che le componenti $(\dot{\omega}_1, \dot{\omega}_2, \dot{\omega}_3)$ dipendono linearmente dalle derivate *seconde* $\ddot{\Theta}$. Di conseguenza è possibile riscrivere le equazioni di Eulero esclusivamente in termini degli angoli di Eulero, e delle loro derivate prime e seconde (oltreché ovviamente in termini di coordinate e velocità del baricentro). Ulteriori manipolazioni algebriche (che rimandiamo al §12.1.1) consentono infine di esplicitare le ultime tre equazioni in (12.3) in termini delle derivate seconde $\ddot{\Theta}$.

In altre parole, il sistema di equazioni (12.3) è formato da *sei* equazioni scalari differenziali ordinarie del secondo ordine nelle *sei* incognite $\{x_G(t), y_G(t), z_G(t);$ $\theta(t), \phi(t), \psi(t)\}$ ed è riscrivibile in *forma normale*, ovvero le derivate seconde delle funzioni incognite possono essere espresse direttamente e univocamente in termini dei valori delle funzioni incognite, delle loro derivate prime, ed eventualmente del tempo. Supponendo, inoltre, che le funzioni a secondo membro di (12.3), che rappresentano i vettori caratteristici della sollecitazione esterna, siano sufficientemente regolari nelle variabili da cui dipendono, è possibile assicurare che sono verificate le ipotesi per la validità del Teorema di Cauchy (vedi §8.2). Questo significa che il sistema composto dalle equazioni in (12.3), *equivalente alle equazioni cardinali*, ammette una e una sola soluzione una volta che risultino fissate le condizioni iniziali $G(t_0) = G_0$, $\mathbf{v}_G(t_0) = \mathbf{v}_0$, $\Theta(t_0) = \Theta_0$, $\dot{\Theta}(t_0) = \dot{\Theta}_0$, che peraltro sono le condizioni che permettono di determinare la posizione e l'atto di moto di tutti i punti del corpo rigido all'istante prefissato $t = t_0$.

In conclusione, le equazioni cardinali della dinamica del corpo rigido libero (così come già quelle della statica) risultano essere non solo condizioni necessarie, ma anche sufficienti per conoscere tutti e soli i moti compatibili con la sollecitazione esterna. □

Osservazione 12.4 Si faccia attenzione al fatto che le equazioni cardinali (12.3) sono scritte in un sistema di riferimento inerziale. Ora, mentre la prima equazione viene anche proiettata lungo gli assi dello stesso sistema di riferimento, la seconda equazione cardinale viene proiettata lungo gli assi del riferimento (non inerziale) solidale, avente come terna gli assi principali centrali del corpo rigido. Ciò consente di poter sfruttare la forma diagonale e la non dipendenza dal tempo delle componenti della matrice d'inerzia.   □

Analizziamo di seguito alcune delle conseguenze della sufficienza delle equazioni cardinali della dinamica per un singolo corpo rigido libero.

Sollecitazioni equivalenti
Nelle equazioni (12.3) il sistema delle forze esterne compare solo attraverso i suoi vettori caratteristici (risultante e momento risultante). Di conseguenza, due sollecitazioni esterne equivalenti determinano per un dato corpo rigido la stessa dinamica (ovvero gli stessi moti). In realtà, è proprio questa osservazione l'origine della definizione usuale di equivalenza tra sistemi di forze. Tale definizione sottintende che le due sollecitazioni si intendono equivalenti ai fini dello studio della dinamica di un corpo rigido. Per esempio, solo studiando un corpo rigido è possibile sostituire alla sollecitazione peso, che essendo una sollecitazione di volume è diffusa in ogni punto del corpo, il relativo risultante applicato nel baricentro. Per un sistema materiale generico questa sostituzione varierebbe i moti risultanti.

Ruolo delle forze interne
Conseguenza diretta dell'osservazione precedente è che ogni sistema di forze equilibrato può essere trascurato, nel senso che può essere sostituito con il sistema nullo. In particolare, *la dinamica e la statica dei corpi rigidi non sono influenzate in alcun modo dalle forze interne*. Infatti, queste ultime formano un sistema equilibrato in virtù del Principio di azione e reazione. Osserviamo che le forze interne non compaiono nelle equazioni cardinali della dinamica di nessun sistema, sia esso rigido o meno. La particolarità del singolo corpo rigido sta nel fatto che le equazioni cardinali contengono tutta la informazione necessaria per determinare il moto, mentre in sistemi generici è necessario completarle con altre equazioni che, in generale, dipenderanno dalle forze interne.

Prima di procedere riteniamo utile chiarire meglio il senso dell'affermazione precedente riguardo alla possibilità di trascurare le forze interne ai fini della meccanica di un singolo corpo rigido. Più precisamente, dovremmo sostenere che *la dinamica e la statica dei corpi rigidi non sono influenzate in alcun modo dalle forze interne, fintantoché il vincolo di rigidità sussista*. Quest'ultimo chiarimento è necessario onde evitare di pensare che, per esempio, sia possibile sostituire il sistema di reazioni vincolari interne che garantiscono il vincolo di rigidità con il sistema nullo. Se facessimo ciò, il sistema non sarebbe più rigido e la proprietà precedente riguardante l'equivalenza delle forze applicate verrebbe meno! Al contrario, un modo corretto di interpretare la presente proprietà è il seguente: non ha senso porsi la domanda riguardo a quali vincoli particolari (aste, cerniere) fissino le distanze tra i punti di un corpo rigido, garantendo il vincolo di rigidità. Infatti, due sistemi qualunque saranno comunque equilibrati, e quindi equivalenti.

Corpi rigidi equivalenti

Le equazioni cardinali (12.3) implicano un'altra significativa relazione di equivalenza, questa volta tra corpi rigidi. Consideriamo due corpi rigidi di pari massa e pari momenti principali centrali di inerzia. Se sottoponiamo questi due sistemi a due sistemi di forze identici (o, meglio, equivalenti), entrambi avranno le stesse equazioni di moto, e quindi eseguiranno moti identici a parità di condizioni iniziali. Infatti, massa e momenti principali centrali di inerzia sono le uniche caratteristiche costitutive del corpo rigido che entrano nelle (12.3).

Le proprietà di equivalenza appena sottolineate (tra sistemi di forze e tra corpi rigidi) hanno un fondamentale interesse applicativo. Supponiamo infatti di voler simulare il comportamento di un corpo rigido, di forma e composizione qualunque, sottoposto a un dato sistema di forze. Poche semplici prove consentono di misurare la sua massa e i suoi momenti principali centrali di inerzia. A questo punto è possibile sostituire il sistema con un semplice provino equivalente (per esempio, un parallelepipedo i cui lati vengano determinati dalle richieste sui momenti d'inerzia) e sottoporre il provino al sistema di forze originale (o a uno equivalente, se ciò semplifica ulteriormente la prova). Le (12.3) confermano che i risultati dinamici dell'esperimento simuleranno perfettamente il comportamento del corpo rigido originale.

Teorema dell'energia cinetica

Poiché le equazioni cardinali sono necessarie e sufficienti per determinare il moto di un corpo rigido, è evidente che da esse deve essere possibile dedurre *ogni* affermazione che ne riguardi la dinamica. Consideriamo ad esempio il teorema dell'energia cinetica.

Proposizione 12.5 *Per un corpo rigido il Teorema dell'energia cinetica è diretta conseguenza delle equaziono cardinali.*

Dimostrazione Moltiplichiamo scalarmente la prima equazione cardinale (11.1) per $\mathbf{v}_G$ e la seconda equazione cardinale (11.3) (prendendo come polo il baricentro) per $\boldsymbol{\omega}$. Se poi sommiamo le equazioni ottenute otteniamo:

$$m\mathbf{a}_G \cdot \mathbf{v}_G = \mathbf{R}^{(e)} \cdot \mathbf{v}_G$$
$$\dot{\mathbf{K}}_G \cdot \boldsymbol{\omega} = \mathbf{M}_G^{(e)} \cdot \boldsymbol{\omega} \qquad (12.4)$$
$$m\mathbf{a}_G \cdot \mathbf{v}_G + \dot{\mathbf{K}}_G \cdot \boldsymbol{\omega} = \mathbf{R}^{(e)} \cdot \mathbf{v}_G + \mathbf{M}_G^{(e)} \cdot \boldsymbol{\omega} \,.$$

Il membro destro della (12.4) coincide esattamente con la potenza delle forze esterne in base alla (7.32). Se ricordiamo poi che la potenza delle forze interne è nulla in un atto di moto rigido (vedi la relazione (8.9)₂ che compare nel Teorema 8.7), deduciamo che il membro destro della (12.4) coincide esattamente con la potenza di tutte le forze agenti sul corpo.

Al fine di dimostrare che il membro sinistro della (12.4) coincide con $\dot{T}$, dobbiamo notare preliminarmente che in base alla (6.20) si ha

$$\dot{\mathbf{K}}_G \cdot \boldsymbol{\omega} = \underbrace{\mathbf{I}_G \dot{\boldsymbol{\omega}} \cdot \boldsymbol{\omega}}_{\mathbf{I}_G = \mathbf{I}_G^T} + \underbrace{\boldsymbol{\omega} \wedge \mathbf{I}_G \boldsymbol{\omega} \cdot \boldsymbol{\omega}}_{\mathbf{0}} = \dot{\boldsymbol{\omega}} \cdot \mathbf{I}_G \boldsymbol{\omega} = \dot{\boldsymbol{\omega}} \cdot \mathbf{K}_G \,, \qquad (12.5)$$

dove abbiamo usato la proprietà (A.24) che garantisce che ogni trasformazione simmetrica (come $\mathbf{I}_G$) soddisfa $\mathbf{I}_G \mathbf{u} \cdot \mathbf{v} = \mathbf{u} \cdot \mathbf{I}_G \mathbf{v}$ qualunque siano i vettori $\mathbf{u}, \mathbf{v}$. La (12.5) implica che

$$\dot{\mathbf{K}}_G \cdot \boldsymbol{\omega} = \frac{1}{2}\Big(\dot{\mathbf{K}}_G \cdot \boldsymbol{\omega} + \dot{\mathbf{K}}_G \cdot \boldsymbol{\omega}\Big) = \frac{1}{2}\Big(\dot{\mathbf{K}}_G \cdot \boldsymbol{\omega} + \mathbf{K}_G \cdot \dot{\boldsymbol{\omega}}\Big) = \frac{d}{dt}\Big(\frac{1}{2}\mathbf{K}_G \cdot \boldsymbol{\omega}\Big).$$

D'altra parte,

$$m\mathbf{a}_G \cdot \mathbf{v}_G = m\frac{d\mathbf{v}_G}{dt} \cdot \mathbf{v}_G = \frac{d}{dt}\Big(\frac{1}{2}m\mathbf{v}_G \cdot \mathbf{v}_G\Big),$$

e quindi in base alla (6.26) il membro sinistro della (12.4) risulta pari a

$$m\mathbf{a}_G \cdot \mathbf{v}_G + \dot{\mathbf{K}}_G \cdot \boldsymbol{\omega} = \frac{d}{dt}\Big(\frac{1}{2}mv_G^2 + \frac{1}{2}\mathbf{K}_G \cdot \boldsymbol{\omega}\Big) = \dot{T} \,.$$

e questo completa la dimostrazione.   □

12.1.1 Equazioni di Eulero

Il Teorema che garantisce la necessità e sufficienza delle equazioni cardinali (12.3) richiede che sia possibile scrivere le equazioni di Eulero (12.2) in forma normale rispetto agli angoli di Eulero, vale a dire esplicitate rispetto alle loro derivate seconde. Il legame tra velocità angolare e angoli di Eulero segue dalla (3.14):

$$\omega_1 = \dot{\theta}\cos\phi + \dot{\psi}\sin\phi\sin\theta \,, \qquad \omega_2 = -\dot{\theta}\sin\phi + \dot{\psi}\cos\phi\sin\theta \,,$$
$$\omega_3 = \dot{\psi}\cos\theta + \dot{\phi} \,. \qquad\qquad\qquad\qquad\qquad\qquad\qquad\qquad (12.6)$$

Derivando rispetto al tempo otteniamo

$$\dot{\omega}_1 = \ddot{\theta}\cos\phi + \ddot{\psi}\sin\phi\sin\theta - \dot{\theta}\dot{\phi}\sin\phi + \dot{\psi}\Big(\dot{\phi}\cos\phi\sin\theta + \dot{\theta}\sin\phi\cos\theta\Big)$$
$$\dot{\omega}_2 = -\ddot{\theta}\sin\phi + \ddot{\psi}\cos\phi\sin\theta - \dot{\theta}\dot{\phi}\cos\phi + \dot{\psi}\Big(\dot{\theta}\cos\phi\cos\theta - \dot{\phi}\sin\phi\sin\theta\Big)$$
$$\dot{\omega}_3 = \ddot{\psi}\cos\theta + \ddot{\phi} - \dot{\psi}\dot{\theta}\sin\theta \qquad\qquad\qquad\qquad\qquad\qquad\qquad (12.7)$$

Quando sostituiamo le (12.6)–(12.7) nelle equazioni di Eulero (12.2) osserviamo
che le derivate seconde degli angoli di Eulero compaiono esclusivamente nelle
(12.7). È quindi possibile riscrivere le (12.2) nella forma

$$\mathbf{A}\begin{pmatrix}\ddot{\theta}\\\ddot{\psi}\\\ddot{\phi}\end{pmatrix} = \mathbf{b}\,, \tag{12.8}$$

dove

$$\mathbf{A} = \begin{pmatrix}\cos\phi & \sin\phi\sin\theta & 0\\ -\sin\phi & \cos\phi\sin\theta & 0\\ 0 & \cos\theta & 1\end{pmatrix}, \tag{12.9}$$

e le componenti del vettore a secondo membro di (12.8) nel sistema di riferimento
solidale sono date da

$$\mathbf{b} = \begin{pmatrix}\dfrac{M_1^{(e)}}{I_1} + \dfrac{I_2 - I_3}{I_1}\omega_2\omega_3 + \dot{\theta}\dot{\phi}\sin\phi - \dot{\psi}\left(\dot{\phi}\cos\phi\sin\theta + \dot{\theta}\sin\phi\cos\theta\right)\\[2mm] \dfrac{M_2^{(e)}}{I_2} + \dfrac{I_3 - I_1}{I_2}\omega_1\omega_3 + \dot{\theta}\dot{\phi}\cos\phi - \dot{\psi}\left(\dot{\theta}\cos\phi\cos\theta - \dot{\phi}\sin\phi\sin\theta\right)\\[2mm] \dfrac{M_3^{(e)}}{I_3} + \dfrac{I_1 - I_2}{I_3}\omega_1\omega_2 + \dot{\psi}\dot{\theta}\sin\theta\end{pmatrix}$$

dove le componenti $M_i^{(e)}$ del momento delle forze esterne sono funzioni di $(\Theta, \dot{\Theta}, t)$
Il determinante della matrice $\mathbf{A}$ definita nella (12.9) è

$$\det\mathbf{A} = \cos^2\phi\sin\theta + \sin^2\phi\sin\theta = \sin\theta\,,$$

e poiché per definizione l'angolo di nutazione θ deve essere strettamente compreso
tra 0 e π si deduce che effettivamente (nella regione di spazio dove è possibile
introdurre gli angoli di Eulero) $\det\mathbf{A} \neq 0$ e quindi esiste la matrice inversa $\mathbf{A}^{-1}$.
L'esistenza di questa inversa garantisce la possibilità di scrivere le equazioni di
Eulero nella *forma normale*

$$\ddot{\Theta} = \mathbf{A}^{-1}(\Theta, \dot{\Theta}, t)\mathbf{b}(\Theta, \dot{\Theta}, t)$$

12.2   Moti alla Poinsot

Le equazioni cardinali della dinamica del corpo rigido possono essere studiate in
gran dettaglio in un caso particolare, che comprende il moto di un corpo rigido
isolato.

Definizione 12.6 (Moto alla Poinsot) *Il moto di un corpo rigido si dice* alla Poinsot *se esiste un punto Q,* fisso *oppure coincidente con il baricentro, tale che il momento delle forze esterne rispetto a Q sia nullo a tutti gli istanti:* $\mathbf{M}_Q^{(e)} = \mathbf{0}$.

Un moto alla Poinsot può realizzarsi in svariati modi. Il primo e più ovvio è rappresentato dal moto di un corpo rigido isolato, vale a dire libero e non sottoposto ad alcuna forza attiva (in questo caso Q coincide con il baricentro G). Alternativamente, si realizzano moti alla Poinsot anche in corpi rigidi non isolati, purché il sistema di forze esterne sia equivalente al suo risultante applicato in un punto, che può essere fisso, oppure coincidente con il baricentro. Due casi particolari di tali situazioni sono rappresentati dalla forza peso (e ancora $Q \equiv G$), e dal moto per inerzia (vale a dire in assenza di forze attive) di un corpo rigido con un punto fisso Q.

Nel moto alla Poinsot le equazioni di Eulero sono sufficienti a determinare l'evoluzione dell'orientamento del corpo rigido. Successivamente, il moto del baricentro può essere ricavato dalla prima equazione cardinale. Per esempio, se il corpo rigido è isolato, il baricentro si muoverà di moto rettilineo uniforme, mentre nel caso del corpo rigido libero pesante il baricentro si muoverà secondo la legge $m\mathbf{a}_G = m\mathbf{g}$, vale a dire effettuerà un moto uniformemente accelerato (con traiettoria rettilinea o parabolica, a seconda dalle condizioni iniziali).

Ciò che rende interessante il moto alla Poinsot è comunque la possibilità di ricavare numerose informazioni riguardo all'evoluzione della velocità angolare dalle equazioni di Eulero.

Proposizione 12.7 (Integrale del momento delle quantità di moto) *Nel moto alla Poinsot di un corpo rigido si conserva il momento delle quantità di moto rispetto al polo Q:* $\mathbf{K}_Q = \mathbf{I}_Q \boldsymbol{\omega} \equiv costante = \mathbf{K}_0$.

Dimostrazione La proprietà segue banalmente dalla seconda equazione cardinale della dinamica, riferita a Q:

$$\dot{\mathbf{K}}_Q = \mathbf{M}_Q^{(e)} = \mathbf{0} \qquad \Longrightarrow \qquad \mathbf{K}_Q \equiv costante. \qquad \square$$

Osservazione 12.8 La costanza del momento delle quantità di moto non implica in generale la costanza della velocità angolare, nonostante sia $\mathbf{K}_Q = \mathbf{I}_Q \boldsymbol{\omega}$. I moti alla Poinsot in cui anche la velocità angolare si conserva verranno analizzati in dettaglio tra breve (vedi §12.2.1). $\qquad \square$

Sottolineiamo inoltre che la conservazione di $\mathbf{K}_Q$ non implica affatto la conservazione di $\mathbf{K}_A$ rispetto a un polo generico A. Se per esempio consideriamo il caso $Q \equiv G$, la (6.15) e l'ipotesi che sia $\dot{\mathbf{K}}_G = \mathbf{0}$ implica

$$\dot{\mathbf{K}}_A = \frac{d}{dt}\big(m\,AG \wedge \mathbf{v}_G + \mathbf{K}_G\big) = \frac{d}{dt}\big(m\,AG \wedge \mathbf{v}_G\big).$$

Proposizione 12.9 (Integrale dell'energia cinetica) *Nel moto alla Poinsot di un corpo rigido si conserva la quantità* $T_0 = \frac{1}{2}\mathbf{I}_Q \boldsymbol{\omega} \cdot \boldsymbol{\omega} = \frac{1}{2}\mathbf{K}_Q \cdot \boldsymbol{\omega}$. *Nel caso Q sia* *un punto fisso tale quantità coincide con l'energia cinetica del corpo rigido, mentre se $Q \equiv G$ essa rappresenta l'energia cinetica misurata nel moto relativo al baricentro $T_{\text{rel}}^{(G)}$.*

Dimostrazione La conservazione di T_0 si ricava dal Teorema dell'energia cinetica. Se infatti Q è un punto fisso, abbiamo $T_0 = T$, e facendo uso della (7.32) otteniamo

$$\dot{T} = \Pi = \underbrace{\mathbf{v}_Q}_{0} \cdot \mathbf{R} + \boldsymbol{\omega} \cdot \underbrace{\mathbf{M}_Q}_{0} = 0,$$

in quanto il momento di tutte le forze $\mathbf{M}_Q$ coincide con quello delle forze esterne, nullo per ipotesi di moto alla Poinsot. Se invece $Q \equiv G$, consideriamo il sistema di riferimento relativo al baricentro, nel quale T_0 coincide con $T^{(G)}$, e si ha

$$\dot{T}^{(G)} = \Pi^{(G)} = \mathbf{R} \cdot \underbrace{\mathbf{v}_G^{(G)}}_{=0} + \underbrace{\mathbf{M}_G}_{=0} \cdot \boldsymbol{\omega}^{(G)} = 0,$$

poiché $\mathbf{v}_G^{(G)}$ rappresenta la velocità del baricentro rispetto a sé stesso. $\square$

Risulta utile esprimere i due integrali primi ricavati nelle Proposizioni 12.7 e 12.9 in termini delle componenti della velocità angolare nella terna $\{\mathbf{e}_1, \mathbf{e}_2, \mathbf{e}_3\}$, composta da assi principali d'inerzia rispetto a Q. Detti $\{I_1, I_2, I_3\}$ i rispettivi momenti principali d'inerzia, sempre calcolati rispetto a Q, e posto $\boldsymbol{\omega} = \omega_1\mathbf{e}_1 + \omega_2\mathbf{e}_2 + \omega_3\mathbf{e}_3$, otteniamo:

$$I_1^2\omega_1^2 + I_2^2\omega_2^2 + I_3^2\omega_3^2 = K_0^2 \tag{12.10}$$

$$I_1\omega_1^2 + I_2\omega_2^2 + I_3\omega_3^2 = 2T_0 \tag{12.11}$$

Tali integrali primi consentono di dimostrare che la componente della velocità angolare $\boldsymbol{\omega}$ lungo la direzione (fissa) individuata da $\mathbf{K}_0$ è costante:

$$\omega_{K_0} = \frac{\boldsymbol{\omega} \cdot \mathbf{K}_0}{K_0} = \frac{2T_0}{K_0}.$$

Non è comunque possibile affermare in generale che l'*angolo* determinato da $\boldsymbol{\omega}$ con la direzione fissa del momento sia costante, in quanto non è detto che il modulo della velocità angolare sia costante.

L'esistenza dei due integrali primi indipendenti (12.10)–(12.11) permette di determinare analiticamente l'integrale generale delle equazioni di Eulero (12.2) poiché nel moto alla Poinsot queste ultime, diventando omogenee, sono tre equazioni differenziali *del primo ordine* nelle incognite $(\omega_1(t), \omega_2(t), \omega_3(t))$. Tale integrazione analitica richiede però l'uso di funzioni speciali nel caso generale in cui i momenti principali di inerzia siano tutti diversi tra loro. Di conseguenza, invece di cercare di determinare tale integrale generale, restringeremo nel prosego la nostra attenzione a particolari classi di soluzioni che possiedono tuttavia un ben preciso significato meccanico.

Figura 12.1 In un moto alla Poinsot il momento delle quantità di moto $\mathbf{K}_Q$ è costante nel tempo, ma in generale non la velocità angolare $\boldsymbol{\omega}$, che si mantiene costante se e solo se è diretta come uno degli assi principali d'inerzia (rotazioni permanenti)

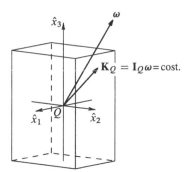

12.2.1   Rotazioni permanenti

Abbiamo già sottolineato che gli integrali primi ricavati nel moto alla Poinsot non garantiscono che anche la velocità angolare si conservi. In particolare, dimostreremo ora che non tutti i moti di corpi rigidi isolati si svolgono in generale a velocità angolare costante.

Definizione 12.10 (Rotazione permanente)   *Chiameremo* rotazioni permanenti *i moti alla Poinsot con velocità angolare costante.*

Teorema 12.11 (Caratterizzazione delle rotazioni permanenti)   *Un moto alla Poinsot è una rotazione permanente se e solo se la velocità angolare iniziale è parallela a un asse principale d'inerzia rispetto a Q.*

Dimostrazione   Il risultato segue dall'espressione della derivata (6.20): $\dot{\mathbf{K}}_Q = \mathbf{I}_Q\dot{\boldsymbol{\omega}} + \boldsymbol{\omega} \wedge \mathbf{I}_Q\boldsymbol{\omega}$. Poiché ora $\dot{\mathbf{K}}_Q = \mathbf{0}$ avremo

$$\dot{\boldsymbol{\omega}} = \mathbf{0} \quad \Longleftrightarrow \quad \boldsymbol{\omega} \wedge \mathbf{I}_Q\boldsymbol{\omega} = \mathbf{0} \quad \Longleftrightarrow \quad \mathbf{I}_Q\boldsymbol{\omega} \parallel \boldsymbol{\omega} \, .$$

La richiesta $\mathbf{I}_Q\boldsymbol{\omega} \parallel \boldsymbol{\omega}$ impone che $\boldsymbol{\omega}$ sia un autovettore di $\mathbf{I}_Q$. Ma sappiamo (vedi §5.4.3) che gli autovettori di $\mathbf{I}_Q$ non sono altro che le direzioni principali, da cui segue la tesi. $\square$

Quindi in un moto di questo tipo la velocità angolare si mantiene costante se e solo se è parallela a un asse principale d'inerzia (Fig. 12.1). Sottolineiamo che la richiesta sulla condizione iniziale che caratterizza le rotazioni permanenti riguarda esclusivamente la direzione di $\boldsymbol{\omega}$. In altre parole, queste rotazioni possono avvenire con intensità arbitraria del vettore velocità angolare (pari, ovviamente, all'intensità iniziale).

Esempio 12.12 (Moti alla Poinsot di corpi rigidi sferici) Consideriamo un corpo rigido con la proprietà che i tre momenti principali di inerzia rispetto a Q siano uguali:

$$I_1 = I_2 = I_3 = I \, . \tag{12.12}$$

Se $Q \equiv G$, un tale corpo potrebbe essere una sfera o un cubo omogeneo, ma anche un cono circolare di altezza pari al diametro di base (si veda l'Esempio 5.15). In ogni caso, la richiesta (12.12) impone che l'ellissoide d'inerzia sia una sfera, e che la corrispondente matrice di inerzia sia un multiplo dell'identità. In particolare, tutte le direzioni sono principali, in quanto $\mathbf{I}_Q \boldsymbol{\omega} = I \boldsymbol{\omega}$, qualunque sia la direzione di $\boldsymbol{\omega}$. Di conseguenza possiamo affermare che *tutti i moti alla Poinsot di un corpo che soddisfi la* (12.12) *sono rotazioni permanenti.*   □

12.2.2   Stabilità delle rotazioni permanenti

È evidentemente molto difficile che la velocità angolare iniziale sia *esattamente* diretta secondo un asse principale centrale d'inerzia. Nella pratica potremo solo aspettarci che la velocità angolare iniziale sia *approssimativamente* parallela a uno di questi assi. È quindi legittimo e ragionevole porci la seguente domanda: se all'istante iniziale la velocità angolare è quasi parallela a un asse principale d'inerzia, possiamo aspettarci che durante il moto essa si mantenga approssimativamente costante? Si tratta in sostanza di un problema di stabilità, del quale presentiamo una breve trattazione.

Definizione 12.13 (Rotazione permanente stabile)   *Sia $\tilde{\boldsymbol{\omega}}$ una rotazione permanente di un moto alla Poinsot di un corpo rigido (tale che, dunque, la condizione iniziale $\boldsymbol{\omega}(t_0) = \tilde{\boldsymbol{\omega}}$ implica $\boldsymbol{\omega}(t) = \tilde{\boldsymbol{\omega}}$ per ogni $t \geq t_0$). Tale rotazione si dice stabile se per ogni $\varepsilon > 0$ è possibile determinare un $\delta_\varepsilon > 0$ tale che*

$$\left| \boldsymbol{\omega}(t_0) - \tilde{\boldsymbol{\omega}} \right| < \delta_\varepsilon \quad \Longrightarrow \quad \left| \boldsymbol{\omega}(t) - \tilde{\boldsymbol{\omega}} \right| < \varepsilon \quad \text{per ogni } t \geq t_0 \, .$$

In altre parole, una rotazione permanente si dice stabile quando, fissata una tolleranza ε, è possibile determinare una necessaria precisione δ_ε (ovviamente dipendente dalla tolleranza) tale che tutti i moti che iniziano con $\boldsymbol{\omega}(t_0)$ sufficientemente precisa (vale a dire distante meno di δ_ε dalla rotazione permanente) possiedono per sempre una velocità angolare che non si allontana da $\tilde{\boldsymbol{\omega}}$ più della tolleranza.

Teorema 12.14 (Stabilità delle rotazioni permanenti)   *Sia $\{\mathbf{e}_1, \mathbf{e}_2, \mathbf{e}_3\}$ una base di assi principali d'inerzia rispetto a Q di un corpo rigido, e siano $I_1 \leq I_2 \leq I_3$ i corrispondenti momenti principali d'inerzia. Nel caso particolare $I_1 = I_2 = I_3$ tutte le rotazioni permanenti sono stabili. In ogni altro caso, le rotazioni permanenti in cui la velocità angolare è parallela a $\mathbf{e}_2$ non sono stabili. Le rotazioni permanenti in cui la velocità angolare è parallela a $\mathbf{e}_1$ (risp. $\mathbf{e}_3$) sono stabili se e solo se $I_1 < I_2$ (risp. $I_2 < I_3$).*

Il Teorema appena enunciato afferma quindi che le direzioni attorno a cui si possono effettuare rotazioni permanenti stabili sono due, nel caso generale in cui i momenti principali d'inerzia siano tutti diversi. Se due momenti coincidono, solo l'asse con momento diverso rimane stabile, mentre nel caso di ellissoide sferico ogni rotazione permanente è stabile.

Dimostrazione Rimandiamo l'analisi completa dei casi degeneri corrispondenti a ellissoidi sferici o giroscopici agli Esempi 12.15 e 12.19, e dimostriamo la stabilità delle rotazioni attorno ad assi paralleli a $\mathbf{e}_3$ nel caso sia $I_1 \leq I_2 < I_3$.

Posti $\boldsymbol{\omega} = \omega_1 \mathbf{e}_1 + \omega_2 \mathbf{e}_2 + \omega_3 \mathbf{e}_3$ e $\mathbf{K}_Q = I_1 \omega_1 \mathbf{e}_1 + I_2 \omega_2 \mathbf{e}_2 + I_3 \omega_3 \mathbf{e}_3$, ci aspettiamo che $\boldsymbol{\omega} \approx \omega_3 \mathbf{e}_3$ e $\mathbf{K}_Q \approx I_3 \omega_3 \mathbf{e}_3 \approx I_3 \boldsymbol{\omega}$. Valutiamo allora la differenza

$$\left| \boldsymbol{\omega} - \frac{\mathbf{K}_Q}{I_3} \right| = \frac{1}{I_3} \sqrt{(I_3 - I_1)^2 \omega_1^2 + (I_3 - I_2)^2 \omega_2^2} \leq \frac{I_3 - I_1}{I_3} \sqrt{\omega_1^2 + \omega_2^2} , \quad (12.13)$$

dove abbiamo usato l'informazione $|I_3 - I_2| \leq |I_3 - I_1|$. Osserviamo che nella (12.13) stiamo valutando di quanto $\boldsymbol{\omega}$ si scosti dalla quantità (costante in un moto alla Poinsot) $\mathbf{K}_Q / I_3$. Se, in pratica, riusciamo a dimostrare che il membro destro rimane piccolo a tutti i tempi, tale sarà la distanza di $\boldsymbol{\omega}(t)$ da una costante, e avremo dimostrato la stabilità della rotazione permanente considerata. Il nostro scopo è quindi ora quello di dimostrare che, per ogni dato $\varepsilon > 0$, se i valori iniziali $|\omega_1(t_0)|, |\omega_2(t_0)|$ sono sufficientemente piccoli (minori di δ_ε), le quantità $|\omega_1(t)|, |\omega_2(t)|$ si manterranno minori di ε. In questo modo dalla disuguaglianza (12.13) potremo dedurre che la velocità angolare $\boldsymbol{\omega}(t)$, scostandosi di una quantità piccola da $\mathbf{K}_Q / I_3$, si mantiene *quasi* costante.

Consideriamo i due integrali primi (12.10)–(12.11). Moltiplichiamo la (12.11) per I_3 e sottraiamo da quanto ottenuto la (12.10). In questo modo si ha

$$I_1(I_3 - I_1)\omega_1^2 + I_2(I_3 - I_2)\omega_2^2 = 2I_3 T_0 - K_0^2 . \quad (12.14)$$

Osserviamo che il membro destro $2I_3 T_0 - K_0^2$ non può essere negativo, in quanto nel membro sinistro si sommano quantità non negative. Inoltre, tale termine può annullarsi solo nel caso banale $\omega_1 = \omega_2 = 0$, che corrisponde alla rotazione permanente che stiamo perturbando. Definite le costanti

$$a^2 = \frac{2I_3 T_0 - K_0^2}{I_1(I_3 - I_1)} \qquad \text{e} \qquad b^2 = \frac{2I_3 T_0 - K_0^2}{I_2(I_3 - I_2)} ,$$

possiamo allora riscrivere la (12.14) più semplicemente come

$$\frac{\omega_1^2}{a^2} + \frac{\omega_2^2}{b^2} = 1 . \quad (12.15)$$

La relazione (12.15) afferma che nel piano $\{\mathbf{e}_1, \mathbf{e}_2\}$ il punto di coordinate cartesiane $(\omega_1(t), \omega_2(t))$ percorre un'*ellisse* centrata nell'origine i cui semiassi a, b dipendono dai momenti principali d'inerzia, nonché dai dati iniziali del moto (attraverso gli integrali primi T_0, K_0). Al fine di garantire che $|\omega_1(t)|$, $|\omega_2(t)|$ siano minori di ε per ogni t basta allora scegliere i dati iniziali in modo che a, b siano minori di ε. Ciò è possibile, in quanto la quantità $2I_3T_0 - K_0^2$ può essere resa piccola a piacere (grazie alla (12.14)) scegliendo sufficientemente piccoli $|\omega_1(t_0)|$, $|\omega_2(t_0)|$. Ciò dimostra che le rotazioni permanenti intorno all'asse indicato dal versore $\mathbf{e}_3$ sono stabili: se inizialmente la velocità angolare ω ha componenti perpendicolari a $\mathbf{e}_3$ sufficientemente piccole essa si manterrà approssimativamente costante.

Un ragionamento sostanzialmente analogo consente, nel caso $I_1 < I_2 \le I_3$, di dimostrare che le rotazioni permanenti con asse parallelo a $\mathbf{e}_1$ sono stabili.

La situazione cambia radicalmente quando vogliamo studiare la stabilità delle rotazioni di asse parallelo a $\mathbf{e}_2$. Infatti, in questo caso, l'equazione equivalente alla (12.15) è caratterizzata dalla presenza di un segno meno fra i due termini al membro sinistro (a causa del valore delle differenze fra i tre momenti d'inerzia). Di conseguenza, è possibile mostrare che il punto (ω_1, ω_3) (che rappresenta le due componenti della velocità angolare che si vorrebbero piccole per garantire stabilità alla rotazione attorno a $\mathbf{e}_2$) deve descrivere una *iperbole*, e non più un'ellisse. Inoltre, attraverso un'opportuna dimostrazione che non riportiamo per intero, è possibile mostrare che tale punto è obbligato a percorrere un tratto finito dell'iperbole così identificata, ed in particolare porta la velocità angolare ad allontanarsi dalla rotazione permanente attorno ad $\mathbf{e}_2$. Tale rotazione è quindi *instabile*: se la velocità angolare iniziale non è *esattamente* allineata con $\mathbf{e}_2$ essa si discosterà poi sensibilmente dal valore iniziale e varierà comunque in modo significativo. □

Il fenomeno appena discusso può essere verificato sperimentalmente lanciando con le mani un corpo rigido, ad esempio un solido a forma di parallelepipedo retto (una scatola, o qualcosa di simile). Si osserva che imprimendo un atto di moto iniziale in cui la velocità angolare sia sensibilmente diretta come uno dei due assi principali con valore del momento d'inerzia massimo e minimo si ottiene un moto con velocità angolare che mantiene il proprio valore quasi costante, mentre invece nell'altro caso si osserva un moto radicalmente diverso (provare per credere ...).

Esempio 12.15 (Stabilità delle rotazioni permanenti di corpi rigidi sferici) Abbiamo osservato nell'Esempio 12.12 che tutti i moti alla Poinsot di un corpo rigido che soddisfi la relazione $I_1 = I_2 = I_3 = I$ rispetto al punto Q, sono rotazioni permanenti. Dimostrare che tutte queste rotazioni sono stabili è banale. Infatti, tutti i moti alla Poinsot sono caratterizzati da $\boldsymbol{\omega}(t) \equiv$ costante. Di conseguenza, vale la relazione $\boldsymbol{\omega}(t) \equiv \boldsymbol{\omega}(t_0)$. In particolare, se $\boldsymbol{\omega}(t_0)$ è vicina alla rotazione permanente $\tilde{\boldsymbol{\omega}}$, tale rimarrà $\boldsymbol{\omega}(t)$ per ogni $t \ge t_0$. □

12.2.3 Moti alla Poinsot di un giroscopio

Consideriamo il caso in cui l'ellissoide centrale del corpo rigido possieda struttura giroscopica ovvero, per esempio, $I_{G1} = I_{G2}$, e aggiungiamo in questo caso l'ipotesi

che il punto Q che caratterizza il moto alla Poinsot appartenga all'asse giroscopico (vedi Definizione 5.14). È evidente che tale ulteriore ipotesi sarà banalmente
verificata se $Q \equiv G$. Se invece Q appartiene all'asse giroscopico, parallelo a e_3 e
passante per G, l'ellissoide d'inerzia in Q avrà anch'esso simmetria di rotazione
attorno a e_3. Infatti, il Teorema di Huygens-Steiner (vedi §5.3), implica $I_1 = I_2$.
Assumiamo infine che il terzo momento principale centrale I_3 sia diverso dagli altri
due, onde evitare di ricadere nell'Esempio *sferico* 12.12. Le equazioni di Eulero
(12.2), specializzate per descrivere il moto alla Poinsot di un giroscopio, forniscono

$$\dot{\omega}_1 + \frac{I_3 - I_1}{I_1}\omega_3\,\omega_2 = 0\,, \qquad \dot{\omega}_2 - \frac{I_3 - I_1}{I_1}\omega_3\,\omega_1 = 0\,, \qquad \dot{\omega}_3 = 0\,. \quad (12.16)$$

La (12.16)$_3$ si integra direttamente, per fornire $\omega_3 \equiv \omega_{30}$, con ω_{30} *costante* arbitraria.
Introducendo la notazione

$$\alpha = \frac{I_3 - I_1}{I_1}\,, \qquad (12.17)$$

è possibile riscrivere le (12.16)$_{1,2}$ come il sistema di due equazioni differenziali
lineari, del primo ordine e a coefficiente costanti

$$\begin{aligned}\dot{\omega}_1 + \alpha\omega_{30}\omega_2 &= 0 \\ \dot{\omega}_2 - \alpha\omega_{30}\omega_1 &= 0\end{aligned} \implies \begin{cases}\ddot{\omega}_1 + \alpha^2\omega_{30}^2\omega_1 = 0 \\ \ddot{\omega}_2 + \alpha^2\omega_{30}^2\omega_2 = 0\end{cases} \quad (12.18)$$

Il sistema (12.18) si integra in modo banale e fornisce la soluzione delle (12.16):

$$\omega_1(t) = \omega_0\cos(\alpha\omega_{30}t + \phi)\,, \qquad \omega_2(t) = \omega_0\sin(\alpha\omega_{30}t + \phi)\,, \qquad \omega_3(t) = \omega_{30}\,, \quad (12.19)$$

dove le costanti di integrazione ω_0, ϕ e ω_{30} devono essere determinate per mezzo
delle condizioni iniziali, ovvero fissando l'atto di moto del corpo all'istante iniziale.

Proposizione 12.16 (Costanti del moto) *La velocità angolare in un moto alla
Poinsot di un giroscopio si può esprimere come*

$$\boldsymbol{\omega} = \frac{\mathbf{K}_Q}{I_1} - \alpha\omega_{30}\mathbf{e}_3\,, \qquad (12.20)$$

*dove abbiamo usato la notazione (12.17). Di conseguenza, oltre ai due integrali
primi $\mathbf{K}_Q$ e T_0, condivisi con tutti i moti alla Poinsot, i giroscopi possiedono le
seguenti quantità conservate.*

- *Componente di $\boldsymbol{\omega}$ lungo l'asse (solidale) $\mathbf{e}_3$.*
- *Modulo della velocità angolare $|\boldsymbol{\omega}|$.*
- *Angolo di $\boldsymbol{\omega}$ con l'asse (fisso) del momento $\mathbf{K}_Q$, e con l'asse (solidale) $\mathbf{e}_3$.*

Dimostrazione   Posto ancora una volta $\boldsymbol{\omega} = \omega_1\mathbf{e}_1 + \omega_2\mathbf{e}_2 + \omega_3\mathbf{e}_3$, semplici manipolazioni dell'integrale primo fornito dal momento delle quantità di moto forniscono

$$\mathbf{K}_Q = \underline{I_1\omega_1\mathbf{e}_1 + I_1\omega_2\mathbf{e}_2} + I_3\omega_3\mathbf{e}_3 + (\underline{I_1\omega_3\mathbf{e}_3} - I_1\omega_3\mathbf{e}_3) = \underline{I_1\boldsymbol{\omega}} + (I_3 - I_1)\omega_3\mathbf{e}_3 \,,$$

che, ricordando la definizione (12.17), implica la (12.20).

La componente $\omega_3 = \boldsymbol{\omega} \cdot \mathbf{e}_3$ è costante, come si vede dalla (12.16)$_3$.

Per dimostrare che il modulo di $\boldsymbol{\omega}$ è costante usiamo la (12.11):

$$\omega_1^2 + \omega_2^2 = \frac{2T_0 - I_3\omega_3^2}{I_1} \equiv \text{cost.} \quad \Longrightarrow \quad |\boldsymbol{\omega}|^2 = \left(\omega_1^2 + \omega_2^2\right) + \omega_3^2 \equiv \text{cost.}$$

A questo punto la costanza delle componenti di $\boldsymbol{\omega}$ lungo l'asse giroscopico $\mathbf{e}_3$ (appena dimostrata) e quello del momento $\mathbf{K}_Q$ (vera in tutti i moti alla Poinsot) implica la costanza anche degli angoli determinati dalla velocità angolare con tali direzioni.   □

Proposizione 12.17 (Precessioni regolari)   *Tutti i moti alla Poinsot di un giroscopio, riferiti al punto fisso Q oppure studiati nel sistema di riferimento baricentrale (se $Q \equiv G$), sono precessioni regolari (vedi la Definizione 2.16), con asse di precessione parallelo a $\mathbf{K}_Q$ e asse di rotazione propria coincidente con l'asse giroscopico.*

Dimostrazione   Basta paragonare la (12.20) alla (2.33), che caratterizza i moti di precessione. La precessione è regolare poiché i moduli delle componenti K_Q/I_1 e $\alpha\omega_{30}$ sono entrambi costanti.   □

Esempio 12.18 (Precessione terrestre)   I moti determinati in questo paragrafo sono di particolare interesse in quanto in prima approssimazione la Terra può essere considerata come un corpo rigido ma, a causa dello schiacciamento ai Poli, il suo ellissoide centrale di inerzia non è sferico, e risulta anzi avere $I_1 = I_2 \approx 0.9966 I_3$, e quindi $\alpha \approx 3.4 \times 10^{-3}$. Inoltre, se assumiamo che le attrazioni gravitazionali agenti su di essa possano essere sostituite dal loro risultante applicato nel baricentro, il suo moto può essere approssimato con il moto alla Poinsot di un giroscopio. Si tratta di una precessione regolare in cui il termine $\lambda\mathbf{e}_3$ di (2.33) rappresenta la rotazione della terra attorno al suo asse (fatta in 24 ore), con quindi

$$\lambda = \frac{2\pi}{24 \cdot 60 \cdot 60} \approx 7.2722 \times 10^{-5}\text{s}^{-1} \,.$$

Il termine $\mu\mathbf{i}_3$ di (2.33) rappresenta invece la precessione che la terra insieme al suo asse compie nell'arco di un *anno platonico* (26.000 anni)

$$\mu = \frac{\lambda}{365.25 \times 26000} \approx 7.6578 \times 10^{-12}\text{s}^{-1} \,.$$

Data la piccolezza di μ rispetto a λ, si capisce come il moto della terra rispetto alla terna baricentrale (avente costantemente l'origine nel centro della terra) si confonda sensibilmente con un moto rotatorio uniforme con la velocità angolare della rotazione diurna. Tuttavia se ci si vuole rendere conto di qualche speciale fenomeno, quale ad esempio quello della *precessione degli equinozi* (che dopo tredicimila anni porta allo scambio di estate con inverno e primavera con autunno) non è lecito trascurare la velocità di precessione di fronte a quella di rotazione propria. $\square$

Esempio 12.19 (Stabilità delle rotazioni permanenti di un giroscopio) Consideriamo un giroscopio tale che $I_1 = I_2 < I_3$ (Il caso $I_1 < I_2 = I_3$ si tratta in modo completamente analogo, mentre il caso di ellissoide centrale sferico è già stato considerato negli Esempi 12.12 e 12.15). Il giroscopio ammette rotazioni permanenti attorno all'asse $\mathbf{e}_3$, oppure attorno a qualunque asse $\tilde{\mathbf{e}}$, contenuto nel piano $\{\mathbf{e}_1, \mathbf{e}_2\}$ (vedi Proprietà (i) nella §5.6). La dimostrazione del Teorema 12.14 sulla stabilità delle rotazioni permanenti, mostra che le rotazioni attorno all'asse giroscopico sono stabili. Consideriamo invece la rotazione permanente $\tilde{\boldsymbol{\omega}} = \tilde{\omega}\mathbf{e}_1$, pur sottolineando che il risultato che otterremo sarà immediatamente applicabile per simmetria a tutte le rotazioni permanenti $\tilde{\boldsymbol{\omega}} = \tilde{\omega}\tilde{\mathbf{e}}$. Le (12.19) consentono di determinare l'esatta evoluzione di $\boldsymbol{\omega}$. Consideriamo in particolare il moto che parte dalla condizione iniziale $\boldsymbol{\omega}(0) = \tilde{\omega}\mathbf{e}_1 + \delta\mathbf{e}_3$. Quando δ è piccolo, tale condizione iniziale è vicina a piacere dalla rotazione permanente $\tilde{\boldsymbol{\omega}}$. Analizzando le (12.19), è semplice convincersi che il valore delle costanti di integrazione corrispondente alla condizione iniziale scelta è $\omega_0 = \tilde{\omega}$, $\phi = 0$, $\omega_{30} = \delta$. Ne consegue il moto

$$\omega_1(t) = \tilde{\omega}\cos(\alpha\delta t), \qquad \omega_2(t) = \tilde{\omega}\sin(\alpha\delta t), \qquad \omega_3(t) = \delta\,.$$

In particolare, dopo un tempo $t = \pi/(2\alpha\delta)$, la velocità angolare avrà completamente cambiato direzione: $\boldsymbol{\omega}(\pi/(2\alpha\delta)) = \tilde{\omega}\mathbf{e}_2 + \delta\mathbf{e}_3$. Le rotazioni attorno ad assi contenuti nel piano $\{\mathbf{e}_1, \mathbf{e}_2\}$ sono quindi instabili. $\square$

Esempio 12.20 Studiamo il moto di un corpo rigido a forma di cilindro omogeneo di massa m, rappresentato nella Fig. 12.2, che viene lanciato sotto la sola azione della forza peso. Supponiamo che all'istante iniziale l'asse del cilindro sia inclinato di un angolo β rispetto alla verticale, e che la velocità angolare iniziale sia parallela alla verticale: $\boldsymbol{\omega}(0) = \omega_0\mathbf{u}$. Scelta una terna di riferimento fissa $\{\mathbf{i}_1, \mathbf{i}_2, \mathbf{i}_3\}$ con origine O e asse z verticale ($\mathbf{i}_3 = \mathbf{u}$), supponiamo che la posizione iniziale del baricentro sia $OG(0) = \delta\mathbf{i}_2 + \delta\tan\beta\mathbf{i}_3$ (vedi Fig. 12.2), e che la velocità del baricentro sia $\mathbf{v}_G(0) = v_0\mathbf{i}_2$.

Il cilindro è un giroscopio che svolge un moto alla Poinsot, in quanto possiamo sostituire alla sollecitazione peso il suo risultante applicato al baricentro del corpo stesso. Le equazioni cardinali si possono scrivere come

$$m\mathbf{a}_G = m\mathbf{g}\,, \qquad \text{e} \qquad \dot{\mathbf{K}}_G = \mathbf{0}\,.$$

La prima equazione cardinale permette di determinare il moto del baricentro del corpo rigido, che risulta essere quello di un punto materiale pesante che all'istante

Figura 12.2 Configurazione
iniziale del cilindro soggetto
al proprio peso

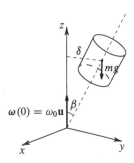

iniziale possiede la velocità $\mathbf{v}_G(0)$, e che descrive una parabola con la concavità rivolta verso il basso, contenuta nel piano $x = 0$.

La seconda equazione cardinale consente di determinare il moto attorno al baricentro. L'integrale del momento delle quantità di moto vale $\mathbf{K}_G = \mathbf{I}_G \boldsymbol{\omega}_0$, dove $\mathbf{I}_G$ indica la matrice di inerzia baricentrale. Escludendo il caso banale in cui l'ellissoide centrale risulta sferico (e dunque assumendo $I_1 = I_2 \neq I_3$), il momento $\mathbf{K}_G$ sarà parallelo a $\boldsymbol{\omega}_0$ (ovvero verticale) se e solo se la velocità angolare iniziale è parallela a un asse principale, vale a dire se $\beta = 0$ oppure $\beta = \pi/2$. Per determinare la direzione di $\mathbf{K}_G$ ricordiamo (vedi (12.16)) che, tra gli integrali primi del moto alla Poinsot di un giroscopio, c'è la componente di $\boldsymbol{\omega}$ lungo l'asse giroscopico:

$$\omega_3 = \boldsymbol{\omega}(0) \cdot \mathbf{e}_3 = \omega_0 \mathbf{u} \cdot \mathbf{e}_3 = \omega_0 \cos \beta \,.$$

Indicato con $\mathbf{e}_{30} = \sin \beta \mathbf{i}_2 + \cos \beta \mathbf{i}_3$ il versore parallelo all'asse giroscopico all'istante iniziale, la (12.20) fornisce

$$\mathbf{K}_G = I_1 \boldsymbol{\omega} + (I_3 - I_1)\omega_3 \mathbf{e}_3 = I_1 \omega_0 \mathbf{u} + (I_3 - I_1)\omega_0 \cos \beta \mathbf{e}_{30}$$
$$= (I_3 - I_1)\omega_0 \sin \beta \cos \beta \, \mathbf{i}_2 + \left(I_3 \cos^2 \beta + I_1 \sin^2 \beta\right)\omega_0 \mathbf{i}_3 \,,$$

da cui si ottiene $K_G = \left(I_3^2 \cos^2 \beta + I_1^2 \sin^2 \beta\right)^{1/2} \omega_0$. Posto $\mathbf{p} = \mathbf{K}_G/K_G$, il moto intorno al baricentro sarà una *precessione regolare*, con asse di precessione $\mathbf{p}$ e asse di rotazione propria coincidente con l'asse del cilindro. $\square$

12.3 Corpo rigido vincolato

I prossimi paragrafi sono dedicati allo studio dettagliato della dinamica di corpi rigidi vincolati in vario modo. Nella maggior parte degli esempi considereremo vincoli *ideali*, riferendoci alla caratterizzazione presentata in §8.7, che riterremo valida in dinamica quanto in statica. Richiamiamo l'attenzione del lettore soprattutto sul procedimento utilizzato per studiare questi semplici sistemi: il procedimento illustrato nei prossimi paragrafi è il metodo *concreto* e *razionale* da usarsi nell'analisi di tutti i sistemi meccanici anche complessi. Tale procedimento in questione può essere esemplificato nei seguenti passi.

- Inizialmente dobbiamo determinare il numero dei gradi di libertà che ogni vincolo lascia al corpo e quindi il numero delle *incognite cinematiche* (coordinate libere) necessarie alla determinazione dei possibili moti (o posizioni di equilibrio) per il sistema stesso.
- Per mezzo della caratterizzazione dinamica di vincolo ideale (vedi Definizione 8.12) il secondo passo consiste nell'individuare le *incognite dinamiche* (reazioni vincolari) introdotte dal vincolo.
- Con l'uso delle equazioni cardinali della dinamica si determina poi il sistema di equazioni differenziali scalari del secondo ordine in *forma normale*, *completo* e *puro* rispetto alle incognite cinematiche. Questo significa, che per mezzo di opportune combinazioni delle componenti scalari delle equazioni cardinali, si deve determinare un numero adeguato di conseguenze di queste stesse equazioni che non contengano le reazioni vincolari e che risultino sufficienti per determinare in maniera univoca la soluzione del problema di Cauchy associato con le incognite cinematiche.
- Infine, le rimanenti conseguenze delle equazioni cardinali, ovvero quelle componenti scalari di queste equazioni che non sono state precedentemente utilizzate per individuare le incognite cinematiche, permettono di individuare le incognite dinamiche. Risulta fondamentale notare che queste conseguenze sono sempre sufficienti per individuare i vettori caratteristici (risultante e momento risultante) delle reazioni vincolari.

In questo modo si determinano tutti i moti che per il corpo rigido in questione sono compatibili con la sollecitazione e il vincolo. Fissando la posizione e l'atto di moto del corpo a un prefissato istante sarà quindi possibile determinare il particolare moto individuato per l'appunto dalle particolari condizioni iniziali.

12.4 Corpo rigido con un punto fisso

Analizziamo per primo il moto di un corpo rigido vincolato ad una cerniera fissa. Introdotta una terna fissa nello spazio di riferimento e una terna solidale al corpo rigido, aventi entrambe origine nel punto incernierato Q, la configurazione del corpo rigido può essere descritta tramite gli angoli di Eulero. Le incognite cinematiche sono dunque le funzioni $\{\theta(t), \psi(t), \phi(t)\}$. Si ricordi che in generale questi parametri possono essere utilizzati per descrivere la cinematica del corpo rigido solo localmente.

L'analisi delle reazioni vincolari eseguita in §9.5.1 mostra che la cerniera è ideale se e solo se il momento totale della sollecitazione vincolare rispetto al centro dello suo snodo risulta nullo, ovvero

$$\mathbf{M}_Q^{(v)} = \mathbf{0}. \qquad (12.21)$$

La sollecitazione vincolare è quindi equivalente alla sola forza $\mathbf{R}^{(v)} = \mathbf{\Phi}_Q$, applicata in Q. Il vincolo introduce per questo motivo tre incognite dinamiche, pari alle componenti scalari di $\mathbf{\Phi}_Q$. Scegliendo Q come polo per scrivere la seconda equazione cardinale della dinamica, e grazie alla (12.21), si ottiene un'equazione pura del moto. Le equazioni di Eulero, riferite al punto fisso, sono quindi necessarie e sufficienti per caratterizzate il moto di un corpo rigido con un punto fisso. La prima equazione cardinale consente infine di determinare le componenti della reazione vincolare incognita $\mathbf{\Phi}_Q$.

Corpo rigido pesante

Si consideri il caso di un corpo rigido con un punto fisso Q, nel caso in cui l'unica forza attiva sia la forza peso (vedi Fig. 12.3). In questo caso la seconda equazione cardinale della dinamica fornisce $\dot{\mathbf{K}}_Q = QG \wedge m\mathbf{g}$. Siano $\{\mathbf{e}_1, \mathbf{e}_2, \mathbf{e}_3\}$ una terna di assi solidali al corpo, principali in Q, e $\{I_1, I_2, I_3\}$ i relativi momenti principali d'inerzia. Siano inoltre $\{\omega_1, \omega_2, \omega_3\}$ le componenti della velocità angolare nella terna scelta. Indichiamo infine con $\{x_1, x_2, x_3\}$ le coordinate (fisse nel sistema solidale) del baricentro, e con $\{u_1, u_2, u_3\}$ le componenti (variabili nel riferimento scelto) del versore verticale $\mathbf{u} = \mathbf{i}_3$ tale che $\mathbf{g} = -g\mathbf{u}$. A questo punto, le equazioni di Eulero (12.2) forniscono

$$\begin{cases} I_1\dot{\omega}_1 - (I_2 - I_3)\omega_2\omega_3 = mg(u_2x_3 - u_3x_2) \\ I_2\dot{\omega}_2 - (I_3 - I_1)\omega_3\omega_1 = mg(u_3x_1 - u_1x_3) \\ I_3\dot{\omega}_3 - (I_1 - I_2)\omega_1\omega_2 = mg(u_1x_2 - u_2x_1) \end{cases} \qquad (12.22)$$

Per definire gli angoli di Eulero scegliamo la terna fissa in modo che il suo terzo asse sia verticale. In tal caso si ottiene

$$u_1 = \sin\phi\sin\theta, \quad u_2 = \cos\phi\sin\theta, \quad u_3 = \cos\theta, \qquad (12.23)$$

dove ϕ è l'angolo di rotazione propria. Naturalmente per ottenere un sistema del secondo ordine in forma normale è necessario non solo sostituire le (12.23) nelle (12.22), ma anche le espressioni delle componenti del vettore velocità angolare in funzione degli angoli di Eulero e delle loro derivate (vedi (3.14)). In questo modo il sistema (12.22) non risulta più essere algebrico e infatti esso contiene funzioni trigonometriche delle funzioni incognite. Questo può essere ovviato utilizzando la

Figura 12.3 Corpo rigido pesante con punto fisso

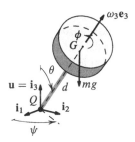

formula (3.1) per esprimere il fatto che la direzione verticale rimane costante, vale a dire

$$\underbrace{\dot{\mathbf{u}}}_{\text{sist. fisso}} = \underbrace{\mathbf{u}'}_{\text{sist. solidale}} + \boldsymbol{\omega} \wedge \mathbf{u} = \mathbf{0} \,.$$

Proiettando questa equazione nella terna solidale si ottiene

$$\dot{u}_1 + u_3\omega_2 - u_2\omega_3 = 0 \,, \quad \dot{u}_2 + u_1\omega_3 - u_3\omega_1 = 0 \,, \quad \dot{u}_3 + u_2\omega_1 - u_1\omega_2 = 0 \,. \tag{12.24}$$

Si può quindi procedere alla risoluzione del sistema differenziale del primo ordine nelle sei incognite $\{u_1, u_2, u_3, \omega_1, \omega_2, \omega_3\}$, costituito dalle sei equazioni (12.22)–(12.24). Questo sistema è naturalmente in forma normale e quindi il problema di Cauchy risulta ben posto.

Una volta ottenuta la soluzione di questo sistema è possibile ottenere dalle usuali espressioni delle componenti della velocità angolare in funzione degli angoli di Eulero questi stessi esclusivamente con operazioni di quadratura. Naturalmente il calcolo dell'integrale generale di questo sistema risulta molto complesso, tranne che in alcuni casi particolari. Per esempio, nel caso in cui $Q \equiv G$ il momento totale della sollecitazione attiva è nullo. In questo caso i moti che risultano possibili sono esclusivamente quelli alla Poinsot e la soluzione generale delle equazioni in questione può essere ricondotta ai casi precedentemente esaminati nel §12.2.

Esempio 12.21 (Rotazioni uniformi di un giroscopio pesante) Consideriamo un giroscopio pesante di massa m, vincolato con uno snodo sferico Q, posizionato nel suo asse giroscopico, a distanza d dal baricentro. Vogliamo determinare se questo corpo rigido possa realizzare delle rotazioni uniformi attorno alla verticale passante per Q.

Consideriamo due sistemi di riferimento, aventi origine comune nel punto fisso Q. Supponiamo che il primo sistema di riferimento sia fisso, con asse $\mathbf{i}_3$ coincidente con la verticale, mentre il secondo sia solidale al giroscopio, con asse $\mathbf{e}_3$ parallelo all'asse giroscopico. Sarà dunque $QG = d\mathbf{e}_3$. Completiamo la terna solidale (principale di inerzia in Q) con un asse $\mathbf{e}_1$ orizzontale, e l'asse $\mathbf{e}_2$ corrispondente. Ciò implica che $\mathbf{e}_1$ coincide con l'asse dei nodi della trasformazione dei sistemi di riferimento (vedi Fig. 2.2), e che di conseguenza l'angolo di rotazione propria ϕ sarà nullo. Siano infine $\{I_1 = I_2; I_3\}$ i momenti principali di inerzia in Q.

Nei moti di rotazione uniforme richiesta, l'angolo di nutazione θ, individuato dall'asse giroscopico e la verticale, risulta costante, per cui la rotazione sarà individuata dal solo angolo di precessione, ovvero dal suo complementare ψ, determinato dalla proiezione di $\mathbf{e}_3$ sull'asse orizzontale con l'asse $\mathbf{i}_1$ (vedi Fig. 12.3). In vista della scelta di $\mathbf{e}_1$ possiamo scrivere scomporre il versore verticale $\mathbf{u} = \mathbf{i}_3$ nella terna solidale come $\mathbf{u} = \sin\theta\,\mathbf{e}_2 + \cos\theta\,\mathbf{e}_3$. Si ha dunque

$$\boldsymbol{\omega} = \dot{\psi}\,\mathbf{u} = \dot{\psi}\sin\theta\,\mathbf{e}_2 + \dot{\psi}\cos\theta\,\mathbf{e}_3$$

dove, considerando rotazioni uniformi, $\dot{\psi}$ risulta essere costante. L'unica equazione di Eulero che non fornisce una banale identità risulta quindi essere

$$(I_3 - I_2)\dot{\psi}^2 \sin\theta\cos\theta = mgd\sin\theta \,. \tag{12.25}$$

L'analisi accurata delle soluzioni di (12.25) fornisce i seguenti risultanti.

- Se $d = 0$ ($Q \equiv G$) ritroviamo risultati già noti (vedi rotazioni uniformi nei moti alla Poinsot). Supponiamo nei casi successivi $d > 0$.
- La (12.25) ammette sempre le soluzioni $\theta = 0$ e $\theta = \pi$. In entrambi i casi il baricentro si trova sulla verticale passante per Q (rispettivamente sotto o sopra il punto fisso), e può effettuare rotazioni uniformi con velocità angolare $\dot{\psi}$ arbitraria.
- Se $I_2 = I_3$ (ellissoide d'inerzia sferico rispetto ad Q) le uniche soluzioni (12.25) sono quelle appena descritte nel punto precedente.
- Se $I_2 > I_3$ (giroscopio oblato, vale a dire allungato nella direzione dell'asse giroscopico), l'equazione (12.25) ammette soluzioni per qualunque $\theta \in (\pi/2, \pi)$ (l'analisi del segno dell'equazione mostra che il coseno deve essere negativo). Stabilito il valore di θ, la velocità angolare a cui si svolge la rotazione uniforme è data da

$$\dot{\psi}^2 = \frac{mgd}{(I_2 - I_3)\cos\theta} \,. \tag{12.26}$$

Osserviamo che la condizione $\theta \in (0, \pi/2)$ implica che la quota del baricentro deve essere *inferiore* a quella di Q, poiché $QG \cdot \mathbf{i}_3 = d\cos\theta$.
- Analoghi ragionamenti portano a concludere che, se $I_2 < I_3$ (giroscopio prolato, vale a dire allungato nelle direzioni ortogonali all'asse giroscopico), l'equazione (12.25) ammette soluzioni per qualunque $\theta \in (0, \pi/2)$. Stabilito il valore di θ, la velocità angolare a cui si svolge la rotazione uniforme soddisfa sempre la (12.26). In questo caso, il baricentro si troverà a quota *superiore*, rispetto a quella di Q.

La prima equazione cardinale permette infine di ricavare la reazione vincolare $\Phi_Q = m\mathbf{a}_G - m\mathbf{g}$. Essendo (nel riferimento fisso)

$$QG = d\sin\theta(\cos\psi\,\mathbf{i}_1 + \sin\psi\,\mathbf{i}_2) + \cos\theta\,\mathbf{i}_3 \,,$$

si ottiene $\mathbf{a}_G = -d\dot{\psi}^2\sin\theta(\cos\psi\,\mathbf{i}_1 + \sin\psi\,\mathbf{i}_2)$ e quindi

$$\Phi_Q = -md\dot{\psi}^2\sin\theta(\cos\psi\,\mathbf{i}_1 + \sin\psi\,\mathbf{i}_2) - mg\,\mathbf{i}_3 \,.$$

La reazione vincolare varia quindi periodicamente, per via della sua dipendenza dalle forze di inerzia.   □

Esempio 12.22 (Effetto giroscopico)   Analizziamo ulteriormente il moto del giroscopio pesante, sospeso per un punto del suo asse giroscopico. Vogliamo ora studiare il moto susseguente alla condizione iniziale $\boldsymbol{\omega}(0) = \omega_{30}\mathbf{e}_3$, vale a dire il caso in cui la velocità angolare del giroscopio sia inizialmente parallela all'asse giroscopico.

Nelle ipotesi precedenti, la $(12.22)_3$ fornisce $I_3\dot{\omega}_3 = 0$, il che implica che la componente di $\boldsymbol{\omega}$ lungo l'asse giroscopico si mantiene costante: $\omega_3 \equiv \omega_{30}$. Inoltre, la sollecitazione peso è conservativa, per cui il sistema ammette l'integrale dell'energia (11.14). Detta $z_G = d\cos\theta$ la quota del baricentro (rispetto all'asse $\mathbf{i}_3$) si ottiene

$$T - U = \frac{1}{2}\left(I_1\omega_1^2 + I_1\omega_2^2 + I_3\omega_3^2\right) + mgd\cos\theta \equiv \text{cost.}$$

$$\Rightarrow \quad \omega_1^2 + \omega_2^2 = \frac{2mgd}{I_1}(\cos\theta_0 - \cos\theta).$$

Essendo $|\cos\theta_0 - \cos\theta| \leq 2$ si ricava quindi la stima

$$I_1^2\omega_i^2 \leq 4mgd\,I_1 \qquad (i = 1, 2). \tag{12.27}$$

Consideriamo ora il momento delle quantità di moto rispetto al punto fisso: $\mathbf{K}_Q = I_1\omega_1\mathbf{e}_1 + I_1\omega_2\mathbf{e}_2 + I_3\omega_3\mathbf{e}_3$. Le prime due componenti di $\mathbf{K}_Q$ sono limitate dalla (12.27), mentre la terza è costante. Possiamo quindi affermare che se all'istante iniziale la terza componente di $\boldsymbol{\omega}$ soddisfa

$$I_3^2\omega_{30}^2 \gg 4mgd\,I_1 \quad \Longleftrightarrow \quad \omega_{30}^2 \gg \frac{4mgd\,I_1}{I_3^2},$$

allora possiamo affernare che *durante tutto il moto* la componente $I_3\omega_3$ sarà dominante sulle altre due. Più precisamente, il rapporto tra le componenti soddisfa

$$\frac{I_1^2\omega_i^2(t)}{I_3^2\omega_3^2} \leq \frac{4mgd\,I_1}{I_3^2\omega_{30}^2} \quad \text{per } i = 1, 2, \quad \forall t \geq 0,$$

e quindi può essere reso piccolo a piacere scegliendo il valore iniziale della terza componente opportunamente grande.

Risulta quindi possibile, con errore controllabile a piacere, trascurare le prime due componenti del momento delle quantità di moto e supporre

$$\mathbf{K}_Q(t) \approx I_3\omega_{30}\mathbf{e}_3(t). \tag{12.28}$$

La (12.28) riceve spesso il nome di *principio dell'effetto giroscopico* o *approssimazione giroscopica*. Da essa seguono alcune proprietà, tipiche del moto dei giroscopi.

- Inserendo la (12.28) nella seconda equazione della dinamica rispetto al polo Q otteniamo

$$\mathbf{M}_Q = \dot{\mathbf{K}}_Q \approx I_3 \omega_{30} \dot{\mathbf{e}}_3 \quad \Rightarrow \quad \dot{\mathbf{e}}_3 \approx \frac{\mathbf{M}_Q}{I_3 \omega_{30}}. \tag{12.29}$$

La (12.29) mostra che, a parità di momento applicato, la variazione dell'asse giroscopico è inversamente proporzionale alla componente. Questo effetto è noto come *tenacia* dell'asse giroscopico del giroscopio, ed è alla base delle applicazione dei giroscopi come stabilizzatori.

- La (12.29) mostra inoltre che la variazione dell'asse giroscopico non è parallela alla forza esterna, bensì al momento di tale forza. Di conseguenza il peso, piuttosto che *inclinare* l'asse giroscopico (come si sarebbe tentati di ipotizzare), tende invece a farlo precedere attorno alla verticale. Inoltre, l'asse giroscopico rimane costante solo quando si dispone parallelo alla forza esterna applicata. Questo effetto è noto con il nome di *tendenza al parallelismo* dell'asse giroscopico. □

12.5 Corpo rigido con un asse fisso

Consideriamo un corpo rigido vincolato attraverso una cerniera cilindrica, che consente esclusivamente le rotazione attorno al proprio asse. Abbiamo osservato in §9.5.2 come la rappresentazione del vincolo attraverso due cerniere fisse fornisca un sistema staticamente indeterminato, ma che l'indeterminazione si risolve supponendo di sostituire una delle cerniere fisse con un anellino liscio, la cui reazione vincolare sia quindi ortogonale all'asse fisso (vedi Fig. 9.12).

Osserviamo inoltre che nel caso particolare di un corpo rigido piano, che si muova esclusivamente nel piano che lo contiene, il presente vincolo si realizza necessariamente attraverso un asse ortogonale al piano del moto, ed è equivalente a fissare attraverso una cerniera la posizione di un punto del corpo.

Per studiare la dinamica di un corpo così vincolato è conveniente introdurre nello spazio di riferimento due semipiani π_0, π, entrambi delimitati dall'asse fisso, ma rispettivamente fisso, e solidale al corpo rigido. L'angolo formato da questi due semipiani, è sufficiente per individuare la posizione nel tempo di ogni elemento del corpo rigido (vedi §2.2.2). Infatti, facendo riferimento agli angoli di Eulero, possiamo immaginare che l'asse fisso sia quello di $\mathbf{i}_3$ ed $\mathbf{e}_3$ (angolo di nutazione nullo). In questo caso possiamo identificare i semipiani π_0, π con quelli rispettivamente contenenti $\{\mathbf{i}_1, \mathbf{i}_3\}$ e $\{\mathbf{e}_1, \mathbf{e}_3\}$, per cui l'unico angolo necessario per determinare l'orientamento è l'angolo di precessione ψ (vedi Fig. 2.3, in cui $\{\tilde{\mathbf{e}}_1, \tilde{\mathbf{e}}_3\}$ coincidono con $\{\mathbf{e}_1, \mathbf{e}_3\}$). In definitiva tutti i moti di un corpo rigido con un asse fisso sono rotatori attorno all'asse fisso, individuati dall'unica coordinata libera $\psi = \psi(t)$, e con velocità angolare $\boldsymbol{\omega} = \dot{\psi} \mathbf{i}_3$.

L'analisi della sollecitazione vincolare nel caso ideale procede esattamente come nel caso statico, in quanto la caratterizzazione dei vincoli ideali introdotta in §8.7 è valida in entrambe le situazioni. Se introduciamo quindi un sistema di riferimento, avente origine Q coincidente con un punto del corpo appartenente all'asse fisso $\mathbf{i}_3$, avremo $\delta Q = \mathbf{0}$, mentre il vincolo concede vettori di rotazione infinitesima virtuale $\boldsymbol{\varepsilon}' = \delta \psi \, \mathbf{i}_3$. Usando la (7.40) possiamo allora esprimere il lavoro virtuale della sollecitazione vincolare come

$$\delta L^{(\mathrm{v})} = \mathbf{R}^{(\mathrm{v})} \cdot \delta Q + \mathbf{M}_Q^{(\mathrm{v})} \cdot \boldsymbol{\varepsilon}' = (\mathbf{M}_Q^{(\mathrm{v})} \cdot \mathbf{i}_3) \delta \psi \, .$$

La richiesta di vincolo ideale e bilatero $\delta L^{(\mathrm{v})} = 0$ impone quindi

$$\mathbf{M}_Q^{(\mathrm{v})} \cdot \mathbf{i}_3 = 0 \, , \tag{12.30}$$

ovvero la componente assiale del momento della sollecitazione vincolare deve risultare nulla. Questa unica relazione scalare caratterizza le reazioni vincolari di una cerniera cilindrica ideale. Questo significa che, in generale, le incognite dinamiche introdotte dal vincolo in questione sono cinque: le tre componenti del risultante della sollecitazione vincolare e le due componenti del momento della sollecitazione vincolare ortogonali all'asse fisso.

Ricordiamo che questa stessa conclusione era stata raggiunta in statica, nel §9.5.2, ragionando in maniera diversa. Avevamo infatti osservato che, realizzando il vincolo attraverso due cerniere sferiche, si introducevano due reazioni vincolari incognite $\boldsymbol{\Phi}_1, \boldsymbol{\Phi}_2$, applicate in due punti Q_1, Q_2 dell'asse fisso. Era stato però osservato che le equazioni cardinali consentono di determinare solo cinque delle sei componenti incognite delle reazioni così introdotte.

Osservazione 12.23 Nel caso piano, la componente del momento vincolare che risulta nulla in base alle (12.30) è l'unica che non si annulla identicamente per la planarità del sistema. Di conseguenza, il momento totale della reazione vincolare risulta necessariamente nullo.   ☐

Equazione pura del moto
Vogliamo ora individuare quali conseguenze delle equazioni cardinali permettono la determinazione dell'incognita cinematica. Consideriamo la seconda equazione cardinale rispetto al polo fisso Q

$$\frac{d\mathbf{K}_Q}{dt} = \mathbf{M}_Q^{(\mathrm{a})} + \mathbf{M}_Q^{(\mathrm{v})} \, .$$

L'unica informazione che abbiamo riguardo alle reazioni vincolari risiede nella (12.30). Al fine di utilizzarla, possiamo proiettare la seconda equazione cardinale lungo l'asse fisso. Otteniamo così l'equazione pura

$$\frac{d\mathbf{K}_Q}{dt} \cdot \mathbf{i}_3 = \mathbf{M}_Q^{(\mathrm{a})} \cdot \mathbf{i}_3 \, .$$

Il versore $\mathbf{i}_3 = \mathbf{e}_3$ è fisso sia nello spazio che nel corpo, e quindi

$$\frac{d\mathbf{K}_Q}{dt} \cdot \mathbf{i}_3 = \frac{d}{dt} (\mathbf{K}_Q \cdot \mathbf{i}_3) = \frac{d}{dt} (I_3 \dot{\psi}) = I_3 \ddot{\psi} \, ,$$

dove abbiamo usato la (6.12) per esprimere la componente assiale di $\mathbf{K}_Q$. L'equazione pura della dinamica risulta quindi essere

$$I_3\ddot{\psi} = M_{Q3}^{(a)}(\psi, \dot{\psi}, t).$$ (12.31)

Conviene sottolineare che nel caso di corpo rigido con un asse fisso il concetto di *sollecitazione equivalente* può essere generalizzato. Infatti i possibili moti di un corpo rigido vincolato con una cerniera cilindrica non mutano quando a una sollecitazione assegnata se ne sostituisce una qualunque altra che abbia semplicemente lo stesso momento assiale totale rispetto all'asse fisso.

Osservazione 12.24 (Forze attive posizionali)   L'equazione pura del moto (12.31) ammette un integrale primo formalmente analogo a quello dell'energia, nell'ipotesi che le forze attive siano posizionali. Supponiamo infatti che il momento assiale sia funzione della sola posizione: $M_{Q3}^{(a)}(\psi)$. Se introduciamo una primitiva $U(\psi)$ tale che $M_{Q3}^{(a)}(\psi) = U'(\psi)$, e moltiplichiamo ambo i membri della (12.31) per $\dot{\psi}$, otteniamo

$$I_3\dot{\psi}\ddot{\psi} = U'(\psi)\dot{\psi} \implies \frac{d}{dt}\left(\frac{1}{2}I_3\dot{\psi}^2 - U(\psi)\right) = 0$$

$$\implies \frac{1}{2}I_3\dot{\psi}^2 - U(\psi) = T - U \equiv \text{costante} = E.$$ (12.32)

L'integrale primo così determinato è perfettamente analogo a quello studiato in dettaglio nel §10.3. Infatti abbiamo già notato che un tale integrale primo si trova ogni volta che un sistema a vincoli ideali abbia un solo grado di libertà, e le forze attive siano posizionali (non necessariamente conservative).   □

Esempio 12.25 (Pendolo composto [1/3])   Come applicazione di questi risultati, risulta interessante considerare il caso in cui la sollecitazione esterna si riduca unicamente al peso. Supponiamo che l'asse fisso $\mathbf{i}_3 = \mathbf{e}_3$ sia orizzontale, e scegliamo $\mathbf{i}_1$ verticale discendente. Conviene inoltre scegliere il semipiano solidale π in modo tale da contenere il baricentro del corpo, e il polo Q coincidente con la proiezione del baricentro sull'asse fisso, dimodoché $QG = \delta\mathbf{e}_1$. In questo modo ψ risulta essere l'angolo tra OG e la verticale $\mathbf{i}_1$, e si ha $\mathbf{e}_1 = \cos\psi\,\mathbf{i}_1 + \sin\psi\,\mathbf{i}_2$. Abbiamo quindi

$$\mathbf{M}_Q^{(a)} = QG \wedge m\mathbf{g} = \delta\mathbf{e}_1 \wedge mg\mathbf{i}_1 = -mg\delta\sin\psi\,\mathbf{i}_3 \,.$$

L'equazione pura di moto (12.31) fornisce quindi $I_3\ddot{\psi} = -mg\delta\sin\psi$, vale a dire

$$\ddot{\psi} + \frac{g\delta}{\rho_3^2}\sin\psi = 0 \,,$$ (12.33)

dove ρ_3 è il raggio di girazione del corpo rigido rispetto all'asse fisso (vedi (5.10)). La (12.33) è equivalente all'equazione di moto del pendolo e per questo viene denominata come *equazione del pendolo composto*. Nel caso in cui il baricentro appartenga all'asse di rotazione si ha $\delta = 0$ e la (12.33) si semplifica in $\ddot{\psi} = 0$. In tal caso i moti possibili sono esclusivamente rotazioni uniformi.

Coerentemente con la (12.32), anche la (12.33) ammette l'integrale primo

$$\frac{1}{2} I_3 \dot{\psi}^2 - mg\delta \cos \psi \equiv \text{costante} = E . \qquad \square$$

Calcolo delle reazioni vincolari

Il risultante delle reazioni vincolari si determina attraverso la prima equazione cardinale della dinamica: $\mathbf{R}^{(v)} = m\mathbf{a}_G - \mathbf{R}^{(a)}$. Inoltre, le proiezioni della seconda equazione cardinale lungo gli assi ortogonali all'asse fisso forniscono le componenti non nulle del momento risultante della sollecitazione vincolare: $\mathbf{M}_Q^{(v)} = \dot{\mathbf{K}}_Q - \mathbf{M}_Q^{(a)}$.

Detta nuovamente δ la distanza del baricentro G dall'asse fisso, scegliamo il polo Q e l'asse $\mathbf{e}_1$ come nell'esempio precedente del pendolo composto. Avremo quindi $QG = \delta\mathbf{e}_1$ e $\mathbf{v}_G = \dot{\psi}\mathbf{i}_3 \wedge QG = \delta\dot{\psi}\mathbf{e}_2$, mentre $\mathbf{K}_Q = (I_{13}\mathbf{e}_1 + I_{23}\mathbf{e}_2 + I_3\mathbf{e}_3)\dot{\psi}$. Derivando ulteriormente rispetto al tempo, e ricordando che $\dot{\mathbf{e}}_i = \boldsymbol{\omega} \wedge \mathbf{e}_i$, otteniamo

$$\mathbf{a}_G = \delta\ddot{\psi}\mathbf{e}_2 + \delta\dot{\psi}(\dot{\psi}\mathbf{e}_3 \wedge \mathbf{e}_2) = -\delta\dot{\psi}^2\mathbf{e}_1 + \delta\ddot{\psi}\mathbf{e}_2 \qquad \text{e}$$

$$\begin{aligned}\dot{\mathbf{K}}_Q &= (I_{13}\mathbf{e}_1 + I_{23}\mathbf{e}_2 + I_3\mathbf{e}_3)\ddot{\psi} + (I_{13}\dot{\psi}\mathbf{i}_3 \wedge \mathbf{e}_1 + I_{23}\dot{\psi}\mathbf{i}_3 \wedge \mathbf{e}_2)\dot{\psi} \\ &= (I_{13}\ddot{\psi} - I_{23}\dot{\psi}^2)\mathbf{e}_1 + (I_{23}\ddot{\psi} + I_{13}\dot{\psi}^2)\mathbf{e}_2 + I_3\ddot{\psi}\mathbf{e}_3 . \end{aligned} \qquad (12.34)$$

L'intensità dell'accelerazione del baricentro risulta quindi essere $\delta\sqrt{\ddot{\psi}^2 + \dot{\psi}^4}$, Analogamente, la componente ortogonale a $\mathbf{e}_3 = \mathbf{i}_3$ di $\dot{\mathbf{K}}_Q$ risulta di intensità

$$\sqrt{(I_{13}^2 + I_{23}^2)(\ddot{\psi}^2 + \dot{\psi}^4)} .$$

Esempio 12.26 (Pendolo composto [2/3]) Riprendiamo il caso in cui l'unica forza attiva risulti essere il peso, ortogonale all'asse fisso $\mathbf{i}_3$. Mantenendo le stesse notazioni precedentemente introdotte, le equazioni cardinali della dinamica forniscono i vettori caratteristici della sollecitazione vincolare. Il risultante vale

$$\begin{aligned}\mathbf{R}^{(v)} &= m\mathbf{a}_G - \mathbf{R}^{(a)} \\ &= \left(-mg - m\delta(\ddot{\psi}\sin\psi + \dot{\psi}^2\cos\psi)\right)\mathbf{i}_1 + m\delta(\ddot{\psi}\cos\psi - \dot{\psi}^2\sin\psi)\mathbf{i}_2 , \end{aligned} \qquad (12.35)$$

dove abbiamo fatto uso delle relazioni $\mathbf{e}_1 = \cos\psi\,\mathbf{i}_1 + \sin\psi\,\mathbf{i}_2$, $\mathbf{e}_2 = -\sin\psi\,\mathbf{i}_1 + \cos\psi\,\mathbf{i}_2$. Analogamente, otteniamo

$$\begin{aligned}\mathbf{M}_Q^{(v)} &= \dot{\mathbf{K}}_Q - \mathbf{M}_Q^{(a)} \\ &= (I_{13}\ddot{\psi} - I_{23}\dot{\psi}^2)\mathbf{e}_1 + (I_{23}\ddot{\psi} + I_{13}\dot{\psi}^2)\mathbf{e}_2 \\ &= \left((I_{13}\ddot{\psi} - I_{23}\dot{\psi}^2)\cos\psi - (I_{23}\ddot{\psi} + I_{13}\dot{\psi}^2)\sin\psi\right)\mathbf{i}_1 \\ &\quad + \left((I_{13}\ddot{\psi} - I_{23}\dot{\psi}^2)\sin\psi - (I_{23}\ddot{\psi} + I_{13}\dot{\psi}^2)\cos\psi\right)\mathbf{i}_2 . \end{aligned} \qquad (12.36)$$

$$\square$$

Bilanciamento statico e dinamico
Le espressioni (12.34) mostrano che i vettori caratteristici della sollecitazione vincolare possono dipendere dal moto del sistema. Quando, in particolare, si pensi di far funzionare il sistema in un regime di rotazione veloce, queste sollecitazioni possono arrivare ad essere tali da distruggere il vincolo in qualche suo punto, allontanando il sistema dal moto rotatorio desiderato. Inoltre, la dipendenza esplicita delle reazioni vincolari dal tempo rende il sistema soggetto a fenomeni di risonanza. Si noti infatti che anche in presenza di rotazioni uniformi l'intensità dei vettori caratteristici della sollecitazione vincolare è proporzionale al quadrato del modulo velocità angolare, ovvero rispettivamente $m\delta\omega^2$ e $\omega^2 \sqrt{\left(I_{13}^2 + I_{23}^2\right)}$.

È quindi un fattore di estrema importanza nella progettazione del corpo rigido cercare di limitare le componenti (12.34) quanto più possibile. Stante il moto desiderato, esistono due modi in cui possiamo agire in tale direzione: diminuire la distanza δ del baricentro dall'asse fisso, e diminuire i prodotti d'inerzia I_{13}, I_{23}, rendendo l'asse fisso un asse principale d'inerzia. I casi in cui tali obbiettivi vengono raggiunti vengono classificati come segue.

Definizione 12.27 (Bilanciamento statico)   *Un corpo rigido con un asse fisso si dice* bilanciato staticamente *quando il suo baricentro appartiene all'asse fisso.*

Il termine adottato origina dal fatto che il baricentro di un corpo bilanciato staticamente risulta fisso. Di conseguenza $\mathbf{a}_G = \mathbf{0}$, e il risultante della sollecitazione vincolare si ottiene dalla prima equazione cardinale $\mathbf{R}^{(v)} = -\mathbf{R}^{(a)}$. Si ricava dunque che il risultante della sollecitazione vincolare esplicata dal vincolo *durante il moto del corpo rigido* risulta identico a quello determinato quando il sistema è in quiete.

Definizione 12.28 (Bilanciamento dinamico)   *Un corpo rigido con un asse fisso si dice* bilanciato dinamicamente *quando* $\mathbf{K}_Q$ *risulta parallelo a* $\boldsymbol{\omega}$, *vale a dire quando l'asse fisso è un asse principale d'inerzia rispetto ai suoi punti.*

Quando un corpo rigido è bilanciato dinamicamente l'equazione (12.34) fornisce $\dot{\mathbf{K}}_Q = I_3 \ddot{\psi} \mathbf{e}_3$, e quindi anche il momento risultante della sollecitazione vincolare coincide con quello determinato all'equilibrio.

Esempio 12.29 (Pendolo composto [3/3])   Nel caso di un pendolo composto bilanciato sia staticamente che dinamicamente le (12.35)–(12.36) forniscono $\mathbf{R}^{(v)} = -m\mathbf{g}$ e $\mathbf{M}_Q^{(v)} = \mathbf{0}$.   □

Esempio 12.30 (Bilanciamento attraverso due masse puntiformi)   Qualunque corpo rigido in rotazione attorno a un asse fisso può essere bilanciato staticamente e dinamicamente in maniera molto semplice, vale a dire applicando due masse opportunamente scelte al corpo stesso. Questo è il concetto alla base del procedimento di equilibratura delle gomme che viene attuato dai gommisti. Infatti in tal caso vengono applicati sul cerchio di una ruota dei piccoli pesi in piombo in modo

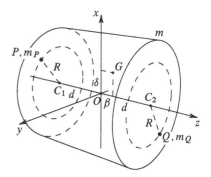

da compensare le irregolarità di distribuzione di massa nel pneumatico. Ricaviamo esplicitamente come tale bilanciamento deve essere effettuato.

Consideriamo una ruota lievemente deformata, modellizzata come un corpo rigido di massa m con un asse fisso (l'asse di rotazione, passante per il centro e ortogonale ai cerchioni). Scegliamo un sistema di riferimento solidale in cui l'asse z sia fisso, l'origine $O \in z$ coincida con il centro geometrico della ruota, e l'asse x_1 sia tale che il baricentro della ruota stia nel piano (x, z): $OG = \delta \mathbf{i} + \beta \mathbf{k}$. Identifichiamo nella ruota le due circonferenze esterne, di centri C_1, C_2, sulle quali vogliamo applicare le masse puntuali. Tali circonferenze, di pari raggio R, avranno origine sull'asse z, e apparterranno rispettivamente ai piani di equazione $z = \pm d$ (vedi Fig. 12.4). Siano infine I_{13}, I_{23} i prodotti di inerzia della ruota deformata, relativi all'asse z. Dimostriamo come sia possibile bilanciare staticamente e dinamicamente la ruota rispetto all'asse z, fissando due punti materiali P, Q, di opportune masse m_P, m_Q, rispettivamente sulle due circonferenze scelte (vedi Fig. 12.4).

Siano

$$OP = x_P \mathbf{i} + y_P \mathbf{j} - d\mathbf{k} \qquad \text{e} \qquad OQ = x_Q \mathbf{i} + y_Q \mathbf{j} + d\mathbf{k}$$

le coordinate dei punti da applicare. Il bilanciamento statico richiede che il baricentro del corpo appartenga all'asse z. A tal fine deve essere

$$\begin{cases} (mOG + m_P OP + m_Q OQ) \cdot \mathbf{i} = 0 \\ (mOG + m_P OP + m_Q OQ) \cdot \mathbf{j} = 0 \end{cases} \Rightarrow \begin{cases} m\delta + m_P x_P + m_Q x_Q = 0 \\ m_P y_P + m_Q y_Q = 0 \end{cases} \quad (12.37)$$

Per bilanciare dinamicamente il corpo rigido dobbiamo richiedere che z sia un asse principale di inerzia, ovvero che si annullino i relativi prodotti di inerzia

$$I_{13} + m_P x_P d - m_Q x_Q d = 0, \qquad I_{23} + m_P y_P d - m_Q y_Q d = 0. \quad (12.38)$$

Infine, la richiesta che i punti P, Q appartengano alle circonferenze di centri C_1, C_2 implica

$$x_P^2 + y_P^2 = R^2, \qquad x_Q^2 + y_Q^2 = R^2. \quad (12.39)$$

Le condizioni (12.37)–(12.38)–(12.39) formano un sistema di sei equazioni nelle
sei incognite $\{m_P, m_Q, x_P, y_P, x_Q, y_Q\}$. Il sottosistema (12.37)–(12.38) può essere
risolto nelle coordinate $\{x_P, y_P, x_Q, y_Q\}$, fornendo

$$x_P = -\frac{m\delta d + I_{13}}{2 d m_P}, \qquad y_P = -\frac{I_{23}}{2 d m_P},$$
$$x_Q = -\frac{m\delta d - I_{13}}{2 d m_Q}, \qquad y_Q = \frac{I_{23}}{2 d m_Q}. \tag{12.40}$$

Sostituendo poi le (12.40) nelle (12.39) otteniamo le equazioni che determinano le
masse da applicare

$$m_P^2 = \frac{I_{23}^2 + (m\delta d + I_{13})^2}{4 R^2 d^2}$$
$$m_Q^2 = \frac{I_{23}^2 + (m\delta d - I_{13})^2}{4 R^2 d^2} \tag{12.41}$$

Ciascuna delle equazioni di secondo grado (12.41) possiede una radice positiva e
una negativa. Effettivamente in certi casi risulta più comodo togliere delle masse
piuttosto che aggiungerle. Infatti se è vero che il gommista preferisce aggiungere delle masse sulla circonferenze esterne dei cerchioni, in molti elettrodomestici,
come i piccoli tritaverdure, è possibile verificare che spesso viene asportata una
piccola quantità di massa.   □

12.6   Corpo rigido appoggiato

In presenza di vincoli unilaterali le reazioni vincolari non possono assumere valori
arbitrari. Come abbiamo già illustrato nel Capitolo 9, le loro componenti ortogonali al vincolo unilatero possono assumere solo valori di un segno stabilito dalla
condizione di appoggio (si vedano, per esempio, la discussione contenuta in § 8.8.1
e la (9.5)). Risulta quindi fondamentale distinguere tra le posizioni di confine e
quelle ordinarie come già è stato fatto vedere in Statica (vedi §9.8.2). Consideriamo
per esempio un corpo rigido vincolato a non attraversare una superficie fissa.

- Nelle configurazione ordinarie, che si realizzano quando nessun punto del corpo
  rigido è a contatto con la superficie, il sistema possiede ovviamente sei gradi di
  libertà, in quanto si tratta di un corpo rigido libero.
- Non appena un punto P_1 del corpo viene a contatto con la superficie, e fintantoché tale contatto sussista, il numero di gradi di libertà scende a cinque:
  due coordinate individuano la posizione di P_1 sulla superficie, mentre tre angoli
  descrivono le rotazioni attorno a P_1.
- Qualora un secondo punto P_2 venisse in contatto con la superficie, il numero di
  coordinate libere necessarie a descrivere la configurazione diventa quattro. Infatti, ci sono solo due angoli indipendenti, in quanto il corpo rigido può effettuare

solo due rotazioni senza staccare P_1 e P_2 dalla superficie: può ruotare attorno all'asse parallelo a $P_1 P_2$, oppure attorno a un asse ortogonale alla superficie.

- Quando infine tre o più punti del corpo rigido sono a contatto con la superficie il numero di gradi di libertà scende definitivamente a tre: due coordinate individuano sempre la posizione di P_1 sulla superficie, mentre l'unica rotazione concessa rimane quella attorno ad assi ortogonali alla superficie.

Nonostante le precedenti considerazioni, il numero di gradi di libertà del corpo rigido appoggiato rimane sempre pari a sei, in quanto il corpo potrebbe sempre staccarsi dalla superficie. Questo fatto complica notevolmente lo studio della statica e, a maggior ragione, della dinamica dei sistemi in presenza di vincoli unilateri. Un modo di aggirare tale difficoltà è il seguente: ogni volta che le condizioni iniziali siano compatibili con un moto di confine si supponga che tale moto si mantenga di confine in ogni istante successivo a quello iniziale. Una volta determinato il moto richiesto, si calcolino le reazioni vincolari, e in particolare si controlli che esse soddisfino le opportune richieste del tipo (9.5), riguardanti i segni delle corrispondenti componenti ortogonali ai vincoli. Fintantoché tali richieste risultano soddisfatte, la caratterizzazione dei vincoli ideali (vedi §8.7) garantisce che tali reazioni saranno effettivamente esplicate, e a questo punto l'unicità delle soluzioni alle equazioni del moto richiesta dal determinismo meccanico da noi assunto in §8.2 garantisce che il moto determinato corrisponde al moto del sistema. Qualora si osservi che al tempo $\bar{t}$ la componente ortogonale di una delle reazioni vincolari cambia segno, si deve ammettere che il corrispondente contatto è venuto meno. In tal caso si aumentano di conseguenza i gradi di libertà, e si calcolano le soluzioni a partire da $\bar{t}$, usando come dati iniziali le soluzioni appena determinate, e valide fino a quell'istante.

Esempio 12.31 (Caduta di una scala) Consideriamo una scala, modellata come un'asta AB, omogenea di lunghezza l e massa m, i cui vertici siano appoggiati su due assi lisci (vedi Fig. 12.5). Studiamo il moto della scala assumendo che all'istante iniziale essa sia in quiete, con angolo alla base pari a θ_0. All'istante iniziale la scala è appoggiata nei suoi due estremi, e quindi possiede un solo grado di libertà. Indicato con θ l'angolo che essa determina con l'orizzontale, e scelta l'origine O coincidente con l'intersezione degli assi, la posizione del baricentro dell'asta è data da $OG = \frac{l}{2} \cos \theta \, \mathbf{i} + \frac{l}{2} \sin \theta \, \mathbf{j}$, da cui segue

$$
\mathbf{v}_G = \frac{l \dot\theta}{2} (-\sin \theta \, \mathbf{i} + \cos \theta \, \mathbf{j}) \,,
$$

$$
\mathbf{a}_G = \frac{l}{2} (-\ddot\theta \sin \theta - \dot\theta^2 \cos \theta) \, \mathbf{i} + \frac{l}{2} (\ddot\theta \cos \theta - \dot\theta^2 \sin \theta) \, \mathbf{j} \,. \tag{12.42}
$$

Possiamo studiare il moto utilizzando l'integrale dell'energia. Essendo $T = \frac{1}{6} m l^2 \dot\theta^2$ e $U = -\frac{1}{2} mgl \sin \theta$, risulta

$$
\dot\theta^2 = 3 \frac{g}{l} (\sin \theta_0 - \sin \theta) \qquad \Longrightarrow \qquad \ddot\theta = -\frac{3}{2} \frac{g}{l} \cos \theta \,. \tag{12.43}
$$

Figura 12.5 Scala
appoggiata

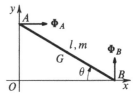

Sostituendo in (12.42) troviamo in particolare

$$\mathbf{a}_G = \frac{3}{4}g(3\sin\theta - 2\sin\theta_0)\cos\theta\,\mathbf{i} + \frac{3}{4}g\big((3\sin\theta - 2\sin\theta_0)\sin\theta - 1\big)\mathbf{j}.$$

Siano $\mathbf{\Phi}_A = H_A\mathbf{i}$ e $\mathbf{\Phi}_B = V_B\mathbf{j}$ le reazioni vincolari. La prima equazione cardinale della dinamica fornisce allora

$$m\mathbf{a}_G = -mg\mathbf{j} + \mathbf{\Phi}_A + \mathbf{\Phi}_B \quad \Rightarrow \quad \begin{cases} H_A = \dfrac{3}{4}mg(3\sin\theta - 2\sin\theta_0)\cos\theta \\[2mm] V_B = \dfrac{3}{4}mg(3\sin\theta - 2\sin\theta_0)\sin\theta + \dfrac{1}{4}mg \end{cases}$$

Possiamo quindi affermare che il distacco avviene dall'estremo A, quando $H_A = 0$, poiché in quell'istante V_B sarà ancora strettamente positivo. Più precisamente l'asta abbandona l'asse verticale all'angolo θ_d tale che

$$\sin\theta_d = \frac{2}{3}\sin\theta_0. \qquad (12.44)$$

La $(12.43)_1$ consente di ricavare la velocità angolare dell'asta all'istante del distacco:

$$\boldsymbol{\omega}_d = -\dot{\theta}_d\mathbf{k} = \sqrt{\frac{g\sin\theta_0}{l}}\,\mathbf{k}. \qquad (12.45)$$

Le (12.44)–(12.45) costituiscono le condizioni iniziali per il moto susseguente il distacco dell'asta dall'asse verticale. Durante tale moto, l'asta possiede due gradi di libertà: l'angolo θ e l'ascissa x del punto B, ora diventata coordinata libera. Per quest'ultima coordinata le condizioni iniziali susseguenti l'attimo del distacco sono

$$x_d = l\cos\theta_d \quad \text{e} \quad \dot{x}_d = -l\dot{\theta}_d\sin\theta_d = \frac{2}{3}\sqrt{gl\sin^3\theta_0}.$$

L'analisi del moto in questa fase è semplificata dall'esistenza di due integrali primi, poiché all'integrale dell'energia si somma ora l'integrale della componente orizzontale della quantità di moto. Essendo ora

$$OG = \big(x - \tfrac{1}{2}l\cos\theta\big)\mathbf{i} + \tfrac{1}{2}l\sin\theta\,\mathbf{j} \quad \Rightarrow \quad \mathbf{v}_G = \big(\dot{x} + \tfrac{1}{2}l\dot{\theta}\sin\theta\big)\mathbf{i} + \tfrac{1}{2}l\dot{\theta}\cos\theta\,\mathbf{j},$$

si ha

$$T - U = \frac{1}{2}m\dot{x}(\dot{x} + l\dot{\theta}\sin\theta) + \frac{1}{6}ml^2\dot{\theta}^2 + \frac{1}{2}mgl\sin\theta = \frac{1}{2}mlg\sin\theta_0$$

$$Q_x = m\left(\dot{x} + \frac{1}{2}l\dot{\theta}\sin\theta\right) = \frac{m}{3}\sqrt{gl\sin^3\theta_0}.$$

(12.46)

Derivando rispetto al tempo le (12.46) ricaviamo le equazioni pure

$$\ddot{x} = \frac{2\cos\theta(3g\sin\theta - 2l\dot{\theta}^2)}{5 + 3\cos 2\theta} \quad \text{e} \quad \ddot{\theta} = \frac{6\cos\theta(l\dot{\theta}^2\sin\theta - 2g)}{(5 + 3\cos 2\theta)l}.$$

(12.47)

Le (12.46)–(12.47) consentono di usare la componente verticale della prima equazione cardinale della dinamica per scrivere l'unica reazione vincolare rimasta $\Phi_B = V_B\mathbf{j}$ in funzione del solo angolo θ. Il risultato che ne consegue è che la componente verticale della reazione vincolare rimane positiva fino a quando la scala tocca terra ($\theta = 0$). Inoltre, le (12.46) consentono anche di determinare l'atto di moto dell'asta alla fine della caduta:

$$\dot{x}_f = \frac{1}{3}\sqrt{gl\sin^3\theta_0}, \qquad \dot{\theta}_f^2 = \frac{g}{3l}\sin\theta_0\left(9 - \sin^2\theta_0\right). \qquad \square$$

12.7 Moto di un disco su una guida rettilinea

In questo paragrafo analizziamo in dettaglio il moto di confine di un disco su una guida rettilinea, inclinata o meno. Analizzeremo sotto quali condizioni il vincolo, supposto non liscio, sia in grado di forzare il puro rotolamento del disco sulla guida. Queste considerazioni schematizzano il moto di una ruota, intesa come un disco rigido, sul manto stradale.

Consideriamo un disco (omogeneo di massa m e raggio r) che rotola su un asse x, inclinato di un angolo α rispetto all'orizzontale. Scegliamo un sistema di riferimento con origine sull'asse x e asse y coincidente con la perpendicolare all'asse diretta verso l'alto. Il centro G del disco viene determinato dalla sua ascissa x_G, mentre il suo orientamento è determinato da un angolo di rotazione θ, orientato in verso orario come in Fig. 12.6. Supponiamo, alla luce delle considerazioni svolte nel paragrafo precedente, che in ogni istante ci sia contatto tra piano e disco, ovvero $y_G = r$.

Puro rotolamento
Cominciamo con il supporre che, in presenza di attrito, il disco rotoli senza strisciare, essendo il piano scabro. Avremo quindi

$$\dot{x}_G = r\dot{\theta}.$$

(12.48)

Le forze che agiscono sul disco sono il peso, che si può pensare ridotto a una forza $m\mathbf{g}$ applicata in G, e la reazione Φ_K, applicata nel punto di contatto K.

Figura 12.6 Disco su piano inclinato

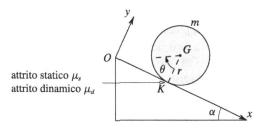

attrito statico μ_s
attrito dinamico μ_d

La potenza esplicata dalla reazione vincolare è nulla, in quanto $\Pi^{(v)} = \Phi_K \cdot \mathbf{v}_K = 0$ in virtù del vincolo di puro rotolamento $\mathbf{v}_K = \mathbf{0}$. Di conseguenza, l'equazione pura nell'unica incognita cinematica rimasta si può ricavare immediatamente dal teorema dell'energia cinetica. Essendo

$$T = \frac{m}{2}\dot{x}_G^2 + \frac{1}{2}I_G\dot{\theta}^2 = \frac{3}{4}m\dot{x}_G^2 \quad\Longrightarrow\quad \dot{T} = \frac{3}{2}m\dot{x}_G\ddot{x}_G \quad \text{e}$$

$$\Pi = \Pi^{(a)} = m\mathbf{g} \cdot \mathbf{v}_G = mg\dot{x}_G \sin\alpha \,,$$

si ottiene

$$\ddot{x}_G = \frac{2}{3}g\sin\alpha \,. \tag{12.49}$$

L'equazione pura (12.49) potrebbe ricavarsi anche attraverso la seconda equazione cardinale della dinamica del disco, riferita al polo K. A tal proposito sottolineiamo che, nonostante il polo K sia mobile (ricordiamo che $\dot{K} \neq \mathbf{v}_K$), questa equazione non necessita del termine correttivo $\dot{K} \wedge \mathbf{Q}$ in quanto $\dot{K}$ è parallelo a (anzi, coincidente con) $\mathbf{v}_G$. La (12.49) mostra che il centro del disco descrive una traiettoria rettilinea parallela all'asse delle ordinate con legge oraria uniformemente accelerata. Per calcolare la reazione vincolare $\mathbf{\Phi} = \Phi_t\mathbf{i} + \Phi_n\mathbf{j}$ è possibile utilizzare la prima equazione cardinale

$$m\ddot{x}_G = mg\sin\alpha + \Phi_t \,, \qquad m\ddot{y}_G = -mg\cos\alpha + \Phi_n \,.$$

Tenendo conto di (12.49) e considerando che $y_G(t) = r$, per cui $\ddot{y}_G \equiv 0$, si ottiene

$$\Phi_t = -\frac{1}{3}mg\sin\alpha \,, \qquad \Phi_n = mg\cos\alpha \,. \tag{12.50}$$

La $(12.50)_2$ mostra che la reazione normale Φ_n è non negativa qualunque sia $\alpha \in [0, \pi/2]$, garantendo in questo modo che l'ipotesi di moto di confine è corretta. Inoltre, la $(12.50)_1$ afferma che l'ipotesi di puro rotolamento richiede la presenza di una ben precisa componente di attrito. Sappiamo però dalla legge di Coulomb-Morin (8.23) che, assegnato il coefficiente di attrito statico μ_s, la componente di attrito deve soddisfare la condizione $|\Phi_t| \leq \mu_s|\Phi_n|$, che nel nostro caso è equivalente a

$$\mu_s \geq \frac{\tan\alpha}{3} \,. \tag{12.51}$$

Qualora il coefficiente di attrito μ_s non sia sufficientemente grande da garantire la (12.51), dobbiamo abbandonare l'ipotesi di puro rotolamento, e studiare il moto senza fare ricorso alla (12.48), come faremo di seguito. Sottolineiamo che, nell'ipotesi di puro rotolamento, abbiamo usato la versione statica della legge di Coulomb-Morin, e non il suo corrispettivo dinamico (8.24). Il motivo di questa scelta è che il punto di contatto è fermo fintantoché il puro rotolamento sussiste, e quindi il tipo di contatto disco-guida è quello statico. Qualora il puro rotolamento svanisca, e $\mathbf{v}_K \neq \mathbf{0}$, il coefficiente di attrito da inserire nella legge di Coulomb-Morin sarà quello dinamico.

Rotolamento con strisciamento

Se la (12.51) non viene ad essere soddisfatta allora il disco deve strisciare, e in questo caso si devono considerare due incognite cinematiche: x_G e θ che ora non sono più legate dalla (12.48). La versione dinamica (8.24) della legge di Coulomb-Morin stabilisce che $|\Phi_t| = \mu_d|\Phi_n|$, e che il segno della componente di attrito deve essere opposto a quello della velocità. Sottolineiamo che, ammettendo che la (12.51) non sia soddisfatta, si avrà, a maggior ragione,

$$\mu_d \leq \mu_s < \frac{\tan \alpha}{3}\,. \tag{12.52}$$

Assumendo che le condizioni iniziali del moto siano tali da garantire la velocità di G sia sempre diretta verso il basso (e cioè tali che $\dot{x}_G(0) = \dot{x}_{G0} \geq 0$), la prima equazione cardinale della dinamica fornisce

$$\begin{cases} m\ddot{x}_G = mg\sin\alpha - \mu_d|\Phi_n| \\ 0 = -mg\cos\alpha + \Phi_n \end{cases} \implies \begin{cases} \ddot{x}_G = g(\sin\alpha - \mu_d\cos\alpha) \\ \Phi_n = mg\cos\alpha \end{cases} \tag{12.53}$$

In base alla (12.52), la (12.53) implica che $\ddot{x}_G > 0$: l'attrito dinamico riuscirà quindi a rallentare la caduta del disco, ma non a frenarlo completamente.

L'evoluzione dell'angolo di rotazione θ può essere determinate utilizzando la seconda equazione cardinale, scritta usando come polo il centro del disco

$$-\frac{1}{2}mr^2\ddot{\theta} = -\mu_d|\Phi_n|r \implies \ddot{\theta} = \frac{2\mu_d g\cos\alpha}{r}\,.$$

Completiamo le condizioni iniziali assumendo che $x_G(0) = 0$, $\theta(0) = 0$, e che la velocità angolare iniziale del disco sia $\boldsymbol{\omega}(0) = -\dot{\theta}_0\mathbf{k}$ (si noti il segno negativo, dovuto alla convenzione oraria scelta per l'angolo θ). Si ottiene

$$x_G(t) = \dot{x}_{G0}t + \frac{gt^2}{2}\big(\sin\alpha - \mu_d\cos\alpha\big), \qquad \theta(t) = \dot{\theta}_0 t + \frac{\mu_d gt^2\cos\alpha}{r}\,.$$
$$\tag{12.54}$$

Definiamo la *velocità di strisciamento* u come componente orizzontale della velocità del punto di contatto: $u = \mathbf{v}_K \cdot \mathbf{i}$. Si ha

$$\mathbf{v}_K = \mathbf{v}_G + \boldsymbol{\omega} \wedge GK = \dot{x}_G\mathbf{i} - \dot{\theta}\mathbf{k} \wedge (-r\mathbf{j}) \implies u = \dot{x}_G - r\dot{\theta}\,,$$

(l'annullarsi della velocità di strisciamento coincide proprio con il vincolo di puro rotolamento).

Usando le (12.54), e indicata con $u_0 = \dot{x}_{G0} - r\dot{\theta}_0$ la velocità di strisciamento iniziale, otteniamo

$$u(t) = u_0 + gt(\sin\alpha - 3\mu_d\cos\alpha).$$

La velocità di strisciamento cresce all'aumentare di t, in virtù della (12.52). Di conseguenza, se $u_0 > 0$ il disco striscerà certamente in tutti gli istanti successivi. Se invece $u_0 \le 0$, esisterà un istante (eventualmente quello iniziale, nel caso particolare $u_0 = 0$) in cui la velocità di strisciamento si annulla e il disco rotola senza strisciare. Nel caso fosse valida la (12.51), il disco proseguirebbe il suo moto rotolando senza strisciare. Altrimenti, la velocità di strisciamento diventerà positiva.

Esempio 12.32 (Suolo orizzontale) Analizziamo in dettaglio il caso particolare in cui l'asse su cui rotola il disco sia orizzontale ($\alpha = 0$). Prendendo in considerazione le stesse condizioni iniziali precedenti, assumiamo ora che la velocità di strisciamento iniziale u_0 sia positiva ($\dot{x}_{G0} > r\dot{\theta}_0$). Le soluzioni (12.54) delle equazioni del moto forniscono ora

$$x_G(t) = \dot{x}_{G0}t - \frac{\mu_d g t^2}{2}, \qquad \theta(t) = \dot{\theta}_0 t + \frac{\mu_d g t^2}{r}, \qquad (12.55)$$

da cui segue $u(t) = u_0 - 3\mu_d gt$. La velocità di strisciamento si annulla quindi all'istante

$$\bar{t} = \frac{u_0}{3\mu_d g} = \frac{\dot{x}_{G0} - r\dot{\theta}_0}{3\mu_d g} > 0,$$

nel quale il punto di contatto disco-suolo possiede velocità nulla.

Consideriamo ora il moto successivo a $t = \bar{t}$. Si supponga che per un dato istante $t > \bar{t}$ il disco ricominci a strisciare. Se così fosse la velocità di strisciamento risulterebbe positiva e quindi, con lo stesso ragionamento appena illustrato, l'attrito annullerebbe nuovamente questa velocità di strisciamento. Si può quindi concludere che la cosa non risulta possibile e che per qualunque $t > \bar{t}$ il disco *deve* continuare a rotolare senza strisciare. I valori V_G e Θ assunti rispettivamente da $\dot{x}_G$ e $\dot{\theta}$ all'istante $\bar{t}$ devono ovviamente rispettare la condizione di puro rotolamento $V_G - r\Theta = 0$, e infatti la (12.55) fornisce

$$V_G = \dot{x}_G(\bar{t}) = \frac{2}{3}\dot{x}_{G0} + \frac{1}{3}r\dot{\theta}_0 = r\dot{\Theta}. \qquad (12.56)$$

Notiamo infine che nel caso di suolo orizzontale la $(12.50)_1$ mostra che non serve alcuna componente di attrito al fine di mantenere il puro rotolamento. La relazione di Coulomb-Morin statica sarà certamente soddisfatta in questo regime, in quanto la (12.51) richiede semplicemente $\mu_s \ge 0$. Durante il puro rotolamento, inoltre, la (12.49) fornisce $\ddot{x}_G = 0$, e quindi per ogni istante $t > \bar{t}$ il moto risulta uniforme con, in particolare $\dot{x}_G(t) = V_G$ per ogni $t \ge \bar{t}$. $\qquad\square$

Osservazione 12.33 Se all'istante iniziale il centro del disco procede con $\dot{x}_{G0} > 0$, ma la velocità angolare del disco è tale che $\dot{\theta}_0 < 0$ (rotazione antioraria), con $|\dot{\theta}_0| > 2\dot{x}_{G0}/r$, la velocità finale del centro del disco V_G sarà negativa, come conferma la (12.56). La rotazione antioraria del disco può quindi provocare un moto finale del baricentro opposto alla condizione iniziale del moto. Questo effetto può essere facilmente osservato con un pallina di ping-pong lasciata rotolare su una superficie sufficientemente scabra come potrebbe essere un panno di feltro. Se all'istante iniziale si riesce a imprimere una sufficiente quantità di *spin* alla pallina, questa dopo aver strisciato in una direzione per un certo tratto, comincia a muoversi in direzione opposta rotolando senza strisciare. □

12.7.1 Disco soggetto ad attrito volvente

Abbandoniamo ora l'ipotesi che il disco sia rigido, e consideriamo una ruota reale, ricoperta da uno pneumatico. In questo caso non è ragionevole pensare che il contatto ruota-strada avvenga in un solo punto a causa della capacità, specifica dello pneumatico, di deformarsi per accomodare le irregolarità del manto stradale e aumentare l'aderenza tra ruota e suolo. Il contatto avviene infatti in un'intera area che tecnicamente viene denominata *impronta* dello pneumatico. Di conseguenza la sollecitazione di contatto ruota-suolo non può essere ridotta a un'unica forza (il risultante della sollecitazione vincolare di contatto), applicata nell'unico punto di contatto. Bisogna infatti tenere conto anche di una coppia di momento Γ_v, che esprime la presenza dall'*attrito volvente*.

Come è stato illustrato nel § 8.9.3 del Cap. 8 una modellazione più realistica prevede una reazione normale di modulo Φ_n, applicata nel punto di contatto geometrico, una reazione tangente Φ_t, sempre applicata nel punto di contatto geometrico, che si oppone all'avanzamento e ubbidisce alla legge di Coulomb-Morin, e infine una coppia Γ_v, ortogonale al piano del disco, che si oppone al rotolamento. Questa coppia viene indicata con il nome di momento di *attrito volvente* e per essa si postula (nel caso più semplice) l'esistenza di una caratterizzazione dinamica descritta dalle (8.29), simili alle leggi di Coulomb-Morin dell'attrito statico e dinamico.

Esempio 12.34 (Moto incipiente di una ruota reale) Quando consideriamo l'effetto dell'attrito volvente un primo problema è il calcolo della forza minima per permettere il rotolamento di un disco inizialmente immobile. Essendoci contatto tra

Figura 12.7 Una ruota gommata soggetta ad attrito volvente Γ_v

suolo e disco, la prima equazione cardinale della statica implica che il centro del disco sarà in quiete fintantoché $\Phi_t = F$ e $\Phi_n = mg$, dove $\mathbf{F} = F\mathbf{i}$ è la forza di trazione, che si suppone applicata alla ruota a distanza h dalla guida (orizzontale). Se inoltre scegliamo il punto di contatto K come polo per la seconda equazione cardinale della statica, quest'ultima fornisce $Fh - \delta_s\Phi_n = 0$.

L'usuale legge di Coulomb-Morin $|\Phi_t| \leq \mu_s|\Phi_n|$, permette di ricavare dalla prima equazione cardinale la condizione

$$F \leq F_{\text{cr},1} = \mu_s mg \,, \tag{12.57}$$

mentre dalla seconda equazione cardinale si ottiene

$$F \leq F_{\text{cr},2} = \frac{\delta_s mg}{h} \,. \tag{12.58}$$

Se entrambe le condizioni (12.57)–(12.58) sono soddisfatte, la ruota rimane in equilibrio. Altrimenti la ruota comincia a muoversi. Il moto che ne consegue in questa seconda eventualità dipende da quale delle due condizioni (12.57)–(12.58) viene meno.

- La prima richiesta ad essere violata è la (12.58) se la trazione viene applicata a una quota sufficientemente alta: $h > \delta_s/\mu_s$. Quando ciò avviene, la forza critica di trazione per mettere in moto la ruota è data da $F_{\text{cr},2} < F_{\text{cr},1}$, e il disco comincia a muoversi rotolando *senza strisciare*, in quanto la legge dell'attrito statico non viene ad essere contraddetta nella fase di moto incipiente.
- Se invece $h \leq \delta_s/\mu_s$, la forza critica di trazione è data da $F_{\text{cr},1} < F_{\text{cr},2}$, e il disco comincia a muoversi *strisciando*.   □

Osservazione 12.35 Il coefficiente di attrito volvente può essere determinato sperimentalmente considerando un disco, appoggiato a un suolo, nel cui baricentro G venga applicata una forza verticale $\mathbf{P}$. Spostando questa forza parallelamente a se stessa nel piano del disco a distanze b crescenti dal baricentro, sul disco agisce un coppia di momento $M(b) = Pb$. Il valore limite b_{cr} per cui il disco comincia a muoversi permette di individuare il coefficiente di attrito volvente statico δ_s, in quanto si avrà

$$Pb_{\text{cr}} = \delta_s\Phi_n = \delta_s(P + mg) \quad \Longrightarrow \quad \delta_s = \frac{Pb_{\text{cr}}}{P + mg} \,,$$

dove m indica la massa del disco. Gli effetti dovuti all'attrito volvente sono solitamente molto minori di quelli dovuti all'attrito statico o dinamico. Nel caso delle ruote di gomma in contatto con l'asfalto, per esempio, il valore di δ_s può considerarsi in prima approssimazione proporzionale al raggio della ruota: $\delta_s \approx \gamma_s r$, con $\gamma_s \approx 0.0035$. Di conseguenza, e tenuto conto che il corrispondente coefficiente di attrito statico è vicino a $1/2$, basterà applicare la forza di trazione a più di $1/100$ dell'altezza del raggio della ruota per far sì che $F_{\text{cr},2} < F_{\text{cr},1}$ nell'esempio precedente.   □

Esempio 12.36 (La frenata perfetta)   Studiamo la frenata di un disco rigido che rotola senza strisciare, in presenza di attrito volvente. Detto $\mathbf{M}_f = -M_f\mathbf{k}$ il momento della coppia frenante, le equazioni cardinali della dinamica (la seconda delle quali riferita sempre al punto di contatto K) forniscono

$$m\ddot{x}_G = \Phi_t, \qquad \Phi_n = mg, \qquad \frac{3}{2}mr^2\ddot{\theta} = -M_f - \delta_s\Phi_n. \qquad (12.59)$$

La relazione cinematica di puro rotolamento implica $\ddot{x}_G = r\ddot{\theta}$, per cui la $(12.59)_1$ fornisce $\Phi_t = mr\ddot{\theta}$. La legge di Coulomb-Morin richiede quindi

$$|\Phi_t| \leq \mu_s|\Phi_n| \quad \Longrightarrow \quad M_f \leq \left(\tfrac{3}{2}\mu_s - \gamma_s\right)mgr, \qquad (12.60)$$

dove si è posto $\delta_s = \gamma_s r$. Se si vuole frenare senza che la ruota cominci a strisciare è necessario soddisfare la disuguaglianza (12.60). Se si applica la massima coppia frenante consentita dalla (12.60), la componente Φ_t assumerà il massimo valore consentitole dalla legge di Coulomb-Morin statica: $\Phi_t = -\mu_s mg$. In tale caso, la $(12.59)_1$ si può integrare una volta:

$$m\ddot{x}_G + \mu_s mg = 0 \quad \Longrightarrow \quad \dot{x}_G + \mu_s gt = V, \qquad (12.61)$$

dove V è la velocità del baricentro all'istante $t = 0$ in cui comincia la frenata. Dalla (12.61) ricaviamo semplicemente il tempo T_1 a cui il baricentro si arresta, nell'ipotesi che la coppia frenante sia la massima possibile consentita dall'ipotesi di puro rotolamento:

$$T_1 = \frac{V}{\mu_s g}.$$

Nel caso invece in cui la ruota strisci, la legge dell'attrito dinamico permette di scrivere una relazione analoga alla (12.61): $\dot{x}_G + \mu_d gt = V$, e quindi di determinare il tempo di arresto come

$$T_2 = \frac{V}{\mu_d g}.$$

Essendo $\mu_d < \mu_s$, si deve avere $T_2 > T_1$, da cui si ricava che il tempo ottimale di arresto (e, di conseguenza, la distanza ottimale di frenata) si ottiene utilizzando una coppia frenante $M_{f.\text{ott}} = (3\mu_s/2 - \gamma_s)mgr$. Se la coppia frenante supera questo valore, la ruota striscia, e sia il tempo che la distanza di frenata aumentano. Si noti che nel caso di strisciamento essendo x e θ disaccoppiati non esiste nessun limite superiore per il momento frenante M_f. $\qquad\Box$

Capitolo 13
Meccanica Relativa

I Principi della Meccanica, da noi enunciati e discussi nel Capitolo 8, postulano
l'esistenza di sistemi inerziali, ovvero sistemi dove i punti isolati mantengono il
proprio stato di quiete o di moto rettilineo uniforme. L'equazione fondamentale della Dinamica (8.1) stabilisce poi come si muove (sempre in un sistema inerziale) un
punto materiale soggetto a forze. Questi due Principi, comunque, non riuscirebbero
da soli a spiegare il moto che osserviamo nella nostra realtà quotidiana, posto che
nessun sistema di riferimento a noi accessibile dimostra comportarsi come inerziale. Un sistema di riferimento solidale alla Terra risente degli effetti dovuti al moto
rotatorio del nostro pianeta; un più preciso sistema solidale col Sole risentirebbe
comunque del moto di quest'ultimo, insieme al Sistema Solare. Perfino il moto studiato rispetto al cosiddetto sistema che ancora Keplero chiamava *cielo delle stelle
fisse* riesce solo ad approssimare il concetto di *sistema inerziale*. Nel §8.5 abbiamo
risolto questo problema osservando come, utilizzando le nozioni di cinematica relativa introdotte nel Capitolo 3, risulti possibile studiare il moto dei punti materiali
in sistemi di riferimento non inerziali. L'equazione fondamentale della dinamica
(8.1) include in tal caso la *forza di trascinamento* e la *forza di Coriolis* (vedi §8.5
e le Definizioni 8.12). Entrambe sono *forze apparenti*, in quanto non provengono
da un'interazione fisica, bensì nascono dalla volontà di un osservatore non inerziale
di associare una forza a ogni tipo di accelerazione misurata. Il presente Capitolo
intende studiare in dettaglio gli effetti che le forze apparenti provocano sulla statica
e sulla dinamica di punti materiali e sistemi di corpi rigidi.

13.1 Forze apparenti

Tutti gli osservatori rilevano le stesse interazioni e le stesse forze agenti fra i punti
materiali, ma ciascuno misura un'accelerazione diversa. Nonostante ciò, è sempre
possibile utilizzare l'equazione fondamentale della dinamica anche in riferimenti
non inerziali, a patto di includere le forze apparenti tra le forze agenti sul sistema.

P. Biscari et al., *Meccanica Razionale*, La Matematica per il 3+2 138,
https://doi.org/10.1007/978-88-470-4018-2_13

Come abbiamo già visto nel §8.5 dalla legge di composizione delle accelerazioni

$$\mathbf{a} = \mathbf{a}_r + \mathbf{a}_\tau + \mathbf{a}_c$$

e dalla legge $\mathbf{F} = m\mathbf{a}$ scritta per un osservatore inerziale si deduce con semplici passaggi che

$$\mathbf{F} - m\mathbf{a}_\tau - m\mathbf{a}_c = m\mathbf{a}_r. \qquad (13.1)$$

È naturale perciò definire le forze "apparenti"

$$\mathbf{F}_\tau = -m\mathbf{a}_\tau \qquad \mathbf{F}_c = -m\mathbf{a}_c \qquad (13.2)$$

dando alla prima il nome di *forza di trascinamento* e alla seconda di *forza di Coriolis*. In questo modo la (13.1) si riscrive come

$$\mathbf{F} + \mathbf{F}_\tau + \mathbf{F}_c = m\mathbf{a}_r \qquad (13.3)$$

dove $\mathbf{a}_r$ è l'accelerazione del punto rispetto all'osservatore non inerziale.

Da un punto di vista puramente formale possiamo dire che la (13.3) stabilisce la validità della seconda legge di Newton anche per osservatori non inerziali, purché alla forza effettiva $\mathbf{F}$ si sommino le forze apparenti $\mathbf{F}_\tau$ e $\mathbf{F}_c$. Bisogna però osservare che per calcolare queste forze è indispensabile conoscere l'accelerazioni di trascinamento $\mathbf{a}_\tau$ e di Coriolis $\mathbf{a}_c$, e cioè conoscere in sostanza il moto dell'osservatore non inerziale rispetto a uno inerziale. In definitiva, come si può facilmente osservare, abbiamo semplicemente trasportato da un parte all'altra del segno di uguale due quantità attribuendo ad esse i nomi di "forze apparenti". Tutto ciò è una pura manipolazione ma, come si vede nelle sue numerose applicazioni, la Meccanica Relativa, e cioè la meccanica che si basa interamente sulla (13.3), ha comunque una grandissima utilità, anche se non contiene in sostanza alcuna novità concettuale rispetto a quanto abbiamo visto fino a qui.

È importante aggiungere alcune considerazioni:

- Le forze "apparenti" hanno questo nome perché, in un certo senso, "appaiono" solo all'osservatore non inerziale, al contrario di quelle effettive che, dovute alle interazioni (a distanza o di contatto) fra i corpi, sono presenti nelle relazioni o leggi meccaniche utilizzate da *ogni* osservatore.
- Le forze apparenti, a differenza di quelle effettive, non soddisfano il pincipio di azione e reazione, poiché non sono dovute alle interazioni fra coppie di corpi.
- Le forze apparenti devono essere inserite, insieme alle forze effettive, nelle relazioni ed equazioni che abbiamo fino ad ora dedotto e illustrato, *esclusivamente* quando si voglia studiare l'equilibrio o il moto di un sistema dal punto di vista di un osservatore non inerziale.

L'utilità della Meccanica Relativa risiede principalmente nel fatto che in numerose situazioni la descrizione del movimento di un sistema è grandemente semplificata quando la si affronti mettendosi dal punto di vista di un osservatore in moto non inerziale. Di questo ci si convince facilmente per mezzo di alcuni esempi significativi, come vedremo più avanti.

Per le considerazioni e le dimostrazioni che seguiranno si dovranno sempre tenere presenti le definizioni contenute nel Teorema 3.4 e più in generale la situazione descritta nella Fig. 3.1. Il vettore $\boldsymbol{\omega}$ indicherà perciò in generale la velocità angolare di un osservatore in moto rispetto a uno inerziale e O la sua origine.

Alla luce di queste considerazioni per comodità e completezza riscriviamo qui in modo più esplicito le definizioni delle forze apparenti agenti su di un punto P di massa m, date dalle (13.2):

$$\mathbf{F}_\tau = -m\mathbf{a}_\tau(P) = -m(\mathbf{a}_O + \dot{\boldsymbol{\omega}} \wedge OP + \boldsymbol{\omega} \wedge (\boldsymbol{\omega} \wedge OP)) \qquad (13.4)$$

$$\mathbf{F}_c = -m\mathbf{a}_c(P) = -2m\boldsymbol{\omega} \wedge \mathbf{v}_r(P) \qquad (13.5)$$

I problemi e le applicazioni della Meccanica Relativa comprendono l'importante sottoinsieme che è comunemente descritto con il termine di *Statica Relativa*. Il classico problema di statica relativa si ha quando si vogliono determinare le condizioni di equilibrio di un sistema relativamente a un osservatore non inerziale.

È immediato e importante notare che nelle equazioni della statica relativa le forze di Coriolis non compaiono, poiché, come si vede nella (13.5), esse si annullano insieme alle velocità relative dei punti alle quali si riferiscono. Riassumiamo questa e altre immediate proprietà delle forze di Coriolis nella proposizione che segue.

Proposizione 13.1 *La forza di Coriolis è sempre nulla quando il punto al quale si riferisce ha velocità* $\mathbf{v}_r$ *nulla e per questo motivo* non *è presente nei problemi di statica relativa. Allo stesso modo questa forza si annulla quando l'osservatore mobile sia traslante rispetto a quello inerziale, e cioè nel caso in cui si abbia* $\boldsymbol{\omega} = \mathbf{0}$.
La forza di Coriolis esercita una potenza nulla sul punto al quale è applicata:

$$\Pi_c = \mathbf{F}_c \cdot \mathbf{v}_r = -2m\boldsymbol{\omega} \wedge \mathbf{v}_r \cdot \mathbf{v}_r = 0\,.$$

Osserviamo infine che la forza di Coriolis dipende dalla velocità del punto considerato e quindi certamente *non* è posizionale e a maggior ragione nemmeno conservativa. Ciò nonostante, è importante sottolineare che la presenza della forza di Coriolis non ostacola l'esistenza dell'integrale dell'energia (10.4) qualora le altre forze attive siano tutte conservative. Se analizziamo infatti i passaggi (10.3), necessari per ricavare l'integrale dell'energia per la meccanica del punto, osserviamo che qualunque forza a potenza nulla (e in particolare qualunque forza ortogonale alla velocità) si annulla nel primo passaggio della (10.3). Analogamente, le forze di Coriolis non entrano fra quelle che devono essere considerate per dedurre il teorema di conservazione dell'energia per sistemi meccanici più generali, così come illustrato nella Proposizione 11.20.

Osservazione 13.2 Nel seguito di questo capitolo ci riferiremo a casi di *distribuzioni discrete* di punti materiali $\{(P_i, m_i),\ i = 1, \ldots, n\}$, per semplicità di presentazione. Tuttavia è evidente che ogni risultato così ottenuto si estende in modo naturale alle distribuzioni continue di masse. □

13.2   Risultante delle forze apparenti

Esistono due importanti proprietà, analoghe fra loro, che permettono di calcolare facilmente il risultante delle forze di trascinamento e il risultante delle forze di Coriolis agenti sui punti di un sistema.

Proposizione 13.3 (Risultante delle forze di trascinamento) *Il risultante delle forze di trascinamento è pari alla forza di trascinamento che agirebbe sul baricentro se questo possedesse una massa uguale alla massa totale del sistema.*

Dimostrazione   Consideriamo un sistema di punti materiali $\{(P_i, m_i), i = 1, \ldots, n\}$ con massa totale m e baricentro G. Si avrà

$$OG = \frac{1}{m} \sum_{i=1}^{n} m_i \, OP_i, \qquad \text{con } m = \sum_{i=1}^{n} m_i$$

e di conseguenza, alla luce della (13.4),

$$\mathbf{R}_\tau = -\sum_{i=1}^{n} m_i \mathbf{a}_\tau(P_i) = -\sum_{i=1}^{n} m_i \big(\mathbf{a}_O + \dot{\boldsymbol{\omega}} \wedge OP_i + \boldsymbol{\omega} \wedge [\boldsymbol{\omega} \wedge OP_i]\big)$$

$$= -\Big(\sum_{i=1}^{n} m_i\Big)\mathbf{a}_O - \dot{\boldsymbol{\omega}} \wedge \Big(\sum_{i=1}^{n} m_i \, OP_i\Big) - \boldsymbol{\omega} \wedge \Big[\boldsymbol{\omega} \wedge \Big(\sum_{i=1}^{n} m_i \, OP_i\Big)\Big]$$

$$= -m\mathbf{a}_O - m\dot{\boldsymbol{\omega}} \wedge OG - m\boldsymbol{\omega} \wedge (\boldsymbol{\omega} \wedge OG)$$

$$= -m\mathbf{a}_\tau(G) \qquad\qquad\qquad\qquad\qquad\qquad\qquad\qquad \Box$$

Osservazione 13.4   La Proposizione appena dimostrata è estremamente utile perché permette di calcolare comodamente il risultante delle forze di trascinamento, di solito per inserirlo nella prima equazione cardinale. Ciò nonostante, essa *non* dimostra che il sistema delle forze di trascinamento sia equivalente al solo risultante applicato nel baricentro. Infatti, l'equivalenza di due sistemi di forze (e, in particolare, l'uso di sistemi equivalenti ai fini della seconda equazione cardinale della statica) richiede che anche i momenti dei sistemi considerati coincidano.

È importante quindi evidenziare e ricordare che:

- Il risultante delle forze di trascinamento si calcola nel baricentro.
- Le forze di trascinamento non possiedono in generale una retta di applicazione del risultante.
- Anche nei casi nei quali l'insieme delle forze di trascinamento ammette una retta di applicazione del risultante non è detta che questa passi per il baricentro del sistema. $\Box$

Proposizione 13.5 (Risultante delle forze di Coriolis) *Il risultante delle forze di Coriolis è pari alla forza di Coriolis che agirebbe sul baricentro se questo possedesse una massa pari alla massa totale del sistema.*

Dimostrazione Sia $\{(P_i, m_i),\ i = 1, \ldots, n\}$ un sistema di punti materiali con velocità $\mathbf{v}_i$ misurate in un sistema di riferimento che ruota con velocità angolare $\boldsymbol{\omega}$ rispetto a un sistema inerziale. In vista della (13.5) abbiamo allora

$$\mathbf{R}_{\mathrm{c}} = -\sum_{i=1}^{n} m_i \mathbf{a}_{\mathrm{c}}(P_i) = -2\boldsymbol{\omega} \wedge \sum_{i=1}^{n} m_i \mathbf{v}_{\mathrm{r}}(P_i) = -2m\boldsymbol{\omega} \wedge \mathbf{v}_{\mathrm{r}}(G) = -m\mathbf{a}_{\mathrm{c}}(G)\,.$$

(13.6)

dove si è utilizzata la relazione $\sum m_i \mathbf{v}_r(P_i) = m\mathbf{v}_r(G)$, e cioè il teorema della quantità di moto dal punto di vista dell'osservatore mobile. □

Osservazione 13.6 Anche qui è importante ricordare che mentre possiamo calcolare il valore del risultante delle forze di Coriolis nel baricentro del sistema non è assolutamente detto che questo insieme di forze sia riducibile al solo risultante applicato nel baricentro o altrove. Questo deve esser deciso caso per caso. □

Esempio 13.7 (Sistema di riferimento traslante) Consideriamo il caso di un sistema di riferimento non inerziale i cui assi rimangano sempre paralleli a quelli di un sistema inerziale, ma la cui origine O possieda un'accelerazione pari a $\mathbf{a}_O$. Essendo nulla la velocità angolare $\boldsymbol{\omega}$, la forza apparente agente su ogni punto P_i di massa m_i si riduce alla forza di trascinamento $\mathbf{F}_{\tau i} = -m_i \mathbf{a}_O$.

In questo caso il sistema delle forze di trascinamento è equivalente al suo risultante $\mathbf{R}$, applicato nel baricentro G.

La Proposizione 13.3 dimostra l'equivalenza per quanto riguarda il risultante. Inoltre, considerato un qualunque polo Q,

$$\mathbf{M}_Q = \sum_{i=1}^{n} QP_i \wedge \left(-m_i \mathbf{a}_O\right) = -\left(\sum_{i=1}^{n} m_i\, QP_i\right) \wedge \mathbf{a}_O = QG \wedge \mathbf{R}\,,$$

il che dimostra che in questo caso il solo risultante genera, se applicato in G, un momento pari a quello dell'intero sistema di forze di trascinamento. □

13.3 Forza centrifuga

Una delle situazioni più comuni nelle quali è utile applicare i concetti che provengono dalla Meccanica Relativa è quella in cui il riferimento non inerziale è uniformemente ruotante intorno a una asse fisso.

La forza di trascinamento (13.4), nell'ipotesi in cui si abbia

$$\mathbf{a}_O = \mathbf{0}\,, \qquad \dot{\boldsymbol{\omega}} = \mathbf{0}\,,$$

si semplifica notevolmente e si riduce alla sola parte

$$\mathbf{F}_{\mathrm{cen}} = -m\boldsymbol{\omega} \wedge (\boldsymbol{\omega} \wedge OP)$$

(13.7)

Figura 13.1 La forza centrifuga agente su un punto P di massa m a distanza r dall'asse di rotazione

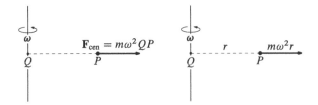

che porta il nome di *forza centrifuga*, come abbiamo suggerito con la notazione a pedice.

La forza centrifuga, quindi, è un caso particolare di forza di trascinamento, e precisamente il nome che diamo alla forza di trascinamento quando il sistema di riferimento mobile ruota con velocità angolare costante intorno a un asse fisso.

Per comprendere meglio la forza (13.7), scegliamo un sistema di riferimento con asse z parallelo a $\boldsymbol{\omega}$, in modo che $\boldsymbol{\omega} = \omega\,\mathbf{k}$, e poniamo inoltre $OP = x\mathbf{i} + y\mathbf{j} + z\mathbf{k}$. Utilizzando l'espressione (A.8) per svolgere il doppio prodotto vettoriale, otteniamo:

$$\mathbf{F}_{\text{cen}} = m\,\omega^2\big[OP - (OP \cdot \mathbf{k})\mathbf{k}\big] = m\,\omega^2(x\mathbf{i} + y\mathbf{j})\,. \tag{13.8}$$

Facendo riferimento alla Fig. 13.1 indichiamo con Q la proiezione ortogonale di P sull'asse di rotazione (si avrà quindi $OQ = z\mathbf{k}$). Se scomponiamo il vettore posizione OP nelle sue componenti parallela e ortogonale all'asse di rotazione, in modo che $OP = (x\mathbf{i} + y\mathbf{j}) + (z\mathbf{k}) = QP + OQ$ con $QP = x\mathbf{i} + y\mathbf{j}$, la (13.8) diventa semplicemente

$$\mathbf{F}_{\text{cen}} = m\,\omega^2\,QP\,. \tag{13.9}$$

Come si vede nella Fig. 13.1 la forza centrifuga è dunque diretta in modo radiale, a uscire dall'asse di rotazione, con intensità proporzionale alla distanza del punto dall'asse e al quadrato della velocità angolare.

13.3.1 Sistemi piani di forze centrifughe

Consideriamo un sistema rigido contenuto in un piano π che ruota con velocità angolare costante $\boldsymbol{\omega}$ attorno a un asse del piano, che sceglieremo come asse y: $\boldsymbol{\omega} = \omega\,\mathbf{j}$. Scelto un polo O sull'asse di rotazione, supponiamo per semplicità di calcolo che il sistema sia formato da n punti materiali $\{(P_i, m_i),\ i = 1, \ldots, n\}$, con $OP_i = x_i\,\mathbf{i} + y_i\,\mathbf{j}$ e $Q_iP_i = x_i\,\mathbf{i}$. Mostreremo ora come in questo caso sia possibile effettuare la riduzione del sistema di forze centrifughe.

Figura 13.2 Sistema rigido
in piano ruotante

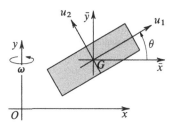

- Il momento delle forze centrifughe è pari a

$$\mathbf{M}_O = \sum_{i=1}^{n} m_i \, OP_i \wedge \left(\omega^2 Q_i P_i\right) = -\sum_{i=1}^{n} m_i \, x_i y_i \, \omega^2 \mathbf{k} = I_{xy} \, \omega^2 \mathbf{k},$$

dove I_{xy} è il prodotto d'inerzia del sistema rispetto all'asse di rotazione e a quello ad esso ortogonale contenuto nel piano del sistema e passante per O. Utilizzando la proprietà (5.28) possiamo riferire I_{xy} al prodotto d'inerzia rispetto a una coppia di assi $(\bar{x}, \bar{y})$ paralleli ad (x, y), ma passanti per il baricentro del sistema (vedi Fig. 13.2). Successivamente, la (5.43) ci consente di esprimere tale prodotto d'inerzia $I_{\bar{x}\bar{y}}$ in funzione dei momenti principali centrali di inerzia I_1, I_2, e dell'angolo θ che il primo degli assi principali centrali di inerzia determina con l'asse $\bar{x}$:

$$\mathbf{M}_O = \left(I_{\bar{x}\bar{y}} - mx_G y_G\right) \omega^2 \mathbf{k} = ((I_1 - I_2) \sin\theta \cos\theta - mx_G y_G) \, \omega^2 \mathbf{k},$$

dove bisogna sottolineare che nell'utilizzare la (5.43) c'è stato un cambio di segno nel prodotto di inerzia dovuto al fatto che l'angolo θ definito in Fig. 13.2 è l'opposto di quello utilizzato in (5.43).

Il momento risultante $\mathbf{M}_O$ è ortogonale al piano del sistema, e in particolare al risultante. Ciò implica che ogni volta che quest'ultimo non sia nullo (e quindi sempre che il baricentro del sistema non si trovi esattamente sull'asse di rotazione), il sistema di forze centrifughe ammetterà retta di applicazione del risultante, essendo nullo l'invariante scalare $I = \mathbf{R} \cdot \mathbf{M}_O$ (vedi la (7.21) e la Proposizione 7.8).

- Supposto $x_G \neq 0$ e alla luce della (7.25), il sistema di forze centrifughe è equivalente al solo risultante applicato in un punto P^* di ordinata

$$y^* = -\frac{I_{xy}}{mx_G} = y_G - \frac{(I_1 - I_2) \sin\theta \cos\theta}{mx_G}. \tag{13.10}$$

Qualora, in particolare, i due momenti principali centrali di inerzia coincidano $(I_1 = I_2)$ è sicuramente possibile applicare il risultante delle forze nel baricentro. Ciò avviene, per esempio, se il sistema è un disco o una lamina quadrata omogenei.

Figura 13.3 Riduzione delle
forze centrifughe agenti su
un'asta ruotante

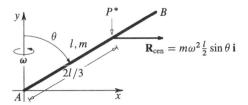

Esempio 13.8 Determiniamo il risultante delle forze centrifughe e la sua retta di applicazione nel caso di un'asta omogenea AB di lunghezza l e massa m, vincolata a muoversi in un piano (x, y) che ruota con velocità angolare costante $\boldsymbol{\omega} = \omega\mathbf{j}$, nell'ipotesi che l'estremo A dell'asta appartenga all'asse di rotazione (vedi Fig. 13.3). Detto θ l'angolo che l'asta determina con l'asse di rotazione si ha $x_G = l/2 \sin\theta$, $I_{G1} = 0$, $I_{G2} = ml^2/12$, e quindi

$$\mathbf{R} = m\,\omega^2 \tfrac{1}{2} l \sin\theta\,\mathbf{i} \qquad y^a st = y_G + \tfrac{1}{6}l\cos\theta \quad \Longrightarrow \quad AP^* = \tfrac{2}{3}l\,.$$

In altre parole, il risultante si calcola assumendo che tutta la massa sia concentrata nel baricentro, ma si applica in un punto che si trova a $2/3$ della lunghezza dell'asta, rispetto al punto che appartiene all'asse di rotazione.   □

13.3.2 Sistemi generici di forze centrifughe

Quando il sistema non è piano non è detto che l'invariante scalare $I = \mathbf{R} \cdot \mathbf{M}_O$ sia nullo, e quindi che il sistema di forze centrifughe sia riducibile al suo risultante. Può comunque risultare utile determinare in quali casi particolari la sollecitazione centrifuga sia equivalente al suo risultante applicato nel baricentro.

Il risultante della sollecitazione centrifuga è sempre esprimibile come $m\omega^2 QG$, dove Q è la proiezione di G sull'asse di rotazione. Supposto $QG \neq 0$, la sollecitazione centrifuga sarà equivalente al suo risultante (applicato in qualche punto da determinarsi) se e solo se il suo invariante scalare è nullo

$$m\omega^2 QG \cdot \mathbf{M}_O = 0\,. \tag{13.11}$$

Supposta vera la (13.11), possiamo determinare la condizione necessaria e sufficiente affinché la sollecitazione centrifuga sia equivalente al suo risultante *applicato al baricentro* G del corpo sul quale agisce. Chiaramente, questa condizione richiede che il momento della sollecitazione centrifuga rispetto a G sia nullo:

$$\mathbf{M}_G = \sum_{i=1}^{n} GP_i \wedge m_i\omega^2 Q_i P_i = \mathbf{0}\,, \tag{13.12}$$

dove Q_i indica sempre la proiezione ortogonale di P_i sull'asse di rotazione.

Proposizione 13.9 *Un sistema di forze centrifughe è equivalente al suo risultante applicato nel baricentro se e solo se l'asse di rotazione è parallelo a uno degli assi principali centrali di inerzia.*

Dimostrazione Mostriamo inizialmente che l'espressione di $\mathbf{M}_G$ non cambia se in essa sostituiamo le proiezioni Q_i sull'asse di rotazione con le proiezioni S_i sull'asse parallelo ad $\boldsymbol{\omega}$ e passante per G. Si ha infatti che, detta Q_G la proiezione del baricentro sull'asse di rotazione, vale $Q_i S_i = Q_G G$. Posto $Q_i P_i = Q_i S_i + S_i P_i = Q_G G + S_i P_i$ si ha

$$\sum_{i=1}^{n} GP_i \wedge m_i \omega^2 Q_G G = \left(\sum_{i=1}^{n} m_i GP_i \right) \wedge \omega^2 Q_G G = \mathbf{0} \, .$$

Introduciamo ora un sistema di riferimento con origine nel baricentro G, e asse z parallelo all'asse di rotazione. Inserendo $GP_i = x_i \mathbf{i} + y_i \mathbf{j} + z_i \mathbf{k}$ e $S_i P_i = GP_i - z_i \mathbf{k}$ in (13.12) avremo

$$
\begin{aligned}
\mathbf{M}_G &= \sum_{i=1}^{n} \left(x_i \mathbf{i} + y_i \mathbf{j} + z_i \mathbf{k} \right) \wedge m_i \omega^2 \left(x_i \mathbf{i} + y_i \mathbf{j} \right) \\
&= \sum_{i=1}^{n} z_i \mathbf{k} \wedge m_i \omega^2 \left(x_i \mathbf{i} + y_i \mathbf{j} \right) \\
&= -\left(\sum_{i=1}^{n} m_i y_i z_i \right) \omega^2 \mathbf{i} + \left(\sum_{i=1}^{n} m_i x_i z_i \right) \omega^2 \mathbf{j} \\
&= \left(I_{23} \mathbf{i} - I_{13} \mathbf{j} \right) \omega^2
\end{aligned}
$$

dove abbiamo ricordato le espressioni (5.26) dei prodotti d'inerzia per distribuzioni discrete di punti materiali.

La richiesta $\mathbf{M}_G = \mathbf{0}$ è soddisfatta quindi se e solo se $I_{13} = I_{23} = 0$, vale a dire se e solo se l'asse z, parallelo a $\boldsymbol{\omega}$ e passante per il baricentro, è un asse principale centrale di inerzia.   □

13.4 Componenti conservative della forza di trascinamento

La forza di trascinamento $\mathbf{F}_\tau$ è posizionale. Sorge allora spontanea la domanda riguardo al suo carattere conservativo, al fine di poter definire un potenziale anche in sistemi di riferimento non inerziali. Vedremo di seguito che in generale la risposta è negativa: non sempre è possibile trovare un potenziale il cui gradiente coincida con la forza di trascinamento. Ciò nonostante, individueremo anche alcuni casi particolari in cui la ricerca del potenziale fornisce risultato positivo.

Il primo termine nell'espressione di $\mathbf{F}_\tau$ nella (13.4) è legato all'accelerazione dell'origine del sistema di riferimento non inerziale, è indipendente dalla posizione del punto considerato, ed è proporzionale alla massa del punto considerato. Queste caratteristiche consentono di interpretare questa forza come una sorta di forza peso, con un'accelerazione $-\mathbf{a}_O$ al posto dell'accelerazione di gravità $\mathbf{g}$. In ogni caso, se ricordiamo che condizione necessaria affinché una forza sia conservativa è che essa non dipenda esplicitamente dalle velocità, ma neanche dal tempo, è evidente che la forza $-m\,\mathbf{a}_O$ sarà conservativa tutte e sole le volte che l'accelerazione $\mathbf{a}_O$ sia costante nel tempo. Quando ciò avvenga è semplice mostrare che

$$-m\,\mathbf{a}_O = \operatorname{grad} U_O\,, \quad \text{con} \quad U_O = -m\,\mathbf{a}_O \cdot OP = -m\left(a_{Ox}\,x + a_{Oy}\,y + a_{Oz}\,z\right).$$

Il secondo termine della forza di trascinamento (13.4) non ammette potenziale. Infatti, ricordiamo che condizione necessaria affinché una forza posizionale ammetta potenziale è che il suo rotore sia nullo (vedi (7.7)). Basta allora eseguire una derivata per dimostrare che

$$\operatorname{rot}\left(-m\,\dot{\boldsymbol{\omega}} \wedge OP\right) = -m\,\dot{\boldsymbol{\omega}}\,.$$

Ulteriore condizione necessaria affinché la forza di trascinamento sia conservativa è quindi che la velocità angolare del sistema di riferimento non inerziale sia costante. In questo caso il termine considerato si annulla e può essere trascurato.

La discussione delle proprietà dell'ultimo addendo nella (13.4) è meritevole di particolare rilievo. Come abbiamo già osservato, nel caso in cui la velocità angolare $\boldsymbol{\omega}$ dell'osservatore non inerziale sia costante, questa quantità prende il nome di forza centrifuga, ed è espressa dalla (13.9), come evidenziato anche nella Fig. 13.1.

È importante osservare che questa forza è non solo posizionale ma anche conservativa, con un potenziale esprimibile in una forma compatta e notevole.

Proposizione 13.10 *La forza centrifuga è conservativa e ha come potenziale*

$$U_{\text{cen}} = \frac{1}{2}\,I_\omega\,\omega^2\,, \tag{13.13}$$

dove I_ω indica il momento d'inerzia del sistema rispetto all'asse di rotazione del sistema di riferimento.

Dimostrazione Scegliamo l'asse $\mathbf{k}$ parallelo a $\boldsymbol{\omega}$. Posto $OP = x\mathbf{i} + y\mathbf{j} + z\mathbf{k}$ avremo $\mathbf{F}_{\text{cen}} = m\,\omega^2(x\,\mathbf{i} + y\,\mathbf{j}) = \operatorname{grad} U_{\text{cen}}$, con

$$U_{\text{cen}} = \frac{1}{2}\,m\,\omega^2\left(x^2 + y^2\right) = \frac{1}{2}\left(m\,r^2\right)\omega^2\,, \tag{13.14}$$

dove r indica la distanza del punto materiale considerato dall'asse di rotazione, come si vede nella Fig. 13.1. Osserviamo che la quantità $m\,r^2$ in parentesi nella (13.14) non è altro che il momento di inerzia del punto rispetto all'asse di rotazione. Evidentemente, nel caso di sistemi formati da più punti materiali o da corpi rigidi o comunque continui, il potenziale U_{cen} delle forze centrifughe è la somma dei singoli potenziali e quindi può essere espresso come annunciato nella (13.13). $\qquad\square$

Figura 13.4 Lamina quadrata in piano uniformemente ruotante

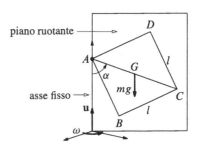

Si consideri la lamina omogenea di forma quadrata (di lato l e massa m) illustrata in Fig. 13.4. La lamina è vincolata a muoversi in un piano verticale, ruotante con velocità angolare costante $\boldsymbol{\omega} = \omega\mathbf{u}$ attorno all'asse verticale passante per il punto fisso A. Vogliamo determinare le posizioni di equilibrio relativo della lamina nel piano rotante quando l'unica forza attiva risulta essere il peso. In base alla (13.10) è possibile ridurre la sollecitazione centrifuga al suo risultante applicato al baricentro, in quanto i momenti principali della lamina quadrata coincidono. Detto α l'angolo che AG determina con la verticale, e posto $\omega_0 = (\sqrt{2}g/l)^{1/2}$, la seconda equazione cardinale della statica (relativa) rispetto al polo A fornisce

$$\sin\alpha(\omega^2\cos\alpha - \omega_0^2) = 0 \implies \begin{cases} \sin\alpha = 0 \\ \cos\alpha = \omega_0^2/\omega^2, & \text{se } \omega \geq \omega_0 \end{cases} \qquad (13.15)$$

È possibile ritrovare le configurazioni di equilibrio (13.15) tramite il Teorema di stazionarietà del potenziale, facendo uso del potenziale centrifugo (13.13). Se infatti indichiamo con u' l'asse verticale passante per G, il fatto che la lamina possieda due momenti principali uguali nel piano implica che anche u' è principale di inerzia in G, con lo stesso momento $I_{u'} = ml^2/12$. Il Teorema di Huygens-Steiner fornisce $I_u = I_{u'} + mx_G^2 = ml^2/12 + ml^2/2\sin^2\alpha$, e il potenziale vale

$$U(\alpha) = -mgy_G(\alpha) + \frac{1}{2}I_\omega(\alpha)\,\omega^2 = \frac{\sqrt{2}}{2}mgl\cos\alpha + \frac{1}{4}m\omega^2l^2\sin^2\alpha + \text{costante},$$

che ovviamente possiede i punti stazionari (13.15). La determinazione del potenziale consente inoltre di analizzare la stabilità in senso statico delle configurazioni di equilibrio. Applicando quanto ricavato in §9.9 si ottiene

$$U''(0) = \frac{1}{2}ml^2(\omega^2 - \omega_0^2) \qquad \begin{cases} \text{stabile} & \text{se } \omega \leq \omega_0 \\ \text{instabile} & \text{se } \omega > \omega_0 \end{cases}$$

$$U''(\pi) = \frac{1}{2}ml^2(\omega^2 + \omega_0^2) \qquad \text{instabile}$$

$$U''\left(\arccos\frac{\omega_0^2}{\omega^2}\right) = \frac{1}{2}\frac{ml^2}{\omega^2}(\omega_0^4 - \omega^4) \qquad \text{stabile se } \omega \geq \omega_0$$

dove si è tenuto conto che nel caso critico $\omega = \omega_0$ vale $U'''(0) = 0$ e $U^{(iv)}(0) = -3mgl/\sqrt{2}$. $\qquad\qquad \square$

13.5   Meccanica relativa per sistemi piani

È molto comune, a causa delle loro numerose applicazioni, che si debbano studiare l'equilibrio o il moto di sistemi di punti e corpi rigidi che sono vincolati a rimanere in un piano ruotante, con velocità angolare costante o variabile rispetto a un osservatore inerziale. Per queste situazioni è utile avere presenti alcune specifiche proprietà delle forze apparenti.

Proposizione 13.12 (Sistemi piani)   *Le forze di Coriolis non influenzano la dinamica relativa di un corpo rigido piano, se questo si trova in un sistema di riferimento che ruota attorno a un asse appartenente al piano del sistema.*

Dimostrazione   Consideriamo un sistema rigido di punti materiali come nella Proposizione precedente. Il momento risultante delle forze di Coriolis risulta essere

$$\mathbf{M}_O = -2\sum_{i=1}^{n} m_i\, OP_i \wedge \left(\boldsymbol{\omega} \wedge \mathbf{v}_i\right)$$

$$= -2\Big(\sum_{i=1}^{n} m_i\, OP_i \cdot \mathbf{v}_i\Big)\boldsymbol{\omega} + 2\sum_{i=1}^{n} m_i\, (OP_i \cdot \boldsymbol{\omega})\mathbf{v}_i\,. \tag{13.16}$$

Essendo $\boldsymbol{\omega}$ e $\mathbf{v}_G$ appartenenti al piano del moto, il risultante (13.6) è ortogonale al piano del moto. D'altra parte, l'espressione (13.16) dimostra che il momento risultante appartiene al piano del moto. Questo implica che le forze di Coriolis non influenzano il moto del corpo rigido, che è invece determinato dalle componenti del risultante appartenenti al piano del moto, e dalla componente del momento ortogonale allo stesso piano.   □

Osservazione 13.13   La precedente proprietà dipende criticamente dal fatto che l'asse di rotazione appartenga al piano del moto. Se infatti $\boldsymbol{\omega}$ avesse una componente ortogonale a questo, il risultante (13.6) avrebbe una componente nel piano del moto, e il primo addendo del momento (13.16) avrebbe una componente ortogonale ad esso.   □

Piani uniformemente rotanti

Consideriamo un sistema piano, il cui piano del moto sia mantenuto in rotazione uniforme attorno a un proprio asse, in modo che la velocità angolare costante $\boldsymbol{\omega}$ sia contenuta nel piano del moto. Consideriamo due sistemi di riferimento, la cui origine comune O appartenga all'asse di rotazione. Supponiamo che il primo sistema di riferimento (fisso) sia inerziale, mentre il secondo, solidale con il piano ruotante, ruoti rispetto al primo con la stessa velocità angolare del piano del moto.

Escludendo per il momento il vincolo di appartenenza al piano ruotante, supponiamo che gli eventuali altri vincoli agenti sul sistema (cerniere, carrelli o altro) siano ideali, bilateri e fissi, in modo che la potenza da essi esplicata sia nulla.

Per quanto riguarda le forze attive, assumiamo che esse siano conservative, con potenziale $U^{(a)}$.

Se studiamo il moto del sistema nel sistema di riferimento solidale (non inerziale) possiamo trarne le seguenti conclusioni. Tutti i vincoli, compreso quello di appartenenza al piano qui fisso, sono ideali, bilateri e fissi, ed esplicano quindi potenza nulla. Per quanto riguarda le forze attive, esse sono conservative. Infatti, oltre alle forze di potenziale $U^{(a)}$ dobbiamo considerare le forze di trascinamento, che si riducono alla forza centrifuga, il cui potenziale è (vedi (13.13))

$$U_{\text{cen}} = \frac{1}{2} I_\omega \, \omega^2 \,, \tag{13.17}$$

dove I_ω indica il momento d'inerzia del sistema rispetto all'asse di rotazione del sistema di riferimento. Detta quindi $\mathbf{v}_{ir}$ la velocità dell'i-esimo punto materiale nel sistema di riferimento relativo, possiamo definire l'energia cinetica *relativa*

$$T_r = \frac{1}{2} \sum_{i=1}^{n} m_i v_{ir}^2$$

e utilizzare il teorema dell'energia cinetica

$$\dot{T}_r = \Pi = \dot{U}^{(a)} + \dot{U}_{\text{cen}} \quad \Longrightarrow \quad T_r - U^{(a)} - U_{\text{cen}} \equiv \text{costante} = E. \tag{13.18}$$

L'equazione (13.18) è un'equazione pura del moto, e nel caso che il sistema possieda un unico grado di libertà è anche sufficiente a determinare il suo moto.

Se ora studiamo il sistema nel sistema di riferimento inerziale, osserviamo che i vincoli non sono più fissi, in quanto il piano ruotante rappresenta un vincolo mobile. Infatti, se vogliamo mantenere il sistema in rotazione a velocità angolare costante dovremo applicare un motore che supporti la rotazione. Il teorema dell'energia cinetica, scritto in questo sistema di riferimento, consente di dare un'espressione alquanto semplice alla potenza esplicata da tale motore. Consideriamo infatti l'energia cinetica *assoluta* T_a misurata nel sistema di riferimento fisso. Essa sarà costruita con i quadrati delle velocità assolute $\mathbf{v}_i = \mathbf{v}_{ir} + \mathbf{v}_{i\tau}$, dove le velocità di trascinamento valgono $\mathbf{v}_{i\tau} = \boldsymbol{\omega} \wedge OP_i$. Grazie alla simmetria del sistema, OP_i e $\boldsymbol{\omega}$ appartengono al piano ruotante, per cui $\mathbf{v}_{i\tau}$ sarà ortogonale ad esso, e in particolare a $\mathbf{v}_{ir}$. Di conseguenza

$$v_i^2 = v_{ir}^2 + 2\mathbf{v}_{ir} \cdot \mathbf{v}_{i\tau} + v_{i\tau}^2 = v_{ir}^2 + v_{i\tau}^2 \,.$$

Ne consegue che l'energia cinetica T_a si scompone nella somma di due energie cinetiche: quella relativa e quella di trascinamento: $T_a = T_r + T_\tau$. Inoltre, quest'ultima ha esattamente la stessa espressione del potenziale delle forze centrifughe (13.17):

$$T_\tau = U_{\text{cen}} = \frac{1}{2} I_\omega \, \omega^2 \,, \tag{13.19}$$

in quanto le $\mathbf{v}_{i\,\tau}$ rappresentano una rotazione rigida di velocità angolare ω. Per quanto riguarda la potenza delle forze agenti sul sistema, in essa dovremo conteggiare la potenza $\Pi^{(v)}$ del motore che tiene in rotazione uniforme il piano e la potenza $\Pi^{(a)} = \dot{U}^{(a)}$ delle forze attive, ma non la potenza delle forze apparenti, dato che questo sistema di riferimento è inerziale. Avremo di conseguenza

$$\dot{T}_a = \dot{T}_r + \dot{T}_\tau = \Pi^{(v)} + \dot{U}^{(a)}. \tag{13.20}$$

Se infine inseriamo la (13.18) e la (13.19) nella (13.20), otteniamo il seguente interessante risultato:

$$\left(\dot{U}^{(a)} + \dot{U}_{\text{cen}}\right) + \dot{U}_{\text{cen}} = \Pi^{(v)} + \dot{U}^{(a)} \quad \Longrightarrow \quad \Pi^{(v)} = 2\dot{U}_{\text{cen}}.$$

La potenza necessaria per mantenere in rotazione uniforme un sistema piano (attorno a un asse appartenente al piano stesso) è quindi pari al doppio della potenza relativa delle forze centrifughe.

13.6 Forza peso

Un interessante problema di statica relativa è quello di un punto materiale P di massa m in equilibrio sulla superficie terrestre alla latitudine λ (vedi Fig. 13.5). In questo caso la forza assoluta che agisce sul punto è la forza gravitazionale

$$\mathbf{F} = h\frac{mM_T}{r^2}\mathbf{u}, \qquad \text{con} \quad \mathbf{u} = \text{vers } P\Omega,$$

nella quale h è la costante di Cavendish ($h \approx 6.67 \times 10^{-11}$ m^3 kg^{-1} s^{-2}), Ω è il centro della terra, e M_T è la massa della terra ($M_T \approx 5.98 \times 10^{24}$ Kg). Considerando costante, in prima approssimazione, la velocità angolare ω_T con cui la terra ruota

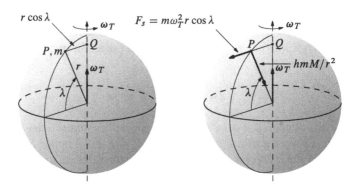

Figura 13.5 Equilibrio di un punto sulla Terra

attorno al suo asse, la forza di trascinamento si identifica con la forza centrifuga e vale $\mathbf{F}_\tau = m\omega_T^2 QP$. In tal caso, detta $\mathbf{\Phi}$ la reazione della superficie terrestre sul punto, si ha

$$h\frac{mM_T}{r^2}\mathbf{u} + m\omega_T^2 QP + \mathbf{\Phi} = 0. \tag{13.21}$$

Introducendo l'*accelerazione di gravità*

$$\mathbf{g} = h\frac{M_T}{r^2}\mathbf{u} + \omega_T^2 QP , \tag{13.22}$$

la (13.21) può scriversi formalmente come un problema di statica inerziale:

$$m\mathbf{g} + \mathbf{\Phi} = 0.$$

La quantità $m\mathbf{g}$ è la cosiddetta *forza peso* (o semplicemente *peso*) che, come si vede, è dunque somma vettoriale della forza gravitazionale e della forza centrifuga. L'accelerazione di gravità, e dunque il peso, dipendono quindi dalla latitudine attraverso la forza centrifuga: un corpo pesa di più ai poli dove la forza di trascinamento è nulla e di meno mano a mano che ci si avvicina all'equatore, dove la forza di trascinamento è massima ma opposta alla forza gravitazionale. In generale da (13.22) si ha:

$$g(\lambda) = \sqrt{h^2\frac{M_T^2}{r^4}\sin^2\lambda + \left(h\frac{M_T}{r^2} - \omega_T^2 r\right)^2 \cos^2\lambda} ,$$

nella quale λ e r rappresentano, rispettivamente, la latitudine alla quale si trova il punto materiale P e la distanza di quest'ultimo dal centro della terra.

La Fig. 13.6 mostra come varia il modulo dell'accelerazione di gravità, g, al variare della latitudine, λ, misurata in gradi per un punto materiale P che giace sulla superficie terrestre.

Figura 13.6 Modulo dell'accelerazione di gravità g al variare della latitudine λ

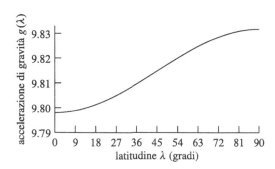

13.7 Problema dei due corpi

Per *problema dei due corpi* si intende lo studio del moto di due punti materiali P_1, P_2, di masse m_1, m_2, interagenti tra di loro ma altrimenti isolati, analizzato nel sistema di riferimento non inerziale che trasla con origine in uno dei due punti (che supporremo essere P_1). Il moto di P_1 in tale sistema di riferimento è banale, in quanto esso occupa l'origine ed è quindi in quiete relativa. Non è invece semplice immaginare a priori quale sarà il moto di P_2. Infatti, sebbene in virtù del Principio di azione e reazione la forza agente su P_2 sarà sempre diretta verso l'origine P_1, non è detto che si possano applicare a P_2 le considerazioni ricavate nel §10.4, in quanto su P_2 agiranno anche le forze apparenti, che in questo caso (osservatore traslante) coincidono con la forza di trascinamento $\mathbf{F}_\tau = -m_2\mathbf{a}_1$. L'interesse storico di questo problema risiede nel fatto che esso permette di studiare il moto di un corpo celeste P_2 (come per esempio il Sole), utilizzando un osservatore con origine su un secondo corpo celeste P_1 (che rappresenta la Terra), nell'approssimazione che le interazioni dei due corpi con altri pianeti e satelliti sia trascurabile.

Al fine di studiare il moto relativo di P_2 risulta comunque utile scrivere le equazioni fondamentali della dinamica dei due punti rispetto a un sistema di riferimento inerziale

$$m_1\mathbf{a}_1 = \mathbf{F}_{12}, \qquad m_2\mathbf{a}_2 = \mathbf{F}_{21}, \tag{13.23}$$

con

$$\mathbf{F}_{21} = -\mathbf{F}_{12} = \Psi(r)\,\mathbf{u}, \qquad r = |\mathbf{r}|, \qquad \mathbf{u} = \frac{\mathbf{r}}{r}, \quad \text{e} \quad \mathbf{r} = P_1 P_2. \tag{13.24}$$

Sottolineiamo che la forza agente su ogni punto *non* è centrale, nonostante sia sempre diretta verso l'altro punto. Infatti, entrambe le forze puntano verso punti in movimento, mentre la definizione di forza centrale prevede che punti verso un centro fisso.

Moto del baricentro

La (13.24) consente di integrare banalmente il moto del baricentro dei due punti. In effetti, se sommiamo le equazioni di moto (13.23) otteniamo

$$\mathbf{0} = m_1\mathbf{a}_1 + m_2\mathbf{a}_2 = \frac{d}{dt}\big(m_1\mathbf{v}_1 + m_2\mathbf{v}_2\big) \quad \Longrightarrow \quad \mathbf{v}_G = \text{costante},$$

dove

$$OG = \frac{m_1\,OP_1 + m_2\,OP_2}{m_1 + m_2}$$

indica la posizione del baricentro. Il baricentro dei due punti materiali si muove quindi di moto rettilineo uniforme in ogni sistema di riferimento inerziale.

Moto relativo

Concentriamoci ora invece sul moto di P_2 *relativo* a P_1, dove con moto relativo ad un punto intendiamo il moto rispetto ad un osservatore traslante, con origine coincidente con il punto stesso. Il vettore posizione di P_2 in questo sistema di riferimento sarà esattamente il vettore **r** definito in (13.24). Considerando anche la forza di trascinamento nella equazione fondamentale della dinamica di P_2, e usando le (13.23) otteniamo

$$m_2\ddot{\mathbf{r}} = \mathbf{F}_{21} + \mathbf{F}_\tau = \mathbf{F}_{21} - m_2\mathbf{a}_1 = \mathbf{F}_{21} - \frac{m_2}{m_1}\mathbf{F}_{12} = \frac{m_1 + m_2}{m_1}\mathbf{F}_{21}, \qquad (13.25)$$

da cui segue

$$\mu\ddot{\mathbf{r}} = \mathbf{F}_{21} = \Psi(r)\mathbf{u}, \qquad (13.26)$$

dove

$$\mu = \left(\frac{1}{m_1} + \frac{1}{m_2}\right)^{-1} = \frac{m_1 m_2}{m_1 + m_2}$$

è la *massa ridotta* del sistema, che gode delle seguenti proprietà.

- La massa ridotta è inferiore alle due masse con cui è costruita:

$$\mu = \frac{m_1 m_2}{m_1 + m_2} = m_1 \frac{m_2}{m_1 + m_2} < m_1$$

(analogamente, $\mu < m_2$).

- Quando una massa è molto maggiore dell'altra (per esempio, $m_2 \gg m_1$) la massa ridotta tende a quella più piccola:

$$\mu = \frac{m_1 m_2}{m_1 + m_2} = m_1 \left[1 - \frac{m_1}{m_2} + o\left(\frac{m_1}{m_2}\right)\right] \qquad \text{per} \quad \frac{m_1}{m_2} \to 0.$$

- A parità di massa totale, la massa ridotta è massima quando $m_1 = m_2$. Infatti, fissato $m_1 + m_2 = M$ e posti $m_1 = \alpha M$, $m_2 = (1 - \alpha)M$ si ha

$$\mu(\alpha) = \alpha(1 - \alpha)M \quad \Longrightarrow \quad \mu_{\max} = \mu(1/2) = \frac{M}{4}.$$

L'equazione (13.26) dimostra che *il moto di P_2 relativo a P_1 è centrale*. Infatti, secondo un osservatore traslante con P_1, la forza agente su P_2 è sempre diretta verso l'origine, e il suo modulo dipende solo dalla distanza da esso. Il moto di P_2 è quindi quello di un ipotetico punto di massa μ se, in un sistema inerziale, interagisse con forza (13.24) con un punto fisso. È interessante osservare che il solo effetto della forza di trascinamento in (13.25) è quello di *rinormalizzare* la massa di P_2, sostituendo m_2 con la massa ridotta μ.

Critica delle Leggi di Keplero

È naturale aspettarsi che le Leggi di Keplero non possano essere esattamente soddisfatte, in quanto i pianeti risentono non solo dell'attrazione solare, ma anche delle
attrazioni originate da propri satelliti, altri pianeti, e in generale tutti gli altri corpi celesti. Tale effetto è comunque estremamente piccolo e può essere in prima
approssimazione trascurato.

Un errore più determinante potrebbe provenire dal fatto che, anche quando ci si
riduca a studiare il sistema Sole-pianeta in un riferimento inerziale, il moto che ne
consegue non è centrale, in quanto le forze di attrazione non sono dirette verso punti
fissi.

L'analisi del problema dei due corpi mostra però che il moto dei pianeti rispetto
al Sole è centrale, anche quando si consideri che anche il Sole è in moto (e quindi
che un sistema di riferimento con origine in esso non è inerziale). Le prime due
Leggi di Keplero sono quindi valide. La terza Legge di Keplero va invece corretta.
Infatti, essa richiede (vedi (10.65)) che l'accelerazione radiale di ogni pianeta sia

$$a_r = -\frac{K}{r^2} \,,$$

con una costante moltiplicativa K indipendente dal pianeta considerato. Invece, dette m e M le rispettive masse di pianeta e Sole, la (13.26) mostra che l'accelerazione
radiale è invece pari a

$$a_r = \frac{1}{\mu}\left(-\frac{hmM}{r^2}\right) = -\frac{h(m+M)}{r^2} \,.$$

La sostituzione della massa del pianeta con la massa ridotta implica quindi che la
terza Legge di Keplero sia verificata a meno di un errore piccolo quanto il rapporto
tra la massa del pianeta considerato e quella del Sole.

13.7.1 Deviazione verso Oriente nella caduta dei gravi

In questo paragrafo studieremo gli effetti della rotazione terrestre su semplici moti
relativi di punti materiali pesanti. A tal fine approssimeremo la terra con una sfera, in rotazione uniforme attorno a un asse fisso, passante per i Poli, con velocità
angolare

$$\boldsymbol{\omega}_T = \omega_T \,\mathbf{k} \,, \qquad \text{con} \quad \omega_T = 2\pi/(24\text{h}) \doteq 7.272 \times 10^{-5}\text{s}^{-1} \,.$$

La Fig. 13.7 illustra la terna che utilizzeremo per proiettare i diversi vettori posizione. Supposto di trovarci nell'emisfero Nord (latitudine λ positiva), introduciamo
un versore $\mathbf{e}_1$ diretto verso Est, un secondo versore $\mathbf{e}_2$, sempre tangente alla superficie terrestre, diretto verso Nord. Il versore radiale $\mathbf{e}_3 = \mathbf{e}_1 \wedge \mathbf{e}_2$ completa una base
ortonormale. In particolare, sarà $\mathbf{k} = \cos \lambda \, \mathbf{e}_2 + \sin \lambda \, \mathbf{e}_3$.

Figura 13.7 Schematizzazione della terra come sfera
in rotazione uniforme. La terna di assi utilizzata nel testo
è la seguente: l'asse $\mathbf{e}_1$ punta
verso Est, l'asse $\mathbf{e}_2$ è diretto
verso Nord, mentre l'asse
$\mathbf{e}_3 = \mathbf{e}_1 \wedge \mathbf{e}_2$ è radiale. L'asse
fisso $\mathbf{k}$ punta dal Polo Sud
verso il Polo Nord

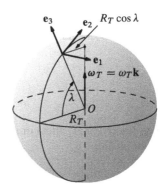

Consideriamo un sistema di riferimento non inerziale, solidale alla superficie
terreste, con origine posta nel centro della Terra O. Introducendo il polo Q tale
che $OQ = R_T\,\mathbf{e}_3$, solidale alla Terra, descriviamo la posizione di ogni punto P
attraverso la terna di coordinate (x, y, z) tale che $OP = OQ + QP = R_T\,\mathbf{e}_3 +$
$x\,\mathbf{e}_1 + y\,\mathbf{e}_2 + z\,\mathbf{e}_3$. La forza di trascinamento, che nelle ipotesi considerate si riduce
alla sola forza centrifuga, è data da

$$\mathbf{F}_\tau = \mathbf{F}_{\text{cen}} = -m\,\boldsymbol{\omega}_T \wedge (\boldsymbol{\omega}_T \wedge OP)$$
$$= -m\omega_T^2\mathbf{k} \wedge \big(\mathbf{k} \wedge (R_T\mathbf{e}_3 + x\,\mathbf{e}_1 + y\,\mathbf{e}_2 + z\,\mathbf{e}_3)\big). \qquad (13.27)$$

Essendo R_T molto maggiore di ognuna delle coordinate (x, y, z), possiamo approssimare $OP \approx R_T\,\mathbf{e}_3$ in (13.27), ottenendo così

$$\mathbf{F}_\tau \approx m\omega_T^2 R_T \cos\lambda\,(-\sin\lambda\,\mathbf{e}_2 + \cos\lambda\,\mathbf{e}_3).$$

Al fine di valutare la forza di Coriolis, consideriamo un punto P in moto con
velocità relativa $\mathbf{v} = \dot{x}\,\mathbf{e}_1 + \dot{y}\,\mathbf{e}_2 + \dot{z}\,\mathbf{e}_3$. Su tale punto agirà una forza

$$\mathbf{F}_c = -2m\boldsymbol{\omega}_T \wedge \mathbf{v} = 2m\omega_T\big[(\sin\lambda\,\dot{y} - \cos\lambda\,\dot{z})\,\mathbf{e}_1 - \sin\lambda\,\dot{x}\,\mathbf{e}_2 + \cos\lambda\,\dot{x}\,\mathbf{e}_3\big].$$
$$(13.28)$$

La forza centrifuga è posizionale e, di conseguenza, il suo effetto si fa sentire
indipendentemente dallo stato di moto o di quiete del punto considerato. In ogni caso, essa si somma (vettorialmente) alla forza di attrazione terrestre, modificandone
intensità e direzione, a seconda della latitudine λ. Abbiamo già valutato in §13.6
l'ordine di grandezza di tale effetto.

Passiamo ora ad analizzare l'effetto della rotazione terrestre, e più precisamente della forza di Coriolis, sul moto dei gravi. Siccome l'effetto che troveremo sarà
comunque piccolo, trascureremo nella nostra trattazione l'effetto della forza centrifuga, e identificheremo la verticale con la direzione radiale $\mathbf{e}_3$.

Consideriamo la caduta libera di un punto materiale di massa m, a partire dalla
quiete e sottoposto alla forza peso $m\mathbf{g} = -mg\,\mathbf{e}_3$ e alla forza di Coriolis (13.28).

Proiettando l'equazione fondamentale della dinamica relativa sulla terna illustrata in Fig. 13.7, abbiamo:

$$m\ddot{x} = 2m\omega_T (\sin\lambda\,\dot{y} - \cos\lambda\,\dot{z}),$$
$$m\ddot{y} = -2m\omega_T\dot{x}\sin\lambda,$$
$$m\ddot{z} = -mg + 2m\omega_T\dot{x}\cos\lambda. \tag{13.29}$$

Per descrivere la caduta di un grave da quota h, risolviamo le (13.29) con le condizioni iniziali

$$x(0) = y(0) = 0, \quad z(0) = h; \qquad \dot{x}(0) = \dot{y}(0) = \dot{z}(0) = 0.$$

Integrando una volta rispetto al tempo la seconda e la terza delle equazioni (13.29) otteniamo

$$\dot{y} = -2\omega_T x \sin\lambda \quad \text{e} \quad \dot{z} = -gt + 2\omega_T x \cos\lambda. \tag{13.30}$$

Sostituendo poi nella prima delle (13.29) si ottiene:

$$\ddot{x} + 4\omega_T^2 x = 2\omega_T\cos\lambda\,gt. \tag{13.31}$$

Risolvendo la (13.31), e poi le (13.30), otteniamo

$$x(t) = \frac{g\cos\lambda}{4\omega_T^2}(2\omega_T t - \sin 2\omega_T t)$$
$$y(t) = \frac{g\sin\lambda\cos\lambda}{4\omega_T^2}\left(1 - \cos 2\omega_T t - 2\omega_T^2 t^2\right)$$
$$z(t) = h - \frac{1}{2}gt^2 - \frac{g\cos^2\lambda}{4\omega_T^2}\left(1 - \cos 2\omega_T t - 2\omega_T^2 t^2\right). \tag{13.32}$$

Ricordando che $\omega_T \doteq 7.272 \times 10^{-5}\text{s}^{-1}$, risulta evidente che il prodotto $\omega_T t$ sarà piccolo, a patto di non considerare cadute di gravi che durino ore[2]. Possiamo allora renderci conto dell'ordine delle correzioni contenute nelle soluzioni (13.32) effettuando uno sviluppo di Taylor per piccoli $\omega_T t$ delle funzioni racchiuse tra parentesi. Si ottiene:

$$x(t) = \frac{g\cos\lambda}{3\omega_T^2}\left(\omega_T^3 t^3 + O(\omega_T^5 t^5)\right)$$
$$y(t) = -\frac{g\sin\lambda\cos\lambda}{6\omega_T^2}\left(\omega_T^4 t^4 + O(\omega_T^6 t^6)\right)$$
$$z(t) = h - \frac{1}{2}gt^2 + \frac{g\cos^2\lambda}{6\omega_T^2}\left(\omega_T^4 t^4 + O(\omega_T^6 t^6)\right).$$

---

[2] L'approssimazione può ritenersi più che valida, poiché in un'ora un punto materiale cadrebbe di più di 10Km, e in tal caso bisogna mettere in discussione anche l'ipotesi che l'accelerazione di gravità non dipenda dalla quota.

Considerando un tempo di caduta τ tale che $h = \frac{1}{2}g\tau^2$, si ottiene:

$$x(\tau) = \frac{2h\cos\lambda}{3}\left(\omega_T\tau + O(\omega_T^3\tau^3)\right)$$

$$y(\tau) = -\frac{h\sin\lambda\cos\lambda}{3}\left(\omega_T^2\tau^2 + O(\omega_T^4\tau^4)\right)$$

$$z(\tau) = \frac{h\cos^2\lambda}{3}\left(\omega_T^2\tau^2 + O(\omega_T^4\tau^4)\right).$$

La correzione dominante è quindi quella contenuta in $x(\tau)$ la quale, avendo segno positivo, denota una deviazione della caduta verso Oriente. L'entità di tale deviazione dipende dal tempo di caduta. Consideriamo, per esempio, una caduta da una quota $h \approx 20$m. Il tempo di caduta sarà dell'ordine di $\tau = \sqrt{2h/g} \approx 2$s, e si avrà $\omega_T\tau \approx 1.5 \times 10^{-4}$. Ponendo $\lambda = \pi/4$ (latitudine approssimativa della Pianura Padana), la deviazione verso Oriente sarà dell'ordine di

$$x(\tau) \approx 7 \times 10^{-5} h = 1.4\,\text{mm}.$$

La deviazione, quindi, è dell'ordine del millimetro: piccola, ma sicuramente rilevabile.

Per completezza, segnaliamo anche che le correzioni minori, nelle direzioni di $\mathbf{e}_2$ ed $\mathbf{e}_3$ hanno segno tale che il grave devia anche leggermente verso l'Equatore, e accelera la sua caduta verticale. Sottolineiamo infine che è possibile ripetere una trattazione analoga alla presente per coprire anche il caso in cui il grave si lanciato con una velocità iniziale non nulla. Come risultato, si ottiene che la direzione e il verso della correzione dominante all'orbita del grave, in tal caso, dipendono dalla direzione della velocità iniziale.

13.8 Problemi di meccanica relativa

Esempio 13.14 (Equilibrio relativo) Consideriamo il problema di statica relativa illustrato in Fig. 13.8. Sia D un disco scabro, rotante con velocità angolare costante $\boldsymbol{\omega}$ attorno al proprio asse di simmetria verticale, sia P un punto di massa m appoggiato sul disco, e sia μ_s il coefficiente di attrito statico. Ci domandiamo se il punto possa rimanere in equilibrio rispetto a un osservatore solidale con il disco e, in caso di risposta affermativa, sotto quali condizioni.

La forza di trascinamento coincide con la forza centrifuga: $\mathbf{F}_\tau = m\omega^2 OP$, essendo $\boldsymbol{\omega}$ costante e $Q \equiv O$. La condizione di equilibrio diventa

$$m\mathbf{g} + m\omega^2 OP + \boldsymbol{\Phi} = \mathbf{0},$$

che proiettata lungo l'asse verticale e la direzione del versore radiale si scompone in

$$-mg + \Phi_z = 0 \qquad m\omega^2 r + \Phi_r = 0 \tag{13.33}$$

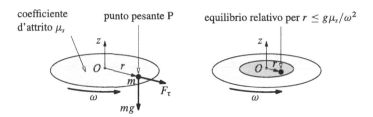

Figura 13.8 Esempio di equilibrio relativo: un punto su un piano ruotante scabro

(si faccia riferimento alla Fig. 13.8). La disuguaglianza di Coulomb-Morin (8.23) in questo caso prende la forma

$$|\Phi_r| \leq \mu_s|\Phi_z|$$

che, alla luce della (13.33), equivale a

$$\omega^2 r \leq \mu_s g .$$

Si avrà equilibrio per tutte le posizioni che sono contenute dentro al cerchio di raggio $R = \mu_s g/\omega^2$, centrato in O. Ovviamente tale raggio è tanto più piccolo quanto minore sia μ_s, e si riduce a zero se $\mu_s = 0$. Da quest'ultima considerazione deriva che solo in presenza di attrito esisteranno posizioni di equilibrio relativo per il punto P diverse dall'origine. □

Esempio 13.15 Nella Fig. 13.9 è rappresentato un sistema formato da due aste ortogonali OD e AB rispettivamente di lunghezza $l + r$ e $4r$, rigidamente saldate fra loro in D, ruotanti in un piano *orizzontale* intorno al punto fisso O con velocità angolare ω *costante* rispetto a un osservatore inerziale, per effetto dell'azione di una coppia opportuna di momento M, funzione del tempo, esercitata da un motore.

Sull'asta AB rotola senza strisciare un disco omogeneo di raggio r e massa m il cui centro G è soggetto all'azione di una molla di costante elastica k, parallela ad AB e agganciata in H a una della aste. Il disco è inizialmente in uno stato di quiete relativa rispetto alle aste, con la lunghezza s della molla pari a $2r$, e quindi con il punto di contatto C che coincide con A.

Come prima cosa vogliamo scrivere l'equazione di moto del disco, utilizzando l'angolo θ che ne misura la rotazione *relativa* all'osservatore ruotante con le aste, e poi determinare la velocità angolare relativa $\dot\theta$ nella configurazione in cui la lunghezza della molla si annulla, quando $C = D$, verificando quale sia la condizione per la quale questa particolare configurazione viene raggiunta.

È conveniente discutere la questione dal punto di vista dell'osservatore ruotante con ω costante. Oltre alle forze effettive, fra le quali quella della molla, quest'osservatore vedrà le forze apparenti, di trascinamento e di Coriolis. In questo caso la forza di trascinamento si riduce alla forza centrifuga che, come sappiamo, è conservativa. Le forze di Coriolis, invece, non compiono lavoro, perché sono sempre

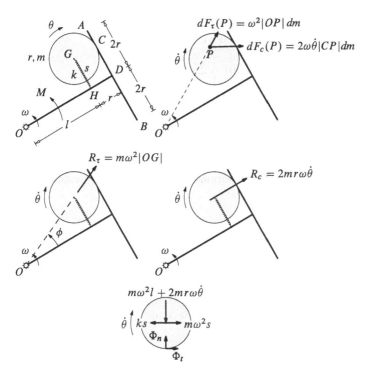

Figura 13.9 Disco che rotola su un'asta in moto rotatorio uniforme rispetto a un osservatore inerziale

perpendicolari alle velocità dei punti alle quali sono applicate, e quindi non entrano nel teorema dell'energia cinetica e nella legge di conservazione dell'energia meccanica. Dal punto di vista dell'osservatore ruotante con le aste il sistema è soggetto a vincoli ideali e fissi, e forze attive (molla e forza centrifughe) conservative ed è quindi possibile scrivere $T - U = E$. L'energia cinetica del disco è dovuta al suo atto di moto rotatorio intorno a C, e perciò

$$T^{\text{rel}} = \frac{1}{2}\left(\frac{3mr^2}{2}\right)\dot{\theta}^2 = \frac{3mr^2}{4}\dot{\theta}^2 .$$

Il potenziale della molla è $U^{\text{molla}} = -ks^2/2$ mentre per la forza centrifuga conviene utilizzare la relazione

$$U_\tau = \frac{1}{2}I_O\omega^2 = \frac{1}{2}\left(\frac{mr^2}{2} + m|OG|^2\right)\omega^2 = \frac{1}{2}\left(\frac{mr^2}{2} + m(s^2 + l^2)\right)\omega^2$$

$$= \frac{1}{2}ms^2\omega^2 + \text{cost.}$$

Dopo aver osservato che $s = r\theta$ si vede che, dovendo essere $s = 2r$ all'istante iniziale, avremo come condizioni iniziali

$$\theta(0) = 2, \quad \dot\theta(0) = 0,$$

e l'equazione di conservazione dell'energia $T - U = T_0 - U_0$ prende la forma

$$\frac{3mr^2}{4}\dot\theta^2 + kr^2\frac{\theta^2}{2} - \frac{1}{2}mr^2\theta^2\omega^2 = 2kr^2 - 2mr^2\omega^2. \tag{13.34}$$

Ponendo adesso $\theta = 0$ nel primo termine si ottiene per $\dot\theta_f^2$, il quadrato della velocità angolare (relativa) all'istante finale,

$$\dot\theta_f^2 = \frac{8}{3m}(k - m\omega^2)$$

e da questa relazione si deduce che la configurazione finale può essere raggiunta solo se $k \geq m\omega^2$ (altrimenti avremmo $\dot\theta_f^2 < 0$). Una analisi più precisa, o anche solo alcune considerazioni intuitive, ci mostrano che, con la scelta dell'orientamento di θ che si vede nella figura, al primo e al secondo passaggio del disco per il punto medio di AB avremo, rispettivamente,

$$\dot\theta = -\sqrt{\frac{8}{3m}(k - m\omega^2)}, \quad \dot\theta = +\sqrt{\frac{8}{3m}(k - m\omega^2)},$$

($\dot\theta$ negativo durante il moto da A verso B e positivo invece da B verso A).

È interessante dedurre l'equazione pura di moto, del second'ordine, derivando la (13.34) rispetto al tempo. Si ottiene, dopo qualche semplice calcolo, l'equazione

$$\ddot\theta + \frac{2(k - m\omega^2)}{3m}\theta = 0 \tag{13.35}$$

che è lineare e omogenea a coefficienti costanti. Supponendo che sia $k \geq m\omega^2$ poniamo

$$\Omega^2 = \frac{2(k - m\omega^2)}{3m}$$

e riscriviamo l'equazione come

$$\ddot\theta + \Omega^2\theta = 0,$$

riconoscendo in essa l'equazione del moto armonico. L'integrale generale è

$$\theta(t) = A\sin(\Omega t) + B\cos(\Omega t), \quad \text{dove} \quad \Omega = \sqrt{\frac{2(k - m\omega^2)}{3m}}, \tag{13.36}$$

che, imponendo le condizioni iniziali $\theta(0) = 2$, $\dot{\theta}(0) = 0$, ci dà il moto e la velocità angolare del disco nella forma

$$\theta(t) = 2\cos(\Omega t), \quad \dot{\theta}(t) = -2\Omega\sin(\Omega t). \tag{13.37}$$

Cosa succederebbe invece se fosse $k < m\omega^2$? Allora l'equazione di moto (13.35) potrebbe essere riscritta nella forma

$$\ddot{\theta} - \Omega^2\theta = 0, \quad \text{dove} \quad \Omega^2 = \frac{2(m\omega^2 - k)}{3m}$$

(si noti la diversa definizione di Ω^2).

L'integrale generale è ora

$$\theta(t) = A\exp(\Omega t) + B\exp(-\Omega t), \quad \text{con} \quad \Omega = \sqrt{\frac{2(m\omega^2 - k)}{3m}},$$

e le condizioni iniziali ci danno il moto

$$\theta(t) = \exp(\Omega t) + \exp(-\Omega t)$$

che non è più oscillatorio. L'angolo θ aumenterebbe a partire dalla configurazione iniziale portando il disco ad allontanarsi sempre più da O, oltre A (se l'asta AB proseguisse...)

Vediamo adesso come sia possibile calcolare le componenti Φ_t e Φ_n della reazione vincolare esercitata dall'asta sul disco. Per questo dobbiamo ricorrere alle equazioni cardinali ed è necessario comprendere il ruolo delle forze apparenti agenti sul disco. Consideriamo perciò un punto P generico dove immaginiamo collocata una massa infinitesima dm, come evidenziato nel secondo disegno della Fig. 13.9. La forza di trascinamento infinitesima $d\mathbf{F}_\tau$ (forza centrifuga, in questo caso) è diretta radialmente, secondo la direzione OP, ed ha componente pari a $\omega^2|OP|dm$. La forza di Coriolis $d\mathbf{F}_c = -2\boldsymbol{\omega} \wedge \mathbf{v}_r\, dm$, invece, è in questo caso nel piano del moto ed è perpendicolare alla velocità relativa, e quindi diretta come la congiungente di P con C, centro di istantanea rotazione del disco. La componente di questa forza nel verso indicato dalla freccia del disegno è pari a $2\omega\dot{\theta}|CP|dm$. Si osservi che nelle fasi in cui $\dot{\theta} > 0$ la forza di Coriolis tende a spingere il disco verso l'asta, mentre tende ad allontanarlo quando $\dot{\theta} < 0$.

Il risultante $\mathbf{R}_\tau$ delle forze centrifughe viene calcolato nel baricentro, ed è perciò pari a $m\omega^2 OG$. Quanto alla sua retta di applicazione possiamo sfruttare il fatto che, in base alle considerazioni precedenti, il momento totale delle forze centrifughe rispetto a O è nullo, e da ciò deduciamo che la retta di applicazione di $\mathbf{R}_\tau$ passa per O e per G, come evidenziato nel terzo disegno della Fig. 13.9. Questa forza può essere scomposta in una parte parallela ad AB e in una parte perpendicolare. Per questo osserviamo che l'angolo ϕ in figura soddisfa le relazioni

$$|OG|\cos\phi = l, \quad |OG|\sin\phi = s,$$

e quindi le componenti tangente e normale di $\mathbf{R}_c$ sono pari a $m\omega^2 s$ (da C verso A) e $m\omega^2 l$ (da G verso C).

Anche il risultante delle forze di Coriolis può essere calcolato nel baricentro, ed è quindi pari a $\mathbf{R}_c = 2m\omega\dot{\theta}GC$. Poiché il momento rispetto a C delle forze di Coriolis è necessariamente nullo (tutte passano per C), deduciamo che la retta di applicazione di $\mathbf{R}_c$ passa per G e C.

In definitiva, le componenti delle forze agenti sul disco sono rappresentate nell'ultimo disegno della Fig. 13.9. Possiamo ora scrivere la prima equazione cardinale per il moto (relativo) del disco e ottenere

$$\Phi_t + (m\omega^2 - k)r\theta = mr\ddot{\theta}\,, \quad \Phi_n - m\omega^2 l - 2m\omega r\dot{\theta} = 0\,.$$

Osserviamo che a causa del cambiamento del segno di $\dot{\theta}$ durante il moto non vi è garanzia che sia $\Phi_n \geq 0$, e cioè che si mantenga il contatto fra disco e asta (nell'ipotesi che il vincolo sia unilatero). Imponiamo perciò $\Phi_n \geq 0$, e cioè

$$m\omega^2 l + 2m\omega r\dot{\theta} \geq 0\,,$$

condizione che, alla luce della (13.37), si traduce in

$$m\omega^2 l \geq 4m\omega r\Omega \sin(\Omega t)\,.$$

Questa condizione è sempre soddisfatta durante il moto se e solo se

$$m\omega^2 l \geq 4m\omega r\Omega$$

e cioè, risolvendo rispetto a l, quando

$$l \geq \frac{4r\Omega}{\omega}\,. \tag{13.38}$$

Questo risultato determina la lunghezza l *minima* che garantisce il mantenimento del contatto fra disco e asta. Ricordando la definizione di Ω della (13.36) e sostituendolo nella (13.38) possiamo risolvere questa relazione rispetto a ω e ottenere, dopo aver elevato al quadrato e svolto alcuni calcoli,

$$\omega^2 \geq \frac{k}{m}\frac{32r^2}{32r^2 + 3l^2}$$

che ci dice invece quale sia il *minimo* valore della velocità angolare ω che, per un *assegnato* $l > 0$, garantisce il mantenimento del contatto fra disco e asta.

Se ricordiamo anche la condizione $k \geq m\omega^2$ (necessaria per avere un moto oscillatorio del disco) possiamo riassumere questi risultati con

$$\frac{k}{m}\frac{32r^2}{32r^2 + 3l^2} \leq \omega^2 \leq \frac{k}{m}\,.$$

In definitiva, per valori di r, l, m, k *assegnati*, la velocità angolare ω delle aste non deve essere troppo grande, perché altrimenti la forza centrifuga prenderebbe il sopravvento sulla forza della molla e il moto non sarebbe oscillatorio, ma nemmeno troppo piccola, perché altrimenti ci sarebbe un distacco fra disco e asta.

Concludiamo questo esempio con il calcolo della coppia $M(t)$ esercitata dal motore sulle due aste, al fine di garantire il loro moto rotatorio uniforme. È conveniente osservare che la potenza Π^{mot} di questo motore è pari a $M(t)\omega$, e calcolare direttamente questa quantità per mezzo del Teorema dell'Energia Cinetica, scritto dal punto di vista dell'osservatore fisso e inerziale.

L'energia cinetica assoluta del sistema è formata da una parte costante, dovuta alle due aste, e da quella del disco, che deduciamo per mezzo del Teorema di König. La velocità angolare assoluta del disco è pari a $\omega - \dot\theta$ (dalla legge di composizione delle velocità angolari) mentre la velocità del suo baricentro G si compone di una parte parallela ad AB, pari a $r\dot\theta + l\omega$ e una parte perpendicolare pari a $s\omega = r\theta\omega$ (applicando il Teorema di Galileo e la definizione di velocità di trascinamento). Quindi, in definitiva,

$$T = \frac{1}{2}\frac{mr^2}{2}(\omega - \dot\theta)^2 + \frac{1}{2}m[(r\dot\theta + l\omega)^2 + r^2\theta^2\omega^2] + \text{cost.}$$

D'altra parte la potenza delle forze attive, dal punto di vista dell'osservatore fisso, è pari alla somma di quella della molla e del motore

$$\Pi = -ks\dot{s} + M(t)\omega = -kr^2\theta\dot\theta + \Pi^{\text{mot}}.$$

Derivando rispetto al tempo l'energia cinetica e ponendo il risultato uguale a Π si ottiene

$$\Pi^{\text{mot}} = kr^2\theta\dot\theta + mr^2\omega^2\theta\dot\theta - \frac{mr^2}{2}(\omega - \dot\theta)\ddot\theta + mr(r\dot\theta + l\omega)\ddot\theta.$$

Poiché conosciamo esplicitamente il moto del sistema $\theta(t) = 2\cos(\Omega t)$ possiamo sostituire $\dot\theta(t)$ e $\ddot\theta(t)$ e ottenere la potenza del motore, e quindi il valore della coppia, in funzione del tempo.

Osserviamo però che, nel caso l'equazione di moto non fosse integrabile in forma esplicita, potremmo comunque dedurre, anche per mezzo dell'integrale dell'energia, le espressioni sia di $\ddot\theta$ che di $\dot\theta$ in funzione di θ (invece che del tempo) esprimendo così la potenza del motore attraverso questa coordinata. $\square$

Capitolo 14
Meccanica lagrangiana

Nella meccanica newtoniana sin qui sviluppata abbiamo studiato l'equilibrio ed il moto di sistemi di punti e corpi rigidi vincolati facendo largo uso del *Postulato delle reazioni vincolari* (vedi §8.6), che garantisce che l'azione esercitata dai vincoli su ciascun punto del sistema è rappresentabile attraverso un'opportuna forza, detta *reazione vincolare*.

Tale postulato consente di scrivere l'equazione fondamentale della dinamica per ogni punto di un sistema vincolato:

$$m_i \, \mathbf{a}_i = \mathbf{F}_i + \boldsymbol{\Phi}_i \, , \tag{14.1}$$

dove m_i indica la massa dell'i-esimo punto materiale del sistema ed $\mathbf{a}_i$ la sua accelerazione, mentre $\mathbf{F}_i$ e $\boldsymbol{\Phi}_i$ sono rispettivamente il risultante delle forze attive e delle reazioni vincolari agenti sul punto P_i.

L'insieme di tutte le equazioni fondamentali della dinamica scritte per ogni punto del sistema consente a sua volta di analizzare l'equilibrio e i moti di vari tipi di sistemi di punti e corpi rigidi vincolati. Una delle maggiori difficoltà che siamo stati costretti a superare durante il nostro studio è stata creata dalla peculiare caratteristica delle equazioni (14.1), in cui è noto a priori solo il risultante delle forze attive, mentre sono incogniti sia il moto che le reazioni vincolari. Usando la terminologia introdotta nel Capitolo 10, l'equazione di moto (14.1) rappresenta un problema *semi-inverso* di dinamica.

La meccanica lagrangiana cambia il punto di vista adottato. Essa rinuncia a introdurre (e, di conseguenza, calcolare) le reazioni vincolari, e concentra tutti i suoi sforzi nella determinazione sia delle configurazioni di equilibrio che dei moti di sistemi di punti e corpi rigidi vincolati. A tal fine, i vincoli vengono caratterizzati dagli atti di moto che essi consentono, piuttosto che dalle forze che esercitano.

Utilizzando la meccanica lagrangiana avremo il vantaggio di lavorare sempre e solo con *equazioni pure* (esenti, cioè, da reazioni vincolari). C'è un prezzo da pagare per tale vantaggio: la meccanica lagrangiana, almeno nella sua formulazione standard, non è in grado di trattare tutti i vincoli, limitando il suo raggio di azione a quelli olonomi *ideali* (vedi §8.7). Dedicheremo comunque un paragrafo finale alla

P. Biscari et al., *Meccanica Razionale*, La Matematica per il 3+2 138, https://doi.org/10.1007/978-88-470-4018-2_14

spiegazione delle modifiche che, se apportate alla nostra trattazione, consentono di estendere i metodi analitici allo studio di alcuni vincoli non olonomi.

14.1 Principio di d'Alembert

Nel capitolo dedicato alla Statica, e più precisamente in §9.3, abbiamo già incontrato uno strumento in grado di fornire equazioni pure di equilibrio in sistemi vincolati: si tratta del Principio dei lavori virtuali. Introduciamo ora il Principio di d'Alembert, che consente di trasformare questo principio di statica nel suo analogo dinamico.

Partiamo dall'osservazione che, dato un qualunque punto materiale, esso rimane ovviamente in quiete rispetto al sistema di riferimento (in generale non inerziale) che trasla con origine coincidente con il punto stesso. La *forza di trascinamento* agente su di esso,

$$\mathbf{F}_\tau = -m\,\mathbf{a}\,,$$

viene detta *forza d'inerzia* e la legge fondamentale della dinamica relativa diventa un'equazione statica:

$$(\mathbf{F} + \mathbf{F}_\tau) + \mathbf{\Phi} = (\mathbf{F} - m\mathbf{a}) + \mathbf{\Phi} = \mathbf{0}. \tag{14.2}$$

In (14.2), $\mathbf{F}$ indica il risultante delle forze attive, mentre $\mathbf{\Phi}$ è il risultante delle reazioni vincolari. Il termine $\mathbf{F} - m\mathbf{a}$, somma della forza attiva e della forza d'inerzia, viene chiamato *forza perduta*. L'equazione di moto (14.2) si può quindi interpretare affermando che in ogni istante del moto di ogni punto materiale il risultante delle reazioni vincolari agenti su di esso deve bilanciare la sua forza perduta. Quest'osservazione si può generalizzare come segue.

Teorema 14.1 (Principio di D'Alembert) *In un sistema di punti materiali, è possibile passare dalle equazioni di equilibrio alle equazioni dinamiche, pur di inserire tra le forze agenti sul sistema tutte le forze d'inerzia.*

Osservazioni

- Nell'utilizzare il Principio di d'Alembert bisogna ricordare che nel conteggio delle forze d'inerzia bisogna inserire quelle agenti su *tutti* i punti del sistema, e non solo su quelli su cui sono applicate le forze. Per meglio chiarire questo punto, consideriamo un sistema discreto di punti materiali $\{(P_i, m_i),\ i = 1, \ldots, n\}$. Supponiamo inoltre che su alcuni di questi punti (per esempio sui primi $k < n$) sia applicato un sistema di forze $\{\mathbf{F}_i,\ i = 1, \ldots, k < n\}$. La prima equazione cardinale della statica richiede allora, come condizione necessaria di equilibrio, che

$$\sum_{i=1}^{k} \mathbf{F}_i = \mathbf{0}. \tag{14.3}$$

L'applicazione del Principio di d'Alembert alla (14.3) *non deve* fornire come condizione necessaria per la dinamica

$$\sum_{i=1}^{k} \left(\mathbf{F}_i - m_i \, \mathbf{a}_i \right) = \mathbf{0},$$

bensì

$$\sum_{i=1}^{k} \left(\mathbf{F}_i - m_i \, \mathbf{a}_i \right) - \sum_{i=k+1}^{n} m_i \, \mathbf{a}_i = \mathbf{0}.$$

- Benché sia già implicito nell'enunciato del Principio di d'Alembert, è bene fare attenzione a un'altra considerazione. Supponiamo che tra le forze effettivamente agenti sul sistema ci siano forze dipendenti dalla velocità. Queste tipicamente daranno contributo nullo nelle equazioni statiche. Invece, è importante ricordare che, nel passaggio alla dinamica, bisogna ovviamente re-inserirle nel conteggio delle forze agenti sul sistema.

- Il Principio di d'Alembert può essere dimostrato con una procedura esattamente parallela a quella utilizzata nella dimostrazione del Principio dei lavori virtuali (vedi §9.3). Per quanto riguarda la scelta di rispettare la denominazione classica del "Principio", invece di utilizzare il nome *Teorema di d'Alembert*, rimandiamo all'Osservazione 9.9, dove abbiamo già sottolineato che tale dimostrazione utilizza in modo critico l'ipotesi del determinismo meccanico.

14.1.1 *Riduzione delle forze d'inerzia in un atto di moto rigido*

Come applicazione del Principio di d'Alembert, consideriamo ora il sistema di forze d'inerzia agenti su un singolo corpo rigido, e ricaviamo il più semplice sistema di forze equivalenti che consentono di analizzare la dinamica di un corpo rigido, utilizzando le equazioni e le tecniche sviluppate per lo studio della sua statica.

La riduzione di un sistema di forze (vedi §7.6) dipende dai vettori caratteristici del sistema. Iniziamo quindi a calcolare il risultante e il momento risultante delle forze d'inerzia. Per il risultante abbiamo subito

$$\mathbf{R}^{(\mathrm{in})} = \sum_{i=1}^{n} \left(-m_i \mathbf{a}_i \right) = -\frac{d}{dt} \sum_{i=1}^{n} m_i \mathbf{v}_i = -\dot{\mathbf{Q}}$$

mentre per il momento

$$
\begin{aligned}
\mathbf{M}_O^{(\mathrm{in})} &= \sum_{i=1}^{n} OP_i \wedge \left(-m_i \mathbf{a}_i \right) \\
&= -\frac{d}{dt} \left(\sum_{i=1}^{n} OP_i \wedge m_i \mathbf{v}_i \right) - \sum_{i=1}^{n} \dot{O} \wedge m_i \mathbf{v}_i \\
&= -\dot{\mathbf{K}}_O - \dot{O} \wedge \mathbf{Q},
\end{aligned}
\tag{14.4}
$$

dove rimandiamo al §6.2.3 per ricordare la differenza tra le notazioni $\dot{O}$ e $\mathbf{v}_O$. D'altra parte, la proprietà di trasporto del momento (6.6) implica

$$\mathbf{K}_O = OG \wedge \mathbf{Q} + \mathbf{K}_G, \qquad (14.5)$$

Derivando la (14.5), è semplice dimostrare che

$$\dot{\mathbf{K}}_O = -\dot{O} \wedge \mathbf{Q} + OG \wedge \dot{\mathbf{Q}} + \dot{\mathbf{K}}_G,$$

che implica

$$-\dot{\mathbf{K}}_O - \dot{O} \wedge \mathbf{Q} = OG \wedge \left(-\dot{\mathbf{Q}}\right) - \dot{\mathbf{K}}_G. \qquad (14.6)$$

Inserendo la (14.6) nella (14.4) arriviamo a dimostrare che i vettori caratteristici del sistema delle forze d'inerzia in un atto di moto rigido sono

$$\mathbf{R} = -\dot{\mathbf{Q}} \quad \text{e} \quad \mathbf{M}_O = OG \wedge \left(-\dot{\mathbf{Q}}\right) - \dot{\mathbf{K}}_G.$$

È quindi evidente che tale sistema di vettori è equivalente al sistema formato da:

$$\begin{cases} \text{Un } \textit{risultante d'inerzia } -\dot{\mathbf{Q}}, \text{ applicato nel baricentro } G \\ \text{Una } \textit{coppia d'inerzia}, \text{ di momento } -\dot{\mathbf{K}}_G. \end{cases} \qquad (14.7)$$

Questa riduzione si semplifica ulteriormente quando il corpo rigido è vincolato a ruotare attorno ad un suo asse principale come succede, per esempio, in tutti i moti piani di corpi rigidi contenuti nel piano del moto. In tal caso, detta $\boldsymbol{\omega} = \dot{\theta}\,\mathbf{u}$ la velocità angolare, e posto I_{Gu} il momento d'inerzia rispetto all'asse passante per il baricentro e parallelo all'asse di rotazione, la coppia d'inerzia si può semplicemente esprimere come $-\dot{\mathbf{K}}_G = -I_{Gu}\ddot{\theta}\,\mathbf{u}$.

Qualora si vogliano scrivere le equazioni cardinali di un *sistema* di corpi rigidi e punti materiali, facendo uso del Principio di d'Alembert, si deve inserire una forza d'inerzia $-m_i\mathbf{a}_i$ per ogni singolo punto materiale P_i, mentre per ciascun corpo rigido (di massa m_j e baricentro G_j) bisogna aggiungere un risultante d'inerzia $-m_j\mathbf{a}_{G_j}$, applicato in G_j, accompagnato da una coppia d'inerzia $-\dot{\mathbf{K}}_{G_j}$.

14.2 Equazione simbolica della dinamica

In questo paragrafo applicheremo il Principio di d'Alembert per costruire, a partire dal Principio dei lavori virtuali visto in §9.3 un principio in grado di descrivere la dinamica di un sistema di punti materiali e corpi rigidi, sottoposto a vincoli ideali. Così facendo ricaveremo il principio fondamentale su cui poggia la meccanica lagrangiana. Esso consente infatti di derivare le condizioni pure di equilibrio e di moto per sistemi sottoposti a vincoli ideali. La dimostrazione della seguente relazione consiste nella semplice unione di quanto affermato dal Principio dei lavori virtuali con quanto richiesto dal Principio di d'Alembert (vale a dire l'inserimento, insieme alle forze attive, delle forze d'inerzia).

Teorema 14.2 (Relazione simbolica della dinamica) *Sia* $\{(P_i, m_i),\ i = 1, \ldots, n\}$
un sistema di punti materiali liberi, oppure sottoposti a vincoli ideali. Sia inoltre
$\{(P_i, \mathbf{F}_i),\ i = 1, \ldots, n\}$ *il sistema di forze* attive *agenti sul sistema. Condizione necessaria e sufficiente affinché l'insieme delle accelerazioni* $\{(P_i, \mathbf{a}_i),\ i = 1, \ldots, n\}$
fornisca il moto del sistema è che

$$\sum_{i=1}^{n} (\mathbf{F}_i - m_i\, \mathbf{a}_i) \cdot \delta P_i \le 0 \qquad (14.8)$$

per ogni insieme di spostamenti virtuali $\{(P_i, \delta P_i),\ i = 1, \ldots, n\}$ *ammessi dai vincoli.*

Osservazioni

Essendo diretta conseguenza del Principio dei lavori virtuali, per la Relazione simbolica della dinamica valgono molte delle osservazioni già presentate in quella sede.

- La relazione (14.8) non è una sola equazione scalare, come potrebbe apparire a prima vista: essa riassume infatti infinite condizioni (una per ogni possibile scelta degli spostamenti virtuali). Ovviamente vedremo in seguito che non tutte le infinite relazioni che si possono scrivere sono tra di loro indipendenti.
- La relazione simbolica della dinamica postula (e quindi richiede) un Teorema di esistenza e unicità delle soluzioni delle equazioni pure di moto. Infatti, la necessità della relazione simbolica della dinamica si può dimostrare a partire dalle equazioni fondamentali della dinamica. Ciò che è legato all'unicità delle soluzioni delle equazioni del moto è invece la sufficienza della Relazione stessa.
- Nello scrivere la (14.8) dobbiamo tenere conto non solo di tutti i punti sui quali siano applicate forze attive, ma di tutti i punti dotati di massa, al fine di conteggiare tutte le forze d'inerzia.
- In §7.7 e §7.8 abbiamo dimostrato che due sistemi equivalenti di forze applicati a uno stesso corpo rigido generano lo stesso lavoro, e quindi la stessa potenza (effettiva o virtuale che sia). Di conseguenza, nell'utilizzare la Relazione simbolica della dinamica è possibile sostituire le forze d'inerzia di un corpo rigido con il sistema equivalente (14.7).

Quando i vincoli agenti sul sistema, oltre ad essere ideali, sono anche bilateri, la Relazione simbolica della dinamica si semplifica e può essere scritta sotto forma di equazione. Ricordiamo che un vincolo si dice bilatero se ammette solo spostamenti virtuali reversibili. In altre parole, un vincolo è bilatero quando ogni volta che si riesce a individuare uno spostamento virtuale δP_i si ha che anche lo spostamento opposto $-\delta P_i$ è virtuale, cioè è ammesso dal vincolo.

Per un vincolo ideale bilatero possiamo scrivere la (14.8) sia in corrispondenza di un qualunque insieme di spostamenti virtuali $\{(P_i, \delta P_i),\ i = 1, \ldots, n\}$ che per i loro opposti $\{(P_i, -\delta P_i),\ i = 1, \ldots, n\}$. In ogni caso, il membro sinistro della (14.8) deve rimanere non-positivo. In altre parole si ha

$$\sum_{i=1}^{n}(\mathbf{F}_i - m_i\,\mathbf{a}_i) \cdot (\delta P_i) \leq 0, \quad \sum_{i=1}^{n}(\mathbf{F}_i - m_i\,\mathbf{a}_i) \cdot (-\delta P_i) \leq 0. \tag{14.9}$$

Ciò implica che la quantità a membro sinistro della (14.9) deve essere sia non negativa che non positiva, e quindi deve essere nulla. Si ottiene così il seguente caso particolare della Relazione simbolica della dinamica

Teorema 14.3 (Equazione simbolica della dinamica) *Sia* $\{(P_i, m_i),\ i = 1, \ldots, n\}$ *un sistema di punti materiali liberi, oppure sottoposti a vincoli ideali bilateri. Sia inoltre* $\{(P_i, \mathbf{F}_i),\ i = 1, \ldots, n\}$ *il sistema di forze attive agenti sul sistema. Condizione necessaria e sufficiente affinché l'insieme di accelerazioni* $\{(P_i, \mathbf{a}_i),\ i = 1, \ldots, n\}$ *fornisca il moto del sistema è che*

$$\sum_{i=1}^{n}(\mathbf{F}_i - m_i\,\mathbf{a}_i) \cdot \delta P_i = 0$$

per ogni insieme di spostamenti virtuali $\{(P_i, \delta P_i),\ i = 1, \ldots, n\}$ *ammessi dai vincoli.*

Osservazione 14.4 La relazione e l'equazione simbolica della dinamica sono l'esatto analogo dinamico del Principio dei lavori virtuali. In presenza di vincoli ideali, esse consentono infatti di determinare completamente la dinamica del sistema di qualunque sistema olonomo. In particolare, esse permettono di estendere al caso dinamico la dimostrazione del Teorema 9.12, e affermare quindi che le equazioni cardinali sono necessarie e sufficienti per stabilire la dinamica di un singolo corpo rigido. Ricordiamo che nel Capitolo 12 questa proprietà è stata dimostrata nei casi di corpo rigido libero, e di corpo rigido con punto o asse fisso. L'equazione simbolica della dinamica consente di estendere la necessità e sufficienza delle equazioni cardinali a qualunque corpo rigido sottoposto a vincoli ideali. □

14.3 Equazioni di Lagrange

Consideriamo un sistema a vincoli olonomi, *ideali* e *bilateri*. L'ipotesi di vincolo olonomo consente di esprimere gli spostamenti virtuali di ogni punto materiale in termini degli spostamenti virtuali (tra loro indipendenti) delle coordinate libere $(q_1, \ldots, q_N)$ (vedi (4.23)):

$$\delta P_i = \sum_{k=1}^{N} \frac{\partial P_i}{\partial q_k}\,\delta q_k \,.$$

L'ipotesi di vincoli ideali permette inoltre di utilizzare la Relazione simbolica della dinamica, che a sua volta diventa l'Equazione simbolica della dinamica grazie all'ipotesi di vincoli bilateri. Sia allora $\mathbf{F}_i$ il risultante delle forze attive agenti sul punto P_i, di massa m_i, e sia $\mathbf{a}_i$ l'accelerazione dello stesso punto. Dovrà essere

$$
\begin{aligned}
\sum_{i=1}^{n} \left(\mathbf{F}_i - m_i\,\mathbf{a}_i \right) \cdot \delta P_i &= \sum_{i=1}^{n} \left(\mathbf{F}_i - m_i\,\mathbf{a}_i \right) \cdot \sum_{k=1}^{N} \frac{\partial P_i}{\partial q_k}\,\delta q_k \\
&= \sum_{k=1}^{N} \left(\sum_{i=1}^{n} \left(\mathbf{F}_i - m_i\,\mathbf{a}_i \right) \cdot \frac{\partial P_i}{\partial q_k} \right) \delta q_k \\
&= \sum_{k=1}^{N} \left(Q_k - \tau_k \right) \delta q_k = 0 \,,
\end{aligned}
\tag{14.10}
$$

per ogni scelta degli spostamenti virtuali $(\delta q_1, \ldots \delta q_N)$.

- Nella prima riga della (14.10) sono state scambiate le somme sugli indici i (che conta i punti materiali) e k (che conta le coordinate libere). Tale scambio è consentito in quanto le somme sono finite.
- Nella passaggio dalla prima alla seconda riga della (14.10) sono state introdotte due notazioni. La prima, che è già stata incontrata in §7.7.2 e in §10.3, riguarda le componenti lagrangiane delle forze attive:

$$
Q_k = \sum_{i=1}^{n} \mathbf{F}_i \cdot \frac{\partial P_i}{\partial q_k} \,.
\tag{14.11}
$$

Parallelamente, definiamo ora le *componenti lagrangiane dell'opposto delle forze d'inerzia*:

$$
\tau_k = \sum_{i=1}^{n} m_i\,\mathbf{a}_i \cdot \frac{\partial P_i}{\partial q_k} \,.
\tag{14.12}
$$

Sottolineiamo ancora la principale differenza tra l'espressione iniziale e quella finale in (14.10). In entrambi i casi delle componenti (eventualmente lagrangiane) di forze sono moltiplicate per degli spostamenti virtuali, e la somma di tutti i prodotti deve essere nulla per ogni scelta degli spostamenti virtuali. Ma, mentre gli spostamenti virtuali dei punti materiali sono tra loro dipendenti per effetto dei vincoli (se spostiamo un punto, un vincolo può spostarne altri), gli spostamenti virtuali delle coordinate libere sono assolutamente indipendenti tra di loro. In altre parole, prima di utilizzare l'espressione iniziale con un insieme di spostamenti $\{\delta P_i,\ i = 1, \ldots, n\}$ dobbiamo verificare che tale insieme sia ammesso dai vincoli, mentre qualunque insieme di spostamenti $\{\delta q_k,\ k = 1, \ldots, N\}$ è automaticamente ammesso dai vincoli.

Teorema 14.5 (Equazioni pure del moto) *L'equazione simbolica della dinamica è equivalente alle seguenti N equazioni tra loro indipendenti:*

$$Q_k = \tau_k \qquad per\,ogni \quad k = 1, \ldots, N. \qquad (14.13)$$

Dimostrazione La sufficienza delle (14.13) è evidente. Infatti, se ogni Q_k risulta essere uguale al rispettivo τ_k, evidentemente ogni addendo della somma in (14.10) sarà nullo per ogni scelta degli spostamenti virtuali, e nulla sarà anche la loro somma.

Per dimostrare invece la necessità delle (14.13) dobbiamo utilizzare la libertà che abbiamo di scegliere a piacere gli spostamenti virtuali delle coordinate libere. Scegliamo ad arbitrio una coordinata libera (sia essa, per esempio, la $\bar{k}$-esima), e consideriamo il seguente insieme di spostamenti virtuali:

$$\delta q_{\bar{k}} \neq 0 \qquad e \qquad \delta q_k = 0 \quad per\,ogni\; k \neq \bar{k}.$$

Stiamo quindi spostando solo la $\bar{k}$-esima coordinata libera. La (14.10) deve valere per ogni scelta degli spostamenti virtuali, e quindi anche per quella appena descritta. Essendo nulli tutti i δq_k (meno quello $\bar{k}$-esimo), la somma si semplifica e diventa

$$\sum_{k=1}^{N} \left(Q_k - \tau_k \right) \delta q_k = \left(Q_{\bar{k}} - \tau_{\bar{k}} \right) \delta q_{\bar{k}} = 0 \qquad \left(\text{con } \delta q_{\bar{k}} \neq 0 \right),$$

il che porta a concludere $Q_{\bar{k}} = \tau_{\bar{k}}$. L'arbitrarietà della scelta di $\bar{k}$ implica che in realtà $Q_k = \tau_k$ per ogni $k = 1, \ldots, N$. $\qquad\qquad\qquad\qquad\qquad$ □

Le (14.13) sono equazioni *pure* del moto, poiché solo le forze attive contribuiscono alle Q_k. Dal canto loro, vedremo ora che le τ_k possono derivarsi dall'espressione dell'energia cinetica in termini delle coordinate libere e delle loro derivate.

Teorema 14.6 (Binomi lagrangiani) *Sia T l'energia cinetica di un sistema olonomo di coordinate libere $\{q_1, \ldots, q_N\}$. Allora le componenti lagrangiane dell'opposto delle forze d'inerzia soddisfano la seguente identità:*

$$\tau_k = \frac{d}{dt} \left(\frac{\partial T}{\partial \dot{q}_k} \right) - \frac{\partial T}{\partial q_k} \qquad per\,ogni \quad k = 1, \ldots, N. \qquad (14.14)$$

Le quantità a membro destro delle (14.14) vengono chiamate binomi lagrangiani.

Dimostrazione A partire dalla definizione (14.12) abbiamo

$$
\begin{aligned}
\tau_k &= \sum_{i=1}^{n} m_i\, \mathbf{a}_i \cdot \frac{\partial P_i}{\partial q_k} = \sum_{i=1}^{n} m_i \frac{d\mathbf{v}_i}{dt} \cdot \frac{\partial P_i}{\partial q_k} \\
&= \sum_{i=1}^{n} m_i \frac{d}{dt}\left(\mathbf{v}_i \cdot \frac{\partial P_i}{\partial q_k} \right) - \sum_{i=1}^{n} m_i\, \mathbf{v}_i \cdot \frac{d}{dt} \frac{\partial P_i}{\partial q_k},
\end{aligned}
\qquad (14.15)
$$

dove nel primo passaggio si è semplicemente ricordata la definizione di accelerazione, mentre nel successivo si è fatto uso dell'identità

$$\frac{d\mathbf{v}_i}{dt} \cdot \frac{\partial P_i}{\partial q_k} = \frac{d}{dt}\left(\mathbf{v}_i \cdot \frac{\partial P_i}{\partial q_k}\right) - \mathbf{v}_i \cdot \frac{d}{dt}\frac{\partial P_i}{\partial q_k},$$

diretta conseguenza della regola di derivazione del prodotto di due funzioni.

La posizione di ogni punto materiale dipende dal tempo sia esplicitamente che attraverso le coordinate libere: $P_i(t) = P_i\big(q_1(t), \dots, q_N(t); t\big)$. Abbiamo quindi

$$\mathbf{v}_i = \frac{dP_i}{dt} = \sum_{j=1}^{N} \frac{\partial P_i}{\partial q_j}\,\dot{q}_j + \frac{\partial P_i}{\partial t}. \tag{14.16}$$

A parte la derivata esplicita rispetto al tempo, la velocità dell'i-esimo punto dipende quindi linearmente dalle velocità lagrangiane $\{\dot{q}_1, \dots, \dot{q}_N\}$. In particolare,

$$\frac{\partial \mathbf{v}_i}{\partial \dot{q}_k} = \frac{\partial P_i}{\partial q_k}. \tag{14.17}$$

Inoltre, derivando la (14.16) rispetto alla k-esima coordinata libera otteniamo

$$\frac{\partial \mathbf{v}_i}{\partial q_k} = \sum_{j=1}^{N} \frac{\partial^2 P_i}{\partial q_k \partial q_j}\,\dot{q}_j + \frac{\partial^2 P_i}{\partial q_k \partial t} = \frac{d}{dt}\frac{\partial P_i}{\partial q_k}, \tag{14.18}$$

in quanto l'ordine di derivazione è ininfluente.

Consideriamo ora di nuovo l'espressione (14.15) per le τ_k. In essa compaiono i membri destri della (14.17) e della (14.18). Sostituendo entrambi con i membri sinistri delle rispettive identità, ricaviamo

$$\tau_k = \sum_{i=1}^{n} m_i \frac{d}{dt}\left(\mathbf{v}_i \cdot \frac{\partial \mathbf{v}_i}{\partial \dot{q}_k}\right) - \sum_{i=1}^{n} m_i \mathbf{v}_i \cdot \frac{\partial \mathbf{v}_i}{\partial q_k}$$

$$= \frac{d}{dt}\left(\frac{1}{2}\sum_{i=1}^{n} m_i \frac{\partial}{\partial \dot{q}_k}\left(\mathbf{v}_i \cdot \mathbf{v}_i\right)\right) - \frac{1}{2}\sum_{i=1}^{n} m_i \frac{\partial}{\partial q_k}\left(\mathbf{v}_i \cdot \mathbf{v}_i\right) = \frac{d}{dt}\left(\frac{\partial T}{\partial \dot{q}_k}\right) - \frac{\partial T}{\partial q_k},$$

che ci permettono di esprimere le τ_k attraverso le derivate dell'energia cinetica. $\square$

Sostituendo ora i binomi lagrangiani (14.14) nelle equazioni pure (14.13) ricaviamo le *equazioni di Lagrange*

$$\frac{d}{dt}\left(\frac{\partial T}{\partial \dot{q}_k}\right) - \frac{\partial T}{\partial q_k} = Q_k \qquad \text{per ogni} \quad k = 1, \dots, N. \tag{14.19}$$

14.3.1 Determinismo lagrangiano

Le equazioni pure del moto (14.19) sono equazioni del second'ordine rispetto al tempo. Mostreremo in questo paragrafo come sia possibile scriverle in forma normale, vale a dire esplicitarle rispetto alle derivate seconde $\ddot{q}_k$. Il Teorema di Cauchy garantirà così l'esistenza di una e una sola soluzione al problema ai valori iniziali in cui vengano assegnate posizione e velocità a un qualunque istante iniziale, purché le forze (e, di conseguenza, le componenti lagrangiane) dipendano in maniera sufficientemente regolare da posizione e velocità.

Le equazioni di Lagrange sono quindi *deterministiche*: la conoscenza dell'atto di moto in un certo istante temporale t_0 garantisce, almeno in via di principio, la completa caratterizzazione del moto in istanti successivi a t_0. Segnaliamo comunque, che il determinismo lagrangiano non garantisce che la soluzione del problema ai dati iniziali si possa certamente estendere a *tutti* i tempi successivi a t_0: anche in presenza di componenti lagrangiane estremamente regolari ci possono essere soluzioni che sviluppano singolarità dopo un intervallo finito di tempo. Dimostrare il determinismo delle equazioni di Lagrange consente di evitare, per l'ampia classe di sistemi olonomi sottoposti a vincoli ideali e bilateri, di postulare il Principio di determinismo meccanico introdotto in §8.2.

Prima di esprimere in forma normale le (14.19), ricordiamo come dipende l'energia cinetica dalle velocità lagrangiane (vedi §6.3.2). Dato un sistema olonomo, di coordinate libere $\{q_1, \ldots, q_N\}$, è possibile esprimere la sua energia cinetica come segue:

$$T = \frac{1}{2} \sum_{j,k=1}^{N} a_{jk}\,\dot{q}_j\,\dot{q}_k + \sum_{k=1}^{N} b_k\,\dot{q}_k + c, \qquad (14.20)$$

dove i coefficienti a_{jk}, b_k e c sono funzioni delle coordinate libere ed eventualmente del tempo, ma non delle velocità lagrangiane:

$$a_{jk}(q_1, \ldots, q_N; t) = \sum_{i=1}^{n} m_i \frac{\partial P_i}{\partial q_j} \cdot \frac{\partial P_i}{\partial q_k},$$

$$b_k(q_1, \ldots, q_N; t) = \sum_{i=1}^{n} m_i \frac{\partial P_i}{\partial q_k} \cdot \frac{\partial P_i}{\partial t},$$

$$c(q_1, \ldots, q_N; t) = \frac{1}{2} \sum_{i=1}^{n} m_i \frac{\partial P_i}{\partial t} \cdot \frac{\partial P_i}{\partial t}.$$

In termini della matrice di massa A, dei vettori $\mathsf{q} = \{q_1, \ldots, q_N\}$, $\dot{\mathsf{q}} = \{\dot{q}_1, \ldots, \dot{q}_N\}$, $\mathsf{b} = \{b_1, \ldots, b_N\}$ e dello scalare c, si ha

$$T(\mathsf{q}, \dot{\mathsf{q}}, t) = \frac{1}{2} \dot{\mathsf{q}} \cdot \mathsf{A}(\mathsf{q}, t)\dot{\mathsf{q}} + \mathsf{b}(\mathsf{q}, t) \cdot \dot{\mathsf{q}} + c(\mathsf{q}, t).$$

Teorema 14.7 (Determinismo) *Consideriamo un sistema olonomo a vincoli ideali e bilateri, di coordinate libere* $q = \{q_1, \ldots, q_N\}$. *Il problema ai dati iniziali*

$$\begin{cases} \dfrac{d}{dt}\left(\dfrac{\partial T}{\partial \dot{q}_k}\right) - \dfrac{\partial T}{\partial q_k} = Q_k(q, \dot{q}, t) \\ q_k(t_0) = q_{k0}, \qquad \dot{q}_k(t_0) = \dot{q}_{k0} \end{cases} \qquad per \quad k = 1, \ldots, N$$

ammette una e una sola soluzione in almeno un intervallo $t \in [t_0, t_1]$, *con* $t_1 > t_0$, *se le componenti lagrangiane sono funzioni lipschitziane (vedi Definizione 8.2) delle coordinate libere e delle loro derivate temporali.*

Dimostrazione Utilizzando la (14.20), le N equazioni di Lagrange si possono riassumere nella notazione vettoriale

$$A\ddot{q} = F(q, \dot{q}, t) + Q, \tag{14.21}$$

dove A è la matrice di massa, mentre $\ddot{q} = \{\ddot{q}_1, \ldots, \ddot{q}_N\}$, $Q = \{Q_1, \ldots, Q_N\}$, e $F = \{F_1, \ldots, F_N\}$, con

$$F_k(q, \dot{q}, t) = \sum_{h,j=1}^{N} \left(\frac{1}{2}\frac{\partial a_{hj}}{\partial q_k} - \frac{\partial a_{kj}}{\partial q_h}\right)\dot{q}_h\dot{q}_j$$

$$+ \sum_{j=1}^{N} \left(\frac{\partial b_j}{\partial q_k} - \frac{\partial b_k}{\partial q_j} - \frac{\partial a_{jk}}{\partial t}\right)\dot{q}_j + \frac{\partial c}{\partial q_k} - \frac{\partial b_k}{\partial t}.$$

Ai fini della nostra dimostrazione, non ci interessa in realtà la struttura dettagliata dei termini riassunti in F, bensì il fatto che essi possono dipendere dal tempo, dalle coordinate libere e dalle loro derivate temporali, ma non da derivate temporali di ordine superiore.

Le equazioni di Lagrange in forma (14.21) si possono esplicitare nelle $\ddot{q}$ grazie all'invertibilità della matrice di massa (vedi §6.3.2). Avremo quindi $\ddot{q} = A^{-1}\left(F(q, \dot{q}, t) + Q\right)$, cui si può applicare il Teorema di Cauchy purché le forze attive siano sufficientemente regolari. $\qquad\square$

14.3.2 Lagrangiana

Nella §7.9 (si vedano in particolare le relazioni (7.49)) abbiamo dedotto che, quando tutte le forze attive sono conservative, le loro componenti lagrangiane possono essere ottenute per derivazione rispetto alle coordinate libere $q = (q_1, \ldots, q_N)$ del potenziale $U(q, t)$ del sistema:

$$Q_k = \frac{\partial U}{\partial q_k}. \tag{14.22}$$

Ricordiamo che le forze conservative sono sempre posizionali, e perciò le Q_k e lo stesso potenziale $U(q, t)$ possono dipendere dalle coordinate libere e al più anche dal tempo, nel caso siano presenti vincoli mobili, ma certamente *non* dalle $\dot{q}_k$.

Sostituendo la (14.22) nelle (14.19), possiamo riscrivere le equazioni di Lagrange nella forma

$$\frac{d}{dt}\left(\frac{\partial T}{\partial \dot{q}_k}\right) - \frac{\partial(T + U)}{\partial q_k} = 0.$$

Introduciamo ora la funzione *Lagrangiana*

$$\mathcal{L}(q, \dot{q}, t) = T(q, \dot{q}, t) + U(q, t).$$

Visto che il potenziale *non* dipende dalle $\dot{q}_k$, le derivate della Lagrangiana rispetto alle $\dot{q}_k$ stesse coincidono con le rispettive derivate dell'energia cinetica.

$$\frac{\partial \mathcal{L}}{\partial \dot{q}_k} = \frac{\partial(T + U)}{\partial \dot{q}_k} = \frac{\partial T}{\partial \dot{q}_k}.$$

Utilizzando questa identità è possibile riscrivere le equazioni di Lagrange nel caso conservativo come segue:

$$\frac{d}{dt}\left(\frac{\partial \mathcal{L}}{\partial \dot{q}_k}\right) - \frac{\partial \mathcal{L}}{\partial q_k} = 0. \qquad (14.23)$$

Osservazione 14.8 In presenza sia di forze attive conservative (di potenziale U) che di forze non conservative, è comunque ancora possibile definire la Lagrangiana $\mathcal{L} = T + U$ e le equazioni di Lagrange si scrivono

$$\frac{d}{dt}\left(\frac{\partial \mathcal{L}}{\partial \dot{q}_k}\right) - \frac{\partial \mathcal{L}}{\partial q_k} = Q_k^{(\text{n.c.})},$$

dove $Q_k^{(\text{n.c.})}$ indica la componente lagrangiana delle sole forze attive non conservative.   □

Esempio 14.9 Utilizziamo le equazioni di Lagrange per determinare il moto del sistema illustrato in Fig. 14.1. In un piano verticale, il filo inestensibile $ABDEGP$, di massa trascurabile, ha l'estremo A fissato e reca al suo altro estremo P un punto materiale di massa μ. I tratti BD ed EG del filo sono appoggiati su due dischi omogenei (rispettivamente di raggi r, R e masse m, M), il secondo dei quali è vincolato a ruotare attorno al suo centro fisso F. L'appoggio del filo sul disco di centro F è scabro, in modo tale che il filo non può scivolare sul disco. Si vogliono invece valutare le differenze che sussistono tra il caso in cui l'appoggio del filo sull'altro disco (di centro C) vieti anch'esso lo scivolamento, e il caso in cui quest'ultimo appoggio sia liscio. All'istante iniziale si assume che il sistema sia in quiete.

Figura 14.1 Filo vincolato
da due carrucole

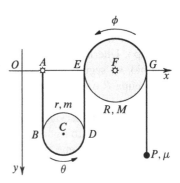

Il sistema proposto consente alcune interessanti valutazioni cinematiche. Introduciamo inizialmente le seguenti coordinate, molte delle quali si dimostrerà di seguito che sono legate tra di loro: siano y_C, y_P le ordinate (contate positive in direzione discendente) dei punti C, P e siano θ, ϕ gli angoli di rotazioni (antiorari) dei dischi di centri C, F. Osserviamo che la scelta dell'asse y implica che l'asse z sia entrante nel piano del foglio, e quindi che le velocità angolari dei due dischi valgono rispettivamente $-\dot\theta\mathbf{k}$ e $-\dot\phi\mathbf{k}$.

Valutiamo le conseguenze del fatto che il filo sia inestensibile. Innanzitutto, la lunghezza del filo dovrà risultare costante, vale a dire

$$\overline{AB} + \overset{\frown}{BD} + \overline{DE} + \overset{\frown}{EG} + \overline{GP} \equiv \text{costante}$$

$$\implies \quad y_B + \underbrace{\text{costante}}_{r\pi} + y_B + \underbrace{\text{costante}}_{R\pi} + y_P \equiv \underbrace{\text{costante}}_{L_{\text{filo}}}$$

da cui si ottiene per derivazione rispetto al tempo

$$2\dot y_B + \dot y_P = 0. \tag{14.24}$$

Consideriamo poi i punti che si trovano agli estremi di un tratto rettilineo che si muove parallelamente a sé stesso, come sono i tratti AB, DE e GP nell'esempio considerato. Le velocità di tali punti sono parallele al tratto di filo considerato, e devono necessariamente essere uguali. In caso contrario i punti si avvicinerebbero (raggomitolando il filo) o si allontanerebbero (allungando il filo). Possiamo di conseguenza affermare che

$$\mathbf{v}_B = \mathbf{v}_A(=\mathbf{0}), \qquad \mathbf{v}_E = \mathbf{v}_D, \qquad \mathbf{v}_G = \mathbf{v}_P. \tag{14.25}$$

Alla luce delle notazioni introdotte nel §6.2.3 è importante sottolineare che la posizione che individuiamo come P viene occupata sempre dallo stesso punto (l'estremo del filo, che reca appeso un punto materiale di massa μ). Al contrario, il punto geometrico B viene occupato di volta in volta da punti materiali diversi. Ne consegue che

$$\mathbf{v}_P = \dot P = \dot y_P\mathbf{j}, \qquad \text{ma} \qquad \mathbf{v}_B \neq \dot B = \dot y_B\mathbf{j}.$$

Ricordiamo infatti che per calcolare $\dot{P}$ e $\dot{B}$ dobbiamo semplicemente ricavare le coordinate del punto considerato (rispetto a un origine fisso) e derivarle rispetto al tempo. Ulteriori considerazioni servono invece per individuare le velocità. Per esempio, $\mathbf{v}_P$ segue dal ragionamento precedente che mostra che il punto materiale che occupa P è sempre lo stesso, e quindi $\mathbf{v}_P = \dot{P}$. Per quanto riguarda B è invece il vincolo (14.25) a fissare la sua velocità, in quanto la pone uguale alla velocità di A, che è nulla. Osserviamo infine che essendo $AC = r\mathbf{i} + y_B\mathbf{j}$, e potendosi dire di C quanto affermato riguardo a P, si ha $\mathbf{v}_C = \dot{C} = \dot{y}_B\mathbf{j}(\neq \mathbf{v}_B)$.

L'eventuale legame tra le coordinate y_B, y_P e gli angoli θ, ϕ dipende dal tipo di contatto esistente tra filo e disco. Se questo contatto è liscio, esso non introduce alcun ulteriore legame cinematico. Se invece il vincolo è scabro e vieta lo scorrimento del filo sul disco, la velocità di qualunque punto del filo a contatto col disco dovrà necessariamente coincidere con la velocità del corrispondente punto del disco. Consideriamo in particolare il punto G di Fig. 14.1. Il vincolo (14.25) impone $\mathbf{v}_G^{(filo)} = \mathbf{v}_P = \dot{y}_P\mathbf{j}$. D'altra parte, applicando la formula fondamentale della cinematica rigida (2.22) al disco di centro F ricaviamo

$$\mathbf{v}_G^{(disco)} = \underbrace{\mathbf{v}_F}_{0} + \underbrace{\boldsymbol{\omega}}_{-\dot{\phi}\mathbf{k}} \wedge \underbrace{FG}_{R\mathbf{i}} = -R\dot{\phi}\mathbf{j} \quad \Longrightarrow \quad R\dot{\phi} = -\dot{y}_P = 2\dot{y}_B.$$

Qualora il contatto filo-disco sia liscio per il disco di centro C il sistema possiede quindi due gradi di libertà (coordinate libere y_B, θ). Se invece anche questo contatto risulta scabro invitiamo il lettore a mostrare che, ragionando sul punto B come abbiamo fatto con il punto G si ricava l'ulteriore relazione cinematica $r\dot{\theta} = -\dot{y}_B$, e quindi il sistema possiede un unico grado di libertà.

Tutti i vincoli presentati sono ideali (in particolare quello di contatto scabro filo-disco è equivalente al vincolo di puro rotolamento del disco sul filo). Possiamo quindi ricavare le equazioni pure del moto utilizzando le equazioni di Lagrange. Essendo

$$T = \left(\frac{1}{2}mv_C^2 + \frac{1}{4}mr^2\dot{\theta}^2\right) + \left(\frac{1}{4}MR^2\dot{\phi}^2\right) + \frac{1}{2}\mu v_P^2$$

$$= \begin{cases} \left(\dfrac{1}{2}m + M + 2\mu\right)\dot{y}_B^2 + \dfrac{1}{4}mr^2\dot{\theta}^2 & \text{(2gdl)} \\[2ex] \left(\dfrac{3}{4}m + M + 2\mu\right)\dot{y}_B^2 & \text{(1gdl)} \end{cases}$$

$$U = mgy_C + Mgy_F + \mu gy_P = (m - 2\mu)gy_B + \text{costante},$$

possiamo definire la Lagrangiana $\mathcal{L} = T + U$ e ricavare le equazioni pure del moto (14.23).

(2gdl) Nel caso di appoggio liscio otteniamo

$$\ddot{y}_B = \frac{(m - 2\mu)g}{m + 2M + 4\mu} \qquad \text{e} \qquad \ddot{\theta} = 0.$$

Di conseguenza, la velocità angolare del disco di centro C rimane costante, e quindi nulla come all'istante iniziale. Tale disco quindi trasla con velocità $\mathbf{v}_C = \dot{y}_B\mathbf{j}$. Il moto relativo alla coordinata libera y_B è uniformemente accelerato, e dipende dal segno del fattore $m - 2\mu$. Se per esempio predomina la massa del disco di centro C ($m > 2\mu$), questo scende e il punto P sale a conseguenza della (14.24).

(1gdl) Se l'appoggio vieta lo scivolamento del filo si ha

$$\ddot{y}_B = \frac{(m - 2\mu)g}{\frac{3}{2}m + 2M + 4\mu} \, . \qquad (14.26)$$

In questo caso entrambi i dischi ruotano, mentre il movimento di C e P dipende sempre dal segno del fattore $m - 2\mu$. Sottolineiamo come in questo caso il moto di questi due punti sia comunque rallentato rispetto al caso precedente (vedi il fattore $\frac{3}{2}$ in (14.26)). Il motivo di tale effetto è che parte dell'energia del sistema viene ora utilizzata per far ruotare anche il disco di centro C. $\qquad\square$

14.4 Integrali primi lagrangiani

Le equazioni di Lagrange formano un sistema di N equazioni differenziali del second'ordine accoppiate, di cui in generale non è possibile determinare analiticamente la soluzione. Ciò nonostante, esistono alcuni casi in cui un semplice analisi della struttura della Lagrangiana consente di individuare la presenza di uno o più *integrali primi del moto*, vale a dire funzioni delle coordinate libere, delle loro derivate temporali, ed eventualmente del tempo, che rimangono costanti lungo il moto (vedi §11.2).

In questo paragrafo analizzeremo due tipi di integrali primi deducibili direttamente dalla Lagrangiana: i momenti cinetici e l'Hamiltoniana.

14.4.1 Integrale dei momenti cinetici

Quando la Lagrangiana non dipende esplicitamente da una delle coordinate libere q_k, la corrispondente equazione di Lagrange si può immediatamente integrare per fornire un integrale primo:

$$\frac{d}{dt}\left(\frac{\partial \mathcal{L}}{\partial \dot{q}_k}\right) = 0 \qquad \Longrightarrow \qquad \frac{\partial \mathcal{L}}{\partial \dot{q}_k} = \text{costante}$$

La quantità conservata

$$p_k = \frac{\partial \mathcal{L}}{\partial \dot{q}_k}$$

viene chiamata *momento cinetico*, e la coordinata libera assente nella Lagrangiana viene chiamata coordinata *ciclica* (o *ignorabile*).

Osservazione 14.10 I momenti cinetici dipendono solo dall'energia cinetica, in quanto il potenziale non dipende dalle velocità. Inoltre, l'espressione (14.20) consente di dimostrare che i momenti cinetici dipendono al più linearmente dalle velocità lagrangiane:

$$p_k = \frac{\partial \mathcal{L}}{\partial \dot{q}_k} = \frac{\partial T}{\partial \dot{q}_k} = \sum_{j=1}^{N} a_{jk}(\mathsf{q}, t)\, \dot{q}_j + b_k(\mathsf{q}, t). \qquad \square$$

Esempio 14.11 (Integrale della quantità di moto) Consideriamo un punto materiale libero P di massa m, sottoposto all'azione di un potenziale che non dipende da una delle coordinate cartesiane del punto: $U(P) = U(y, z)$. La coordinata mancante (l'ascissa x, nel nostro esempio) è ciclica. Il momento cinetico associato risulta essere la componente della quantità di moto nella direzione della coordinata ignorata:

$$\mathcal{L} = \frac{1}{2}\, m\left(\dot{x}^2 + \dot{y}^2 + \dot{z}^2\right) + U(y, z) \quad \Longrightarrow \quad p_x = \frac{\partial \mathcal{L}}{\partial \dot{x}} = m\,\dot{x} = \text{costante}.$$

In questo caso, l'integrale primo si sarebbe potuto semplicemente dedurre dall'equazione di moto del punto richiesto, in quanto la componente x della forza agente su di esso risulterebbe nulla:

$$F_x = \frac{\partial U}{\partial x} = 0 \quad \Longrightarrow \quad m\,\ddot{x} = 0 \quad \Longrightarrow \quad m\,\dot{x} = \text{costante}. \qquad \square$$

Esempio 14.12 (Integrali del momento delle quantità di moto) Consideriamo il moto di un corpo rigido, la cui posizione sia descritta dalle coordinate del baricentro rispetto a un punto fisso $OG = (x_G, y_G, z_G)$ e dagli angoli di Eulero $\{\theta, \psi, \phi\}$ che la terna solidale principale centrale d'inerzia $\{\mathbf{e}_{G1}, \mathbf{e}_{G2}, \mathbf{e}_{G3}\}$ determina rispetto ad una terna fissa $\{\mathbf{i}_1, \mathbf{i}_2, \mathbf{i}_3\}$. Abbiamo visto (nella (3.14)) che la velocità angolare si può esprimere in termini degli angoli di Eulero come

$$\boldsymbol{\omega} = \left(\dot{\theta}\cos\phi + \dot{\psi}\sin\theta\sin\phi\right)\mathbf{e}_{G1} - \left(\dot{\theta}\sin\phi - \dot{\psi}\sin\theta\cos\phi\right)\mathbf{e}_{G2}$$
$$+ \left(\dot{\phi} + \dot{\psi}\cos\theta\right)\mathbf{e}_{G3}, \qquad (14.27)$$

Di conseguenza, l'energia cinetica è data da

$$T = \frac{1}{2}\, m\left(\dot{x}_G^2 + \dot{y}_G^2 + \dot{z}_G^2\right) + \frac{1}{2}\Big(I_{G1}\left(\dot{\theta}\cos\phi + \dot{\psi}\sin\theta\sin\phi\right)^2$$
$$+ I_{G2}\left(\dot{\theta}\sin\phi - \dot{\psi}\sin\theta\cos\phi\right)^2 + I_{G3}\left(\dot{\phi} + \dot{\psi}\cos\theta\right)^2\Big), \qquad (14.28)$$

dove m è la massa del corpo rigido, e I_{G1}, I_{G2}, I_{G3} sono i momenti principali centrali d'inerzia. L'espressione (14.28) mostra che quando i momenti principali d'inerzia sono diversi tra di loro, solo l'angolo di precessione ψ può essere una coordinata ciclica, mentre anche l'angolo di rotazione propria può diventarlo se $I_{G1} = I_{G2}$. Infine, l'angolo di nutazione non è mai una coordinata ciclica. Sottolineiamo che parliamo di *possibilità* di diventare coordinate cicliche poiché stiamo considerando solo l'energia cinetica, mentre una coordinata ciclica deve essere assente anche dal potenziale.

I momenti cinetici associati agli angoli di precessione e rotazione propria hanno una semplice interpretazione meccanica. Infatti, utilizzando l'espressione (3.13) della velocità angolare rispetto alla terna fissa, è semplice mostrare che il momento cinetico associato all'angolo di precessione coincide con la componente del momento delle quantità di moto baricentrale, rispetto all'asse fisso $\mathbf{i}_3$:

$$p_\psi = \frac{\partial T}{\partial \dot{\psi}} = \mathbf{K}_G \cdot \mathbf{i}_3.$$

Analogamente, grazie alla (14.27) è possibile mostrare che il momento cinetico associato all'angolo di rotazione propria coincide con la componente del momento delle quantità di moto baricentrale, rispetto all'asse solidale $\mathbf{e}_3$:

$$p_\phi = \frac{\partial T}{\partial \dot{\phi}} = \mathbf{K}_G \cdot \mathbf{e}_3. \qquad \square$$

14.4.2   Hamiltoniana

Definizione 14.13 (Hamiltoniana)   *Chiamiamo Hamiltoniana di un sistema olonomo di coordinate libere $\{q_1, \ldots, q_N\}$, la funzione*

$$\mathcal{H}(\mathbf{q}, \dot{\mathbf{q}}, t) = \sum_{k=1}^{N} \dot{q}_k \frac{\partial \mathcal{L}}{\partial \dot{q}_k} - \mathcal{L}. \qquad (14.29)$$

Proposizione 14.14   *La derivata temporale di $\mathcal{H}$ è legata alla dipendenza esplicita della Lagrangiana dal tempo:*

$$\frac{d\mathcal{H}}{dt} = -\frac{\partial \mathcal{L}}{\partial t}. \qquad (14.30)$$

Dimostrazione   Deriviamo rispetto al tempo la (14.29), ricordando che la derivata della Lagrangiana va effettuata come derivata di una funzione composta:

$$\frac{d\mathcal{H}}{dt} = \underbrace{\sum_{k=1}^{N} \ddot{q}_k \frac{\partial \mathcal{L}}{\partial \dot{q}_k}} + \sum_{k=1}^{N} \dot{q}_k \frac{d}{dt}\left(\frac{\partial \mathcal{L}}{\partial \dot{q}_k}\right) - \left(\sum_{k=1}^{N} \frac{\partial \mathcal{L}}{\partial q_k}\dot{q}_k + \underbrace{\sum_{k=1}^{N} \frac{\partial \mathcal{L}}{\partial \dot{q}_k}\ddot{q}_k} + \frac{\partial \mathcal{L}}{\partial t}\right)$$

$$= \sum_{k=1}^{N} \dot{q}_k \left[\frac{d}{dt}\left(\frac{\partial \mathcal{L}}{\partial \dot{q}_k}\right) - \frac{\partial \mathcal{L}}{\partial q_k}\right] - \frac{\partial \mathcal{L}}{\partial t} = -\frac{\partial \mathcal{L}}{\partial t}.$$

Nella prima riga, dentro la parentesi tonda sono racchiusi i termini provenienti dalla derivata della Lagrangiana rispetto al tempo. I due termini contrassegnati da una parentesi graffa sono uguali e opposti, e quindi si semplificano. Passando alla seconda riga è stato raccolto ove possibile il termine $\dot{q}_k$: la parentesi che lo moltiplica risulta essere identicamente nulla grazie alle Equazione di Lagrange.   □

Conseguenza immediata della (14.30) è che l'Hamiltoniana si conserva ogni volta che la Lagrangiana non dipenda esplicitamente dal tempo. Ciò avviene, per esempio, quando i vincoli sono fissi e le forze attive non dipendono esplicitamente dal tempo.

Teorema 14.15 (Integrale dell'energia) *Quando i vincoli sono fissi, e le forze attive sono conservative, la funzione Hamiltoniana coincide con l'energia meccanica del sistema* $E = T - U$.

Prima di dimostrare l'identità tra Hamiltoniana ed energia meccanica ricordiamo la definizione di funzione omogenea e l'enunciato del Teorema di Eulero per le funzioni omogenee.

Definizione 14.16 *Una funzione* $f : \mathbb{R}^m \to \mathbb{R}$ *si dice* omogenea di grado α *se*

$$f(\lambda x_1, \lambda x_2, \ldots, \lambda x_m) = \lambda^\alpha f(x_1, \ldots, x_m), \quad per\ ogni\ \lambda \in \mathbb{R}^+.$$

Teorema 14.17 (Funzioni omogenee; Eulero) *Sia* $f : \mathbb{R}^m \to \mathbb{R}$ *una funzione differenziabile e omogenea di grado* α. *Allora:*

$$\sum_{i=1}^{m} x_i \frac{\partial f}{\partial x_i} = \alpha f. \tag{14.31}$$

Dimostrazione dell'integrale dell'energia Applicheremo il Teorema di Eulero per analizzare la struttura della funzione Hamiltoniana. L'espressione (14.20) mostra che l'energia cinetica di un qualunque sistema olonomo si può scrivere come somma di tre termini, ciascuno dei quali risulta essere omogeneo nelle velocità lagrangiane $\dot{q} = \{\dot{q}_1, \ldots, \dot{q}_N\}$. Il primo termine, che chiameremo T_2, è quadratico, cioè omogeneo di grado 2. Il secondo termine, T_1, è lineare, e quindi omogeneo di grado 1. Infine, il terzo e ultimo termine, T_0, non dipende dalle $\dot{q}_k$, e quindi è omogeneo di grado 0.

Analizziamo ora la definizione di Hamiltoniana (14.29), e in particolare la combinazione di derivate di $\mathcal{L}$ che compare nel suo primo addendo. Come prima operazione, e visto che il potenziale U non dipende dalle velocità, possiamo rimpiazzare in questo primo addendo la Lagrangiana con l'energia cinetica:

$$\sum_{k=1}^{N} \dot{q}_k \frac{\partial \mathcal{L}}{\partial \dot{q}_k} = \sum_{k=1}^{N} \dot{q}_k \frac{\partial (T + U)}{\partial \dot{q}_k} = \sum_{k=1}^{N} \dot{q}_k \frac{\partial T}{\partial \dot{q}_k}$$

$$= \sum_{k=1}^{N} \dot{q}_k \frac{\partial T_2}{\partial \dot{q}_k} + \sum_{k=1}^{N} \dot{q}_k \frac{\partial T_1}{\partial \dot{q}_k} + \sum_{k=1}^{N} \dot{q}_k \frac{\partial T_0}{\partial \dot{q}_k}. \tag{14.32}$$

Nella seconda riga abbiamo rimpiazzato l'energia cinetica con la combinazione $T_2 + T_1 + T_0$, al fine di separare i termini omogenei di grado diverso.

Ciascuna delle somme che si trova nella seconda riga di (14.32) ha esattamente la stessa struttura della combinazione di prodotti e derivate che compare a sinistra dell'uguale nel Teorema di Eulero (14.31), con le $\dot{q}_k$ al posto delle x_i. Il risultato delle somme si deduce quindi dal Teorema di Eulero, avendo cautela di applicare a ciascun addendo il coefficiente α pari al suo grado di omogeneità. Si ottiene così

$$\sum_{k=1}^{N} \dot{q}_k \frac{\partial \mathcal{L}}{\partial \dot{q}_k} = \cdots = \sum_{k=1}^{N} \dot{q}_k \frac{\partial T_2}{\partial \dot{q}_k} + \sum_{k=1}^{N} \dot{q}_k \frac{\partial T_1}{\partial \dot{q}_k} + \sum_{k=1}^{N} \dot{q}_k \frac{\partial T_0}{\partial \dot{q}_k} = 2T_2 + T_1.$$

Tornando ora alla definizione completa dell'Hamiltoniana si ottiene

$$\mathcal{H} = \sum_{k=1}^{N} \dot{q}_k \frac{\partial \mathcal{L}}{\partial \dot{q}_k} - \mathcal{L} = (2T_2 + T_1) - (T_2 + T_1 + T_0 + U) = T_2 - T_0 - U.$$

Questa espressione vale per qualunque tipo di vincoli. Quando invece i vincoli sono fissi, sono nulli sia T_1 che T_0, e risulta

$$T = T_2 \quad \Longrightarrow \quad \mathcal{H} = T - U = E. \qquad \square$$

Per mezzo di un semplice esempio verifichiamo come, con forze attive conservative ma in presenza di vincoli ideali *mobili*, in casi particolari si possa avere una lagrangiana senza dipendenza esplicita dal tempo, e cioè tale che $\partial_t \mathcal{L} = 0$, e quindi con $\mathcal{H}$ integrale del moto, che però ora *non* coincide con l'energia meccanica del sistema.

Esempio 14.18 Sia P un punto di massa m vincolato a una guida liscia uniformemente ruotante in un piano orizzontale con velocità angolare costante ω intorno all'origine, alla quale è collegato con una molla di costante k e lunghezza s, come in Fig. 14.2. Nel sistema di riferimento dell'osservatore inerziale l'energia cinetica del punto, che è soggetto a un vincolo ideale bilatero *mobile*, è data da

$$T = \frac{1}{2}m(\dot{s}^2 + s^2\omega^2)$$

Figura 14.2 Un punto vincolato a una guida ruotante

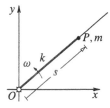

mentre il potenziale si riduce a quello della molla $U = -ks^2/2$. Perciò

$$\mathcal{L}(s, \dot{s}) = \frac{1}{2}m(\dot{s}^2 + s^2\omega^2) - ks^2/2$$

e, ovviamente, $\partial_t \mathcal{L} = 0$. Quindi $\mathcal{H}$, data da

$$\mathcal{H} = \frac{\partial \mathcal{L}}{\partial \dot{s}}\dot{s} - \mathcal{L} = m\dot{s}^2 - \frac{1}{2}m(\dot{s}^2 + s^2\omega^2) + ks^2/2$$

$$= \frac{1}{2}m\dot{s}^2 - \frac{1}{2}ms^2\omega^2 + ks^2/2$$

si mantiene costante ed è un integrale del moto. Tuttavia, questa quantità *non* coincide con l'energia meccanica $E = T - U$ del sistema, che d'altra parte *non* è costante poiché la reazione vincolare dovuta alla guida mobile esercita una potenza effettiva diversa da zero.

Da un esame più attento si può osservare che $\mathcal{H}$ corrisponde invece all'energia meccanica $E_{\text{rel}} = T_{\text{rel}} - U_{\text{rel}}$ misurata nel sistema di riferimento ruotante con la guida. La quantità $m\dot{s}^2/2$ è l'energia cinetica relativa, mentre $ms^2\omega^2/2$ e $-ks^2/2$ sono, rispettivamente, i potenziali della forza centrifuga e della forza elastica. In effetti, per l'osservatore *ruotante* il sistema è a vincoli ideal bilateri e fissi con forza attiva conservativa, e soddisfa quindi i requisiti del teorema di conservazione dell'energia (si veda il Teorema 11.20). $\square$

L'importanza e l'utilità delle equazioni di Lagrange può essere verificata da almeno due punti di vista. In primo luogo esse forniscono un metodo in sostanza "automatico" (una volta che si sia scritta la Lagrangiana in modo corretto) per la deduzione delle equazioni pure di moto, senza passare per la determinazione di reazioni vincolari e senza dover spezzare il sistema nelle sue componenti. Questa proprietà è comune anche al Principio dei Lavori Virtuali, con il quale le Equazioni di Lagrange hanno infatti una stretta relazione concettuale.

Vogliamo però ora mettere in evidenza un secondo aspetto: la presenza di integrali primi del moto, sotto forma di integrali dei momenti cinetici, può essere a volte rivelata dalla forma della Lagrangiana, anche quando la quantità conservata non sia evidente da un esame diretto del sistema.

Esistono certamente molte situazioni nelle quali è presente un integrale primo associato a un momento cinetico, conseguenza della non dipendenza della Lagrangiana da una certa coordinata libera. Spesso, però, si dimostra poi che questo momento cinetico conservato è banalmente interpretabile come una componente di una quantità meccanica che già sapevamo avesse una valore costante, alla luce di una semplice analisi preliminare del sistema. Nell'esempio che segue, invece, è presente un integrale del moto che, pur essendo facilmente deducibile dalla Lagrangiana, non è banalmente anticipabile in via preliminare.

Esempio 14.19 Nella Fig. 14.3 è rappresentato un disco omogeneo di raggio r e massa m che, in un piano verticale, è vincolato a rotolare senza strisciare su di una

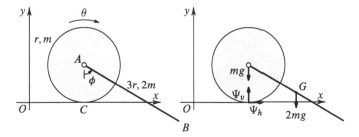

Figura 14.3 Equazioni di Lagrange e conservazione di un momento cinetico

guida fissa orizzontale. Al centro A è incernierata un'asta AB di lunghezza $3r$ e massa $2m$. L'angolo di rotazione del disco è indicato con θ mentre ϕ, come si vede in figura, è l'angolo formato dall'asta con la direzione verticale.

Il sistema al tempo iniziale si trova in quiete con $\phi = \pi/3$ e ci domandiamo se sia possibile determinarne l'atto di moto quando l'asta assumerà la configurazione verticale, con $\phi = 0$. La coppia di angoli (θ, ϕ) costituisce un sistema di coordinate libere e in funzione di esse e delle loro derivate potremo scrivere le principali quantità meccaniche. Sappiamo che un problema di questo tipo è in generale risolubile con relativa facilità una volta che si siano individuati due integrali primi del moto.

Poiché i vincoli sono perfetti e fissi e le forze attive (i soli pesi) conservative, possiamo anticipare fin d'ora che varrà l'integrale dell'energia: $T - U = $ cost. Quanto a un secondo integrale primo si potrebbe pensare a $Q_x = $ cost. ma questo sarebbe *errato* poiché, come evidenziato nel secondo disegno della Fig. 14.3, esiste una componente orizzontale della reazione vincolare della guida sul disco (a causa del vincolo di rotolamento senza strisciamento) e quindi *non* è vero che sia $R_x^{\text{est}} = 0$. Sebbene a priori non si veda se sia presente un secondo integrale del moto scriviamo in ogni caso la Lagrangiana del sistema.

La velocità di G è calcolabile a partire dalle sue coordinate

$$x_G = r\theta + 3r/2\sin\phi + \text{cost.} \qquad \dot{x}_G = r\dot{\theta} + 3r/2\dot{\phi}\cos\phi$$
$$y_G = r - 3r/2\cos\phi \qquad \Rightarrow \qquad \dot{y}_G = 3r/2\dot{\phi}\sin\phi$$

e quindi, alla luce del Teorema di König, l'energia cinetica dell'asta è data da

$$T^{\text{asta}} = \frac{1}{2}2m(\dot{x}_G^2 + \dot{y}_G^2) + \frac{1}{2}I_{z,G}\dot{\phi}^2 = \frac{1}{2}2m(\dot{x}_G^2 + \dot{y}_G^2) + \frac{1}{2}\frac{2m(3r)^2}{12}\dot{\phi}^2$$
$$= \frac{7}{4}mr^2\dot{\theta}^2 + 3mr^2\dot{\phi}^2 + 3mr^2\dot{\phi}\dot{\theta}\cos\phi.$$

L'energia cinetica del disco si deduce da

$$T^{\text{disco}} = \frac{1}{2}I_{z,C}\dot{\theta}^2 = \frac{1}{2}\frac{3mr^2}{2}\dot{\theta}^2 = \frac{3}{4}mr^2\dot{\theta}^2$$

e il potenziale dei pesi si riduce a

$$U = -2mg\,y_G + \text{cost.} = 3mgr\cos\phi + \text{cost.}$$

In definitiva, la Lagrangiana $\mathcal{L} = T + U$ è

$$\mathcal{L} = \frac{7}{4}mr^2\dot\theta^2 + 3mr^2\dot\phi^2 + 3mr^2\dot\phi\dot\theta\cos\phi + 3mgr\cos\phi.$$

Osserviamo subito che la funzione $\mathcal{L}$ *non* dipende dal tempo in modo esplicito (ma questo era prevedibile), e questo è coerente con la validità della conservazione dell'energia, ma soprattutto è *indipendente* dalla coordinata libera θ, e questo è più interessante. Ciò significa che vale un integrale dei momenti cinetici:

$$\frac{\partial\mathcal{L}}{\partial\theta} = 0 \quad \Rightarrow \quad \frac{d}{dt}\frac{\partial\mathcal{L}}{\partial\dot\theta} = 0 \quad \Leftrightarrow \quad \frac{\partial\mathcal{L}}{\partial\dot\theta} = \text{cost.}$$

Calcoliamo la derivata di $\mathcal{L}$ rispetto a $\dot\theta$ e otteniamo

$$\frac{7}{2}mr^2\dot\theta + 3mr^2\dot\phi\cos\phi = 0 \tag{14.33}$$

dove la costante al secondo membro è stata posta uguale a zero poiché all'istante iniziale $\dot\phi = \dot\theta = 0$. Osserviamo che

$$Q_x^{\text{tot}} = 3mr\dot\theta + 3mr\dot\phi\cos\phi$$

e perciò, come avevamo anticipato, *non* è la quantità Q_x quella che si conserva.

Nell'equazione (14.33) possiamo moltiplicare per due e semplificare mr^2 deducendo un legame fra $\dot\theta$ e $\dot\phi$

$$7\dot\theta + 6\dot\phi\cos\phi = 0$$

che per $\phi_f = 0$ si trasforma in

$$7\dot\theta_f + 6\dot\phi_f = 0 \quad \Leftrightarrow \quad \dot\phi_f = -\frac{7}{6}\dot\theta_f \tag{14.34}$$

Inoltre

$$7\dot\theta + 6\dot\phi\cos\phi = 0 \quad \Leftrightarrow \quad \frac{d}{dt}[7\theta + 6\sin\phi] = 0$$

e quindi

$$7\theta + 6\sin\phi = \text{cost.}$$

Inserendo i valori iniziali e finali di θ e ϕ abbiamo

$$7\theta_0 + 6\sin\phi_0 = 7\theta_f + 6\sin\phi_f \quad \Leftrightarrow \quad 7(\theta_f - \theta_0) = 3\sqrt{3}$$

e da qui deduciamo che la variazione dell'angolo di rotazione θ nel passaggio dalla prima alla seconda configurazione è

$$\Delta\theta = \frac{3\sqrt{3}}{7}.$$

L'energia meccanica complessiva del sistema è invece data da

$$T - U = \frac{7}{4}mr^2\dot{\theta}^2 + 3mr^2\dot{\phi}^2 + 3mr^2\dot{\phi}\dot{\theta}\cos\phi - 3mgr\cos\phi$$

e la relazione $T_f - U_f = T_0 - U_0$ si riscrive come

$$\frac{7}{4}mr^2\dot{\theta}_f^2 + 3mr^2\dot{\phi}_f^2 + 3mr^2\dot{\phi}_f\dot{\theta}_f - 3mgr = -\frac{3}{2}mgr$$

(sappiamo che $\phi_0 = \pi/3$, $\phi_f = 0$). Sostituendo qui il valore di $\dot{\phi}_f$ trovato nella (14.34) dopo alcuni calcoli si ottiene

$$\dot{\theta}_f^2 = \frac{9g}{14r}.$$

Il momento cinetico coniugato alla coordinata libera θ è quindi l'integrale del moto la cui esistenza, in un certo senso, non potevamo subito prevedere, in quanto non coincide con una delle solite quantità meccaniche. È notevole il fatto che la Lagrangiana abbia segnalato in modo immediato la presenza di questa notevole proprietà del sistema, che ha permesso di determinare $\dot{\phi}_f$ e $\dot{\theta}_f$.

Possiamo però domandarci se, a posteriori, siamo in grado di dare un significato più esplicito all'integrale del moto inaspettatamente trovato. Questo è possibile, e non troppo complicato. Indichiamo con Φ_h la componente orizzontale, verso destra, della forza esercitata in A dall'asta sul centro del disco. La seconda equazione cardinale della dinamica per il disco, scritta con polo in C, diventa

$$\frac{d}{dt}[K_C^z] = \frac{d}{dt}[I_{z,C}\dot{\theta}] = \frac{d}{dt}\left[\frac{3mr^2}{2}\dot{\theta}\right] = r\Phi_h.$$

D'altra parte, la prima equazione cardinale per l'asta secondo la direzione orizzontale dice che

$$\frac{d}{dt}Q_x^{\text{asta}} = \frac{d}{dt}2m[r\dot{\theta} + 3r/2\dot{\phi}\cos\phi] = -\Phi_h$$

dove il segno meno al secondo membro è dovuto al principio di azione e reazione. Dal confronto fra queste due equazioni deduciamo che

$$r\frac{d}{dt}Q_x^{\text{asta}} + \frac{d}{dt}[K_C^z] = 0$$

e quindi

$$\frac{d}{dt}[rQ_x^{\text{asta}} + K_C^z] = 0.$$

La quantità conservata è perciò identificabile con

$$rQ_x^{\text{asta}} + K_C^z,$$

che infatti coincide con la (14.33). $\square$

14.5   Spazio degli stati e delle orbite

Nel Cap. 4, dedicato ai vincoli, abbiamo visto come la configurazione di un sistema sia assegnata in modo univoco a partire dalle coordinate libere $\mathsf{q} = (q_1, q_2, \ldots, q_N)$, che possono variare in una regione di $\mathbb{R}^N$. Poiché la velocità di un generico punto si esprime attraverso la relazione (4.21) è immediato osservare che se a un dato istante sono note sia le $\mathsf{q} = (q_1, q_2, \ldots, q_N)$ che le loro derivate $\dot{\mathsf{q}} = (\dot{q}_1, \dot{q}_2, \ldots, \dot{q}_N)$ possiamo conoscere sia la *configurazione* che l'*atto di moto* del sistema. Per questo motivo appare naturale pensare a uno spazio di dimensione $2N$ (il doppio del numero delle coordinate libere), detto *spazio degli stati*, le cui coordinate siano le q e le $\dot{\mathsf{q}}$, di modo che a ogni suo punto corrisponda uno *stato* del sistema, intendendo con questo l'insieme di *configurazione* e *atto di moto*.

È ovviamente possibile rappresentare graficamente lo spazio degli stati solo per sistemi dotati di una sola coordinata libera, nel qual caso la sua dimensione è pari a due, con coordinate date dalla coppia di valori $(q, \dot{q})$, ma le considerazioni che seguiranno avranno però un valore più generale.

In quel che segue per semplicità supporremo di avere a che fare con un sistema soggetto a vincoli ideali fissi e forze attive che non dipendono dal tempo, di modo che anche l'associato sistema di equazioni differenziali di moto del second'ordine, dedotto per mezzo delle equazioni di Lagrange, non contenga esplicitamente la variabile temporale.

Assegnato uno stato $(\mathsf{q}_0, \dot{\mathsf{q}}_0)$ dal Teorema 14.7 segue che esiste un solo moto del sistema $\mathsf{q}(t)$ e quindi una sola coppia di funzioni $(\mathsf{q}(t), \dot{\mathsf{q}}(t))$ tale che $(\mathsf{q}(0), \dot{\mathsf{q}}(0)) = (\mathsf{q}_0, \dot{\mathsf{q}}_0)$. Questa coppia di funzioni $(\mathsf{q}(t), \dot{\mathsf{q}}(t))$ traccia una curva nello spazio degli stati, che è detta *orbita*.

Si osservi che, poiché le equazioni di moto non dipendono esplicitamente dal tempo, se $(\tilde{\mathsf{q}}(t), \dot{\tilde{\mathsf{q}}}(t))$ è una diversa soluzione che transita dallo stato $(\mathsf{q}_0, \dot{\mathsf{q}}_0)$ all'istante τ generico allora sarà $(\tilde{\mathsf{q}}(t), \dot{\tilde{\mathsf{q}}}(t)) = (\mathsf{q}(t - \tau), \dot{\mathsf{q}}(t - \tau))$. In sostanza, quindi, da *ogni* punto dello spazio degli stati transita *una unica* orbita.

Figura 14.4 Lo spazio degli
stati e delle orbite

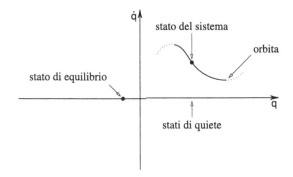

Nella Fig. 14.4 è rappresentato uno spazio degli stati dove si vede un'orbita che transita da uno stato generico evidenziato da un punto. Si osservi che i punti $(q, 0)$ (nella figura quelli che si trovano sul sottospazio "orizzontale") corrispondono a *stati di quiete*, poiché se le $\dot{q}$ sono nulle lo sarà di conseguenza anche l'atto di moto del sistema. Fra questi stati di quiete si trovano gli *stati di equilibrio*, che hanno la particolarità di avere l'orbita che nasce da essi ridotta a un punto: ogni "moto" che inizi da uno stato di equilibrio $(q_0, 0)$ resta in quello stato: $(q(t), \dot{q}(t)) = (q_0, 0)$ per ogni istante di tempo.

Il ruolo degli integrali di moto (se ne esistono) è di grande importanza. Per un integrale di moto $I(q, \dot{q})$ vale la proprietà

$$I(q(t), \dot{q}(t)) = I_0$$

dove I_0 è il valore assunto da $I(q, \dot{q})$ in un istante generico, e quindi si deduce che un integrale di moto definisce implicitamente nello spazio degli stati una ipersuperficie (di dimensione $2N - 1$) sulla quale devono rimanere le orbite. Possiamo anche dire che le orbite appartengono alle superfici di livello dell'integrale di moto I: su *ogni orbita* il valore dell'integrale di moto I si mantiene *costante*.

Osservazione 14.20 Nel caso strettamente bidimensionale (sistemi con una sola coordinata libera q), come suggerito dalla Fig. 14.4, gli stati nella parte superiore del piano corrispondono a valori $\dot{q} > 0$ e quindi un'orbita che transita lì deve avere la coordinata q crescente al variare del tempo e quindi un verso di percorrenza orientato a destra. Similmente, quando le orbite transitano nella parte inferiore del piano il verso di percorrenza dovrà essere orientato verso sinistra (q decrescente). Questa osservazione è di più difficile estensione al caso di sistemi con più di una coordinata libera.   □

Esempio 14.21 È istruttivo costruire un esempio di spazio degli stati, per verificarne l'utilità come potente strumento che permette la visualizzazione e soprattutto l'analisi qualitativa dei moti possibili per il sistema. Consideriamo un'asta pesante incernierata in un estremo a punto fisso, come illustrato nella Fig. 14.5. Qui lo spazio degli stati è perciò bidimensionale, con coordinate $(q, \dot{q}) = (\theta, \dot{\theta})$.

Figura 14.5 Un'asta omogenea con un estremo fisso
in O

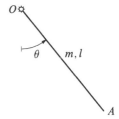

Una prima osservazione è legata alla naturale periodicità del sistema rispetto alla coordinata libera θ: lo stato $(\theta, \dot{\theta})$ coincide con lo stato $(\theta + 2\pi, \dot{\theta})$ e per questo motivo è sufficiente rappresentare lo spazio degli stati nella fascia $-\pi \le \theta \le \pi$, come si vede nella Fig. 14.6. Questo suggerisce che il modo più appropriato di descrivere gli stati del sistema sia quello di usare un cilindro circolare di altezza infinita, in cui l'angolo al centro della circonferenza di base corrisponderebbe alla coordinata libera θ mentre l'ordinata di un punto generico verrebbe associata a $\dot{\theta}$. Questo è un fatto di valenza più generale, che supera questo esempio: la geometria dello spazio delle configurazioni e dello spazio degli stati appropriati per un sistema può in generale essere quella di una ipersuperficie (una varietà differenziale, per usare una espressione più tecnica) e non semplicemente quella di uno spazio piano. Queste considerazioni, che avrebbero potuto essere già svolte nel Cap. 4, introducono argomenti più complessi che in questa trattazione non approfondiamo. In definitiva, ci limitiamo a tener presente questa ovvia periodicità nella lettura della Fig. 14.6, senza ulteriori commenti.

È facile calcolare T, V e l'energia meccanica $E = T + V$ come

$$E(\theta, \dot{\theta}) = \frac{1}{6}ml^2\dot{\theta}^2 - mgl/2\cos\theta \qquad (14.35)$$

e perciò esprimere la sua conservazione nella forma

$$\frac{1}{6}ml^2\dot{\theta}^2 - mgl/2\cos\theta = E_0$$

dove

$$E_0 = \frac{1}{6}ml^2\dot{\theta}_0^2 - mgl/2\cos\theta_0$$

con $(\theta_0, \dot{\theta}_0)$ lo stato inziale. Le orbite percorse dagli stati di questo sistema sono perciò descrivibili come curve di livello (orientate) della funzione $E(\theta, \dot{\theta})$ definita dalla (14.35), nel piano $(\theta, \dot{\theta})$.

Si osservi che il valore dell'energia meccanica è necessariamente maggiore o uguale a $-mgl/2$, e che esistono due stati di equilibrio: $(\theta, \dot{\theta}) = (0,0)$ (asta in posizione verticale discendente), e $(\theta, \dot{\theta}) = (\pm\pi, 0)$ (asta in posizione verticale ascendente). L'energia meccanica associata a questi stati è rispettivamente $E = -mgl/2$ (il suo valore minimo) e $E = mgl/2$ e le orbite che nascono da essi si riducono a un punto.

Figura 14.6 Le orbite associate al moto dell'asta della
Fig. 14.5

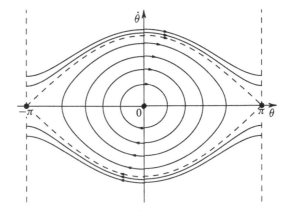

Con una facile manipolazione possiamo riscrivere la conservazione dell'energia
come

$$\dot{\theta}^2 = \frac{3g}{l} \cos\theta + \frac{6E_0}{ml^2}$$

e dedurre (in questo semplice caso) l'espressione analitica delle orbite, delle quali è data una rapprsentazione esatta nella Fig. 14.6. Da uno studio qualitativo più
articolato (del quale omettiamo i dettagli) si possono trarre alcune conclusioni:

- Per ogni valore di θ esistono due valori opposti di $\dot{\theta}$ che corrispondono a stati
  simmetrici rispetto all'asse θ.
- Non tutte le orbite transitano da uno stato di quiete. Nella Fig. 14.6 si vede che
  le orbite con energia meccanica superiore a $E_0 = mgl/2$ non transitano da stati di quiete (la derivata $\dot{\theta}$ non si annulla mai) e sono rappresentate nella parte
  superiore e inferiore della Fig. 14.6, con i loro versi di percorrenza. Queste orbite descrivono moti durante i quali, per effetto di una energia sufficientemente
  grande, l'asta compie rotazioni complete intorno a O, senza mai annullare la sua
  velocità angolare.
- Le orbite con energia strettamente compresa fra $-mgl/2$ e $mgl/2$ percorrono
  invece cammini chiusi intorno allo stato di equilibrio $(\theta, \dot{\theta}) = (0, 0)$ e corrispondono a oscillazioni dell'asta durante le quali l'angolo θ raggiunge un valore
  massimo $\bar{\theta} > 0$ e un valore minimo $-\bar{\theta} < 0$ in corrispondenza a quali $\dot{\theta}$ si annulla
  (si tratta di moti oscillatori).
- Nella Fig. 14.6 sono anche evidenziate con un tratteggio due orbite, dette *separatrici*, che sembrano nascere e concludersi nello stato di equilibrio $(\pm\pi, 0)$,
  separando le orbite di diverso comportamento, descritte nei due punti precedenti.
  Apparentemente si potrebbe pensare che in questo caso venga a cadere l'unicità, ma questo non è vero. Da un'analisi più approfondita si può dedurre che il
  tempo impiegato dall'asta per raggiungere la configurazione $\theta = \pm\pi$ è infinito,
  e quindi le orbite separatrici descrivono moti che tendono asintoticamente alla
  configurazione di equilibrio verticale ascendente, senza raggiungerla mai.

Un'ulteriore osservazione riguarda lo stato di equilibrio $(\theta, \dot{\theta}) = (0, 0)$ (l'origine del piano nella Fig. 14.6): le orbite che partono da uno stato iniziale prossimo ad esso rimangono prossime. In altre parole, dato un "rettangolo" arbitrariamente piccolo B centrato in $(0, 0)$ è possibile trovarne un altro tale che ogni orbita che nasca da uno stato che si trovi in quets'ultimo resta comunque confinata in B. Questa proprietà esprime l'idea di *stabilità* dello configurazione corrispondente allo stato di equilibrio $(0, 0)$.

Lo stesso non si può dire dello stato di equilibrio $(\pm\pi, 0)$. Osserviamo infatti nella Fig. 14.6 che per quanto un orbita transiti nelle vicinanze di questo stato se ne allontana poi decisamente, e ciò caratterizza l'*instabilità* della corrispondente configurazione di equilibrio.

La proprietà che distingue essenzialmente le due configurazioni di equilibrio è che il primo (quello stabile) è un *minimo* per il valore dell'energia potenziale mentre l'altro (instabile) corrisponde a un suo *massimo*.

Come vedremo più avanti, questa osservazione non è casuale e può essere sviluppata e ampliata attraverso un insieme di teoremi.   □

14.6 Stabilità dell'equilibrio

Definizione 14.22 (Stabilità alla Liapunov) *Consideriamo un sistema di n punti materiali. Una sua configurazione di equilibrio* $C^\circ = \left(P_1^\circ, \ldots, P_n^\circ \right)$ *si dice* stabile *secondo Liapunov se per ogni* $\varepsilon, \varepsilon' > 0$ *esistono* $\delta, \delta' > 0$ *(dipendenti sia da ε che da ε') tali che*

$$\left.\begin{array}{ll} \left| P_i^\circ P_i(t_0) \right| < \delta & \forall i \\ \left| \mathbf{v}_i(t_0) \right| < \delta' & \forall i \end{array}\right\} \implies \left\{\begin{array}{ll} \left| P_i^\circ P_i(t) \right| < \varepsilon & \forall i , \ \forall t \geq t_0 \\ \left| \mathbf{v}_i(t) \right| < \varepsilon' & \forall i, \ \forall t \geq t_0. \end{array}\right. \tag{14.36}$$

La definizione (14.36) assegna quindi l'etichetta *stabile* a quelle configurazioni di equilibrio per le quali sia possibile effettuare la seguente procedura. Si scelgano a piacere una massima distanza ε dalla configurazione di equilibrio e una massima velocità ε' dei punti materiali. Una volta scelti ε e ε', si vuole che sia possibile determinare un δ e un δ' (non nulli) con la seguente proprietà: *tutti* i moti che partono a distanze minori di δ da C° e con velocità minori di δ' rimarranno per sempre confinati entro una distanza ε e la loro velocità sarà per sempre limitata da ε'. È particolarmente importante segnalare che la definizione di stabilità alla Liapunov garantisce il confinamento non solo delle posizioni, ma anche delle velocità.

14.6.1 Teorema di stabilità di Dirichlet-Lagrange

Dedicheremo il presente paragrafo alla dimostrazione e all'analisi di un fondamentale teorema che riguarda la stabilità alla Liapunov per le configurazioni di equilibrio che corrispondono ai massimi locali del potenziale U o, equivalentemente, a minimi locali dell'energia potenziale $V = -U$. Per motivi di maggiore naturalezza nella sua presentazione e discussione formuleremo questo risultato proprio utilizzando l'energia potenziale V.

Teorema 14.23 (Dirichlet-Lagrange) *Consideriamo un sistema olonomo e conservativo a vincoli fissi, dotato di energia potenziale $V = -U$ che sia funzione continua delle posizioni. Sia inoltre $\mathsf{q}°$ una configurazione di equilibrio del sistema. Se $\mathsf{q}°$ è minimo relativo isolato di V (cioè un massimo relativo isolato dell'energia potenziale $U = -V$) allora $\mathsf{q}°$ è stabile secondo Liapunov.*

Dimostrazione   Iniziamo notando che basta aggiungere o sottrarre una costante all'energia potenziale per poter assumere che il suo valore sia nullo nella configurazione di equilibrio: $V(\mathsf{q}°) = 0$.

Se $C°$ è un punto di minimo relativo isolato dell'energia potenziale, significa che esisterà una regione di configurazioni attorno a $C°$ in cui l'energia potenziale sarà strettamente positiva. In formule, esisterà un $\gamma > 0$ tale che $V(\mathsf{q}) > 0$ se $0 < |\mathsf{q} - \mathsf{q}°| \leq \gamma$. D'altra parte, l'energia cinetica è strettamente maggiore di zero su ogni atto di moto in cui qualche velocità sia non nulla.

Mettendo insieme le precedenti osservazioni riguardanti T e V, si deduce che l'energia meccanica $E = T + V$ assumerà il suo minimo assoluto (pari a 0) nell'atto di moto di equilibrio $\mathcal{A}° = \{\mathsf{q}°, \mathbf{0}\}$, e sarà strettamente positiva in qualunque altro atto di moto (vuoi perché sarà positiva l'energia cinetica, vuoi perché sarà positiva l'energia potenziale, o per entrambe le ragioni).

Assegnati ora $\varepsilon, \varepsilon' > 0$, supponiamo che sia $\varepsilon \leq \gamma^2$. Sia B_ε l'insieme, illustrato nella Fig. 14.7, formato da tutti gli atti di moto tali che $|\mathsf{q} - \mathsf{q}°| \leq \varepsilon$ e $|\dot{\mathsf{q}}| \leq \varepsilon'$. La frontiera di B_ε, che indicheremo con ∂B_ε, è l'insieme di atti di moto in cui la distanza dalla configurazione di equilibrio è esattamente ε, e/o il modulo delle velocità vale esattamente ε'. In Fig. 14.7, ∂B_ε è il bordo della regione colorata in grigio chiaro. Tale insieme è chiuso e limitato (e quindi compatto).

Per il Teorema di Weierstrass, l'energia meccanica, che è differenza di funzioni continue e quindi continua, assumerà un valore massimo E^* ed uno minimo E_* su questo insieme. In particolare, il valore minimo E_* sarà strettamente positivo, poiché E si annulla solo nell'atto di moto di equilibrio $\mathcal{A}°$. Essendo poi $E(\mathcal{A}°) = 0$, ed E una funzione continua, esisterà un intorno rettangolare di $\mathcal{A}°$ (di lati δ, δ' e colorato di grigio scuro in Fig. 14.7) tale che tutti gli atti di moto di quest'intorno avranno energia strettamente minore di E_*. Nessuno dei moti che iniziano da questo intorno potrà uscire dall'intorno rettangolare di lati $\varepsilon, \varepsilon'$, poiché per farlo l'energia (che è un integrale del moto) dovrebbe aumentare. $\square$

---

[2] Se fosse $\varepsilon > \gamma$, basta proseguire la dimostrazione sostituendo ovunque ε con γ: il risultato produrrà un moto confinato entro la regione di ampiezza γ e quindi a maggior ragione confinato entro la regione di ampiezza ε.

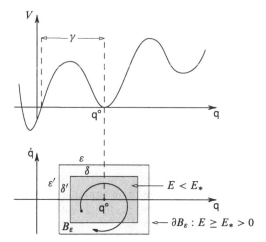

Figura 14.7 Il grafico superiore mostra un esempio di energia potenziale che possiede un minimo relativo isolato nella posizione $q°$. La figura inferiore illustra la procedura della dimostrazione del presente Teorema. Fissati $\varepsilon, \varepsilon'$ si identifica $E_* > 0$, il minimo valore dell'energia meccanica sul bordo della regione colorata in grigio chiaro. Successivamente si identifica la regione grigio-scura, caratterizzata dal fatto che l'energia meccanica in tutti i suoi punti è strettamente minore di E_*. In questo modo è possibile affermare che ogni moto che inizia nella regione scura non possiede abbastanza energia per uscire dalla regione chiara

Definizione 14.24 (Forze attive dissipative) *Un sistema di forze attive si dice* dissipativo *quando la potenza effettiva esplicata da esso è sempre non positiva. In un sistema olonomo, un sistema di forze attive di componenti lagrangiane* $Q(q, \dot{q}) = \{Q_1, \ldots, Q_N\}$ *è quindi dissipativo quando vale la relazione (vedi (7.46))*

$$\Pi = Q \cdot \dot{q} = \sum_{k=1}^{N} Q_k(q, \dot{q}) \, \dot{q}_k \leq 0 \qquad \forall \dot{q}. \tag{14.37}$$

Il sistema di forze attive si dice essere completamente dissipativo *se nella (14.37) l'uguaglianza si realizza se* e solo se *tutte le velocità sono nulle.*

In altre parole, le forze attive dissipative non sono in grado di aumentare l'energia meccanica del sistema, ma possono lasciarla invariata. Invece, le forze attive completamente dissipative diminuiscono l'energia meccanica del sistema non appena qualche sua parte si mette in movimento.

Il Teorema di Dirichlet-Lagrange (senza bisogno di ritoccare la dimostrazione in alcuna sua parte) rimane valido anche nel caso che sul sistema olonomo considerato agiscano anche forze non conservative, purché queste siano dissipative, e cioè non aumentino l'energia. Se, inoltre, le forze attive non conservative risultano essere completamente dissipative, si può dimostrare che il moto non solo rimane confinato vicino alla configurazione di equilibrio, ma tende ad essa per $t \to \infty$ (in questo caso di parla di *stabilità asintotica*).

Osservazione 14.25 Analizzando con attenzione la dimostrazione del Teorema di Dirichlet-Lagrange è anche possibile indebolire l'ipotesi di massimo relativo *isolato*, fatta sulla configurazione di equilibrio la cui stabilità si vuole garantire. Infatti, la stessa dimostrazione si potrebbe applicare anche nel caso che $q°$ fosse punto di accumulazione di altri massimi relativi, purché la seguente condizione rimanga vera:

> *Per ogni $\varepsilon > 0$ esiste una superficie chiusa S_ε, che racchiude $q°$ e i cui punti giacciono tutti a distanza minore o uguale a ε da $q°$, tale che $U\big|_{S_\varepsilon} < U(q°)$.* □

Esempio 14.26 Analizziamo un caso (non troppo artificiale) di punto che soddisfa la condizione della precedente Osservazione, senza essere un massimo relativo isolato. Consideriamo la funzione definita come segue: $g(x) = -x^2 \sin^2(1/x)$ per ogni $x \neq 0$, e $g(0) = 0$. È evidente dalla definizione che $g(x) \leq 0$ per ogni x. Di conseguenza, l'origine $x = 0$ è un punto di massimo assoluto, e in particolare relativo, di g. Inoltre, esso non è isolato, in quanto $x = 0$ è punto di accumulazione dei punti del tipo $x_k = 1/(k\pi)$, con $k \in \mathbb{N}$, che sono tutti zeri di $g(x)$. Infine, qualunque sia $\varepsilon > 0$ è possibile racchiudere l'origine in una superficie S_ε (che, considerando funzioni di una sola variabile, è sostituita da due punti, uno a sinistra e uno a destra di $x = 0$, e distanti da questo meno di ε) nella quale la funzione assume valori strettamente negativi. Tali punti possono essere cercati tra i punti della forma $x'_k = 1/\left(\frac{\pi}{2} + k\pi\right)$, che possono essere trovati a distanza arbitrariamente piccola da $x = 0$ e hanno tutti valori negativi di g. □

Sottolineiamo infine che Il Teorema di Dirichlet-Lagrange dimostra che nei sistemi conservativi la definizione di stabilità *dinamica* (alla Liapunov) è coerente con la definizione di stabilità *statica* fornita nel §9.9, nel senso che ambedue le definizioni forniscono le stesse configurazioni stabili. Le differenze tra le due definizioni si palesano principalmente nei sistemi sottoposti a forze dipendenti anche dalle velocità.

14.6.2 Criteri di instabilità

Il Teorema di Dirichlet-Lagrange etichetta come *stabili* i massimi relativi isolati dei potenziali dei sistemi olonomi conservativi. Nulla dice, però, riguardo alla stabilità o instabilità dei minimi o dei punti stazionari che non sono né massimi né minimi. Questo problema, noto sotto il nome di *Inversione del Teorema di stabilità di Dirichlet-Lagrange*, è estremamente complicato. In questo paragrafo passeremo in rassegna un certo numero di criteri di instabilità, che servono per garantire l'instabilità alla Liapunov di un buon numero di configurazioni di equilibrio che non soddisfano le ipotesi del Teorema di Dirichlet. Alla fine, e pur considerando tutti i criteri insieme, rimangono comunque delle configurazioni di equilibrio la cui stabilità non è valutabile a priori e deve essere analizzata caso per caso.

Teorema 14.27 (Criterio di instabilità di Liapunov) *Sia* q° *una configurazione di equilibrio di un sistema olonomo a vincoli fissi, su cui agiscano delle forze attive conservative, il cui potenziale U sia almeno due volte differenziabile con continuità in un intorno della configurazione di equilibrio. Se l'Hessiano del potenziale, calcolato in* q°*, possiede almeno un autovalore positivo, allora la configurazione di equilibrio* q° *è instabile secondo Liapunov.*

Non forniremo direttamente la dimostrazione di questo criterio di instabilità, come neanche dei successivi. In ogni caso, la dimostrazione di questo criterio si può dedurre dall'analisi del moto vicino a una posizione di equilibrio che realizzeremo in §14.8. Torneremo allora su questo punto.

Il Criterio di instabilità di Liapunov si applica a potenziali di cui si può calcolare l'Hessiano. In tale situazione, possono presentarsi i seguenti casi, riguardanti i segni dei suoi autovalori.

- Tutti gli autovalori sono negativi. In tal caso siamo certi che il punto di equilibrio è un massimo relativo isolato del potenziale, e il Teorema di Dirichlet-Lagrange garantisce che è stabile.
- Esiste almeno un autovalore positivo. Il Criterio di Liapunov garantisce l'instabilità.
- Rimangono indeterminati i casi in cui si annulla almeno uno degli autovalori dell'Hessiano (ma eventualmente anche tutti), e i rimanenti sono negativi.

Nei casi particolari in cui il sistema olonomo considerato possieda uno o due gradi di libertà, il Criterio di Liapunov può essere migliorato come segue.

- In sistemi olonomi conservativi con un grado di libertà è possibile dimostrare (vedi §14.7) che è instabile qualunque posizione di equilibrio $q°$ che soddisfi la seguente richiesta.
  Esiste un intorno destro e/o sinistro di $q°$ su cui il potenziale assume valori non inferiori a $U(q°)$.
  In altre parole, mentre il Teorema di Dirichlet-Lagrange garantisce la stabilità dei massimi isolati del potenziale, questa proprietà garantisce l'instabilità dei minimi, dei flessi a tangente orizzontale, ma anche dei massimi *piatti*, quelli cioè vicino ai quali il potenziale è costante.
- Per i sistemi a due gradi di libertà, Painlevé ha dimostrato l'instabilità delle configurazioni di equilibrio che non siano massimi del potenziale (supposto funzione analitica[2] in un intorno del punto di equilibrio), anche nel caso in cui un autovalore dell'Hessiano sia negativo e l'altro sia nullo.

Esistono molteplici criteri che coprono alcuni dei casi rimasti dubbi dopo l'applicazione del Teorema di Dirichlet-Lagrange e il Criterio di instabilità di Liapunov. Ne elenchiamo due di seguito.

---

[2] Una funzione reale si dice *analitica* in un dominio aperto se in ogni punto del dominio ammette serie di Taylor, e coincide con tale serie in un intorno di raggio non nullo.

Teorema 14.28 (Criterio di instabilità di Chetaev) *Sia* q° *una configurazione di equilibrio di un sistema olonomo a vincoli fissi, su cui agiscano delle forze attive conservative di potenziale U. Se il potenziale è una funzione* omogenea *di grado* $\lambda > 1$ *in* (q − q°) *e la configurazione di equilibrio* q° *non è un massimo di U, allora* q° *è instabile secondo Liapunov.*

Ricordiamo che la definizione di funzione omogenea è stata data nella Definizione 14.16 in §14.4.2. Il Criterio di instabilità di Chetaev si applica solo a potenziali omogenei. In compenso, per potenziali di quella forma fornisce la risposta al problema della stabilità anche nei casi in cui il Criterio di instabilità di Liapunov non è applicabile.

Teorema 14.29 (Criterio di instabilità di Hagedorn-Taliaferro) *Sia* q° *una configurazione di equilibrio di un sistema olonomo a vincoli fissi, su cui agiscano forze attive conservative di potenziale U. Se il potenziale è differenziabile con continuità almeno una volta e la configurazione di equilibrio* q° *è un minimo relativo di U, allora* q° *è instabile secondo Liapunov.*

Il Criterio di instabilità di Hagedorn-Taliaferro si può applicare solo a quelle configurazioni di equilibrio in cui il potenziale abbia un minimo relativo (isolato o meno). In compenso, non richiede particolari forme funzionali per U, né richiede l'esistenza di autovalori positivi nell'Hessiano.

14.7 Stabilità di sistemi con un grado di libertà

In §10.3 abbiamo derivato diverse proprietà qualitative dei moti di sistemi conservativi con un grado di libertà. Completiamo ora quell'analisi studiando la stabilità alla Liapunov delle configurazioni di equilibrio di questi sistemi.

Consideriamo un sistema olonomo, con vincoli fissi e un unico grado di libertà, sottoposto a una sollecitazione attiva conservativa. Sia q la coordinata libera del sistema. Il Teorema di stazionarietà del potenziale (vedi §9.8.3) garantisce che le configurazioni di equilibrio del sistema provengono dai punti stazionari del potenziale $U(q)$. Se $q°$ è una configurazione di equilibrio, avremo quindi

$$U'(q°) = 0. \tag{14.38}$$

Il punto $q°$ può corrispondere a un massimo, un minimo, o un flesso (a tangente orizzontale) del potenziale. Dimostreremo in seguito che il primo caso corrisponde a una configurazione di equilibrio stabile secondo Liapunov, mentre i minimi e i flessi del potenziale caratterizzano le posizioni di equilibrio instabili. Osserviamo quindi che nei sistemi olonomi a un grado di libertà la determinazione della stabilità di una posizione di equilibrio equivale alla caratterizzazione del tipo di punto stazionario della posizione che lo rappresenta. Come abbiamo visto nel paragrafo precedente, e confermeremo nel prossimo, la situazione è più complicata nei sistemi con più gradi di libertà.

Al fine di studiare i moti che si svolgono vicino a $q°$ effettuiamo il cambio di variabile

$$q(t) = q° + \varepsilon\, \eta(t). \tag{14.39}$$

La variabile η sostituirà q come coordinata libera, mentre il piccolo parametro ε ci guiderà nell'analisi qualitativa. Infatti, in seguito ricaveremo l'equazione di moto del sistema e, dopo aver implementato in essa il cambio di variabile (14.39), trascureremo i termini di ordine superiore in ε, ottenendo così un'equazione di semplice soluzione analitica.

Equazione di moto linearizzata
In un sistema olonomo a vincoli fissi, l'espressione (14.20) dell'energia cinetica si semplifica, e T dipende quadraticamente da $\dot{q}$:

$$T(q, \dot{q}) = \frac{1}{2}\, a(q)\, \dot{q}^2. \tag{14.40}$$

La lagrangiana è quindi $\mathcal{L}(q, \dot{q}) = \frac{1}{2}\, a(q)\, \dot{q}^2 + U(q)$, e l'equazione di Lagrange si scrive

$$a(q)\, \ddot{q} + \frac{1}{2}\, a'(q)\, \dot{q}^2 - U'(q) = 0. \tag{14.41}$$

Effettuiamo ora il cambio di variabile (14.39) nell'equazione di moto (14.41). Posto $\dot{q} = \varepsilon\dot{\eta}$, e ovviamente $\ddot{q} = \varepsilon\ddot{\eta}$, si ottiene

$$a\big(q° + \varepsilon\eta\big)\, \varepsilon\, \ddot{\eta} + \frac{1}{2}\, a'\big(q° + \varepsilon\eta\big)\, \varepsilon^2\dot{\eta}^2 - U'\big(q° + \varepsilon\eta\big) = 0. \tag{14.42}$$

Al fine di meglio comprendere quale sia l'ordine dominante in ε dell'equazione di moto (14.42), effettuiamo uno sviluppo di Taylor per piccoli ε di ognuno dei suoi tre addendi:

$$a\big(q° + \varepsilon\eta\big)\, \varepsilon\, \ddot{\eta} = \varepsilon\, a(q°)\, \ddot{\eta} + \varepsilon^2\, a'(q°)\, \eta\, \ddot{\eta} + o(\varepsilon^2)$$

$$\frac{1}{2}\, a'\big(q° + \varepsilon\eta\big)\, \varepsilon^2\dot{\eta}^2 = \frac{\varepsilon^2}{2}\, a'(q°)\, \dot{\eta}^2 + o(\varepsilon^2) \tag{14.43}$$

$$U'\big(q° + \varepsilon\eta\big) = U'(q°) + \varepsilon\, U''(q°)\, \eta + \frac{\varepsilon^2}{2}\, U'''(q°)\, \eta^2 + o(\varepsilon^2).$$

Il termine $O(1)$ presente nella derivata del potenziale è nullo, in quanto $U'(q°) = 0$ (vedi (14.38)). L'ordine dominante in (14.42) è quindi quello lineare, tanto in ε quanto in η. L'equazione di moto, linearizzata all'$O(\varepsilon)$ risulta

$$\ddot{\eta}(t) - \frac{U''(q°)}{a(q°)}\, \eta(t) = 0. \tag{14.44}$$

Frequenza delle piccole oscillazioni

Il carattere delle soluzioni dell'equazione (14.44) dipende dal segno dei suoi coefficienti costanti. Essendo $a(q^\circ) > 0$ per il carattere definito positivo dell'energia cinetica, il moto approssimato risulta caratterizzato dal segno della derivata seconda del potenziale, calcolata nella posizione di equilibrio q°. Più precisamente (vedi anche §A.5):

$$U''(q^\circ) < 0 \implies \text{moto approssimato oscillatorio con } \omega = \sqrt{-\tfrac{U''(q^\circ)}{a(q^\circ)}}:$$

$$\eta(t) = \eta(0)\cos\omega t + \frac{\dot{\eta}(0)}{\omega}\sin\omega t;$$

$$U''(q^\circ) = 0 \implies \text{moto approssimato lineare:}$$

$$\eta(t) = \eta(0) + \dot{\eta}(0)\,t$$

$$U''(q^\circ) > 0 \implies \text{moto approssimato iperbolico:}$$

$$\eta(t) = \eta(0)\cosh\omega t + \frac{\dot{\eta}(0)}{\omega}\sinh\omega t$$

Nel caso oscillatorio, ω viene chiamata *frequenza delle piccole oscillazioni*.

Stabilità dell'equilibrio

Il Teorema di stabilità di Dirichlet-Lagrange garantisce che q° è stabile se $U''(q^\circ) < 0$, poiché in tal caso la configurazione di equilibrio corrisponde a un massimo isolato del potenziale. Se, al contrario, $U''(q^\circ) > 0$, è il Criterio di instabilità di Liapunov a garantire che il moto approssimato esponenziale annuncia una posizione di equilibrio instabile.

Nulla sappiamo ancora sulla stabilità di q° se $U''(q^\circ) = 0$. Infatti, in questo caso l'approssimazione lineare in ε non è attendibile, poiché gli sviluppi (14.43) sono stati interrotti a un ordine tale che nessuna informazione del potenziale (e quindi delle forze attive) è rimasta nell'equazione approssimata. Non deve sorprendere, quindi, che tale equazione di moto preveda un moto uniforme, come quello che si ottiene in assenza di forze esterne. Una previsione attendibile richiederebbe l'inserimento nell'equazione approssimata di tutti i termini di ordine superiore in ε, fino al raggiungimento del primo termine non nullo nello sviluppo di Taylor del potenziale. Uno sguardo agli sviluppi (14.43) basta però a convincerci che l'equazione di moto approssimata è in tal caso tutt'altro che semplice da risolvere analiticamente.

In ogni caso, il Teorema di stabilità di Dirichlet-Lagrange garantisce che sono stabili anche quelle configurazioni in cui $U''(q^\circ) = 0$ ma le derivate successive dimostrano che q° è un massimo isolato del potenziale (anche se in questo caso il moto approssimato non sarà caratterizzato da alcuna frequenza delle piccole oscillazioni). In tutti gli altri casi, la posizione di equilibrio è instabile secondo Liapunov, come dimostreremo di seguito.

Proposizione 14.30 *Consideriamo una configurazione di equilibrio q° di un sistema olonomo, sottoposto a vincoli ideali e fissi, e a forze attive conservative (di* *potenziale U). Se esiste un intorno destro e/o sinistro di $q°$ su cui il potenziale assume valori non inferiori a $U(q°)$ allora la configurazione di equilibrio è instabile secondo Liapunov.*

Dimostrazione Consideriamo una configurazione di equilibrio $q°$ che abbia la proprietà appena enunciata. Senza perdita di generalità possiamo supporre che l'intorno di $q°$ su cui il potenziale assume valori maggiori o uguali a $U(q°)$ sia un intorno destro. In altre parole, supponiamo che esista $q_1 > q°$ tale che

$$U(q) \geq U(q°) \qquad \forall\, q \in [q°, q_1].$$

Costruiamo esplicitamente un moto che parte da $q°$ con velocità (in modulo) piccola a piacere, e ciò nonostante raggiunge q_1 dopo un tempo finito: sia $q(0) = q°$ e $\dot{q}(0) = \dot{q}_0 > 0$. Da tali condizioni iniziali calcoliamo l'energia meccanica, che ricordiamo essere integrale primo del moto:

$$E = \frac{1}{2}a(q)\dot{q}^2 - U(q)\bigg|_{t=0} = \frac{1}{2}a(q°)\dot{q}_0^2 - U(q°).$$

Ad ogni istante varrà

$$\frac{1}{2}a\big(q(t)\big)\dot{q}^2(t) - U\big(q(t)\big) = \frac{1}{2}a(q°)\dot{q}_0^2 - U(q°),$$

vale a dire

$$\dot{q}^2(t) = \frac{a(q°)}{a\big(q(t)\big)}\dot{q}_0^2 + \frac{2\Big(U\big(q(t)\big) - U(q°)\Big)}{a\big(q(t)\big)}. \tag{14.45}$$

Grazie alle ipotesi fatte sul potenziale la quantità a membro destro dell'equazione (14.45) non si annulla fino a quando il sistema si mantiene nell'intervallo $[q°, q_1]$ e quindi la velocità, inizialmente positiva, manterrà tale segno almeno fino all'uscita dall'intervallo considerato. Non solo, se introduciamo la notazione

$$a_{\mathrm{M}} = \max_{q \in [q°, q_1]} a(q) > 0,$$

possiamo effettuare la stima

$$\dot{q}^2(t) = \frac{a(q°)}{a\big(q(t)\big)}\dot{q}_0^2 + \frac{2\Big(U\big(q(t)\big) - U(q°)\Big)}{a\big(q(t)\big)} \geq \frac{a(q°)}{a_{\mathrm{M}}}\dot{q}_0^2 \;\Rightarrow\; \dot{q}(t) \geq \sqrt{\frac{a(q°)}{a_{\mathrm{M}}}}\,\dot{q}_0.$$

Dalla precedente stima segue che il sistema raggiungerà la configurazione q_1 in un tempo

$$t_1 \leq \sqrt{\frac{a_{\mathrm{M}}}{a(q°)}}\,\frac{q_1 - q°}{\dot{q}_0}.$$

è quindi impossibile confinare il sistema in un qualunque intorno di ampiezza minore di $(q_1 - q°)$, il che implica l'instabilità della configurazione di equilibrio.

$\square$

Esempio 14.31 Analizziamo le posizioni di equilibrio del sistema di due aste OA e AB, omogenee di massa m e lunghezza $2l$, descritto nella Fig. 9.27 in §9.10.2. Il potenziale del sistema, determinato in (9.52), è dato da

$$U(\theta) = -8kl^2(\cos^2\theta + 2\lambda\sin\theta), \qquad (14.46)$$

dove k è la costante elastica che collega O e B, e $\lambda = mg/(8kl)$. Le configurazioni di equilibrio soddisfano la condizione di stazionarietà del potenziale (14.46), vale a dire

$$U'(\theta) = 16kl^2\cos\theta\,(\sin\theta - \lambda) = 0 \quad\Longrightarrow\quad \begin{cases} \theta_1^* = \frac{\pi}{2} \\ \theta_2^* = \arcsin\lambda \quad (\text{se } \lambda \leq 1) \\ \theta_3^* = -\frac{\pi}{2}\,. \end{cases}$$

Per determinare la stabilità delle posizioni di equilibrio appena calcolate, valutiamo la derivata seconda del potenziale

$$U''(\theta) = 16kl^2(1 + \lambda\sin\theta - 2\sin^2\theta)$$
$$\Longrightarrow \quad \begin{cases} U''(\theta_1^*) = -16kl^2(1 - \lambda) \\ U''(\theta_2^*) = 16kl^2(1 - \lambda^2) \quad (\text{se } \lambda \leq 1) \\ U''(\theta_3^*) = -16kl^2(1 + \lambda). \end{cases}$$

Possiamo quindi concludere quanto segue.

($\lambda < 1$) I valori θ_1^*, θ_3^* corrispondono a configurazioni stabili; il valore θ_2^* mostra una configurazione di equilibrio instabile.

($\lambda = 1$) Le configurazioni θ_1^* e θ_2^* coincidono. Essendo $U''(\theta_1^*) = 0$, lo studio della loro stabilità richiede l'analisi delle derivate successive del potenziale. Svolgendo alcuni calcoli troviamo così $U'''(\theta_1^*) = 0$ e $U^{(iv)}(\theta_1^*) = 48kl^2 > 0$, da cui possiamo concludere che tali configurazioni sono di equilibrio instabile. Al contrario, θ_3^* rimane di equilibrio stabile.

($\lambda > 1$) La posizione θ_1^* è instabile, mentre θ_3^* è sempre stabile; in questo regime non esistono altre configurazioni di equilibrio.

Volendo riassumere: la configurazione con $\theta = \pi/2$ (aste verticali in alto) è stabile per $\lambda < 1$ e instabile per $\lambda \geq 1$; la configurazione $\theta = -\pi/2$ (aste verticali in basso) è sempre stabile; la configurazione con $\theta = \arcsin\lambda$ ($\lambda \leq 1$) (aste in posizione intermedia) è stabile per $\lambda > 1$ e instabile per $\lambda \leq 1$.

In corrispondenza delle posizioni di equilibrio stabile risulta possibile calcolare anche la frequenza delle piccole oscillazioni. A questo proposito risulta necessario calcolare l'energia cinetica del sistema. Detto G_2 il baricentro dell'asta AB (vedi ancora la Fig. 9.27) si ha $OG_2 = 3l \cos\theta \mathbf{i} + l \sin\theta \mathbf{j}$, e quindi $\mathbf{v}_{G_2} = l\dot\theta(-3\sin\theta \mathbf{i} + \cos\theta \mathbf{j})$. Si ha così

$$T = \left(\frac{2}{3}ml^2\dot\theta^2\right) + \left(\frac{2}{3}ml^2\dot\theta^2 + 4ml^2\dot\theta^2\sin^2\theta\right) = \frac{4}{3}(1 + 3\sin^2\theta)ml^2\dot\theta^2.$$

L'energia cinetica ha quindi un'espressione parallela a (14.40), con matrice di massa ridotta al coefficiente

$$a(\theta) = \frac{8}{3}(1 + 3\sin^2\theta)ml^2.$$

Le frequenze delle piccole oscillazioni attorno alle posizioni di equilibrio stabile valgono quindi

$$\omega_1 = \sqrt{-\frac{U''(\theta_1^*)}{a(\theta_1^*)}} = \sqrt{\frac{6k(1-\lambda)}{4m}}, \quad \omega_3 = \sqrt{-\frac{U''(\theta_3^*)}{a(\theta_3^*)}} = \sqrt{\frac{6k(1+\lambda)}{4m}}. \quad \Box$$

14.7.1 Piccole oscillazioni di due pendoli accoppiati

Nel contesto delle piccole oscillazioni, che come abbiamo visto in sostanza si riducono a moti armonici, è interessante mostrare come la presenza di una forzante dipendente dal tempo (si veda la discussione in §10.2.1) possa nascere da un accoppiamento di natura elastica fra due corpi di massa molto diversa. Presentiamo un semplice esempio che servirà a chiarire questo aspetto.

Nella Fig. 14.8 sono rappresentati due pendoli puntiformi di massa M e m e uguale lunghezza l con punto di aggancio O, collegati fra loro da una molla di costante elastica k. Supporremo più avanti che il rapporto fra le masse m/M sia molto piccolo.

È immediato dedurre l'energia cinetica del sistema e il potenziale dei pesi, usando le coordinate libere θ e ϕ indicate in figura:

$$T = \frac{1}{2}Ml^2\dot\theta^2 + \frac{1}{2}ml^2\dot\phi^2 \qquad U = Mgl\cos\theta + mgl\cos\phi$$

Figura 14.8 Due pendoli puntiformi collegati da una molla di costante elastica k. Si suppone che il rapporto m/M sia molto piccolo

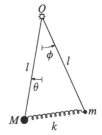

Il quadrato della lunghezza della molla è

$$s^2 = \left[(l \sin\phi + l \sin\theta)^2 + (l \cos\phi - l \cos\theta)^2\right]$$
$$= 2l^2[-\cos(\phi + \theta)] + \text{cost.}$$

Il potenziale della molla è perciò

$$U = -\frac{1}{2}ks^2 = kl^2 \cos(\phi + \theta) + \text{cost.}$$

e quindi dalla Lagrangiana

$$\mathcal{L} = \frac{1}{2}Ml^2\dot{\theta}^2 + \frac{1}{2}ml^2\dot{\phi}^2 + Mgl \cos\theta + mgl \cos\phi + kl^2 \cos(\phi + \theta)$$

deduciamo le equazioni di moto

$$\begin{cases} \ddot{\theta} + \dfrac{g}{l} \sin\theta + \dfrac{k}{M} \sin(\phi + \theta) = 0 \\ \ddot{\phi} + \dfrac{g}{l} \sin\phi + \dfrac{k}{m} \sin(\phi + \theta) = 0 \end{cases}$$

In un regime di piccole oscillazioni possiamo usare l'approssimazione $\sin x \sim x$ e riscrivere le equazioni come

$$\begin{cases} \ddot{\theta} + \dfrac{g}{l}\theta + \dfrac{k}{m}\dfrac{m}{M}(\phi + \theta) = 0 \\ \ddot{\phi} + \dfrac{g}{l}\phi + \dfrac{k}{m}(\phi + \theta) = 0 \end{cases} \tag{14.47}$$

Nell'ipotesi che il rapporto m/M sia trascurabile la prima equazione si riduce a

$$\ddot{\theta} + \frac{g}{l}\theta = 0$$

e la sua soluzione è il generico moto armonico

$$\theta(t) = r \sin(\sqrt{g/l}\, t + \delta)$$

Per sostituzione nella seconda delle (14.47) si vede come la massa M sia la causa di una *forzante* periodica per il moto armonico della massa m:

$$\ddot{\phi} + \frac{mg + kl}{ml}\phi = \psi(t)$$

dove $\psi(t) = -k\theta(t)/m$.

14.8 Modi normali di sistemi con più gradi di libertà

Generalizziamo ora la tecnica sviluppata nel paragrafo precedente al caso di sistemi con un qualunque numero di gradi di libertà. Considereremo sempre sistemi a vincoli olonomi fissi, sottoposti a forze attive conservative, i cui potenziali siano almeno due volte differenziabili con continuità. Siano $q° = (q_1°, \ldots, q_N°)$ le coordinate libere corrispondenti alla configurazione di equilibrio. Con un cambio di variabili, e al fine di studiare i moti che si mantengono vicini a $q°$, introduciamo nuovamente il seguente insieme di coordinate libere $\eta = \{\eta_1, \ldots, \eta_N\}$:

$$q_k(t) = q_k° + \varepsilon \, \eta_k(t), \qquad k = 1, \ldots, N. \tag{14.48}$$

Il piccolo parametro adimensionale ε svolgerà sempre il ruolo di guida nell'approssimazione delle equazioni di moto del sistema vicino alla configurazione di equilibrio.

14.8.1 *Linearizzazione delle equazioni di moto*

Ricaviamo qui l'espressione della Lagrangiana del sistema in funzione delle nuove coordinate η e delle loro derivate temporali. In seguito utilizzeremo tale Lagrangiana per derivare le equazioni di moto del sistema. Infine, faremo uso del piccolo parametro ε introdotto in (14.48) per linearizzare le equazioni di moto attorno alla configurazione di equilibrio.

- L'energia cinetica del sistema segue dall'espressione (14.20), ricordando che in presenza di vincoli fissi si annullano sia il termine lineare nelle $\dot{q}$ che il termine indipendente dalle velocità lagrangiane:

$$T = \frac{1}{2} \sum_{i,j=1}^{N} a_{ij}(q) \, \dot{q}_i \, \dot{q}_j = \frac{\varepsilon^2}{2} \sum_{i,j=1}^{N} a_{ij}(q° + \varepsilon\,\eta) \, \dot{\eta}_i \, \dot{\eta}_j = \frac{\varepsilon^2}{2} \, \dot{\eta} \cdot \mathsf{A}(q° + \varepsilon\,\eta)\dot{\eta},$$

dove $\mathsf{A} = \{a_{ij} : i, j = 1, \ldots, N\}$ è la matrice di massa, già introdotta in §6.3.2. Per quanto riguarda il potenziale, in esso dobbiamo semplicemente implementare il cambio di variabili (14.48): $U(q) = U(q° + \varepsilon\,\eta)$. La Lagrangiana del sistema è quindi

$$\mathcal{L}(\eta, \dot{\eta}) = \frac{\varepsilon^2}{2} \, \dot{\eta} \cdot \mathsf{A}(q° + \varepsilon\,\eta)\dot{\eta} + U(q° + \varepsilon\,\eta).$$

L'equazione di Lagrange relativa alla k-esima coordinata libera ($k = 1, \ldots, N$) risulta quindi

$$\varepsilon^2 \frac{d}{dt}\left(\sum_{j=1}^{N} a_{jk} \, \dot{\eta}_j \right) = \frac{\varepsilon^2}{2} \sum_{i,j=1}^{N} \left[\frac{\partial}{\partial \eta_k} a_{ij}(q° + \varepsilon\,\eta) \right] \dot{\eta}_i \, \dot{\eta}_j + \frac{\partial}{\partial \eta_k} U(q° + \varepsilon\,\eta).$$

$$\tag{14.49}$$

- Tutti i termini delle equazioni (14.49) sono almeno del second'ordine nel piccolo parametro ε introdotto nel cambio di variabili (14.48). Questa proprietà, che è evidente nel membro sinistro e nel primo addendo a destra, è vera anche per l'ultimo addendo, che contiene le derivate del potenziale. Infatti, se applichiamo a U uno sviluppo di Taylor in ε otteniamo

$$
\begin{aligned}
U(\mathsf{q}° + \varepsilon\,\eta) = U(\mathsf{q}°) &+ \varepsilon \sum_{j=1}^{N} \frac{\partial U}{\partial q_j}\bigg|_{\mathsf{q}=\mathsf{q}°} \eta_j \\
&+ \frac{\varepsilon^2}{2} \sum_{i,j=1}^{N} \frac{\partial^2 U}{\partial q_i \partial q_j}\bigg|_{\mathsf{q}=\mathsf{q}°} \eta_i\eta_j + o(\varepsilon^2) \\
= U(\mathsf{q}°) &+ \frac{\varepsilon^2}{2} \sum_{i,j=1}^{N} b_{ij}° \,\eta_i\eta_j + o(\varepsilon^2) \\
= U(\mathsf{q}°) &+ \frac{\varepsilon^2}{2}\eta \cdot \mathsf{B}°\eta + o(\varepsilon^2).
\end{aligned}
\tag{14.50}
$$

Nel passaggio dalla prima alla seconda riga di (14.50) è stato utilizzato il Teorema di stazionarietà del potenziale, che garantisce che la configurazione di equilibrio $\mathsf{q}°$ è anche punto stazionario del potenziale; inoltre, è stata introdotta la matrice $\mathsf{B}°$, che non è altro che l'Hessiano del potenziale calcolato nella configurazione di equilibrio:

$$
b_{ij}° = \frac{\partial^2 U}{\partial q_i \partial q_j}\bigg|_{\mathsf{q}=\mathsf{q}°}.
$$

Utilizzando l'espressione (14.50) per calcolare le derivate che compaiono nelle equazioni di moto (14.49) otteniamo

$$
\frac{\partial}{\partial \eta_k} U(\mathsf{q}° + \varepsilon\,\eta) = \varepsilon^2 \sum_{j=1}^{N} b_{kj}° \,\eta_j + o(\varepsilon^2),
$$

confermando così che anche l'ultimo addendo in (14.49) è (almeno) del second'ordine in ε.

- Data l'osservazione precedente, è evidente che il più basso ordine a cui ha senso approssimare le equazioni di Lagrange (14.49) è precisamente ε^2. Procediamo allora con tale ordine di approssimazione, e partiamo dallo sviluppo di Taylor della matrice di massa. Per motivi che saranno evidenti in breve, limitiamo questo sviluppo al prim'ordine in ε:

$$
a_{ij}(\mathsf{q}° + \varepsilon\,\eta) = a_{ij}(\mathsf{q}°) + \varepsilon \sum_{k=1}^{N} \frac{\partial a_{ij}}{\partial q_k}\bigg|_{\mathsf{q}=\mathsf{q}°} \eta_k + o(\varepsilon),
$$

da cui segue

$$\frac{\partial}{\partial \eta_k} a_{ij}(\mathsf{q}^\circ + \varepsilon\,\eta) = \varepsilon \left.\frac{\partial a_{ij}}{\partial q_k}\right|_{\mathsf{q}=\mathsf{q}^\circ} + o(\varepsilon).$$

Le derivate parziali delle componenti della matrice di massa sono quindi già di ordine ε, e quindi il primo addendo del membro destro delle (14.49) è almeno di ordine ε^3, e può essere trascurato nella presente analisi dei moti vicino all'equilibrio. Una considerazione per certi versi simile vale per il membro sinistro delle (14.49). In esso, un ε^2 moltiplica la derivata temporale e quindi qualunque dipendenza da ε all'interno della derivata temporale può essere trascurata:

$$\varepsilon^2 \frac{d}{dt}\left(\sum_{j=1}^{N} a_{jk}(\mathsf{q}^\circ + \varepsilon\,\eta)\,\dot\eta_j\right) = \varepsilon^2 \frac{d}{dt}\left(\sum_{j=1}^{N} a_{jk}(\mathsf{q}^\circ)\,\dot\eta_j + O(\varepsilon)\right)$$

$$= \varepsilon^2 \sum_{j=1}^{N} a_{jk}(\mathsf{q}^\circ)\,\ddot\eta_j + o(\varepsilon^2).$$

Per giustificare l'ultimo passaggio, notiamo che gli elementi della matrice di massa, una volta calcolati nella posizione di equilibrio, sono costanti, e quindi escono dalla derivata temporale.

- Riunendo le precedenti osservazioni, deriviamo le equazioni di moto approssimate al second'ordine in ε:

$$\varepsilon^2 \sum_{j=1}^{N} A_{jk}^\circ \,\ddot\eta_j = \varepsilon^2 \sum_{j=1}^{N} b_{jk}^\circ \,\eta_j + o(\varepsilon^2) \qquad k = 1,\ldots,N,$$

dove è stata introdotta la notazione $A_{jk}^\circ = a_{jk}(\mathsf{q}^\circ)$. Se definiamo la matrice $\mathsf{A}^\circ = \{A_{jk}^\circ : j,k = 1,\ldots,N\}$ e trascuriamo i termini di ordine superiore in ε, possiamo scrivere in modo compatto le equazioni del moto approssimate vicino alla configurazione di equilibrio q°:

$$\mathsf{A}^\circ \ddot\eta = \mathsf{B}^\circ \eta, \qquad\qquad (14.51)$$

dove ricordiamo che le matrici $\mathsf{A}^\circ, \mathsf{B}^\circ$ sono rispettivamente la matrice di massa e l'Hessiano del potenziale, *entrambi calcolati nella configurazione di equilibrio* q°. Esse sono dunque costanti, nel senso che non dipendono da η.

14.8.2   Analisi del moto linearizzato

Le equazioni di moto (14.51) formano un sistema omogeneo di equazioni differenziali lineari del secondo ordine a coefficienti costanti nelle incognite $\eta(t)$. Passiamo ora alla loro soluzione analitica, che completerà lo studio dei moti dei sistemi olonomi, conservativi e a vincoli fissi, vicino alle loro configurazioni di equilibrio. Seguendo la classica risoluzione delle equazioni differenziali lineari a coefficienti costanti, cerchiamo soluzioni del tipo

$$\eta(t) = \eta_0 \, e^{\lambda t}, \tag{14.52}$$

dove $\eta_0 = \{\eta_{0,1}, \ldots, \eta_{0,N}\}$ è un vettore (non identicamente nullo) da determinare, e $\lambda \in \mathbb{C}$. Sostituendo e derivando due volte, è semplice verificare che la (14.52) risolve il sistema (14.51) se e solo se

$$\lambda^2 \, A^\circ \, \eta_0 = B^\circ \eta_0 \quad \Longleftrightarrow \quad \left(B^\circ - \lambda^2 A^\circ\right)\eta_0 = 0, \tag{14.53}$$

vale a dire se e solo se λ^2 è una delle radici dell'equazione caratteristica

$$\det\left(B^\circ - \lambda^2 A^\circ\right) = 0. \tag{14.54}$$

Chiameremo *autovalori di* B° *relativi ad* A°, le radici λ^2 del polinomio caratteristico (14.54), e *autovettori di* B° *relativi ad* A°, *associati a* λ^2, i vettori non nulli η_0 per cui valga la (14.53).

Si può dimostrare che tutti gli autovalori di B° relativi ad A° sono reali, e che è possibile determinare una base formata dai corrispondenti autovettori, anche se in generale tale base non sarà ortogonale rispetto al prodotto scalare canonico. Al fine di non interrompere la presente analisi, rimandiamo tale dimostrazione all'Appendice (vedi §A.4), e per il momento ci limitiamo a ricavarne le conseguenze.

Modi normali oscillatori. Autofrequenze
Procediamo ora all'analisi del carattere delle soluzioni del sistema (14.51), associate a ciascun autovalore relativo. Come primo caso, prendiamo in considerazione la possibilità che una radice λ^2 di (14.54) sia negativa. Sia η_0 un autovettore associato a tale autovalore, vale a dire una soluzione non identicamente nulla del sistema (14.53). In tale situazione, sia $\eta_+(t) = \eta_0 \exp\left(i\sqrt{-\lambda^2}\,t\right)$ che $\eta_-(t) = \eta_0 \exp\left(-i\sqrt{-\lambda^2}\,t\right)$ risolvono il sistema (14.51). Come d'abitudine nelle equazioni differenziali lineari a coefficienti costanti, possiamo considerare separatamente come soluzioni fondamentali la parte reale e la parte immaginaria delle soluzioni così determinate, arrivando quindi a una soluzione del tipo

$$\eta(t) = \eta_0 \left(C_1 \cos \omega t + C_2 \sin \omega t\right), \quad \text{dove} \quad \omega = \sqrt{-\lambda^2} \quad (C_1, C_2 \in \mathbb{R}).$$

Concludiamo quindi che *ad ogni radice* $\lambda^2 < 0$ *del polinomio caratteristico (14.54) è possibile associare una soluzione delle equazioni di moto approssimate (14.51) in cui tutte le parti del sistema oscillano con la stessa frequenza. Tale moto viene chiamato* modo normale di oscillazione, *e la frequenza* $\omega = \sqrt{-\lambda^2}$ *viene chiamata* autofrequenza.

Modi normali lineari

Analizziamo ora il moto associato a ogni radice $\lambda^2 = 0$ del polinomio caratteristico (14.54). Detto nuovamente η_0 un autovettore associato a tale autovalore, le soluzioni fondamentali corrispondenti dipendono linearmente dal tempo:

$$\eta(t) = \eta_0 \left(C_1 + C_2\, t \right) \qquad (C_1, C_2 \in \mathbb{R}),$$

dando quindi luogo a un *modo normale lineare*.

Modi normali iperbolici

Quando, infine, viene identificata una radice $\lambda^2 > 0$ di (14.54), e detto sempre η_0 un suo autovettore associato, le soluzioni fondamentali hanno un andamento esponenziale:

$$\eta(t) = \eta_0 \left(C_1\, e^{\lambda t} + C_2\, e^{-\lambda t} \right) \qquad (C_1, C_2 \in \mathbb{R}).$$

Essendo possibile esprimere tali esponenziali in termini di funzioni iperboliche (seno e coseno iperbolico), questo moto viene chiamato *modo normale iperbolico*.

In presenza di modi normali lineari e/o iperbolici, le equazioni approssimate (14.51) possiedono soluzioni in cui le η crescono indefinitamente al crescere di t. Siccome η rappresenta lo spostamento dalla configurazione di equilibrio (vedi (14.48)), è evidente che per tempi sufficientemente grandi tali soluzioni descrivono un moto che non si svolge più in un intorno di q°. Di conseguenza, l'ipotesi fondamentale utilizzata per ricavare le (14.51) viene a cadere. Torneremo in breve su questo punto, ma anticipiamo che questi modi normali vanno interpretati più come indicatori di instabilità della configurazione di equilibrio che come descrittori esatti delle proprietà del moto approssimato.

Contributo relativo dei modi normali

Le equazioni di moto (14.51) sono lineari. La loro soluzione generale si può quindi esprimere come combinazione lineare di modi normali, di tipo oscillatorio, lineare o iperbolico a seconda dei segni delle radici di (14.54). Mostreremo ora come sia possibile, assegnate le condizioni iniziali, calcolare il peso relativo di ogni modo normale nella combinazione lineare che fornisce il moto approssimato. In particolare, da questa analisi seguirà come si debbano scegliere le condizioni iniziali se si vuole essere sicuri che certi modi normali (ad esempio, quelli instabili) non contribuiscano al moto approssimato.

Esprimiamo la soluzione generale del sistema (14.51) come segue:

$$\eta(t) = \sum_{k=1}^{N_1} \eta_k^{(s)} \left(A_k \cos \omega_k t + \frac{B_k}{\omega_k} \sin \omega_k t \right) + \sum_{k=N_1+1}^{N_2} \eta_k^{(0)} \left(C_k + D_k\, t \right)$$

$$+ \sum_{k=N_2+1}^{N} \eta_k^{(i)} \left(E_k \cosh \lambda_k t + \frac{F_k}{\lambda_k} \sinh \lambda_k t \right), \tag{14.55}$$

corrispondente al caso in cui i primi N_1 autovalori relativi siano negativi, i successivi $N_2 - N_1$ siano nulli, e i rimanenti $N - N_2$ siano positivi. Le $2N$ costanti da determinare nell'espressione (14.55) seguono dai valori iniziali:

$$\eta(t_0) = \sum_{k=1}^{N_1} \eta_k^{(s)} A_k + \sum_{k=N_1+1}^{N_2} \eta_k^{(0)} C_k + \sum_{k=N_2+1}^{N} \eta_k^{(i)} E_k \tag{14.56}$$

$$\dot{\eta}(t_0) = \sum_{k=1}^{N_1} \eta_k^{(s)} B_k + \sum_{k=N_1+1}^{N_2} \eta_k^{(0)} D_k + \sum_{k=N_2+1}^{N} \eta_k^{(i)} F_k. \tag{14.57}$$

Richiamiamo nuovamente i risultati che dimostreremo in §A.4. In particolare, ci interessa ora segnalare che gli N autovettori relativi possono essere scelti in modo da formare una base ortogonale rispetto al prodotto scalare associato alla matrice di massa $A°$. In altre parole, introdotto il prodotto scalare

$$(u, v) = u \cdot A° v, \tag{14.58}$$

è sempre possibile scegliere gli autovettori in modo che ogni coppia di autovettori diversi abbia prodotto scalare (14.58) nullo, mentre ciascuno di loro abbia prodotto scalare (14.58) con se stesso pari ad 1.

Le (14.56)–(14.57) non sono quindi altro che lo sviluppo dei vettori delle condizioni iniziali e delle velocità iniziali nella base di autovettori così determinata. Le $2N$ costanti da determinare si possono allora semplicemente calcolare utilizzando il prodotto scalare (14.58):

$$A_k = \eta(t_0) \cdot A° \eta_k^{(s)} \quad C_k = \eta(t_0) \cdot A° \eta_k^{(0)} \quad E_k = \eta(t_0) \cdot A° \eta_k^{(i)},$$
$$B_k = \dot{\eta}(t_0) \cdot A° \eta_k^{(s)} \quad D_k = \dot{\eta}(t_0) \cdot A° \eta_k^{(0)} \quad F_k = \dot{\eta}(t_0) \cdot A° \eta_k^{(i)}.$$

In particolare, se scegliamo $\eta(t_0)$ e $\dot{\eta}(t_0)$ paralleli a uno degli autovettori relativi, saremo certi che il moto approssimato coinciderà con il modo normale corrispondente all'autovettore scelto. Analogamente, se scegliamo vettori di condizioni iniziali ortogonali (nel senso del prodotto scalare (14.58)) a uno o più autovettori relativi, avremo cancellato il contributo di tali modi normali dal moto approssimato.

Moto approssimato
Tenendo in considerazione l'analisi lineare ora svolta, si possono infine trarre le seguenti conclusioni.

- Se *tutte* le radici del polinomio caratteristico (14.54) sono negative, tutte le soluzioni fondamentali sono oscillatorie. Il moto approssimato è combinazione lineare di oscillazioni di autofrequenze $\omega_k = \sqrt{-\lambda_k^2}$. In particolare, il moto rimane confinato e la posizione di equilibrio è stabile.
- Se anche una sola radice del polinomio caratteristico è positiva, il moto approssimato associata ad essa si può allontanare esponenzialmente dalla posizione di

equilibrio, che quindi risulta instabile. La presenza di radici positive non implica comunque che *tutti* i moti si allontaneranno dalla posizione di equilibrio. Le condizioni iniziali potrebbero essere tali da cancellare nella combinazione lineare il contributo dei modi normali iperbolici.

• Come già notato nel paragrafo precedente, il caso di radici nulle deve essere trattato con particolare cura. Il modo normale ad esse associato è lineare e prevede un moto (approssimato) uniforme. Tale moto porterebbe il sistema ad allontanarsi dalla posizione di equilibrio, che quindi apparirebbe automaticamente instabile. Per meglio capire perché il condizionale è d'obbligo nella precedente affermazione (che si dimostrerà falsa), consideriamo un caso particolare.

Immaginiamo che l'Hessiano del potenziale calcolato in una posizione di equilibrio sia identicamente nullo. In tal caso, un'analisi che arrivi solo fino alla derivata seconda del potenziale non potrà ovviamente dire nulla riguardo alla stabilità della configurazione di equilibrio, che potrebbe benissimo essere un massimo, un minimo, o nessuno dei due. Qualunque conclusione deve necessariamente passare per un analisi delle derivate di ordine successivo del potenziale, ma includere questi termini di ordine superiore nell'approssimazione del potenziale implica dover tenere conto anche di termini di pari ordine provenienti dall'energia cinetica.

In generale, un'analisi completa del moto approssimato in presenza di autovalori nulli di B° richiede lo studio del comportamento di equazioni differenziali non lineari, ed esula dalla presente trattazione. Il modo normale lineare può quindi essere interpretato solo come una descrizione qualitativa *dell'inizio* del moto approssimato, che poi può evolvere sia in un moto instabile che in un moto stabile (che, comunque, non sarà caratterizzabile da alcuna autofrequenza).

Queste considerazioni giustificano la difficoltà di determinare la stabilità di punti di equilibrio nel caso (di cui si è già parlato nelle osservazioni al Criterio di instabilità di Liapunov) in cui l'Hessiano del potenziale abbia uno o più autovalori nulli.

Concludiamo l'analisi dei moti vicino a posizioni di equilibrio analizzando le conseguenze della seguente proprietà, che verrà ripresa e dimostrata in seguito (vedi nuovamente §A.4).

La matrice B° ha altrettanti autovalori positivi, nulli o negativi quanti sono i suoi autovalori relativi ad A° positivi, nulli o negativi.

• Se le radici del polinomio caratteristico (14.54) sono tutte negative (e tutti i modi normali sono quindi oscillatori), lo stesso segno avranno anche gli autovalori di B°, per cui il punto di equilibrio sarà un massimo relativo isolato del potenziale. In questo caso, quindi, la nostra analisi aggiunge al Teorema di Dirichlet-Lagrange (che preannunciava la stabilità di queste posizioni di equilibrio) la descrizione precisa del tipo di moti confinati effettuati dal sistema.

• Se almeno una radice di (14.54) risulta positiva (e quindi esiste almeno un modo normale iperbolico), anche l'Hessiano del potenziale B° avrà un autovalore positivo. In questo caso, quindi, la nostra analisi serve a descrivere la fuga dalla posizione di equilibrio, già annunciata dal Criterio di instabilità di Liapunov.

Possiamo quindi concludere questa sezione affermando che la stabilità o instabilità di una posizione di equilibrio di un sistema olonomo, a vincoli fissi e conservativo, non dipende dall'energia cinetica del sistema, bensì dal solo potenziale. Risulta necessario studiare anche l'energia cinetica, e in particolare la matrice di massa, quando invece si vogliono ottenere informazioni più precise (autofrequenze, modi normali) riguardo ai moti particolari effettuati dal sistema.

Esempio 14.32 Consideriamo il sistema illustrato in Fig. 14.9. In un piano verticale, un'asta omogenea di lunghezza $2l$ e massa $2m$, è incernierata nel suo baricentro G. Un disco omogeneo di raggio R e massa M rotola senza strisciare sull'asta. Sull'asta agisce una molla torsionale di costante elastica k, che tende a riportare l'asta in posizione orizzontale. Analizziamo le posizioni di equilibrio del sistema, e gli eventuali modi normali di oscillazione attorno a queste.

Il sistema possiede due gradi di libertà. Se infatti introduciamo l'angolo (orario) θ che l'asta determina con l'orizzontale, l'ascissa s del punto di contatto K del disco con l'asta, e l'angolo (orario) ϕ di rotazione del disco, possiamo determinare una relazione tra le coordinate dovuta al vincolo di puro rotolamento.

Per stabilire tale legame imponiamo che nel punto di contatto K le velocità dell'asta e del disco coincidano. Le velocità angolari dei corpi rigidi sono $\boldsymbol{\omega}^{(a)} = -\dot{\theta}\mathbf{k}$ e $\boldsymbol{\omega}^{(d)} = -\dot{\phi}\mathbf{k}$. Al fine di agevolare i calcoli successivi introduciamo i versori $\mathbf{t}, \mathbf{n}$, rispettivamente tangenti e normali all'asta:

$$\mathbf{t} = \cos\theta\mathbf{i} - \sin\theta\mathbf{j}, \qquad \mathbf{n} = \sin\theta\mathbf{i} + \cos\theta\mathbf{j}. \tag{14.59}$$

Tali versori sono ovviamente solidali all'asta e quindi le formule di Poisson (2.15) implicano $\dot{\mathbf{t}} = \boldsymbol{\omega}^{(a)} \wedge \mathbf{t} = -\dot{\theta}\mathbf{n}$ e $\dot{\mathbf{n}} = \boldsymbol{\omega}^{(a)} \wedge \mathbf{n} = \dot{\theta}\mathbf{t}$ (come si può peraltro direttamente dimostrare derivando le (14.59) rispetto al tempo).

Detto H il centro del disco $\big(GH = s\mathbf{t} + R\mathbf{n}\big)$ si ottiene $\mathbf{v}_H = \dot{s}\mathbf{t} + s\dot{\mathbf{t}} + R\dot{\mathbf{n}} = (\dot{s} + R\dot{\theta})\mathbf{t} - s\dot{\theta}\mathbf{n}$. Ricaviamo così

$$\mathbf{v}_K^{(d)} = \mathbf{v}_H + \boldsymbol{\omega}^{(d)} \wedge HK = \big((\dot{s} + R\dot{\theta})\mathbf{t} - s\dot{\theta}\mathbf{n}\big) - \dot{\phi}\mathbf{k} \wedge (-R\mathbf{n})$$

$$= (\dot{s} + R\dot{\theta} - R\dot{\phi})\mathbf{t} - s\dot{\theta}\mathbf{n}. \tag{14.60}$$

D'altra parte abbiamo

$$\mathbf{v}_K^{(a)} = \boldsymbol{\omega}^{(a)} \wedge GK = -\dot{\theta}\mathbf{k} \wedge s\mathbf{t} = -s\dot{\theta}\mathbf{n}. \tag{14.61}$$

Paragonando la (14.60) e la (14.61) si ricava la relazione cinematica $R\dot{\phi} = \dot{s} + R\dot{\theta}$.

Figura 14.9 Disco che rotola senza strisciare su un'asta in movimento

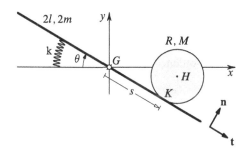

Per determinare le configurazioni di equilibrio ricaviamo il potenziale delle forze attive. Usando l'espressione (7.34) per il potenziale della molla torsionale ricaviamo

$$U(s,\theta) = -\frac{1}{2}k\theta^2 - mgy_G - Mgy_H = -\frac{1}{2}k\theta^2 - Mg(-s\sin\theta + R\cos\theta).$$

Essendo

$$\frac{\partial U}{\partial s} = Mg\sin\theta \quad e \quad \frac{\partial U}{\partial \theta} = -k\theta + Mg(s\cos\theta + R\sin\theta),$$

esiste un'unica configurazione di equilibrio, caratterizzata da $s^* = 0$, $\theta^* = 0$. Per determinarne la stabilità ricaviamo l'Hessiano del potenziale

$$H(s,\theta) = \begin{pmatrix} 0 & Mg\cos\theta \\ Mg\cos\theta & Mg(R\cos\theta - s\sin\theta) - k \end{pmatrix}$$

$$\implies \quad B^\circ = H(s^*,\theta^*) = \begin{pmatrix} 0 & Mg \\ Mg & MgR - k \end{pmatrix}.$$

Essendo $\det B^\circ = -M^2g^2 < 0$, possiamo subito affermare che l'Hessiano ha un autovalore positivo e uno negativo, per cui la posizione di equilibrio appena determinata è instabile. Per determinare i modi normali (uno oscillatorio ed uno iperbolico) ricaviamo l'energia cinetica del sistema

$$T = \frac{1}{3}ml^2\dot\theta^2 + \left(\frac{1}{2}Ms^2\dot\theta^2 + \frac{3}{4}M(\dot s + R\dot\theta)^2\right)$$

$$= \frac{3}{4}M\dot s^2 + \frac{3}{2}MR\dot s\dot\theta + \left(\frac{1}{3}ml^2 + \frac{1}{2}Ms^2 + \frac{3}{4}MR^2\right)\dot\theta^2.$$

La matrice di massa è quindi

$$A(s,\theta) = \begin{pmatrix} \frac{3}{2}M & \frac{3}{2}MR \\ \frac{3}{2}MR & \frac{2}{3}ml^2 + Ms^2 + \frac{3}{2}MR^2 \end{pmatrix}$$

$$\implies \quad A^\circ = A(s^*,\theta^*) = \begin{pmatrix} \frac{3}{2}M & \frac{3}{2}MR \\ \frac{3}{2}MR & \frac{2}{3}ml^2 + \frac{3}{2}MR^2 \end{pmatrix}.$$

Gli autovalori di B° relativi a A° sono le radici dell'equazione caratteristica (14.54). Introducendo i parametri adimensionali (e positivi) $\alpha = k/(MgR)$, $\beta = m/M$, $\gamma = R/l$, si ottiene

$$2\beta l^2(\lambda^2)^2 + 3(\alpha + 1)\gamma gl\lambda^2 - 2g^2 = 0$$

$$\implies \quad \lambda^2 = \frac{g}{4\beta l}\left[-3\gamma(\alpha + 1) \pm \sqrt{9\gamma^2(\alpha + 1)^2 + 16\beta}\right].$$

La radice negativa λ^2_- fornisce un modo normale oscillatorio, di frequenza $\omega = \sqrt{-\lambda^2_-}$, mentre la radice positiva λ^2_+ annuncia un modo normale iperbolico. Determiniamo ora gli autovettori relativi, al fine di identificare le condizioni iniziali cui segue un moto oscillatorio, e quelle che portano il sistema lontano dall'equilibrio. In pratica, si tratta di trovare un vettore $\eta_0 = (s_0, \theta_0)$ tale che $\left(\mathsf{B}° - \lambda^2\,\mathsf{A}°\right)\eta_0 = 0$. Tale vettore sarà caratterizzato dalla condizione

$$s_0 = -\gamma l \theta_0 \left(1 - \frac{2g}{3\gamma l \lambda^2}\right). \tag{14.62}$$

In particolare nel modo normale oscillatorio ($\lambda^2 = \lambda^2_- < 0$) la (14.62) implica che s_0 e θ_0 devono avere segni opposti, e che i loro moduli devono essere in un certo rapporto, che dipenderà dai parametri del sistema. L'oscillazione è quindi caratterizzata dal fatto che quando il disco si allontana dall'origine in una certa direzione, l'asta si ruota in modo che il punto K sia sollevato rispetto alla posizione di equilibrio. $\square$

14.9 Funzione di dissipazione

Dato un sistema olonomo di coordinate libere $\mathsf{q} = (q_1, \dots, q_N)$, diremo che $\mathcal{D}(\mathsf{q}, \dot{\mathsf{q}})$ è una funzione di *dissipazione* (o *funzione di Rayleigh*) associata al sistema se essa contribuisce a ogni componente lagrangiana, definita dalla (14.11), con un termine

$$Q_k^{(\text{diss})} = -\frac{\partial \mathcal{D}}{\partial \dot{q}_k} \qquad \text{per} \quad k = 1, \dots, N. \tag{14.63}$$

In presenza di una funzione di dissipazione $\mathcal{D}$ e di forze conservative di potenziale U le equazioni di Lagrange assumono la forma

$$\frac{d}{dt}\left(\frac{\partial T}{\partial \dot{q}_k}\right) - \frac{\partial T}{\partial q_k} = \frac{\partial U}{\partial q_k} - \frac{\partial \mathcal{D}}{\partial \dot{q}_k}. \tag{14.64}$$

Se definiamo nuovamente la Lagrangiana come $\mathcal{L} = T + U$, le (14.64) si possono scrivere come

$$\frac{d}{dt}\left(\frac{\partial \mathcal{L}}{\partial \dot{q}_k}\right) - \frac{\partial \mathcal{L}}{\partial q_k} = -\frac{\partial \mathcal{D}}{\partial \dot{q}_k}.$$

In molte applicazioni la funzione di dissipazione risulta essere una funzione quadratica nelle velocità lagrangiane $\dot{\mathsf{q}} = (\dot{q}_1, \dots, \dot{q}_N)$:

$$\mathcal{D}(\mathsf{q}, \dot{\mathsf{q}}) = \frac{1}{2} \sum_{j,k=1}^{N} \gamma_{jk}(\mathsf{q})\, \dot{q}_j \dot{q}_k. \tag{14.65}$$

In questi casi la funzione di dissipazione ammette una semplice interpretazione meccanica. Supponiamo infatti che sul sistema agiscano, insieme alle forze attive associate alla funzione di dissipazione (14.65), solo forze attive conservative, di potenziale U. In questo caso, e ripercorrendo la dimostrazione che ci ha portato alla (14.30) ricaviamo

$$\frac{d\mathcal{H}}{dt} = -2\mathcal{D} - \frac{\partial \mathcal{L}}{\partial t}, \qquad (14.66)$$

dove $\mathcal{H}$ indica l'Hamiltoniana del sistema (definita in (14.29)), e $\mathcal{L} = T + U$. Infatti

$$\frac{d\mathcal{H}}{dt} = \sum_{k=1}^{N} \dot{q}_k \left[\frac{d}{dt}\left(\frac{\partial \mathcal{L}}{\partial \dot{q}_k}\right) - \frac{\partial \mathcal{L}}{\partial q_k} \right] - \frac{\partial \mathcal{L}}{\partial t} = -\sum_{k=1}^{N} \dot{q}_k \frac{\partial \mathcal{D}}{\partial \dot{q}_k} - \frac{\partial \mathcal{L}}{\partial t} = -2\mathcal{D} - \frac{\partial \mathcal{L}}{\partial t}.$$

Nell'ultimo passaggio della precedente derivazione abbiamo applicato alla funzione di dissipazione il Teorema di Eulero per funzioni omogenee (14.31).

Nel caso che i vincoli siano fissi, la Lagrangiana non dipende esplicitamente dal tempo e l'Hamiltoniana coincide semplicemente con l'energia meccanica del sistema E. La proprietà (14.66) implica allora che, in presenza di una funzione di dissipazione quadratica,

$$\frac{dE}{dt} = \frac{d}{dt}\left(T - U\right) = -2\mathcal{D}.$$

Questa proprietà giustifica il nome di dissipazione assegnato a $\mathcal{D}$: il suo valore a ogni istante fornisce il tasso di perdita di energia meccanica.

Esempio 14.33 (Forze di resistenza) Consideriamo un sistema olonomo a vincoli fissi, sul quale agisca un sistema di forze dissipative che abbia carattere di resistenza lineare. Supponiamo, cioè, che sui punti del sistema (su tutti, o eventualmente anche solo su alcuni) agisca una forza opposta alla velocità del punto su cui si esercita, di intensità proporzionale alla velocità del punto ostacolato, con costanti di proporzionalità eventualmente variabili da punto a punto. Indicato con $\{(P_i, \mathbf{v}_i) : i = 1, \ldots, m\}$ l'atto di moto dei punti su cui agiscono forze resistive, avremo quindi

$$\mathbf{F}_i^{(\mathrm{diss})} = -\gamma_i \, \mathbf{v}_i, \qquad \mathrm{con} \quad \gamma_i > 0 \quad \forall i = 1, \ldots, m$$

è facile dimostrare che in questo caso la funzione di dissipazione è del tipo (14.65), ed è anzi fornita da

$$\mathcal{D} = \frac{1}{2} \sum_{i=1}^{m} \gamma_i \, \mathbf{v}_i \cdot \mathbf{v}_i. \qquad (14.67)$$

Infatti, la k-esima componente lagrangiana del sistema di forze dissipative è data da

$$Q_k^{(\text{diss})} = -\sum_{i=1}^m \gamma_i \, \mathbf{v}_i \cdot \frac{\partial P_i}{\partial q_k} = -\sum_{j=1}^N \left(\sum_{i=1}^m \gamma_i \, \frac{\partial P_i}{\partial q_j} \cdot \frac{\partial P_i}{\partial q_k} \right) \dot{q}_j, \qquad (14.68)$$

dove nell'esprimere la velocità di P_i in termini delle coordinate libere è stata utilizzata l'ipotesi di vincoli fissi (che elide il termine contenente la derivata parziale rispetto al tempo). D'altra parte, esplicitando l'espressione (14.67) si ottiene

$$\mathcal{D} = \frac{1}{2} \sum_{i=1}^m \gamma_i \, \mathbf{v}_i \cdot \mathbf{v}_i = \frac{1}{2} \sum_{j,k=1}^N \left(\sum_{i=1}^m \gamma_i \, \frac{\partial P_i}{\partial q_j} \cdot \frac{\partial P_i}{\partial q_k} \right) \dot{q}_j \, \dot{q}_k = \frac{1}{2} \sum_{j,k=1}^N \gamma_{jk}(\mathsf{q}) \, \dot{q}_j \, \dot{q}_k,$$

dove sono stati introdotti i coefficienti (positivi)

$$\gamma_{jk}(\mathsf{q}) = \sum_{i=1}^m \gamma_i \, \frac{\partial P_i}{\partial q_j} \cdot \frac{\partial P_i}{\partial q_k} \, .$$

Un semplice calcolo porta a questo punto a concludere che la funzione di dissipazione (14.67) e le componenti lagrangiane (14.68) soddisfano la richiesta costitutiva (14.63). Osserviamo che la struttura della matrice γ, di coefficienti $\{\gamma_{jk} : j,k = 1,\ldots,N\}$ ricalca esattamente la struttura della matrice di massa A utilizzata nel calcolo dell'energia cinetica, con la sola differenza che il coefficiente di viscosità agente sul punto i-esimo sostituisce la sua massa. In particolare, γ è simmetrica e semi-definita positiva. Essa diventa strettamente definita positiva se la forza viscosa agisce su tutti i punti, e cioè se $\gamma_i > 0$ per ogni $i = 1,\ldots,n$. In quest'ultimo caso, e solo in esso, il sistema di forze generato dalla funzione di dissipazione risulta essere completamente dissipativo, secondo la Definizione 14.24. $\qquad \square$

14.10 Vincoli anolonomi lineari

In questa sezione generalizzeremo la trattazione che ci ha portato alle equazioni di Lagrange, ai sistemi su cui agiscono vincoli anolonomi lineari, eventualmente insieme ad altri vincoli olonomi. Siano $\mathsf{q} = (q_1,\ldots,q_N)$ le coordinate libere che sarebbero in grado di descrivere il sistema se questo fosse sottoposto solo ai vincoli olonomi. I vincoli anolonomi impongono ulteriori restrizioni sugli atti di moto ammissibili a partire da ogni configurazione. Un vincolo anolonomo si dice *lineare* quando si può esprimere nella forma

$$f_0(\mathsf{q},t) + \sum_{k=1}^N f_k(\mathsf{q},t) \, \dot{q}_k = 0. \qquad (14.69)$$

Diremo inoltre che un vincolo anolonomo è *fisso* quando non dipende esplicitamente dal tempo e ammette che tutte le velocità lagrangiane siano nulle. Un vincolo anolonomo lineare (14.69) sarà quindi fisso quando f_0 sia identicamente nulla e nessuna delle f_k dipenda esplicitamente dal tempo.

Alcuni vincoli apparentemente anolonomi possono essere in realtà integrati e trasformati in vincoli olonomi. Nel caso dei vincoli lineari del tipo (14.69), il problema dell'integrazione consiste nel determinare una funzione $F(\mathsf{q}, t)$ la cui derivata temporale coincida con il membro sinistro della (14.69), eventualmente moltiplicato per un fattore integrante. In altre parole, si tratta di cercare due funzioni $F(\mathsf{q}, t)$ e $g(\mathsf{q}, t)$ tali che

$$g\, f_0 = \frac{\partial F}{\partial t} \qquad \text{e} \qquad g\, f_k = \frac{\partial F}{\partial q_k}.$$

Se tale ricerca ha successo, si può sostituire la (14.69) con $F(\mathsf{q}, t) = $ costante, e inglobare il vincolo tra quelli olonomi. Nelle sezioni 4.6.1 e 4.2 abbiamo visto due esempi di vincoli anolonomi lineari, rispettivamente uno integrabile e uno non integrabile: si tratta rispettivamente del disco che rotola senza strisciare su una guida fissa e del pattino che slitta sul ghiaccio.

Supponiamo ora che sul sistema di nostro interesse agiscano $r < N$ vincoli indipendenti del tipo (14.69):

$$f_0^{(h)}(\mathsf{q}, t) + \sum_{k=1}^{N} f_k^{(h)}(\mathsf{q}, t)\, \dot{q}_k = 0 \qquad \text{per} \quad h = 1, \ldots, r. \qquad (14.70)$$

Assumiamo inoltre che i vincoli siano linearmente indipendenti, e cioè che la matrice di coefficienti $\{ f_k^{(h)}(\mathsf{q}) : h = 1, \ldots, r, \ k = 1, \ldots N \}$ abbia rango r per ogni (q, t). Sotto tale ipotesi è possibile risolvere le (14.70) ed esprimere r delle velocità lagrangiane in funzione delle rimanenti $(N - r)$. Alternativamente, è possibile (e più utile alla susseguente trattazione) introdurre $(N - r)$ parametri arbitrari $\lambda = \{\lambda^{(1)}, \ldots, \lambda^{(N-r)}\}$ in funzione dei quali possiamo esprimere *tutte* le velocità lagrangiane:

$$\dot{q}_k(\mathsf{q}, t, \lambda) = \sum_{h=1}^{N-r} g_k^{(h)}(\mathsf{q}, t)\, \lambda^{(h)} + g_k^{(0)}(\mathsf{q}, t), \qquad (14.71)$$

dove i coefficienti $\{g_k^{(0)}, g_k^{(h)}\}$ seguono semplicemente dalla risoluzione di (14.70). Sottolineiamo che, in assenza di migliori scelte, le *caratteristiche cinetiche* λ, già introdotte nell'Esempio 4.2, possono coincidere con $(N - r)$ velocità lagrangiane, in funzione delle quali si esprimono le restanti r.

In caso di vincoli fissi si annullano le $f_0^{(h)}(\mathsf{q}, t)$, e quindi anche le $g_k^{(0)}(\mathsf{q}, t)$. Tale termine noto deve quindi essere omesso nella determinazione degli spostamenti virtuali ammessi da tutti i vincoli agenti sul sistema (olonomi e non). Introducendo

$(N - r)$ parametri indipendenti $\{v^{(1)}, \ldots, v^{(N-r)}\}$, avremo quindi

$$\delta q_k = \sum_{h=1}^{N-r} g_k^{(h)} \, v^{(h)}. \tag{14.72}$$

Gli spostamenti virtuali delle coordinate libere non sono più indipendenti, per cui in presenza di vincoli anolonomi non sarà più valida la dimostrazione del §14.5 che ci ha portato a concludere $Q_k = \tau_k$ per ogni $k = 1, \ldots, N$. Dobbiamo allora ripartire dall'equazione simbolica della dinamica (14.10), introducendo in essa le (14.72):

$$\sum_{i=1}^{n} \left(\mathbf{F}_i - m_i \, \mathbf{a}_i \right) \cdot \delta P_i = \cdots = \sum_{k=1}^{N} \left(Q_k - \tau_k \right) \delta q_k$$

$$= \sum_{h=1}^{N-r} \left[\sum_{k=1}^{N} \left(Q_k - \tau_k \right) g_k^{(h)} \right] v^{(h)} = 0.$$

Se ora definiamo le quantità

$$\Psi_h = \sum_{k=1}^{N} \left(Q_k - \tau_k \right) g_k^{(h)}, \qquad h = 1, \ldots, N - r,$$

teniamo conto dell'arbitrarietà dei $v^{(h)}$, e facciamo uso della (14.14), che rimane sempre valida, ricaviamo le *equazioni di Maggi*:

$$\sum_{k=1}^{N} g_k^{(h)} \left[\frac{d}{dt} \left(\frac{\partial T}{\partial \dot{q}_k} \right) - \frac{\partial T}{\partial q_k} - Q_k \right] = 0 \qquad \forall \, h = 1, \ldots, N - r. \tag{14.73}$$

Le equazioni differenziali (14.73), che sono del second'ordine nelle coordinate libere, possono essere viste come $(N - r)$ equazioni differenziali del prim'ordine nelle incognite (q, λ), purché si usino le (14.71) per esprimere $(\dot{\mathsf{q}}, \ddot{\mathsf{q}})$ in funzione di $(\lambda, \dot{\lambda})$. Queste equazioni vanno risolte insieme alle (14.71), che sono N equazioni del prim'ordine, sempre nelle variabili (q, λ). In totale, siamo quindi di fronte a $(2N - r)$ equazioni del prim'ordine nelle $(2N - r)$ incognite (q, λ). Di queste, le (14.71) sono già esplicitate in forma normale rispetto alle q, mentre è semplice dimostrare, con ragionamenti analoghi a quelli utilizzati in §14.3.1, che è possibile esplicitare le (14.73) in forma normale rispetto alle λ. I dati iniziali per le variabili λ si ottengono da quelli di $(\mathsf{q}, \dot{\mathsf{q}})$ (che ovviamente devono soddisfare le equazioni di vincolo), grazie all'inversione delle (14.71).

Capitolo 15
Statica dei continui monodimensionali

Presentiamo una breve introduzione alla meccanica dei corpi *deformabili* che siano caratterizzati da una struttura geometrica che li renda descrivibili, almeno approssimativamente, per mezzo di segmenti o curve. Questa schematizzazione è certamente ragionevole quando la configurazione possa essere assimilata a un segmento di retta o, più in generale, a un tratto di curva regolare, quando cioè la sezione trasversale possa essere ritenuta di dimensione molto inferiore e trascurabile rispetto all'estensione in lunghezza. Esempi di continui con queste proprietà sono illustrati nella Fig. 15.1.

Le aste, i fili, le funi e altri simili manufatti possono facilmente rientrare in questa casistica. Naturalmente ogni schematizzazione trascura qualche elemento che a posteriori potrebbe rivelarsi invece significativo, ma ciò ci pone in una situazione non diversa da quella che si crea quando consideriamo corpi che immaginiamo essere puntiformi o rigidi (in realtà ogni corpo reale è sempre in qualche misura deformabile). Si tratta in ogni caso di utili astrazioni che, come sempre, devono essere usate in modo appropriato rispetto alla situazione reale che vogliamo studiare.

Consideriamo quindi un corpo con forma tubolare a sezione molto sottile che sia assegnato in una configurazione, detta di *riferimento*, descritta da una curva semplice (cioè senza auto-intersezioni), finita e regolare dello spazio, che chiameremo *direttrice* (si suppone quindi che il diametro della sezione in ogni punto sia molto minore della lunghezza della direttrice).

Indichiamo con C_0 e S, rispettivamente, la direttrice stessa e con S il parametro lunghezza d'arco (ascissa curvilinea) misurato dall'estremo A_0 verso l'estremo B_0.

Figura 15.1 Due esempi di continui monodimensionali, il primo a sezione circolare e il secondo a sezione quadrata. La descrizione meccanica del continuo si riduce alla curva che passa attraverso i centri delle sezioni

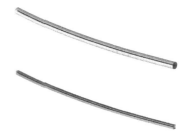

P. Biscari et al., *Meccanica Razionale*, La Matematica per il 3+2 138,
https://doi.org/10.1007/978-88-470-4018-2_15

Figura 15.2 Un continuo
monodimensionale nella configurazione di riferimento e
nella configurazione attuale.
Le ascisse curvilinee S e s
corrispondono a un medesimo punto P nelle due diverse
configurazioni

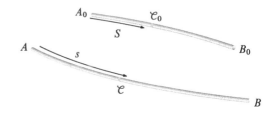

I punti materiali (particelle) dei quali è composto il corpo possono essere *identificati*
con i punti dello spazio da essi occupati nella configurazione di riferimento.

Sotto l'azione delle forze applicate ci aspettiamo che il corpo si deformi, assumendo una configurazione *attuale C*, diversa da quella di riferimento, nella quale
indichiamo con s la nuova ascissa curvilinea

Osserviamo che, in generale, la lunghezza di un tratto di corpo *non* si mantiene
inalterata nel passaggio dalla configurazione di riferimento a quella attuale. Come
si vede nella Fig. 15.2 le ascisse curvilinee S e s dei punti che si corrispondono
nelle due distinte configurazioni del corpo possono in generale essere diverse.

Il rapporto ds/dS esprime naturalmente la variazione di lunghezza di un tratto
infinitesimo di corpo in un punto generico: $ds/dS > 1$ corrisponde a un *allungamento*, mentre $ds/dS < 1$ a una *contrazione* del tratto infinitesimo considerato. Se
in particolare si ha invece $ds/dS = 1$ allora non vi è stata variazione di lunghezza.

Un corpo monodimensionale si dice *inestensibile* se la sua struttura materiale
impone che sia sempre $ds/dS = 1$. In questo caso, ovviamente, la lunghezza del
corpo si mantiene inalterata in ogni sua configurazione.

Una restrizione di questo tipo è da considerarsi come un vincolo (di inestensibilità, in questo caso) imposto al corpo. Osserviamo che si tratta di un esempio
di *vincolo interno*, poiché la restrizione riguarda le posizioni relative dei punti del
corpo, piuttosto che la loro collocazione rispetto a oggetti esterni.

In generale è possibile descrivere la configurazione del corpo sia per mezzo di
una funzione $P(S)$ dell'ascissa curvilinea S nella configurazione C_0, oppure una
funzione $P(s)$, come funzione dell'ascissa curvilinea s nella configurazione attuale
C. Nella nostra trattazione ci limiteremo in sostanza al caso dei corpi inestensibili,
per il quali $s = S$, riservando solo un cenno finale al caso dei *fili elastici* per i quali
tale condizione non è verificata. Ricordiamo infine che il *versore tangente* **t** alla
direttrice del corpo nella sua configurazione C è dato dalla derivata dP/ds come
illustrato in (A.16).

15.1 Azioni interne

Affrontiamo ora il problema di descrivere le azioni che si scambiano due parti del
corpo che siano idealmente separate da un taglio in un punto P generico. Poiché
sappiamo che la sezione che si viene a creare non è in realtà ridotta a un punto

ma piuttosto a una superficie, sia pure di diametro trascurabile rispetto alle restanti dimensioni del corpo, siamo ragionevolmente portati a pensare che l'azione di una parte sull'altra si realizzi per mezzo di una distribuzione superficiale di forze, caratterizzata da un risultante applicato al centroide di questa sezione, e da una coppia. In altre parole riassumiamo l'azione di una parte sull'altra attraverso il risultante e il momento delle forze che pensiamo distribuite sulla superficie di contatto. L'area di tale superficie è trascurabile, o più precisamente tale la riteniamo in questa modellizzazione. Di conseguenza, supponiamo a priori ininfluente la distribuzione effettiva delle forze di interazione su di essa, se non per il loro risultante e il momento rispetto al punto della curva che immaginiamo si trovi a coincidere con il centroide della sezione stessa, e cioè in sostanza con il punto della direttrice. Questo procedimento può apparire in una certa misura arbitrario, e certamente lo è, poiché sono possibili scelte alternative e più sofisticate: l'unica vera garanzia circa l'adeguatezza delle ipotesi che stiamo facendo risiede nella validità delle conseguenze che ne potremo dedurre per lo studio di problemi di tipo applicativo e ingegneristico.

Postulato (Azioni interne in un continuo monodimensionale) *Consideriamo un continuo monodimensionale, la cui configurazione attuale sia rappresentata dalla curva direttrice $P(s)$. L'azione meccanica esercitata dalla parte che* segue $P(s)$ *(secondo l'ascissa s crescente) sulla parte che lo* precede *è tradotta da una forza* $\mathbf{T}(s)$, *detta* sforzo interno, *e una coppia di momento* $\mathbf{M}(s)$, *detta* momento interno, *entrambi funzione del punto attraverso l'ascissa s.*

Per il Principio di azione e reazione, l'azione esercitata dalla parte che *precede* $P(s)$ sulla parte che lo *segue* sarà ovviamente rappresentabile attraverso una forza $-\mathbf{T}(s)$ e una coppia di momento $-\mathbf{M}(s)$. In sostanza possiamo pensare a $\mathbf{T}(s)$ e $\mathbf{M}(s)$ come risultante e momento del sistema di forze che una parte del continuo esercita sull'altra nel punto $P(s)$.

La Fig. 15.3 evidenzia il punto $P(s)$, dove s è l'ascissa curvilinea a partire da un estremo del continuo, nel quale si immagina di separare le due parti mettendo poi in evidenza l'azione di una sull'altra.

Nella Fig. 15.4 sono rappresentati la forza $\mathbf{T}(s)$ e il momento della coppia $\mathbf{M}(s)$ che attraverso la superficie di separazione la parte che *segue* $P(s)$ esercita *sulla* parte che lo *precede* (nel senso delle s crescenti). Interpretiamo $\mathbf{T}(s)$ come il risultante dell'insieme delle forze che sono esercitate attraverso la superficie di separazione e $\mathbf{M}(s)$ come il momento rispetto al centro della sezione di queste stesse forze.

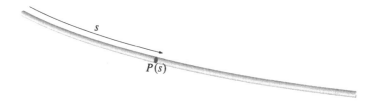

Figura 15.3 Il punto $P(s)$ dove si effettua un taglio ideale nel continuo monodimensionale, mettendo poi in evidenza le azioni di una parte sull'altra

Figura 15.4 L'azione della parte di continuo con ascissa maggiore di s sulla parte di continuo con ascissa minore di s: una forza $\mathbf{T}(s)$ e una coppia di momento $\mathbf{M}(s)$. Il cerchio orientato collocato intorno al vettore $\mathbf{M}(s)$ ricorda che questo indica un momento e non una forza

Figura 15.5 Le azioni interne fra le due parti di continuo nel punto $P(s)$. Si noti che $-\mathbf{T}(s)$ e $-\mathbf{M}(s)$ descrivono l'azione della parte con ascissa *minore* di s *sulla* parte con ascissa *maggiore* di s

Infine, nella Fig. 15.5, è illustrato l'applicazione del principio di azione e reazione all'interno del continuo. Quindi $-\mathbf{T}(s)$ e $-\mathbf{M}(s)$ descrivono l'azione complessiva che la parte che *precede* $P(s)$ esercita sulla parte che *segue*.

Definizione 15.1   *Siano* $\mathbf{T}$ *e* $\mathbf{M}$ *lo sforzo e il momento interno in un continuo monodimensionale. Chiamiamo sforzo* assiale *la componente di* $\mathbf{T}$ *perpendicolare alla sezione di separazione, e quindi tangente alla curva* $P(s)$, *e sforzo di taglio la sua componente nel piano di separazione stesso, e quindi ortogonale alla curva. Le analoghe componenti del momento* $\mathbf{M}$ *vengono rispettivamente denominate momento torcente, e momento flettente.*

Per una migliore comprensione di queste definizioni si faccia riferimento alle Figg. 15.6 e 15.7.

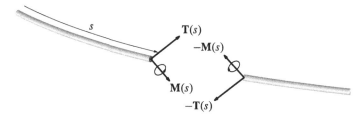

Figura 15.6 La scomposizione di $\mathbf{T}$ in una parte $\mathbf{T}_n$ *normale* al piano della sezione di separazione, e perciò tangente alla direttrice, e in una parte $\mathbf{T}_t$ *trasversa*, contenuta nel piano o tangente ad esso. La prima è detta *sforzo assiale*, poiché diretta come l'asse del continuo, e la seconda è detta *sforzo di taglio*, poiché orientata tangenzialmente rispetto alla superficie di separazione (si noti che gli indici n e t sono associati alle direzioni relative al piano di separazione e non alla curva direttrice stessa)

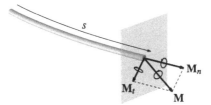

Figura 15.7 La scomposizione di **M** nella parte $\mathbf{M}_n$ *normale* al piano della sezione di separazione, e perciò tangente al continuo, che corrisponde a una azione di torsione, ed è per questo indicata con il nome di *momento torcente*, e la sua parte *trasversa* $\mathbf{M}_t$ nel piano stesso, che tende a fletterlo e per questo è nota come *momento flettente* (si noti che gli indici n e t sono associati alle direzioni relative al piano di separazione e non alla curva stessa)

15.1.1 Forze distribuite e azioni sugli estremi

Dobbiamo ora caratterizzare le forze applicate dall'esterno a un continuo monodimensionale. A tal fine, risulta ragionevole supporre che possa essere presente una forza distribuita lungo la curva che descrive la configurazione del corpo: potrebbe ad esempio trattarsi del peso, oppure di una reazione vincolare dovuta a una superficie sulla quale esso sia adagiato. In ogni caso la forza distribuita sarà assegnata attraverso una *densità* di forza $\mathbf{f}(s)$, con dimensioni di forza per unità di lunghezza, tale che l'integrale della densità lungo un qualunque tratto di curva fornisca il risultante della forza distribuita esterna agente su tale tratto. Il vettore $\mathbf{f}(s)$ rappresenta quindi la forza per unità di lunghezza, misurata nella configurazione attuale, che agisce sul continuo nel punto $P(s)$.

Si osservi che, come illustrato nella Fig. 15.2, è possibile descrivere la configurazione del corpo utilizzando come parametro al posto di s l'ascissa curvilinea S nella configurazione di riferimento C_0 e, coerentemente, la forza esterna per unità di lunghezza può anche essere assegnata per mezzo del vettore $\mathbf{f}_0(S)$, tale che $\mathbf{f}_0(S)dS = \mathbf{f}(s)ds$. Quindi, mentre $\mathbf{f}(s)$ è la forza esterna per unità di lunghezza della configurazione deformata, $\mathbf{f}_0(S)$ indica la medesima forza esterna ma per unità di lunghezza della configurazione di riferimento. Evidentemente nel caso di corpi inestendibili, per i quali $s = S$, questa distinzione si perde.

Ciascuno degli estremi del corpo sarà inoltre soggetto a una forza e a un momento esterni, coerentemente con la descrizione che abbiamo fatto per le azioni interne. Indicheremo con $\mathbf{F}_A, \mathbf{F}_B$ le forze applicate ai due estremi A, B, corrispondenti ai valori $s = 0$ e $s = l$ dell'ascissa curvilinea. Analogamente, chiameremo $\mathbf{M}_A, \mathbf{M}_B$ i momenti delle coppie esterne applicate agli estremi, come illustrato nella Fig. 15.8.

La modellizzazione che abbiamo qui brevemente presentato è sufficientemente sofisticata da consentire la descrizione di un'ampia classe di corpi monodimensionali, che contiene i sistemi che vengono denominati *fili* e *verghe*. È bene però avvertire che esistono situazioni più complesse e tipologie di continui monodimensionali, le travi ad esempio, per i quali si presenta la necessità di ricorrere a una descrizione delle azioni interne decisamente più ricca e complessa dal punto di vista matematico.

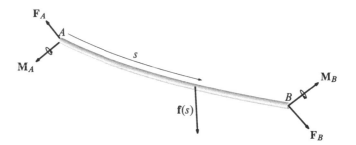

Figura 15.8 Un continuo monodimensionale soggetto a forze e momenti agli estremi e a una forza distribuita

15.2 Equilibrio dei corpi monodimensionali

Le equazioni cardinali sono necessariamente soddisfatte durante il moto di ogni corpo o sistema e sono sufficienti a determinare quello di un corpo rigido, come abbiamo visto nel § 11.1 del Cap. 11 e nel Teorema 12.3 del Cap. 12.

In particolare abbiamo dimostrato (vedi Teorema 9.12) che condizione necessaria e sufficiente affinché un corpo rigido sia in equilibrio è che le forze esterne abbiano risultante e momento nulli.

Certamente la situazione si presenta molto diversa per un corpo deformabile, anche solo limitandoci al problema dell'equilibrio. Una semplice esperienza con un filo elastico teso fra le mani consente subito di intuire che la condizione di risultante e momento nulli non basta più per garantire l'equilibrio, contrariamente a quanto si verificava per un corpo rigido.

Le equazioni di equilibrio di un continuo deformabile si ottengono infatti postulando che le equazioni cardinali siano soddisfatte non solo per il corpo nel suo insieme ma anche per *ogni sua parte*, a differenza di quanto avveniva nel caso del corpo rigido.

Postulato (Statica dei sistemi deformabili) *Condizione necessaria e sufficiente per l'equilibrio di un corpo deformabile è che siano nulli il risultante e il momento delle forze agenti su* ogni *sua parte.*

È importante sottolineare che il Postulato richiede che il sistema formato da *tutte* le forze agenti su *ogni* parte sia equilibrato. In altre parole, per ogni sottosistema dobbiamo conteggiare sia le forze esterne agenti su di esso che le forze provenienti dalle parti contigue del sistema stesso. Dobbiamo quindi prima di tutto descrivere le interazioni fra le parti di un sistema deformabile, precisando quale sia il tipo di azioni che una parte esercita su un'altra ad essa adiacente, una volta che le si immagini separate da un taglio ideale. Questa procedura consentirà di scrivere esplicitamente le equazioni cardinali della statica per ogni sottosistema deformabile.

Nel caso dei corpi deformabili tridimensionali questo problema non è affatto banale e porta alla teoria degli sforzi interni che prende il nome da Cauchy. Come già anticipato, comunque, è nostra intenzione limitarci in questa sede al solo caso monodimensionale, per alcuni aspetti più semplice.

15.3 Equazioni indefinite di equilibrio

Dato un continuo monodimensionale, modellato secondo l'approccio appena visto, passiamo ora alla deduzione delle relazioni differenziali che, sotto ipotesi abbastanza generali, sono equivalenti alla condizione di equilibrio corrispondente al Postulato della statica dei sistemi deformabili.

Teorema 15.2 (Equilibrio dei continui monodimensionali) *Condizione necessaria e sufficiente affinché le equazioni cardinali siano soddisfatte per ogni parte del corpo è che valgano le relazioni*

$$\frac{d\mathbf{T}}{ds} + \mathbf{f} = \mathbf{0}, \qquad \frac{d\mathbf{M}}{ds} + \mathbf{t} \wedge \mathbf{T} = \mathbf{0}, \tag{15.1}$$

note come equazioni indefinite di equilibrio.

Dimostrazione Consideriamo la parte di corpo corrispondente all'intervallo $[s_1, s_2]$ dell'ascissa curvilinea nella configurazione attuale, così come si vede nella Fig. 15.9. Su tale parte agiscono: lo sforzo $\mathbf{T}(s_2)$ (applicato in $P(s_2)$) e il momento interno $\mathbf{M}(s_2)$, che rappresentano l'azione del tratto di continuo con $s > s_2$ sul sistema considerato; lo sforzo $-\mathbf{T}(s_1)$ (applicato in $P(s_1)$) e il momento interno $-\mathbf{M}(s_1)$, che rappresentano l'azione del tratto di continuo con $s < s_1$ (si notino i segni negativi, dovuti alla convenzione di segno introdotta sopra); il sistema di forze distribuite $\{(P(s), \mathbf{f}(s)), \ s \in [s_1, s_2]\}$.

La prima equazione cardinale della statica per il tratto $[s_1, s_2]$ di continuo fornisce

$$\mathbf{T}(s_2) - \mathbf{T}(s_1) + \int_{s_1}^{s_2} \mathbf{f}(s)\, ds = \mathbf{0}. \tag{15.2}$$

Poiché, per il teorema fondamentale del calcolo integrale,

$$\mathbf{T}(s_2) - \mathbf{T}(s_1) = \int_{s_1}^{s_2} \frac{d\mathbf{T}}{ds}\, ds,$$

Figura 15.9 Il tratto del corpo formato dai punti $P(s)$ tali che $s_1 \le s \le s_2$ e le forze agenti su di esso

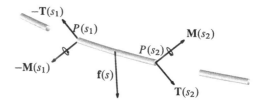

sostituendo nella (15.2) otteniamo

$$\int_{s_1}^{s_2} \left(\frac{d\mathbf{T}}{ds} + \mathbf{f}(s) \right) ds = 0.$$

Questo integrale si annulla per *ogni* scelta dell'intervallo di integrazione se e solo se la funzione integranda è identicamente nulla (supposto che le funzioni in gioco siano sufficientemente regolari). Deduciamo quindi che condizione necessaria e sufficiente affinché la prima equazione cardinale sia soddisfatta per ogni parte di corpo è che sia

$$\frac{d\mathbf{T}}{ds} + \mathbf{f} = \mathbf{0}. \tag{15.3}$$

Scelto un polo O, dalla seconda equazione cardinale della statica per la parte $[s_1, s_2]$ ricaviamo

$$\mathbf{M}(s_2) - \mathbf{M}(s_1) + OP(s_2) \wedge \mathbf{T}(s_2) - OP(s_1) \wedge \mathbf{T}(s_1) + \int_{s_1}^{s_2} OP(s) \wedge \mathbf{f}(s)\, ds = 0.$$

$$\tag{15.4}$$

Se osserviamo che

$$\mathbf{M}(s_2) - \mathbf{M}(s_1) + OP(s_2) \wedge \mathbf{T}(s_2) - OP(s_1) \wedge \mathbf{T}(s_1)$$

$$= \int_{s_1}^{s_2} \frac{d\mathbf{M}}{ds}\, ds + \int_{s_1}^{s_2} \frac{d}{ds}(OP \wedge \mathbf{T})\, ds$$

possiamo riscrivere la seconda equazione cardinale nella forma

$$\int_{s_1}^{s_2} \left(\frac{d\mathbf{M}}{ds} + \frac{d}{ds}(OP \wedge \mathbf{T}) + OP \wedge \mathbf{f} \right) ds = 0.$$

Dopo aver eseguito la derivazione rispetto a s del prodotto vettore al primo membro otteniamo

$$\int_{s_1}^{s_2} \left(\frac{d\mathbf{M}}{ds} + \frac{dOP}{ds} \wedge \mathbf{T} + OP \wedge \frac{d\mathbf{T}}{ds} + OP \wedge \mathbf{f} \right) ds = 0.$$

Poiché la derivata di OP rispetto a s è pari a $\mathbf{t}$, versore tangente alla curva, e tenendo conto della espressione (15.3), che corrisponde alla prima equazione cardinale, dopo la cancellazione degli ultimi due termini risulta

$$\int_{s_1}^{s_2} \left(\frac{d\mathbf{M}}{ds} + \mathbf{t} \wedge \mathbf{T} \right) ds = \mathbf{0}.$$

Anche qui, se vogliamo che questa condizione sia soddisfatta per ogni intervallo $[s_1, s_2]$, è necessario e sufficiente che sia

$$\frac{d\mathbf{M}}{ds} + \mathbf{t} \wedge \mathbf{T} = \mathbf{0},$$

e ciò completa la dimostrazione. □

Alle equazioni differenziali che formano il sistema (15.1) vanno ovviamente aggiunte le condizioni al contorno

$$\mathbf{T}(0) = -\mathbf{F}_A, \quad \mathbf{T}(l) = \mathbf{F}_B, \quad \mathbf{M}(0) = -\mathbf{M}_A, \quad \mathbf{M}(l) = \mathbf{M}_B. \tag{15.5}$$

15.3.1 Forze concentrate

In molte applicazioni esiste la possibilità che sul continuo agiscano anche *forze concentrate* $\{(P_i, \mathbf{F}_i), i = 1, \ldots, n\}$. In questo caso le equazioni (15.2) e (15.4) dovranno essere modificate con l'aggiunta, rispettivamente, dei termini

$$\sum_{i^*} \mathbf{F}_i, \quad \sum_{i^*} OP_i \wedge \mathbf{F}_i,$$

dove la somma deve essere eseguita sugli indici i^* per i quali i punti corrispondenti appartengono al tratto $[s_1, s_2]$. In questo modo è possibile dimostrare che in ogni punto P_i dove è presente una forza concentrata la funzione $\mathbf{T}(s)$ ha una discontinuità di prima specie, mentre $\mathbf{M}(s)$ è invece continua con derivata prima discontinua.

Supponiamo che in un punto $\bar{P}$ corrispondente all'ascissa curvilinea $\bar{s}$ sia applicata una forza *concentrata* $\bar{\mathbf{f}}$. Possiamo pensare che il tratto infinitesimo di continuo centrato in $\bar{P}$ sia soggetto a una forza $\mathbf{T}^+$ per effetto dell'azione del tratto di filo con $s > \bar{s}$ e a una forza $-\mathbf{T}^-$ come azione del tratto di filo con $s < \bar{s}$, dove

$$\mathbf{T}^\pm = \lim_{s \to s^\pm} \mathbf{T}(s)$$

(limiti da destra e da sinistra della funzione $\mathbf{T}(s)$ in $\bar{s}$). Tenendo conto della forza concentrata $\bar{\mathbf{f}}$ in $\bar{P}$ si ottiene, come conseguenza della prima equazione cardinale della statica,

$$\mathbf{T}^+ - \mathbf{T}^- + \bar{\mathbf{f}} = \mathbf{0}. \tag{15.6}$$

Se indichiamo con il simbolo $[\![\,\cdot\,]\!]$ il "salto" di una funzione con discontinuità di prima specie in un assegnato punto del suo dominio possiamo riscrivere la (15.6) nella forma

$$[\![\mathbf{T}]\!] + \bar{\mathbf{f}} = \mathbf{0}.$$

Si osservi che la presenza di una componente di $\bar{\mathbf{f}}$ *tangente* alla direttrice del continuo produce una discontinuità nello *sforzo assiale*, mentre la parte di $\bar{\mathbf{f}}$ *normale* ad essa corrisponde a una discontinuità nello *sforzo di taglio*.

Infine, alla luce della seconda delle (15.1), si vede subito che una discontinuità nel valore di $\mathbf{T}$ corrisponde a una discontinuità nella derivata prima di $\mathbf{M}(s)$.

15.4 Azioni interne nel caso piano

È di grande importanza applicativa il caso particolare in cui la direttrice del corpo giace in un piano al quale appartiene anche il sistema di forze applicate. Osserviamo che in queste ipotesi i momenti delle coppie eventualmente agenti sugli estremi saranno perpendicolari al piano stesso, come si verfica sempre nel caso di sistemi piani di forze (questa situazione è illustrata nella Fig. 15.10).

L'equazione (15.1)$_1$ moltiplicata scalarmente per il versore $\mathbf{k}$ di una direzione ortogonale al piano ci darà

$$\frac{d\mathbf{T}}{ds} \cdot \mathbf{k} + \mathbf{f} \cdot \mathbf{k} = 0$$

e poiché secondo le nostre ipotesi $\mathbf{f} \cdot \mathbf{k} = 0$ (anche $\mathbf{f}$ deve giacere nel piano) allora, ponendo $T_z = \mathbf{T} \cdot \mathbf{k}$,

$$\frac{dT_z}{ds} = 0$$

e quindi T_z sarà identicamente nullo, poiché $T_z(0) = -F_{Az} = 0$ (si veda ancora la Fig. 15.10).

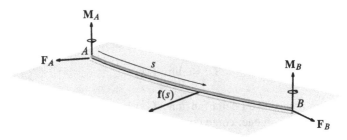

Figura 15.10 Un continuo monodimensionale la cui direttrice giace in un piano. Il corpo è soggetto a un sistema piano di forze e a momenti agli estremi perpendicolari al piano stesso

Figura 15.11 Gli sforzi interni in un continuo monodimensionale soggetto a forze piane si riducono a: sforzo assiale N, sforzo di taglio T, momento flettente M_f. Si osservi che N, T, M_f sono le componenti dei vettori secondo le direzioni dei versori indicati

Lo sforzo $\mathbf{T}(s)$ in un punto generico del continuo sarà perciò un vettore del piano, che potremo scomporre in una parte tangente alla direttrice (e normale al piano della sezione ideale) e in una parte normale ad essa, ma giacente anch'essa nel piano della direttrice.

La componente della prima parte secondo il versore tangente è indicata tradizionalmente con N, mentre la componenente della seconda parte secondo un versore del piano che sia normale alla curva è indicata con T (tutto ciò è illustrato nella Fig. 15.11).

Moltiplichiamo ora scalarmente l'equazione $(15.1)_2$ per i versori $\mathbf{i}$ e $\mathbf{j}$ del piano stesso. Si ottiene

$$\frac{d\mathbf{M}}{ds} \cdot \mathbf{i} + \mathbf{t} \wedge \mathbf{T} \cdot \mathbf{i} = 0 \qquad \frac{d\mathbf{M}}{ds} \cdot \mathbf{j} + \mathbf{t} \wedge \mathbf{T} \cdot \mathbf{j} = 0 \qquad (15.7)$$

dove, in base alla considerazioni precedenti,

$$\mathbf{t} \wedge \mathbf{T} \cdot \mathbf{i} = 0 \qquad \mathbf{t} \wedge \mathbf{T} \cdot \mathbf{j} = 0$$

poichè i vettori dei prodotti misti sono complanari. Ponendo poi $M_x = \mathbf{M} \cdot \mathbf{i}$ e $M_y = \mathbf{M} \cdot \mathbf{j}$ dalle (15.7) si ottiene

$$\frac{dM_x}{ds} = 0 \qquad \frac{dM_y}{ds} = 0.$$

Dal momento che $M_x(0) = -M_{Ax} = 0$ e $M_y(0) = -M_{Ay} = 0$ si conclude che in ogni punto $\mathbf{M}(s)$ è *perpendicolare* al piano in cui giace la direttrice. La componente di $\mathbf{M}(s)$ secondo un versore perpendicolare al piano stesso è detta *momento flettente* e indicata con M_f, oppure anche con la lettera Γ (questo è illustrato nella Fig. 15.11).

In conclusione, le azioni interne, o sforzi, in un continuo monodimensionale soggetto a un sistema di forze piane si riducono a: sforzo assiale, sforzo di taglio, momento flettente.

Una utile relazione che è conseguenza immediata della $(15.1)_2$ si ottiene osservando che il prodotto vettoriale $\mathbf{t} \wedge \mathbf{T}$ fra il versore tangente e il vettore di sforzo $\mathbf{T}$ coinvolge solo lo sforzo di taglio T (poiché lo sforzo assiale N è parallelo a $\mathbf{t}$) ed ha componente perpendicolare al piano pari a $\pm T$, con il segno che dipende dall'orientamento scelto per T e per il versore normale al piano.

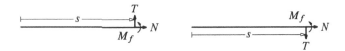

Figura 15.12 Le azioni interne rappresentate con due diverse scelte dell'orientamento dello sforzo di taglio

Quindi l'equazione (15.1)$_2$ si riscrive come

$$\frac{dM_f}{ds} \pm T = 0 \tag{15.8}$$

che può essere letto così: la derivata del momento flettente è pari a più o meno lo sforzo di taglio, a seconda delle convenzioni scelte per indicare M_f e T. Per esempio, con la scelta fatta nella parte sinistra della Fig. 15.12 nella (15.8) si ottiene il segno $+$ davanti a T, mentre con la scelta della parte destra si ottiene il segno opposto.

Osservazione 15.3 Alla luce delle considerazioni che abbiamo svolto fino ad ora dovrebbe essere evidente che per studiare i problemi di meccanica dei continui monodimensionali è sufficiente utilizzare una rappresentazione della curva direttrice, trascurando la sezione del corpo, che è quello che in generale faremo da qui in avanti.   □

15.5 Relazioni costitutive

Le condizioni che abbiamo svolto fino a ora prescindono dalla natura materiale del corpo deformabile del quale ci vogliamo occupare. È ben chiaro, tuttavia, che il sistema di equazioni necessario a descrivere, per esempio, le flessioni di una verga elastica, dovrà pur dipendere in qualche modo dalla natura fisica del materiale di cui essa è costituita. Analogamente, ci aspettiamo che una teoria dei fili dia luogo a equazioni particolari, con qualche differenza essenziale da quelle che si utilizzano per descrivere aste e verghe.

Come già osservato, infatti, il sistema formato dalle equazioni (15.1) con l'aggiunta delle condizioni al contorno (15.5) *non* è sufficiente a determinare le funzioni incognite che si presentano in modo naturale nella discussione dell'equilibrio di un continuo monodimensionale. Per esempio, se supponiamo assegnata la forza $\mathbf{f}(s)$ insieme alle forze e ai momenti applicati agli estremi, dovremo determinare: (1) la configurazione di equilibrio del corpo, descritta dalla funzione $P(s)$; (2) le azioni interne $\mathbf{T}(s)$ e $\mathbf{M}(s)$. Un rapido calcolo ci mostra che si tratta di nove funzioni scalari incognite, mentre le equazioni differenziali scalari a disposizione sono solo sei. Sarà quindi necessario introdurre ulteriori ipotesi che descrivano la natura materiale del corpo, le cosiddette *relazioni costitutive*, oppure qualche vincolo che diminuisca il numero delle incognite.

Una relazione costitutiva prende in generale la forma di un legame fra lo stato di sforzo e la deformazione. Per esempio, lo sforzo assiale N può essere ritenuto proporzionale all'allungamento di un tratto infinitesimo di continuo, espresso dal rapporto ds/dS, oppure il momento flettente può essere in modo naturale legato alla variazione della curvatura della direttrice del continuo. Esistono molte relazioni costitutive, anche di notevole complessità, che permettono di caratterizzare diverse tipologie di continui monodimensionali, poiché l'argomento è ampio e di grande importanza sia teorica che applicativa.

Qui ci limiteremo a una breve trattazione di pochi esempi, fra i più classici:

- sistemi piani di aste rigide;
- fili inestendibili;
- aste flessibili inestendibili descritte dal "modello di Eulero";
- fili elastici.

15.6   Sforzi nei sistemi isostatici piani

I sistemi formati da aste *rigide*, e cioè da continui monodimensionali ai quali si è imposto il vincolo di rigidità, sono di grande importanza anche dal punto di vista della applicazioni. In particolare, il calcolo degli sforzi interni nei sistemi isostatici piani è un classico argomento di studio.

Ricordiamo che per sistema *isostatico* si intende un insieme di punti e corpi rigidi vincolati in modo da non ammettere spostamenti né finiti né infinitesimi. Si suppone inoltre che l'insieme dei vincoli introdotti sia minimale, vale a dire che se anche uno solo dei vincoli venisse eliminato o indebolito allora il sistema ammetterebbe spostamenti finiti o infinitesimi (una discussione di questa terminologia è contenuta nel §4.4 del Cap. 4).

Nei sistemi isostatici piani di aste rigide esiste un sufficiente numero di equazioni per calcolare le azioni interne in ogni asta del sistema. Da un punto di vista concettuale, riferendosi alla Fig. 15.13, è evidente che se siamo in grado di conoscere tutte le forze e i momenti agenti sull'estremo A e lungo il tratto AP dell'asta potremo calcolare le azioni interne per mezzo delle equazioni cardinali imposte ad AP: nel caso piano, del quale ci occupiamo, avremo infatti un sistema di tre equazioni nelle tre incognite $N(s)$, $T(s)$ e $M_f(s)$.

Figura 15.13   Gli sforzi nel punto P possono essere calcolati per mezzo delle equazioni cardinali della statica relative al tratto AP, una volta che sia a conoscenza della rimanente sollecitazione agente su di esso

Figura 15.14 Un esempio di
sistema isostatico

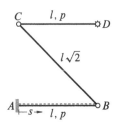

Esempio 15.4   Nel sistema di Fig. 15.14 vogliamo calcolare gli sforzi nell'asta AB (distinta da un tratteggio), che è soggetta a un vincolo di incastro nell'estremo A ed è incernierata a una seconda asta in B. Le lunghezze delle aste e i loro pesi possono essere letti dalla figura stessa.

Un metodo efficace di procedere, anche se certamente non l'unico, è quello di calcolare le azioni che il vincolo in A esercita su AB. Scrivendo il momento rispetto a B delle forze agenti su AB, il momento rispetto a C del sottosistema CBA e il momento rispetto a C dell'intero sistema $ABCD$ si ottengono tre equazioni che hanno come incognite le quantità H_A, V_A, M_A evidenziate nella Fig. 15.15 (esistono diverse tradizioni riguardo la notazione più opportuna da usare nell'analisi dei sistemi isostatici).

Si osservi che M_A è la componente, perpendicolare al piano e secondo un verso uscente, del momento d'incastro, mentre H_A e V_A sono le componenti orizzontale e verticale della forza reattiva dovuta anch'essa al vincolo.

Le tre equazioni che si ottengono sono:

$$M_B^{AB} = 0 \quad \Rightarrow \quad l/2\,p - l\,V_A + M_A = 0$$
$$M_C^{ABC} = 0 \quad \Rightarrow \quad -l/2\,p + M_A + l\,H_A = 0$$
$$M_D^{ABCD} = 0 \quad \Rightarrow \quad l/2\,p + l\,H_A + M_A - l\,V_A + l/2\,p = 0$$

(il verso positivo dei momenti è stato scelto antiorario). Risolvendo questo sistema si ottiene

$$H_A = -p/2 \quad V_A = 3p/2 \quad M_A = pl \,.$$

Scrivendo ora le equazioni cardinali per il tratto AP illustrato nella Fig. 15.16 si ottiene

$$N + H_A = 0 \quad \Rightarrow \quad N - p/2 = 0$$
$$T + V_A - ps/l = 0 \quad \Rightarrow \quad T + 3p/2 - ps/l = 0$$
$$M_A + ps^2/2l - V_A s = 0 \quad \Rightarrow \quad pl + ps^2/2l - 3ps/2 + M_f = 0 \qquad (15.9)$$

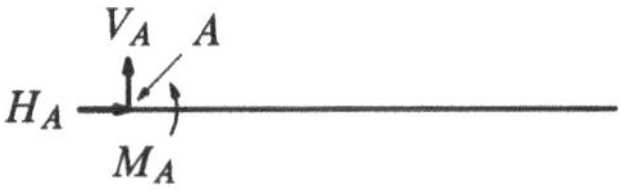

Figura 15.15 Le azioni
esercitate in A dal vincolo di
incastro

$$V_A \quad A$$
$$H_A \underline{\quad\quad\quad}$$
$$M_A$$

Figura 15.16 Le forze e i
momenti agenti sul tratto AP
dell'asta AB

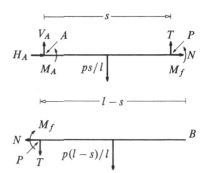

Figura 15.17 Gli sforzi
agenti nel punto P sul tratto
PB dell'asta AB. Non sono
indicate le forze che l'asta
riceve in B dalla cerniera alla
quale è collegata

e da qui

$$N(s) = p/2 \quad T(s) = -3p/2 + ps/l \quad M_f(s) = -pl + 3ps/2 - ps^2/2l \,.$$

Lo sforzo assiale è in questo caso costante e, a conferma di quanto scritto nella
(15.8),

$$\frac{dM_f}{ds} = 3p/2 - ps/l = -T(s)\,.$$

È molto importante osservare che nelle equazioni cardinali (15.9) scritte per il
tratto AP abbiamo inserito la parte di peso dell'asta AB che compete a questa parte
dell'asta, e cioè $(p/l)s$. Il peso complessivo deve essere diviso per la lunghezza
dell'asta (che qui era supposta essere omogenea) per ottenere il peso per unità di
lunghezza p/l e infine moltiplicato per s per avere il peso del tratto AP, applicato
nel suo baricentro.

Un metodo che permette di giungere a determinare le tre incognite $T(s)$, $N(s)$,
$M_f(s)$ scrivendo direttamente tre equazioni indipendenti è schematizzabile come
segue

$$M_B^{PB} = 0 \quad \Rightarrow \quad -M_f + T(l-s) + (l-s)^2 p/2l = 0$$
$$M_C^{PBC} = 0 \quad \Rightarrow \quad -M_f - Ts - Nl - (l+s)p(l-s)/2 = 0$$
$$M_D^{PBCD} = 0 \quad \Rightarrow \quad -M_f + p(l-s)^2/2l + T(l-s) - Nl + pl/2 = 0$$

e possiamo verificare che si giunge allo stesso risultato, anche se però queste tre
equazioni sono un po' meno agevoli da scrivere.   □

Aste scariche

Una ulteriore considerazione che possiamo fare sul sistema illustrato nella Fig. 15.14
è che in esso l'asta BC ha una caratteristica particolare che può essere utile osservare: si tratta di un'*asta scarica*. Con questa denominazione si indicano le aste
rigide soggette *solo* a *due forze* agli estremi (ma *non* momenti), e quindi a *nessun*
carico distribuito (come il peso) o concentrato lungo l'asta stessa.

Figura 15.18 Un'asta soggetta solo a forze agli estremi è detta *scarica*. Si osservi che ponendo uguale a zero il risultante e il momento rispetto a uno degli estremi si deduce immediatamente che le forze devono essere uguali ed opposte e dirette come la congiungente

In questo caso, con riferimento alla Fig. 15.18, calcolando il risultante e il momento rispetto a un estremo e ponendoli entrambi uguale a zero si deduce che per l'equilibrio è necessario che le due forze siano uguali ed opposte e dirette come la retta che congiunge gli estremi.

Il calcolo degli sforzi in un'asta scarica *rettilinea* è semplicissimo: si vede subito, infatti che $T(s) = 0$, $N(s) =$ costante, $M_f(s) = 0$. L'unico sforzo è quindi assiale ed è costante.

Comprendere che una certa asta è scarica è utile per ridurre immediatamente le incognite. Per esempio, nel sistema della Fig. 15.14 è possibile assegnare a BC (priva di peso e incernierata agli estremi) il ruolo di asta scarica, deducendo immediatamente che le azioni da essa esercitata sulle cerniere B e C sono diretta come l'asta stessa, opposte e di uguale intensità.

Diciamo infine che, per un linguaggio di origine tecnica, quando a conti fatti si scopre che l'azione che l'asta riceve agli estremi tende a tirarla, come in Fig. 15.19, la si chiama "tirante", mentre nel caso opposto "puntone", come in Fig. 15.20.

È utile osservare che nel caso di un'asta scarica *curva* lo sforzo *non* è esclusivamente assiale, come per un'asta rettilinea, ma possiede invece anche una componente trasversa, e cioè di taglio, come illustrato nella Fig. 15.21.

Figura 15.19 Se le forze applicate agli estremi sono orientate verso l'esterno dell'asta scarica questa si dice *tirante*

Figura 15.20 Se le forze applicate agli estremi sono orientate verso l'interno dell'asta scarica questa si dice *puntone*

Figura 15.21 In un'asta scarica curvilinea le forze applicate agli estremi sono uguali e opposte ma lo sforzo si scompone in una parte assiale e una parte trasversa. L'azione interna quindi non è puramente assiale, come invece nel caso di un'asta scarica rettilinea. Si osservi che in un punto generico è necessariamente presente anche un momento flettente

In definitiva:

- Un'asta si dice *scarica* se è soggetta *solo* a forze applicate agli estremi. Non è da considerarsi tale un'asta soggetta al proprio peso (un'asta scarica deve quindi necessariamente essere di peso trascurabile) o che in un estremo sia incastrata, e quindi soggetta a un momento d'incastro, oppure sulla quale agiscano in punti diversi dagli estremi altre forze o momenti concentrati o distribuiti.
- La forza che un'asta scarica esercita o subisce agli estremi è diretta come la loro congiungente.
- Un'asta scarica rettilinea ha esclusivamente sforzo interno assiale (si annullano sia lo sforzo di taglio che il momento flettente), costante lungo la sua lunghezza.
- Un'asta scarica curvilinea ha sforzi interni che in un punto generico comprendono sforzo assiale, sforzo di taglio e momento flettente.

15.7 Fili

L'idea essenziale legata al modello matematico di un filo è la *perfetta flessibilità*. Chiamiamo *filo* un continuo monodimensionale molto sottile che non opponga alcuna resistenza alla flessione. Questa ipotesi si traduce nel supporre *nullo* il momento **M**, sia all'interno che negli estremi del corpo. Le equazioni indefinite della statica dei fili si riducono quindi a

$$\frac{d\mathbf{T}}{ds} + \mathbf{f} = \mathbf{0}, \qquad \mathbf{t} \wedge \mathbf{T} = \mathbf{0}. \tag{15.10}$$

La seconda equazione viene soddisfatta imponendo il parallelismo fra lo sforzo **T** e il versore tangente **t**. Possiamo quindi dedurre che $\mathbf{T} = \tau\mathbf{t}$, dove la quantità scalare τ è detta *tensione*. Nei fili si suppone che la tensione sia sempre *positiva* (un filo può solo essere tirato e non resiste in alcun modo alla compressione), come illustrato nelle Figg. 15.22 e 15.23. Si osservi che nella classe dei fili rientrano anche le *catene*, poiché ne condividono le caratteristiche essenziali.

Pensiamo ora a una situazione concreta: un filo al quale sia applicato un sistema noto di forze distribuite esterne $\{(P(s), \mathbf{f}(s)),\ s \in [0, l]\}$, unito alle forze al contorno $\{(A, \mathbf{F}_A),\ (B, \mathbf{F}_B)\}$, del quale si voglia calcolare una eventuale configurazione di equilibrio. In questo caso le incognite saranno $P(s)$ e $\tau(s)$. Notiamo che queste

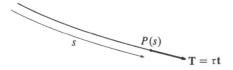

Figura 15.22 La tensione in un filo. Si osservi che il vettore **T** è tangente alla direttrice del continuo (in questo contesto la notazione usata è diversa da quella della Fig. 15.4). La quantità scalare τ, che è supposta sempre positiva, indica la tensione nel punto P del filo

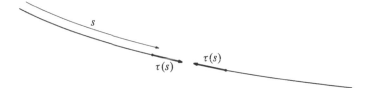

Figura 15.23   La tensione τ è sempre maggiore o uguale a zero, poiché si suppone che un filo possa solo resistere a una trazione e mai a una compressione. L'azione che un tratto di filo esercita sul rimanente è quindi sempre diretta come in figura

introducono $3 + 1 = 4$ funzioni scalari incognite, mentre disponiamo di un'unica equazione vettoriale

$$\frac{d(\tau\mathbf{t})}{ds} + \mathbf{f} = \mathbf{0}, \qquad (15.11)$$

la seconda equazione indefinita essendo già stata sfruttata per dedurre che $\mathbf{T}$ è sempre tangente al filo. Un grossolano calcolo (quattro incognite e tre equazioni) induce a ritenere che sia necessario completare il sistema con una equazione aggiuntiva. Esistono due possibilità: (1) introdurre un legame fra la tensione e la deformazione del corpo (fili *elastici*); (2) introdurre un vincolo (fili *inestensibili*). In questo secondo caso, al quale ci limiteremo in un primo momento, l'equazione mancante è di fatto la restrizione $s = S$ (vincolo di inestensibilità) che esprime la condizione per la quale l'ascissa curvilinea resti invariata durante le deformazioni e i moti del corpo.

Osservazione 15.5   È semplice ma importante osservare che, nel caso di un filo non soggetto ad azioni concentrate o distribuite agenti su di esso fra i due estremi (e quindi un filo necessariamente di peso trascurabile e non a contatto di superfici o corpi), dalla (15.10) si deduce che la tensione si mantiene costante e sempre tangente al filo stesso, che ha una configurazione di equilibrio rettilinea. Questa proprietà motiva in modo rigoroso il comportamento dei fili "inestendibili e privi di peso" che sono stati utilizzati nei problemi sulla meccanica dei sistemi di punti e corpi rigidi nei capitoli precedenti. Si osservi inoltre che i fili e i continui di massa trascurabile si comportano anche in condizione dinamiche come in statica. $\square$

L'equazione (15.11) può anche essere utilmente scomposta secondo i versori della terna intrinseca associata alla curva che descrive la configurazione di equilibrio del filo.

Proposizione 15.6 (Equazioni intrinseche di equilibrio)   *Condizione necessaria e sufficiente per l'equilibrio di un filo inestensibile è che si abbia*

$$\frac{d\tau}{ds} + f_t = 0, \qquad c\tau + f_n = 0, \qquad f_b = 0, \qquad (15.12)$$

dove $\tau(s)$ è la tensione del filo nel punto $P(s)$, e $\mathbf{f} = f_t \mathbf{t} + f_n \mathbf{n} + f_b \mathbf{b}$ è la forza esterna per unità di lunghezza agente sul filo.

Dimostrazione Ricordiamo che la derivata del versore tangente rispetto alla lunghezza d'arco è pari a $c\mathbf{n}$, dove c è la curvatura e $\mathbf{n}$ la normale principale (vedi (A.19)). Di conseguenza, si ha

$$\frac{d(\tau\mathbf{t})}{ds} = \frac{d\tau}{ds}\mathbf{t} + \tau\frac{d\mathbf{t}}{ds} = \frac{d\tau}{ds}\mathbf{t} + \tau c\mathbf{n}.$$

Se a questo punto proiettiamo la (15.11) secondo $\{\mathbf{t}, \mathbf{n}, \mathbf{b}\}$, ricaviamo le (15.12). $\square$

Si osservi che il filo si atteggia secondo una configurazione tale per cui la componente di $\mathbf{f}$ secondo la binormale è nulla, mentre la parte tangente di questa stessa forza determina la variazione della tensione τ lungo il filo stesso.

Dalla prima delle (15.12) si può anche dedurre una importante relazione, valida nel caso in cui la forza $\mathbf{f}$ ammetta un potenziale (condizione tipicamente soddisfatta quando si tratti della forza peso).

Proposizione 15.7 *Sia τ la tensione lungo un filo sottoposto a un sistema di forze esterne distribuite conservative, con potenziale per unità di lunghezza u. Allora vale*

$$\tau + u = costante, \tag{15.13}$$

nel senso che la somma punto per punto della tensione e del potenziale specifico si mantiene costante lungo il filo.

Dimostrazione Supponiamo che la forza esterna $\mathbf{f}$ provenga da un campo conservativo, con $\mathbf{f} = \nabla \hat{u}$, dove $\hat{u}(P)$ è una funzione dei punti dello spazio. Derivando $u(s) = \hat{u}(P(s))$ rispetto all'ascissa curvilinea otteniamo

$$\frac{du}{ds} = \frac{\partial\hat{u}}{\partial x}\frac{dx}{ds} + \frac{\partial\hat{u}}{\partial y}\frac{dy}{ds} + \frac{\partial\hat{u}}{\partial z}\frac{dz}{ds} = \nabla\hat{u}\cdot\mathbf{t} = \mathbf{f}\cdot\mathbf{t} = f_t.$$

Alla luce di questa relazione l'equazione (15.12)$_1$ si trasforma in

$$\frac{d\tau}{ds} + \frac{du}{ds} = 0,$$

e cioè nella condizione $\tau + u = $ costante. $\square$

Osservazione 15.8 La proprietà (15.13) deriva esclusivamente dalla prima delle equazioni indefinite di equilibrio (15.12). Ciò implica che l'eventuale presenza di forze (attive o reattive) non conservative, dirette lungo la normale o la binormale al filo, non inficia la validità della proprietà appena dimostrata. Notiamo infine che la proprietà (15.13) parla della conservazione di una certa quantità ($\tau + u$) lungo i punti del filo. Non bisogna quindi confondere questa proprietà con gli integrali primi del moto, dove la costanza si intende al variare del tempo. $\square$

15.8   Equilibrio di un filo omogeneo pesante

Consideriamo un filo inestensibile, omogeneo e pesante, con peso per unità di lunghezza $\mathbf{f} = -p\mathbf{j}$. Il versore $\mathbf{j}$ è stato scelto di verso opposto alla forza di gravità e p è pertanto una costante positiva (vedi Fig. 15.24). L'azione interna $\mathbf{T}$ può essere scomposta come $\mathbf{T} = T_x\mathbf{i} + T_y\mathbf{j}$, dove evidentemente $T_x = \tau\cos\theta$, $T_y = \tau\sin\theta$ con θ l'angolo che il versore tangente $\mathbf{t}$, e quindi la tensione, forma con gli assi x e y, rispettivamente.

Proiettando la (15.11) in direzione orizzontale, si ricava allora che la componente orizzontale di $\mathbf{T} = T_x\mathbf{i} + T_y\mathbf{j}$ è costante (lungo il filo). Poniamo quindi $T_x = h$, e scriviamo la componente verticale della equazione indefinita come

$$\frac{dT_y}{ds} - p = 0. \tag{15.14}$$

Se la forma del filo è descritta dal grafico della funzione $y(x)$, per cui $OP(x) = x\mathbf{i} + y(x)\mathbf{j}$ possiamo esprimere la condizione di tangenza della tensione come $T_y = hy'$. Tenendo inoltre conto del fatto che

$$\frac{ds}{dx} = \left|\frac{dP}{ds}\right| = \sqrt{1 + y'^2}\,,$$

e sostituendo nella (15.14), si ottiene

$$\frac{dT_y}{ds} - p = \frac{d(hy')}{dx}\frac{dx}{ds} - p = h\frac{dy'}{dx}\frac{1}{\sqrt{1 + y'^2}} - p = 0.$$

L'equazione che deve soddisfare la funzione $y(x)$ è quindi

$$y'' = \frac{p}{h}\sqrt{1 + y'^2}\,.$$

Poiché in questa equazione differenziale del secondo ordine non compare direttamente la funzione $y(x)$ stessa possiamo porre $z(x) = y'(x)$ e scrivere

$$z' = \frac{1}{\alpha}\sqrt{1 + z^2}\,, \qquad \text{con } \alpha = h/p\,, \tag{15.15}$$

(il coefficiente α, che ha le dimensioni di una lunghezza, è definito quindi come il rapporto fra la parte orizzontale della tensione, che è costante, e il peso specifico del filo).

Figura 15.24   Filo omogeneo pesante

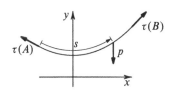

La (15.15) è una equazione differenziale a variabili separabili del primo ordine, nella funzione incognita $z(x)$. L'integrale generale (vedi §A.5.1) è dato da

$$z(x) = \sinh\left(\frac{x}{\alpha} + c\right)$$

dove c è una costante arbitraria. Integrando una seconda volta per risalire da $z(x)$ a $y(x)$ si ha infine

$$y(x) = \alpha \cosh\left(\frac{x}{\alpha} + c\right) + d \qquad \text{con } \alpha = h/p \qquad (15.16)$$

dove d è una seconda costante arbitraria. Le curve descritte da funzioni di questo tipo sono dette *catenarie*.

Notiamo che, mentre il valore di α determina la forma della catenaria, le costanti c e d ne modificano il posizionamento rispetto agli assi coordinati.

La lunghezza totale del filo è calcolabile per mezzo della ben nota relazione

$$l = \int\limits_{x_A}^{x_B} \sqrt{1 + y'^2}\, dx\,,$$

dove con A e B si sono indicati i due estremi. Perciò, essendo $y'(x) = \sinh(x/\alpha + c)$, a conti fatti si ha

$$l = \alpha\left[\sinh\left(\frac{x_B}{\alpha} + c\right) - \sinh\left(\frac{x_A}{\alpha} + c\right)\right].$$

Osservazione 15.9 Il filo si dice "molto teso" quando la costante α presente nella (15.16) (che ha la dimensione fisica di una lunghezza) è grande rispetto all'intervallo delle ascisse sul quale insiste il filo stesso (questo avviene sostanzialmente nei casi in cui la componente orizzontale della tensione $T_x = h$ è elevata). Considerando per semplicità il caso in cui nell'equazione della catenaria (15.16) si abbia $c = d = 0$ e ricordando l'espressione dello sviluppo di Taylor del coseno iperbolico ($\cosh x = 1 + x^2/2 + o(x)$) si deduce che, sotto queste ipotesi, la configurazione del filo può essere approssimata dalla parabola $y = \alpha + x^2/\alpha$.   □

Esempio 15.10 In un piano verticale un filo omogeneo di peso specifico p e lunghezza l è agganciato a un punto fisso A in un estremo e nell'altro è sorretto da una forza F che forma un angolo di $\pi/4$ con l'orizzontale. Vogliamo determinare la quota del punto più basso H, come illustrato nella Fig. 15.25.

Il filo è soggetto a una forza applicata in A con componenti $\Phi_x \mathbf{i}$ e $\Phi_y \mathbf{j}$ dove $\mathbf{i}$ e $\mathbf{j}$ sono i versori degli assi coordinati mostrati nella Fig.15.25. Le altre forze sono il peso complessivo $pl\mathbf{j}$ e la forza $F\sqrt{2}/2\mathbf{i} - F\sqrt{2}/2\mathbf{j}$ applicata nell'estremo B.

La prima equazione cardinale scritta per le forze agenti sul filo ci permette di concludere che

$$\Phi_x = -F\sqrt{2}/2\,, \qquad \Phi_y = -pl + F\sqrt{2}/2\,, \qquad (15.17)$$

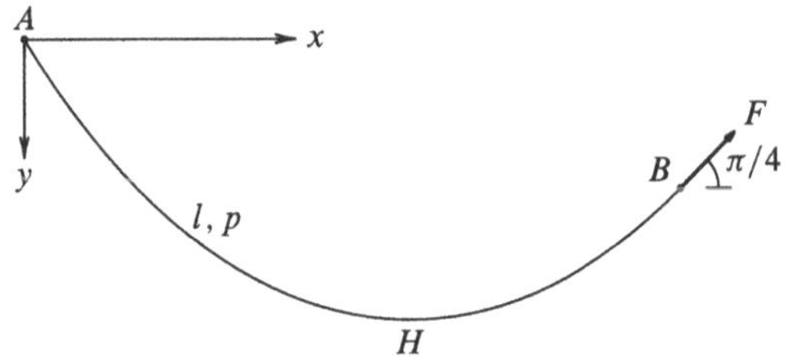

Figura 15.25 Un filo pesante fissato in A e soggetto
in B a una forza F che forma un angolo di $\pi/4$ con
l'orizzontale

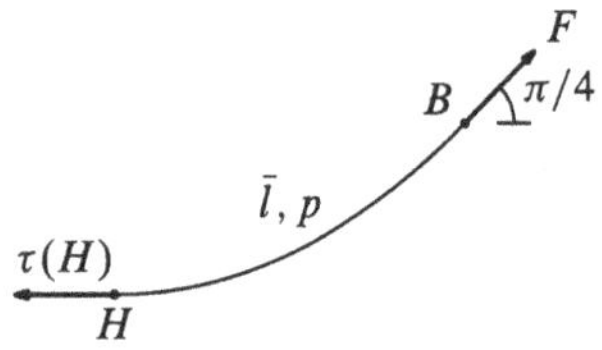

Figura 15.26 Il tratto di
filo compreso fra il punto più
basso H e l'estremo B

La tensione del filo in A è uguale al modulo della forza Φ e quindi

$$\tau(A)^2 = f^2 + p^2 l^2 - Fpl\sqrt{2}.$$

Nella Fig. 15.26 si vede il tratto di filo HB, che ha lunghezza $\bar{l}$ ed è soggetto
alla tensione (orizzontale) $\tau(H)$, al suo peso $p\bar{l}$ e alla forza F in B. Scrivendo il
risultante orizzontale delle forze si ottiene

$$\tau(H) = F\sqrt{2}/2, \qquad \bar{l} = F\sqrt{2}/2p.$$

Usiamo infine la relazione $\tau + u = $ costante che, con l'asse y discendente, diventa
$\tau(P) + py(P) = $ cost. e che, riferendola ai punti A e H, scriviamo nella forma

$$\tau(A) + py(A) = \tau(H) + py(H).$$

Questo ci permette di concludere che

$$y(H) = \frac{\sqrt{F^2 + p^2 l^2 - Fpl\sqrt{2}} - F\sqrt{2}/2}{p} \tag{15.18}$$

e trovare perciò la quota del punto H.

È interessante risolvere il problema seguendo un diverso approccio, che ci porta
ad utilizzare l'equazione della catenaria (15.16). Tenendo conto del fatto che quest'ultima è riferita a un asse delle ordinate orientato verso l'alto, mentre qui ha verso
opposto, come si vede nella Fig. 15.25, possiamo riscriverla nella forma

$$y = -\alpha \cosh\left(\frac{x}{\alpha} + c\right) + d$$

(la costante d è arbitraria). Imponendo che sia $y(0) = 0$ deduciamo che deve essere $d = \alpha \cosh(c)$. Inoltre, ricordando che la direzione del filo è sempre parallela alla forza applicata nell'estremo, dalle (15.17) deduciamo che deve essere

$$y'(0) = -\sinh(c) = \frac{F\sqrt{2} - 2pl}{F\sqrt{2}}$$

e quindi

$$y(x) = -\alpha \cosh\left(\frac{x}{\alpha} + c\right) + \alpha \cosh(c) \qquad (15.19)$$

con $\cosh(c) = \sqrt{1 + \sinh^2(c)}$ e perciò

$$\cosh(c) = \sqrt{1 + \left[(F\sqrt{2} - 2pl)/F\sqrt{2}\right]^2}. \qquad (15.20)$$

Poiché

$$y'(x) = -\sinh\left(\frac{x}{\alpha} + c\right)$$

e deve essere $y'(x_H) = 0$ deduciamo che $\sinh(x_H/\alpha + c) = 0$ e quindi $\cosh(x_H/\alpha + c) = 1$. Per sostituzione dalla (15.19) si ottiene infine

$$y(x_H) = -\alpha + \alpha \cosh(c). \qquad (15.21)$$

Poiché la parte orizzontale della tensione ha valore $F\sqrt{2}/2$ sappiamo che $\alpha = F\sqrt{2}/2p$ e, alla luce della (15.20), con alcuni calcoli possiamo verificare che il risultato (15.21) appena ottenuto coincide con la (15.18). □

15.8.1 Archi resistenti a sole pressioni

Le strutture monodimensionali dette "archi resistenti a sole pressioni" hanno la caratteristica di potersi mantenere in equilibrio sotto l'azione del proprio peso senza produrre sforzi di taglio. In una struttura di questo tipo la costante h che compare nella (15.16) ha segno negativo, poiché lo sforzo assiale (unica componente presente), e cioè quella τ che nei fili viene chiamata tensione, ha carattere di compressione piuttosto che di trazione. Per questo motivo anche la costante α, definita nella (15.15), ha qui segno *negativo*, e perciò la funzione (15.16) fornisce in questo caso una curva a forma di *catenaria rovesciata*.

Una notevole applicazione in campo architettonico è quella del famoso arco di St. Louis (USA) di Eero Saarinen. Si tratta del più grande monumento al mondo, dove per monumento si intende una struttura che abbia funzione puramente celebrativa, del quale il lettore è invitato a cercare e osservare le immagini.

15.9   Filo teso su una superficie

È di un certo interesse, sia applicativo che concettuale, la discussione delle condizioni di equilibrio di un filo disposto su di una superficie, che per il momento supponiamo liscia. Nell'ipotesi che la forza distribuita agente sul filo si riduca alla sola reazione vincolare ϕ e indicando con $\mathbf{N}$ il versore normale alla superficie (in generale distinto da $\mathbf{n}$, normale principale al filo), l'equazione indefinita di equilibrio prende la forma

$$\frac{d(\tau\mathbf{t})}{ds} + \phi\mathbf{N} = 0,$$

dalla quale si ottiene

$$\frac{d\tau}{ds}\mathbf{t} + \tau c\,\mathbf{n} + \phi\mathbf{N} = 0.$$

Moltiplicando scalarmente questa equazione per i versori della terna intrinseca si ottiene

$$\frac{d\tau}{ds} = 0, \qquad \phi\,\mathbf{N}\cdot\mathbf{b} = 0, \qquad \tau c + \phi\,\mathbf{N}\cdot\mathbf{n} = 0.$$

Dalla prima equazione deduciamo che l'intensità della tensione si mantiene costante. La seconda implica invece che la reazione vincolare si annulli ($\phi = 0$), oppure che $\mathbf{N}$ sia perpendicolare a $\mathbf{b}$, e quindi che sia $\mathbf{N} = \pm\mathbf{n}$. La terza equazione mostra che la prima eventualità può verificarsi solo in un punto a curvatura nulla, mentre invece, nella seconda ipotesi, avremo $\phi = \pm\tau c$.

Le curve di una superficie per le quali la normale principale $\mathbf{n}$ sia parallela in ogni punto alla normale $\mathbf{N}$ alla superficie stessa sono dette *geodetiche*, e godono di una fondamentale proprietà: hanno lunghezza minima fra tutte le curve che congiungono due punti sufficientemente vicini.

Filo teso su una geodetica scabra
Consideriamo ora un filo teso su di una superficie *scabra*, in modo che la forza distribuita agente su di esso coincida con la reazione vincolare ϕ, ritenendo trascurabile ogni altro contributo. Supponiamo inoltre che il filo sia proprio disposto secondo una *geodetica*, in modo che la normale alla superficie sia parallela alla normale principale al filo in ogni suo punto. In tal caso le (15.12) e la legge di Coulomb-Morin (8.23) forniscono

$$\frac{d\tau}{ds} + \phi_t = 0, \qquad c\tau + \phi_n = 0, \qquad \phi_b = 0; \qquad |\boldsymbol{\phi}_T| = \sqrt{\phi_t^2 + \phi_b^2} \le \mu_s|\phi_n|,$$

dove $\boldsymbol{\phi}_T$ rappresenta la componente della reazione vincolare nel piano tangente alla superficie. Dal momento che deve essere $\phi_b = 0$ e che $\mathbf{N} = \pm\mathbf{n}$ concludiamo subito che la parte della reazione vincolare tangente alla superficie si riduce alla sola componente ϕ_t, tangente anche al filo stesso, e quindi, sostituendo dalle prime tre equazioni nell'ultima si ottiene

$$\left|\frac{d\tau}{ds}\right| \le \mu_s c\tau \quad \Longrightarrow \quad -\mu_s c\tau \le \frac{d\tau}{ds} \le \mu_s c\tau. \tag{15.22}$$

Se supponiamo di conoscere il valore $\tau(A)$ assunto dalla tensione nell'estremo $s = 0$ del filo, le disequazioni (15.22) consentono di determinare per quali valori $\tau(B)$ della tensione nell'altro estremo l'equilibrio può sussistere. Per ricavare tale condizione modifichiamo le (15.22) come segue:

$$-\mu_s c(s) \le \frac{1}{\tau}\frac{d\tau}{ds} \le \mu_s c(s) \quad \Longrightarrow \quad -\mu_s c(s) \le \frac{d\log\tau(s)}{ds} \le \mu_s c(s). \tag{15.23}$$

Integrando ora la (15.23) tra gli estremi A e B (vale a dire da $s = 0$ a $s = l$) otteniamo

$$-\mu_s \int_0^l c(s)\,ds \le \underbrace{\int_0^l \frac{d\log\tau(s)}{ds}\,ds}_{\log(\tau(B)/\tau(A))} \le \mu_s \int_0^l c(s)\,ds. \tag{15.24}$$

Applicando infine l'esponenziale alla (15.24) otteniamo infine il risultato

$$\tau(A)\,\exp\left(-\mu_s \int_0^l c(s)\,ds\right) \le \tau(B) \le \tau(A)\,\exp\left(\mu_s \int_0^l c(s)\,ds\right).$$

La presenza dell'attrito consente quindi di equilibrare con una forza $\mathbf{F}_B = \tau(B)\mathbf{t}_B$ anche piccola una forza $\mathbf{F}_A = -\tau(A)\mathbf{t}_A$ di intensità molto maggiore. Nel caso particolare in cui il filo si avvolge n volte su di un cilindro di raggio R ($c = 1/R$, $l = 2\pi n R$) si ottiene infatti

$$\tau(A)\,\exp\left(-\mu_s 2\pi n\right) \le \tau(B) \le \tau(A)\,\exp\left(\mu_s 2\pi n\right).$$

Se per esempio supponiamo $\mu_s = 1/2$ e avvolgiamo un filo scabro tre volte ($n = 3$), come si vede nella Fig. 15.27, si può bilanciare una tensione $\tau(A)$ con una tensione $\tau(B)$ anche 10000 volte minore:

$$\tau(A)\,\exp\left(-3\pi\right) \le \tau(B) \le \tau(A)\,\exp\left(3\pi\right),$$

con: $\exp\left(-3\pi\right) \approx 8.06 \cdot 10^{-5}$, $\exp\left(3\pi\right) \approx 12391.6$

Figura 15.27 Un filo avvolto
su un cilindro scabro

15.10 Ponti sospesi

Consideriamo ora il problema della determinazione della configurazione di equilibrio di un filo inestensibile di peso *trascurabile* che debba reggere un carico con distribuzione uniforme rispetto all'ascissa orizzontale, che indichiamo come al solito con x. Questo modello rappresenta una ragionevole approssimazione per la descrizione dei cavi che reggono i ponti sospesi per mezzo di tiranti verticali, il cui peso è trascurabile rispetto al carico del piano stradale orizzontale sottostante (vedi Fig. 15.28).

Quindi, detto p il peso (costante) per unità di lunghezza del piano stradale, imponiamo che la forza agente sul cavo sovrastante, indicata con $\mathbf{f}$, sia per ogni tratto pari al peso della porzione di strada sottostante, e quindi

$$\int_{s_1}^{s_2} \mathbf{f}\, ds = \int_{x_1}^{x_2} (-p\mathbf{j})\, dx,$$

dove, ovviamente, x e s sono legate da una corrispondenza regolare e biunivoca. Con un cambiamento di variabile si ottiene subito

$$\int_{s_1}^{s_2} \mathbf{f}\, ds = \int_{s_1}^{s_2} (-p\mathbf{j})\frac{dx}{ds}\, ds,$$

e quindi

$$\mathbf{f} = -p\frac{dx}{ds}\mathbf{j}.$$

La forza $\mathbf{f}$ è un vettore del piano xy, che quindi può essere scritto attraverso le sue componenti f_x e f_y (orizzontale e verticale) come $\mathbf{f} = f_x\mathbf{i} + f_y\mathbf{j}$, e naturalmente lo stesso si può dire del vettore $\mathbf{T} = T_x\mathbf{i} + T_y\mathbf{j}$. In particolare, nel caso che stiamo

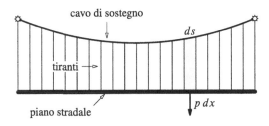

Figura 15.28 Ponte sospeso. In questa figura si deve pensare che i tiranti verticali siano così numerosi e vicini fra loro da poter assimilare con ragionevole approssimazione la loro azione a una forza distribuita con continuità agente sul piano stradale sottostante

trattando, avremo

$$f_x = 0, \qquad f_y = -p\frac{dx}{ds}.$$

L'equazione di equilibrio potrà essere scomposta secondo gli assi x e y, paralleli ai versori $\mathbf{i}$ e $\mathbf{j}$, come

$$\frac{dT_x}{ds} + f_x = 0, \qquad \frac{dT_y}{ds} + f_y = 0.$$

Poiché la forza $\mathbf{f}$ applicata lungo il cavo non ha componente orizzontale ($f_x = 0$) ne concludiamo che la parte orizzontale della tensione (T_x) è costante: $T_x = h$ (h costante).

La relazione di provenienza geometrica $T_y = hy'$, sostituita nella componente verticale della equazione di equilibrio mostra infine che

$$h\frac{dy'}{ds} - p\frac{dx}{ds} = 0$$

e perciò

$$h\frac{dy'}{dx}\frac{dx}{ds} - p\frac{dx}{ds} = 0$$

che si semplifica in $y'' = p/h$, che può essere integrata fino a ottenere

$$y(x) = \frac{p}{2h}x^2 + cx + d,$$

con c e d costanti arbitrarie. Si tratta quindi di un *arco di parabola*.

15.11 Fili elastici e equazione della corda vibrante

I fili *elastici* sono definiti attraverso un legame fra l'intensità τ della tensione e la quantità

$$\delta = \frac{ds}{dS}$$

che misura la variazione di lunghezza (estensione o contrazione) di un tratto infinitesimo di filo collocato nella posizione che corrisponde al valore dell'ascissa S nella configurazione di riferimento (indeformata).

Più precisamente si suppone che esista un funzione regolare $\hat{\tau}$ tale che

$$\tau(S) = \hat{\tau}(\delta(S)) \tag{15.25}$$

La funzione $\hat{\tau}$ assegna a ogni valore di δ nel punto di ascissa S un corrispondente valore della tensione τ. L'idea alla base di questa ipotesi è naturalmente che lo sforzo sia determinato unicamente dallo stato di deformazione locale, così come misurato da δ (rapporto fra la lunghezza nella configurazione attuale e la lunghezza nella configurazione di riferimento di un tratto infinitesimo di filo). Possiamo immaginare certamente anche legami più complessi fra tensione e deformazione locale, introducendo così l'idea di fili viscoelastici o di altro tipo, che però qui non approfondiamo.

L'unica applicazione del modello costitutivo di un filo elastico che qui presentiamo è quella che porta alla deduzione della ben nota equazione differenziale della "corda vibrante" o "delle onde". Mostreremo come sia possibile una deduzione *rigorosa* all'interno della teoria dei fili elastici, dove siano chiaramente esplicitate le ipotesi necessarie e i ruoli delle costanti materiali e costitutive presenti nel modello.

15.11.1 La corda vibrante

Consideriamo un filo elastico in una configurazione di riferimento rettilinea, coincidente con l'intervallo $[0, L]$ dell'asse delle ascisse del piano cartesiano. Supponiamo inoltre che in questa configurazione il filo sia in equilibrio e teso, con tensione di valore τ_0, che poi mostreremo dover essere costante. L'ascissa curvilinea S, quindi, coincide qui con l'ascissa x del punto generico in questa configurazione di riferimento rettilinea.

La relazione costitutiva del tipo (15.25) che adottiamo è la più semplice, data da un legame lineare fra τ e δ

$$\tau = \tau_0 \, \delta \qquad (15.26)$$

dove si osservi che τ_0 corrisponde proprio al valore della tensione presente nel filo nella configurazione di riferimento stessa, quando $\delta = ds/dS = 1$.

Vogliamo studiare le oscillazioni spontanee indotte nel filo a partire da un assegnato stato iniziale quando la forza per unità di lunghezza $\mathbf{f}$ sia nulla (questa ipotesi implica che il peso sia trascurabile).

Per questo è necessario utilizzare le equazioni della *dinamica* dei fili, che in precedenza non abbiamo dedotto per rendere più semplice e agile la trattazione. Evitiamo qui una discussione completa, limitandoci a osservare semplicemente che, imponendo la prima e seconda equazione cardinale della *dinamica* ad ogni tratto di filo, in analogia con quanto visto in precedenza e in particolare nei § 15.3 e 15.7, si giunge senza sostanziali difficoltà alle equazioni

$$\frac{d\mathbf{T}}{ds} + \mathbf{f} = \rho \mathbf{a}, \qquad \mathbf{t} \wedge \mathbf{T} = \mathbf{0}. \qquad (15.27)$$

dove $\rho(s)$ e $\mathbf{a}(s)$ descrivono rispettivamente la densità e l'accelerazione nel punto corrispondente al valore s dell'ascissa curvilinea (si noti che le relazioni (15.27) estendono le (15.10) alla dinamica dei fili).

Possiamo anche vedere la (15.27) come una conseguenza della applicazione alle (15.10) del Principio di d'Alembert, introdotto e discusso nel § 15.27 del Cap. 14. Osserviamo subito che, come nel caso statico, la seconda delle (15.27) implica che sia $\mathbf{T} = \tau\mathbf{t}$, dove τ è l'intensità della tensione, in generale variabile con l'ascissa s e il tempo, e $\mathbf{t}$ il versore tangente alla configurazione attuale del filo.

Per il problema che vogliamo discutere è però conveniente assegnare la posizione di un generico punto del filo in funzione dell'ascissa S nella configurazione di riferimento, così come la sua densità e accelerazione, invece che dell'ascissa s nella configurazione deformata (si ricordi che in questo contesto $s \neq S$). Perciò, si riscrive la (15.27) come

$$\frac{d\mathbf{T}}{dS}\frac{dS}{ds} + \mathbf{f} = \rho\mathbf{a},$$

e cioè

$$\frac{d\mathbf{T}}{dS} + \mathbf{f}_0 = \rho\frac{ds}{dS}\mathbf{a}, \qquad (15.28)$$

dove $\mathbf{f}_0 = \mathbf{f}\,ds/dS$ è la forza esterna per unità di lunghezza della configurazione di riferimento.

Si osservi che la massa di un tratto infinitesimo di filo è data da $dm = \rho_0 dS$ oppure da $dm = \rho ds$ dove ρ_0 e ρ descrivono la densità nelle due configurazioni e perciò deve essere $\rho_0 = \rho\,ds/dS$. Riscriviamo quindi la (15.28) nella forma

$$\frac{d\mathbf{T}}{dS} + \mathbf{f}_0 = \rho_0\mathbf{a}.$$

L'ipotesi che sia $\mathbf{f}_0 = \mathbf{0}$, assenza di forza distribuita lungo il filo, riduce infine questa equazione a

$$\frac{d\mathbf{T}}{dS} = \rho_0\mathbf{a}. \qquad (15.29)$$

Osserviamo subito come da qui si possa dedurre che la configurazione di riferimento (per la quale $\mathbf{t} = \mathbf{i}$, versore dell'asse delle ascisse, con $\mathbf{T} = \tau\mathbf{i}$) è di equilibrio (ponendo perciò $\mathbf{a} = \mathbf{0}$) se e solo se

$$\frac{\partial\tau}{\partial S}\mathbf{i} = \mathbf{0}$$

e cioè se la tensione in questa configurazione è *costante*, pari a τ_0 indipendente da S.

Per ottenere l'equazione che governa il moto del filo aggiungiamo alla relazione costitutiva (15.26) l'ulteriore ipotesi che *il moto di ogni punto materiale avvenga solo in direzione verticale*, secondo un versore $\mathbf{j}$ perpendicolare a $\mathbf{i}$, così come illustrato nella Fig. 15.29, e inoltre che la densità ρ_0 nella configurazione di riferimento sia *costante*, indipendente da S.

Figura 15.29 Il filo elastico nella configurazione di riferimento con tensione τ_0 e, sulla destra, durante il moto, con i punti materiali che mantengono la loro ascissa e si spostano solo verticalmente

La posizione del punto del filo corrispondente all'ascissa S è quindi data da

$$P(S, t) = (S, f(S, t)) \qquad (15.30)$$

dove la funzione $f(S, t)$ assegna l'ordinata della posizione del punto all'istante t, mentre l'ascissa resta inalterata. In vista della (15.30) l'accelerazione è perciò data da

$$\mathbf{a}(S, t) = \frac{\partial^2 f(S, t)}{\partial t^2} \mathbf{j}.$$

Poiché la componente dell'accelerazione secondo $\mathbf{i}$ risulta *nulla*, proiettando (15.29) sugli assi x e y otteniamo

$$\frac{\partial T_x}{\partial S} = 0, \quad \frac{\partial T_y}{\partial S} = \rho_0 \frac{\partial^2 f(S, t)}{\partial t^2}. \qquad (15.31)$$

La conseguenza immediata della prima equazione è che la componente orizzontale della tensione è costante lungo il filo, anche se non possiamo ancora escludere che dipenda dal tempo.

Per un curva parametrizzata dalla (15.30) si deduce, adattando la (A.15), che

$$\delta = \frac{ds}{dS} = \sqrt{1 + (f')^2}, \quad \text{dove } f' := \frac{\partial f}{\partial S},$$

in modo da poter riscrivere l'ipotesi costitutiva $\tau = \tau_0 \delta$ nella forma

$$\tau = \tau_0 \sqrt{1 + (f')^2}. \qquad (15.32)$$

Poiché la tensione $\mathbf{T} = \tau \mathbf{t}$ è in ogni punto *tangente* al filo, utilizzando il significato geometrico della derivata deduciamo che le sue componenti T_x e T_y soddisfano la relazione

$$T_y = T_x f', \qquad (15.33)$$

e poiché

$$\tau = \sqrt{T_x^2 + T_y^2}$$

concludiamo che

$$\tau = T_x \sqrt{1 + (f')^2}. \tag{15.34}$$

Infine, dal confronto della (15.34) con la (15.32), deduciamo che $T_x = \tau_0$ e quindi la componente orizzontale della tensione risulta indipendente sia da S che dal tempo. Poiché dalla (15.33) si deduce ora che

$$T_y = \tau_0 f'$$

per sostituzione nella seconda equazione delle (15.31) e invertendo la posizione dei due membri si ottiene

$$\frac{\partial^2 f(S,t)}{\partial t^2} = \frac{\tau_0}{\rho_0} \frac{\partial^2 f(S,t)}{\partial S^2}.$$

Ponendo $c^2 := \tau_0/\rho_0$ e, come è tradizione, utilizzando la lettera x al posto di S e scrivendo $y(x,t)$ al posto di $f(S,t)$, questa equazione prende la forma

$$\frac{\partial^2 y}{\partial t^2} = c^2 \frac{\partial^2 y}{\partial x^2}.$$

Riconosciamo qui la cosiddetta *equazione della corda vibrante*, o *delle onde*, ampiamente discussa nei libri e negli insegnamenti dedicati alle *equazioni alle derivate parziali*.

Si osservi che, per mezzo della rigorosa deduzione che abbiamo svolto, è possibile dare una interpretazione chiara del coefficiente c^2, e quindi indicare in qual modo la soluzione dipenda sia dalla densità che dalla tensione del filo nella configurazione di riferimento.

Per rendere la trattazione più concreta possiamo immaginare che il corpo in questione venga scostato dalla configurazione di riferimento per mezzo dell'azione di forze non precisate e collocato quindi in quiete in una configurazione iniziale assegnata, descritta dalla funzione $y = g(x)$ ($0 \le x \le L$). Il corpo viene poi rilasciato iniziando a muoversi per inerzia e assumendo nel tempo configurazioni descritte dalla funzione $y(x,t)$, soluzione del sistema formato dalla equazione lineare alle derivate parziali

$$\frac{\partial^2 y}{\partial t^2} = c^2 \frac{\partial^2 y}{\partial x^2}, \quad 0 \le x \le L, \quad t \ge 0,$$

con le condizioni iniziali

$$y(x,0) = g(x), \quad \frac{\partial y}{\partial t}(x,0) = 0, \quad 0 \le x \le L,$$

e le due condizioni al contorno

$$y(0,t) = y(L,t) = 0,$$

che esprimono l'ipotesi di aver fissato i due estremi, vincolandoli a mantenersi fermi durante il moto. Si noti che, per una ovvia condizione di compatibilità, la funzione $g(x)$ che assegna la configurazione iniziale deve soddisfare anch'essa le restrizioni $g(0) = g(L) = 0$.

15.12   Aste flessibili: il modello di Eulero

Esistono molti modelli per descrivere aste flessibili. Noi qui ci limiteremo al caso più semplice: il cosiddetto *modello di Eulero*, che applicheremo al problema di un'asta di peso trascurabile, incastrata in una parete e soggetta a un carico assiale assegnato nell'estremo libero. Come vedremo, questo problema non è così banale e porterà a svolgere alcune interessanti considerazioni.

Ciò che distingue le aste dai fili è fondamentalmente la loro resistenza alla flessione. Sarà quindi necessario introdurre una relazione costitutiva che descriva in modo appropriato questo fatto. Vediamo come si procede, almeno nel caso più semplice.

Supponiamo che un'asta di lunghezza L sia assegnata in una configurazione di riferimento *rettilinea* nella quale gli sforzi interni sono supposti *nulli*, e che inoltre valgano le seguenti ipotesi.

- L'asta sia inestensibile, e quindi sia $s = S$.
- Le deformazioni avvengano in un piano fisso, generato dai versori ortonormali **i** e **j**.
- Le forze applicate appartengano al piano, e i momenti siano invece a esso perpendicolari.
- Il modulo del momento flettente sia proporzionale alla curvatura.

Le prime ipotesi hanno lo scopo di semplificare il problema dal punto di vista geometrico. L'ultima descrive invece una *equazione costitutiva*, basata su considerazioni sperimentali. Cerchiamo ora di tradurre ipotesi in una formula matematica. La curvatura è definita da (A.17):

$$c = \left| \frac{d\mathbf{t}}{ds} \right|.$$

Come è illustrato nella Fig. 15.30, in una curva piana il versore tangente **t** può essere individuato attraverso l'angolo $\theta(s)$ che esso determina con il versore **i** nel punto di

Figura 15.30 Il momento flettente nel modello di Eulero

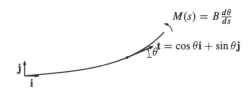

$$M(s) = B \frac{d\theta}{ds}$$

$$\mathbf{t} = \cos\theta\,\mathbf{i} + \sin\theta\,\mathbf{j}$$

ascissa s ($s = S$): $\mathbf{t} = \cos\theta\mathbf{i} + \sin\theta\mathbf{j}$, da cui deduciamo subito che

$$c = \left|\frac{d\mathbf{t}}{ds}\right| = |(-\sin\theta\mathbf{i} + \cos\theta\mathbf{j})\theta'| = \left|\frac{d\theta}{ds}\right|,$$

dove si è indicata con un apice la derivata di θ rispetto ad s.

Il momento $\mathbf{M}(s)$ presente all'interno dell'asta nel punto di ascissa s è perpendicolare al piano

$$\mathbf{M}(s) = M(s)\mathbf{k},$$

dove $\mathbf{k}$ forma con $\mathbf{i}$ e $\mathbf{j}$ una terna ortonormale destra. L'ipotesi costitutiva richiede che il modulo di $\mathbf{M}(s)$ sia proporzionale alla curvatura c, e quindi

$$|M| = B\left|\frac{d\theta}{ds}\right| \quad \Longrightarrow \quad M = \pm B\frac{d\theta}{ds}$$

dove B è una costante tipica del materiale di cui è composta l'asta e della forma della sua sezione. Osserviamo subito che la curvatura $c(s)$ ha la dimensione dell'inverso di una lunghezza (infatti θ è un numero puro), il momento $\mathbf{M}(s)$ ha invece la dimensione di una forza per una lunghezza, e di conseguenza la costante B ha la dimensione di una forza per il quadrato di una lunghezza.

Alcune semplici considerazioni di tipo fisico ci inducono a ritenere che una descrizione corretta del comportamento di un'asta flessibile sia data assumendo i segni nella relazione scritta sopra in modo che sia

$$M = B\frac{d\theta}{ds} \tag{15.35}$$

come evidenziato nella Fig. 15.30.

Elenchiamo le equazioni a nostra disposizione

$$\frac{d\mathbf{T}}{ds} + \mathbf{f} = \mathbf{0}, \quad \frac{dM}{ds}\mathbf{k} + \mathbf{t} \wedge \mathbf{T} = \mathbf{0}, \quad M = B\frac{d\theta}{ds}.$$

Alle relazioni scritte bisognerà poi aggiungere di volta in volta le condizioni al contorno adatte al problema in esame. Esiste una vasta casistica di fenomeni meccanici di un certo interesse applicativo che sono stati studiati con il modello appena presentato.

15.12.1   Asta pesante incastrata

Consideriamo un'asta inestensibile AB di lunghezza L, con peso per unità di lunghezza pari a p e disposta, nella configurazione di riferimento, in posizione orizzontale con l'estremo A incastrato in una parete verticale fissa (vedi Fig. 15.31).

Figura 15.31 Asta pesante incastrata

Rispetto a un sistema di riferimento con origine nel punto A e assi orientati concordemente rispetto ai versori $\mathbf{i}$, orizzontale da A verso B, e $\mathbf{j}$, verticale ascendente, la forza per unità di lunghezza agente sull'asta è pari a

$$\mathbf{f} = -p\mathbf{j}.$$

Supponiamo inoltre che nell'estremo libero B sia applicato un carico concentrato corrispondente a un peso $\mathbf{q} = -q\mathbf{j}$. L'equazione di equilibrio (15.1)$_1$, proiettata secondo la direzione orizzontale e verticale, ci dice che

$$T_x = \text{costante}, \qquad \frac{dT_y}{ds} - p = 0.$$

Dal momento che nell'estremo B deve essere $\mathbf{T}(L) = \mathbf{q}$, concludiamo che, essendo $\mathbf{q}$ verticale, dovrà essere $T_x = 0$ in ogni punto dell'asta. L'integrazione della seconda equazione è immediata $T_y(s) = ps + d$, dove d è una costante che determiniamo per mezzo della condizione al contorno $T_y(L) = -q$. Quindi

$$T_y(s) = p(s - L) - q. \tag{15.36}$$

Scriviamo ora la seconda equazione indefinita di equilibrio, nella forma

$$\frac{d\mathbf{M}}{ds} + \mathbf{t} \wedge \mathbf{T} = \mathbf{0}, \tag{15.37}$$

e calcoliamo dapprima il prodotto vettore $\mathbf{t} \wedge \mathbf{T}$. Poiché $\mathbf{t} = \cos\theta\mathbf{i} + \sin\theta\mathbf{j}$ e $\mathbf{T} = T_x\mathbf{i} + T_y\mathbf{j}$ si avrà

$$\mathbf{t} \wedge \mathbf{T} = (T_y\cos\theta - T_x\sin\theta)\mathbf{k},$$

dove $\mathbf{k} = \mathbf{i} \wedge \mathbf{j}$ è il versore perpendicolare al piano in cui giace il sistema. Poiché $T_x = 0$, dopo aver richiamato la relazione costitutiva $\mathbf{M} = B\theta'\mathbf{k}$ e aver inserito i risultati trovati nell'equazione (15.37) otteniamo

$$B\theta'' + T_y(s)\cos\theta = 0, \tag{15.38}$$

dove si dovrà sostituire per $T_y(s)$ l'espressione (15.36). L'equazione differenziale del second'ordine nella funzione incognita $\theta(s)$ che si ottiene deve essere affiancate dalle condizioni al contorno

$$\theta(0) = 0, \quad \theta'(L) = 0, \tag{15.39}$$

che corrispondono, rispettivamente, alla presenza di un vincolo di incastro nel punto A ($\theta(0) = 0$) e all'annullarsi del momento applicato nell'estremo B ($M(L) = B\theta'(L) = 0$).

Una notevole e significativa semplificazione della discussione di questo problema si ottiene se si considerano solo i casi in cui la deformazione dell'asta, rispetto alla configurazione di riferimento rettilinea, possa essere ritenuta molto "piccola". Più precisamente, supponiamo che l'angolo θ che in ogni punto misura la flessione dell'asta sia tale da poter essere giustificata l'approssimazione secondo cui

$$\sin\theta \approx \theta, \quad \cos\theta \approx 1. \tag{15.40}$$

Sotto queste ipotesi, l'equazione differenziale (15.38) si trasforma in

$$\theta'' = \frac{p}{B}(L - s) + \frac{q}{B}$$

che, tenendo conto delle condizioni al contorno (15.39), può essere integrata fino a ottenere

$$\theta(s) = \frac{p}{6B}[(L - s)^3 - L^3] + \frac{q}{2B}[(s - L)^2 - L^2].$$

Siamo però in realtà interessati alla funzione che descrive la configurazione deformata dell'asta. Poiché

$$\frac{dx}{ds} = \cos\theta(s), \quad \frac{dy}{ds} = \sin\theta(s),$$

per integrazione possiamo risalire a

$$x(s) = \int_0^s \cos\theta(s^*)\, ds^*, \quad y(s) = \int_0^s \sin\theta(s^*)\, ds^*.$$

Sfruttando le approssimazioni (15.40) otteniamo

$$x(s) = s, \quad y(s) = \int_0^s \frac{p}{6B}[(L - s^*)^3 - L^3] + \frac{q}{2B}[(s^* - L)^2 - L^2]\, ds^*,$$

e quindi, dopo alcuni semplici calcoli,

$$y(u) = Lu^2\big[-\alpha(u^2 - 4u + 6) + \beta(u - 3)\big],$$

dove si sono introdotte le quantità *adimensionali*

$$\alpha = \frac{pL^3}{24B}, \quad \beta = \frac{qL^2}{6B}, \quad u = \frac{x}{L}.$$

Si osservi che, a partire dai valori di L, q, B, p, possiamo immediatamente ottenere la funzione che assegna per ogni valore della coordinata adimensionale u (frazione d'asta) lo spostamento verticale del generico punto dell'asta. Più in particolare la quantità

$$u^2\left[-\alpha(u^2 - 4u + 6) + \beta(u - 3)\right]$$

corrisponde al rapporto (adimensionale) fra lo spostamento verticale del generico punto materiale e la lunghezza L dell'asta. Può essere istruttivo rappresentare graficamente questa quantità in corrispondenza di ragionevoli valori di α e β. Ponendo $\alpha = 1/100$ e $\beta = 2/100$, ad esempio, si ottiene il grafico della Fig. 15.31.

15.13 Asta di peso trascurabile incastrata e soggetta a carico di punta

Consideriamo un'asta incastrata perpendicolarmente in una parete verticale, disposta secondo la direzione del versore **j**. Supponiamo quindi che, nella configurazione di riferimento, l'asta occupi l'intervallo $[0, L]$ dell'asse delle ascisse, con l'origine degli assi posizionata nel punto di incastro, come illustrato nella Fig. 15.32 (si osservi che l'incastro rappresenta un vincolo esterno per l'asta). Supponiamo ora che il *peso sia trascurabile*, e che nessuna altra forza agisca lungo la lunghezza dell'asta, ponendo quindi **f** = **0**, ma che essa sia soggetta nell'estremo libero B a una forza **F** data da

$$\mathbf{F} = -R\mathbf{i}.$$

Stiamo quindi studiando il caso di un'asta incastrata e soggetta a un carico di punta che tende a comprimerla.

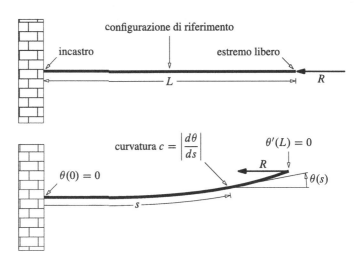

Figura 15.32 Asta incastrata a un estremo

La prima equazione indefinita di equilibrio si riduce a

$$\frac{d\mathbf{T}}{ds} = \mathbf{0},$$

il che implica banalmente che $\mathbf{T}$ sia costante, e quindi pari in ogni punto al valore a essa assegnata nell'estremo libero dal carico applicato

$$\mathbf{T}(s) = -R\mathbf{i}.$$

Calcoliamo ora il prodotto vettore $\mathbf{t} \wedge \mathbf{T}$ come

$$\mathbf{t} \wedge \mathbf{T} = (\cos\theta\mathbf{i} + \sin\theta\mathbf{j}) \wedge (-R\mathbf{i}) = R\sin\theta\mathbf{k}.$$

Sostituendo quanto trovato nella seconda equazione di equilibrio, insieme alla relazione costitutiva (15.35), si arriva infine, dopo qualche banale passaggio, all'unica equazione

$$\frac{d^2\theta}{ds^2} + \frac{R}{B}\sin\theta = 0.$$

Occupiamoci ora delle condizioni al contorno. Nell'estremo incastrato ($s = 0$) nulla sappiamo delle forze e del momento applicati all'asta da parte della parete, che sono incogniti, ma possiamo imporre, come effetto del vincolo, che sia $\theta(0) = 0$. Nell'estremo libero, invece, sappiamo che il momento applicato è nullo e quindi, per via della relazione costitutiva, che la derivata di θ rispetto a s è nulla: $\theta'(L) = 0$.

Per discutere dal punto di vista matematico il sistema ottenuto conviene riscriverlo in forma adimensionale. Introduciamo quindi la quantità adimensionale u, definita come

$$u = \frac{s}{L}.$$

La derivata seconda di θ rispetto a s può essere riscritta come

$$\frac{d^2\theta}{ds^2} = \frac{d^2\theta}{du^2}\frac{1}{L^2},$$

e perciò l'equazione di equilibrio prende la forma

$$\theta'' + \alpha\sin\theta = 0, \quad \text{dove } \theta'' = \frac{d^2\theta}{du^2}, \quad \alpha = \frac{RL^2}{B},$$

con α una quantità *adimensionale* positiva (un numero puro). In definitiva otteniamo il *problema al contorno*

$$\theta'' + \alpha\sin\theta = 0, \quad (0 \le u \le 1), \quad \theta(0) = 0, \quad \theta'(1) = 0.$$

Osserviamo subito che esiste certamente una soluzione banale data da $\theta(u) = 0$ per ogni valore di u: l'asta si mantiene in equilibrio in posizione rettilinea. Poiché però *non* si tratta di un problema "di Cauchy" (le due condizioni al contorno relative alla funzione incognita e alla derivata prima si riferiscono a punti diversi, $u = 0$ e $u = 1$) non siamo affatto certi che questa soluzione sia *unica*. Indaghiamo quindi ulteriormente questo fatto.

15.13.1 Carichi critici

L'equazione differenziale

$$\theta'' + \alpha \sin \theta = 0, \quad 0 \le u \le 1,$$

ammette un integrale primo, poiché possiamo facilmente verificare che essa si ottiene derivando rispetto a u la relazione

$$\frac{1}{2}\left(\frac{d\theta}{du}\right)^2 - \alpha \cos \theta = c$$

con c costante, determinata per mezzo della condizione al contorno $\theta'(1) = 0$ come

$$c = -\alpha \cos \theta_f, \quad \text{con } \theta_f = \theta(1),$$

dove θ_f indica perciò il valore (incognito) di θ nell'estremità libera dell'asta, punto al quale è applicato il carico R.

Osserviamo ora che se $\theta(u)$ è una soluzione del problema al contorno

$$\theta'' + \alpha \sin \theta = 0, \quad 0 \le u \le 1, \quad \theta(0) = 0, \quad \theta'(1) = 0,$$

certamente lo sarà anche $-\theta(u)$. Senza perdita di generalità prendiamo in esame le sole soluzioni che soddisfano la condizione $\theta'(0) > 0$ (se fosse $\theta'(0) = 0$, in aggiunta alla condizione $\theta(0) = 0$, per il Teorema di esistenza e unicità avremmo certamente la soluzione banale).

Dall'integrale primo deduciamo che

$$\left(\frac{d\theta}{du}\right)^2 = 2\alpha(\cos \theta - \cos \theta_f) \tag{15.41}$$

e quindi possiamo concludere che la derivata prima si annulla solo quando $\cos \theta = \cos \theta_f$, e che in generale deve essere $\cos \theta > \cos \theta_f$. Supponiamo ora per semplicità che da $u = 0$ a $u = 1$ (escluso) sia $\theta'(u) > 0$. Vedremo più avanti come trattare il caso generale.

L'integrazione per variabili separabili fra 0 e u dell'equazione (15.41), scegliendo il segno positivo di fronte alla radice poiché abbiamo supposto $\theta'(u) \geq 0$, ci dice che

$$\int\limits_{0}^{\theta(u)} \frac{d\theta}{\sqrt{\cos\theta - \cos\theta_f}} = \int\limits_{0}^{u} \sqrt{2\alpha}\, dx = u\sqrt{2\alpha}.$$

In questo modo abbiamo riportato la soluzione dell'equazione differenziale al calcolo di un integrale definito (si dice anche: alle quadrature). Si vede subito che la prima condizione al contorno è soddisfatta ($\theta(0) = 0$) ma, per soddisfare la seconda ($\theta'(1) = 0$), dobbiamo verificare che θ_f sia ottenuto in corrispondenza di $u = 1$. A tal fine dobbiamo porre

$$\int\limits_{0}^{\theta_f} \frac{d\theta}{\sqrt{\cos\theta - \cos\theta_f}} = \sqrt{2\alpha}. \qquad (15.42)$$

Poiché un valore di θ_f pari a π ci darebbe un integrale al primo membro divergente sappiamo che dovrà essere $0 \leq \theta \leq \theta_f < \pi$. Effettuiamo ora un cambiamento di variabile che ci permette di scrivere in forma più semplice questo integrale dipendente dal parametro θ_f.

Definiamo una costante $k \in [0, 1)$ in corrispondenza biunivoca con $\theta_f \in [0, \pi)$

$$k = \sin(\theta_f/2)$$

e una variabile $\phi \in [0, \pi/2)$ in corrispondenza biunivoca e regolare con $\theta \in [0, \theta_f)$

$$\sin\phi = \sin(\theta/2)/k. \qquad (15.43)$$

Differenziando quest'ultima relazione abbiamo

$$2k\cos\phi\, d\phi = \cos(\theta/2)\, d\theta$$

da cui deduciamo

$$d\theta = \frac{2k\cos\phi}{\sqrt{1 - k^2\sin^2\phi}} d\phi.$$

Osserviamo che

$$\cos\theta = 1 - 2\sin^2(\theta/2) = 1 - 2k^2\sin^2\phi, \quad \cos\theta_f = 1 - 2\sin^2(\theta_f/2) = 1 - 2k^2,$$

e quindi

$$\sqrt{\cos\theta - \cos\theta_f} = \sqrt{2}k\sqrt{1 - \sin^2\phi} = \sqrt{2}k\cos\phi.$$

Eseguiamo infine il cambiamento di variabile da θ a ϕ nell'integrale, utilizzando i calcoli appena svolti, in modo che

$$
\int_0^{\theta_f} \frac{d\theta}{\sqrt{\cos\theta - \cos\theta_f}} = \int_0^{\pi/2} \frac{2k\cos\phi}{\sqrt{2k}\cos\phi\sqrt{1 - k^2\sin^2\phi}}\, d\phi
$$

$$
= \sqrt{2} \int_0^{\pi/2} \frac{d\phi}{\sqrt{1 - k^2\sin^2\phi}}.
$$

Possiamo ora riscrivere la relazione (15.42) nella forma

$$
I(k) := \int_0^{\pi/2} \frac{d\phi}{\sqrt{1 - k^2\sin^2\phi}} = \sqrt{\alpha}
$$

che esprime quindi la condizione necessaria e sufficiente affinché il problema al contorno discusso ammetta almeno una soluzione non banale. La funzione $I(k)$, il cui valore è dato dall'integrale dipendente dal parametro k scritto sopra, deve essere uguale a $\sqrt{\alpha}$. I valori di k $(0 \le k < 1)$ per i quali si realizza questa uguaglianza, se ve ne sono, corrispondono a $\sin(\theta_f/2)$ dove θ_f è l'angolo di flessione dell'asta nell'estremo libero.

Alcune semplici considerazioni di tipo analitico ci mostrano che

1. $I(0) = \pi/2$;
2. $\lim_{k\to 1^-} I(k) = +\infty$;
3. $I(k)$ è una funzione monotona crescente nell'intervallo $[0, 1)$.

Il grafico di $I(k)$, che è un caso particolare di *funzione di Jacobi inversa*, può essere tracciato utilizzando un programma di calcolo scientifico. Il risultato è illustrato nella Fig. 15.33. Da questa osservazione deduciamo subito che

• Se $\sqrt{\alpha} < \pi/2$ il problema ammette la sola soluzione banale, perché in questo caso non esiste alcun k tale che $I(k) = \sqrt{\alpha}$;
• Se $\sqrt{\alpha} \ge \pi/2$ il problema ammette una soluzione non banale.

Figura 15.33 Il grafico della funzione $I(k)$

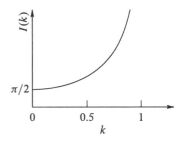

Poiché sappiamo che $\alpha = RL^2/B$ la condizione per l'esistenza di soluzioni non banali può essere riscritta come

$$R \geq \frac{\pi^2 B}{4L^2}.$$

Il carico R deve quindi avere intensità superiore al valore

$$R_c = \frac{\pi^2 B}{4L^2},$$

che è detto *carico critico*. Quindi: al di sotto del carico critico il problema ammette solo la soluzione banale (rettilinea) e l'asta non si flette; al di sopra del carico critico l'asta può flettersi, con una flessione, misurata dal valore di θ_f, che aumenta all'aumentare del carico.

Il modello matematico usato non ci permette di decidere quale, fra due o più soluzioni, sia più plausibile dal punto di vista fisico. Per dirimere la questione sarebbe necessario introdurre considerazioni energetiche che ci porterebbero a parlare di *stabilità* o *instabilità* delle soluzioni trovate. Questo argomento è però al di fuori dei nostri (limitati) obiettivi.

Concludiamo questa sezione con una breve discussione del caso (più generale) in cui si ammetta che prima di raggiungere il valore θ_f per $u = 1$ la funzione $\theta(u)$ abbia derivata nulla in n punti interni all'intervallo $(0, 1)$. Dall'integrale primo abbiamo visto che si può avere $\theta' = 0$ solo quando $\theta = \pm\theta_f$. Ora, negli intervalli in cui si abbia $\theta' > 0$ dobbiamo utilizzare il segno $+$ davanti alla radice che esprime θ' in funzione di θ, mentre dobbiamo usare il segno $-$ negli intervalli in cui sia $\theta' < 0$. Queste considerazioni ci permettono di esprimere la relazione che determina θ_f nella forma

$$\int_0^{|\theta_f|} \frac{d\theta}{\sqrt{\cos\theta - \cos\theta_f}} - \int_{|\theta_f|}^0 \frac{d\theta}{\sqrt{\cos\theta - \cos\theta_f}}$$

$$- \int_0^{-|\theta_f|} \frac{d\theta}{\sqrt{\cos\theta - \cos\theta_f}} + \int_0^{|\theta_f|} \frac{d\theta}{\sqrt{\cos\theta - \cos\theta_f}} + \cdots = \sqrt{2\alpha}, \qquad (15.44)$$

dove gli integrali sono $2n + 1$, con n pari al numero dei punti fra 0 e 1 nei quali si annulla la derivata prima di $\theta(u)$. Ricordando che il modulo di θ' è pari alla curvatura, e che i punti nei quali questa derivata cambia segno coincidono con i punti di flesso, possiamo dire che la (15.44) è condizione necessaria e sufficiente affinché il problema ammetta almeno una soluzione non banale con n flessi. D'altra parte, essendo $\cos\theta$ una funzione pari,

$$\int_{0}^{|\theta_f|} \frac{d\theta}{\sqrt{\cos\theta - \cos\theta_f}} = -\int_{|\theta_f|}^{0} \frac{d\theta}{\sqrt{\cos\theta - \cos\theta_f}}$$

$$= -\int_{0}^{-|\theta_f|} \frac{d\theta}{\sqrt{\cos\theta - \cos\theta_f}} = \dots$$

e, alla luce di queste uguaglianze, la (15.44) può essere riscritta come

$$(2n + 1)\int_{0}^{|\theta_f|} \frac{d\theta}{\sqrt{\cos\theta - \cos\theta_f}} = \sqrt{2\alpha}. \tag{15.45}$$

Ponendo di nuovo $k = \sin(|\theta_f|/2)$ e ripetendo il cambiamento di variabile (15.43), si ottiene

$$\int_{0}^{|\theta_f|} \frac{d\theta}{\sqrt{\cos\theta - \cos\theta_f}} = \sqrt{2}\int_{0}^{\pi/2} \frac{d\phi}{\sqrt{1 - k^2\sin^2\phi}} = \sqrt{2}I(k) \tag{15.46}$$

Dal confronto fra la (15.45) e la (15.46) si deduce infine che condizione per l'esistenza di una soluzione non banale con n flessi è che sia

$$(2n + 1)I(k) = \sqrt{\alpha}$$

e ciò è possibile solo se

$$\sqrt{\alpha} \geq (2n + 1)\pi/2.$$

Naturalmente, a parità di valori per L e B, è necessario un carico maggiore per produrre soluzioni con un maggior numero di flessi. Anche qui non siamo in grado di indicare le soluzioni fisicamente preferite dal sistema.

15.13.2 Modello linearizzato

La discussione appena svolta può essere molto semplificata se si accetta la ragionevole ipotesi di voler studiare solo le flessioni dell'asta che poco si discostano dalla configurazione di riferimento rettilinea. Più precisamente, supponiamo che l'angolo θ si mantenga piccolo per ogni valore di u, in modo che si possa ritenere valida l'approssimazione

$$\sin\theta \sim \theta.$$

In questo modo, il problema al contorno si trasforma in

$$\theta'' + \alpha\theta = 0, \quad \theta(0) = 0, \quad \theta'(1) = 0,$$

che può essere risolto esplicitamente per il fatto che ora abbiamo a che fare con una equazione differenziale lineare a coefficienti costanti. L'integrale generale è

$$\theta(u) = A \sin(\sqrt{\alpha}u) + B \cos(\sqrt{\alpha}u)$$

da cui, imponendo $\theta(0) = 0$, si ha $B = 0$. La condizione $\theta'(1) = 0$ obbliga ora ad avere $A = 0$ (soluzione banale) oppure

$$\sqrt{\alpha} = (2n + 1)\pi/2.$$

In corrispondenza a ognuno di questi valori di α si hanno soluzioni non banali descritte da

$$\theta(u) = A \sin((2n + 1)u\pi/2),$$

con A di valore arbitrario. La conclusione raggiunta assomiglia molto a quella dedotta con una discussione più completa, poiché i valori dei carichi critici sono esattamente coincidenti. Si osservi però che qui la modellizzazione è più grossolana e ci porterebbe a credere che la possibilità di soluzioni non banali si abbia solo con valori di α esattamente *uguali* a quelli corrispondenti ai carichi critici, una conclusione palesemente difforme dalle più elementari osservazioni. Tuttavia, se affiancato a un certo buon senso fisico, il processo di linearizzazione porta a risultati utili con uno sforzo matematico modesto.

A Richiami di analisi e calcolo vettoriale

A.1 Punti, vettori

Punti

Sia O un punto dello spazio euclideo tridimensionale $\mathcal{E}$ nel quale si ambienta il moto del sistema. Utilizzando una base $\{\mathbf{e}_1, \mathbf{e}_2, \mathbf{e}_3\}$, identifichiamo la posizione di ogni punto $P \in \mathcal{E}$ attraverso le sue *coordinate cartesiane* (x, y, z), con

$$OP = x_1 \, \mathbf{e}_1 + x_2 \, \mathbf{e}_2 + x_3 \, \mathbf{e}_3. \tag{A.1}$$

L'*origine* O e la terna $\{\mathbf{e}_1, \mathbf{e}_2, \mathbf{e}_3\}$ utilizzate per descrivere la posizione dei punti del sistema costituiscono un *sistema di riferimento*. Osserviamo che in (A.1), come tutto il resto del testo, il carattere grassetto identifica un vettore. Gli unici vettori che fanno eccezione a questa regola risultano proprio essere quelli che collegano due punti, come OP in (A.1), che rappresenta il vettore che punta *da O verso P*.

Una base si dice *ortonormale* se i vettori che la compongono sono a due a due perpendicolari, e hanno lunghezza pari a 1. In generale, chiameremo *versore* ogni vettore di lunghezza unitaria. In tutto il presente testo utilizziamo esclusivamente basi ortonormali, anche quando ciò non sia esplicitamente specificato.

Prodotto scalare

Dati due vettori $\mathbf{a}$ e $\mathbf{b}$, definiamo come segue il loro *prodotto scalare*

$$\mathbf{a} \cdot \mathbf{b} = |\mathbf{a}| \, |\mathbf{b}| \, \cos \alpha, \tag{A.2}$$

dove $|\mathbf{a}|$, $|\mathbf{b}|$ sono rispettivamente le lunghezze (o moduli) dei vettori $\mathbf{a}$, $\mathbf{b}$, e $\alpha \in [0, \pi]$ è l'angolo compreso tra le direzione dei due vettori, orientate come i vettori stessi.

La (A.2) chiaramente definisce un prodotto simmetrico, in quanto $\mathbf{a} \cdot \mathbf{b} = \mathbf{b} \cdot \mathbf{a}$. Risulta inoltre possibile dimostrare che il prodotto scalare è anche lineare, ovvero che

$$\left(\lambda \mathbf{a} + \mu \mathbf{b}\right) \cdot \mathbf{c} = \lambda \, \mathbf{a} \cdot \mathbf{c} + \mu \, \mathbf{b} \cdot \mathbf{c}. \tag{A.3}$$

P. Biscari et al., *Meccanica Razionale*, La Matematica per il 3+2 138, https://doi.org/10.1007/978-88-470-4018-2

Dalla definizione (A.2) si ottiene che il prodotto scalare di due qualunque versori di una base ortonormale vale 0 se i versori sono uguali e 1 se si moltiplica un versore per sé stesso

$$\mathbf{e}_i \cdot \mathbf{e}_j = \delta_{ij} = \begin{cases} 1 & \text{se } i = j \\ 0 & \text{se } i \neq j, \end{cases} \tag{A.4}$$

dove è stata introdotta la *delta di Kronecker* δ_{ij}. Utilizzando quindi la proprietà di linearità (A.3) si dimostra che se scomponiamo due vettori utilizzando una base ortonormale il prodotto scalare si esprime semplicemente come combinazione lineare delle loro componenti:

$$\begin{cases} \mathbf{a} = a_1\,\mathbf{e}_1 + a_2\,\mathbf{e}_2 + a_3\,\mathbf{e}_3 \\ \mathbf{b} = b_1\,\mathbf{e}_1 + b_2\,\mathbf{e}_2 + b_3\,\mathbf{e}_3 \end{cases} \implies \mathbf{a} \cdot \mathbf{b} = \sum_{i=1}^{3} a_i b_i.$$

Sia $\mathbf{e}$ un qualunque versore. Definiamo la *componente lungo* $\mathbf{e}$ *di un vettore* $\mathbf{v}$ il prodotto scalare

$$v_e = \mathbf{v} \cdot \mathbf{e}.$$

mentre $\mathbf{v}_e = (\mathbf{v} \cdot \mathbf{e})\mathbf{e} = v_e\mathbf{e}$ è detto (vettore) componente di $\mathbf{v}$ lungo $\mathbf{e}$.

Analogamente, dato un qualunque punto P e una retta r passante per O e parallela ad $\mathbf{e}$, si costruisce (vedi Fig. A.1) la proiezione di P su r come il punto P_r tale che:

$$OP_r = \left(OP \cdot \mathbf{e}\right)\mathbf{e},$$

che coincide con il vettore componente di OP lungo $\mathbf{e}$.

Il Teorema di Pitagora fornisce un modo semplice di esprimere la distanza del punto P dalla retta r in termini di due prodotti scalari. Infatti, detto α l'angolo determinato da OP con il versore $\mathbf{e}$ si ha:

$$d(P, r) = |PP_r| = |OP| \sin\alpha = \sqrt{|OP|^2 - |OP_r|^2}$$
$$= \sqrt{OP \cdot OP - \left(OP \cdot \mathbf{e}\right)^2}. \tag{A.5}$$

Sia infine π il piano ortogonale al versore $\mathbf{e}$ passante per O. Dato un qualunque punto P, si costruisce (vedi Fig. A.1) la proiezione di P su π come il punto P_π tale che:

$$OP_\pi = OP - \left(OP \cdot \mathbf{e}\right)\mathbf{e}.$$

Il Teorema di Pitagora consente ancora di esprimere anche la distanza del punto P dal piano π. Infatti, detto nuovamente α l'angolo determinato da OP ed $\mathbf{e}$ (si noti che α è complementare all'angolo tra OP e π) si ha:

$$d(P, \pi) = |PP_\pi| = |OP| |\cos\alpha| = \left|OP \cdot \mathbf{e}\right|.$$

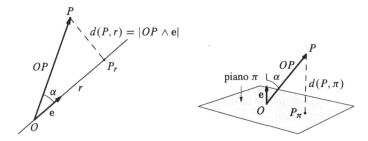

Figura A.1 Proiezione ortogonale di un punto su una retta e su un piano

Il prodotto scalare $(OP \cdot \mathbf{e})$ è positivo se P si trova nel semispazio delimitato da π verso cui punta $\mathbf{e}$, è nullo se P appartiene a π, ed è negativo se P si trova nell'altro semispazio.

Prodotto vettoriale

Dati due vettori $\mathbf{a}$ e $\mathbf{b}$ definiamo il loro *prodotto vettoriale* $\mathbf{a} \wedge \mathbf{b}$ come il vettore con le seguenti proprietà:

- modulo pari a

$$\left| \mathbf{a} \wedge \mathbf{b} \right| = |\mathbf{a}| \, |\mathbf{b}| \, \sin\alpha, \qquad\qquad (A.6)$$

dove α è l'angolo tra le direzioni dei vettori $\mathbf{a}$ e $\mathbf{b}$;
- direzione ortogonale ai due vettori $\mathbf{a}$ e $\mathbf{b}$ (ovvero al piano da loro identificato);
- verso identificato dalla *regola della mano destra*: se allineiamo le quattro dita (dall'indice al mignolo) della mano destra con il primo vettore $\mathbf{a}$, e chiudiamo le quattro dita verso la direzione del secondo vettore $\mathbf{b}$, il pollice indicherà il verso del prodotto vettoriale $\mathbf{a} \wedge \mathbf{b}$. Una definizione equivalente si ottiene disponendo pollice, indice e medio della mano destra lungo direzioni ortogonali come se si intendesse contare da 1 a 3: allineando il primo dito (indice) con $\mathbf{a}$, e orientando il secondo dito (indice) come $\mathbf{b}$, il terzo dito (medio) indicherà la direzione del prodotto vettoriale $\mathbf{a} \wedge \mathbf{b}$.

La definizione (A.6) mostra che un prodotto vettoriale si annulla se e solo se: il primo vettore si annulla e/o il secondo vettore si annulla e/o i due vettori hanno la stessa direzione (essendo paralleli o antiparalleli). Si noti la differenza con il prodotto scalare, che invece si annulla se e solo se uno dei due fattori è nullo, oppure se i due vettori sono perpendicolari.

La regola della mano destra illustrata nella definizione mostra che il prodotto vettoriale è antisimmetrico:

$$\mathbf{a} \wedge \mathbf{b} = -\mathbf{b} \wedge \mathbf{a}.$$

Inoltre, come già quello scalare, anche il prodotto vettoriale definisce un'operazione lineare

$$(\lambda \mathbf{a} + \mu \mathbf{b}) \wedge \mathbf{c} = \lambda \, \mathbf{a} \wedge \mathbf{c} + \mu \, \mathbf{b} \wedge \mathbf{c}.$$

Il prodotto vettoriale divide in due gruppi le terne di vettori che possiamo utilizzare per definire una base ortonormale. Questi gruppi si identificano dal risultato del prodotto vettoriale $e_1 \wedge e_2$. In base alla definizione, il risultato di tale prodotto vettoriale deve necessariamente essere parallelo a e_3, ed esistono quindi solo due possibilità

- $e_1 \wedge e_2 = +e_3$; in questo caso si dice che $\{e_1, e_2, e_3\}$ è una *terna sinistrorsa* (o *levogira* o *antioraria*)
- $e_1 \wedge e_2 = -e_3$; in questo caso si dice che $\{e_1, e_2, e_3\}$ è una *terna destrorsa* (o *destrogira* o *oraria*).

I nomi utilizzati per caratterizzare le terne di vettori fanno riferimento alla proprietà che se in una terna sinistrorsa (rispettivamente, destrorsa) ci poniamo dalla parte del versore e_3 e osserviamo il piano $\{e_1, e_2\}$, per portare il primo versore a coincidere con il secondo dobbiamo ruotarlo verso sinistra (risp. destra) o equivalentemente in verso antiorario (risp. orario).

Data una qualunque terna (sinistrorsa o destrorsa che sia) è possibile ottenere una terna dell'altra tipologia semplicemente cambiando di segno uno dei tre versori, oppure scambiando due versori tra loro. Mantengono invece la tipologia di terna le *permutazioni cicliche* nelle quali ogni vettore passa a occupare la posizione successiva (rispettivamente, precedente) nella terna, mentre l'ultimo (risp. il primo) scala in prima (risp. ultima) posizione. Applicando la definizione (o le permutazioni cicliche) è semplice verificare che in una terna sinistrorsa

$$e_1 \wedge e_2 = +e_3, \quad e_3 \wedge e_1 = +e_2, \quad e \quad e_2 \wedge e_3 = +e_1,$$
$$e_2 \wedge e_1 = -e_3, \quad e_1 \wedge e_3 = -e_2, \quad e \quad e_3 \wedge e_2 = -e_1.$$

Così come in tutto il testo presupponiamo che le basi utilizzate siano ortonormali, supporremo altrettanto che tutte le terne definitive siano sinistrorse.

Con la proprietà di linearità e le formule appena ricavate per i prodotti vettoriali tra vettori della base, si può ricavare l'espressione del prodotto vettoriale tra due qualunque vettori in termini delle componenti dei fattori. Si ha così

$$\begin{cases} a = a_1 e_1 + a_2 e_2 + a_3 e_3 \\ b = b_1 e_1 + b_2 e_2 + b_3 e_3 \end{cases} \implies \begin{aligned} a \wedge b &= (a_2 b_3 - a_3 b_2) e_1 \\ &+ (a_3 b_1 - a_1 b_3) e_2 \\ &+ (a_1 b_2 - a_2 b_1) e_3. \end{aligned}$$

Osserviamo che la seconda e terza componente del prodotto vettoriale si possono ottenere semplicemente dalla prima nuovamente attraverso permutazioni cicliche del tipo $1 \to 2 \to 3 \to 1$.

Seguono alcune ulteriori proprietà del prodotto vettoriale.

- Dati due vettori a e b, vale la relazione

$$|a \wedge b|^2 + (a \cdot b)^2 = |a|^2 |b|^2 = (a \cdot a)(b \cdot b).$$

- Utilizzando il prodotto vettoriale si possono riscrivere le distanze di un punto P da una retta r e da un piano π (entrambi passanti per O, e rispettivamente parallela la prima, e ortogonale il secondo, al versore $\mathbf{e}$) come:

$$d(P, r) = |OP| \sin\alpha = |OP \wedge \mathbf{e}|$$

$$d(P, \pi) = |OP| |\cos\alpha| = \sqrt{|OP|^2 - |OP \wedge \mathbf{e}|^2}. \qquad \text{(A.7)}$$

- Dati tre vettori $\mathbf{a}$, $\mathbf{b}$ e $\mathbf{c}$, valgono le identità

$$\mathbf{a} \wedge (\mathbf{b} \wedge \mathbf{c}) = (\mathbf{a} \cdot \mathbf{c})\mathbf{b} - (\mathbf{a} \cdot \mathbf{b})\mathbf{c} \qquad \text{(A.8)}$$

$$(\mathbf{a} \wedge \mathbf{b}) \wedge \mathbf{c} = (\mathbf{a} \cdot \mathbf{c})\mathbf{b} - (\mathbf{c} \cdot \mathbf{b})\mathbf{a}. \qquad \text{(A.9)}$$

Si osservi in particolare che il risultato del doppio prodotto vettoriale dipende dall'ordine in cui i singoli prodotti vengono eseguiti (il doppio prodotto vettoriale non gode della proprietà associativa).

Prodotto misto
Dati tre vettori $\mathbf{a}$, $\mathbf{b}$ e $\mathbf{c}$, si definisce il loro prodotto misto:

$$\mathbf{a} \cdot \mathbf{b} \wedge \mathbf{c} = \mathbf{a} \cdot (\mathbf{b} \wedge \mathbf{c})$$

Lo scambio di due qualunque dei fattori cambia il segno del prodotto misto:

$$\mathbf{a} \cdot \mathbf{b} \wedge \mathbf{c} = -\mathbf{b} \cdot \mathbf{a} \wedge \mathbf{c} = \mathbf{c} \cdot \mathbf{a} \wedge \mathbf{b} = -\mathbf{c} \cdot \mathbf{b} \wedge \mathbf{a} = \ldots$$

Come risultato della precedente proprietà, ogni permutazione ciclica dei tre vettori coinvolti nel prodotto misto, così come lo scambio delle operazioni vettoriali, non ne modificano il risultato:

$$\mathbf{a} \wedge \mathbf{b} \cdot \mathbf{c} = \mathbf{a} \cdot \mathbf{b} \wedge \mathbf{c} = \mathbf{c} \cdot \mathbf{a} \wedge \mathbf{b} = \mathbf{b} \cdot \mathbf{c} \wedge \mathbf{a}. \qquad \text{(A.10)}$$

Il prodotto misto si annulla se e solo se i tre vettori sono complanari. Il suo valore assoluto è pari al volume del parallelepipedo avente per spigoli i vettori $\mathbf{a}$, $\mathbf{b}$ e $\mathbf{c}$.

Risoluzione dell'equazione lineare vettoriale $a \wedge v = b$
Analizziamo la seguente equazione lineare nell'incognita vettoriale $\mathbf{v}$:

$$\mathbf{a} \wedge \mathbf{v} = \mathbf{b}, \qquad \text{(A.11)}$$

dove $\mathbf{a}$ e $\mathbf{b}$ sono vettori assegnati (con $\mathbf{a} \neq \mathbf{0}$).

- Essendo il prodotto vettoriale ortogonale a ciascuno dei due fattori, una condizione *necessaria* affinché la (A.11) abbia senso e possa ammettere qualche soluzione è che i vettori assegnati $\mathbf{a}$ e $\mathbf{b}$ siano ortogonali fra di loro. Se $\mathbf{a} \cdot \mathbf{b} \neq 0$, la (A.11) non ammette alcuna soluzione.

- Moltiplichiamo ora vettorialmente la (A.11) per **a**. Otteniamo:

$$\left(\mathbf{a} \wedge \mathbf{v}\right) \wedge \mathbf{a} = \mathbf{b} \wedge \mathbf{a}\,,$$

equivalente a

$$\mathbf{v} = \frac{\mathbf{a} \cdot \mathbf{v}}{a^2}\mathbf{a} + \frac{\mathbf{b} \wedge \mathbf{a}}{a^2}.$$ (A.12)

La (A.12) ammette una semplice interpretazione: i vettori **v** che soddisfano l'equazione (A.11) hanno una componente arbitraria parallela ad **a** (infatti tale componente scompare nel prodotto vettoriale) e una componente assegnata ortogonale ad **a**, pari al secondo addendo della (A.12). La più generale soluzione di (A.11) si può quindi scrivere come:

$$\mathbf{v} = \lambda\,\mathbf{a} + \frac{\mathbf{b} \wedge \mathbf{a}}{a^2}\,, \qquad \text{con} \quad \lambda \in \mathbb{R}.$$

A.2 Curve

Una *curva* è una funzione $P : I \to \mathcal{E}$, che associa un punto $P(t) \in \mathcal{E}$ a ogni valore di un parametro reale $t \in I \subseteq \mathbb{R}$. Chiameremo *regolare* ogni curva derivabile almeno due volte con continuità. In quel che segue supporremo che tutte le curve che trattiamo sono regolari. Per comodità supporremo inoltre che la derivata prima $\dot{P}(t)$ non si annulli mai (una curva in cui $\dot{P}$ fosse sempre nulla descriverebbe semplicemente un punto).

Chiameremo *supporto* S_P della curva P il luogo geometrico dei punti visitati dalla curva stessa:

$$S_P = \left\{Q \in \mathcal{E} \ \text{tali che} \ \ P(t) = Q \ \ \text{per qualche} \ t \in I \right\}.$$

È evidente che lo stesso supporto può essere percorso da infinite curve diverse, così come la stessa strada può essere percorsa in infiniti modi diversi da un'automobile.

Rette
Le più semplici curve sono le rette, o le porzioni di rette. In esse, la legge che fornisce la variazione del punto $P(t)$ è affine nel parametro t:

$$OP(t) = OP_0 + \mathbf{v}\,t, \qquad t \in I \subseteq \mathbb{R}.$$ (A.13)

- A seconda del tipo di intervallo $I \subseteq \mathbb{R}$ in cui assume valori il parametro t, il supporto della curva (A.13) è il segmento che collega $P(t_1)$ a $P(t_2)$, se $I = [t_1, t_2]$; una semiretta di estremo $P(t_1)$, se $I = [t_1, +\infty)$ oppure $I = (-\infty, t_1]$; una retta se $I = \mathbb{R}$.

- La curva (A.13) appartiene alla retta passante per $P_0 = P(0)$ e parallela al vettore $\mathbf{v}$. Infatti, presi due punti $P' = P(t')$ e $P'' = P(t'')$ si ha:

$$P'P'' = \mathbf{v}(t'' - t') \implies P'P'' \wedge \mathbf{v} = \mathbf{0}.$$

- Una curva avente come supporto il segmento congiungente i punti Q, R è la seguente:

$$OP(t) = OQ + QR\,t, \qquad t \in [0, 1]. \tag{A.14}$$

La retta passante per i punti Q, R si può ottenere estendendo la curva (A.14) a $t \in \mathbb{R}$.

Retta e versore tangente

Sia P una curva regolare. Chiamiamo *retta tangente a* P, nel punto $P_0 = P(t_0)$, la retta che si ottiene come limite delle rette passanti per i punti $P(t_0)$, $P(t_0 + \varepsilon)$, nel limite $\varepsilon \to 0$. Un semplice sviluppo di Taylor di $P(t_0 + \varepsilon)$ al prim'ordine in ε dimostra che tale retta $R(t)$ è data da:

$$OR(t) = OP_0 + (t - t_0)\,\dot{P}(t_0).$$

La retta $R(t)$ passa ovviamente per P_0 (per $t = t_0$). Inoltre, essa è parallela al *versore tangente a* $P(t)$ *nel punto* P_0

$$\mathbf{t}(t_0) = \frac{\dot{P}(t_0)}{\left|\dot{P}(t_0)\right|}.$$

Nelle espressioni precedenti, come in tutte le successive, abbiamo utilizzato il punto per indicare sinteticamente la derivata rispetto al parametro t.

Ascissa curvilinea

Sia P una curva regolare. Chiamiamo *ascissa curvilinea* s, a partire dal punto $P_1 = P(t_1)$, la lunghezza dell'arco di supporto compreso tra P_1 e $P(t)$:

$$s(t) = \int_{t_1}^{t} \left|\dot{P}(u)\right| du.$$

- Dal Teorema Fondamentale del calcolo integrale, segue che

$$\frac{ds}{dt} = \left|\dot{P}(t)\right| > 0 \qquad \text{per ogni } t, \tag{A.15}$$

se la derivata prima non si annulla mai. In tal caso la funzione $s(t)$ è invertibile.

- Sia $P : [t_1, t_2] \to \mathcal{E}$ una curva la cui derivata prima non si annulla mai. Sia $t = \hat{t}(s)$ la funzione inversa dell'ascissa curvilinea, e $L = s(t_2)$ la lunghezza del supporto di P. Definiamo una nuova curva $\hat{P}(s)$, a valori sull'intervallo $s \in [0, L]$, come:

$$[0, L] \ni s \to \hat{P}(s) = P(\hat{t}(s)) \in \mathcal{E}.$$

La curva $\hat{P}$ percorre lo stesso supporto della curva P, ma in modo uniforme. Infatti, utilizzando prima la derivazione di funzione composta e poi la derivazione di funzione inversa, troviamo:

$$\frac{d\hat{P}}{ds} = \dot{P}(\hat{t}(s))\frac{d\hat{t}}{ds} = \frac{\dot{P}(\hat{t}(s))}{|\dot{P}(\hat{t}(s))|} = \mathbf{t}(\hat{t}(s)) \tag{A.16}$$

e in particolare $|d\hat{\mathbf{P}}/ds| = 1$. La parametrizzazione $\hat{P}(s)$ ha quindi la notevole proprietà di dipendere solo dal supporto di P, e non dal modo in cui questo è percorso.

Curvatura e raggio di curvatura
Vogliamo ora introdurre una misura quantitativa della linearità del supporto di una curva. In una retta, il versore tangente non varia, qualunque sia il punto in cui esso venga calcolato. Risulta allora naturale associare la misura che cerchiamo alla rapidità di variazione del versore tangente lungo la curva stessa. Più precisamente, definiamo la *curvatura* come segue:

$$c = \left|\frac{d\mathbf{t}}{ds}\right|. \tag{A.17}$$

- La definizione di c attraverso la derivata del versore tangente rispetto all'ascissa curvilinea (invece che rispetto al parametro originale t) garantisce che tutte le curve che percorrano lo stesso supporto misureranno la medesima curvatura al passare da uno stesso punto.
- In termini della parametrizzazione $P(t)$,

$$c = \frac{|\dot{P} \wedge \ddot{P}|}{|\dot{P}|^3} \in [0, +\infty). \tag{A.18}$$

La (A.18) risulta estremamente utile nel calcolo diretto della curvatura di una curva, poiché la definizione (A.17) non è operativa prima di aver calcolato l'ascissa curvilinea $s(t)$ e aver esplicitato la sua funzione inversa $\hat{t}(s)$. Riportiamo per completezza i passaggi dai quali si può ricostruire la dimostrazione di (A.18):

$$c = \left|\frac{d\mathbf{t}}{ds}\right| = \left|\frac{d\mathbf{t}}{dt}\frac{d\hat{t}}{ds}\right| = \frac{1}{|\dot{P}|}\left|\frac{d}{dt}\frac{\dot{P}}{|\dot{P}|}\right| = \frac{1}{|\dot{P}|}\left|\frac{\ddot{P}}{|\dot{P}|} - \frac{\ddot{P} \cdot \dot{P}}{|\dot{P}|^3}\dot{P}\right|$$

$$= \frac{1}{|\dot{P}|^2}\left|\ddot{P} - (\ddot{P} \cdot \mathbf{t})\mathbf{t}\right| = \frac{|\mathbf{t} \wedge \ddot{P}|}{|\dot{P}|^2} = \frac{|\dot{P} \wedge \ddot{P}|}{|\dot{P}|^3}$$

- La curvatura ha le dimensioni dell'inverso di una lunghezza. Il suo inverso

$$\rho = \frac{1}{c} = \frac{|\dot{P}|^3}{|\dot{P} \wedge \ddot{P}|} \in (0, +\infty].$$

ha quindi le dimensioni di una lunghezza e viene chiamato *raggio di curvatura*. L'origine di tale denominazione sarà chiarita in breve.

Versore normale principale
Consideriamo un punto a curvatura non nulla di una curva regolare P. Sapendo che il versore tangente cambierà direzione, chiamiamo *normale principale* (o, semplicemente, *normale*) il versore che indica la direzione verso la quale si sta volgendo **t**:

$$\mathbf{n} = \frac{\frac{d\mathbf{t}}{ds}}{\left|\frac{d\mathbf{t}}{ds}\right|} = \frac{1}{c} \frac{d\mathbf{t}}{ds}. \tag{A.19}$$

- Come illustrato in Fig. A.2, la normale principale punta per costruzione verso la concavità del supporto della curva.
- La normale principale è indipendente dal verso in cui una curva percorre un dato supporto, mentre il versore tangente si inverte quando si cambia il verso di percorrenza del supporto.
- La normale principale è sempre ortogonale alla tangente. Questa proprietà è un caso particolare del seguente Lemma.

Lemma A.11 *Sia* **f** *una funzione vettoriale differenziabile, dipendente dalla variabile reale t. Il vettore* **f**(t) *ha modulo costante al variare di t se e solo se esso è sempre ortogonale alla sua derivata:*

$$|\mathbf{f}|^2 = costante \iff \mathbf{f} \cdot \dot{\mathbf{f}} = 0 \quad \forall t. \tag{A.20}$$

Dimostrazione La (A.20) si dimostra semplicemente osservando che

$$\frac{d}{dt} |\mathbf{f}|^2 = \frac{d}{dt} \mathbf{f} \cdot \mathbf{f} = 2\mathbf{f} \cdot \dot{\mathbf{f}}.$$

La variazione del modulo di **f**(t) dipende quindi dal prodotto scalare tra **f** e **ḟ**. In particolare, il prodotto scalare è nullo se e solo se $|\mathbf{f}(t)|$ è costante. □

Conseguenza immediata di questo Lemma è l'ortogonalità tra il versore tangente, il cui modulo è sempre costante (pari a 1) e la normale principale, che è parallela alla derivata del versore tangente.

Figura A.2 Terna intrinseca

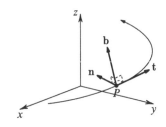

Versore binormale

Consideriamo nuovamente un punto a curvatura non nulla di una curva regolare P. Sapendo che i versori tangente e normale principale sono ortogonali tra di loro, introduciamo il *versore binormale*:

$$\mathbf{b} = \mathbf{t} \wedge \mathbf{n}. \tag{A.21}$$

La base ortonormale $\{\mathbf{t}, \mathbf{n}, \mathbf{b}\}$ così costruita prende il nome di *terna intrinseca*, illustrata in Fig. A.2.

Al fine di calcolare i versori normali senza fare ricorso all'ascissa curvilinea, si possono utilizzare le seguenti espressioni:

$$\mathbf{b} = \frac{\dot{P} \wedge \ddot{P}}{|\dot{P} \wedge \ddot{P}|} \quad \text{e} \quad \mathbf{n} = \mathbf{b} \wedge \mathbf{t}. \tag{A.22}$$

La seconda delle (A.22) segue dalla (A.21), attraverso una permutazione ciclica, che può sempre effettuarsi nell'espressione che lega un versore di una base ortonormale al prodotto vettoriale degli altri due versori della base. Forniamo di seguito i principali passaggi della dimostrazione della prima delle (A.22). Nella dimostrazione, inglobiamo negli scalari λ, λ', λ'', λ''' tutti i fattori che non entrano direttamente nel prodotto vettoriale che determina la direzione di $\mathbf{b}$. Tali scalari contribuiscono a rendere unitario il versore binormale, ma tale normalizzazione è già banalmente garantita dal denominatore della (A.22)$_1$:

$$\mathbf{b} = \mathbf{t} \wedge \mathbf{n} = \lambda\, \mathbf{t} \wedge \frac{d\mathbf{t}}{ds} = \lambda'\, \mathbf{t} \wedge \frac{d\mathbf{t}}{dt} = \lambda''\, \dot{P} \wedge \frac{d}{dt}\left(\frac{\dot{P}}{|\dot{P}|}\right)$$

$$= \lambda''\, \dot{P} \wedge \left(\frac{\ddot{P}}{|\dot{P}|} + \dot{P}\, \frac{d}{dt}\frac{1}{|\dot{P}|}\right) = \lambda'''\, \dot{P} \wedge \ddot{P}.$$

Per definizione, il versore binormale è ortogonale sia alla tangente che alla normale principale. Nelle curve piane, queste due direzioni giacciono sempre nel piano che contiene la curva. Di conseguenza, il versore binormale è vincolato ad avere direzione perpendicolare al piano della curva.

Si osservi però che in alcuni punti speciali (precisamente, quelli a curvatura nulla) non è possibile definire la normale principale, e di conseguenza è altrettanto impossibile definire la direzione binormale. Può quindi succedere che una curva piana abbia un versore binormale costante lungo tutto un primo tratto in cui la curvatura è diversa da zero, non abbia né **n** né **b** in un punto di inflessione dove la curvatura si annulla, e torni ad avere binormale costante (ma opposta) in un secondo tratto a curvatura diversa da zero.

Cerchio osculatore

Sia P una curva regolare. Riceve il nome di *cerchio osculatore* a P, nel punto $P_0 = P(t_0)$, il limite a cui tendono i cerchi passanti per $P(t_0)$, $P(t_0 + \varepsilon)$, $P(t_0 + \varepsilon')$, quando $\varepsilon \neq \varepsilon'$ tendono a 0. Si dimostra che il cerchio osculatore ha raggio pari al raggio di curvatura ρ, e centro posto a distanza ρ da P_0, nella direzione in cui punta la normale principale **n**.

A.3   Trasformazioni lineari, matrici

Raccogliamo in questa sezione alcune proprietà notevoli delle trasformazioni lineari e del calcolo matriciale.

Per definizione una *trasformazione lineare* (o *tensore*) **A** è un'applicazione che trasforma vettori **u** di uno spazio lineare U in vettori **v** di un secondo spazio lineare V (che può essere coincidente con il primo o meno), in modo da soddisfare la richiesta di linearità

$$\mathbf{A}(\lambda_1 \mathbf{u}_1 + \lambda_2 \mathbf{u}_2) = \lambda_1 \mathbf{A}(\mathbf{u}_1) + \lambda_2 \mathbf{A}(\mathbf{u}_2), \qquad \text{per ogni } \lambda_1, \lambda_2 \in \mathbb{R}.$$

Praticamente in ogni occasione ometteremo le parentesi e scriveremo semplicemente **Au** per intendere **A**(**u**).

Siano **u**, **v** vettori di dimensione n, e siano **A**, **B** : $\mathbb{R}^n \to \mathbb{R}^n$ trasformazioni lineari da $\mathbb{R}^n$ in sé. Detta $\{\mathbf{e}_1, \ldots, \mathbf{e}_n\}$ una base ortonormale di $\mathbb{R}^n$, indicheremo rispettivamente con $\{u_i, i = 1, \ldots, n\}$ e $\{a_{ij}, i, j = 1, \ldots, n\}$ le componenti del vettore **u**, e gli elementi della matrice che rappresenta **A**, nella base data.

Componenti, elementi di matrice

L'i-esima componente del vettore **u** è data da $u_i = \mathbf{e}_i \cdot \mathbf{u}$. Analogamente, l'elemento a_{ij} della matrice che rappresenta la trasformazione lineare **A** nella stessa base è dato da

$$a_{ij} = \mathbf{e}_i \cdot \mathbf{A}\mathbf{e}_j . \tag{A.23}$$

Vettore trasformato

Applicando la trasformazione lineare **A** al vettore **u** si ottiene il vettore **v** = **Au**, di componenti

$$v_i = \mathbf{e}_i \cdot \mathbf{v} = \mathbf{e}_i \cdot \mathbf{A}\mathbf{u} = \mathbf{e}_i \cdot \mathbf{A}\left(\sum_{j=1}^{n} u_j \mathbf{e}_j \right)$$

$$= \sum_{j=1}^{n} (\mathbf{e}_i \cdot \mathbf{A}\mathbf{e}_j) u_j = \sum_{j=1}^{n} a_{ij} u_j = a_{ij} u_j .$$

Nell'ultimo passaggio della precedente espressione è stata sottintesa, utilizzando la notazione di Einstein, la somma sull'indice ripetuto j. D'ora in avanti tale notazione sarà ripetutamente utilizzata ove non sorgano ambiguità di interpretazione.

Trasformazione trasposta
Chiameremo trasformazione trasposta di $\mathbf{A}$, e la indicheremo con $\mathbf{A}^T$, la trasformazione che gode della proprietà

$$\mathbf{u} \cdot \mathbf{A}\mathbf{v} = \mathbf{A}^T \mathbf{u} \cdot \mathbf{v} \qquad \forall \, \mathbf{u}, \mathbf{v} \in \mathbb{R}^n. \tag{A.24}$$

È semplice mostrare a partire dalla (A.23) che la trasformazione trasposta esiste, è unica, e i suoi elementi di matrice sono:

$$\left(a^T\right)_{ij} = a_{ji}.$$

La trasposta del prodotto di due trasformazioni non coincide con il prodotto delle trasposte. Infatti:

$$\mathbf{u} \cdot (\mathbf{AB})\mathbf{v} = \mathbf{u} \cdot \mathbf{A}(\mathbf{Bv}) = \mathbf{A}^T \mathbf{u} \cdot \mathbf{Bv} = \mathbf{B}^T \mathbf{A}^T \mathbf{u} \cdot \mathbf{v},$$

da cui risulta che

$$(\mathbf{AB})^T = \mathbf{B}^T \mathbf{A}^T.$$

Una trasformazione lineare si dice *simmetrica* se coincide con la propria trasformazione trasposta, mentre si dice *antisimmetrica* se è l'opposto della sua trasposta:

$$\begin{aligned} \mathbf{S} \text{ simmetrica} &\iff \mathbf{S} = \mathbf{S}^T \\ \mathbf{W} \text{ antisimmetrica} &\iff \mathbf{W} = -\mathbf{W}^T. \end{aligned} \tag{A.25}$$

Ogni trasformazione lineare $\mathbf{A}$ può essere scritta in un'unica maniera come somma di una trasformazione lineare simmetrica più una trasformazione lineare antisimmetrica:

$$\mathbf{A} = \mathbf{S} + \mathbf{W}, \qquad \text{con} \quad \mathbf{S} = \tfrac{1}{2}\left(\mathbf{A} + \mathbf{A}^T\right) \quad \text{e} \quad \mathbf{W} = \tfrac{1}{2}\left(\mathbf{A} - \mathbf{A}^T\right).$$

Prodotto di trasformazioni
Date le trasformazioni lineari $\mathbf{A}, \mathbf{B}$, gli elementi di matrice della trasformazione composta (o prodotto) $\mathbf{AB}$ sono $(AB)_{ij} = a_{ik}\, b_{kj}$. Sottolineiamo che sia composizione di trasformazioni lineari che, di conseguenza, il prodotto delle loro matrici non sono commutativi: $\mathbf{AB} \neq \mathbf{BA}$.

Prodotto tensoriale
A partire da due qualunque vettori $\mathbf{a}, \mathbf{b}$ è possibile definire il loro *prodotto tensoriale* $\mathbf{a} \otimes \mathbf{b}$. Questo è la trasformazione lineare che opera su un qualunque vettore $\mathbf{u}$ trasformandolo come segue

$$(\mathbf{a} \otimes \mathbf{b})\mathbf{u} = (\mathbf{b} \cdot \mathbf{u})\,\mathbf{a}.$$

Dalla definizione è possibile ricavare direttamente gli elementi di matrice del prodotto tensoriale in una qualunque base

$$(a \otimes b)_{ij} = e_i \cdot (a \otimes b)e_j = e_i (b \cdot e_j) a = a_i b_j. \qquad (A.26)$$

Il prodotto tensoriale non è simmetrico. Infatti, dalla (A.26) si ricava che scambiare di posizione i fattori di un prodotto tensoriale equivale a trasporlo:

$$(a \otimes b)^T = b \otimes a.$$

Operando sulla definizione è anche possibile ricavare la seguente espressione per il prodotto di due prodotti tensoriali

$$(a \otimes b)(c \otimes d) = (b \cdot c) a \otimes d.$$

Trasformazione inversa
Sia I la trasformazione identica, ovvero la trasformazione tale che $Iu = u$ per ogni u, i cui elementi di matrice sono $I_{ij} = \delta_{ij}$, dove δ_{ij} è la delta di Kronecker definita in (A.4). Chiameremo trasformazione inversa di A, e la indicheremo con A^{-1}, la trasformazione che gode della proprietà $AA^{-1} = A^{-1}A = I$. Come vedremo in seguito, non tutte le trasformazioni lineari ammettono una trasformazione inversa. La trasformazione inversa del prodotto di due trasformazioni (se esiste) non coincide con il prodotto delle inverse. Infatti:

$$(AB)(AB)^{-1} = I \implies B(AB)^{-1} = A^{-1} \implies (AB)^{-1} = B^{-1}A^{-1}.$$

Traccia, determinante
Si chiamano *invarianti scalari* quelle combinazioni degli elementi di matrice di una trasformazione lineare che non dipendono dalla particolare base rispetto alla quale la matrice è stata calcolata. Si dimostra che una trasformazione lineare a valori in $\mathbb{R}^n$ ammette n invarianti scalari funzionalmente indipendenti. I due invarianti più utilizzati nella nostra trattazione (e gli unici due esistenti per trasformazioni bidimensionali) sono la traccia e il determinante.

• La traccia di una trasformazione lineare è la somma degli elementi diagonali di una sua qualunque matrice:

$$\text{tr} \, A = \sum_{i=1}^{n} a_{ii} = e_i \cdot A e_i.$$

La traccia è un'operazione lineare:

$$\text{tr}(\lambda A + \mu B) = \lambda \, \text{tr} \, A + \mu \, \text{tr} \, B \qquad \text{se} \quad \lambda, \mu \in \mathbb{R}.$$

- Definiamo il determinante di una trasformazione lineare in modo iterativo, attraverso la Regola di Laplace. Sia $\mathbf{A} : \mathbb{R}^n \to \mathbb{R}^n$ una trasformazione lineare.

  - Se $n = 1$, $\det \mathbf{A} = a_{11} = \mathbf{e}_1 \cdot \mathbf{A}\mathbf{e}_1$. (Si noti che in questo caso, il determinante coincide con la traccia poiché in una dimensione non vi può essere più di un invariante.)
  - Se $n > 1$, per ogni $i, j = 1, \ldots, n$ introduciamo la matrice ottenuta cancellando dalla matrice di $\mathbf{A}$ l'i-esima riga e la j-esima colonna. Detto m_{ij} il determinante della matrice risultante, definiamo

$$\det \mathbf{A} = \sum_{j=1}^{n} (-1)^{i+j} a_{ij} m_{ij} \qquad \text{(qualunque sia } i\text{)}.$$

Osserviamo che questa definizione consente di esprimere il determinante di una matrice di ordine n come combinazione lineare di n determinanti di matrici di ordine $(n-1)$.

In particolare, se $n = 2$ risulta $\det \mathbf{A} = a_{11}a_{22} - a_{12}a_{21}$, mentre per $n = 3$ troviamo:

$$\begin{aligned}
\det \mathbf{A} = {} & a_{11}a_{22}a_{33} + a_{21}a_{32}a_{13} + a_{12}a_{23}a_{31} \\
& - a_{13}a_{22}a_{31} - a_{12}a_{21}a_{33} - a_{23}a_{32}a_{11}.
\end{aligned}$$

Il determinante gode delle seguenti proprietà:

$$\begin{aligned}
\det \left(\mathbf{AB}\right) &= \det \left(\mathbf{BA}\right) = \left(\det \mathbf{A}\right)\left(\det \mathbf{B}\right) \\
\det \left(\mathbf{A}^T\right) &= \det \mathbf{A}, \qquad \det \left(\mathbf{A}^{-1}\right) = \left(\det \mathbf{A}\right)^{-1}.
\end{aligned}$$

Inoltre, nel caso tridimensionale $n = 3$ valgono anche

$$\mathbf{u} \wedge \mathbf{v} = \det \begin{pmatrix} \mathbf{e}_1 & \mathbf{e}_2 & \mathbf{e}_3 \\ u_x & u_y & u_z \\ v_x & v_y & v_z \end{pmatrix}, \qquad \mathbf{u} \cdot \mathbf{v} \wedge \mathbf{w} = \det \begin{pmatrix} u_x & u_y & u_z \\ v_x & v_y & v_z \\ w_x & w_y & w_z \end{pmatrix}$$

$$\mathbf{A}\mathbf{u} \cdot \mathbf{A}\mathbf{v} \wedge \mathbf{A}\mathbf{w} = \left(\det \mathbf{A}\right) \mathbf{u} \cdot \mathbf{v} \wedge \mathbf{w}.$$

Per completezza riportiamo qui la definizione dell'ulteriore invariante (indipendente da traccia e determinante) che può essere identificato in trasformazioni lineari tridimensionali. Esso è noto come *invariante secondo* II_A, ed è definito dalla formula

$$\begin{aligned}
II_A &= \tfrac{1}{2}\left((\operatorname{tr} \mathbf{A})^2 - \operatorname{tr}\left(\mathbf{A}^2\right)\right) \\
&= a_{11}a_{22} + a_{11}a_{33} + a_{22}a_{33} - a_{12}a_{21} - a_{13}a_{31} - a_{23}a_{32}.
\end{aligned}$$

Invertibilità

Si dimostra che condizione necessaria e sufficiente affinché una trasformazione lineare **A** sia invertibile à che il suo determinante non sia nullo. Sotto tale ipotesi, gli elementi di matrice della trasformazione inversa si costruiscono come segue. Sia nuovamente m_{ij} il determinante della matrice ottenuta eliminando l'i-esima riga e la j-esima colonna dalla matrice che rappresenta **A**. Allora:

$$\left(a^{-1}\right)_{ij} = \frac{(-1)^{i+j} m_{ji}}{\det \mathbf{A}} .$$

Gruppo ortogonale

Una trasformazione lineare **Q** si dice *ortogonale* se conserva tutti i prodotti scalari, vale a dire se

$$\mathbf{Qu} \cdot \mathbf{Qv} = \mathbf{u} \cdot \mathbf{v} \qquad \forall \mathbf{u}, \mathbf{v} \in \mathbb{R}^n. \tag{A.27}$$

In particolare, una trasformazione ortogonale conserva il modulo di ogni vettore, e gli angoli formati tra vettori. Applicata a una base ortonormale, quindi, una trasformazione ortogonale fornisce una nuova base ortonormale. Si può dimostrare che vale anche il viceversa: la trasformazione che manda una base ortonormale in una base ortonormale è necessariamente ortogonale.

La composizione di due trasformazioni ortogonali è ortogonale. Infatti, se **Q** e **R** sono ortogonali, si ha:

$$(\mathbf{RQ})\mathbf{u} \cdot (\mathbf{RQ})\mathbf{v} = \mathbf{R}(\mathbf{Qu}) \cdot \mathbf{R}(\mathbf{Qv}) = \mathbf{Qu} \cdot \mathbf{Qv} = \mathbf{u} \cdot \mathbf{v} \quad \forall \mathbf{u}, \mathbf{v} \in \mathbb{R}^n.$$

La (A.27) implica che le trasformazioni ortogonali sono caratterizzate dalla proprietà

$$\mathbf{QQ}^T = \mathbf{Q}^T\mathbf{Q} = \mathbf{I} \qquad \Longleftrightarrow \qquad \mathbf{Q}^{-1} = \mathbf{Q}^T. \tag{A.28}$$

In particolare, tutte le trasformazioni ortogonali risultano invertibili, e sia le loro trasposte che le loro inverse sono ortogonali. Chiameremo *gruppo ortogonale* l'insieme di tutte le trasformazioni ortogonali.

Il determinante di una trasformazione ortogonale può assumere solo i valori $+1$ e -1. Infatti, la (A.28) implica

$$\det\left(\mathbf{QQ}^T\right) = \left(\det \mathbf{Q}\right)\det\left(\mathbf{Q}^T\right) = \left(\det \mathbf{Q}\right)^2 = \det \mathbf{I} = 1 \quad \Longrightarrow \quad \det \mathbf{Q} = \pm 1.$$

In particolare, si chiamano *rotazioni* le trasformazioni ortogonali il cui determinante è pari a $+1$.

Cambi di base

Siano $\{\mathbf{e}_1, \ldots, \mathbf{e}_n\}$ e $\{\mathbf{f}_1, \ldots, \mathbf{f}_n\}$ due basi ortonormali, e sia **Q** la trasformazione ortogonale che le collega:

$$\mathbf{e}_i = \mathbf{Qf}_i , \quad \mathbf{f}_i = \mathbf{Q}^{-1}\mathbf{e}_i = \mathbf{Q}^T\mathbf{e}_i , \qquad \text{per } i = 1, \ldots, n.$$

Siano rispettivamente $\{u_i, i = 1, \ldots, n\}$ e $\{u'_i, i = 1, \ldots, n\}$ le componenti di un vettore $\mathbf{u}$ nelle due basi. Tali componenti sono legate dalla seguente relazione:

$$u'_i = \mathbf{f}_i \cdot \mathbf{u} = \mathbf{Q}^T \mathbf{e}_i \cdot \mathbf{u} = \mathbf{e}_i \cdot \mathbf{Qu} = (Qu)_i = q_{ij} u_j.$$

Allo stesso modo, detti rispettivamente $\{a_{ij}, i, j = 1, \ldots, n\}$ e $\{a'_{ij}, i, j = 1, \ldots, n\}$ gli elementi della matrice che rappresenta $\mathbf{A}$ nelle due basi, si ha:

$$a'_{ij} = \mathbf{f}_i \cdot \mathbf{Af}_j = \mathbf{Q}^T \mathbf{e}_i \cdot \mathbf{AQ}^T \mathbf{e}_j = \mathbf{e}_i \cdot \mathbf{QAQ}^T \mathbf{e}_j = \left(QAQ^T\right)_{ij} = q_{ik} a_{kl} q_{jl}.$$
$$(A.29)$$

Autovalori, autovettori
Uno scalare λ si dice autovalore della trasformazione lineare $\mathbf{A}$, e un vettore $\mathbf{u} \neq \mathbf{0}$ si dice autovettore di $\mathbf{A}$, associato a λ, se vale la relazione

$$\mathbf{Au} = \lambda\, \mathbf{u}.$$

Si dimostra che gli autovalori sono tutte e sole le radici del *polinomio caratteristico*:

$$\det\left(\mathbf{A} - \lambda\, \mathbf{I}\right) = 0.$$

Diagonalizzabilità
Una trasformazione lineare si dice *diagonalizzabile* se esiste una base ortonormale $\{\mathbf{e}_1, \ldots, \mathbf{e}_n\}$ nella quale la sua matrice è diagonale, vale a dire nella quale

$$\mathbf{e}_i \cdot \mathbf{Ae}_j = 0 \quad \text{se } i \neq j \quad \implies \quad a_{ij} = \delta_{ij} \lambda_i. \qquad (A.30)$$

Se una trasformazione è diagonalizzabile, la base in cui si diagonalizza è composta da suoi autovettori, e gli elementi diagonali sono suoi autovalori. Infatti, dalla (A.30) segue che

$$\mathbf{Ae}_i = \lambda_i\, \mathbf{e}_i. \qquad (A.31)$$

Utilizzando la regola di trasformazione di base (A.29), si osserva che se una trasformazione è diagonalizzabile deve essere simmetrica. Infatti, in una qualunque base ottenuta dalla precedente attraverso la trasformazione ortogonale $\mathbf{Q}$,

$$a'_{ij} = q_{ik} a_{kN} q_{jN} = q_{ik} \delta_{kN} \lambda_k q_{jN} = q_{ik} \lambda_k q_{jk} = a'_{ji}.$$

Si dimostra che la simmetria non è solo condizione necessaria, bensì anche condizione sufficiente per la diagonalizzabilità di una trasformazione lineare: *le trasformazioni diagonalizzabili sono tutte e sole le trasformazioni simmetriche*.

Trasformazioni antisimmetriche

Sia $\mathbf{W} = -\mathbf{W}^T$. L'immagine $\mathbf{W}\mathbf{v}$ di un qualunque vettore $\mathbf{v}$ è ortogonale al vettore stesso. Infatti,

$$\mathbf{W}\mathbf{v} \cdot \mathbf{v} = \mathbf{v} \cdot \mathbf{W}^T\mathbf{v} = -\mathbf{v} \cdot \mathbf{W}\mathbf{v} \implies \mathbf{W}\mathbf{v} \cdot \mathbf{v} = 0 \quad \forall\, \mathbf{v} \in \mathbb{R}^n.$$

Inoltre, $\det \mathbf{W} = 0$, se la dimensione n dello spazio su cui agisce $\mathbf{W}$ è dispari, poiché

$$\det \mathbf{W} = \det \mathbf{W}^T = \det\left(-\mathbf{W}\right) = (-1)^n \det \mathbf{W}.$$

Consideriamo infine in maggior dettaglio il caso $n = 3$. Attraverso un calcolo esplicito è possibile dimostrare che esiste uno e un solo vettore $\boldsymbol{\omega}$, detto *vettore assiale* di $\mathbf{W}$, tale che

$$\mathbf{W}\mathbf{u} = \boldsymbol{\omega} \wedge \mathbf{u} \quad \forall\, \mathbf{u} \in \mathbb{R}^3. \tag{A.32}$$

Le componenti di $\boldsymbol{\omega}$ in una qualunque base sono legate agli elementi di matrice di $\mathbf{W}$ come segue:

$$\omega_1 = w_{32} = -w_{23}, \qquad \omega_2 = w_{13} = -w_{31}, \qquad \omega_3 = w_{21} = -w_{12}.$$

Sottolineiamo ancora come la seconda e la terza delle precedenti relazioni seguano dalla prima attraverso semplici permutazioni cicliche degli indici $1 \to 2 \to 3 \to 1$.

A.4   Diagonalizzazione simultanea di matrici simmetriche

Rienunciamo e dimostriamo ora la proprietà utilizzata nella §14.8.2, riguardante il carattere delle radici del polinomio caratteristico (14.54).

Teorema A.12 (Diagonalizzazione simultanea)   *Sia* $\mathbf{A}$ *una matrice* $N \times N$, *simmetrica e definita positiva, tale cioè che valgano le proprietà* $\mathbf{A} = \mathbf{A}^T$ *e* $\mathbf{v} \cdot \mathbf{A}\mathbf{v} > 0$ *per ogni* $\mathbf{v} \neq 0$. *Sia inoltre* $\mathbf{B}$ *una matrice* $N \times N$ *simmetrica. Esiste un base di vettori* $\{\mathbf{v}_1, \ldots, \mathbf{v}_N\}$, *ortonormale rispetto al prodotto scalare*

$$(\mathbf{u}, \mathbf{v}) = \mathbf{u} \cdot \mathbf{A}\mathbf{v},$$

in cui $\mathbf{A}$ *e* $\mathbf{B}$ *si trasformano rispettivamente nella matrice identità e in una matrice diagonale. Inoltre, tutte le radici del polinomio caratteristico*

$$\det(\mathbf{B} - \mu\, \mathbf{A}) = 0 \tag{A.33}$$

sono reali (ed occupano le posizioni diagonali nella suddetta rappresentazione di $\mathbf{B}$).

Dimostrazione Indicato con $\mathbf{u} \cdot \mathbf{v}$ il prodotto scalare canonico, definiamo il seguente prodotto scalare, associato ad $\mathbf{A}$:

$$(\mathbf{u}, \mathbf{v}) = \mathbf{u} \cdot \mathbf{A}\mathbf{v}. \tag{A.34}$$

È semplice verificare che l'operazione bilineare definita in (A.34) gode di tutte le proprietà che definiscono un prodotto scalare, grazie alla simmetria di $\mathbf{A}$ e al suo carattere definito positivo.

La matrice $\mathbf{C} = \mathbf{A}^{-1}\mathbf{B}$ è simmetrica rispetto al prodotto scalare (A.34). Infatti

$$(\mathbf{u}, \mathbf{C}\mathbf{v}) = \mathbf{u} \cdot \mathbf{A}(\mathbf{A}^{-1}\mathbf{B})\mathbf{v} = \mathbf{B}\mathbf{u} \cdot \mathbf{v} = \mathbf{A}(\mathbf{A}^{-1}\mathbf{B})\mathbf{u} \cdot \mathbf{v} = (\mathbf{C}\mathbf{u}, \mathbf{v}).$$

Per il Teorema spettrale, esiste quindi una base $\{\mathbf{v}_1, \ldots, \mathbf{v}_N\}$, composta da autovettori di $\mathbf{C}$, che è ortonormale rispetto al prodotto scalare (A.34):

$$\mathbf{C}\mathbf{v}_k = \mu_k \mathbf{v}_k \qquad \forall\, k = 1, \ldots, N, \tag{A.35}$$

e inoltre $(\mathbf{v}_j, \mathbf{v}_k) = \delta_{jk}$, dove δ_{jk} indica il simbolo di Kronecker. Inoltre, gli autovalori $\{\mu_k, k = 1, \ldots, N\}$ sono reali.

Nella base appena identificata, $\mathbf{A}$ e $\mathbf{B}$ sono rappresentate dalla matrice identità e dalla matrice diagonale i cui elementi diagonali sono gli autovalori di $\mathbf{C}$. Infatti, detti a_{jk} e b_{jk} i loro elementi di matrice, abbiamo

$$a_{jk} = \mathbf{v}_j \cdot \mathbf{A}\mathbf{v}_k = (\mathbf{v}_j, \mathbf{v}_k) = \delta_{jk},$$
$$b_{jk} = \mathbf{v}_j \cdot \mathbf{B}\mathbf{v}_k = \mathbf{v}_j \cdot \mathbf{A}(\mathbf{C}\mathbf{v}_k) = \mathbf{v}_j \cdot \mathbf{A}(\mu_k \mathbf{v}_k) = \mu_k\, \delta_{jk}.$$

Se, infine, sostituiamo la definizione di $\mathbf{C}$ in (A.35) troviamo immediatamente che i suoi autovalori sono esattamente le radici del polinomio caratteristico (A.33):

$$\mathbf{C}\mathbf{v}_k = \mathbf{A}^{-1}\mathbf{B}\mathbf{v}_k = \mu_k \mathbf{v}_k \quad \Rightarrow \quad \mathbf{B}\mathbf{v}_k = \mu_k \mathbf{A}\mathbf{v}_k \quad \Rightarrow \quad \det(\mathbf{B} - \mu_k \mathbf{A}) = 0$$

e questo conclude la dimostrazione. □

Passiamo ora alla dimostrazione di un teorema utilizzato nella §14.8.2.

Teorema A.13 (Segnatura di una matrice simmetrica) *Sia* $\mathbf{A}$ *una matrice* $N \times N$, *simmetrica e definita positiva, tale cioè che valgano le proprietà* $\mathbf{A} = \mathbf{A}^T$ *e* $\mathbf{v} \cdot \mathbf{A}\mathbf{v} > 0$ *per ogni* $\mathbf{v} \neq 0$. *Sia inoltre* $\mathbf{B}$ *una matrice* $N \times N$ *simmetrica. Il polinomio caratteristico*

$$\det(\mathbf{B} - \mu \mathbf{A}) = 0$$

ha un numero di radici positive, nulle e negative esattamente pari al numero di autovalori positivi, nulli e negativi della matrice $\mathbf{B}$.

Dimostrazione Introduciamo nuovamente il prodotto scalare canonico $\mathbf{u} \cdot \mathbf{v}$, insieme al prodotto scalare $(\mathbf{u}, \mathbf{v}) = \mathbf{u} \cdot \mathbf{A}\mathbf{v}$, associato ad $\mathbf{A}$.

Sia $\{\mathbf{e}_1, \ldots, \mathbf{e}_N\}$ una base ortonormale di autovettori di $\mathbf{B}$, scelta in modo che i rispettivi autovalori $\{\nu_1, \ldots, \nu_N\}$ siano ordinati in modo decrescente. In particolare, i primi r autovettori saranno positivi, i successivi s saranno nulli e i rimanenti $N - r - s$ saranno negativi. Siano inoltre V_+, V_0 e V_- i sottospazi rispettivamente generati dai primi r, dai successivi s e dagli ultimi $N - r - s$ autovettori.

La matrice $\mathbf{B}$ è definita positiva in V_+, nulla in V_0 e definita negativa in V_-, indipendentemente dal prodotto scalare utilizzato per calcolarne il suo segno. Infatti, dato

$$\mathbf{v} = \sum_{i=1}^{r} v_i \, \mathbf{e}_i \in V_+ \qquad (\mathbf{v} \neq 0)$$

si ha

$$(\mathbf{B}\mathbf{v}, \mathbf{v}) = \mathbf{B}\mathbf{v} \cdot \mathbf{A}\mathbf{v} = \sum_{i,j=1}^{r} v_i v_j \mathbf{B}\mathbf{e}_i \cdot \mathbf{A}\mathbf{e}_j = \sum_{i,j=1}^{r} \nu_i v_i v_j \mathbf{e}_i \cdot \mathbf{A}\mathbf{e}_j$$

$$\geq \nu_r \sum_{i,j=1}^{r} v_i v_j \mathbf{e}_i \cdot \mathbf{A}\mathbf{e}_j = \nu_r \mathbf{v} \cdot \mathbf{A}\mathbf{v} > 0.$$

Nella precedente dimostrazione si è usato il fatto che ν_r è il più piccolo degli autovalori positivi, e che $\mathbf{A}$ è definita positiva. In modo analogo si dimostra che $\mathbf{B}\mathbf{v} = \mathbf{0}$ se $\mathbf{v} \in V_0$, e infine che $(\mathbf{B}\mathbf{v}, \mathbf{v}) < 0$ se $\mathbf{v} \in V_- \setminus \{\mathbf{0}\}$.

Cambiare il prodotto scalare non modifica quindi i sottospazi V_+, V_0 e V_- su cui $\mathbf{B}$ ha segno definito. Sono dunque invarianti anche il numero di autovalori positivi, nulli o negativi della matrice $\mathbf{B}$ relativi alla matrice $\mathbf{A}$ che definisce il prodotto scalare. Tali numeri, che coincidono con le dimensioni degli autospazi V_+, V_0 e V_-, formano la *segnatura* della matrice simmetrica $\mathbf{B}$.   □

A.5 Richiami di equazioni differenziali ordinarie

Le equazioni del moto sono equazioni differenziali del secondo ordine. Al fine di agevolare la loro risoluzione, riepiloghiamo in questo paragrafo alcuni risultati che le riguardano, insieme alle tecniche di risoluzioni di alcuni tra i più comuni tipi di equazioni differenziali di interesse meccanico.

Definizione A.14 *Un'equazione differenziale è una equazione scalare la cui incognita è una funzione di una variabile $y(t)$, e che coinvolge una o più derivate della funzione incognita. L'ordine $n \in \mathbb{N}$ di un'equazione differenziale è l'ordine della più alta derivata presente nell'equazione.*

Le equazioni differenziali di cui ci occupiamo in questa trattazione (e in questo testo) sono normalmente dette *ordinarie*. Esistono anche le equazioni differenziali *alle derivate parziali*, che coinvolgono funzioni incognite di più variabili. Essendo solo interessati alle prime, sottintenderemo sempre l'aggettivo *ordinarie*.

Definizione A.15   *Un* problema differenziale *è una equazione differenziale, cui sono state aggiunte una o più* condizioni iniziali *o* condizioni al bordo, *vale a dire condizioni che fissano il valore della funzione incognita o delle sue derivate in uno o più punti del suo dominio.*

Un problema differenziale può ammettere un qualunque numero (finito o infinito) di soluzioni. Il teorema fondamentale che garantisce l'esistenza e unicità delle soluzioni di un problema differenziale è il Teorema di Cauchy 8.1.

Passiamo ora all'analisi di particolari tipi risolubili di equazioni e problemi differenziali. Per ognuno di essi forniremo la struttura delle eventuali soluzioni, senza alcuna dimostrazione, per le quali rimandiamo il lettore a un testo di Analisi.

A.5.1   Equazioni differenziali a variabili separabili

Definizione A.16   *Un'equazione differenziale del primo ordine si dice* a variabili separabili *se può essere espressa nella forma* $\dot{y}(t) = a(t)\,b(y)$.

Proposizione A.17   *Il problema differenziale*

$$\dot{y}(t) = a(t)\,b(y), \qquad y(t_0) = y_0$$

ammette una e una sola soluzione in un intervallo aperto contenente $t = t_0$ *se la funzione* a *è continua e* b *è* C^1 *(vale a dire se è derivabile con derivata continua).*

Inoltre, se $b(y_0) = 0$ *la soluzione è costante:* $y(t) \equiv y_0$ *per ogni* t. *Se invece* $b(y_0) \neq 0$, *la soluzione soddisfa*

$$\int_{y_0}^{y(t)} \frac{du}{b(u)} = \int_{t_0}^{t} a(\tau)\,d\tau.$$

Le equazioni differenziali a variabili separabili sono di interesse meccanico nello studio di sistemi sui quali agiscano forze dipendenti dalla velocità, e nessuna forza dipendente dalla posizione. In tal caso l'equazione $F(v) = ma$ diventa un'equazione a variabili separabili nella incognita $v(t)$, come mostriamo di seguito.

Esempio A.18   Determiniamo il moto di un punto materiale di massa m vincolato a muoversi lungo l'asse x sottoposto alla forza resistiva $F(v) = -\gamma(t)v$, con coefficiente di resistenza γ crescente nel tempo: $\gamma(t) = \eta t$.

Risolviamo il problema differenziale

$$\dot{v}(t) = -\eta t\, v, \qquad v(0) = v_0.$$

Abbiamo:

$$a(t) = -\eta t \quad \Longrightarrow \quad A(t) = -\int a(t)\,dt = -\frac{1}{2}\eta t^2$$

$$b(v) = v \quad \Longrightarrow \quad B(v) = \int \frac{dv}{v} = \log|v|.$$

Supposto $v_0 > 0$ il moto del punto soddisfa $v(t) = v_0 e^{-\eta t^2/2}$.   □

Equazioni differenziabili integrabili per quadrature
Un tipo di equazioni differenziali del secondo ordine riconducibili a equazioni a variabili separabili è il seguente

$$\ddot{y}(t) = f(y(t)). \tag{A.36}$$

Tale equazione descrive il moto di un sistema a un grado di libertà, sottoposto a una forza posizionale $f(y)$. Se moltiplichiamo la (A.36) per $\dot{y}$ possiamo ricavarne un integrale primo:

$$\dot{y}\ddot{y} = \dot{y}\,f(y) \quad \Longrightarrow \quad \frac{d}{dt}\left[\frac{1}{2}\dot{y}^2 - U(y)\right] = 0 \quad \Longrightarrow \quad \frac{1}{2}\dot{y}^2 - U(y) = E, \tag{A.37}$$

dove $U(y)$ è una primitiva di $f(y)$ ed E è una costante di integrazione che si determina attraverso le condizioni iniziali. L'equazione (A.37) è ora un'equazione differenziale del primo ordine a variabili separabili. Possiamo infatti porre

$$\dot{y} = \pm\sqrt{2(E + U(y))}\,,$$

dove la scelta del segno di $\dot{y}$ va effettuata in base al segno di $\dot{y}(t_0)$. Considerando per esempio il segno positivo si ottiene quindi

$$\int_{y_0}^{y(t)} \frac{du}{\sqrt{2(E + U(u))}} = t - t_0,$$

che fornisce in modo implicito la soluzione $y(t)$.

A.5.2   Equazioni differenziali lineari

Definizione A.19   *Una equazione differenziale di ordine n si dice* lineare *se assume la seguente espressione*

$$a_n(t)y^{(n)}(t) + a_{n-1}(t)y^{(n-1)}(t) + \cdots + a_1(t)\dot{y}(t) + a_0(t)y(t) = f(t).$$

Un'equazione differenziale lineare si dice omogenea *se il termine noto* $f(t)$ *è nullo. Si dice invece* a coefficienti costanti *se i coefficienti* $\{a_k,\ k = 0, 1, \ldots, n\}$ *non dipendono dal tempo.*

Proposizione A.20   *Le soluzioni di un'equazione differenziale lineare omogenea di ordine n formano uno spazio vettoriale di ordine n, nel senso che sono tutte e sole le combinazioni lineari di n soluzioni fondamentali* $\{y_1(t), \ldots, y_n(t)\}$.

Tutte le soluzioni di un'equazione differenziale lineare non omogenea di ordine n sono esprimibili come somma di una qualunque soluzione particolare $y_p(t)$ *più una delle soluzioni dell'equazione differenziale lineare omogenea associata (quella cioè che si ottiene eliminando il termine noto* $f(t)$*).*

Il problema della determinazione delle soluzioni di un'equazione differenziale lineare si può quindi separare in due parti: la ricerca di n soluzioni fondamentali dell'equazione omogenea associata, e la ricerca di una soluzione particolare.

Equazioni differenziali lineari del primo ordine
Consideriamo il problema differenziale

$$\dot{y}(t) + a(t)\,y(t) = f(t), \qquad y(t_0) = y_0. \tag{A.38}$$

L'equazione omogenea associata è un'equazione a variabili separabili. Una soluzione fondamentale è quindi fornita da $y_1(t) = e^{-A(t)}$, dove $A(t)$ indica una primitiva di $a(t)$.

Una soluzione particolare dell'equazione differenziale in (A.38) è data da

$$y_p(t) = F(t)e^{-A(t)}, \qquad \text{con} \quad F(t) = \int f(t)\,e^{A(t)}dt.$$

La soluzione generale è infine $y(t) = y_p(t) + C_1 y_1(t)$, dove C_1 si determina imponendo la condizione iniziale in (A.38).

Esempio A.21 (Equazioni differenziali lineari del primo ordine a coefficienti costanti)   Nel caso particolare $a(t) \equiv a_0$ si ha $A(t) = a_0 t$, e

$$y(t) = \big(F(t) + C_1\big)e^{-a_0 t}, \qquad \text{con} \quad F(t) = \int f(t)\,e^{a_0 t}dt. \qquad \square$$

Equazioni differenziali lineari del secondo ordine a coefficienti costanti
Consideriamo ora l'equazione differenziale

$$a\ddot{y}(t) + b\dot{y}(t) + cy(t) = f(t). \tag{A.39}$$

Equazioni del moto di questo tipo rappresentano il moto di un punto (di massa a in (A.39)) sottoposto alle seguenti forze: una forza di resistenza $F_r = -b\dot{y}$, con coefficiente resistivo b, una forza elastica $F_{el} = -cy$, con costante elastica c, e una forza esterna $f(t)$, eventualmente dipendente dal tempo, spesso detta *forzante*.
La struttura delle soluzioni fondamentali dipende dalle radici λ_1, λ_2 del polinomio caratteristico associata

$$a\lambda^2 + b\lambda + c = 0. \tag{A.40}$$

Sottolineiamo che nell'esempio appena illustrato i tre coefficienti a, b, c sono non negativi, il che implica che la parte reale delle radici di (A.40) sarà certamente non positiva.

- Se $\lambda_1 \neq \lambda_2 \in \mathbb{R}$ (vale a dire $b^2 - 4ac > 0$) le soluzioni fondamentali sono

$$y_1(t) = e^{\lambda_1 t} \quad e \quad y_2(t) = e^{\lambda_2 t}.$$

- Se $\lambda_1 = \lambda_2 = \lambda \in \mathbb{R}$ (vale a dire $b^2 - 4ac = 0$) le soluzioni fondamentali sono

$$y_1(t) = e^{\lambda t} \quad e \quad y_2(t) = t\, e^{\lambda t}.$$

- Se $\lambda_{1,2} = \alpha \pm i\beta \in \mathbb{C}$ (vale a dire $b^2 - 4ac < 0$) le soluzioni fondamentali sono

$$y_1(t) = e^{\alpha t} \cos\beta t \quad e \quad y_2(t) = e^{\alpha t} \sin\beta t.$$

Dall'analisi del segno precedentemente effettuata possiamo ricavare che nelle applicazioni suddette le soluzioni fondamentali saranno limitate per ogni t. Se inoltre la parte reale delle radici risulta strettamente negativa (il che succede se $b > 0$), le soluzioni fondamentali tenderanno a zero all'aumentare del tempo. Per questo motivo queste soluzioni vengono spesso denominate *transienti*.
La ricerca di una soluzione particolare può essere più complessa in generale. Consideriamo qui un caso particolare di forzante $f(t)$, che copre buona parte delle applicazioni pratiche vale a dire il caso $f(t) = A\cos\omega t$, dove A è l'*ampiezza* della forzante, e ω la sua *frequenza*. La struttura della soluzione particolare dipende da ω e dalle radici del polinomio caratteristico (A.40). Più precisamente, bisogna controllare se una delle soluzioni fondamentali coincide o meno con $\cos\omega t$.

- Se $\lambda_{1,2}^2 \neq -\omega^2$ le soluzioni fondamentali non sono oscilllanti, o sono oscillanti con frequenza diversa da quella della forzante. In tal caso la soluzione particolare è del tipo

$$y_p(t) = \frac{A}{a(\omega^2 + \lambda_1^2)(\omega^2 + \lambda_2^2)}\left[(\lambda_1\lambda_2 - \omega^2)\cos\omega t - (\lambda_1 + \lambda_2)\omega\sin\omega t\right].$$

$$\tag{A.41}$$

Particolarmente interessante è il caso in cui $\lambda_{1,2} = \pm\omega_o$, vale a dire il caso in cui in assenza di forzanti il sistema oscillerebbe con una sua frequenza *naturale* ω_o. In tal caso la (A.41) si semplifica e fornisce

$$y_p(t) = \frac{A\cos\omega t}{a(\omega_o^2 - \omega^2)}.$$ (A.42)

La struttura della soluzione particolare mostra come l'ampiezza dell'oscillazione provocata dalla forzante cresca illimitatamente quando $\omega \to \omega_o$, vale a dire quando la frequenza della forzante si avvicina a quella naturale del sistema.

- Se $\lambda_{1,2}^2 = -\omega^2$, la soluzione particolare (A.42) non esiste, in quanto $\omega_o = \omega$ e il denominatore in esso contenuta si annulla. In questo caso la soluzione particolare assume l'espressione

$$y_p(t) = \frac{A}{4a\omega^2}[\cos\omega t + 2\omega t \sin\omega t].$$ (A.43)

La soluzione (A.43) aumenta illimitatamente al passare del tempo. Questo effetto è noto come risonanza e può provocare effetti devastanti sui sistemi meccanici (vedi §10.2.1).

A.6   Forme differenziali

Presentiamo un breve richiamo su alcune semplici proprietà delle forme differenziali. Consideriamo una generica forma

$$\Psi_1(x_1,\ldots,x_n)dx_1 + \Psi_2(x_1,\ldots,x_n)dx_2 + \cdots + \Psi_n(x_1,\ldots,x_n)dx_n.$$ (A.44)

Data una curva $\gamma(t) = \big(x_1(t),\ldots,x_n(t)\big)$, con $t \in [t_0,t_1]$, l'integrale della forma differenziale (A.44) lungo γ è definito da

$$\int_{t_1}^{t_2} \Big[\Psi_1(x_1(t),\ldots,x_n(t))\dot{x}_1 + \cdots + \Psi_n(x_1(t),\ldots,x_n(t))\dot{x}_n(t)\Big]dt.$$

Una forma differenziale si dice esatta (o integrabile) se esiste una funzione $f(x_1,\ldots,x_n)$ tale che essa ne rappresenti il differenziale:

$$df = \Psi_1 dx_1 + \cdots + \Psi_n dx_n.$$

Condizione necessaria affinché ciò avvenga è che i coefficienti $\{\Psi_i,\ i = 1,\ldots,n\}$ (che supporremo essere derivabili con continuità almeno una volta) coincidano con le derivate parziali di f:

$$\Psi_i = \frac{\partial f}{\partial x_i} \qquad \forall i = 1,\ldots,n.$$ (A.45)

Dovendo le (A.45) essere vere, il Teorema di Schwartz fornisce la necessaria *condizione di compatibilità* affinché la (A.44) sia una forma differenziale esatta:

$$\frac{\partial \Psi_i}{\partial x_j} = \frac{\partial \Psi_j}{\partial x_i} \qquad \forall i \neq j = 1, \ldots, n. \qquad (A.46)$$

La condizione (A.46) diventa anche sufficiente se il dominio $\mathcal{D}$ è *semplicemente connesso*.

Quando una forma differenziale è esatta il calcolo dei suoi integrali si semplifica notevolmente, in quanto

$$\int_{t_1}^{t_2} \sum_{i=1}^{n} \Psi_i \, \dot{x}_i(t) \, dt = \int_{t_1}^{t_2} \sum_{i=1}^{n} \frac{\partial f}{\partial x_i} \dot{x}_i(t) \, dt = \int_{t_1}^{t_2} \frac{df}{dt} \, dt = f(t_2) - f(t_1). \qquad (A.47)$$

Nota bibliografica

Allo studente che volesse approfondire gli argomenti trattati nel presente volume si ricorda che il trattato italiano di Meccanica Razionale per eccellenza rimane ancora oggi il Levi-Civita e Amaldi [11]. Un trattato in tre volumi con molti esempi ed esercizi, la cui lettura particolarmente interessante richiede ovviamente un particolare impegno.

Libri di testo che sicuramente hanno ispirato il presente volume sono quelli di Benvenuti, Bordoni e Maschio [4], di Cercignani [7] e di Grioli [10].

Tutti questi testi sono stati pensati per i corsi di Meccanica Razionale delle Facoltà di Ingegneria. Il libro di Gallavotti [9] invece permette uno sguardo diverso sugli argomenti qui trattati in quanto il volume è stato pensato soprattutto per i corsi di studio in Fisica una prospettiva abbastanza diversa. Il volume di Fasano e Marmi [8] permette invece di approfondire soprattutto gli aspetti matematici della Meccanica Analitica.

Per quanto riguarda gli eserciziari segnaliamo i testi [2, 3, 6, 12] che, almeno in parte, seguono la filosofia del presente volume e che permettono di avere un buon numero di esercizi e temi di esame con cui mettersi alla prova.

Infine, si segnalano due testi in lingua inglese [1] e [5] la loro consultazione può essere interessante non solo per il contenuto proposto ma anche per apprendere la terminologia meccanica anglosassone.

P. Biscari et al., *Meccanica Razionale*, La Matematica per il 3+2 138, https://doi.org/10.1007/978-88-470-4018-2

Riferimenti bibliografici

1. M.F. Beatty: *Principles of Engineering Mechanics: Volume 1 & 2*. Springer, New York (2006).
2. G. Belli, C. Morosi, E. Alberti: *Meccanica Razionale. Esercizi*. Maggioli Editore (2009).
3. P. Benvenuti, G. Maschio: *Esercizi di Meccanica Razionale*. Edizioni Compomat, Rieti (2010).
4. P. Benvenuti, P. Bordoni, G. Maschio: *Lezioni di Meccanica Razionale*. Edizioni Compomat, Rieti (2013).
5. P. Biscari, C. Poggi, E. G. Virga: *Mechanics Notebook*. Liguori, Napoli (2005).
6. S. Bressan, A. Grioli: *Temi svolti dell'esame di meccanica razionale*. Cortina, Padova (1998).
7. C. Cercignani: *Spazio, tempo, movimento*. Zanichelli, Bologna (1977).
8. A. Fasano, S. Marmi: *Meccanica Analitica con Elementi di Meccanica Statistica e dei Continui*. Boringhieri, Torino (2002).
9. G. Gallavotti: *Meccanica Elementare*. Boringhieri, Torino (1986).
10. G. Grioli: *Lezioni di Meccanica Razionale*. Cortina, Padova (2002).
11. T. Levi-Civita, U. Amaldi: *Lezioni di Meccanica Razionale*. Zanichelli, Bologna (1923). Riedizione a cura di E. Cirillo, G. Maschio, T. Ruggeri, G. Saccomandi per le Edizioni Compomat, Rieti (2012).
12. F. Brini, A. Muracchini, T. Ruggeri, L. Seccia: *Esercizi e Temi d'Esame di Meccanica Razionale*. Esculapio, Bologna (2019).

P. Biscari et al., *Meccanica Razionale*, La Matematica per il 3+2 138,
https://doi.org/10.1007/978-88-470-4018-2

Indice analitico

P. Biscari et al., *Meccanica Razionale*, La Matematica per il 3+2 138,
https://doi.org/10.1007/978-88-470-4018-2

Printed in the United States
by Baker & Taylor Publisher Services